Elektrische Meßgeräte und Meßeinrichtungen

Albert Palm

Elektrische Meßgeräte und Meßeinrichtungen

Vierte neubearbeitete Auflage

Von

Dipl.-Ing. Walter Hunsinger und Dipl.-Ing. Gerhard Münch

Hartmann & Braun AG, Frankfurt a. M.

Mit 317 Abbildungen

Springer-Verlag

Berlin / Göttingen / Heidelberg

1963

ISBN-13: 978-3-642-92867-3 e-ISBN-13: 978-3-642-92866-6
DOI: 10.1007/978-3-642-92866-6

Softcover reprint of the hardcover 4th edition 1963

Library of Congress Catalog Card Number 63-16990

Vorwort zur vierten Auflage

In seinem Vorwort zur ersten Auflage hat der Verfasser, Herr Oberingenieur ALBERT PALM, dieses Buch als Lehrbuch bezeichnet. Es soll dem Techniker und dem Ingenieur – auch wenn er kein Elektroingenieur ist – das Wesen und die Anwendungsmöglichkeiten elektrischer Meßgeräte und Meßeinrichtungen zeigen. Die angeführten mathematischen Beziehungen sowie die das Prinzip oder den Aufbau kennzeichnenden Abbildungen beschränken sich daher durchweg auf das Wesentliche. Eine eingehendere Behandlung erschien nur dort angebracht, wo sie für das Verständnis wichtig ist oder wo sie dem Leser die Anwendung erleichtern soll.

Seit dem Erscheinen der letzten Auflage sind 15 Jahre vergangen, in denen die gesamte Technik einen enormen Aufschwung zu verzeichnen hatte. Wenn sich in dieser Zeit auch nicht das Wesen der Meßtechnik geändert hat, so ist ihre Bedeutung doch viel größer geworden, und ihre Schwerpunkte haben sich stark verschoben. Bei der Neubearbeitung sind daher Kapitel, die heute mehr historisches Interesse haben, gekürzt oder weggelassen worden. Dafür sind Anwendungen der elektrischen Meßtechnik, die seit dem Erscheinen der letzten Auflage eine wachsende Bedeutung – besonders in der industriellen Meßtechnik – erlangt haben, neu aufgenommen oder zumindest gestreift worden.

Ebenso wie dem Verfasser standen den Bearbeitern der 4. Auflage vor allem die Erfahrungen der Firma Hartmann & Braun zur Verfügung, und so ist deren Eigenart auch in der neuen Auflage häufig zu finden. Die Bearbeiter haben sich aber wieder bemüht, auch Geräte anderer Firmen zu bringen, denen hiermit der Dank für die Überlassung von Unterlagen ausgesprochen sei.

Frankfurt a. M., im März 1963

W. Hunsinger G. Münch

Inhaltsverzeichnis

Erster Teil

Die Meßgeräte

Zweiter Teil

Die elektrischen Meßeinrichtungen

Erster Teil

Die Meßgeräte

1. Die elektrischen Meßprinzipien

Es gibt drei Methoden, elektrische Größen in einer meßbaren mechanischen Kraft zum Ausdruck zu bringen: die elektromagnetische, die elektrostatische und die elektrothermische. Die erstere, welche heute fast das ganze Gebiet der Zeigermeßgeräte beherrscht, beruht auf der gegenseitigen Kraftwirkung magnetischer Felder, die ihren Ursprung in stromdurchflossenen Wicklungen und in Dauermagneten haben. Das elektrostatische Feld zwischen Leitern verschiedenen Potentials übt auf diese eine gut meßbare Kraft aus. Die elektrothermische Methode beruht auf der dem elektrischen Strom folgenden Erwärmung eines Leiters.

2. Allgemeines über konstruktiven Aufbau

Die Meßgeräte unterscheiden sich vorwiegend durch ihre verschiedenartigen Meßwerke, ihre Schaltung und ihre Meßbereiche, die dem jeweiligen Verwendungszweck angepaßt sind. Sie besitzen aber auch manche einheitliche oder ähnliche Bauteile, z.B. Drehachse, Zeiger, Dämpfung, Gehäuse, die bei den verschiedenen Gerätearten immer wieder vorkommen und sich nur durch Größe und gewisse Abwandlungen unterscheiden.

Diese ähnlichen Bauteile werden beim Drehspulmeßgerät ausführlich beschrieben. Ihre Darstellung wird im Zusammenhang mit diesem Gerät verständlicher als bei einer Sonderdarstellung.

3. Begriffserklärung des VDE

Der Verband Deutscher Elektrotechniker (VDE) gibt in seinen Regeln[1] Begriffserklärungen für Meßgeräte und ihre Teile.

Meßgerät im Sinne dieser Regeln ist ein Meßinstrument zusammen mit sämtlichem Zubehör, also auch mit solchem, das vom Instrument trennbar ist.

[1] Vorschriftenbuch des Verbandes Deutscher Elektrotechniker, VDE 0410/10.59, Berlin-Charlottenburg 2: VDE Verlag G.m.b.H.

Meßinstrument im Sinne dieser Regeln ist das Meßwerk zusammen mit dem Gehäuse und gegebenenfalls eingebautem Zubehör. Ein Meßinstrument kann auch mehrere Meßwerke enthalten.

Ein Meßwerk besteht aus den eine Bewegung erzeugenden Teilen und den Teilen, deren Bewegung oder Lage von der Meßgröße abhängt. (Auch die Skale ist ein Teil des Meßwerks.)

Bewegliches Organ ist der Meßwerkteil, dessen Bewegung oder Lage vom Wert der Meßgröße abhängt.

Strompfad ist der vom Meßstrom oder einem Teil des Meßstromes durchflossene Teil eines Meßgerätes (Meßpfad).

Spannungspfad ist der mittelbar oder unmittelbar an die Meßspannung anzuschließende Teil eines Meßgerätes (Meßpfad).

Die Festlegungen des VDE sind in dem vorliegenden Buch grundsätzlich verwendet. Es wird in diesem Zusammenhang auf die deutsche Norm „Grundbegriffe der Meßtechnik" DIN 1319, Januar 1962, verwiesen.

I. Drehspulinstrumente

VDE: Drehspulinstrumente haben einen feststehenden Dauermagneten und eine oder mehrere Spulen, die bei Stromdurchgang elektromagnetisch abgelenkt werden.

A. Das Grundsätzliche

Das Drehspulinstrument mit Dauermagnet wurde in seiner grundsätzlichen Form von Deprez und D'Arsonval[1] angegeben und wird daher zuweilen noch, besonders im Ausland, nach ihnen benannt. Die erste technische Ausführung mit Spitzenlagerung stammt von Weston[2] und ist heute noch vorbildlich. Das Drehspulinstrument ist wegen seiner vorzüglichen Eigenschaften das beste und wichtigste elektrische Meßinstrument, insbesondere seitdem es gelang, dieses reine Gleichstrominstrument auch für Messungen von Wechselstrom fast aller Frequenzen verwendbar zu machen.

1. Meßprinzip

Ein stromdurchflossener Leiter erfährt in einem Magnetfeld eine Ablenkung. Diese Tatsache bildet die Grundlage der Motoren im Elektromaschinenbau und der meisten Instrumente im Meßgerätebau. Im Feld eines Dauermagnets kann sich eine aus feinen Drähten auf ein Metallrähmchen oder frei gewickelte Spule S (Abb. 1) um die Achse A drehen. Der von der Batterie B über den Widerstand R durch die Spule fließende

[1] Lumière electr. 4 (1881) S. 309, 6 (1882) S. 439.

[2] Electr. Wld., N. Y. 12 (1888) S. 263.

Strom I wird ihr über die beiden Spiralfedern F zugeführt, die das Rähmchen bei Stromlosigkeit in einer bestimmten Lage festhalten.

Die Richtung der Kraftlinien des Dauermagnets, sein magnetischer Induktionsfluß, ist durch den Pfeil Φ angedeutet. Bei Stromdurchgang bildet die Spule ein Magnetfeld aus, das senkrecht zur Windungsebene der Spule steht und das Bestreben hat, sich in Richtung der Kraftlinien Φ des Dauermagnets zu stellen, was durch die beiden P-Pfeile in Abb. 1 angedeutet ist. Das auf die Spule ausgeübte elektromagnetische Drehmoment M hat die Größe:

$$M = \Theta A B \tag{1}$$

Einheiten: $\quad \mathrm{Ws} = \mathrm{A} \cdot \mathrm{m}^2 \cdot \mathrm{T}$

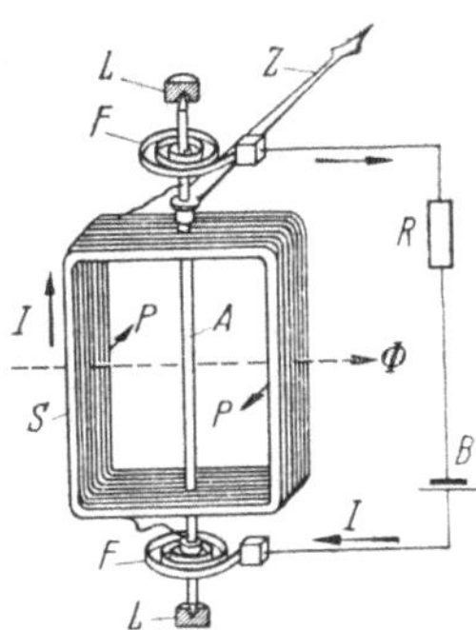

Abb. 1. Bewegliches Organ eines Drehspulmeßwerks (schematisch). A Drehachse; S Drehspule; Z Zeiger; L Lager; F Spiralfedern (untere gegen die Achse isoliert); B Batterie; R ohmscher Widerstand; I Spulenstrom; Φ Richtung der Kraftlinien des Dauermagnets; P Drehkräfte

Hierbei sind B die Induktion (Kraftliniendichte) im Luftspalt des Magnets an der Stelle, an der sich die zur Spulenachse parallelen Leiter befinden, $\Theta = N I$ die Durchflutung der Drehspule, die bekanntlich dem Produkt aus Windungszahl N und Strom I gleich ist, und $A = d \cdot l$ die mittlere Windungsfläche der Drehspule, die sich aus der Multiplikation des mittleren Durchmessers d mit der Länge l einer Spulenflanke ergibt. Setzt man die Induktion B in T (1 Tesla $=$ 1 Wb m^{-2} $=$ 1 Vs m^{-2}), die Durchflutung in A und die mittlere Windungsfläche in m^2 ein, so ergibt sich das elektromagnetische Drehmoment in Ws oder Nm.

Bei der Drehung der Spule werden die Spiralfedern gespannt. Dieses mechanische Drehmoment M_m wächst mit zunehmender Drehung α der Spule und des mit ihr starr verbundenen Zeigers Z. Mathematisch ausgedrückt:

$$M_m = k\alpha \tag{2}$$

Einheiten: $\quad \mathrm{Ws} = \mathrm{Ws\,rad}^{-1} \cdot \mathrm{rad}$

Hierin ist k die Federkonstante, die von den Abmessungen der Feder und dem Federwerkstoff abhängt. Setzt man die Federkonstante k in Ws rad^{-1} (Wattsekunde je Radiant) ein und den Ausschlag α in rad, so ergibt sich auch das mechanische Drehmoment M_m in Ws.

Kommt das bewegliche Organ zur Ruhe, so sind die beiden Drehmomente, das elektrische und das mechanische, entgegengesetzt gleich. Die elektrische Kraft wird gewissermaßen mit der Federkraft gemessen.

$$M_m = M \quad \text{oder} \quad k\alpha = B\Theta A$$

Hieraus: $$\alpha = \frac{1}{k} B\Theta A \approx I \tag{3}$$

Ist die Kraftliniendichte auf dem ganzen Weg der Spule konstant, was für viele Drehspulinstrumente zutrifft, dann ist der Ausschlagwinkel α verhältnisgleich dem Strom I, d.h. aus dem Ausschlagwinkel α kann man sofort auf die Größe des Stromes schließen. Die graphische Darstellung der Gl. (3) ist unter dieser Voraussetzung eine durch den Nullpunkt verlaufende Gerade. Hieraus ergibt sich eine gleichmäßig geteilte Skale. Macht man durch entsprechende Ausbildung der Polschuhe oder des Polkerns die Induktion im Luftspalt mit dem Ausschlagwinkel veränderlich, dann kann man an Stelle der geradlinigen Abhängigkeit andere Kurvenformen (Skalenverlauf) erhalten. Hiervon wird später noch die Rede sein.

2. Aufbau des Meßwerks

Die *Drehspule*, die in Abb. 1 gezeigt wurde, ist in der Abb. 2 mit der Drehachse *1* und den Drehspulwindungen *2* zu sehen. Die Drehachse ist

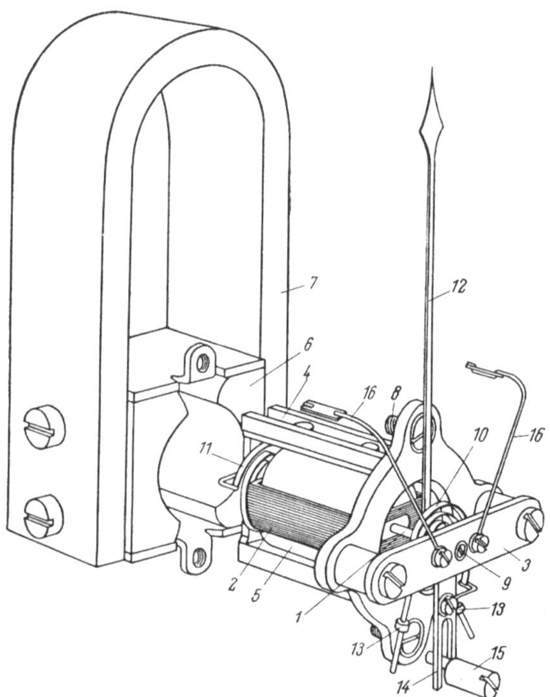

Abb. 2. Drehspulmeßwerk. *1* Drehachse; *2* Drehspule; *3* Lagerbrücke; *4* Träger des beweglichen Organs; *5* Polkern; *6* Polgehäuse; *7* Dauermagnet; *8* Schraube zur Befestigung des Trägers im Polgehäuse; *9* Lager-Stiftschraube; *10*, *11* Spiralfedern; *12* Zeiger; *13* Gegengewichte; *14* Nullstellhebel; *15* Exzenterschraube; *16* Zeigeranschläge

am einen Ende in der Brücke *3* des Trägers *4* und am anderen Ende im Verbindungssteg des Trägers gelagert. Im Träger ist außerdem der zylindrische Eisenkern *5*, der den Raum innerhalb der Drehspule nahezu ausfüllt, festgeschraubt. Der Träger wird mit den montierten Teilen zwischen die Polschuhe *6* des Dauermagnets *7* eingeschoben, dort genau zentriert und mit Schrauben *8* befestigt, so daß die Drehspule in einem engen, vom Feld des Dauermagnets durchsetzten Luftspalt frei spielt.

An der Lagerbrücke *3* ist eine der beiden Stiftschrauben *9* für die Lagerung der Drehspule zu sehen. Auf der Drehachse sind die beiden Spiralfedern *10* und *11* befestigt, außerdem der Zeiger *12* mit seinen zwei Gegengewichten *13*. Die Gegengewichte sind in ihrem Abstand zur Drehachse einstellbar. Mit Hilfe dieser Einstellung wird das bewegliche Organ nach der Montage balanciert, d.h., sein Schwerpunkt wird genau in seine Drehachse verlegt, damit die Zeigerstellung unabhängig von der Lage des Meßgerätes wird.

Das innere, an der Drehachse befestigte Ende der Spiralfeder *11* ist mit der Drehspule leitend verbunden. Das äußere Ende der Spiralfeder *11* ist mechanisch und elektrisch mit dem Träger verbunden. Träger und Magnet mit Polschuhen führen etwa dasselbe elektrische Potential wie die Drehspule. Das innere Ende der Spiralfeder *10* ist elektrisch isoliert an der Drehachse befestigt und über eine Zuleitung mit der Drehspule verbunden, das äußere Ende liegt am Nullstellhebel *14*, der drehbar, aber isoliert, auf der Brücke befestigt ist. Durch die als Nullsteller bezeichnete exzentrische Schraube *15* kann der Nullstellhebel etwas gedreht werden, um kleine Änderungen der Zeigernullstellung zu berichtigen (s. S. 217).

In die Bahn des Zeigers, aber außerhalb des Skalenbereiches, ragen mit ihren umgebogenen Enden die Zeigeranschläge *16*, die an der Brücke befestigt und aus federnden Drähten oder Bändern hergestellt sind.

Diese umgebogenen Enden tragen dort, wo sie der Zeiger berührt, ein Anschlagstückchen aus einem organischen Stoff oder Keramik. In der Abb. 2 sind es kleine Stückchen von einem steifen Papier, gegen deren hohe Kante der Zeiger anschlägt. Die Erfahrung hat gelehrt, daß der Metallzeiger an einem Anschlag aus Metall leicht hängenbleibt. Die Zeigeranschläge sind so bemessen, daß sie das bewegliche Organ bei einer Überlastung vor mechanischer Beschädigung in gewissen Grenzen schützen. Diese Grenzen liegen je nach Art des Meßwerks zwischen dem 10- und 100fachen Betrag des dem Endausschlag entsprechenden Drehmoments.

Für die Windungen der Drehspule wird lackisolierter Kupferdraht verwendet, der mit Kunstharzlösungen verklebt und gebacken wird. Die so entstehende Spule hält ihre Form so vorzüglich, daß Wicklungsträger (beispielsweise Aluminiumrahmen) aus mechanischen Gründen nicht notwendig sind. Bei einigen Drehspulmeßwerken wird jedoch der Rahmen aus einem anderen Grund (s. Abschn. Dämpfung S. 26) gebraucht. Die

Spiralfedern, die ein während der Lebensdauer des Meßwerkes konstantes Drehmoment liefern müssen, werden aus unmagnetischen, elektrisch gut leitenden und zugleich zuverlässig lötbaren Kupferlegierungen, wie Silizium-Kupferbronze, hergestellt.

Der in Abb. 2 gezeigte grundsätzliche Aufbau eines Meßwerkes, der die wesentlichen Teile in übersichtlicher Anordnung zeigt, wird in der Praxis teils aus meßtechnischen, teils aus fertigungstechnischen Gründen abgewandelt. Bereits die in den nächsten Abschnitten behandelten Ausführungsmöglichkeiten der Drehachse und des Drehmagneten erfordern Änderungen der Grundkonstruktion.

3. Die Lagerung des beweglichen Organs

Die beweglichen Organe elektrischer Meßwerke sind im allgemeinen sehr leicht. Je nach Art des Meßinstruments liegt ihr Gewicht zwischen etwa 0,1 und 100 mN (0,01 und 10 p). Das Problem der Lagerung dieser beweglichen Organe ist eines der Hauptprobleme des Baues elektrischer Meßinstrumente. Eine unzulängliche Lagerung ist die Ursache einer ganzen Reihe ungünstiger Eigenschaften und Fehler. Im Verlauf der Entwicklung der elektrischen Meßinstrumente haben sich die folgenden Arten der Lagerung durchgesetzt:

Spitzenlagerung, Spannbandlagerung, Bandlagerung, entlastete Spitzenlagerung, Zapfenlagerung und Kugellagerung.

Jede dieser genannten Lagerungen hat spezielle Vorteile, die sie für das eine oder andere Anwendungsgebiet bevorzugt geeignet erscheinen läßt.

3.1 Anforderungen an die Lagerung

3.11 Kleine Reibung. In erster Linie soll die Reibung klein sein; jede kleinste Änderung der Meßgröße soll also zuverlässig angezeigt werden. Für die Reibung wird keine eigene Toleranz angegeben; der Reibungsfehler ist vielmehr im Anzeigefehler eines elektrischen Meßinstruments enthalten und sollte nicht mehr als ein Drittel davon betragen. Nicht nur im Ursprungszustand – also direkt nach der Fertigstellung –, sondern auch nach den Beanspruchungen eines Transports soll ein Meßinstrument eine kleine Reibung aufweisen. Der Verband Deutscher Elektrotechniker hat in seinen Regeln für elektrische Meßgeräte (VDE 0410) Vorschriften zur Prüfung der Schüttelfestigkeit und mechanischen Stoßfestigkeit erlassen (vgl. Tab. III, Bau- und Sicherheitsbestimmungen, S. 218).

3.12 Kleiner Kippfehler. Ferner ist ein kleiner Kippfehler zu fordern. Infolge der unumgänglichen Lagerluft ist die Lage der Achse des beweglichen Organs nicht immer genau die gleiche. Die durch das Kippen von einer Achslage in eine geringfügig andere entstehende Anzeigeänderung nennt man Kippfehler. Auch für ihn ist keine besondere Toleranz festgelegt; er ist ebenfalls im Anzeigefehler eines Meßinstruments enthalten.

3.13 Geringe mechanische Hysterese und elastische Nachwirkung. Auch die Forderung nach geringer mechanischer Hysterese und kleiner elastischer Nachwirkung steht insofern mit der Lagerung in engem Zusammenhang, als beispielsweise ein Spannband die Funktion der Lagerung mit der der Richtmomentbildung vereint. Läßt man ein bewegliches Organ ungedämpft auspendeln, markiert die erreichte Ruhelage, lenkt es ganz kurzzeitig auf Endausschlag aus und läßt es überschwingungsfrei in die Ruhelage zurückdrehen, so wird es in einem gewissen kleinen Abstand vor der zuvor markierten Ruhelage stehenbleiben. Diese Abweichung bezeichnet man als mechanische Hysterese. Lenkt man nun das bewegliche Organ von der zuletzt erreichten Ruhelage ausgehend eine Stunde lang auf Endausschlag aus und läßt es dann überschwingungsfrei wieder in die Ruhelage zurückgehen, so bleibt es wiederum in einem gewissen Abstand von der Ausgangslage stehen. Diese letztbeschriebene Abweichung bezeichnet man als elastische Nachwirkung; sie verschwindet im Lauf der Zeit (in etwa 2···4 Stunden). Die mechanische Hysterese ist vom Ausschlagwinkel abhängig, aber nicht von der Auslenkdauer. Man erklärt sie sich als Reibung zwischen den Kristallen der richtmomenterzeugenden Bauelemente (z.B. Spannbänder, Spiralfedern). Die elastische Nachwirkung ist vom Ausschlagwinkel und von der Ausschlagdauer abhängig. Sie ist auf die beim Ausschlagen entstehenden Spannungen in den richtmomenterzeugenden Bauelementen zurückzuführen. Auch für die Hysterese und Nachwirkung sind keine besonderen Toleranzen zugelassen; demnach sind auch diese beiden Fehler Teil des Anzeigefehlers eines elektrischen Meßinstruments.

3.14 Kleiner Schütteleinfluß. Schließlich steht noch der Schütteleinfluß in einem gewissen Zusammenhang mit der Lagerung. Während die Schüttelfestigkeit (s. o.) eine Aussage über die Widerstandsfähigkeit eines Instruments gegen Transporteinflüsse zu machen gestattet, gibt der Schütteleinfluß an, ob ein Instrument durch Vibrationen am Einsatzort beeinflußt wird. Besonders Meßwerke mit einer Lagerung, die viele Freiheitsgrade hat (z. B. Spannbandlagerung), sind empfindlich gegen Schütteleinflüsse.

Zwischen Besteller und Lieferer kann für anzeigende Instrumente der Klassen 1 bis 5 eine Typenprüfung auf Schütteleinfluß nach folgender Maßgabe vereinbart werden: Das Instrument ist mit einer Amplitude von 0,1 mm zu schütteln, und zwar in drei aufeinander senkrecht stehenden Richtungen – möglichst parallel zu den Gehäusekanten – innerhalb des vereinbarten Frequenzbereiches, der langsam durchfahren wird. Dabei darf die scheinbare Verbreiterung des Zeigers den doppelten Wert des der Klasse entsprechenden Einflusses nicht überschreiten. Ferner darf der angezeigte Mittelwert von der Anzeige bei Nennbedingungen höchstens um den Wert des Einflusses[1] abweichen. Gerätetypen, die diese Prüfung erfüllen, dürfen durch „vib" unter Hinzufügen des entsprechenden Frequenzbereichs gekennzeichnet werden.

Ein Meßwerk ist aus einer ganzen Reihe schwingungsfähiger Gebilde zusammengesetzt, z.B. Zeiger, Dämpferflügel u.a. Auch einzelne Baugruppen sind als solche wieder schwingungsfähige Gebilde, z.B. Achse und Spule. Es gibt wohl keine Rezepte zum Bau von vibrationsarmen oder gar -freien Meßinstrumenten. Während der Entwicklung muß man zur Bekämpfung von Vibrationen Einzelteile und Baugruppen so lange ändern, bis man experimentell die besten Resultate erzielt hat.

3.15 Wartungsfreies Arbeiten. Schließlich erwarten die Benutzer elektrischer Meßgeräte, daß die Lagerung wartungsfrei arbeitet. Die Funktionsdauer einer Lagerung muß also im allgemeinen ebenso lang sein wie die Lebensdauer des Meßinstruments.

3.2 Ausführung und Kennzeichen der einzelnen Lagerungsarten

3.21 Die Spitzenlagerung.

3.211 Der Aufbau. Die Achse des beweglichen Organs erhält zwei kegelförmig zulaufende Spitzen (Kegelwinkel 55°), deren Kuppe kugelig verrundet ist; die Radien r liegen im allgemeinen zwischen 10 und

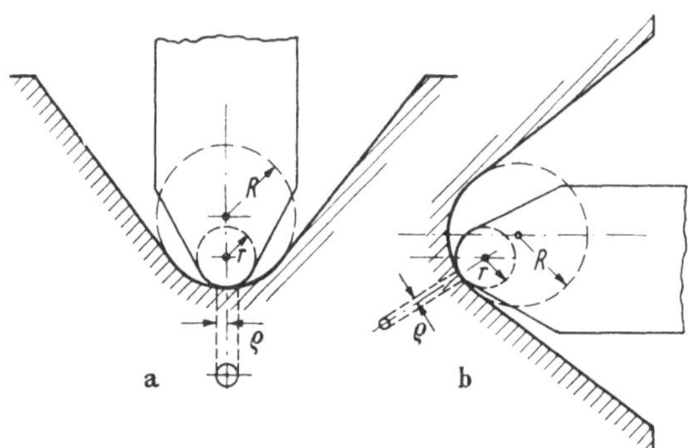

Abb. 3a u. b. a) Vertikale und b) horizontale Spitzenlagerung. r Spitzen-, R Pfannenverrundungsradius; ϱ Radius der Auflagefläche

100 µm. Diese Spitzen sind in Pfannen von der Form eines Hohlkegels (Kegelwinkel nach DIN 80°) gelagert, dessen Kuppe ebenfalls kugelförmig verrundet ist. Die Verrundungsradien R sind meist 2- bis 3mal so groß wie die der Spitzen und liegen zwischen 20 und 300 µm. Als Spitzen-

[1] Vgl. S. 222.

material wählt man vorzugsweise harte Stähle, als Pfannenmaterial Saphir, in Sonderfällen auch Berylliumbronze. Abb. 3 zeigt schematisch je ein Lager einer vertikalen und einer horizontalen Spitzenlagerung. In Abb. 4a ist das Kippen (s.o.) bei Außenspitzenlagerung dargestellt, bei der die Achse im labilen Gleichgewicht ist. Das untere Lager fungiert als Traglager, das obere als Führungslager. In Abb. 4b ist eine Innenspitzenlagerung dargestellt, bei der die Achse sich im stabilen Gleichgewichtszustand befindet. Hierbei ist das obere Lager das Traglager, das untere das Führungslager. Ein Kippfehler ist dadurch vermieden, daß sich der Zeiger in Höhe des tragenden Lagers befindet. Somit wirkt sich ein Kippen der Achse nicht auf die Anzeige des Instruments aus.

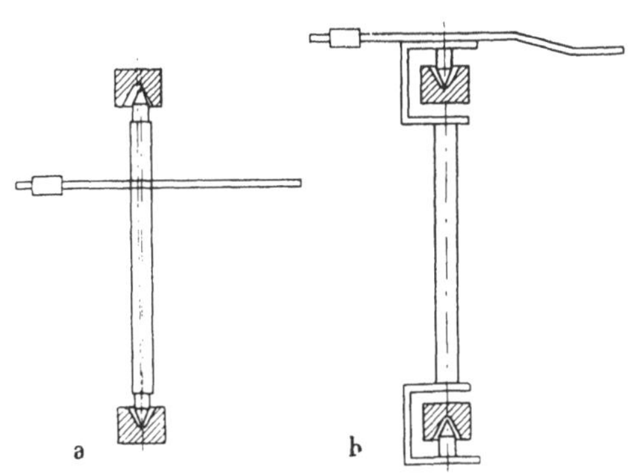

Abb. 4a u. b. Vertikale a) Außen- und b) Innenspitzenlagerung

3.212 Die Beanspruchung[1]. Die Spitzenlagerung ist die stärkstbeanspruchte Lagerung in der gesamten Technik. Die Werte der Flächenpressung gehen bis zu 800 kp/mm². Man unterscheidet zwischen der statischen Flächenpressung σ_{stat}, die bei ruhig stehendem Meßinstrument durch das Gewicht des beweglichen Organs auftritt, und der dynamischen Flächenpressung σ_{dyn}, welche bei Vibrationen und Stößen infolge der Beschleunigungskräfte in Erscheinung tritt. Die insgesamt auftretende Flächenpressung ist die Summe aus der statischen und dynamischen Flächenpressung:

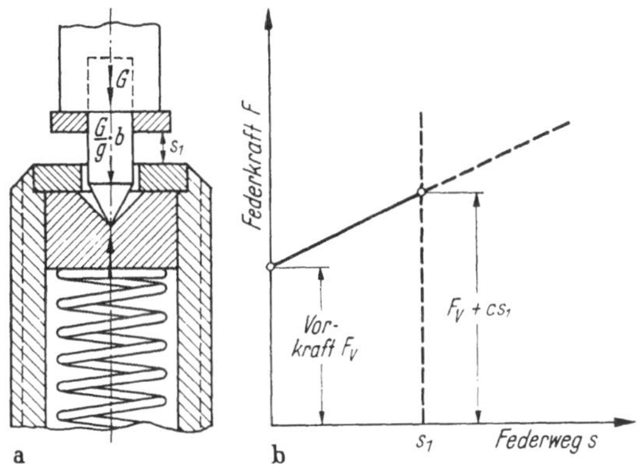

Abb. 5a u. b. a) Federlagerschraube mit Abfänger; b) Federkraft als Funktion des Federwegs. F_v Vorkraft; s_1 maximaler Federweg; c Federkonstante; G Gewicht des beweglichen Organs

$$\sigma_{ges} = \sigma_{stat} + \sigma_{dyn} \tag{4}$$

[1] Hirth, R.: ETZ-A 22 1957, S. 841.

Wenn man die Lagerpfanne federnd macht und geeignete Abfänger anordnet (vgl. Abb. 5), dann kann man die dynamische Beanspruchung begrenzen. Treten Beschleunigungskräfte auf, so wird, falls diese die Vorkraft übersteigen, mit der die Feder die Lagerpfanne an den Anschlag drückt, der Stein ausweichen und der Abfänger die darüber hinausgehende Kraft aufnehmen.

Die statische Flächenpressung σ_{stat} errechnet sich nach der Hertzschen Kugeldruckgleichung zu:

$$\sigma_{\text{stat}} = k G^{1/3} \frac{(1/r - 1/R)^{2/3}}{(1/E_1 + 1/E_2)^{2/3}} \tag{5}$$

Die gesamte Materialanstrengung beträgt:

$$\sigma_{\text{ges}} = \sigma_{\text{stat}} (1 + b/g)^{1/3} \tag{6}$$

In Gl. (5) und (6) bedeuten:

G Gewicht des beweglichen Organs
r Spitzenverrundungsradius
R Pfannenverrundungsradius
E_1 Elastizitätsmodul des Spitzenmaterials
E_2 Elastizitätsmodul des Pfannenmaterials
b Beschleunigung (infolge Schüttelns oder Stoßens)
g Erdbeschleunigung
k Faktor; $k = 0{,}617$, wenn G in kp, r und R in cm, E in kp/cm² sowie b und g in cm/s² eingesetzt werden

3.213 Der Reibungsfehler. Bei vertikaler Achslage beträgt der zu erwartende relative Reibungsfehler:

$$F_R = \frac{M_R}{M_E} \tag{7}$$

Dabei sind:

M_R Moment infolge Reibung
M_E Moment des beweglichen Organs bei Endausschlag

Das Moment infolge Reibung errechnet sich zu:

$$M_R = k_1 k_2 G^{4/3} \mu \frac{(1/E_1 + 1/E_2)^{1/3}}{(1/r - 1/R)^{1/3}} \tag{8}$$

Dabei sind:

μ Reibungskoeffizient zwischen Spitze und Pfanne. (Bei der Kombination von Silberstahlspitzen und Saphirpfannen sowie guter Politur der Kuppen liegt der Wert für μ etwa bei 0,15)
k_1 Faktor
k_2 Faktor
k_1 $= 0{,}82$ und $k_2 = 3\pi/16$, wenn die Einheiten wie in den Gl. (5) und (6) gewählt werden

3.214 Federnde Pfannen. Für die Kombination von Silberstahlspitzen mit Saphirpfannen ist eine statische Flächenpressung von etwa 200 kp/mm² zulässig. Die Verwendung von Federlagerschrauben ist angezeigt, wenn das Meßinstrument vermutlich Beschleunigungen von mehr als dem 1,4fachen der Erdbeschleunigung ausgesetzt wird. Dabei ist die Vorkraft, mit der die Schraubenfeder die Pfanne an den Anschlag drückt, mindestens doppelt so groß zu wählen, wie das Gewicht des zu lagernden beweglichen Organs beträgt. Die auf ein Lager wirkende Kraft übersteigt bei Federlagerung nicht den Betrag $F_V + cs_1$, wobei F_V die Vorkraft und cs_1 die Kraft aus Federkonstante der Schraubenfeder mal maximalem Federweg ist (vgl. Abb. 5). Darüber hinausgehende Kräfte werden von der Abfangvorrichtung aufgenommen.

3.215 Der Gütegrad. Einen Anhaltspunkt zur Beurteilung der Lagerung der beweglichen Organe gibt der Gütegrad Γ. Nach KEINATH, der ihn in die Meßtechnik eingeführt hat, ist der KEINATH-Gütegrad

$$\Gamma_K = 10 \frac{M_{\pi/2}}{G^{1,5}} \tag{9}$$

Bei Meßinstrumenten mit anderem Endausschlag als $\pi/2$ rad (90°) ergibt eine bessere Aussage der relative Gütegrad[1]:

$$\Gamma_r = 10 \frac{M_E}{G^{1,5}} \tag{10}$$

Dabei bedeuten:

$M_{\pi/2}$ Moment beim Ausschlagwinkel $\pi/2$ rad (90°)
M_E Moment beim Endausschlag
G Gewicht des beweglichen Organs

Setzt man das Moment in cmp und das Gewicht in p ein, so sagt ein relativer Gütegrad vom Betrag 1 aus, daß das betreffende Meßwerk robust ist und sich ohne Schwierigkeiten lagern läßt; der Reibungsfehler wird gering sein und die Beruhigungszeit bei entsprechender Dämpfung niedrig. Allerdings wird der Eigenverbrauch relativ hoch liegen.

Ein Gütegrad $\Gamma_r = 0{,}1$ verlangt schon einen gewissen Aufwand zur Erzielung einer guten Spitzenlagerung. Hochwertige Materialien und sorgfältige Bearbeitung halten jedoch auch hierbei den Reibungsfehler niedrig. Die Beruhigungszeit wird höher, der Eigenverbrauch aber erheblich niedriger liegen als beim Gütegrad $\Gamma_r = 1$.

Bei Meßwerken mit einem Gütegrad 0,01 sieht man besser von einer Spitzenlagerung ab und erwägt eine Spannband- oder entlastete Spitzenlagerung.

Bei horizontaler Achslage ist der Reibungsfehler grundsätzlich etwa 4- bis 10mal so groß wie bei vertikaler.

[1] LUDER, W.: ATM 237 (1955) S. 73.

3.22 Die Spannbandlagerung

3.221 Der Aufbau. Abb. 6 zeigt die Spannbandlagerung schematisch. In Abb. 6a sind die Spannbänder eingeklemmt, und zwar in die drehbaren Spannköpfe mit Konusklemmen und in die festen mit Druckschrauben. Die festen Spannköpfe werden von den Spannfedern getragen, die eine möglichst konstante Zugkraft auf das Spannband ausüben.

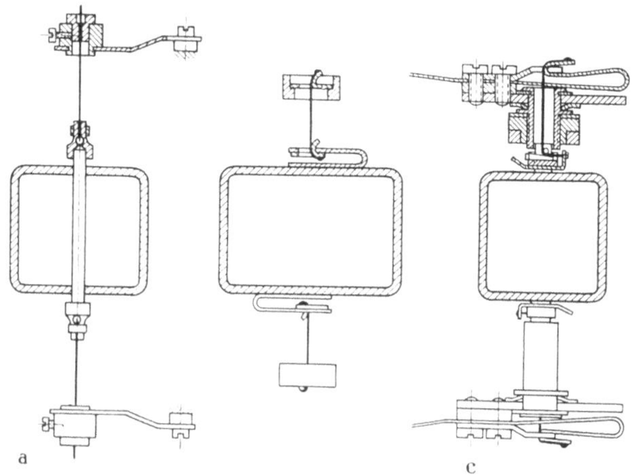

Abb. 6a–c. Spannbandlagerung. Spannband a) geklemmt, b) gelötet, c) mit Abfängern

In Abb. 6b sind die Spannbänder eingelötet. Die Spannfedern sind auf die Drehspule aufgeklebt; auf eine Achse hat man verzichtet. Diese Ausführung ist erheblich billiger als die nach Abb. 6a, hat allerdings nicht so günstige Eigenschaften. Abb. 6c zeigt schließlich eine Spannbandlagerung, bei der das Spannband am beweglichen Spannkopf über einen zylindrischen Dorn abläuft und in seiner Lage mit einem Keil festgehalten wird. Sehr gut ist hier die Abfangung in Form einstellbarer Röhrchen zu sehen, die das Spiel des beweglichen Organs in axialer und jeder radialen Richtung auf wenige Zehntel Millimeter begrenzen. Die Spannfedern sitzen außen und sind so ausgebildet, daß sie gleichzeitig die Ablauffläche und die Lötstelle für das Spannband bieten. Auch der Weg der Spannfedern ist durch (mit Schrauben befestigte) Anschläge begrenzt, damit sie nicht – falls sie z.B. ins Schwingen geraten sollten – unnötig hohe Kräfte auf das Spannband ausüben.

3.222 Die Beanspruchung des Spannbandes. Das Spannband muß unter einem so starken Zug stehen, daß es das bewegliche Organ einwandfrei in seiner Lage hält. Beim oberen Spannband addiert sich dazu die Kraft infolge des Gewichtes des beweglichen Organs. Zu dieser statischen Spannung kommt noch die dynamische Belastung hinzu, die durch Schütteln oder Stoßen des Instruments verursacht wird. Die Abfänger für das bewegliche Organ und die Anschläge für die Spannfedern begrenzen jedoch die dynamische Beanspruchung, so daß auch Instrumente mit Spannbandlagerung eine erhebliche Schüttel- und Stoßfestigkeit erreichen. Der Schütteleinfluß, die Empfindlichkeit der Anzeige gegen Vibrationen am Einsatzort des Instruments, ist allerdings bei spannbandgelagerten Instrumenten meist erheblich, weil das bewegliche Organ viele Freiheitsgrade und somit reichlich Schwingungsmöglichkeiten hat. Als dritte Beanspruchungskomponente tritt die Torsionsspannung hinzu, die bei der Auslenkung im Spannband entsteht und in der achsfernsten Querschnittfaser ein Maximum erreicht. Die aus statischer, dynamischer und Torsionsbeanspruchung resultierende Gesamtspannung sollte höchstens die Hälfte der Zugbruchspannung des Spannbands erreichen, die bei den vorzugsweise verwendeten Materialien – Bronze, Platin-Nickel, hochlegierte Stähle – zwischen 120 und 250 kp/mm² liegt. Bei empfindlichen Meßwerken macht man sich die Tatsache zunutze, daß bei Bändern mit konstantem Torsionskoeffizienten die Bruchlast mit dem Seitenverhältnis b/h des rechteckigen Querschnitts wächst (Abb. 7), und wählt ein hohes Seitenverhältnis (z. B. 20 : 1). Da andererseits mit dem Seitenverhältnis des Bandquerschnitts auch die Abhängigkeit des Drehvermögens $D\ (= M/\alpha)$ von einer Änderung der Zugspannung wächst, wird man bei genauen Instrumenten ein kleines Seitenverhältnis finden (z. B. 5 : 1). Die gebräuchlichen Spannbänder haben Torsionskoeffizienten zwischen 0,06 und 6000 nWs/rad/m (0,01 und 1000 mpcm/90°/100 mm). 1 nWs/rad/m = 0,16 mpcm/90°/100 mm. Das Drehvermögen D in kpcm/rad errechnet sich aus den Bandabmessungen und dem Gleitmodul G_M des Spannbandmaterials zu:

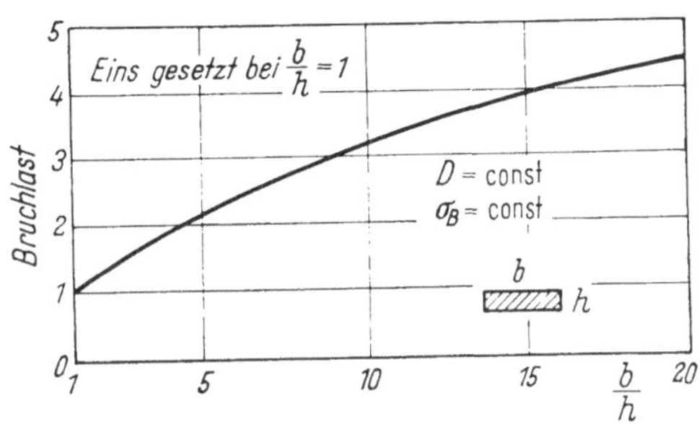

Abb. 7. Bruchlast von Spannbändern in Abhängigkeit vom Seitenverhältnis ihres Querschnitts bei konstantem Drehvermögen und konstanter Zugbruchspannung

$$D = \zeta G_M \frac{b h^3}{l} \tag{11}$$

Dabei sind:

G_M Gleitmodul des Spannbandmaterials in kp/cm²

l Länge des Bands in cm

b Breite des Bands in cm (größere Querschnittseite)

h Höhe des Bands in cm (kleinere Querschnittseite)

ζ Faktor, der vom Seitenverhältnis b/h des Querschnitts abhängt

b/h	ζ
1	0,140
3	0,263
10	0,313
∞	0,333

Bei horizontaler Achslage ist es zweckmäßig, das eine Spannband gegen das andere um $\pi/2$ rad verdreht anzuordnen, damit der Effekt des Kippens über die hohe Kante vermieden wird. Ein gewisser Durchhang ist notwendig, weil anderenfalls die Zugspannung im Band unendlich groß würde.

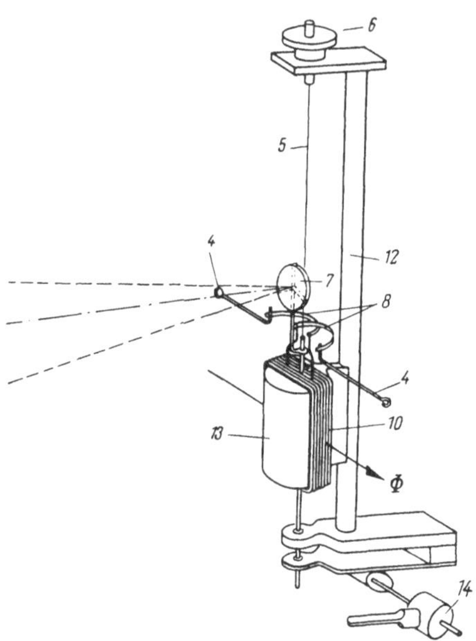

Abb. 8. Bandgelagertes Spiegelgalvanometer. *10* bewegliche Spule mit Zuleitungen *4*, *8* und Spiegel *7*; *5* Aufhängeband; *6* Befestigungsmutter (Torsionsknopf); *12* Instrumentkörper; *13* Weicheisenkern des nicht dargestellten Magnets; *14* Arretierung

3.223 Die Empfindlichkeit spannbandgelagerter Meßwerke. Die Spannbandlagerung ist vom Gütegrad unabhängig, da es eine Lagerungsart ohne Reibung ist. Die erzielbare Empfindlichkeit ist nur durch die Möglichkeit der Herstellung der Bauelemente und der Montage begrenzt. Das Ruhigbleiben der beweglichen Organe hochempfindlicher Spannbandmeßwerke erreicht man durch eine Öldämpfung: die Spannbänder gehen durch Öltropfen, die von Ringen in der Nähe der beweglichen Spannköpfe gehalten werden. Insbesondere bei der Kombination der Spannbandlagerung mit einem Lichtzeiger, den man bei gleichen Gehäuseabmessungen durch Anwendung von Spiegeln wesentlich länger als einen Körperzeiger machen kann, erzielt man im Vergleich zur Spitzenlagerung mit Leichtigkeit eine mehr als hundertfache Empfindlichkeit bei obendrein erheblich verringertem Eigenverbrauch.

3.23 Die Bandlagerung. Stückzahlmäßig sind Geräte mit Bandaufhängung des schwingenden Organs unbedeutend. Solche Instrumente müssen mit einer Libelle versehen sein und vor der Messung sorgfältig ausgerichtet werden. Lediglich bei ganz empfindlichen Galvanometern, bei denen an die Genauigkeit nur geringe Anforderungen gestellt werden, findet man die Lagerung mittels Aufhängeband (Abb. 8). Diese Instrumente müssen an einem ruhigen, vibrationsfreien Platz aufgestellt werden (meist auf Marmorplatten mit Gummiunterlage) und besitzen eine Arretiervorrichtung, die das bewegliche Organ festhält, wenn das Instrument transportiert oder nicht benutzt wird.

3.24 Entlastete Spitzenlagerung. Diese Lagerungsart ist vor einigen Jahrzehnten von H & B (Quambusch) in die Technik des Meßgerätebaus eingeführt worden und wird noch heute in großem Umfang angewandt. Hauptsächlich empfindliche Drehspulinstrumente werden damit ausgerüstet, z.B. mV-Meter oder µA-Meter für wärmetechnische Messungen, d.h. zur Anzeige von Temperaturen, Feuchten und ähnlichem. Da für das Meßwerk nur wenig Leistung zur Verfügung steht, würde der erzielbare Gütegrad nicht ausreichen, eine einwandfreie Spitzenlagerung zu gewährleisten. Eine Spannbandlagerung andererseits birgt die Gefahr, daß die Zeiger der Meßgeräte oder Registrierinstrumente nicht ruhig genug stehen infolge von Schütteleinflüssen (Vibrationen am Einsatzort). In diesen Fällen bietet sich die entlastete Spitzenlagerung mit Aufhängeband als ideale Lagerungsart an. Am besten stellt man sich diese Lagerung so vor, daß das bewegliche Organ zwar an einem Aufhängeband aufgehängt ist, welches dessen Gewicht trägt, daß aber die Spitzenlagerung die Bewegungsfreiheit des beweglichen Organs bis auf das Ausschlagen eng begrenzt (Abb. 9). Beide Spitzenlager werden auf diese Art zu Führungslagern, die keine axialen Kräfte, sondern lediglich radiale aufzunehmen haben. Diese Lagerung läßt sich nur für vertikale Achslage des beweglichen Organs anwenden. Sie bietet die günstige Möglichkeit, Meßwerken mit äußerst schwachem Gütegrad den Vorteil einer Spitzenlagerung zukommen zu lassen, der im Ruhigstehen (Nichtvibrieren) des beweglichen Organs und damit des Zeigers zu sehen ist.

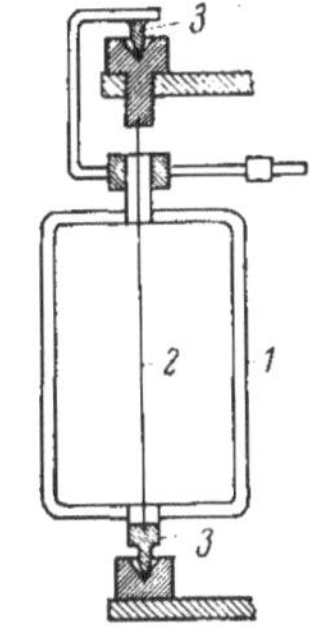

Abb. 9. Entlastete Spitzenlagerung. *1* Drehspule; *2* Aufhängeband; *3* Spitzenlager

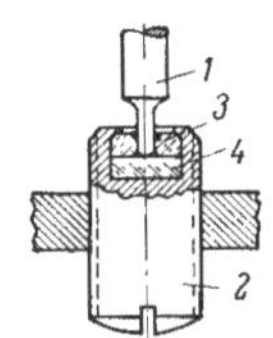

Abb. 10. Zapfenlager. *1* Achszapfen; *2* Lagerschraube; *3* Lochstein; *4* Deckstein

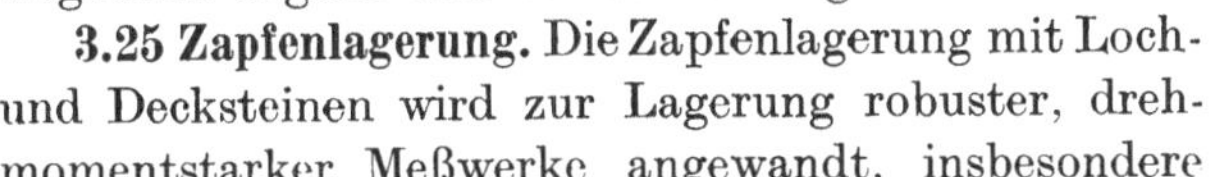

3.25 Zapfenlagerung. Die Zapfenlagerung mit Loch- und Decksteinen wird zur Lagerung robuster, drehmomentstarker Meßwerke angewandt, insbesondere dann, wenn am Einsatzort Vibrationen, Erschütterungen und Stöße zu erwarten sind. Die Enden der Achse des beweglichen Organs sind als polierte, zylindrische Zapfen ausgebildet (etwa 0,5 mm Durchmesser). Die zugehörigen festen Teile der Lagerung bestehen aus einem Lochstein, durch den der Zapfen hindurchtritt, und einem Deckstein, der die axialen Kräfte aufnimmt (Abb. 10). Die Reibung derartig gelagerter Meßwerke ist erheblich größer als die Reibung spitzengelagerter Meßwerke. Jedoch ist diese Art der Lagerung unwahrscheinlich widerstandsfähig und von langer Lebensdauer bei ziemlich gleichbleibender Lagerungsqualität. Insbesondere bei Registrierinstrumenten, bei denen die Reibung der Feder auf dem Papier ein Vielfaches der Lagerreibung ist, ist die

Zapfenlagerung angebracht. Die Zapfen bestehen aus harten Edelstählen, die Loch- und Decksteine im allgemeinen aus Saphiren. Gute Erfahrungen hat man auch mit Loch- und Decksteinen aus makromolekularen Kunststoffen (beispielsweise Teflon) gemacht. Der Reibungskoeffizient zwischen poliertem Stahl und Teflon ist niedrig, und die Vermeidung von Rasselgeräuschen ist vorteilhaft, die sonst bei Wechselstrommeßwerken durch die unvermeidliche Vibration infolge der Wechselstrombeaufschlagung gern auftreten.

3.26 Kugellagerung. Die Kugellagerung, die nicht mit dem Kugellager der allgemeinen Lagerungstechnik identisch ist, ist eine Speziallagerung für das tragende Lager von Induktionszählern (vgl. S. 186 und Abb. 181). Der untere Stein ist durchweg federnd gelagert.

4. Der magnetische Kreis des Drehspulinstruments

4.1 Aufbau des magnetischen Kreises

Der magnetische Kreis dient dazu, im Luftspalt eine magnetische Induktion aufrechtzuerhalten. Er besteht grundsätzlich aus zumindest einem Dauermagneten, der den magnetischen Fluß erzeugt, aus Weicheisenteilen, die den Fluß mit geringem magnetischem Widerstand leiten, und dem Luftspalt, in dem sich die Drehspule bewegt. Die erreichbare Induktion im Luftspalt ist um so höher, je energiereicher der Dauermagnet und je kleiner der magnetische Widerstand des Kreises sind. Auch das Kleinhalten des Streuflusses trägt zur Erzielung einer hohen Luftspaltinduktion bei. Abb. 11 zeigt schematisch drei magnetische Kreise. Der Ausnutzungsgrad – das Verhältnis des nutzbaren Flusses im Luftspalt zum Gesamtfluß [vgl. Gl. (14)] – des ersten (Abb. 11a) liegt nur bei etwa 18 %; die Induktion im Luftspalt beträgt etwa 150 mT (1500 Gauß). Der zweite Kreis (Abb. 11b) ist streuarm aufgebaut und hat wesentlich energiereichere Magnete (schraffiert). Bei einem Ausnutzungsgrad von etwa 50% werden im Luftspalt Induktionen von rund 400 mT erreicht. Der magnetische Kreis eines Kernmagnetmeßwerkes (Abb. 11c) erzielt sogar einen Ausnutzungsgrad von rund 85%. Die Induktion im Luftspalt liegt allerdings nur bei etwa 200 mT, weil die Kernabmessungen das Magnetvolumen begrenzen. Meßwerke mit magnetischen Kreisen gemäß Abb. 11b und 11c sind infolge ihrer geschlossenen Bauweise unempfindlich gegen den Einfluß magnetischer Fremdfelder.

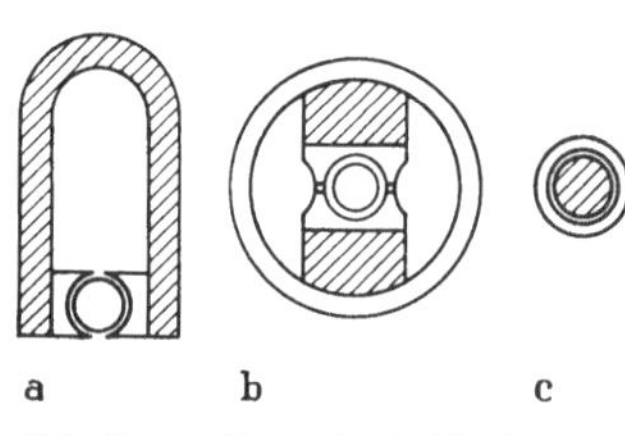

Abb. 11 a–c. Magnetische Kreise von Drehspulmeßwerken

4.2 Entmagnetisierungskurve

Die Entwicklung auf dem Gebiet der Dauermagnetwerkstoffe hat zu immer stärkeren Magneten geführt. Die früher üblichen Wolfram-, Chrom- und Kobaltstähle sind durch Al-Ni- und Al-Ni-Co-Stähle abgelöst worden (Tab. IX). Zur Beurteilung der magnetischen Eigenschaften bedient man sich der Magnetisierungskurve, d.h. der Abhängigkeit der magnetischen Induktion B von der Feldstärke H (Abb. 12). Die von der Hysteresekurve umschlossene Fläche ist ein Maß für die Ummagnetisierungsarbeit[1]. Die neuerdings von DIN empfohlenen Einheiten (T = Vs/m² und A/m) lassen klar erkennen, daß das Produkt von T und A/m die Einheit einer (auf ein Volumen bezogen) Arbeit bzw. Energie ergibt. Dennoch sollen bei der Magnetbetrachtung die früher üblichen Einheiten Gauss und Oersted verwendet werden, weil die Tabellen der Magnethersteller diese enthalten. Da Dauermagnete meist nur einmal aufmagnetisiert werden, interessiert nur der linke obere Quadrant der Abb. 12. In Abb. 13 sind die Entmagnetisierungskurven[2] und die Kurven des magnetischen Energieinhalts für Chromstahl, Kobaltstahl und Al-Ni-Stahl eingezeichnet. Den Schnittpunkt mit der Ordinate bezeichnet man als Remanenz B_R, den mit der Abszisse als Koerzitivkraft[3] H_C. Rechnet man den Energieinhalt über der Entmagnetisierungskurve aus, so erhält man bei den Schnittpunkten mit der Ordinate und Abszisse jeweils Null und dazwischen ein Maximum.

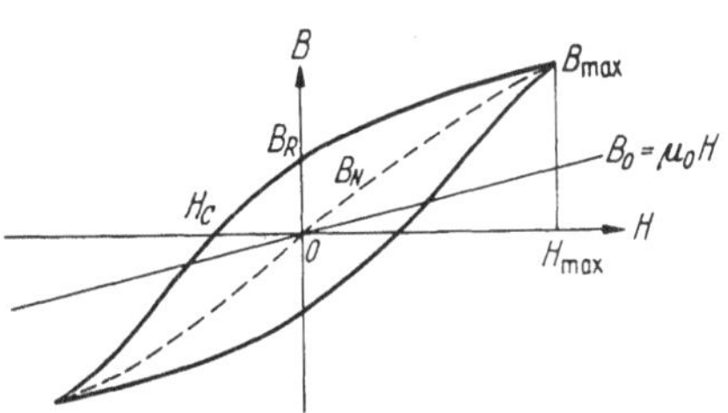

Abb. 12. Induktion B für Magnete als Funktion der Feldstärke H. B_N Neukurve; B_R Remanenz; H_C Koerzitivfeldstärke (Koerzitivkraft)

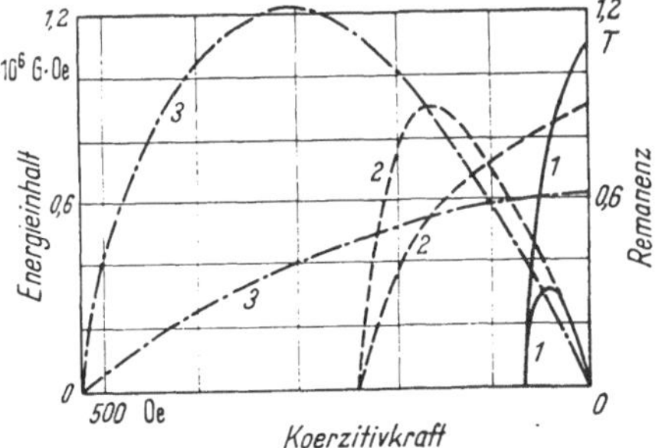

Abb. 13. Entmagnetisierungskurven $B = f(H)$ und Kurven des magnetischen Energieinhalts $B \cdot H$ für *1* Cr-Stahl, *2* Co-Stahl und *3* Al-Ni-Stahl (aus MOERDER, Drehspulinstrumente)

4.3 Berechnung des magnetischen Kreises

4.31 Magnetische Spannung. Wird der geringe Einfluß der Polschuhe bzw. Rückschlüsse aus weichem Eisen außer Betracht gelassen, so läßt

[1] MOERDER, C.: Grundlagen der Drehspulinstrumente und verwandter Systeme, Düsseldorf: G. Braun 1960.

[2] Als Entmagnetisierungskurve bezeichnet man das Stück der Magnetisierungskurve, das sich im linken oberen Quadranten befindet.

[3] Koerzitivfeldstärke (nach DIN 1325) und Koerzitivkraft (eingebürgert) sind gleichbedeutend.

sich für die Aufteilung der magnetischen Spannung schreiben:

$$H_C l_M = H_M l_M + H_L l_L \tag{12}$$

Dabei sind:

l	Länge der mittleren Flußlinie	Index M:	des Magneten
H	magnetische Feldstärke	Index L:	des Luftspalts

Gl. (12) sagt aus, daß die vom Magneten erzeugte magnetische Spannung gleich der Summe der magnetischen Spannungen ist, die notwendig sind, den magnetischen Fluß durch den Magneten und den Luftspalt zu treiben. Dabei ist der Anteil der für den Luftspalt ($\mu_r = 1$) notwendigen Spannung entsprechend dem reziproken Permeabilitätszahlverhältnis größer als der für den Magneten ($\mu_r = 4 \cdots 50$).

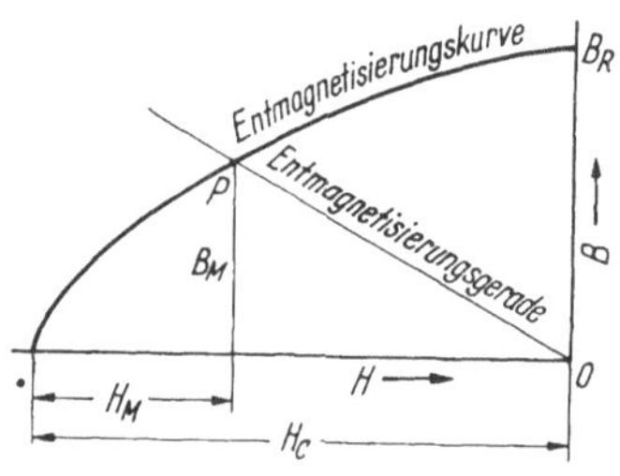

Abb. 14. Entmagnetisierungskurve und Entmagnetisierungsgerade. H_C Koerzitivfeldstärke; H_M vom Magneten verbrauchte Feldstärke; B_M Induktion des Magneten am Arbeitspunkt P

4.32 Magnetvolumen. Um das Magnetvolumen

$$V_M = A_M l_M \tag{13}$$

errechnen zu können, führen wir den Ausnutzungsgrad η des magnetischen Kreises ein:

$$\eta = \frac{\Phi_L}{\Phi_M} = \frac{B_L A_L}{B_M A_M} \tag{14}$$

Beachtet man außerdem, daß

$$(H_C - H_M)\, l_M = B_L\, l_L / \mu_0 \tag{15}$$

ist [vgl. Gl. (12)], dann ist:

$$V_M = V_L \frac{B_L^2}{(H_C - H_M)\, B_M \,\eta\, \mu_0} \tag{16}$$

Dabei sind:

V_L Volumen des Luftspalts; $V_L = A_L l_L$, wobei A_L die Querschnittfläche des Luftspalts ist
B_L Induktion im Luftspalt; $B_L = \Phi_L / A_L$
B_M Induktion im Magneten; $B_M = \Phi_M / A_M$
μ_0 Induktionskonstante; $\mu_0 = 1$ Gauss/Oersted oder $\mu_0 = 1{,}256 \cdot 10^{-6}$ H/m

Gl. (16) ist zu entnehmen, daß bei gegebenem Luftspaltvolumen V_L und bestimmter Luftspaltinduktion B_L der Magnet dann das kleinste Volumen zu haben braucht, wenn der Nenner, d.h., praktisch das Produkt $(H_C - H_M)\, B_M$ ein Maximum wird. Dieses Produkt stellt aber nichts anderes dar als den Energieinhalt des Magnetmaterials an dem sogenannten Arbeitspunkt; das ist der Punkt der Entmagnetisierungskurve, an dem der Magnet betrieben wird.

4.33 Arbeitspunkt. Der optimale Arbeitspunkt liegt an der Stelle des maximalen Energieinhalts (vgl. Abb. 13). Neuerdings wird daher auch meist außer der Entmagnetisierungskurve die Kurve des magnetischen Energieinhalts aufgetragen. Um die Magnetdimensionierung zu finden, bei der man an der Stelle des optimalen Punktes arbeitet, bedient man sich der sogenannten Entmagnetisierungsgeraden, welche durch die folgende, aus den Gl. (14) und (15) erhaltene Gleichung bestimmt wird:

$$B_M = (H_C - H_M)\frac{\mu_0}{\eta}\frac{A_L l_M}{A_M l_L} \qquad (17)$$

Die Entmagnetisierungsgerade nach Gl. (17) ist in Abb. 14 eingezeichnet. Sie schneidet die Entmagnetisierungskurve im Arbeitspunkt P, der dann mit dem optimalen Arbeitspunkt P_{opt} zusammenfällt, wenn

$$\left(\frac{l_L}{l_M}\right)_{opt} = \frac{A_L}{A_M}\frac{\mu_0}{\eta}\frac{(H_C - H_M)_{opt}}{(B_M)_{opt}} \qquad (17a)$$

ist.

Bei den modernen energiereichen Magnetmaterialien ist $\mu_0(H_C - H_M)_{opt}$ stets groß gegen B_{opt}. Deshalb können die Magnete kurz sein. Verglichen mit der Bauweise älterer Drehspulinstrumente sind moderne Meßwerke klein und dennoch leistungsfähiger als früher.

4.34 Entmagnetisierungsfaktor und Scherung. Ein Teil der aus der Nordpolfläche heraustretenden Kraftlinien kehrt bei einem nicht in sich geschlossenen Magneten nicht durch die umgebende Luft, sondern durch das Magnetmaterial selbst zur Südpolfläche zurück. Diese Kraftlinien haben – verglichen mit der Magnetisierungsrichtung – die falsche Richtung und schwächen den Dauermagneten. Der sogenannte Entmagnetisierungsfaktor N_M ist ein Maß für diese Erscheinung; er hängt vom Dicken-Längen-Verhältnis ab: Bei dicken, kurzen Magneten ist N_M groß, bei langen, dünnen klein. N_M errechnet sich beim Dauermagneten zu:

$$N_M = \mu_0 \frac{H_C - H_M}{B_M}. \qquad (18)$$

Unter Berücksichtigung von Gl. (17) läßt sich schreiben:

$$N_M = \eta \frac{A_M l_L}{A_L l_M} \qquad (19)$$

Praktisch hat der Entmagnetisierungsfaktor die Bedeutung, daß eine Korrektur der $B = f(H)$-Kurve vorgenommen werden muß, die als Scherung bezeichnet wird. Alle Abszissen der Magnetisierungskurve werden um die Beträge der Scherung verringert. Damit erhält man bei magnetischen Kreisen mit Luftspalt die gescherte Kurve

$$B_M = f(H_M)$$

4.4 Technologie des magnetischen Kreises

4.41 Dauermagnet. Die modernen Dauermagnetmaterialien (Alnico) sind sehr hart und spröde; sie lassen sich nur durch Schleifen bearbeiten. Entweder werden die Magnete gegossen oder unter Einwirkung von Druck (bis 8 Mp/cm²) und Temperatur (etwa 1300 °C) gesintert. Gesinterte Magnete haben vor gegossenen den Vorzug, frei von Lunkern und Rissen zu sein, die unter Umständen die magnetischen Eigenschaften erheblich beeinträchtigen.

Läßt man den Guß in einem starken Magnetfeld erstarren, so erreicht man eine stärkere Magnetisierung als nach dem Aufmagnetisieren nichtgerichteter Magnete. Die Richtung, in der das Magnetfeld beim Erkalten des Gusses eingewirkt hat, bezeichnet man als Vorzugsrichtung des Magnets. Bei den herkömmlichen Magneten kannte man auch schon Vorzugsrichtungen, die durch die Walztextur erreicht wurden.

Schließlich stellt man auch noch Magnete her, indem man das Magnetmaterial pulverisiert, mit Bindemittel mischt und diese Masse in Formen preßt. Diese sogenannten Tromalitmagnete sind gut maßhaltig und bedürfen keiner nachträglichen Bearbeitung. Sie werden gern für Massenfabrikate verwendet, wenn keine besonders hohen Ansprüche an den magnetischen Energieinhalt gestellt werden.

4.42 Weicheisenpolschuhe und -rückschlüsse. Die Weicheisenpolschuhe und -rückschlüsse sind so zu dimensionieren, daß die in ihnen entstehende Induktion nicht den Sättigungswert erreicht. Die Verbindung mit den Magneten muß fest und dauerhaft sein. Zur Vermeidung unnötigen magnetischen Widerstands ist auf ebene Auflageflächen zu achten. Die Weicheisenpolschuhe oder -rückschlüsse werden am Magneten angelötet, angeklebt oder angeschraubt. Die Polbohrung und der Kern müssen exakt gedreht und zentriert sein, damit die Feldverteilung im Luftspalt homogen wird. Schließlich werden die Magnete, Polschuhe, Rückschlüsse und Kerne zum Schutz ihrer Oberfläche mit eisenfreiem Lack gespritzt.

4.43 Aufmagnetisierung. Die Aufmagnestisierung der Magnete soll möglichst nach der Montage des magnetischen Kreises erfolgen. Man strebt sogar bei manchen Instrumententypen an, erst das komplette Meßwerk aufzumagnetisieren. Dadurch wird erstens die Montagearbeit einfacher, und zweitens besteht die Möglichkeit, höhere Werte der Induktion im Luftspalt zu erreichen. Zum Magnetisieren benutzt man Magnetisierungseinrichtungen, die mit hohen Gleichstromstößen arbeiten. Entweder zieht man dazu das magnetische Feld eines vom Gleichstrom durchflossenen Leiters direkt heran, oder man bringt das aufzumagnetisierende Objekt in den Luftspalt eines kräftigen Elektromagneten.

Den Wert der Luftspaltinduktion nach dem vollen Aufmagnetisieren des magnetischen Kreises bezeichnet man als remanenten Wert. Nimmt man dann an dem Kreis irgendeinen Eingriff vor, also entfernt man beispielsweise den Kern, so ist nach dessen Wiedereinsetzen der Wert der Luftspaltinduktion geringer als zuvor. Dieser „permanente" Wert kann – um einen Anhaltspunkt zu vermitteln – um etwa 20% tiefer liegen kann als der remanente.

Abb. 15. Einfach symmetrisches Außenmagnetmeßwerk (H & B)

4.5 Beispiele ausgeführter Drehspulmeßwerke

4.51 Einfach symmetrisches Außenmagnetmeßwerk. Abb. 15 zeigt ein Außenmagnetmeßwerk. Die Weicheisenpolschuhe sind an den Quader (rechts) aus Alnico angelötet, dessen Magnetisierungsrichtung senkrecht zu den Lötflächen verläuft. Vom vorderen Polschuh ist ein Stück weggeschnitten, damit man die im Luftspalt drehbare Spule sieht. Es ist hier zwar eine Kreuzspule dargestellt, in der gleichen Ausführung werden aber auch Drehspulmeßwerke gebaut.

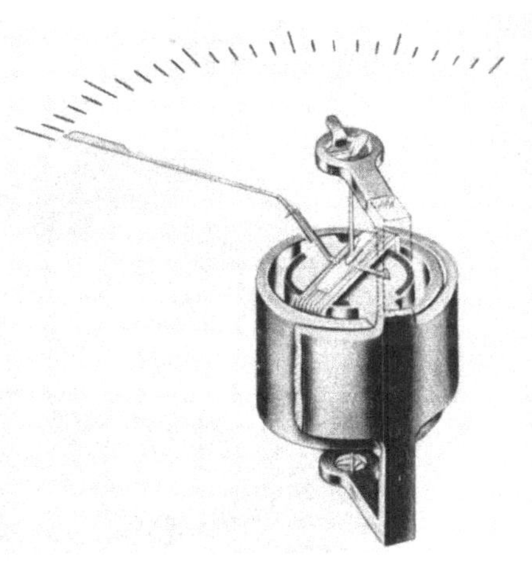

Abb. 16. Kernmagnetmeßwerk (H & B)

4.52 Kernmagnetmeßwerk. Abb. 16 zeigt ein Kernmagnetmeßwerk. Wie der Name sagt, ist der Kern der Dauermagnet, der in Richtung eines Durchmessers (senkrecht zum Zeiger bei halbem Ausschlag) magnetisiert ist. Der Zylinderring stellt den Weicheisenrückschluß dar. Der Meßwerkträger aus Spritzguß ist am magnetischen Kreis unbeteiligt. Legt man Wert auf eine gleichmäßige Feldverteilung im Luftspalt und damit auf eine lineare Skalencharakteristik, so muß man auf den Kernmagneten Weicheisenkalotten aufsetzen, welche die Induktion im Luftspalt homogenisieren.

4.53 Unipolares Meßwerk. Abb. 17 zeigt ein Drehspulmeßwerk für Kreisskaleninstrumente. Hierbei ist die unipolare Ausführung erforderlich, weil sich bei bipolaren Ausführungen nur kleinere Ausschlagwinkel als 180° erzielen lassen. An den Flanken des magnetischen Kreises (rechts und links) sitzen die Permanentmagnete. Von da geht der magnetische Fluß durch den hinteren Weicheisensteg zum mittig daran befestigten Hakenpol. Dann durchsetzt er den Luftspalt, wird vom Schenkelpol aufgenommen und zum vorderen Steg geleitet, der ihn je zur Hälfte zum linken und rechten Dauermagneten zurückführt. Im Luftspalt dreht sich eine Flanke der exzentrisch zur Drehachse angeordneten Drehspule.

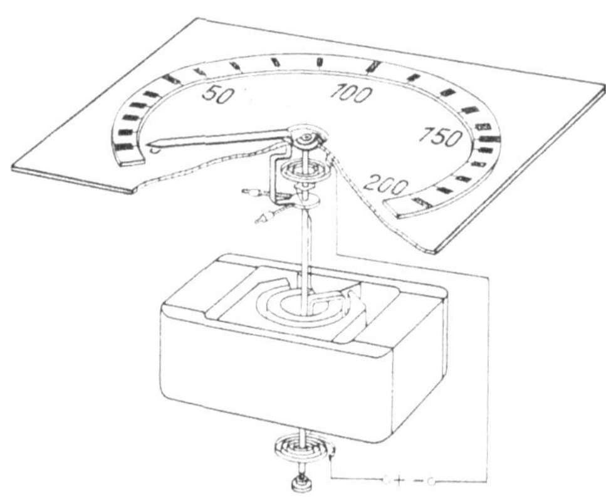

Abb. 17. Unipolares Meßwerk

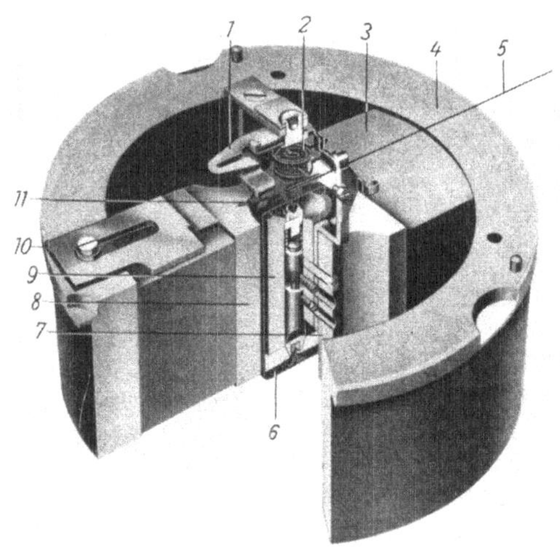

Abb. 18. Doppelt symmetrisches Außenmagnetmeßwerk (AEG)

4.54 Doppelt symmetrisches Außenmagnetmeßwerk. In Abb. 18 ist schließlich ein doppelt symmetrisches Außenmagnetmeßwerk dargestellt, welches sich durch die elegante Montage seines magnetischen Kreises auszeichnet. Die beiden Permanentmagnete *3* stützen sich auf die Polschuhe *8* ab, die zu beiden Seiten des Kerns *9* mittels unmagnetischer Distanzstücke *7* mechanisch miteinander verbunden sind. Der Weicheisenjochring *4*, von dem im Bild zur Gewährung einer guten Sicht ein Teil weggelassen ist, wird in warmem Zustand aufgebracht. Nach dem Abkühlen hält er infolge seiner zurückgegangenen Wärmedehnung den magnetischen Kreis fest zusammen. Außer den allgemein üblichen Bauteilen wie Nullstellhebel *1*, Spiralfeder (Stromzuführung) *2*, Zeiger *5*, Drehspule *6* und Balanciergewichte *11* ist hier besonders der magnetische Nebenschluß *10* gut zu sehen. Er kann verstellt werden und dient dazu, einen gewissen Prozentsatz (2···12%) des Flusses am Luftspalt vorbeizuleiten. Dadurch ist eine einfache Justierung der Empfindlichkeit möglich, die ja bekanntlich von Instrument zu Instrument etwas unterschiedlich ausfällt.

4.6 Weitere Eigenschaften des magnetischen Kreises

4.61 Temperaturgang. Abb. 19 zeigt die Abhängigkeit der Remanenz B_R und der Koerzitivkraft H_C einiger Magnetmaterialien von der Temperatur. Es handelt sich dabei um den irreversiblen Abfall beider Werte: Die Elementarmagnete verlieren ihre beim Magnetisieren aufgezwungene Richtung, die sie bei der nachfolgenden Abkühlung nicht wieder einnehmen. Die Remanenz von Al-Ni-Stählen wird erst bei Temperaturen über 250 °C, die Koerzitivkraft gar erst oberhalb 650 °C geschwächt. Neben der irreversiblen Temperaturabhängigkeit ist auch die reversible Temperaturabhängigkeit zu beachten, die bei W- und Co-Stählen in Höhe von (2···5) 10^{-4}/grd zwischen − 70 und + 100 °C liegt. Man kann ihrer Auswirkung auf die Luftspaltinduktion durch die Anordnung eines magnetischen Nebenschlusses aus einem Material mit einer bei Temperaturanstieg fallenden Permeabilitätszahl begegnen (Thermoperm).

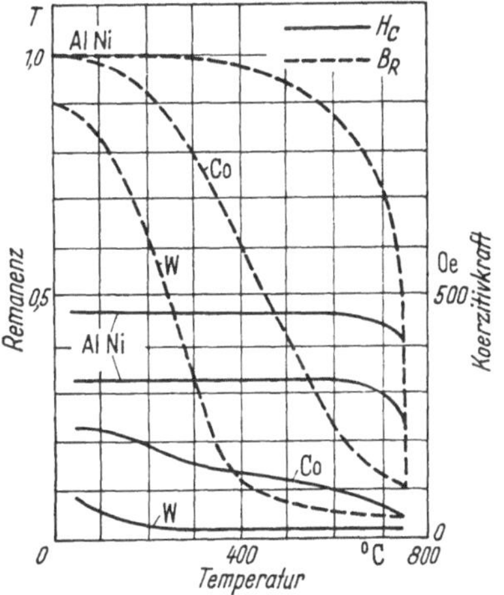

Abb. 19. Koerzitivkraft und Remanenz als Funktion der Anlaßtemperatur für W-Stahl, Co-Stahl und Al-Ni-Stahl (aus VDI-Zeitschrift)

4.62 Alterung. Ein Nachlassen von Koerzitivkraft und Remanenz der Permanentmagnete im Laufe der Zeit ist insofern kritisch, als die

Eichung der Drehspulinstrumente direkt von der Konstanz der Induktion im Luftspalt abhängt. Man nimmt daher einen künstlichen Alterungsprozeß vor, indem man den Magneten einem Temperaturzyklus zwischen $-65\,^\circ$C und $+20\,^\circ$C aussetzt oder ihn im Wechselfeld schwächt. Die Erfahrung hat gezeigt, daß dabei eine größere Schwächung als um 15% zur Instabilität der Induktion führt. Wird eine schwächere Induktion gebraucht, so ist es günstiger, vorher nicht voll aufzumagnetisieren. Ferner hat sich herausgestellt, daß die Anwendung einer einzigen Alterungsart genügt, also entweder der Temperatur- oder der Wechselfeldalterung.

Die natürliche Alterung läuft logarithmisch mit der Zeit: Die Alterung im ersten Jahr ist etwa so groß wie die in den folgenden 10 Jahren. Orientierte Ba-Ferrit-Magnete haben sich als außerordentlich konstant erwiesen. Prüfungen über ein Jahr ergaben keine meßbare Änderung. Aber auch Al-Ni-Co-Magnete sind gut konstant. Es wird berichtet, daß die Änderungen im ersten Jahr nur einige 10^{-5} betragen. An schlechten Al-Ni-Co-120-Magneten ($B_{\text{opt}} \cdot H_{\text{opt}} = 1{,}2 \cdot 10^6$ G · Oe) wurde im gleichen Zeitraum knapp 2% Änderung festgestellt.

4.63 Induktion im Luftspalt. Die Induktion im Luftspalt liegt im allgemeinen zwischen 100 und 500 mT (1 und 5 kG). Hohe Induktion erhöht die Anfälligkeit der Meßwerke gegen „magnetischen Schmutz". Die Eisenhaltigkeit des Drahtes, der Achse und anderer Bauelemente des beweglichen Organs führt wegen der starken Streufelder zu Störmomenten und Anzeigefehlern, und die Anforderungen an die Sauberkeit der Montageräume steigen rapid. Im Hinblick auf die erzielbare Empfindlichkeit des Meßwerks muß eine hohe Induktion gar nicht unbedingt erforderlich sein, weil unter Umständen dadurch das Meßwerk zu stark gedämpft wird und somit eine zu große Beruhigungszeit beansprucht (vgl. S. 27).

5. Das bewegliche Organ

5.1 Schwingungsgleichung

Der Betrachtung wird die weitaus am häufigsten anzutreffende Ausführung des beweglichen Organs mit einem Freiheitsgrad der Rotation zugrunde gelegt. Für die Bewegung gilt dann, daß in jedem Augenblick die Summe der Produkte aus Trägheitsmoment und Winkelbeschleunigung, Dämpfungsfaktor und Winkelgeschwindigkeit sowie Drehvermögen und Ausschlagwinkel dem auslenkenden Moment gleich sind:

$$J\ddot{\alpha} + p\dot{\alpha} + D\alpha = M \tag{20}$$

Dazu die Einheiten:

$$\frac{\text{Ws}^3}{\text{rad}}\,\frac{\text{rad}}{\text{s}^2} + \frac{\text{Ws}^2}{\text{rad}}\,\frac{\text{rad}}{\text{s}} + \frac{\text{Ws}}{\text{rad}}\,\text{rad} = \text{Ws}$$

In Gl. (20) bedeuten:

J Axiales Trägheitsmoment des beweglichen Organs
p Dämpfungsfaktor
D Drehvermögen (auch Richtmoment genannt)
M Moment [vgl. Gl. (1)]
α Ausschlagwinkel
$\dot{\alpha}$ Winkelgeschwindigkeit
$\ddot{\alpha}$ Winkelbeschleunigung

Das axiale Trägheitsmoment J eines Körpers ist bekanntlich gleich dem Integral über dem Produkt aus einem Masseelement dm und dem Quadrat seines Abstands r von der Drehachse[1]:

$$J = \int r^2 \,\mathrm{d}m$$

Einheiten: $$\mathrm{Ws^3} = \mathrm{m^2 \cdot kg} = \mathrm{m^2} \frac{\mathrm{Ws^3}}{\mathrm{m^2}} \tag{21}$$

Der Dämpfungsfaktor errechnet sich zu:

$$p = \frac{M^2}{I^2 R_0} = \frac{M^2}{P_0} \tag{22}$$

Einheiten: $$\mathrm{Ws^2} = \frac{\mathrm{W^2 s^2}}{\mathrm{A^2 \cdot \Omega}} = \frac{\mathrm{W^2 s^2}}{\mathrm{W}}$$

Hierbei ist R_0 der wirksame Dämpfungswiderstand. Falls die Drehspule nicht auf einen Dämpfungsrahmen gewickelt ist und keine Kurzschlußwindung hat, ist R_0 gleich dem Widerstandswert der Drehspule R_{Sp} plus dem der daran angeschlossenen Meßschaltung R_M. I ist derselbe Strom, der auch in der Gl. (1) für das Moment eingesetzt wird. $P_0 = I^2 R_0$ ist die Dämpfungsleistung. Bei empfindlichen Drehspulinstrumenten ist eine Dämpfung allein infolge des Spulen- und Meßschaltungswiderstands hinreichend, und man verwendet freigewickelte Drehspulen. Bei unempfindlichen Drehspulinstrumenten braucht man dagegen zur Erzielung einer ausreichenden Dämpfung einen Kurzschlußrahmen aus Kupfer oder Aluminium, auf den die Drehspule gewickelt wird.

Das Drehvermögen D eines beweglichen Organs wird schließlich durch die richtmomenterzeugenden Bauelemente bestimmt (z.B. Spiralfedern, Spannbänder oder Aufhängebänder). Das Drehvermögen eines Bands errechnet sich nach Gl. (11), das einer Spiralfeder beträgt:

$$D = \frac{E}{12} \frac{b h^3}{l} \tag{23}$$

Einheiten: $$\mathrm{kpcm} = \frac{\mathrm{kp/cm^2}}{1} \frac{\mathrm{cm \cdot cm^3}}{\mathrm{cm}}$$

[1] Die Berechnung von J aus Gl. (21) ist umständlich. Daher bestimmt man J meist aus Gl. (26), denn D und T_0 lassen sich leicht messen.

Dabei sind:

E Elastizitätsmodul des Federmaterials
b Federbandbreite (größere Querschnittseite)
h Federbandhöhe (kleinere Querschnittseite)
l Federbandlänge

5.2 Dämpfung

Die Einführung des Dämpfungsgrads

$$\delta = \frac{p}{2\sqrt{DJ}} \tag{24}$$

Einheiten: $$1 = \frac{\text{Ws}^2\,\text{rad}^{-1}}{1\sqrt{\text{Ws rad}^{-1}\cdot\text{Ws}^3\text{rad}^{-1}}}$$

hat sich als förderlich erwiesen. Die Kombination von Gl. (22) und Gl. (24) ergibt:

$$\delta = \frac{M^2}{2\,P_0\sqrt{DJ}} \tag{25}$$

Der Dämpfungsgrad wächst mit dem Quadrat des Moments und nimmt ab mit der Dämpfungsleistung sowie der Wurzel aus dem Drehvermögen und dem Trägheitsmoment. Dabei ist allerdings der Zusammenhang zwischen dem Moment und dem Drehvermögen sowie das Enthaltensein von I^2 sowohl in M^2 als auch in P_0 zu bedenken.

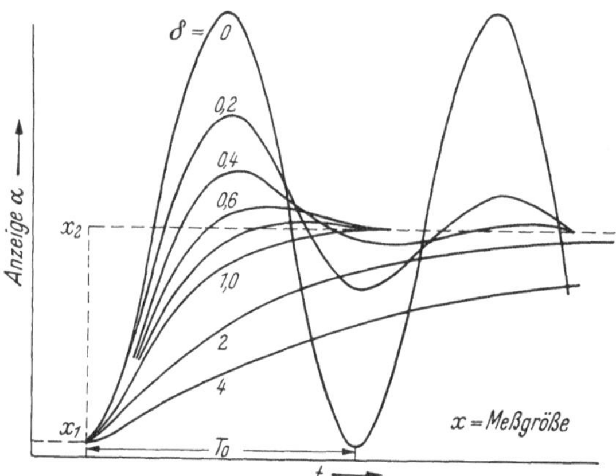

Abb. 20. Anzeige als Funktion der Zeit bei verschiedenen Dämpfungsgraden δ

Die Lösung der Gl. (20) führt zu den Schwingkurven eines beweglichen Organs. In Abb. 20 ist der Ausschlagwinkel α als Funktion der Zeit t aufgetragen. Als Parameter dient der Dämpfungsgrad δ. Wenn $\delta = 0$ ist, wird keine Dämpfungsenergie verbraucht, und das System schwingt beliebig lange mit konstanter Amplitude. Ist $0 < \delta < 1$

(periodisches Gebiet), so stellt sich das bewegliche Organ mit wenigstens einer Überschwingung ein. Im Fall $\delta = 1$, dem sogenannten aperiodischen Grenzfall, erfolgt die kürzestmögliche überschwingungsfreie Einstellung. Ist schließlich $\delta > 1$, so geht der Zeiger aperiodisch in seine Endlage (er kriecht). Die Beruhigungszeit[1] t_B nimmt mit wachsendem Dämpfungsgrad wieder zu. Sie hat beim Dämpfungsgrad $\delta = 0{,}8$ ein Minimum (Abb. 21). Darf bei einem bestimmten Instrument die Beruhigungszeit einen vorgeschriebenen Größtwert nicht überschreiten (4 s für eine bestimmte Kategorie von Instrumenten laut VDE), so ist damit seine Eigenschwingungsdauer bestimmt, deren höchstmöglicher Wert ($T_{0\,\max}$) beim Dämpfungsgrad 0,8 erreicht wird. Die Periodendauer der Eigenschwingung des ungedämpften Systems errechnet sich zu:

$$T_0 = \frac{2\pi}{\omega_0} = 2\pi \sqrt{\frac{J}{D}} \qquad (26)$$

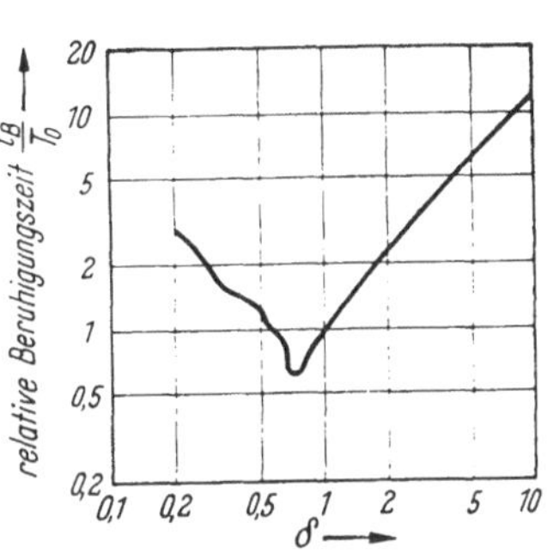

Abb. 21. Relative Beruhigungszeit t_B/T_0 als Funktion des Dämpfungsgrads δ (aus MOERDER, Drehspulinstrumente)

Das bewegliche Organ schwingt also um so langsamer, je größer sein Trägheitsmoment und je kleiner sein Drehvermögen sind. Da hochempfindliche Instrumente ein kleines Drehvermögen haben, werden sie immer eine hohe Eigenschwingungsdauer aufweisen.

Die Schwingungsdauer T der gedämpften Schwingung beträgt:

$$T = \frac{T_0}{\sqrt{1 - \delta^2}} \qquad (27)$$

Die Dämpfung verlangsamt also die Schwingung.

6. Skale und Zeiger

6.1 Skale

Die *Skale* eines Meßgerätes ist strenggenommen nur die Teilung und ihre Bezifferung; es hat sich jedoch eingebürgert, unter dem Begriff „Skale“ auch die Unterlage der Aufteilung, ein Blech aus Aluminium, Zink, Messing oder Eisen, oder auch eine Scheibe aus Hartpapier, zu verstehen. Diese Unterlage ist meist mit weißem Papier oder Lack überzogen, auf welche die Teilung und die Bezifferung schwarz aufgebracht werden, um einen möglichst großen Kontrast zu erzielen.

[1] Als Beruhigungszeit t_B ist die Zeit definiert, die zwischen dem Einschalten einer bestimmten Meßgröße und der endgültigen Anzeige ihres Werts mit einer Toleranz von $\pm$ 1,5% der Skalenlänge verstreicht.

Bei ortsfest eingebauten Überwachungsinstrumenten (Schalttafelinstrumenten) sind außer schwarzen Teilungen auf weißem Grund auch gelbe Teilungen auf schwarzem Grund und weiße Teilungen auf schwarzem Grund eingeführt. Die Meinungen über die Farbkombination, die die beste Ablesemöglichkeit ergibt, sind verschieden.

Die Teilstriche der Skalenteilungen sind dem Verwendungszweck angepaßt. Feinteilungen für Präzisionsinstrumente haben eine Strichstärke von etwa 0,1 mm und einen Strichabstand von etwa 1 mm. Bei Grobteilungen beträgt die Strichstärke etwa 1 mm und der Strichabstand etwa 5 mm, mitunter auch wesentlich mehr. Durch Kombination von Hauptstrichen in Grobteilung und Zwischenstrichen in Feinteilung entsteht die „kombinierte Teilung". Durch unterschiedliche Strichlänge wird die Übersichtlichkeit erhöht; insbesondere die 5er- und die 10er-Striche werden länger ausgeführt (Abb. 22a–c)[1].

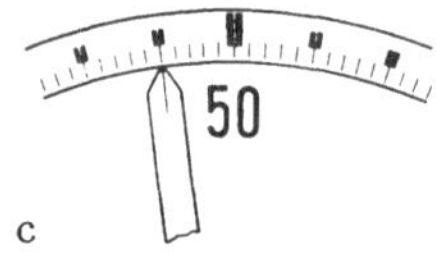

c

Abb. 22a–c. a) Grob-Fein-Teilung und Messerbalkenzeiger; b) Feinteilung für Präzisionsinstrumente, Rohrzeiger mit eingesetzter Nadel und Spiegelbogen; c) Grob-Fein-Teilung in Höhe der Oberfläche des Balkenzeigers

6.2 Zeiger

Der *Zeiger* wird der Skalenteilung entsprechend ausgebildet. In Verbindung mit einer Feinteilung wird ein Rohrzeiger mit eingesetzter Nadel als Zeigerspitze (etwa 15 mm lang, 0,12 mm Durchmesser) verwendet. Zur genauen Ablesung des angezeigten Skalenwertes muß die über der Skalenteilung schwebende Zeigerspitze aus einer zur Skale senkrechten Richtung beobachtet werden. Bei schräger Blickrichtung wird ein falscher Skalenwert abgelesen (Fehler durch Parallaxe). Um das senkrechte Ablesen zu erleichtern, wird die Skale mit einem Spiegelbogen unterlegt. Deckt sich der Zeiger mit seinem Spiegelbild, dann befindet sich das Auge in richtiger Blickrichtung (Abb. 22b u. 36b).

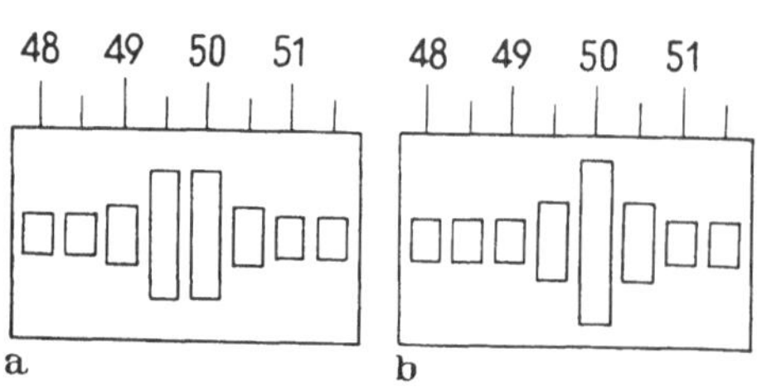

Abb. 23a u. b. Skalenbilder eines Zungenfrequenzmessers. a) Anzeige 49,75 Hz; b) Anzeige 50,0 Hz

Dem Wesen der kombinierten Teilung für Nah- und Fernablesung entspricht der Messerbalkenzeiger (Abb. 22a). Zur Vermeidung des Feh-

[1] DIN 43802 Bl. 1···6.

lers durch Parallaxe bei der Ablesung wird mitunter eine erhabene Skalenteilung angewendet, so daß Skalenteilung und Zeiger in einer Ebene liegen (Abb. 22 c u. 33).

6.3 Lichtmarke

Die *Lichtmarke* an Stelle einer Zeigerspitze vermeidet ebenfalls den Fehler durch Parallaxe. Dies ist aber nur einer der Gründe für die zunehmende Verbreitung des Lichtzeigers. Die meßtechnischen Eigenschaften des Meßinstrumentes bei Verwendung eines Lichtzeigers sind im allgemeinen günstiger als bei Verwendung eines Massezeigers, insbesondere ist das Systemgewicht mit einem Spiegel kleiner. Auch die Einstelleigenschaften sind bei Verwendung des Lichtzeigers günstig, da der Spiegel seine gesamte Masse in der Nähe der Drehachse konzentriert.

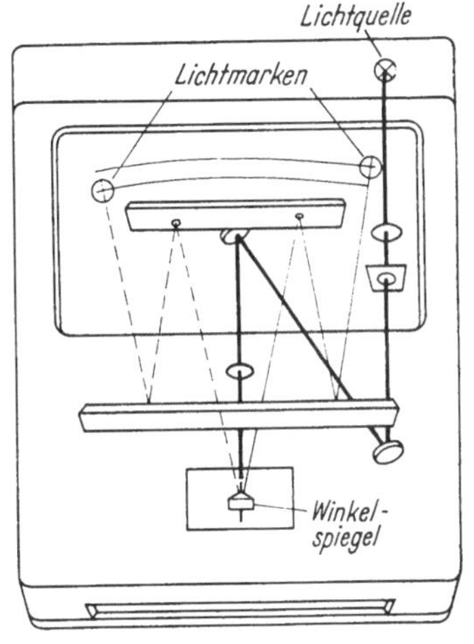

Abb. 24. Strahlengang eines Lichtmarkeninstruments (Lichtquelle, Kondensor, Objekt, 2 Spiegel, Abbildungslinse, Winkelspiegel als Meßwerkspiegel, 2 Umlenkspiegel, Skale)

Diese Vorzüge der Lichtmarkenanzeige haben seit langem bei Meßinstrumenten mit Großanzeige und bei empfindlichen Meßinstrumenten zur Lichtzeigeranordnung geführt. Neuerdings werden auch Präzisionsmeßinstrumente mit Lichtzeiger ausgerüstet. Notwendig ist allerdings eine Lichtquelle, die durch Netzanschluß, seltener aus einer eingebauten Batterie, gespeist wird. Das Licht der Lichtquelle fällt über den an der Meßwerkachse befestigten Drehspiegel auf die Skale (Abb. 24). In den Strahlengang wird eine Kreislochblende mit Faden (mitunter auch mit Dreieckspitze) als Objekt eingebaut, das auf der Skale eine helle, die Ablesung erleichternde, kreisrunde Lichtmarke mit dunklem, den Meßwert anzeigenden, senkrechten Strich (oder Dreieckmarke) erscheinen läßt. Das in Abb. 37 gezeigte tragbare Laboratoriumsinstrument nutzt außerdem die Möglichkeiten, die ein Lichtzeiger bietet, zu einer künstlichen Verdoppelung der Skalenlänge aus. Der Meßwerkspiegel besteht aus zwei, nicht ganz im gestreckten Winkel stehenden Spiegelflächen. Das Instrument hat eine obere und eine untere Skale. Ist die Lichtmarke, die von der einen der beiden Spiegelflächen hervorgerufen wird, durch Drehung des Meßwerkspiegels vom Skalennullpunkt bis zum Ende der oberen Skale gelaufen, so erscheint eine zweite gleiche Lichtmarke, die von der zweiten Spiegelfläche herrührt, am Anfang der unteren Skale. Das Meßwerk kann sich dann nochmals um denselben Winkel drehen, bis die Lichtmarke am Ende der unteren Skale endgültig den Höchstausschlag zeigt.

Auch ein anderer Weg ist beschritten worden. Abb. 25 zeigt die Projektion einer Skale (Drehskale) auf eine ebene, feststehende und mit einer Strichmarke (Dreieck) versehene Mattscheibe, auf der dann nur ein Skalenausschnitt erscheint. Trotz kleiner Abmessungen der Anzeigefläche kann der Meßwert aus großer Entfernung abgelesen werden. Damit die Drehskale nicht zu schwer und das bewegliche Organ des Meßwerkes hierdurch nicht zu träge wird, muß optisch sehr stark vergrößert werden.

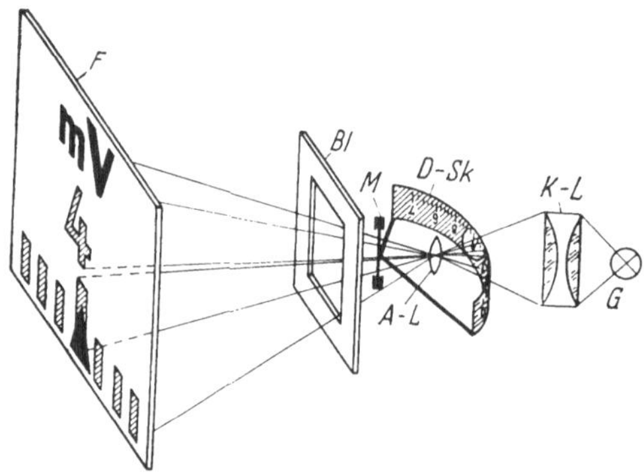

Abb. 25. Projektion einer Drehskale D-Sk. M Meßwerk; A-L Abbildungslinse; K-L Kondensorlinse; G Glühlampe; Bl Blende; F Mattscheibe

6.4 Skalenausführung

Die Länge der Skale ist bei „Profil"-Anzeige, die bei Überwachungsinstrumenten mit Hochskale oder Querskale beliebt ist (Abb. 34 u. 35), durch die Länge des Zeigers begrenzt, es sei denn, es wird eine stärkere Wölbung der Skale zugelassen. Ebene Skalen erfordern große Instrumenttiefe für den verhältnismäßig langen Zeiger.

Unter den Instrumenten mit 90° Zeigerausschlag haben Quadrantinstrumente (Abb. 30) wegen ihrer sinnfälligen Anzeige (waagerechte Zeigerstellung = Meßwert 0, schräge Zeigerstellung = Grad der Belastung) rasch Eingang gefunden.

Die längste Skale mit Massezeiger bei vorgegebener Anzeigefläche wird mit einer Kreisskale (Ausschlagwinkel etwa 270°) erreicht (Abb. 28).

Der mit *0* bezifferte Strich der Skalenteilung wird als *Skalennullpunkt* bezeichnet. Der mechanische Nullpunkt des Instrumentes, auf den sich der Zeiger im abgeschalteten Zustand einstellen will, ist durchaus nicht immer der Skalennullpunkt. Bei Instrumenten mit unterdrücktem Skalennullpunkt erscheint der mit *0* bezifferte Strich der Skalenteilung nicht auf der Skale.

6.5 Skale mit unterdrücktem Nullpunkt

Soll ein Spannungsmesser mit der Skale 0···120 V die Spannung eines 110-V-Netzes anzeigen, so wird er betriebsmäßig unter 100 V praktisch nie benutzt. Es liegt also nahe, den ganzen verfügbaren Winkelausschlag für die Spannung von 100···120 V einzurichten, und den Teil 0···100 V zu unterdrücken. Dieser Wunsch tritt in den verschiedensten Formen recht häufig auf in der Hoffnung, damit die Meßgenauigkeit zu erhöhen und das Gerät besser auszunützen. Eine so weitgehende Unterdrückung ist möglich und wird auch ausgeführt. Man verwendet eine sehr weiche Spiralfeder mit Vorspannung, d.h., da in unserem Beispiel nur 1/6 des Endwertes auf der Skale erscheinen soll, muß die Feder um 5/6 vorgespannt werden (z.B. um $5 \cdot 90° = 450°$). Das Drehmoment dieser Feder soll im Endausschlag z.B. wieder 1 cmp sein, ihr spezifisches Drehmoment beträgt also nur 1/6 desjenigen der normalen Feder; damit sinkt auch die auf S. 11 erläuterte Gütezahl auf 1/6; das Gerät wird erheblich schlechter. Hinzu kommt noch, daß bei abgeschaltetem Gerät der Zeiger durch die vorgespannte Feder links an einem festen Anschlag liegt, der Nullpunkt sich also nicht beobachten oder einstellen läßt. Zur Kontrolle muß man einen Skalenwert mit einem Vergleichsinstrument beobachten. Die Skalenausführung mit unterdrücktem Nullpunkt durch einfache Vorspannung der Spiralfeder bringt also eine Verminderung der Gütezahl des Gerätes mit sich.

Abb. 26. Voltlupe

Den Skalenverlauf kann man noch durch andere Mittel beeinflussen. Durch die Form der Polschuhe läßt sich das Feld, in dem sich die Drehspule bewegt, ungleichförmig gestalten, so daß die Skalenteilung am Ende des Zeigerweges weiter ist als an dessen Anfang. Auch durch die äußere Schaltung läßt sich der Skalenverlauf beeinflussen. In der letzten Zeit sind besonders Schaltungen mit nichtlinearen Widerständen verbreitet. Durch die künstliche Unterdrückung eines Teils der Skale wird hierbei die Meßgenauigkeit nicht erhöht, wohl aber die Ablesegenauigkeit, da die Unterdrückung unwichtiger Skalenbereiche eine Erweiterung der wichtigen Skalenbereiche zur Folge hat. Man kommt daher mit kürzerer Skalenlänge und somit mit kleineren Meßinstrumenten aus (vgl. Abb. 26).

6.6 Skalenaufschrift

Bezüglich der Skalenaufschriften wurden vom VDE ganz bestimmte Vorschriften erlassen. Die Meßgeräte müssen – möglichst auf der Skale, sonst auf dem Gehäuse – die folgenden festgelegten Aufschriften tragen:

„a) Fertigungsnummer bei Instrumenten der Klassen 0,1 bis 0,5 sowie bei schreibenden Meßgeräten und bei Instrumenten mit getrenntem, nicht austauschbarem Zubehör;

Fertigungsnummer oder Herstellungsmonat und -jahr bei tragbaren und kontaktgebenden Instrumenten der Klassen 1 und 1,5;

b) Ursprungszeichen (Lieferfirma);

c) Prüfspannungszeichen (s. Tab. IV, S. 220);

d) Einheit der Meßgröße (A, V oder dgl.);

e) Klassenzeichen, wenn alle Bestimmungen der VDE-Regeln 0410/10.59 erfüllt sind (s. Tab. V, S. 222);

f) Stromartzeichen (s. Tab. IV);

g) Sinnbild des Meßwerks (s. Tab. VI);

h) Angaben über Nennbedingungen, soweit erforderlich (Nennlage, Nenntemperatur, Nennspannung, Nennstrom, Nennfrequenz);

i) bei Instrumenten mit Zubehör die elektrischen Werte für den Skalenendwert ohne Zubehör oder eine Aufschrift, die eindeutig angibt, daß das Instrument nur mit Zubehör zu verwenden ist."

Dazu kommen gegebenenfalls noch Aufschriften, die einen notwendigen Außenwiderstand, einen Hinweis auf die Gebrauchsanweisung oder Angaben über den Schlagwetter- oder Explosionsschutz betreffen. Überdies sind zusätzliche Aufschriften für Strommesser, Spannungsmesser, Leistungsmesser, Meßgeräte für nichtelektrische Größen, Nebenwiderstände, Vorwiderstände und anderes Zubehör vorgeschrieben.

7. Gehäuse

Es sind hier zwei Gruppen zu unterscheiden: Schalttafelgeräte und tragbare Geräte, deren Gehäuse dem besonderen Verwendungszweck angepaßt sind und über deren Vielzahl hier nur ein Überblick gegeben werden soll.

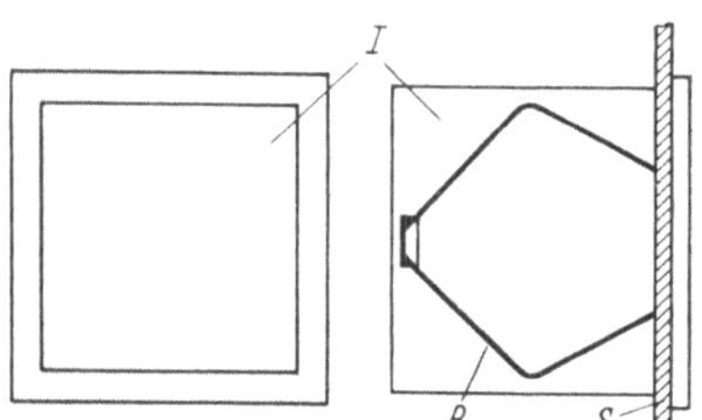

Abb. 27. Schalttafelinstrument für Einbau. *I* Instrument; *S* Schalttafel; *B* Befestigungsfeder

Abb. 28. Quadratisches Kreisskaleninstrument (H & B)

7.1 Schalttafelinstrumente

Schalttafelinstrumente haben fast durchweg Einbaugehäuse, die sich zum Einsetzen in eine Schalttafel oder ein anderes größeres Gerät eignen (Abb. 27). In besonderen Fällen sind sie mit einem Aufbaugehäuse zur

Befestigung auf einer Wand oder auf einer Schalttafel versehen. Schalttafelinstrumente haben meist runde, quadratische oder rechteckige Gehäuseformen. Quadratische Instrumente können dicht an dicht gesetzt werden (Abb. 29). Die Frontrahmenabmessungen sind nach DIN 43700

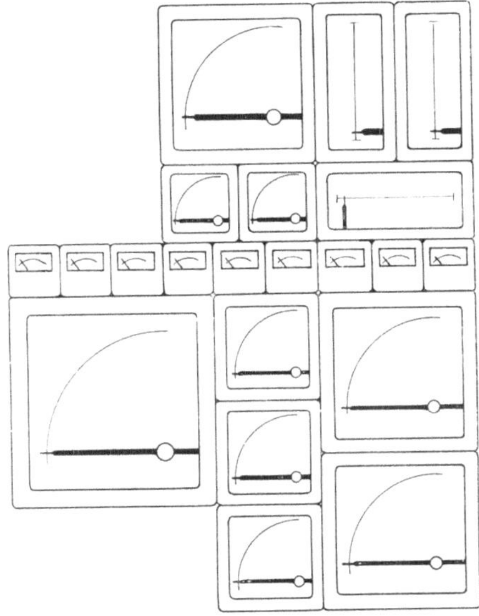

Abb. 29. Genormte Frontrahmenabmessungen

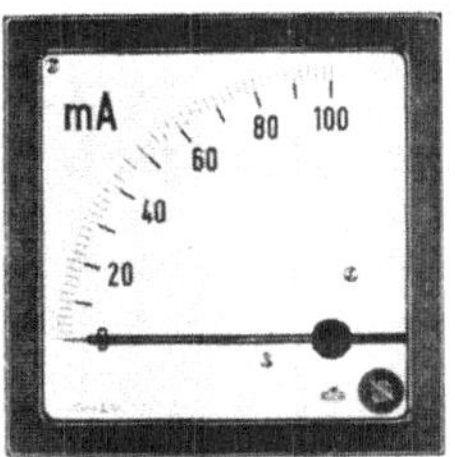

Abb. 30. Quadrantinstrument (H & B)

Abb. 31. Quadratisches Sektorinstrument (S & H)

genormt; die Kantenlänge beträgt 48, 72, 96, 144 oder 192 mm. Quadratische Instrumente können auch mit rechteckigen Instrumenten, die entweder Hoch- oder Querskale haben, kombiniert werden, da die eine Kantenlänge ihres Frontrahmens so groß ist wie die der quadratischen Instrumente und die andere halb so groß. Auch die runden Einbauinstrumente (Abb. 32) sind genormt. Nach DIN 43700 betragen die Frontrahmendurchmesser 40, 50, 65, 80, 110, 168, 200 oder 250 mm.

Abb. 32. Rundes Schalttafelinstrument (H & B)

Abb. 28 zeigt ein Kreisskaleninstrument. Sehr oft werden quadratische Instrumente als Quadrantinstrumente (Abb. 30), zum Teil auch als Sektorinstrumente (Abb. 31) ausgeführt.

Beim Einbau eines einzelnen Instruments in eine Schalttafel macht die Anfertigung eines runden Schalttafelausbruchs oft weniger Schwierigkeiten als die eines quadratischen oder rechteckigen. Einige Meßgerätehersteller sind daher dazu übergegangen, Schalttafelinstrumente zwar mit quadratischem oder rechteckigem Frontrahmen (Abb. 33), aber mit rundem Meßwerktubus zu versehen.

Für Rechteckinstrumente nach Abb. 34 und 35b ist die Bezeichnung Flachprofil- oder Tiefprofilinstrument gebräuchlich, um sie von den früher besonders stark verbreiteten Rundprofilinstrumenten (Abb. 35a) zu unterscheiden, die einen meist kurzen Zeiger und eine über die Schalttafelfläche vorgewölbte Skale haben.

Abb. 33. Instrument zum Einbau in Geräte (mit rundem Tubus) (H & B)

Die Befestigung der Schalttafeleinbauinstrumente ist verschieden. Befestigt man mit Schrauben, so verwendet man meist Rutschsicherungen, damit nicht durch zu festes Anziehen der Befestigungsschrauben das Gehäuse zerstört wird. Überwiegend befestigt man aber heutzutage mit federnden Befestigungselementen, weil es einfach und flink zu bewerkstelligen und billig ist (Abb. 27).

Als Werkstoff für die Gehäuse der Schalttafelinstrumente wird meist Eisenblech verwendet. Einige Typen, besonders kleine Instrumente, haben Preßstoffgehäuse. Bei diesen muß häufig das Meßwerk selbst mit einem kleinen Eisenmantel magnetisch abgeschirmt werden, um den Einfluß fremder magnetischer Felder zu mindern und den Fehler zu beseitigen, der entstehen würde, wenn man ein auf einer nichtmagnetischen Tafel geeichtes Instrument in eine Eisenschalttafel einbaut.

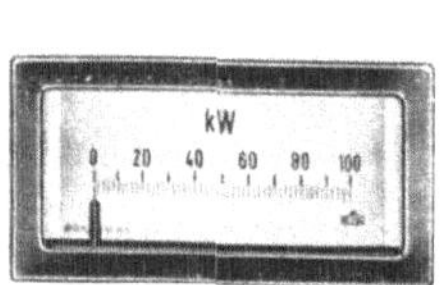

Abb. 34. Flachprofilinstrument (H & B)

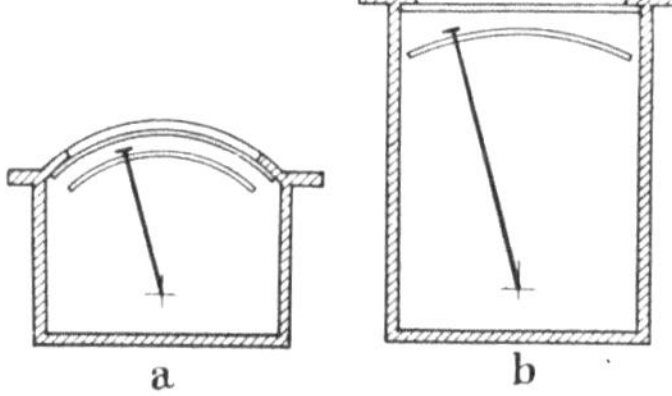

Abb. 35 a u. b. a) Rundprofilgehäuse; b) Flach- oder Tiefprofilgehäuse

7.2 Tragbare Instrumente

Früher wurden die Meßwerke in Gehäuse aus Edelholz eingebaut. Heute wird Holz nur noch in besonderen Fällen verwendet, im wesentlichen dann, wenn die Gehäuse in kleiner Stückzahl hergestellt werden. Die meisten Gehäuse werden aus Preßstoff in Stahlformen gepreßt. Diese Herstellung lohnt sich nur bei verhältnismäßig großer Stückzahl. Dafür kommt aber das Gehäuse fertig – quasi poliert und genau maßhaltig – aus der Form. Es ist möglich, alle notwendigen Metallteile, z. B. die Kontaktbahn eines Umschalters, mit einzupressen. Gelegentlich begegnet man auch Metallgehäusen.

Meist besteht das Gehäuse aus Deckel und Boden, manchmal auch noch aus einem Zwischenteil. Das Meßwerk wird im allgemeinen von einem Meßwerkträger aus Metallguß getragen. Die Fugen zwischen den Gehäuseteilen müssen abgedichtet sein, damit die eingebauten Meßwerke nicht verschmutzen. Zum Schutz des Meßwerks ist sein Raum meist von dem Raum für die gegebenenfalls eingebauten Vorwiderstände, Schalter und die Glühlampe getrennt.

Die tragbaren Instrumente sind dem Verwendungszweck angepaßt. Neben den Präzisionsinstrumenten (Klassen 0,1, 0,2 und 0,5) stehen die

Abb. 36 a u. b. Präzisionszeigerinstrumente im Preßstoffgehäuse

Instrumente zur Messung im Betrieb, bei der Revision und bei der Montage (Klassen 0,5; 1; 1,5; 2,5 und 5). Von solchen Instrumenten fordert man in erster Linie gute Betriebseigenschaften, bequeme Handhabung und gegebenenfalls eine vielseitige Verwendbarkeit. Sie sind meist kleiner als Präzisionsinstrumente. Von der Stückzahl her ist die dritte Gruppe der tragbaren Instrumente, nämlich die der hochempfindlichen Laboratoriumsgeräte, unbedeutend (siehe Galvanometer S. 42).

Präzisionsmeßinstrumente (Abb. 36, 37 und 38) haben vielfach mehrere Meßbereiche (Vielbereichinstrumente), die vorzugsweise durch Umschalten, bisweilen auch durch Umstöpseln, eingestellt werden. Die Meßbereiche von Drehspulinstrumenten sind oft auch auf einheitliche Strom- und Spannungswerte (z.B. 30 mV, 150 mV, 3 mA, 1 mA) abgeglichen, damit austauschbare Vor- und Nebenwiderstände verwendet werden können.

Tragbare Betriebsmeßinstrumente. Zwangsläufig ergibt sich bei der geringeren Gehäusegröße, die wegen der größeren Handlichkeit bevorzugt wird, eine kürzere Skale. Die Skalenlänge reicht jedoch aus und entspricht der geringeren Genauigkeit. Als Drehspulinstrumente haben auch die tragbaren Betriebsmeßgeräte feste Grundmeßbereiche (z. B. 60 mV

Abb. 37. Präzisionslichtmarkeninstrument im Preßstoffgehäuse (H & B)

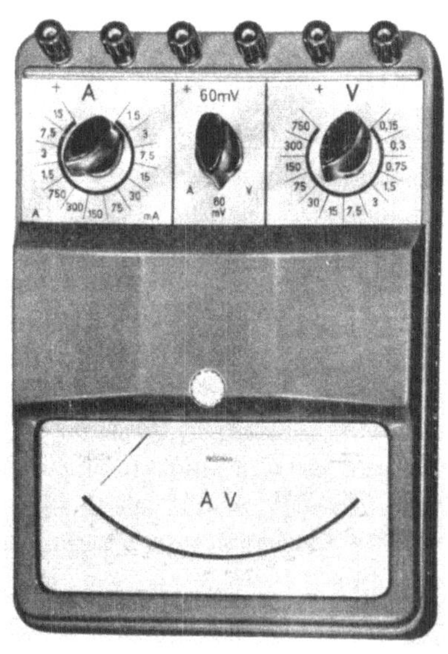

Abb. 38. Präzisionszeigerinstrument (NORMA)

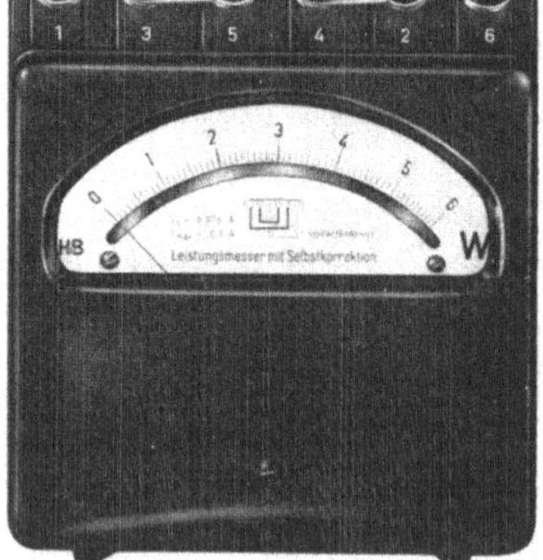

Abb. 39. Tragbarer Leistungsmesser (H & B)

und 3 mA), damit viele weitere Meßbereiche durch Erweitern mit austauschbaren Vor- und Nebenwiderständen erzielt werden können. Abb. 39 zeigt einen Leistungsmesser zur Messung kleiner Leistungen mit Selbstkorrektion seines Eigenverbrauchs. Sehr oft werden tragbare Betriebsmeßinstrumente als Vielfach- oder Universalgeräte mit einer großen Anzahl von Meßbereichen ausgeführt (vgl. S. 40).

8. Schaltung

8.1 Schaltung bei Gleichstrom

8.11 Strommesserschaltung. Das Drehspulgerät ist ein ausgesprochener Strommesser; Spannungsmessungen kann man mit Hilfe des Ohmschen Gesetzes auf Strommessungen zurückführen. Der zulässige Strom in der Drehspule wird in seiner Höhe durch die als Zuleitungen verwendeten Spiralfedern begrenzt; diese können nur etwa 0,1 A dauernd führen, ohne ihre elastischen Eigenschaften zu ändern. Die meisten Geräte benötigen einen Spulenstrom i von 0,2···20 mA für den Endausschlag. Um das Meßwerk dem Meßstrom I anzupassen, wird ihm ein temperaturunabhängiger Widerstand R_N, z. B. aus Manganin, parallel geschaltet (Abb. 40a). Die Drehspule r_1 ist aus Kupfer gewickelt, das bei einer Temperaturänderung von 10 grd seinen Widerstand um etwa 4% ändert. Um die hierdurch entstehenden Fehler in der Anzeige auf einen zulässigen Betrag zu mindern, wird der Spule ein Manganinwiderstand r_2 vom mehrfachen Betrag des Spulenwiderstandes r_1 vorgeschaltet. Die Größe des Nebenwiderstandes R_N ergibt sich aus Gl. (28):

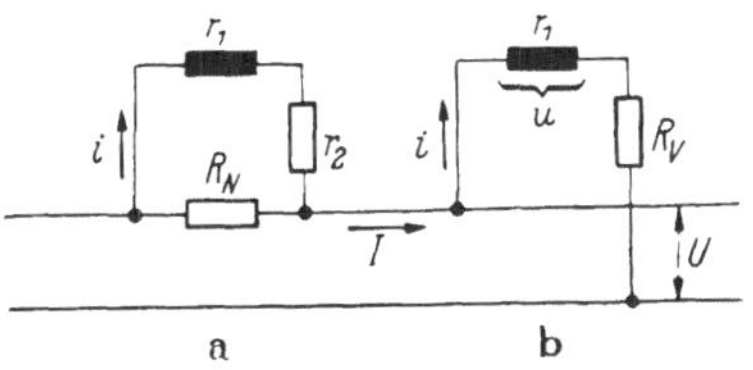

Abb. 40a u. b. Schaltung der Drehspulgeräte. a) als Strommesser; b) als Spannungsmesser. r_1 Drehspule; r_2 Abgleichwiderstand; R_N Nebenwiderstand; R_V Vorwiderstand

$$R_N = (r_1 + r_2)\frac{i}{I - i}. \tag{28}$$

Im Spulenwiderstand r_1 ist der Widerstand der Spiralfedern und der Zuleitungen enthalten (Nebenwiderstände s. S. 196).

8.12 Spannungsmesserschaltung (Abb. 40b). Hierbei ist der Vorwiderstand R_V aus Manganin sehr groß gegen den Spulenwiderstand r_1, der Temperaturfehler also vernachlässigbar klein. R_V wird nach Gl. (29)

$$R_V = r_1 \frac{U - u}{u} \tag{29}$$

berechnet. U ist die zu messende Spannung, $u = i\,r_1$ der Spannungsabfall an der Drehspule. Der Einfluß der Verbindungen kann vernachlässigt werden.

8.13 Mehrbereichschaltung. Häufig wird ein Meßwerk mit verschiedenen Vorwiderständen für mehrere Spannungsmeßbereiche ausgebildet. Man gleicht dann den Meßwerkstrom durch eine Widerstandskombination, ähnlich wie in Abb. 40a, auf eine bestimmte Größe ab, z.B. 3 mA. Ähnlich verfährt man bei der Verwendung eines Meßwerks für mehrere Strom- und Spannungsmeßbereiche. Die Skale erhält dann entweder mehrere entsprechende Austeilungen (maximal vier), oder man gibt ihr nur eine Austeilung, z.B. 150 Teile, und multipliziert, um den Meßwert zu finden, den in Skalenteilen abgelesenen Wert jeweils mit einem Faktor. Dieser läßt sich für jeden Meßbereich leicht errechnen, indem man die Bezeichnung des benutzten Meßbereichs (z.B. 3 V) durch den Skalenendwert (in unserem Beispiel 150 Skalenteile) dividiert (3 V : 150 Skt = 0,02 V/Skt). Die Meßbereichfaktoren sollen 1, 2 oder 5 beziehungsweise dekadische Vielfache oder Bruchteile von 1, 2 oder 5 sein, damit man auch mit Mehrbereichinstrumenten einfach arbeiten kann und Fehlermöglichkeiten beim Multiplizieren vermieden werden.

Nebenwiderstände für große Ströme und Vorwiderstände für hohe Spannungen werden hauptsächlich aus thermischen und Isolationsgründen als getrenntes Zubehör ausgeführt (vgl. S. 192).

8.2 Schaltung bei Wechselstrom

Das Drehspulgerät mit seinem kräftigen Dauermagnet ist größenordnungsmäßig etwa tausendmal empfindlicher als irgendein Wechselstrommeßgerät (s. Tab. II, S. 216). Es lag aus diesem Grund nahe, zu versuchen, das Drehspulgerät in irgendeiner Form für Wechselstrom verwendbar zu machen. Schickt man durch die Drehspule einen Wechselstrom, so erfolgt kein Ausschlag, da der Drehimpuls der positiven Halbwelle denjenigen der negativen Halbwelle aufhebt und das bewegliche Organ infolge seiner Trägheit den schnellen Veränderungen nicht folgen kann.

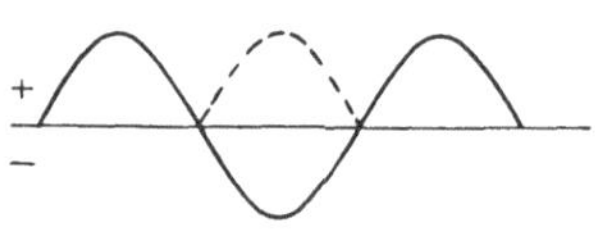

Abb. 41. Gleichgerichteter Wechselstrom

Erst die Gleichrichtung oder Umformung des Wechselstroms nach Abb. 41 ermöglichte die Anwendung des empfindlichen Drehspulinstruments bei Wechselstrom.

8.21 Mechanische Gleichrichter. Der älteste Gleichrichter dieser Art ist die „JOUBERTsche Scheibe“ (1880). Inzwischen sind sowohl die rotierenden als auch die sogenannten Schwingkontaktgleichrichter zu hoher Vollendung weiterentwickelt worden. Bei ihnen wird synchron mit dem Meßstrom die Umschaltung durch Kontakte beim Durchgang durch den Nullwert vorgenommen. In einer ausführlichen Darstellung dieser Gleichrichter von PETERS[1] findet man Näheres über den mechanischen Aufbau

[1] PETERS: ETZ 62 (1941) S. 606.

und ihre Anwendung in der Meßtechnik (auch für Leistungsmessungen). Ferner sei noch auf eine grundlegende Arbeit von KOPPELMANN[1] über mechanische Gleichrichter verwiesen.

8.22 Trockengleichrichter. Wenn es gelingt, die eine Halbwelle des Wechselstromes nach Abb. 41 durch ein Ventil zu unterdrücken, so fließt nur Strom in einer Richtung. Ein solches elektrisches Ventil ist der 1923/24 von L. O. GRONDAHL angegebene „Kuprox"-Trockengleichrichter. Die für Meßzwecke verwendeten Gleichrichter sind kleine Kupferplatten von einigen Millimetern bis einigen Zentimetern Durchmesser, auf deren eine Seite eine Kupferoxydulschicht aufgebracht ist. Bei der Bildung der Oxydulschicht entsteht zwischen dieser und dem Mutterkupfer eine Sperrschicht, die die Elektronen vom Mutterkupfer zum Oxydul leichter hindurchläßt als umgekehrt, also das Kennzeichen eines Ventils besitzt. Verwendet man vier solcher Ventile in der von GRAETZ angegebenen Doppelweg-schaltung (Abb. 42), so kann man beide Halbwellen des Wechselstromes ausnutzen. Die Ventile *3* bis *6* sind in einer Brücke zusammengebaut, in deren Diagonale die Drehspule *7* liegt. Der Wechselstrom fließt über die Klemmen *1* und *2* zu bzw. ab. Die positive Halbwelle fließt von *1* über *3*, *7*, *5* nach *2* (gegen die Ventile *4* und *6* kann jetzt kein Strom fließen), und die negative Halbwelle fließt von *2* über *4*, *7*, *6* nach *1*. Man sieht, daß die beiden Halbwellen in der Drehspule dieselbe Richtung haben.

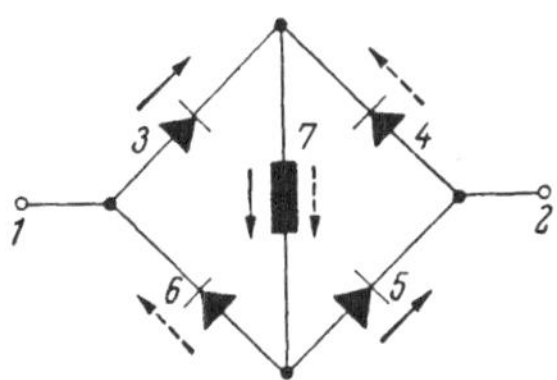

Abb. 42. Doppelweg-Ventilgleichrichter. *1*, *2* Wechselstromanschlüsse; *3*, *4*, *5*, *6* Ventilgleichrichter; *7* Drehspule

Was mißt nun das Drehspulinstrument mit Doppelweggleichrichter bei Wechselstrom? Das auf die Spule einwirkende Drehmoment ist bei genügender Dämpfung des beweglichen Organs verhältnisgleich dem algebraischen Mittelwert des gleichgerichteten Stromes über eine Periode. Es interessiert aber der Effektivwert, nach dem man die Wechselstromleistung bemißt, und der gleich der Wurzel aus dem quadratischen Mittelwert ist. Beide Mittelwerte stehen – bei gegebener Kurvenform des Stromes – in starrem Verhältnis (Formfaktor) zueinander; man kann somit das Drehspulinstrument unmittelbar in Effektivwerten eichen. Für sinusförmigen Strom z.B. ist der Formfaktor gleich 1,11, für Rechteckstrom (zerhackter Gleichstrom) 1, für Dreieckstrom 1,15. Bei Abweichungen von der Sinusform tritt ein Fehler ein[2]. Ein weiterer Fehler (der aber mit eingeeicht werden kann) entsteht dadurch, daß der Ventilwiderstand in der Sperrichtung nicht unendlich und in der Durchlaßrichtung nicht Null ist.

[1] KOPPELMANN: Die Meßtechnik des mechanischen Präzionsgleichrichters, Girardet 1948. – [2] GRUNERT u. HUETER: ETZ 61 (1940) S. 11.

Die Leitfähigkeit der Halbleiter und damit auch der Widerstand der Trockengleichrichter ist von der Temperatur abhängig (negativer Temperaturkoeffizient). Man verkleinert den hierdurch entstehenden Fehler durch Kunstschaltungen mit anderen temperaturabhängigen Widerständen. Der Spannungsabfall an der Gleichrichterschaltung wird aber dadurch erhöht. Die unangenehmste Eigenschaft des Gleichrichters ist die Tatsache, daß die Gleichrichtung erst von einem gewissen Schwellenwert an wirksam einsetzt. Das bedeutet eine weitere Erhöhung des Spannungsabfalls, so daß ein Strommesser mit Trockengleichrichter einen verhältnismäßig hohen Spannungsabfall hat, der mit dem notwendigen Temperaturausgleich etwa 1 V beträgt. Bei Verwendung der Gleichrichterinstrumente in einem Wechselstromkreis mit kleiner äußerer Spannung muß auf diesen verhältnismäßig hohen Spannungsabfall unbedingt geachtet werden. Durch die nicht geradlinige Kennlinie zwischen Strom und Spannung treten auch Kurvenformverzerrungen auf. Man belastet die Gleichrichter für Meßzwecke nur schwach.

Trotz dieser Mängel haben die Trockengleichrichter in der Meßtechnik eine große Verbreitung erfahren. Man verwendet sie für die Messung von Wechselströmen bis Tonfrequenz. Die Dicke der Sperrschicht liegt bei einigen tausendstel Millimetern; die Zelle hat daher eine Kapazität von etwa $0{,}01 \cdots 0{,}1\ \mu F/cm^2$. Über diesen Kondensator fließt bei Hochfrequenz ein Wechselstrom, der nicht gleichgerichtet wird. Der Gleichrichter ist also frequenzabhängig. Bei höheren Frequenzen (kHz-Gebiet) muß man daher Kleinflächengleichrichter verwenden. Mit Spitzengleichrichtern hat man Ströme bei Frequenzen bis zu 1,6 MHz gemessen. Die untere Stromgrenze dürfte bei etwa 10^{-5} A liegen. Im Lauf der letzten Jahre ist die Entwicklung der Trockengleichrichter rapid vorangetrieben worden. So hat man heutzutage Gleichrichter mit viel höherer Sperrspannung, geringerem Durchlaßwiderstand und kleinerer Eigenkapazität zur Verfügung, als sie der Kupferoxydulgleichrichter erreicht. Für Meßzwecke sind besonders Silizium- und Germaniumdioden interessant. Die grundsätzlichen Probleme ihrer Verwendung als Meßgleichrichter sind die gleichen geblieben, wenn auch die Grenzen ihrer Anwendung erheblich erweitert wurden.

B. Spezialausführungen

1. Universalinstrumente

Das „Universalmavometer" von Gossen kam wohl als erstes derartiges Instrument dem Bedürfnis nach einem möglichst vielseitig anwendbaren Meßinstrument entgegen. Es ist in seiner früheren Ausführung in Abb. 43 dargestellt. Auf einem rechteckigen Sockel *1* aus Isolierstoff ist ein empfindliches Drehspulgerät *2* (etwa 85 mm Durchmesser) mit 2 Skalen für Gleich- und Wechselstrom, Ablesespiegel und Messerzeiger aufgebaut. Der Sockel enthält neben den Meßwiderständen einen Trockengleichrichter und einen Umschalter *3*, mit dem man das Gerät durch einen einfachen Handgriff von Gleich- auf Wechselstrom um-

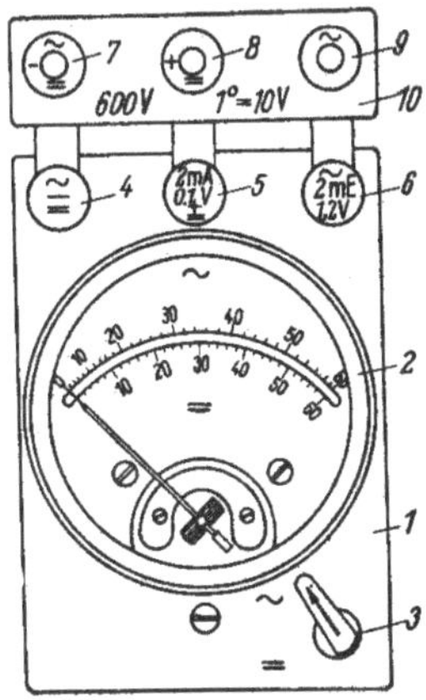

Abb. 43. Vielfachgerät „Mavometer" (Gossen). *1* Grundplatte; *2* Drehspulinstrument; *3* Stromartumschalter; *4* bis *9* Anschlußklemmen; *10* Ansteckwiderstand

Abb. 44. Vielfachinstrument „Elavi" (H & B-ELIMA)

stellt. An die Klemmen *4* bis *6* wird ein Meßwiderstand *10* durch Verbindungslaschen angeklemmt, der die eigentlichen Anschlußklemmen (*7* und *8* für Gleichstrom, *7* und *9* für Wechselstrom) trägt. Mit einer Anzahl leicht auswechselbarer Meßwiderstände *10* ist es möglich, verschiedene Meßbereiche rasch herzustellen, z. B. für Gleichstrom und Wechselstrom von 3 mA bis 12 A und von 3···1200 V.

Die Wahl der Meßbereiche wird durch die Verwendung von Wählschaltern besonders einfach. Abb. 44 zeigt das „Elavi 1" von H & B-ELIMA. Unten ist der Meßbereichwählschalter zu sehen, links darüber der Knopf zum Einstellen der Batteriespannung (2-V-Batterie ist auswechselbar eingebaut) bei der Widerstandsmessung und rechts davon der Stromartwählschalter. Die Strombereiche erstrecken sich von 3 mA (nur für Gleichstrom) bis 30 A und von 60 mV (nur für Gleichspannung) bis 600 V. Das Vielfachinstrument ist so ausgelegt, daß für Gleich- und Wechselstrombetrieb nur eine einzige Skalenteilung gebraucht wird, was als Vorzug geschätzt wird.

Abb. 45 gibt ein Schaltbild eines Vielfachinstruments mit Gleich- und Wechselstrommeßbereichen wieder.

Es gibt noch viele andere Universalinstrumente, auf deren Wiedergabe aus Platzmangel verzichtet werden muß. Einige zeichnen sich durch geringen Stromverbrauch (30 μA) aus, andere durch große Frequenzbereiche, wieder andere durch umschaltbare Skalenbezifferungen. Neuerdings werden Universalinstrumente mit eingebauter Überlastungssicherung für alle Meßbereiche angeboten.

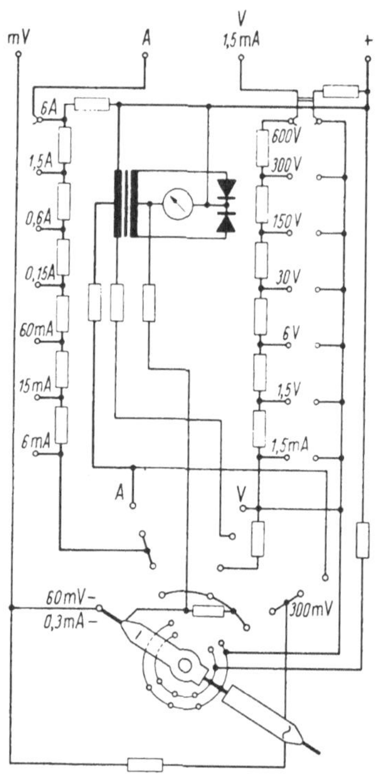

Abb. 45. Schaltbild eines Vielfachinstruments

2. Galvanometer

2.1 Auswahl

Zur Auswahl eines Galvanometers ist zunächst der Widerstand des anzuschließenden Meßkreises zu ermitteln. Ist der Meßkreiswiderstand groß (einige 1000 Ohm), so wird ein stromempfindliches Galvanometer mit großem Innenwiderstand verwendet. Ist der Meßkreiswiderstand klein, z. B. bei der Messung von Thermospannungen, so wird ein spannungsempfindliches Galvanometer mit kleinem Innenwiderstand ausgewählt. Anschließend muß festgestellt werden, ob das so ausgewählte Galvanometer die notwendige Empfindlichkeit hat. Der (zu erwartende) Meßwert, z. B. 0,2 μA, geteilt durch die Galvanometerkonstante, z. B. 4 nA/Skt, muß einen ausreichend großen Zeigerausschlag ergeben, im Beispiel 50 Skalenteile. Auch die Einstellzeit, die bei empfindlichen Galvanometern 30 s und mehr beträgt, muß beachtet werden. Die Einstellzeit beträgt bei günstigster Dämpfung etwa 60% der Eigenschwingungsdauer des ungedämpften Systems (vgl. S. 27). Bei Reihenablesungen dürfen keine zu großen Einstellzeiten gewählt werden. Ändert sich die Meßgröße während der Messung, so muß die Eigenfrequenz mindestens 2,5mal so groß sein wie die Frequenz der Meßwertänderung, sonst bleibt der Zeigerausschlag zu sehr hinter dem wahren Meßwert zurück. Bei dem Verhältnis 2,5 von Eigenfrequenz zu Änderungsfrequenz liegt der dadurch bedingte Anzeigefehler je nach Dämpfungsgrad ($0,2 \leqq \delta \leqq 2$) zwischen 18 und 8%. Verlangt das wegen dieser zusätzlichen Bedingungen ausgewählte Galvanometer einen kleineren als den vorhandenen äußeren Schließungswiderstand, dann muß ein Nebenwiderstand vorgesehen werden. Ist der für das Galvanometer nötige Schließungswiderstand größer als der vorhandene, dann muß ein Vorwiderstand eingeschaltet werden.

Die Galvanometer sind Meßinstrumente, die meist auf dem Drehspulprinzip beruhen. Sie haben eine besonders hohe Meßempfindlichkeit. Das Drehvermögen (Richtkraft) wird sehr klein gehalten, damit trotz des geringen, die Drehspule durchfließenden Stromes ein möglichst großer Zeigerausschlag entsteht. Der äußere Schließungswiderstand durch Vor- und Nebenwiderstände wird so gewählt, daß der Dämpfungsgrad günstig wird (vgl. S. 26).

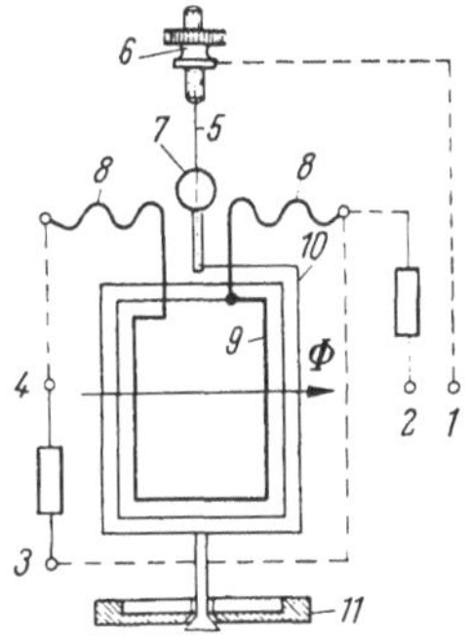

Abb. 46. Galvanometer mit zwei Wicklungen und ballistischer Einrichtung (vgl. Abb. 8). *1*, *2* Anschlüsse der Wicklung *10*; *3* bis *4* Dämpfungswiderstand; *5* Aufhängeband; *6* Torsionskopf; *7* Spiegel; *8* Stromzuführungsbänder ohne Richtkraft; *9* spannungsempfindliche Wicklung; *10* stromempfindliche Wicklung; *11* Zusatzgewicht für ballistische Messungen (vgl. S. 46)

2.2 Ausführung

Zur Messung kleiner Ströme wird die Drehspule mit vielen Windungen aus sehr dünnem Draht versehen, zur Messung kleiner Spannungen mit wenigen Windungen von größerem Querschnitt. Man kann auch auf eine Drehspule 2 Wicklungen der oben beschriebenen Art bringen, wie dies Abb. 46 schematisch zeigt. Die Wicklung *9* mit wenigen Windungen (z.B. 50) von verhältnismäßig dickem Draht (Durchmesser 0,1 mm Cu) und sehr kleinem Widerstand (14 Ω) endigt an den Goldbändern *8* von ebenfalls sehr kleinem Widerstand und dient vorwiegend zum Messen kleiner Spannungen. Die Wicklung *10* mit vielen (z.B. 1900) sehr feinen Windungen (Durchmesser 0,03 mm Cu) und hohem Widerstand (1500 Ω) ist mit der Wicklung *9* und deren rechtem Zuleitungsband verbunden, während das andere Ende von *10* über das Aufhängeband *5* zu Anschlußklemme *1* führt.

Bei allen Galvanometern muß man darauf achten, daß durch Thermoströme keine Fälschungen der Meßergebnisse entstehen. Die Anschlüsse müssen sorgfältig verlegt und aus passenden Werkstoffen hergestellt sein.

Beim Drehspulgalvanometer wird von der auf S. 25 erwähnten Spulendämpfung Gebrauch gemacht. Die Wicklung *9* in Abb. 46 kann über den Widerstand *3* bis *4* geschlossen werden, während die Wicklung *10* dann als Meßwicklung benutzt wird. Beide Wicklungen können ihre Rollen vertauschen. Bei einem bestimmten äußeren Widerstand hat man die günstigste Dämpfung.

2.3 Messung

Zur ersten orientierenden Messung setzt man mit einem Empfindlichkeitswähler die Empfindlichkeit des Galvanometers herab, indem man einen Teil des Meßstromes durch einen Nebenwiderstand vorbeileitet. Dadurch vermeidet man Beschädigungen durch Überströme. Da die Dämpfung aber vom äußeren Widerstand abhängt, darf durch die Empfindlichkeitsregelung der Schließungswiderstand der Spulenwicklung nicht geändert werden, was man durch geeignete Schaltung erreichen kann. Starke Galvanometerschwingungen bringt man schnell zur Ruhe, wenn man die Dämpferwicklung kurzschließt (Kurzschlußtaste).

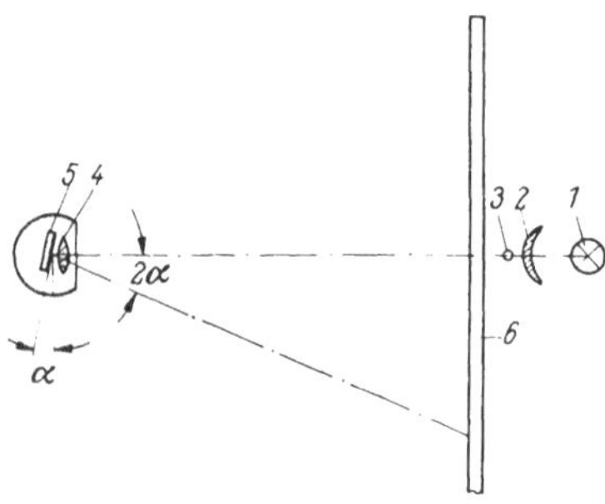

Abb. 47. Spiegelgalvanometer mit objektiver Ablesung.
1 Niedervoltlampe; *2* Kondensorlinse; *3* dünner Draht; *4* Abbildelinse; *5* Spiegel an der Drehspule; *6* Skale; α Ausschlagwinkel

2.4 Optik

Die meisten Galvanometer sind Spiegelgalvanometer. Zur Erhöhung der Empfindlichkeit hat sich die folgende Ableseoptik mit langem Lichtzeiger herausgebildet: Das Licht einer Niedervoltlampe (Autoscheinwerferlampe) *1* fällt, durch die Kondensorlinse *2* gebündelt, auf den Spiegel *5* des Galvanometers. Ein vor der Linse *2* gespannter dünner Draht *3* (senkrecht zur Papierebene) wird durch die Abbildelinse *4* über den Spiegel *5* auf der Skale *6* abgebildet, und zwar als schwarzer Strich in einem hellen Feld. Die Skale *6* trägt eine Millimeterteilung und ist, wenn sie entsprechend Abb. 47 von rechts, also in durchfallendem Licht, beobachtet wird, aus Mattglas oder -zellon, wenn sie von links, also in auffallendem Licht, beobachtet wird, aus Papier auf fester Unterlage. Ersetzt man den Planspiegel *5* durch einen Hohlspiegel passender Brennweite, so kann dieser an Stelle der Linse *4* die Abbildung des Fadens übernehmen. Aus Raumersparnisgründen stellt man häufig das Galvanometer in 1···2 m Höhe über dem Arbeitstisch an einer festen Wand auf, die Skale senkrecht darunter. In diesem Fall lenkt man den Lichtstrahl durch ein vor den Galvanometerspiegel gesetztes 45°-Prisma oder einen Oberflächenspiegel um. Dreht sich der Spiegel um den Winkel α, so dreht sich der Lichtstrahl um den Winkel 2α. Der Ausschlag des beweglichen Organs wird also im reflektierten Lichtstrahl verdoppelt; die Länge des Lichtzeigers beträgt 1 oder 2 m, kann aber bei lichtstarker Lampe auch wesentlich größer sein, wodurch die Empfindlichkeit des Meßgerätes außerordentlich gesteigert wird. Der Gesamtausschlagwinkel des Spiegels *5* in Abb. 47 beträgt etwa $2 \cdot 15° = 30°$, während er beim

Drehspulgerät nach Abb. 2 etwa 90° beträgt. Man kann also die Polschuhe beim Galvanometer entsprechend schmaler ausbilden, so daß bei gegebener Magnetfeldstärke die Induktion im Luftspalt und damit die Empfindlichkeit des Gerätes größer wird.

Bei der eben geschilderten „objektiven" Ablesung können mehrere Beobachter gleichzeitig den Wert ablesen. Man ist auch nicht gezwungen, das Auge in eine bestimmte Beobachtungsstellung zu bringen, wie dies bei der „subjektiven" Ablesung mit Fernrohr der Fall ist. Sie ist daher weniger ermüdend. Bei der „subjektiven" Ablesung tritt an Stelle der Ableselampe *1* mit Kondensor *2* und Faden *3* in Abb. 47 ein Fernrohr, durch das die Skale *6* über den Galvanometerspiegel *5* beobachtet wird. Die Abbildelinse *4* kommt in Fortfall. Zur Ablesung des Ausschlags – auch hier tritt die Verdoppelung des Lichtstrahlausschlagwinkels ein – befindet sich im Brennpunkt des Fernrohrokulars ein feiner Faden, der parallel zu den Strichen der Teilung auf der Skale *6* steht. Der Faden erscheint im Okular als feiner feststehender Strich in der Teilung von *6*, die sich mit der Änderung von α vor dem Auge des Beobachters vorbeibewegt. Bei Stillstand des beweglichen Organs wird die Stellung des Striches in der Skale abgelesen. Bei dieser „subjektiven Ablesung" beleuchtet man häufig die Skale *6* durch besondere Lampen, die den Beobachter am Fernrohr nicht blenden dürfen.

Abb. 48. Spiegelgalvanometer (S & H)

Abb. 48 zeigt die Ansicht eines Spiegelgalvanometers.

2.5 Anwendung

Die Galvanometer werden vorwiegend als *Nullinstrumente* in Kompensations- und Brückenschaltungen verwendet, d.h. sie haben anzuzeigen, daß zwischen 2 Punkten einer Schaltung keine Spannungsdifferenz mehr herrscht. Zur Feststellung dieser Tatsache genügt an sich eine Nullmarke; die im allgemeinen trotzdem vorhandene Skalenteilung dient dazu, den Nullabgleich zu erleichtern, indem man den Betrag der Abweichung ablesen kann. Außerdem gestattet sie, die Empfindlichkeit zu ermitteln (vgl. S. 52). Bei einem Galvanometer, das z.B. bei 10^{-8} A noch einen Ausschlag von 1 mm zeigt, kann man 10^{-9} A eben noch erkennen. Hieraus ergibt sich die Fehlergrenze der Abgleichung. Bei einer Meßanordnung mit hochohmigen Widerständen wird man die Wicklung der Drehspule möglichst feindrähtig ausführen. Bei niederohmigen Meßschaltungen muß der Widerstand der Drehspule klein sein, damit ein möglichst großer Strom fließt. Die höchste Empfindlichkeit erreicht man, wenn der Widerstand der Drehspule etwa gleich dem äußeren Schließungswiderstand der Drehspule ist (vgl. S. 25, Absatz 3). Da es sich für das Galvanometer hier nur um eine Nullanzeige handelt, ist eine Temperaturkompensation der Kupferwicklung durch temperaturfreie Widerstände wie bei den Instrumenten zur Ausschlagmessung nicht notwendig; diese Kompensationswiderstände würden die Empfindlichkeit herabsetzen.

3. Ballistische Galvanometer

Ballistische Galvanometer[1] haben außer einer extrem kleinen Richtkraft eine besonders große (träge) Masse des beweglichen Organs. Sie eignen sich zur Messung von Strom- und Spannungsstößen. Wird beispielsweise die elektrische Ladung eines Kondensators über die Drehspule eines ballistischen Galvanometers entladen, so wird durch den Stromstoß die Masse des beweglichen Organs in eine Drehbewegung „geworfen" (Ballistik = Wurftechnik). Der Strom ist dabei längst abgeklungen, wenn das träge bewegliche Organ durch den „Wurf" in Bewegung kommt. Der Energieinhalt der Bewegung und damit die Ausschlagweite des Zeigers entspricht dem Energieinhalt des Stromstoßes, der ein Maß für die Ladung des Kondensators ist. Der Zeiger kehrt wieder auf 0 zurück. Die Rückkehrzeit ist wichtig für die Beurteilung des ballistischen Galvanometers, weil das Instrument nach der Rückkehr erst wieder für die nächste Messung bereit ist. Ballistische Galvanometer sind im allgemeinen als normale Drehspulgalvanometer gebaut, deren Masse des beweglichen Organs für ballistische Messungen durch Auflegen eines Gewichtes erhöht werden kann (Abb. 46). Ist das normale Meßwerk sehr empfindlich, so ist auch die ballistische Meßempfindlichkeit entsprechend hoch. Außerdem kann die Ausschlagweite durch Vermindern der Dämpfung vergrößert werden. Die geringe Dämpfung hat jedoch eine rasche Umkehr des Zeigerausschlages zur Folge, so daß die Ablesung erschwert wird. Meist wird daher die Dämpfung bis zum aperiodischen Grenzzustand erhöht. Schließlich müssen ballistische Galvanometer eine hohe Eigenschwingungsdauer haben, damit die Dauer des zu messenden Stromstoßes kurz im Vergleich zur Eigenschwingungsdauer des Galvanometers sein kann. Nur dann steht die Schwingungsweite in

[1] Roth, H.: ATM J 727-1 (Nov. 1933); – Bubert, J.: ATM J 727-4 (Juni 1942).

einer einfachen Beziehung zur Strommenge. Die Zeigerausschläge lassen sich unmittelbar in Einheiten der Strommenge (Coulomb) angeben.

4. Kriechgalvanometer

Kriechgalvanometer haben bei kleinem Trägheitsmoment keine Richtkraft, aber eine extrem große Dämpfung. Obwohl die Messungen im aperiodischen Gebiet (also mit „kriechender“ Einstellung) ausgeführt werden, stellt sich der Zeiger wegen der fehlenden Richtkraft sehr schnell ein, und der Meßwert wird sofort angezeigt, was beim ballistischen Galvanometer nicht der Fall ist. Auch das Kriechgalvanometer dient zur Messung von Strom- und Spannungsstößen, die beispielsweise bei der Änderung des magnetischen Flusses in Induktionsspulen auftreten. Bei einem Stromstoß dreht sich die Spule um einen Drehwinkel, der dem Integral der Spannung über der Zeit entspricht. Das gilt – im Gegensatz zum ballistischen Galvanometer – auch dann, wenn der Stromstoß nach dem Beginn der Drehspulbewegung noch anhält. Somit lassen sich auch kleine Strommengen mit längerer Zeitdauer genau messen. Zur Rückführung des Zeigers in seine Ausgangslage wird ein Gegenstrom, der einer fremden Stromquelle entnommen wird, verwendet.

Steht genügend Energie zur Verfügung, wie z.B. bei magnetischen Messungen, so kann man ein spitzengelagertes Drehspulgerät mit guter Dämpfung, aber ohne mechanische Richtkraft, verwenden. Man bezeichnet diese Geräte dann als **Flußmesser** oder **Fluxmeter.** Sie eignen sich besonders für schnelle magnetische Untersuchungen. Im Prinzip sind sowohl das Kriechgalvanometer als auch der Flußmesser Elektrizitätszähler, die den Strom- oder den Spannungsverlauf über eine bestimmte Zeit integrieren. Beim Zähler dreht sich die Achse beliebig oft in einer Richtung; ihre Umdrehungszahl wird mit dem Zählwerk gezählt. Beim Kriechgalvanometer und seinen Abarten kann die Achse nur etwa 1/4 Umdrehung ausführen; der Zeiger und seine Skale dienen als „Zählwerk“.

Abb. 49. Doppelmeßwerk zum Einstecken in einen Projektor (H & B und E. Leitz)

5. Meßwerke für Projektoren

Abb. 49 zeigt ein Doppelmeßwerk zum Einstecken in einen Projektor, der die Skalen und Zeiger auf eine Bildwand zu projizieren vermag. Die Vorteile, die ein solches Meßwerk bei physikalischen oder technischen Demonstrationen bietet, liegen auf der Hand.

6. Besondere Bauarten

Es gibt zahlreiche Anforderungen an Meßgeräte, die nichts mit der Messung zu tun haben, sondern durch die Verhältnisse am Ort der Verwendung bedingt sind. Im Lauf der Zeit haben sich besondere Bauarten herausgebildet, deren wichtigste hier kurz aufgeführt und erläutert werden sollen unter Hinweis auf bestehende Vorschriften.

6.1 Besonders geschützte Ausführungen

Für elektrische Maschinen, Transformatoren und Geräte sind in DIN 40050 Schutzarten und ihre Kurzzeichen festgelegt, die nach den VDE-Regeln 0410 § 7 auch für Meßinstrumente gelten. Das Normblatt gibt Richtlinien für die konstruktive Ausführung und Prüfung zum Schutz vor Berührung und dem Eindringen von Fremdkörpern, Staub, Tropf-, Spritz- und Schwallwasser.

Auf Schiffen findet man die flut- und druckwassersichere Ausführung. Erstere wird bei einem Überdruck von 0,1 atü, letztere bei 0,7 atü unter Wasser geprüft, wobei kein Wasser eindringen darf. Dies bedingt eine besondere Konstruktion von Gehäuse, Glasscheibe und Zuleitungen mit zweckmäßigen Dichtungen (Abb. 50a).

Abb. 50 a u. b. Sonderinstrumente. a) Druckwasserdichtes (Schutzart P 55 nach DIN 40050), b) stoßfestes Instrument (bis 100fache Erdbeschleunigung) (H & B)

6.2 Rüttel- und stoßsichere Ausführung

Die rüttel- und stoßsichere Ausführung ist besonders für eine Verwendung von Meßinstrumenten auf Fahrzeugen erforderlich. Alle elektrischen und mechanischen Verbindungen, insbesondere die Schrauben, müssen sicher dimensioniert und besonders zuverlässig gegen Lösen gesichert sein. Die Prüfung dieser Geräte erfolgt auf Rütteltischen, auf Stoßtischen und in Stoßvorrichtungen mit Fallbären (Abb. 50b).

6.3 Klimafeste Ausführungen

Die klimafesten Ausführungen machen die Instrumente zur Verwendung in verschiedenen Klimaten (Polarklima, feuchte Tropen, heiße Tropen und anderes mehr) geeignet. Sie müssen fest sein gegen hohe oder tiefe Temperaturen, Flugsand, Feuchte, Schimmelbildung, Insektenfraß und anderes mehr. Die Vorschriften werden im allgemeinen werkintern in Anlehnung an vorhandene DIN-Normen[1] für Bauelemente erstellt.

6.4 Schlagwetter- und explosionsgeschützte Instrumente

Schlagwetter- und explosionsgeschützte Meßinstrumente verwendet man in Bergwerken und in der explosionsgefährdeten Industrie (vor allem in chemischen Betrieben). Die verschiedenen Schutzarten, die man durch konstruktive oder schaltungstechnische Maßnahmen erreichen kann, sind in den Vorschriften VDE 0170/0171 zusammengefaßt.

7. Koordinateninstrument

Abb. 51 zeigt ein Koordinateninstrument. Der Lichtzeiger wird, wie zuerst von SALADIN angegeben, nacheinander über die Spiegel zweier

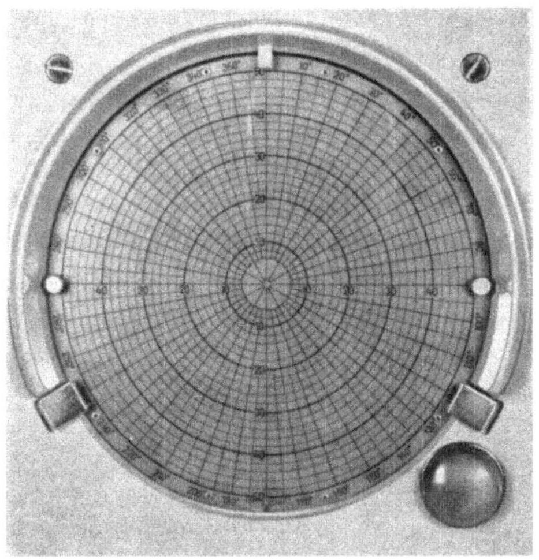

Abb. 51a. Koordinateninstrument, Frontansicht

Meßwerke geleitet, deren Achsen senkrecht zueinander stehen. Dadurch wird der Ausschlag der Lichtmarke zweidimensional, und die Anzeige

[1] DIN 40040.

erfolgt auf einer Skalenfläche (vgl. Oszillographen S. 177). Der Ausschlag des einen Meßwerks bewirkt eine waagerechte Bewegung der Lichtmarke, der Ausschlag des zweiten eine senkrechte. Ist ein solches Koordinateninstrument mit Drehspulmeßwerken ausgerüstet, so kann man Funktionen zur Anzeige bringen, beispielsweise die Abhängigkeit des Drehmoments von der Drehzahl für einen Drehstrom-Asynchronmotor. Ist das Koordinateninstrument mit elektrodynamischen Meßwerken versehen (z.B. einem Wirk- und einem Blindleistungsmesser), so zeigt

Abb. 51 b. Koordinateninstrument, Seitenansicht (Gehäuse entfernt) (H & B)

die Lichtmarke in Polarkoordinaten direkt die Scheinleistung und den Phasenwinkel an, in rechtwinkligen Koordinaten die Wirkleistung und die Blindleistung. Auch zur Darstellung von Vektoren ist das Koordinateninstrument gut geeignet. Es wird häufig zur Anzeige der Unwucht von Rotationskörpern benutzt[1].

C. Allgemeine Eigenschaften

Es sollen hier die für die Kennzeichnung der Meßinstrumente und ihrer Anwendungsmöglichkeiten allgemein eingeführten Begriffe behandelt werden (vgl. Tab. I bis VII, S. 213).

1. Genauigkeit

Die Genauigkeit der Meßinstrumente wird durch deren Fehlergrenze bestimmt, die mit einigen Ausnahmen in Prozent des Meßbereichend-

[1] Mitt. d. C. Schenck GmbH Darmstadt, 1957 H. 5.

werts angegeben wird. Die genauesten elektrischen Meßinstrumente haben eine Fehlergrenze von $\pm 0{,}1\%$, die ungenauesten von $\pm 5\%$. Wenn elektrische Meßgeräte allen Bestimmungen der „Regeln für elektrische Meßgeräte" (VDE 0410, vgl. S. 216ff.) entsprechen, dann dürfen sie eines der nachstehenden Klassenzeichen erhalten:

0,1	0,2	0,5	
1	1,5	2,5	5

Der Hersteller garantiert damit, daß der Fehler bei Messungen unter Nennbedingungen (S. 222) innerhalb der durch das Klassenzeichen gekennzeichneten Fehlergrenze liegt (Plus-Minus-Wert in Prozent, meist vom Meßbereichendwert). Unter anderen als Nennbedingungen (z.B. Schräglage, Fremdfeldeinwirkung) dürfen die Abweichungen von der Anzeige bei Nennbedingungen bestimmte festgelegte Grenzen nicht übersteigen. Im allgemeinen bezeichnet man Instrumente der Klassen 0,1, 0,2 und 0,5 als Feinmeßinstrumente bzw. Präzisionsinstrumente, die der Klassen 1, 1,5, 2,5 und 5 als Betriebsmeßinstrumente.

Die Fehlangabe eines Meßinstruments ist definiert als:

$$\text{Fehlangabe} = \text{angezeigter Wert} - \text{richtiger Wert}$$

Die Fehlangabe wird in Einheiten der Meßgröße oder in Skalenteilen ausgedrückt. Aus der Definition geht hervor, daß die Fehlangabe ein positives Vorzeichen erhält, wenn ein Instrument zuviel und ein negatives, wenn es zuwenig anzeigt. Die Berichtigung oder Korrektion ist die negative Fehlangabe.

Der Fehler eines Meßinstruments ist seine bezogen ausgedrückte Fehlangabe:

$$\text{Fehler} = \frac{\text{angezeigter Wert} - \text{richtiger Wert}}{\text{Meßbereichendwert}^{1}}$$

Daß die Fehlangabe im allgemeinen auf den Meßbereichendwert bezogen wird, findet seine Erklärung in einer Reihe von Eigenschaften, die eine gleichgroße Fehlangabe an allen Stellen der Skale eines Meßinstruments hervorrufen. So kann beispielsweise die Reibung am Nullpunkt ebenso groß sein wie am Meßbereichendwert. Der durch Reibung verursachte Fehler würde aber am Nullpunkt unendlich groß, bezöge man die Fehlanzeige auf den richtigen Wert (Null) anstatt auf den Meßbereichendwert. Auf Grund dieser Betrachtung empfiehlt es sich, möglichst in der Nähe des Meßbereichendwerts zu messen, weil das Meßergebnis dann am genausten wird. Dies sei an folgendem Beispiel belegt: Will man mit einem Instrument der Klasse 0,2 eine Spannung von 127 V unter Nenn-

[1] In besonderen Fällen wird der Fehler statt auf den Meßbereichendwert auf die Skalenlänge bzw. auf den richtigen Wert bezogen.

bedingungen messen, so ist die zulässige Fehlangabe bei einem 150-V-Bereich

$$\pm 0{,}2\% \text{ von } 150\text{ V} = \pm 0{,}3\text{ V } (\widehat{=} \pm 0{,}24\% \text{ von } 127\text{ V}),$$

bei einem 250-V-Bereich

$$\pm 0{,}2\% \text{ von } 250\text{ V} = \pm 0{,}5\text{ V } (\widehat{=} \pm 0{,}39\% \text{ von } 127\text{ V})$$

und bei einem 400-V-Bereich

$$\pm 0{,}2\% \text{ von } 400\text{ V} = \pm 0{,}8\text{ V } (\widehat{=} \pm 0{,}63\% \text{ von } 127\text{ V}).$$

Streng zu unterscheiden von der Fehlangabe, deren maximal zulässiger Wert (bei Nennbedingungen) durch die Fehlergrenze gegeben ist, ist der Ablesefehler, welcher aussagt, wie genau man die Anzeige eines Meßinstruments ablesen kann. Er ist bestimmt durch die Sauberkeit und Exaktheit der Zeiger- und Skalenausführung, durch den Grad der möglichen Parallaxe, durch die Physiologie des menschlichen Auges, durch die Übung und das Geschick des Beobachters, durch die Länge der Skalenteilung und schließlich durch die Qualität etwa eingesetzter Ablesehilfsmittel (Lupe, Mikroskop). Der Ablesefehler sollte höchstens ein Drittel der Fehlergrenze eines Meßinstruments betragen, weil diese sonst nicht sinnvoll ausgenutzt werden kann. Hat beispielsweise ein Klasse-0,2-Instrument eine 150teilige lineare Skale von 150 mm Länge, die in geeigneter Weise ausgeführt und parallaxefrei ablesbar ist, so kann ein versierter Beobachter ohne Hilfsmittel an jeder Stelle der Skale auf $\pm 0{,}1$ Skalenteil (entspricht $\pm 0{,}1$ mm) genau ablesen. Dieser Ablesefehler ($\pm 0{,}1$ Skt) steht der zulässigen Fehlangabe von $\pm 0{,}2\% \cdot 150 = \pm 0{,}3$ Skt gegenüber; er genügt demnach gerade den Mindestansprüchen. Mit Hilfe eines Mikroskops mit Strichteilung oder Mikrometerokular kann man die Ablesegenauigkeit erheblich steigern.

2. Eigenverbrauch

Der Eigenverbrauch eines Meßinstruments liegt zwischen einigen nW und einigen W (vgl. Tab. VI und VII, S. 227). Bei genauen und empfindlichen Messungen muß der Messende ihn kennen, um einen eventuellen Einfluß auf das Meßresultat beurteilen zu können.

3. Überlastbarkeit

Betreffend Überlastbarkeit s. S. 218.

4. Empfindlichkeit

Die Definition der Empfindlichkeit in DIN 1319 lautet[1]:

„Die Empfindlichkeit eines Meßgeräts (unter Umständen an einer be-

[1] Die Definition und die zugehörige Anmerkung sind hier wörtlich zitiert, da darin das Wesentliche klar und kurz zum Ausdruck kommt.

stimmten Stelle seiner Skale) ist das Verhältnis einer an dem Meßgerät beobachteten Änderung seiner Anzeige zu der sie verursachenden (hinreichend kleinen) Änderung der Meßgröße."

Dazu ist in DIN 1319 folgende Anmerkung gemacht:

„Es ist sinnwidrig und daher irreführend, als Empfindlichkeit etwa den Kehrwert der definierten Empfindlichkeit zu benennen. Beispielsweise ist die Stromempfindlichkeit eines Galvanometers nicht 10^{-8} A/mm, sondern 100 mm/μA.

Hat bei einem Galvanometer eine Änderung des Stromes von 0,5 nA eine Änderung der Anzeige um 1 mm zur Folge, so ist die Stromempfindlichkeit des Galvanometers 2 mm/nA.

Man beachte, daß die Empfindlichkeit nur auf die Änderung der Anzeige und nicht auf den Ausschlagwinkel bezogen wird. Verlängert man also den Drehzeiger (Lichtzeiger) eines Meßgerätes, so wird die auf die Änderung der Anzeige bezogene Empfindlichkeit größer, obgleich der Ausschlagwinkel ungeändert bleibt. Ähnliches gilt für den Fall, daß beim Ablesen der Anzeige optische Vergrößerungsmittel, z.B. Lupen, verwendet werden.

Es widerspricht der gegebenen Definition, etwa das Verhältnis eines ersten deutlich erkennbaren Unterschiedes der Anzeige zu der verursachenden Änderung der Meßgröße „Empfindlichkeit" zu nennen. Dieser, auch Meßschwelle genannte Begriff ist sehr unbestimmt und sollte daher vermieden werden..."

II. Kreuzspulinstrumente mit Dauermagnet

A. Meßprinzip

Bringt man auf die Achse eines Drehspulmeßwerks zwei Spulen S_1 und S_2, die um einen Winkel 2β gegeneinander gekreuzt sind, wie in der Abb. 52, so bekommt man zwei elektromagnetische Drehmomente M_1 und M_2, die bei entsprechender Schaltung Drehungen entgegengesetzter Richtung um die Achse bewirken. Das magnetische Feld ist aber im Gegensatz zum Drehspulinstrument inhomogen, d.h. die Spule S_1 bewegt sich bei zunehmendem Ausschlagwinkel α des Zeigers von Stellen größerer Induktion in der Mitte der Polschuhe nach Stellen kleinerer Induktion an den Polschuhspitzen. Die Spule S_2 bewegt sich (bei zunehmendem α) von Stellen kleinerer Induktion nach Stellen größerer Induktion. Innerhalb der Kreuzspulen befindet sich ein Eisenkern, der bei dem erstmalig von BRUGER[1] angegebenen Kreuzspulinstrument etwa

[1] BRUGER: Elektrotechn. Z. 15 (1894) S. 33.

elliptische Form hat, während die Polschuhe zylindrisch sind. Bei modernen Instrumenten ist der Kern zylindrisch; die Polschuhe werden aus Herstellungsgründen ebenfalls von Zylinderflächen begrenzt, deren Radien aber größer oder kleiner sind als die von Kreisbögen um die Drehachse (Abb. 52). Je nachdem nimmt die Breite des Luftspalts von der Mitte nach den Spitzen der Polschuhe hin zu oder ab. Für die mit dem Ausschlagwinkel α veränderliche Induktion – durch entsprechende Formung der Polschuhe erzielt – mögen bei der Drehung der Kreuzspule um den Winkel α folgende Beziehungen gelten:

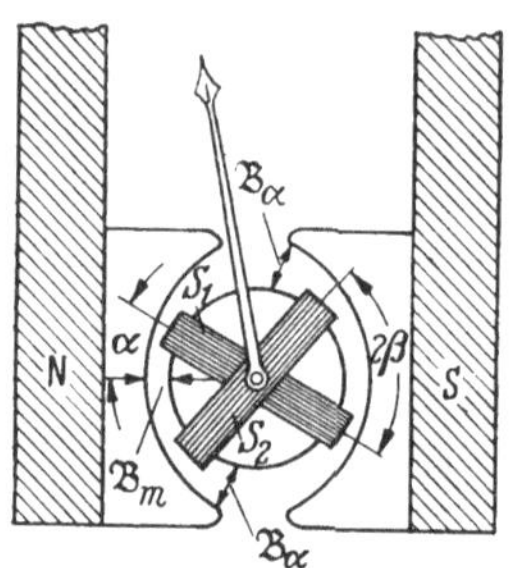

Abb. 52. Kreuzspulmeßwerk. S_1, S_2 Kreuzspule; B_m größte Induktion; B_α kleinste Induktion; α Ausschlagwinkel; 2β Kreuzungswinkel

$$\text{Für Spule } S_1\colon\ B_1 = B_m(1 - b\alpha) \tag{30}$$

$$\text{Für Spule } S_2\colon\ B_2 = B_m(1 - b\alpha - 2b\beta) \tag{31}$$

b ist eine Konstante, die von der Stärke der Induktionsänderung und damit von der Änderung der Luftspaltbreite mit dem Ausschlagwinkel α abhängt. Die Induktion soll dabei von einem Höchstwert B_m in der Mitte der Polschuhe abnehmen bis zur Induktion $B_m(1 - 2b\beta)$ an der Stelle, wo die zweite Spule sich befindet, wenn die erste Spule senkrecht zu den Magnetschenkeln steht, also $\alpha = 0$ ist. Mit Gl. (1) von S. 3 erhält man für die Drehmomente der beiden Spulen die Beziehungen:

$$\left.\begin{aligned} M_1 &= \Theta_1 A B_1 = \Theta_1 A B_m(1 - b\alpha) \\ M_2 &= -\Theta_2 A B_2 = -\Theta_2 A B_m(1 - b\alpha - 2b\beta) \end{aligned}\right\} \tag{32}$$

Kommt das bewegliche Organ zur Ruhe, so sind die beiden Drehmomente entgegengesetzt gerichtet und gleich groß, d.h. $M_1 + M_2 = 0$ oder mit Gl. (32):

$$\Theta_1 A B_m(1 - b\alpha) - \Theta_2 A B_m(1 - b\alpha - 2b\beta) = 0$$

$$A B_m[\Theta_1(1 - b\alpha) - \Theta_2(1 - b\alpha - 2b\beta)] = 0$$

Da bei einem funktionstüchtigen Meßinstrument weder die Windungsfläche A noch die maximale Induktion B_m gleich Null sein können, ergibt sich:

$$\Theta_1(1 - b\alpha) - \Theta_2(1 - b\alpha - 2b\beta) = 0 \tag{33}$$

Da $b\alpha$ bzw. $b\beta \ll 1$, ist angenähert

$$\frac{\Theta_1}{\Theta_2} \approx \frac{(1 + b\alpha)(1 - 2b\beta)}{1 - b\alpha} \approx (1 - 2b\alpha)(1 - 2b\beta) \tag{34}$$

Wenn die Windungszahl N der Spulen S_1 und S_2 gleich ist, dann kann man in Gl. (33) statt der Durchflutung Θ den Strom I in den Spulen einsetzen und erhält

$$\frac{I_1}{I_2} = \frac{1 + b\alpha - 2b\beta}{1 - b\alpha} \tag{35}$$

Abb. 53 entnimmt man:

$$U = I_1 R_1 \quad \text{und} \quad U = I_2 R_2$$

Dabei ist der Widerstand der Spule S_1 im Wert von R_1 und der der Spule S_2 im Wert von R_2 enthalten. Da die Spannung U von einer einzigen Spannungsquelle geliefert wird, erhält man:

$$\frac{I_1}{I_2} = \frac{R_2}{R_1} \tag{36}$$

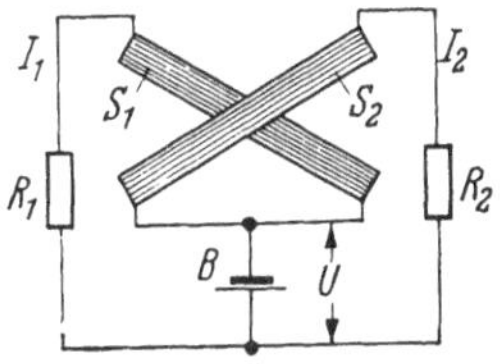

Abb. 53. Schaltung eines Kreuzspulinstruments

Eine Kombination mit Gl. (35) ergibt:

$$\frac{R_2}{R_1} = \frac{1 + b\alpha - 2b\beta}{1 - b\alpha}$$

$$\alpha = \frac{R_2 - R_1 + 2R_1 b\beta}{b(R_1 + R_2)} \tag{37}$$

Der Zeigerausschlag α ist eine Funktion des Verhältnisses der Widerstände R_1 und R_2. Ist einer dieser Widerstände, z.B. R_2, ein bekannter Meßwiderstand, so ist

$$R_1 = f(\alpha) \tag{38}$$

Der Zeigerausschlag gibt also unmittelbar den unbekannten Widerstand R_1 an, und man kann die Skale in Ohm eichen.

Der Strom in R_1 und damit in S_1 wird um so kleiner, je höher der Widerstand R_1 ist. Man bewickelt dann die Spule S_1 mit möglichst vielen Windungen möglichst feinen Drahtes. Als eine Eigenart des Meßgerätebaues sei erwähnt, daß es gelungen ist, diese Spulen in der Massenherstellung mit einem Draht von 0,02 mm Durchmesser zu bewickeln.

Durch die Wahl der Radien für die Begrenzungsflächen von Polkern und Polschuh kann man eine mehr oder weniger starke Änderung des Luftspaltes und damit der magnetischen Induktion erzielen. Dementsprechend wird die Verhältnisänderung über die Skale entweder größer (0,15···1···7) oder kleiner (0,97···1···1,03). Die angegebenen Werte sind als Grenzwerte anzusehen. Man kann die relative Empfindlichkeit ändern, indem man die nicht gemeinschaftlichen Enden von S_1 und S_2 durch einen Widerstand überbrückt. Beim Verhältnis 1 und bei gleichen Abmessungen von S_1 und S_2 steht die Kreuzspule symmetrisch im Feld des Dauermagnets.

Durch die Wahl des Winkels 2β zwischen den Spulen S_1 und S_2 (vgl. Abb. 52) läßt sich die Skalenform und besonders die Empfindlichkeit in hohem Maße beeinflussen, wie ein Blick auf die Gl. (37) zeigt. Bei den außerordentlich zahlreichen Ausführungen findet man zur Anpassung an den Verwendungszweck Spulenwinkel 2β von etwa 10···90°. Man bezeichnet häufig die eine Spule S_1, in welcher der veränderliche Widerstand R_1 liegt, als Meßspule, und die andere mit dem konstanten Widerstand als Richtspule. Letztere übernimmt tatsächlich die Rolle der Torsionsfeder des Drehspulgerätes, wobei sich im Gegensatz zur Feder die Richtkraft mit der Spannung U und mit dem Verlauf der Induktion im Luftspalt ändert.

Das bewegliche Organ besitzt keine mechanische Richtkraft. Der Zeiger bleibt also in stromlosem Zustand an beliebiger Stelle stehen. Das kann zu Irrtümern führen. Man bringt daher häufig eine sogenannte Zeigerrückführung in Form eines Relais an, die, wenn die Spannung U unter einen gewissen Punkt sinkt, den Zeiger aus der Skale herausführt. Änderungen der Spannung haben auf die Größe des Ausschlagwinkels keinen Einfluß, dagegen ist das spezifische Einstellmoment, mit dem die Kreuzspulen in eine neue Lage gebracht werden, unmittelbar von U abhängig. Mit sinkender Spannung U nimmt also die Einstellsicherheit ab; bei steigender Spannung U kann die Erwärmung der Spulen unzulässig hoch werden. Im allgemeinen sind Änderungen von $\pm 20\%$ vom Sollwert der Spannung ohne Einfluß auf die Meßgenauigkeit des betreffenden Geräts.

Außer der Anordnung nach Abb. 53 sind noch andere Schaltungsarten üblich. Sollen hohe Widerstände gemessen werden, so kann man diese einer Kreuzspule parallel legen. Beim Messen sehr kleiner Widerstände führt man z. B. den Kreuzspulen die Spannungsabfälle am Meß- und einem Vergleichswiderstand zu (ähnlich wie bei der THOMSON-Brücke, S. 254).

Abb. 54 zeigt den Skalenverlauf eines Kreuzspul-Widerstandsmessers. Der kleinste Meßbereich liegt etwa bei $10^{-3}\cdots10^{-1}\,\Omega$ mit einer

Abb. 54. Skale eines Kreuzspul-Widerstandsmessers (etwa 2/5 nat. Größe)

Batteriespannung von etwa 2 V, der größte Meßbereich reicht von etwa $3 \cdot 10^5\cdots10^8\,\Omega$ mit einer Spannung von etwa 1000 V.

Hauptanwendungsgebiete des Kreuzspulinstruments sind die Fernmessung mit Widerstandsgeber, vor allem aber die Temperaturmessung mit dem Widerstandsthermometer (vgl. S. 317). Man verwendet es hierfür auch in der sogenannten Brückenschaltung, in welcher sich auch das T-Spul-Meßgerät[1] eingeführt hat, ein Drehspulquotientenmesser, der auf dem gleichen Prinzip beruht wie das Kreuzspulmeßgerät, sich aber in seinem Aufbau von diesem unterscheidet.

[1] EGGERS, H. R.: AEG-Mitteilungen (1936) S. 372.

B. Aufbau des Meßwerks

Der mechanische Aufbau des Meßwerks ist dem des Drehspulmeßwerks sehr ähnlich. Die beiden Spulen sind gekreuzt auf einem leichten Aluminiumrahmen gewickelt, der auch hier die Dämpfung des Ausschlags bewirkt. Drei dünne Goldbänder, deren mechanische Richtkraft praktisch ohne Einfluß auf die Einstellung der Spulen ist, führen den Strom zu; eine Zuleitung ist für beide Spulen gemeinsam (vgl. Abb. 53). Die beim Drehspulinstrument notwendigen Spiralfedern kommen hier in Fortfall und damit auch der Nullsteller. Der Dauermagnet ist ähnlich dem der Drehspulgeräte; nur die Polschuhe sind anders ausgebildet, z.B. wie in der Abb. 52.

Der Ausschlagwinkel ist bei den Kreuzspulgeräten meistens etwas kleiner (80°) als bei den Drehspulgeräten (90°). Es werden auch Kreuzspulgeräte mit etwa 270° Ausschlag hergestellt mit zwei auf einer Achse gekuppelten Meßwerken, deren Drehspulen und Magnete ähnlich der Abb. 17 ausgebildet sind. Die Induktion muß bei einem bestimmten Drehsinn des gemeinschaftlichen Zeigers im Luftspalt des einen Meßwerks zu-, im anderen abnehmen. Eine Zusammenstellung der Ausführungsformen von Kreuzspulinstrumenten wurde von Blamberg[1], der theoretischen Grundlagen von Lorenz[2] veröffentlicht.

III. Drehmagnetinstrumente

VDE: Drehmagnetinstrumente haben mindestens einen beweglichen Dauermagneten, der vom Feld einer oder mehrerer feststehender stromdurchflossener Spulen abgelenkt wird.

A. Das Nadelgalvanometer

Das alte Nadelgalvanometer, das heute durch das empfindliche Drehspulgalvanometer verdrängt ist, besteht aus einer drehbar gelagerten oder an einem Band aufgehängten Magnetnadel, die sich in Richtung des Erdfeldes einstellt und durch das Feld einer feststehenden, stromdurchflossenen Spule aus ihrer Nordrichtung abgelenkt wird. Der Betrag der Ablenkung gibt ein Maß für den Strom in der festen Spule. Es ist also im Gegensatz zum Drehspulgerät der Magnet beweglich und die Spule fest. Dem Drehmagnetgerät nach Abb. 55 liegt das Prinzip des Nadelgalvanometers zugrunde. Ein drehbar gelagerter Magnet (oder ein Weicheisenstück) *1* stellt sich in Richtung des Feldes Φ_M eines Richtmagnets *2* ein. Der zu messende Strom fließt über die Spule *3*, deren

[1] Blamberg, E.: Arch. techn. Mess. J 726–2 (Aug. 1932).
[2] Lorenz, J.: Arch. techn. Mess. J 726–3 (Okt. 1939).

Feld Φ_S senkrecht zu dem des Richtmagnets steht. Die Nadel *1* wird sich in Richtung des resultierenden Feldes Φ_R einstellen, d.h. sie wird abgelenkt und damit der Zeiger *4* über die Skale *5* geführt. Bei höheren Strömen genügt ein gerader Leiter, der in der Nähe der Nadel angebracht wird, um einen hinreichend großen Ausschlag hervorzubringen.

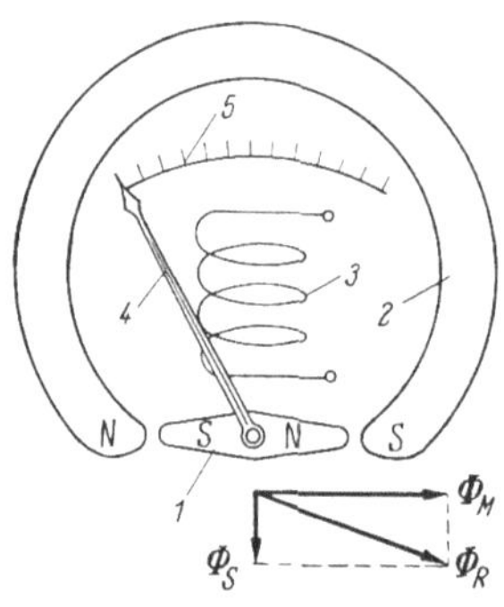

Abb. 55. Drehmagnetgerät. *1* Stahlnadel; *2* Richtmagnet; *3* feststehende Ablenkspule; *4* Zeiger; *5* Skale; Φ_M Fluß des Richtmagnets; Φ_S Fluß der Ablenkspule; Φ_R resultierender Fluß aus Φ_M und Φ_S

Der mechanische Aufbau dieser Gleichstromgeräte ist außerordentlich einfach, da das bewegliche Organ keine Stromzuführungen benötigt. Man findet die Drehmagnetgeräte z.B. in Kraftwagen, wo sie den Ladezustand der Batterie anzeigen. Ihre Anzeigegenauigkeit und ihre Empfindlichkeit sind in letzter Zeit erheblich besser geworden.

Die Entwicklung des Drehmagnetgeräts wurde vernachlässigt. Es ist möglich, daß dieses Gerät in Zukunft eine wichtigere Stellung einnehmen wird, als dies zur Zeit der Fall ist, zumal seine Konstruktion und Herstellung, wie schon erwähnt, einfach sind und die neuen Magnetstähle (s. S. 17) mit ihrer kurzen Polentfernung die Ausbildung eines Drehmagneten von kleinem Trägheitsmoment und Gewicht ermöglichen.

B. Drehmagnetinstrument mit drei Spulen

Abb. 56 zeigt einen etwas anderen Aufbau des Drehmagnetgeräts und Abb. 57 seine Schaltung.

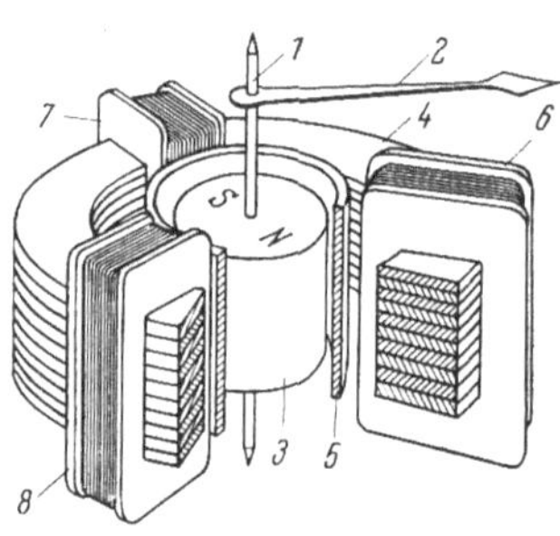

Abb. 56. Drehmagnetgerät mit Spulen *6*, *7*, *8*. *1* Drehachse; *2* Zeiger; *3* Drehmagnet; *4* fester Eisenkörper; *5* Dämpferzylinder

Auf einer in Spitzen gelagerten Drehachse *1* (Abb. 56) mit dem Zeiger *2* befindet sich ein permanenter Magnet *3* von zylindrischer Form, der in Richtung eines Durchmessers magnetisiert ist; seine Pole sind mit *N* und *S* bezeichnet. Sein Feld durchsetzt einen konzentrischen, ringförmigen Eisenkörper *4* aus geschichteten Weicheisenblechen. Das magnetische Feld teilt sich in der Gegend von *N* in zwei etwa gleiche Teile, die sich bei *S* wieder vereinigen.

Der Weicheisenkörper *4* ist in Abb. 56 aufgeschnitten dargestellt, um die Form des Drehmagnets *3* zu zeigen und den in sich geschlossenen Kupferzylinder *5*. Letzterer wird vom Feld des Drehmagnets durchsetzt. Bei einer Drehung von *3* und seinem Magnetfeld werden in dem Kupferzylinder *5* Wirbelströme induziert, die eine Dämpfung des beweglichen Organs bewirken, ähnlich wie der Metallrahmen der Drehspule.

Auf dem Weicheisenkörper *4* sind – um je 120° versetzt – drei Spulen *6*, *7* und *8* aufgebracht. Fließen durch diese Spulen drei Ströme, so wird in dem Eisenkörper *4* ein resultierendes Feld entstehen. Es läßt

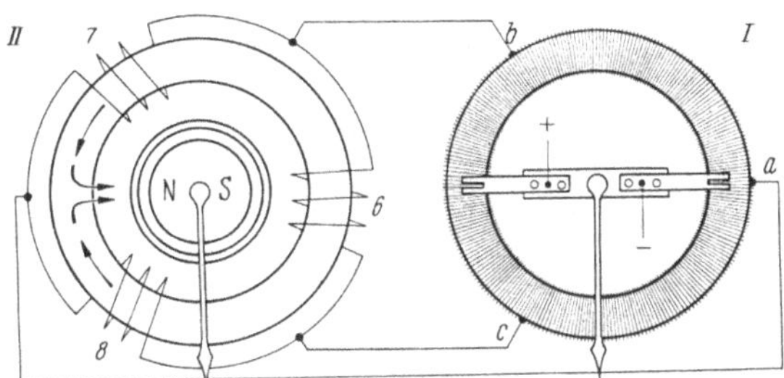

Abb. 57. Schaltung eines Ferngebers *I* mit dem Empfänger *II*. *6*, *7*, *8* Spulen wie in Abb. 56

sich durch Wahl von Richtung und Größe der Ströme so einrichten, daß es ungefähr entlang einem Durchmesser des Körpers *4* verläuft und auch den Drehmagnet *3* entlang einem Durchmessers durchsetzt. Das bewegliche Organ wird sich so einstellen, daß das Feld seines permanenten Magneten in die Richtung des resultierenden Feldes der drei festen Spulen fällt. Man hat es dann in der Hand, durch Änderung von Größe und Richtung der Ströme in den Spulen *6*, *7* und *8* dem beweglichen Organ und damit seinem Zeiger *2* jede beliebige Stellung zu geben. Man kann weiter durch entsprechende Änderung der Ströme in den festen Spulen das bewegliche Organ beliebig oft um seine Achse drehen, da es keine Zuleitungen benötigt.

C. Drehmagnetinstrument zur Fernanzeige

An Hand der Abb. 57 soll als Beispiel der vielseitigen Anwendungsmöglichkeiten des Drehmagnetinstruments die Übertragung der Stellung eines Gebers *I* auf den Zeiger eines weit entfernten Empfängers *II* erläutert werden.

Beim Geber *I* ist auf einem Ring aus Isolierstoff ein Widerstandsdraht gleichmäßig aufgewickelt. In der Achse dieses Ringes sind zwei Kontaktbürsten drehbar und isoliert gelagert, die mit dem positiven bzw. negativen Pol einer Stromquelle über nicht dargestellte Schleifringe verbunden sind. Die Bürsten + und – berühren den Widerstandsring an zwei um 180° versetzten Punkten. Auf der Drehachse der Schleifbürsten, die mit irgendeiner Welle, z. B. der eines Wasserstandsanzeigers verbunden sein kann, ist ein Zeiger gezeichnet, der den Wert der zu messenden Größe anzeigt. Von drei um 120° versetzten Punkten des Widerstandsringes bei *I* führen drei Leitungen (oder Fernleitungen) zu den drei Spulen *6*, *7* und *8* des Drehmagnetgeräts *II*. Der Zeiger des Empfängers *II* ändert nun seine Lage entsprechend der Stellung der Bürsten des Gebers *I*, so daß man letztere am Empfänger *II* genau ablesen kann. Wie dies zustande kommt, soll folgende Betrachtung veranschaulichen: Der Strom im Widerstandsring *I* möge groß sein gegen den Strom in den Spulen bei *II*. Es besteht dann bei der in Abb. 57 gezeichneten Bürstenstellung keine Potentialdifferenz zwischen den Punkten *b* und *c* des Widerstandsringes *I*, also fließt auch über die Spule *6* bei *II* kein Strom. Über die Spulen *7* und *8* fließen gleiche, aber entgegengesetzt gerichtete Ströme. Ihre magnetischen Felder verlaufen in der durch Pfeile angedeuteten Richtung und durchsetzen den Drehmagnet in gleicher Richtung von links nach rechts, so daß sich dessen Pole in die gezeichnete Lage einstellen. Eine analoge Überlegung gilt, wenn man die Minusbürste des Gebers *I* von *a* um 120° nach *b* verschiebt. Dabei wird sich auch der Zeiger von *II* um 120° verstellen.

Entsprechendes gilt auch für eine weitere Verdrehung der Geberbürste von *b* nach *c*. Auch für die Einstellung der Plusbürste des Gebers auf die Punkte *a*, *b* und *c* läßt sich die Stellung des Empfängerzeigers durch die gleiche Betrachtung ermitteln; damit ist der Beweis erbracht, daß der Zeiger des Empfängers *II* die Stellung des Gebers *I* eindeutig wiedergibt. Die exakte Wiedergabe der Stellung von *II* in Abhängigkeit von der Stellung des Gebers *I*, insbesondere unter Berücksichtigung des Einflusses der Ströme in den Spulen *II* auf die Potentialverteilung am Geberring *I*, erfordert eine mathematische Ableitung, die hier zu weit führen würde. Leider ist auch in der Literatur nichts darüber zu finden.

Diese Fernmeßeinrichtung mit Widerstandsgeber und Drehmagnetgerät als Empfänger, die ihren Ursprung in der Fernmeldetechnik hat, fand ein großes Anwendungsgebiet zur Fernanzeige in Kesselanlagen und Fahrzeugen aller Art, wo es sich darum handelt, in einem Zeigerausschlag darstellbare Größen in einer gewissen Entfernung anzuzeigen.

IV. Dreheiseninstrumente

VDE: Dreheiseninstrumente haben ein oder mehrere bewegliche Eisenteile, die von dem Magnetfeld einer oder mehrerer feststehender stromdurchflossener Spulen abgelenkt werden.

Kohlrausch[1] verwendete als erster die Anziehungskraft zwischen einer stromdurchflossenen Spule und einem von ihr magnetisierten

[1] Kohlrausch: ETZ 5 (1884) S. 13.

Eisenstück zur Messung von Strom und Spannung: Hängt man an eine Schraubenfeder einen Eisenstab, der in ein unter ihm aufgestelltes Solenoid (eisenlose Spule) eintaucht, so wird der Eisenstab eingezogen, wenn Strom durch das Solenoid fließt (Abb. 58). Der Eisenstab kommt zur Ruhe, wenn die mit der Verlängerung der Schraubenfeder wachsende Federkraft der auf den Eisenstab wirkenden elektromagnetischen Anziehungskraft das Gleichgewicht hält. Die Verlängerung der Schraubenfeder wird an einem Zeiger abgelesen und gibt ein Maß für den Strom in der Spule. Solche Instrumente mit geradliniger Bewegung des den Zeiger tragenden Organs sind heute nur noch von geschichtlicher Bedeutung. Die drehende Bewegung hat sich auch beim Dreheiseninstrument durchgesetzt.

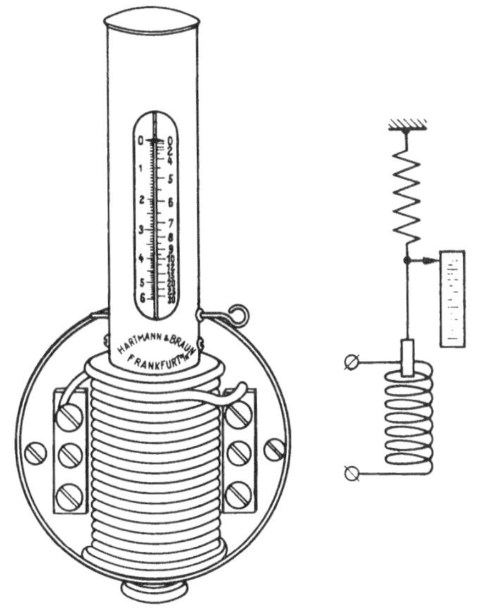

Abb. 58. Strommesser nach KOHLRAUSCH

A. Meßprinzip

Das Feld einer stromdurchflossenen Spule magnetisiert ein oder mehrere bewegliche Eisenteile, die sich an einem Hebelarm um eine Achse drehen können und deren Feld wieder in Kraftwirkung tritt mit dem erzeugenden Feld der Spulen, das gegebenenfalls durch ein oder mehrere feste Eisenteile verstärkt ist. Das elektromagnetische Drehmoment M an der Drehachse ist nach DRYSDALE[1]:

$$M = \frac{1}{2} I^2 \frac{\mathrm{d}L}{\mathrm{d}\alpha} \tag{39}$$

Zu dieser Größengleichung lautet die Einheitengleichung:

$$\mathrm{Ws} = 1 \cdot \mathrm{A}^2 \frac{\mathrm{H}}{\mathrm{rad}}$$

In Gl. (39) bedeuten:

I Strom in der Spule
L Induktivität der Spule
α Drehwinkel des oder der beweglichen Eisenteile

[1] DRYSDALE und JOLLEY: Electrical Measuring Instruments, Bd. 1, S. 276, London 1924.

Das elektromagnetische Moment des Dreheiseninstruments wächst also mit dem Quadrat des Stroms und ist von der Änderung der Spuleninduktivität nach dem Ausschlagwinkel α abhängig. Die Abhängigkeit des Moments vom Quadrat des Stroms sagt aus, daß der Skalenverlauf von Haus aus quadratisch ist und daß das Dreheiseninstrument für Gleichstrom- und Wechselstrombetrieb geeignet ist, denn die Richtung seines Drehmoments ist unabhängig vom Vorzeichen des Stromes I. Der Differentialquotient $\mathrm{d}L/\mathrm{d}\alpha$ in Gl. (39) bedeutet, daß die Skalencharakteristik durch die Formgebung der beweglichen und festen Eisenteile beeinflußt werden kann, weil sich damit die Induktivität der Spule bei bestimmten Ausschlagwinkeln ändert. Abb. 59 zeigt das Drehmoment eines Dreheisenstrommessers für 5 A in Abhängigkeit vom Ausschlagwinkel α. Der Parameter ist der Spulenstrom I. Die Kurven sind für 1, 2, 3, 4 und 5 A dargestellt. Die gerade Linie ist das Drehmoment der Spiralfeder. Da es in entgegengesetzter Richtung wirkt wie das elektromagnetische Moment, ergeben die Schnittpunkte der Geraden mit der Kurvenschar die Stellen, an denen das bewegliche Organ bei den entsprechenden Spulenströmen zur Ruhe kommt. Lotet man diese Schnittpunkte auf die Abszisse, so entsteht die Skalenteilung des betreffenden Instruments.

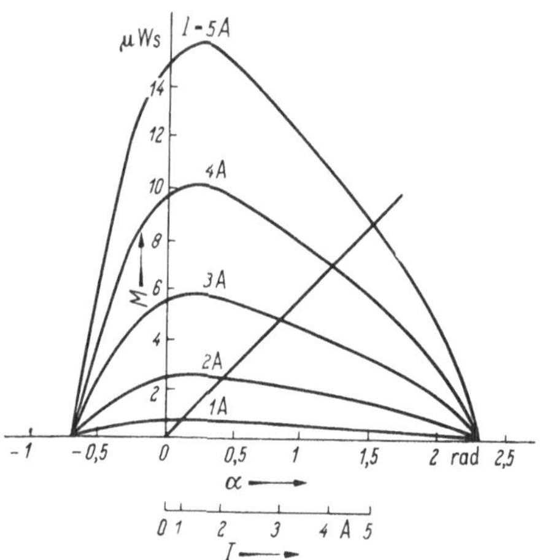

Abb. 59. Drehmomentkurve eines Dreheisenmeßwerks

B. Meßwerke

1. Mantelkernmeßwerk

Abb. 60 zeigt ein Dreheisenmeßwerk. Es handelt sich um ein sogenanntes Mantelkernmeßwerk, weil die Eisenkerne Teile eines Zylindermantels sind. In der Mitte einer Rundspule s, aus der im Bild ein Stück herausgeschnitten ist, liegt die Drehachse des beweglichen Organs. Auf ihr ist neben dem Zeiger z mit dem Luft-Dämpferflügel d und der Spiralfeder f ein zylinderförmiges Eisenstück k_1 befestigt. Ein weiteres Eisenstück k_2 ist mit dem Wicklungsträger der Spule s fest verbunden. Letztere magnetisiert bei Stromdurchgang die beiden Eisenstücke k_1 und k_2, die in Abb. 60b abgewickelt dargestellt sind. Die Richtung des Spulenfeldes ist durch den Pfeil Φ angedeutet. Da beide Eisenstücke durch dasselbe Feld, also gleichnamig, magnetisiert werden, stoßen sie sich ab. Durch die Formgebung der beiden Eisenteile wird der Skalenverlauf bestimmt. Die Bewegungsrichtung des auf der Drehachse befestigten Eisenstücks ist durch den Pfeil F angegeben.

Meßwerke mit Mantelkernen werden vornehmlich zum Bau von Schalttafelinstrumenten verwendet. Bei modernen Dreheiseninstrumenten kann am fertig montierten Meßwerk durch Drehen an Schrauben der feste Kern sowohl in axialer Richtung als auch in Umfangsrichtung ein wenig verstellt werden. Man erreicht damit eine Korrektur der Empfindlichkeit und eine kleine Veränderung der Skalencharakteristik. Diese Instrumente kann man mit gedruckten Skalen bestücken: eine individuelle Eichung entfällt mithin.

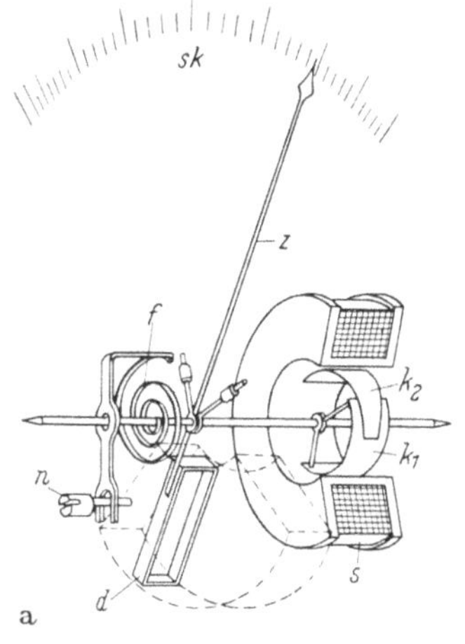

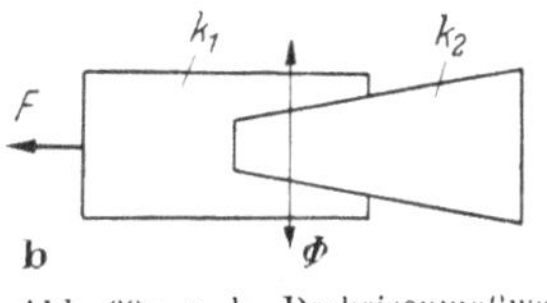

Abb. 60a u. b. Dreheisenmeßwerk mit Mantelkernen (H & B).
a) Grundsätzliche Anordnung. s Rundspule; z Zeiger; d Dämpferflügel; f Spiralfeder; k_1 und k_2 Eisenteile; n Nullsteller; sk Skale. b) Abwicklung der Eisenteile k_1 und k_2

Abb. 61 zeigt ein Dreheisen-Mantelkernmeßwerk für Kreisskaleninstrumente. In einer Rundspule sind drei feste Eisenkerne angebracht. Der mittlere dient im wesentlichen zur Drehmomentbildung und die beiden äußeren, die verstellbar sind, zur Beeinflussung der Empfindlichkeit und – in gewissen Grenzen – der Skalencharakteristik. Der bewegliche Eisenkern ist mit zwei Armen auf der spitzengelagerten Achse befestigt. Oben trägt die Achse die Spiralfeder, den Zeiger und die Dämpferscheibe, die in einem der Luftspalte der beiden Dauermagnete spielt. Die Anordnung von zwei Magneten bringt den Vorteil, daß die Dämpferscheibe

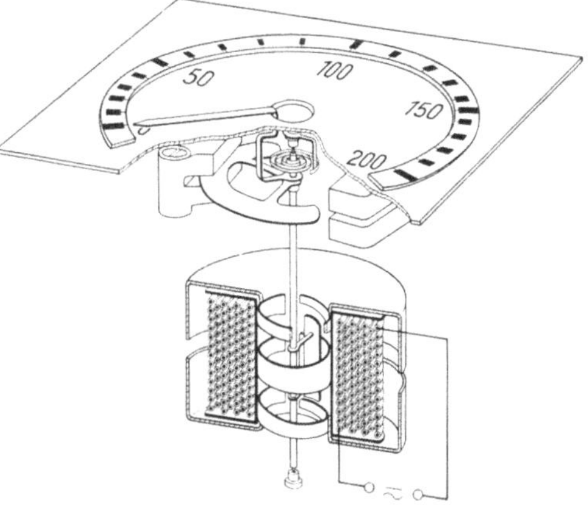

Abb. 61. Mantelkernmeßwerk für Kreisskaleninstrumente (H & B)

kleiner sein kann, als wenn nur ein Magnet vorgesehen wird. Dadurch wird am Gewicht des schwingenden Organs gespart, was sich günstig auf den Gütegrad des Meßwerks auswirkt. Die Skalenteilung ist auf einem Kreisring aufgezeichnet, dessen Oberfläche genau in der Zeigerebene liegt. Infolgedessen wird die Parallaxe vermieden.

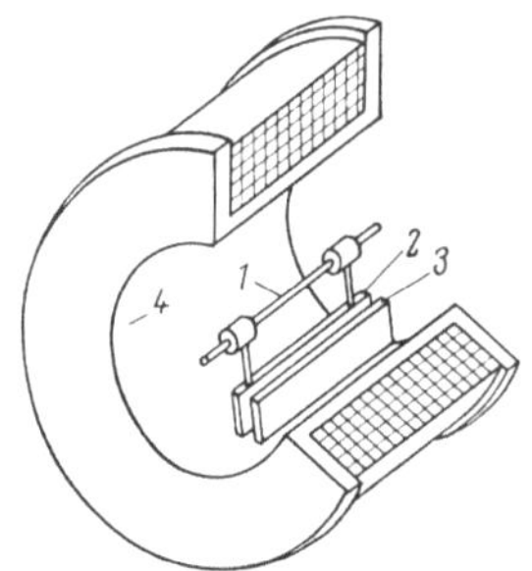

Abb. 62. Meßwerk mit Streifenkernen (H & B). *1* Drehachse; *2* bewegliches Eisenstück; *3* festes Eisenstück; *4* Spule

2. Streifenkernmeßwerk mit Rundspule

2.1 Für Schalttafelinstrumente

Abb. 62 zeigt ein *Meßwerk* mit Streifenkernen. Zwei etwa gleiche Eisenstreifen *2* und *3* befinden sich im Feld der Spule *4*, werden durch sie gleichnamig magnetisiert und stoßen sich ab. Das Eisen *3* ist fest am Spulenkörper, das Eisen *2* an der mit der Spulenachse zusammenfallenden Drehachse *1* angebracht. Bei der Abstoßung der beiden Eisenstücke dreht sich die Achse *1* und damit der Zeiger. Dämpfung, Spiralfeder und Lagerung der Achse sind die gleichen wie in Abb. 60. Die abstoßende Kraft zwischen den beiden Eisenstücken und somit das Drehmoment ändern sich etwa mit $1/a^2$, wenn a der mittlere Abstand der beiden Eisenstücke ist. Dieser Umstand wirkt dem an sich quadratischen Charakter des Meßwerks entgegen, so daß das Gerät mit angenähert geradliniger Teilung oder sogar mit weiten Anfangsteilen, wie die Abb. 67c und d zeigen, ausgeführt werden kann.

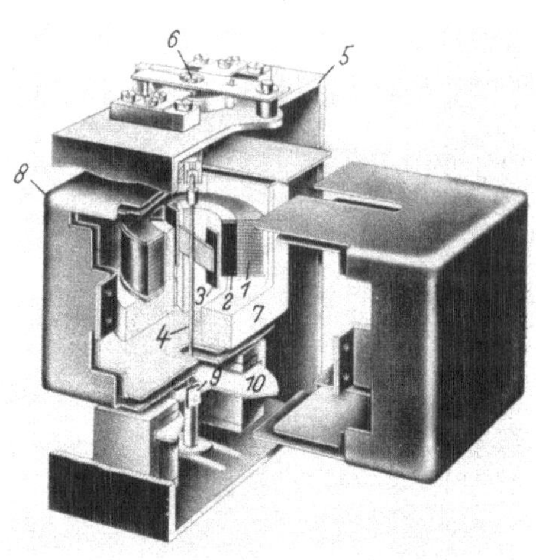

Abb. 63. Doppelsymmetrisches Dreheisenpräzisionsmeßwerk (H & B). *1* Spule; *2* feste Eisen; *3* drehbare Eisen; *4* Achse; *5* Rahmen (Träger); *6* feste Spannköpfe; *7* Keramträger; *8* Schirmkappen; *9* Meßwerkspiegel; *10* Dämpfungsscheiben

2.2 Für Präzisionsinstrumente

Abb. 63 zeigt ein spannbandgelagertes Dreheisenmeßwerk für Präzisionsmeßinstrumente. Die in einer Rundspule *1* angebrachten festen und beweglichen Eisenpaare *2* und *3* sind Streifenkerne, durch deren symmetrische Anordnung der Meßwerkachse *4* ein Drehmoment verliehen wird, ohne daß sie mit einer Querkraft belastet wird. Dadurch steht das bewegliche Organ auch beim Betrieb mit Wechselströmen niedriger Frequenz praktisch ruhig und läßt keine Vibrationsneigung erkennen. Das Spiel der Achse wird durch Abfänger begrenzt, damit bei Erschütterungen die Spannbänder nicht reißen. Der kräftige Meßwerkrahmen *5* aus Aluminiumguß trägt die gefederten äußeren Spannköpfe *6*. Außerdem sind daran der keramische Spulenträger *7* und die doppelte Abschirmung *8* gegen magnetische Fremdfelder befestigt. Die vorderen Schirmkappen sind abgenommen und versetzt dargestellt, um einen Einblick in das Meßwerk zu ermöglichen. Aus dem gleichen Grund sind der Spulenträger und die Spule teilweise weggelassen worden. Unten an der Achse ist der Meßwerkspiegel *9* angebracht, bei dessen Drehung der Lichtzeiger über die Skale geht. Seitlich in Höhe des Meßwerkspiegels sitzen an der Achse zwei Dämpferscheiben *10*, die sich in den Luftspalten je eines kräftigen Permanentmagneten bewegen.

Das beschriebene Dreheisenmeßwerk bucht selbstverständlich die allgemeinen Vorzüge der Spannbandlagerung und des Lichtzeigers für sich. Es sind insbesondere hohe Empfindlichkeit und geringer Eigenverbrauch. Präzisions-Dreheiseninstrumente, die mit diesem Meßwerk ausgerüstet sind, erreichen als Strommesser der Klasse 0,2 für Gleich- und Wechselstrom den kleinsten Meßbereich 3 mA bei 10 mVA Eigenverbrauch und als Spannungsmesser 1,5 V bei 360 mW.

3. Streifenkernmeßwerk mit Doppelspule

Abb. 64 zeigt ein hochempfindliches Dreheisenmeßwerk für tragbare Instrumente der Klasse 0,5. Wie beim zuvor beschriebenen Meßwerk sind auch hier Spannbandlagerung und Lichtzeiger angewendet. Das Meßwerk ist vollkommen symmetrisch aufgebaut, um alle an den aktiven Eisen des Meßwerks angreifenden radialen Kräfte, die bei dem kleinen Richtmoment des empfindlichen Meßwerks stören könnten, von vornherein unwirksam zu machen. Die Feldspule ist in zwei Einzelspulen aufgeteilt. In den Feldspulenhaltern, die gleichzeitig die Dämpferkammern bilden und in denen die festen Eisen befestigt sind, schwingen die auf dem Dämpferflügel aufgesetzten Dreheisen. Durch zwei Schirme aus hochpermeablem Eisenblech wird der Einfluß homogener und inhomogener Fremdfelder auf das Meßwerk praktisch ausgeschaltet.

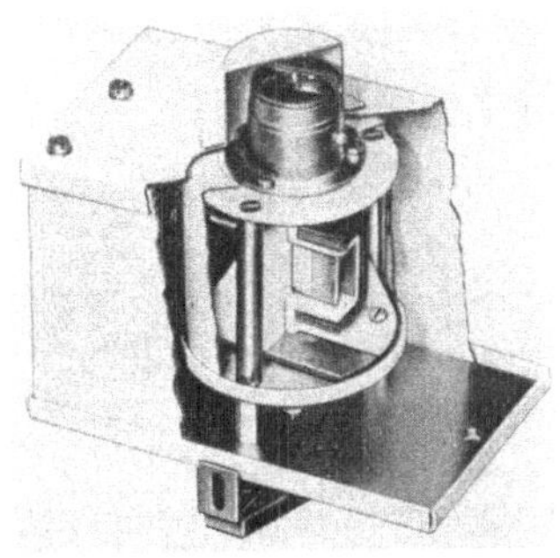

Abb. 64. Hochempfindliches Dreheisenmeßwerk (S & H)

Dieses Meßwerk ist 200mal empfindlicher als Präzisionsinstrumente mit Spitzenlagerung. Der Eigenverbrauch beträgt bei Strommessern nur noch 3 mVA und entspricht damit etwa dem eines Präzisions-Gleichstrominstruments.

Der niedrige Eigenverbrauch ruft natürlicherweise nur einen geringen Anwärmfehler hervor; so erwärmt sich das Meßwerk selbst bei 10facher Dauerüberlastung nur um wenige Grad. Auch dynamisch ist das Meßwerk hoch überlastbar.

Besonderer Wert wurde auf eine geringe Kurvenformabhängigkeit gelegt. Zu diesem Zweck ist das Meßwerk so ausgelegt, daß beim Meßbereichendwert die Induktion in den Eisenteilen nur einen Bruchteil der Sättigungsinduktion beträgt.

Um kleine Wirbelstromverluste und damit eine geringe Abhängigkeit von der Frequenz zu erhalten, wurden keramische Feldspulenhalter benutzt und für die Metallarmaturen, die sich in der Nähe der Feldspulen befinden, Legierungen mit hohem spezifischem Widerstand verwendet. Infolgedessen konnte der Frequenzbereich sowohl für Strom- als auch für Spannungsmesser auf 15···500 Hz ausgedehnt werden.

Eine Beeinflussung der Anzeige durch Fremdfelder ist durch den Doppelschirm praktisch verhindert, zumal der Innenschirm nahezu völlig geschlossen ausgeführt werden konnte. Dieser Doppelschirm ist so wirksam, daß der Fremdfeldfehler bei 400 A/m unter 0,1% bleibt.

Die Aufteilung der Feldspule in Einzelspulen ermöglicht durch Parallel- und Reihenschaltung der Spulen eine einfache Meßbereichumschaltung der Instrumente.

Die mit diesem Meßwerk versehenen Strommesser der Klasse 0,5 für Wechselstrom erreichen als kleinsten Meßbereich 1 mA bei 3 mVA Eigenverbrauch, die Spannungsmesser 1,5 V bei 45 mW.

4. Nadelmeßwerk

Abb. 65 zeigt schematisch ein Dreheisenmeßwerk nach dem Prinzip des Nadelgalvanometers. Ein wesentlicher Unterschied zu den bisher beschriebenen Dreheisenmeßwerken besteht im Fehlen jeglichen festen Eisens. Das bewegliche Eisen *1* sitzt symmetrisch auf der spannbandgelagerten Achse *2*. Bei Durchflutung der beiden Feldspulen *3* versucht das entstehende magnetische Feld das längliche Eisen mit seiner Längsachse in die Richtung der Kraftlinien zu drehen. Auch beim Dreheisennadelmeßwerk ist das auf die Achse wirkende Moment frei von radialen Kräften. Das Moment ist allerdings erheblich kleiner als bei Meßwerken mit festem Eisen. Das bedeutet, daß das Meßwerk höheren Eigenverbrauch hat. In Abb. 65 sind oben der Meßwerkspiegel *4* und die Wirbelstromdämpfung *5* zu sehen. Ergänzend sei auf den doppelten magnetischen Schirm *6* hingewiesen, der aus einer hochpermeablen Legierung kleinster Koerzitivkraft hergestellt ist.

Der mögliche Ausschlagwinkel ist auf weniger als 90° begrenzt, denn bei Stromlosigkeit kann das bewegliche Eisen mit seiner Längsachse nicht ganz quer zur Feldrichtung stehen, da anderenfalls ein Ausschlagen in der falschen Richtung erfolgen könnte. Bei vollem Strom kann es sich nicht ganz in Richtung der magnetischen Kraftlinien drehen, weil sonst das Moment zu Null würde. Diese Überlegung zeigt auch, daß die Skalencharakteristik vorbestimmt ist und man keine Mittel zu ihrer Beeinflussung an der Hand hat.

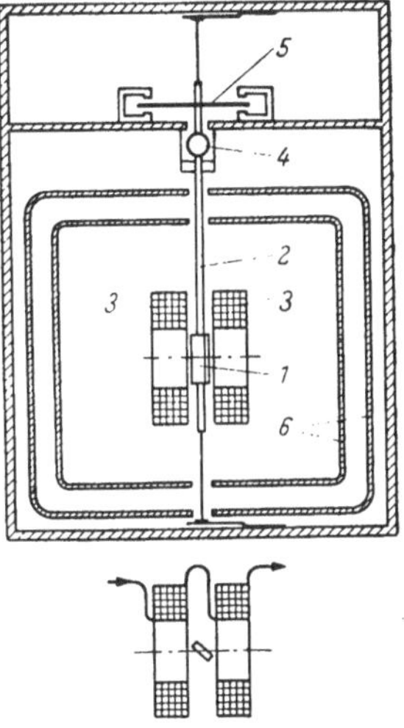

Abb. 65. Präzisionsmeßwerk nach dem Prinzip des Nadelgalvanometers (AEG). *1* Eisennadel; *2* Achse; *3* Feldspulen; *4* Meßwerkspiegel; *5* Wirbelstromdämpfung; *6* doppelter magnetischer Schirm

Die bestechenden Vorteile des Dreheisennadelmeßwerks sind in der erreichbaren hohen Genauigkeit und dem weiten Frequenzbereich zu sehen. Durch das Fehlen eines festen Eisens ist der Remanenzfehler verschwindend klein. Die Wahl einer modernen, hochgezüchteten Weicheisenlegierung für das bewegliche Eisen läßt auch den Hysteresefehler so klein werden, daß Dreheiseninstrumente mit Nadelmeßwerken den Bedingungen der Klasse 0,1 für Gleich- und Wechselstrom genügen. Vergleichshalber sei erwähnt, daß dabei der kleinste Strommeßbereich 30 mA (Eigenverbrauch 140 mVA) und der kleinste Spannungsmeßbereich 15 V (Eigenverbrauch 1500 mW) sind. Der Frequenzbereich erstreckt sich von 15···$\underline{50}$···1000 Hz.

5. Quotientenmeßwerk

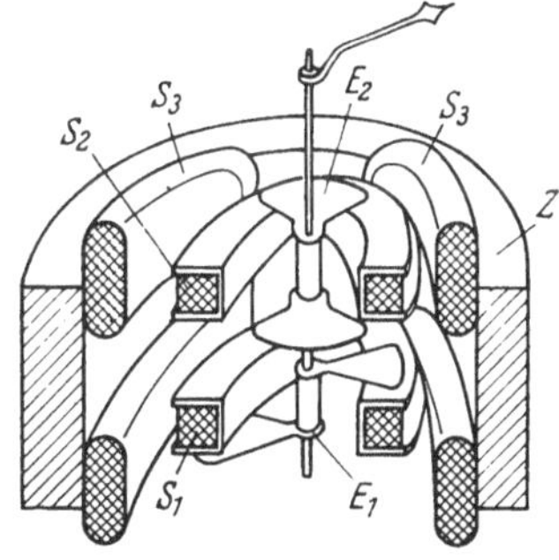

Abb. 66. Dreheisen-Leistungsfaktormesser (aus ATM). *Z* Eisenzylinder; S_3 Spulenpaar; S_1 und S_2 zwei koaxiale Spulen; E_1 und E_2 zwei drehbare, z-förmige Weicheisenteile

Abb. 66 zeigt das Meßwerk eines Dreheisenquotientenmessers im Schnitt. Es dient zur Messung des Leistungsfaktors[1]. Zuerst wurden solche Instrumente von Westinghouse Co. gebaut. Der Aufbau und die Wirkungsweise sind die folgenden: In einem Eisenzylinder *Z* ohne jegliche Pole oder Ausbuchtungen befindet sich ein Spulenpaar S_3, das

[1] ATM V 363-1 Febr. 1940.

vom Strom durchflossen wird. Weiterhin sind koaxial zu Z zwei weitere feste Spulen S_1 und S_2 vorhanden, die von zwei gegeneinander phasenverschobenen Spannungen erregt werden und somit auch zwei gegeneinander phasenverschobene magnetische Wechselfelder erzeugen. In beiden Spulen befinden sich – mit dem richtkraftlosen System starr verbunden, aber um 90° gegeneinander verdreht – z-förmige Weicheisenteile E_1 und E_2, die durch die Felder von S_1 und S_2 magnetisiert und durch das Richtfeld von S_3 beeinflußt werden. Je nach der Phasenlage sind die sich ergebenden Drehmomente verschieden groß und bewirken damit eine phasenabhängige Einstellung des beweglichen Organs. Bei dieser Bauart ist eine Anzeige des Leistungsfaktors in vier Quadranten möglich. Dämpfung, Skale und Lagerung sind der Übersichtlichkeit halber in Abb. 66 fortgelassen worden.

C. Skalenverlauf

Den Verlauf der Skale kann man in mehrfacher Weise beeinflussen: 1. durch die Form der Eisenkörper; 2. durch die Änderung ihrer gegenseitigen Lage mit dem Drehwinkel α, wobei, wie schon bemerkt, zu bedenken ist, daß sich die abstoßende Kraft zweier magnetisierter Eisenstücke mit dem reziproken Quadrat ihres Abstandes ändert; 3. durch die Wahl der Eisensorte und der Induktion im Eisen; 4. durch die Schaltung, z. B. mit spannungsabhängigen Widerständen, auf die hier nicht näher eingegangen werden kann[1].

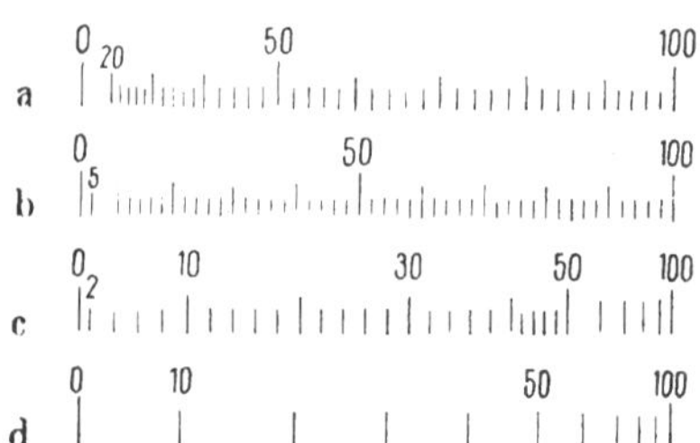

Abb. 67a–d. Skalen von Dreheiseninstrumenten. a) Quadratisch für Betriebsspannungsmesser; b) linear für Prüffeldstrommesser; c) überstromsicherer Motorstrommesser; d) Nullspannungsmesser zum Synchronisieren

Abb. 67 erläutert an einigen kennzeichnenden Beispielen die Möglichkeiten, die durch richtige Anwendung der genannten vier Punkte erzielt werden können. Der Endwert der gestreckt gezeichneten Skalen ist immer mit 100% des Meßwerts bezeichnet; *a* zeigt den natürlichen, annähernd quadratischen Skalenverlauf, wie ihn Mantelkernmeßwerke nach Abb. 60 aufweisen, wenn die Kerne aus 50%igem Nickeleisen bestehen. Die Induktion darf hierbei den Knick der Magnetisierungskennlinie nicht überschreiten. Die Skale *a* wird man hauptsächlich bei Betriebsspannungsmessern anwenden, bei welchen die wenig veränderliche Spannung von 70···90% des Skalenendwertes möglichst genau abgelesen

[1] Siehe Oesinghaus: ETZ 60 (1939) S. 625.

werden soll. Die praktisch lineare Skale bei *b* erreicht man mit Streifenkernmeßwerken nach Abb. 62. Man benutzt ein Sondereisen, dessen Induktion bei kleinem Erregerstrom in der Spule sehr viel schneller ansteigt als bei Dynamoblech. Diese Skalenform wird für Strom- und Spannungsmesser bevorzugt, deren Empfindlichkeit über den ganzen Meßbereich gleich groß sein soll und die vorwiegend für Messungen im Prüffeld gebraucht werden. Verwendet man ein Eisen mit hoher Anfangspermeabilität, so erhält man mit der Anordnung nach Abb. 62 Skalen wie bei *c* und *d*. Hierbei geht man mit der Induktion so hoch, daß man über den Knick der Magnetisierungskennlinie in deren flach ansteigenden Teil kommt. Die Skale *c* findet man häufig bei Strommessern, z.B. mit dem Nennwert 30% und dem Endwert 100%, zur Messung der Stromaufnahme eines Motors, der im normalen Betrieb den Strom 0···30 A führt, der aber vorübergehend beim Anlassen Stromstöße bis zu 100 A aufnimmt. Die Skale *d* verwendet man bei Synchronisiervoltmetern, die bei Phasenopposition die doppelte Betriebsspannung, bei Phasengleichheit die Spannung Null anzeigen sollen; hier ist eine hohe Anfangsempfindlichkeit ganz nahe beim Nullwert besonders wichtig. Die vier Beispiele zeigen, in welch weiten Grenzen sich der Skalenverlauf des Dreheiseninstruments ändern läßt. Es ist in dieser Beziehung anpassungsfähiger als alle anderen Meßwerkarten.

D. Schaltweise

1. Strommesser

Als *Strommesser* läßt sich das Dreheisenmeßwerk von etwa 1 mA bis zu einigen hundert Ampere unmittelbar verwenden. Für kleine Stromstärken wird die Spule mit vielen feinen Drähten bewickelt; für hohe Ströme besitzt sie nur wenige und schließlich nur eine Windung, z.B. bei 200 A. Die untere Grenze wird durch die Feinheit des Spulendrahtes und dessen ohmschen Widerstand, bei Wechselstrom noch durch den Scheinwiderstand bestimmt. Nach oben setzt die Möglichkeit der wirtschaftlichen Einführung der Starkstromleitung in das verhältnismäßig kleine Instrumentgehäuse eine Grenze bei etwa 200 A. Die Verwendung von Nebenwiderständen wie bei den Drehspulgeräten ist unwirtschaftlich, da der Spannungsabfall am Nebenwiderstand sehr hoch sein müßte, um die Kupferspule einschließlich eines hinreichend großen, temperaturfehlerfreien Vorwiderstandes zu speisen. Mehrere Meßbereiche sind also auf diese Weise nicht zu erzielen. Versieht man die Spule mit mehreren Wicklungen, so lassen sich durch passendes Parallel- und Hintereinanderschalten der Wicklungsteile mehrere umschaltbare Meßbereiche einrichten. Für hohe Stromstärken werden die Dreheisenstrommesser sehr viel in Verbindung mit Stromwandlern, passend für einen Sekundärstrom von meist 5 A, verwendet.

2. Spannungsmesser

Als *Spannungsmesser* erhält das Dreheisenmeßwerk eine Stromwicklung für 3···1000 mA mit einem temperaturfehlerfreien Vorwiderstand, z. B. aus Manganindraht von mindestens dem 5fachen Betrag des Widerstandes der Kupferspule. Der niedrigste Spannungsmeßbereich liegt bei 1 V, wobei der größere oben angegebene Stromverbrauch auftritt. Im Instrumentgehäuse lassen sich die Widerstände für einige hundert Volt unterbringen. Mit getrennten Vorwiderständen wurden schon Dreheisenspannungsmesser bis 100 kV gebaut. Die obere Grenze wird durch die Herstellungsmöglichkeit und den Verbrauch der Vorwiderstände bestimmt. Bei Wechselstrom ist der Scheinwiderstand der Meßwerkspule und der Vorwiderstände zu beachten. (Näheres über getrennte Vorwiderstände, auch zur Bildung mehrerer Meßbereiche, s. S. 192.) Dreheisenspannungsmesser werden auch häufig an Spannungswandler mit der sekundären Nennspannung 100 V angeschlossen. Die Bezifferung der Skale richtet sich in diesen Fällen nach der primären Wandlerspannung.

E. Fehler

Dreheiseninstrumente sind die wohlfeilsten unter den elektrischen Meßinstrumenten. Sie sind als Betriebsinstrumente der Klassen 1, 1,5 und 2,5 auf dem Markt. Als solche sind sie häufig nur für Wechselstrom geeignet, weil eine wechselweise Verwendung von Schalttafelinstrumenten für Gleich- oder Wechselstrom nicht gefragt ist. Die grundlegende Arbeit von Toeller aus dem Jahre 1939 hat den Weg für die Dreheisenpräzisionsinstrumente geebnet. In Deutschland werden sie heute in den Klassen 0,1, 0,2 und 0,5 hergestellt und durchweg verwendet, während im Ausland als Präzisionsstrom- und -spannungsmesser immer noch das Elektrodynamometer das Feld beherrscht.

1. Gleichstromfehler

Die Gleichstromanzeige eines Dreheiseninstruments unterscheidet sich von seiner Wechselstromanzeige. Der Unterschied wird durch die Hysterese und die Remanenz der Eisenteile verursacht. Bei Wechselstrombetrieb wird im Rhythmus der Perioden die Hystereseschleife des Eisens durchlaufen. Wenn man davon ausgeht, daß zu Beginn einer Meßreihe die Eisenteile entmagnetisiert waren, so wird sich mit Wechselstrom eine bestimmte, stets reproduzierbare Kurve für den Ausschlag in Abhängigkeit des Stroms ergeben. Bei Gleichstrombetrieb kommt es hingegen darauf an, ob mit steigendem oder fallendem Strom gemessen wird. Je nachdem wird ein anderer Zweig der Hystereseschleife durchlaufen, und damit wird auch die Anzeige unterschiedlich. Auch kommt es bei Messungen mit Gleichstrom darauf an, welcher größte Stromwert erreicht wurde, denn die Hystereseschleife ändert sich mit dem erreichten Maximalwert.

1.1 Der Hysteresefehler

Die genaue Berechnung des Hysteresegleichstromfehlers wurde erstmalig von TOELLER[1] angegeben. Unter der Voraussetzung, daß die Magnetisierungskurve hochpermeabler Bleche als ein aufrechtstehendes Rechteck dargestellt werden kann, dessen Höhe $2\,B_{max}$ und dessen Breite b ist, erhält man für den relativen Gleichstromfehler:

$$F = \frac{b\,B}{H\,B_{max}} \tag{40}$$

Die Einheitengleichung dazu lautet:

$$1 = \frac{\mathrm{A/m}}{\mathrm{A/m}}\,\frac{\mathrm{T}}{\mathrm{T}}$$

In Gl. (40) bedeuten:

b Breite der Magnetisierungsschleife
B_{max} Maximalinduktion
H Feldstärke
B Induktion bei der Feldstärke H

Führt man den Entmagnetisierungsfaktor

$$N_M = \frac{H}{B}$$

Einheiten: $\frac{\mathrm{m}}{\mathrm{H}} = \frac{\mathrm{A/m}}{\mathrm{T}} = \frac{\mathrm{A}\cdot\mathrm{m}^2}{\mathrm{m}\cdot\mathrm{Vs}}$

ein, und setzt man

$$\varphi = \frac{b}{B_{max}}$$

Einheiten: $\frac{\mathrm{m}}{\mathrm{H}} = \frac{\mathrm{A/m}}{\mathrm{T}} = \frac{\mathrm{A}\cdot\mathrm{m}^2}{\mathrm{m}\cdot\mathrm{Vs}}$,

so schreibt sich Gl. (40) für den relativen Fehler:

$$F = \frac{\varphi}{N_M} \tag{40a}$$

Einheiten: $1 = \frac{\mathrm{m/H}}{\mathrm{m/H}}$

---

[1] TOELLER, H.: Arch. Elektrotechnik 33 (1939) 593/608.

Der Betrag des Entmagnetisierungsfaktors N_M wird in erster Linie durch die Form der verwendeten Systemeisen bedingt. Nur bei Rotationsellipsoiden kann er genau berechnet werden. Bei den übrigen verwendeten Systemeisen wird er nach Angaben von TOELLER experimentell bestimmt, indem man entweder mit Wechselstrom direkt am zu untersuchenden Meßgerät die Induktion in einer auf das Systemeisen gewickelten Hilfsspule ermittelt, oder indem man ballistisch mit Gleichstrom an einem vergrößerten, geometrisch ähnlichen Meßwerkmodell mißt.

Der Entmagnetisierungsfaktor beträgt für ein Meßwerk mit den Kernabmessungen $0{,}3 \cdot 8 \cdot 13\ \mathrm{mm}^3$ nach Messungen von TOELLER 12730 m/H[1].

Zur Berechnung des Gleichstromfehlers müssen die Eigenschaften der verwendeten Legierung, d.h. die Funktion $b = f(B_{max})$ bekannt sein. Von TOELLER werden Näherungsformeln für verschiedene Legierungen angegeben:

Mumetall	$b = 6{,}61 \sqrt{B_{max}}$ A/m gültig bis $B_{max} = B_s = 0{,}77$ T
Permalloy	$b = 6{,}69 \sqrt[3]{B_{max}}$ A/m gültig bis $B_{max} = B_s = 0{,}70$ T
50%iges Nickeleisen	$b = 6{,}69 \sqrt[3]{B_{max}}$ A/m gültig bis $B_{max} = B_s = 1{,}30$ T
Megaperm	$b = 23{,}9 \sqrt{B_{max}}$ A/m gültig bis $B_{max} = B_s = 0{,}65$ T

Wegen des Kurvenformeinflusses darf die Maximalinduktion nur zu höchstens 40% der Sättigungsinduktion B_s des betreffenden Werkstoffs gewählt werden. Für die vier genannten Legierungen ergeben sich damit die folgenden höchstzulässigen Maximalinduktionen:

Mumetall	$B_{max} = 0{,}31$ T	$\varphi = 11{,}9$ m/H
Permalloy	$B_{max} = 0{,}28$ T	$\varphi = 15{,}6$ m/H
50%iges Nickeleisen	$B_{max} = 0{,}52$ T	$\varphi = 10{,}4$ m/H
Megaperm	$B_{max} = 0{,}26$ T	$\varphi = 46{,}8$ m/H

Gleichzeitig sind die Werte für $\varphi = b/B_{max}$ angegeben, die von den magnetischen Eigenschaften der ferromagnetischen Legierung abhängen. Die Division von φ durch den Wert des Entmagnetisierungsfaktors

[1] Mißt man H in Oe und B in G, so ergibt sich:

$$N_M = \frac{4\pi H}{B} = 0{,}200$$

$N_M = H/B$, der durch die Formgebung der ferromagnetischen Teile beeinflußt wird, ergibt nach Gl. (40a) den relativen Gleichstromfehler. Für 50%iges Nickeleisen ist er in Abhängigkeit der gewählten Maximalinduktion in Abb. 68 dargestellt. Das Interesse an einem kleinen Gleichstromfehler ist bei Dreheisenpräzisionsinstrumenten sehr groß, weil man sie mit Gleichstrom am Kompensator eichen und prüfen möchte.

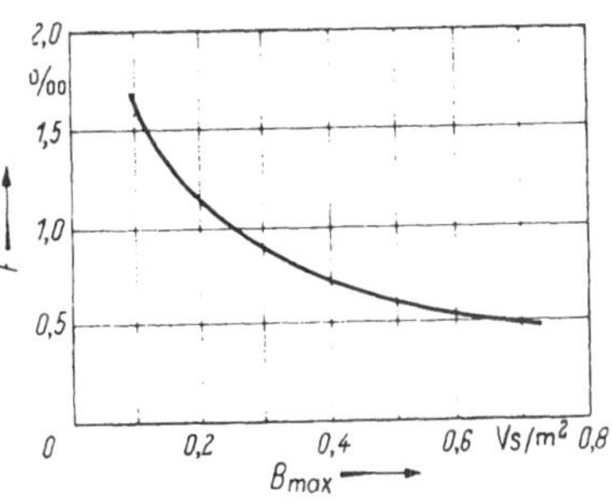

Abb. 68. Gleichstromfehler in Abhängigkeit der Maximalinduktion (nach TOELLER)

1.2 Der Remanenzfehler

Der *Remanenzfehler* fällt im allgemeinen – verglichen mit dem Hysteresefehler – nicht ins Gewicht. Er entsteht dadurch, daß infolge der Remanenz der Eisenteile magnetische Pole bestehen bleiben, auch wenn kein Strom mehr in der Spule fließt. Die magnetischen Pole bilden einen kleinen magnetischen Fluß aus, der die Ursache einer störenden Krafteinwirkung zwischen den festen und beweglichen Eisenteilen ist. Die dadurch entstehende geringe Ausschlagänderung wird als Remanenzfehler bezeichnet. Entmagnetisiert man ein Dreheiseninstrument, indem man die Spule mit Wechselstrom sinkender Amplitude von etwa fünffachem Nennstrom bis Null beschickt, so ist die folgende Gleichstrommessung mit wachsenden Werten von Null bis zum Nennstrom frei von einem Remanenzfehler, wenn der Zeiger dabei keine Überschwingung macht.

2. Frequenzfehler

Wie Gl. (39) für das Drehmoment von Dreheisenmeßwerken zeigt, ist ihre Anzeige grundsätzlich von der Frequenz unabhängig. Es ist jedoch zu beachten, daß bei ganz kleinen Frequenzen (etwa in der Gegend von 10 Hz) das bewegliche Organ im Rhythmus der doppelten Frequenz des Stromes schwingt und der Zeiger nicht ruhig steht. Daher ist bei solch kleinen Frequenzen keine Ablesung möglich. Wenn man ein Meßinstrument für niedrige Frequenzen braucht, so muß man das bewegliche Organ so träge machen, daß seine Eigenfrequenz erheblich niedriger liegt als die zu messende Frequenz. Damit das bewegliche Organ nicht zu schwer und der Gütegrad nicht zu niedrig wird, ist es ratsam, die zusätzliche Masse weit von der Drehachse entfernt anzuordnen, denn das Trägheitsmoment wächst bekanntlich mit dem Quadrat des Abstands der Masse von der Achse. Viel häufiger wird man aber bei höheren Frequenzen messen wollen. Da wird einmal eine Grenze gesetzt durch die

Wirbelstrom- und Hystereseverluste im Eisen. Sie setzen sich in Wärme im Eisen um, das bei genügend hoher Frequenz sogar schmelzen kann. Je nach Bauart des betreffenden Dreheiseninstruments dürfte diese Grenze etwa zwischen 1 und 20 kHz liegen.

Ferner ist zu beachten, daß durch die Windungskapazität der Spule bei höheren Frequenzen ein Teil des Stromes abgeleitet wird. Dadurch verringert sich die Anzeige bei wachsender Frequenz.

Nur am Rande sei darauf hingewiesen, daß sich der Eigenverbrauch der Dreheisenstrommesser mit steigender Frequenz erhöht. Die aufgenommene Scheinleistung beträgt:

$$S = I^2 \sqrt{R^2 + (2\pi f L)^2} \tag{41}$$

Einheiten: $\mathrm{VA} = \mathrm{A}^2 (\Omega + 1 \cdot \mathrm{Hz} \cdot \mathrm{H})$

Dabei sind:

I Strom im Dreheiseninstrument
R Wirkwiderstand der Spule
f Frequenz
L Induktivität der Spule

Bei einem guten Dreheiseninstrument wird die Spule in erster Linie zum Aufbau des magnetischen Feldes gebraucht und nicht zum Aufheizen des Instruments, d.h. der Wirkwiderstand der Spule muß möglichst klein und der induktive Blindwiderstand möglichst hoch sein. Daraus ergibt sich, daß bei einer Frequenz von 150 Hz die aufgenommene Scheinleistung eines Dreheisenstrommessers schon mehr als doppelt so groß sein kann wie bei 50 Hz.

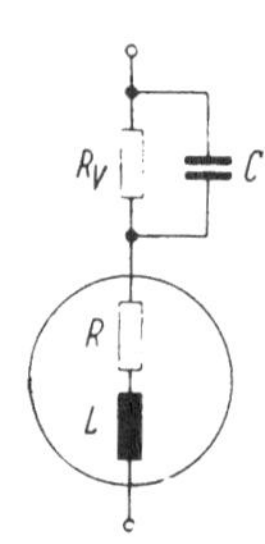

Abb. 69. Schaltung zur Kompensation des Frequenzfehlers eines Dreheisenspannungsmessers

Bei Spannungsmessern muß bekanntlich der aufgenommene Strom der angelegten Spannung genau proportional sein. Unter der Voraussetzung, daß der Vorwiderstand R_V rein ohmsch ist, ergibt sich der gesamte Scheinwiderstand Z eines Dreheisenspannungsmessers zu:

$$Z = \sqrt{(R + R_V)^2 + (2\pi f L)^2} \tag{42}$$

Da der Strom des Spannungsmessers

$$I = \frac{U}{Z}$$

ist, sieht man, daß er mit wachsender Frequenz abnimmt, weil der Scheinwiderstand zunimmt. Auch dieser Umstand trägt dazu bei, daß die Anzeige eines Dreheisenspannungsmessers bei höheren Frequenzen zu klein wird. Insbesondere bei kleinen Spannungsbereichen wird dieser Frequenzfehler infolge der Spuleninduktivität stark in Erscheinung treten.

während er bei hohen Spannungsbereichen fast nicht merkbar ist, weil $2\,\pi f L$ gegenüber dem großen Vorwiderstand R_V vernachlässigbar klein ist.

Den Frequenzfehler von Spannungsmessern kann man in einfacher Weise mit einer Schaltung nach Abb. 69 kompensieren. Wenn $C = L/R_V^2$ ist, ist Kompensation erreicht (gilt für $\omega^2 C^2 R_V^2 \ll 1$).

Schließlich ist zu beachten, daß in allen Metallteilen, die im Weg des magnetischen Flusses liegen, Wirbelströme induziert werden, die das magnetische Feld schwächen. Je höher die Frequenz ist, desto größer werden diese Wirbelstromverluste. Insbesondere bei Dreheiseninstrumenten für höhere Frequenzen muß man daher alle Metallteile in der Nähe der Spule vermeiden. Es empfiehlt sich, Spulenkörper aus Preßstoff oder Keramik zu verwenden.

3. Kurvenformfehler

Grundsätzlich mißt man mit Dreheiseninstrumenten den Effektivwert. Ein Kurvenformfehler kann sich aus den zwei folgenden Gründen ergeben:

1. Kurvenformfehler infolge fehlerhafter Anzeige der höheren Harmonischen.

2. Kurvenformfehler infolge von Spitzen, durch die die Eisenteile bis zur Sättigung magnetisiert werden.

Der erste tritt praktisch fast nicht in Erscheinung. Geht man davon aus, daß jede periodische Kurve sich aus einer Summe von Sinusschwingungen zusammensetzt, deren Frequenzen ganzzahlige Vielfache der Frequenz der Grundschwingung sind, so kann man sich den Ausschlag eines Dreheiseninstruments zustande gekommen denken durch die Anteile der einzelnen Harmonischen. Der Effektivwert eines nichtsinusförmigen Stroms schreibt sich

$$I = \sqrt{I_1^2 + I_2^2 + \cdots + I_n^2} \tag{43}$$

Dabei ist $I_{1\ldots n}$ der Effektivwert der 1.$\cdots$n-ten Harmonischen. Hat z.B. die Grundschwingung oder erste Harmonische die Frequenz 50 Hz, und die elfte Harmonische sei die höchste vorkommende Oberwelle, so wird ihr Anteil mit einem Fehler gemessen, der dem Frequenzfehler des verwendeten Dreheiseninstruments bei $11 \cdot 50 = 550$ Hz entspricht. Angenommen der Frequenzfehler sei bei 550 Hz gleich -6% und die elfte Harmonische bewirke einen Ausschlaganteil von 5%, so ist der auf die Anzeige bezogene Fehler nur $-0{,}3\%$. Der Effektivwert einer solchen elften Harmonischen ist – falls sonst keine Oberschwingungen vorhanden sind – aber bereits 23% des Effektivwerts der Grundschwingung. Das ist ein beträchtlicher Prozentsatz, der praktisch von einer elften Harmonischen wohl kaum je erreicht werden dürfte.

Auch der Kurvenformfehler infolge Spitzen, durch die die Eisenteile bis zur Sättigung magnetisiert werden, wird nur selten in Erscheinung treten. Oben wurde ausgeführt, daß die Maximalinduktion in den Eisenteilen der Dreheiseninstrumente nur bis zu 40% der Sättigungsinduktion betragen sollte. Auch hohe Spitzen in der Kurve des zu messenden Stroms oder der Spannung werden daher die Induktion in den Eisenteilen noch nicht bis zum Wert der Sättigungsinduktion treiben. Sollte das aber wirklich einmal der Fall sein, so wird wegen der Sättigung im Eisen der Effektivwert der Induktion geringer werden als der Effektivwert des zu messenden Stroms. Auch das Moment des Dreheiseninstruments und damit seine Anzeige werden niedriger liegen, als es dem zu messenden Strom mit der hohen Spitze in seiner Kurve entspricht.

4. Fremdfeldfehler

Der Fremdfeldeinfluß wird nach den VDE-Vorschriften bei einem Fremdfeld von 400 A/m bei ungünstigster Stromart, Frequenz, Phasenlage und Richtung des Feldes geprüft. Da bei den verschiedenen Ausführungen von Dreheiseninstrumenten das Feld der Meßwerkspule bei Endausschlag nur etwa zwischen 3000 und 10000 A/m liegt, kann eine erhebliche Beeinflussung sowohl bei Gleich- als auch bei Wechselstrom stattfinden. Für Dreheisen-Schalttafelinstrumente reicht in den meisten Fällen die schirmende Wirkung des Eisengehäuses aus, den Fremdfeldeinfluß unter die zulässige Grenze von 6% zu drücken. Für tragbare Dreheiseninstrumente bieten sich als Schutz gegen zu große Fremdfeldfehler die astatische Bauweise und die magnetische Schirmung an.

Die astatische Anordnung ist aufwendig und gewährt selbst bei homogenen Fremdfeldern keinen vollkommenen Schutz[1]. Deshalb hat sich die magnetische Schirmung heute allgemein durchgesetzt. Das Meßwerk wird von einer oder zwei Hüllen aus einer hochpermeablen ferromagnetischen Legierung geringster Koerzitivkraft umgeben und wird damit gegen Fremdfelder wirksam abgeschirmt. Die notwendigen Durchbrüche – für den Zeigeraustritt zum Beispiel – werden klein gehalten. Die hohe Permeabilitätszahl des Schirmmaterials ist erwünscht, damit das Fremdfeld weitgehend vom umschlossenen Raum abgehalten wird. Die geringe Koerzitivkraft soll eine Fehlanzeige durch ein remanentes Feld der Schirmkappen verhindern. Ein Mindestabstand vom Meßwerk bietet Gewähr dafür, daß nicht der Nutzfluß der Meßwerkspule in zu starkem Maße durch die Schirmhülle verläuft. Dadurch würde die Aufnahmefähigkeit der Schirmhülle für das Fremdfeld herabgesetzt und der Nutzfluß infolge Wirbelstrombildung und Hysterese vermindert.

[1] Toeller, H.: VDE-Fachberichte 11 (1939) 61/65.

Durch Verwendung eines doppelten Schirms ist es beispielsweise gelungen, den Fremdfeldfehler eines empfindlichen Dreheiseninstruments mit Spannband und Lichtzeiger bei 400 A/m auf $\pm 0{,}05\%$ des Meßbereichendwerts herabzudrücken. Zulässig ist für ein als geschirmt gekennzeichnetes Instrument bei 400 A/m ein Fremdfeldeinfluß von 0,75%.

Bei Dreheiseninstrumenten für größere Ströme (z.B. 6 A und darüber) kann das magnetische Feld der Zuleitung die Anzeige beeinflussen. Der Hersteller muß also auf eine geeignete Führung der Zuleitungen zur Spule im Innern des Strommessers bedacht sein. Wenn man die Leitungen dicht nebeneinander verlegt, wird das entstehende magnetische Feld klein.

5. Elektrostatischer Fehler

Wenn bewegliche Bauteile des Meßwerks (z.B. Eisenteil, Zeiger oder Dämpferscheibe) ein anderes Potential haben als feste Bauteile (z.B. Eisenteil, Spulenkörper oder Skale), so entstehen durch die Kräfte des elektrischen Feldes Störmomente, die einen elektrostatischen Fehler verursachen. Auch Ladungen auf Isolierteilen (z.B. Glasscheibe, Gehäuse) können erhebliche Fehler hervorrufen. Daher ist es wichtig, bei empfindlichen Dreheiseninstrumenten Potentialverbindungen zwischen den einzelnen leitenden Bauelementen des Meßwerks vorzusehen und alle Teile mit einer Klemme galvanisch zu verbinden.

Isolierteile, auf die sich gern elektrische Ladungen setzen, muß man gegebenenfalls mit einer Ableitschicht versehen, die ebenfalls auf Einheitspotential zu legen ist.

6. Temperaturfehler

Bei steigender Raumtemperatur wirken einige Einflüsse anzeigevergrößernd (positiv), andere anzeigeverringernd (negativ). Wenn Dreheiseninstrumente so ausgelegt sind, daß die positiven und negativen Temperatureinflüsse gleich groß sind, dann ist deren Anzeige temperaturkompensiert.

Folgende Einflüsse wirken bei steigender Raumtemperatur

1. *anzeigevergrößernd:*

der Temperaturgang des Elastizitätsmoduls der richtmomenterzeugenden Bauelemente (Spiralfedern, Spann- oder Aufhängebänder);

2. *anzeigevermindernd:*

der Temperaturgang der Permeabilität des Eisens;

der Temperaturgang des Ohmwerts des Spannungspfads (nur bei Spannungsmessern).

Der Elastizitätsmodul und der Gleitmodul von Federn oder Bändern aus

a) Bronze nehmen um 0,36 ‰ / grd mit der Temperatur ab.

b) Nivarox bleiben im interessierenden Temperaturbereich etwa konstant.

Der Temperaturgang der Permeabilität der für Dreheiseninstrumente gebräuchlichen weichen Eisensorten ist sehr gering und liegt nach Angaben des Herstellers für Mumetall bei $\alpha_{rel} = 0{,}2 \cdot 10^{-6}$/grd. Das entspricht nach DIN 41301 einem Wert von $\alpha = 7$ ‰ /grd, der allerdings scherungsabhängig ist[1]. Da dieser negative Einfluß so gering ist, muß bei genauen Dreheisenstrommessern der positive Einfluß der richtmomenterzeugenden Bauelemente praktisch auch verschwindend klein sein, d.h., es müssen Spiralfedern oder Spannbänder aus Nivarox verwendet werden.

Bei Dreheisenspannungsmessern kommt als ein zweiter anzeigeverringender Einfluß der Temperaturgang des Ohmwerts im Spannungspfad dazu. Ist die Meßwerkspule aus Kupfer, das bekanntlich seinen Widerstand um 4 ‰ / grd erhöht, und machen die Vorwiderstände aus temperaturunabhängigem Manganin gerade den 20fachen Wert des Spulenwiderstands aus, so ist der Temperaturgang des Ohmwerts im gesamten Spannungspfad $4/(1 + 20) = 0{,}19$ ‰ / grd. Ein solcher Spannungsmesser ist gut temperaturkompensiert, denn der Temperaturgang der Widerstandsänderung geht quadratisch, der der Feder (0,36 ‰ / grd) hingegen linear in die Anzeigeänderung ein.

Braucht man zur Erzielung höherer Spannungsbereiche mehr Vorwiderstand, so kann man einen passenden Prozentsatz davon aus Kupfer herstellen; braucht man aber zur Erreichung kleiner Spannungsbereiche weniger Vorwiderstand, so ist eine Temperaturkompensation durch Verwendung reihengeschalteter Thermistoren[2] möglich.

Instrumente, deren Klassentoleranz 0,5% oder größer ist, dürfen einen Temperaturfehler von 0,5% oder mehr haben, wenn sich die Raumtemperatur von 20 °C auf 30 °C erhöht. Bei solchen Instrumenten wird die Temperaturkompensation im allgemeinen nicht erforderlich sein.

7. Anwärmfehler

Bekanntlich versteht man unter Anwärmfehler den Einfluß auf die Anzeige, der allein durch die Eigenerwärmung des betreffenden Meßinstruments – selbstverständlich bei konstanter Raumtemperatur – ent-

[1] Handbuch Weichmagnetische Werkstoffe (Ausgabe 1957), Fa. Vacuumschmelze AG Hanau (S. 215).

[2] Thermistoren sind Halbleiter-Widerstände, deren Ohmwert mit steigender Temperatur sinkt, beispielsweise um 40 ‰ / grd.

steht. Der Anwärmfehler ist um so kleiner, je kleiner der Eigenverbrauch eines Meßinstruments ist.

Bei Präzisionsinstrumenten (Kl. 0,1, 0,2 und 0,5) ist der Anwärmfehler im Anzeigefehler enthalten, d.h. das Instrument muß im Rahmen seiner Klassengenauigkeit richtig anzeigen ohne Rücksicht darauf, ob es gerade erst eingeschaltet worden ist oder ob es schon beliebig lange in Betrieb ist. Diese Regelung hat man wohl deshalb getroffen, weil man Präzisionsinstrumente sowohl im Dauerbetrieb benutzt als auch zu gerade akuten Messungen. Im Gegensatz dazu wird man Betriebsmeßinstrumente fast ausnahmslos im Dauerbetrieb verwenden. Bei diesen Instrumenten (Kl. 1, 1,5, 2,5 und 5) kommt es also hauptsächlich auf eine richtige Anzeige nach einiger Betriebszeit (>1 h) an. Daher hat VDE 0410 als Anwärmeinfluß für Betriebsmeßinstrumente die Differenz festgelegt, die zwischen den Anzeigen nach zehn und sechzig Minuten Betriebszeit mit 80% des Nennwerts der Meßgröße entsteht. Diese Differenz darf die Hälfte der Klassentoleranz nicht überschreiten.

Die Ursachen des Anwärmfehlers sind die gleichen wie die des Temperaturfehlers, nämlich die Änderung der Permeabilität, des Widerstands und des Elastizitäts- oder Gleitmoduls mit der Temperatur. Während beim Temperaturfehler die veränderliche Raumtemperatur die Eigenschaften der in Frage kommenden Bauelemente ändert, ist es beim Anwärmfehler die Eigenerwärmung durch den Betriebsstrom.

Die Kompensation des Anwärmfehlers ist äußerst schwierig, weil man zwangsläufig damit in die Kompensation des Temperaturfehlers eingreift. Eine andere Raumtemperatur beeinflußt beispielsweise die Spiralfedern und den Widerstandswert gleich stark, wohingegen infolge Anwärmung der Widerstandswert stärker beeinflußt wird als die Spiralfedern; denn die Wärme entsteht direkt in der Spule und gelangt nur zu einem kleinen Teil zu den Spiralfedern. Also wird die Spule eine höhere Temperatur als die Spiralfedern erreichen.

F. Verschiedenes

1. Überlastbarkeit

Die Überlastbarkeit der Dreheisengeräte ist im Vergleich zu der anderer Geräte sehr hoch. Es gibt sogenannte kurzschlußsichere Geräte, die durch einen Stromstoß vom 100fachen Betrag des Nennwertes nicht beschädigt werden. Die hierbei auftretende mechanische Beanspruchung des beweglichen Organs bleibt klein, weil die Induktion im Eisen von einer bestimmten Feldstärke an nur sehr langsam ansteigt. Man kann das Dreheisenmeßwerk sogar so einrichten, daß der Ausschlag bei hoher Überlastung leicht zurückgeht. Hierzu lagert man z.B. das bewegliche

Eisenstück *2* in Abb. 62 so, daß es sich beim Zeigerausschlag um einen geringen Betrag vom Spulenrand nach der Spulenmitte zu bewegt. Es entsteht dann ein zweites Drehmoment, das versucht, das Eisen *2* nach dem Spulenrand zu führen, da dort die Feldstärke bekanntlich höher als in der Spulenmitte ist. Dieses zweite Drehmoment M_2 ist dem durch die Abstoßung zwischen den Eisenstücken *2* und *3* hervorgerufenen Drehmoment M_1 entgegengesetzt gerichtet. M_1 steigt nach einer gewissen Sättigung des Eisens, wie schon bemerkt, nur noch sehr langsam an, während M_2 verhältnisgleich mit dem Strom in der Spule anwächst, so daß schließlich das rückführende Drehmoment M_2 das positive Drehmoment M_1 überwiegt. Die Wärmebeanspruchung des Dreheisengerätes bei Überlastung richtet sich nach der Bemessung des Windungsquerschnitts der Feldspule und kann kurzzeitig recht hoch sein. Wenn man ganz sicher gehen will, schaltet man das Gerät an einen kurzschlußfesten Stromwandler, dessen Sekundärstrom auch bei sehr hoher Überlastung auf der Primärseite ein gewisses Maß nicht überschreitet.

2. Prüfspannung

Die Prüfspannung, wie sie der VDE vorschreibt, läßt sich bei Dreheiseninstrumenten leicht einhalten, da nur der Strom- bzw. Spannungspfad mit der einen festen Spule gegen das Gehäuse prüfspannungssicher sein muß. Die für die entsprechenden Betriebsspannungen vorgeschriebenen Mindestkriechstrecken, Mindestluftstrecken und Mindestabstände nach VDE 0110 können im allgemeinen ohne Mühe bei der Konstruktion eingehalten werden. Die praktisch sinusförmige Wechselspannung einer Frequenz zwischen 15 und 60 Hz mit dem Effektivwert der vorgeschriebenen Prüfspannung, der jedes Instrument eine Minute lang ausgesetzt wird (Stückprüfung), wird dann ganz bequem ausgehalten.

3. Eigenverbrauch

Der Eigenverbrauch der Dreheisenstrommesser ist durch die zur Magnetisierung notwendige, für alle Meßbereiche annähernd gleichbleibende Durchflutung gegeben. Bei Dreheisenspannungsmessern tritt noch der Verbrauch der Vorwiderstände hinzu. Spitzengelagerte Dreheiseninstrumente haben als Strommesser etwa einen Eigenverbrauch von 0,5···3 VA bei Nennstrom und 50 Hz sowie als Spannungsmesser von 3···15 W bei Nennspannung. Spannbandgelagerte Dreheiseninstrumente haben einen wesentlich geringeren Eigenverbrauch, insbesondere, wenn sie überdies noch mit einem Lichtzeiger ausgerüstet sind. Er liegt für Strommesser zwischen etwa 3 und 150 mVA bei Nennstrom und 50 Hz sowie für Spannungsmesser zwischen etwa 0,05 und 5 W bei Nennspannung (vgl. Tab. VI und VII, S. 227).

V. Elektrodynamische Instrumente

VDE: Elektrodynamische Instrumente haben stromdurchflossene feststehende und elektrodynamisch abgelenkte bewegliche Spulen. Man unterscheidet

eisenlose elektrodynamische Instrumente und
eisengeschlossene elektrodynamische Instrumente.

Bei eisenlosen elektrodynamischen Instrumenten verläuft der Nutzfluß in Luft, bei eisengeschlossenen zum größten Teil in Eisen.

A. Elektrodynamische Produktmesser

1. Wirkungsweise

Eine Drehspule, ähnlich der des Drehspulinstruments, befindet sich im magnetischen Feld einer festen Spule. Die bewegliche Spule führt entweder eine Translationsbewegung aus (Abb. 70) – in diesem Fall

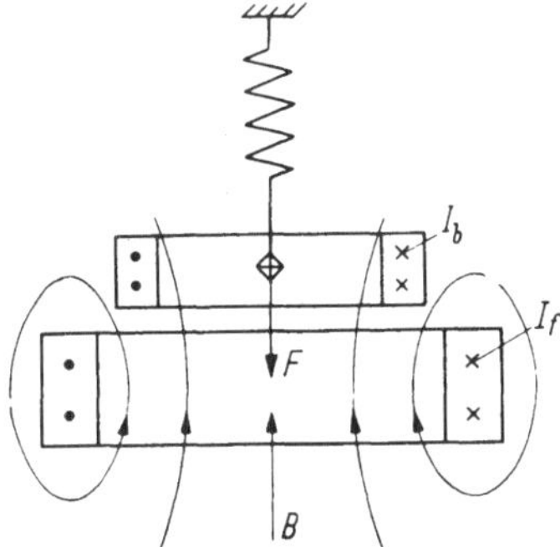

Abb. 70. Schematische Darstellung eines Elektrodynamometers mit Translationsbewegung. B Induktion; I_f Strom durch die feste, I_b Strom durch die bewegliche Spule; F elektrodynamische Kraft zwischen fester und beweglicher Spule

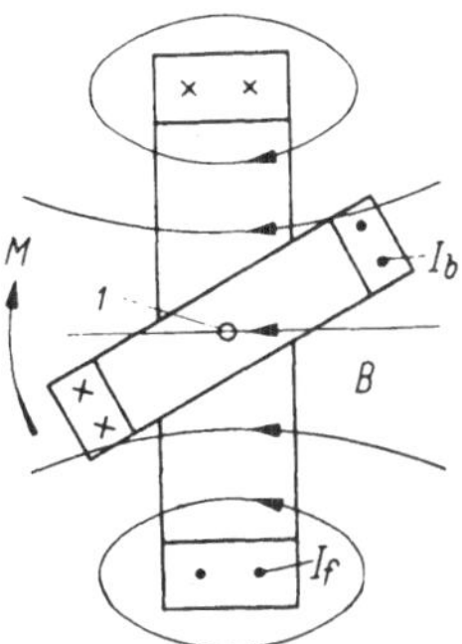

Abb. 71. Schematische Darstellung eines Elektrodynamometers mit Rotationsbewegung. *1* Drehachse (senkrecht zur Papierebene); B, I_f und I_b vgl. Legende zu Abb. 70; M elektrodynamisches Moment zwischen fester und beweglicher Spule

sind feste und bewegliche Spulen koaxial – oder aber sie führt eine Rotationsbewegung aus (Abb. 71), wobei die Spulenachsen gekreuzt sind. Elektrodynamometer mit Translationsbewegung der beweglichen Spule haben im Lauf der historischen Entwicklung ab und an Anwendung gefunden; sie sind heute noch bei Meßumformern üblich (vgl. S. 339).

Die überwiegende Mehrzahl der Elektrodynamometer hat bewegliche Spulen, die eine Rotationsbewegung ausführen. Insbesondere werden heutzutage alle serienmäßigen elektrodynamischen Meßinstrumente mit einer sich drehenden beweglichen Spule gefertigt.

Die Kraft bzw. das Moment zwischen festen und beweglichen Spulen ergibt sich durch die Wirkung der magnetischen Felder der Spulen aufeinander. Mit Hilfe der allgemein bekannten Grundregeln über die Art der magnetischen Felder elektrischer Spulen läßt sich angeben, daß in Abb. 70 die bewegliche Spule eine Kraft in Pfeilrichtung erfährt, wenn in der festen und beweglichen Spule die Ströme in Pfeilrichtung[1] fließen. Die Kraft wird zu Null, wenn die mittlere Windungsebene der beweglichen Spule mit der mittleren Windungsebene der festen Spule zusammenfällt. In Abb. 71 ist ebenfalls die Richtung der Kraft bzw. des Moments auf die bewegliche Spule mit einem Pfeil angedeutet. Sie tritt auf, wenn die Spulen in Pfeilrichtung stromdurchflossen sind. Wenn die Stromrichtung in einer Spule geändert wird – unter Beibehaltung der Stromrichtung in der anderen Spule –, dann ändert sich die Richtung der Kraft bzw. des Momentes. Wird dagegen die Stromrichtung sowohl in der beweglichen als auch in der festen Spule geändert, so bleibt die Richtung der Kraft bzw. des Momentes erhalten. Diese Tatsache läßt plausibel erscheinen, daß man grundsätzlich Elektrodynamometer zu Messungen im Wechselstrom verwenden kann.

2. Drehmoment

Die Beziehung für das Drehmoment M des elektrodynamischen Meßinstruments gleicht der für das Drehspulinstrument, wenn man mit dem Sinus des Drehwinkels ϱ der Drehspule (Abb.73) und dem Kosinus des Phasenwinkels ψ zwischen der Induktion B und der Durchflutung Θ_b multipliziert. Die Formel lautet:

$$M = \Theta_b A_b B \sin\varrho \cos\psi \qquad (44)$$

Dazu die Einheitengleichung:

$$\mathrm{Ws} = \mathrm{A} \cdot \mathrm{m}^2 \cdot \mathrm{T} \cdot 1 \cdot 1$$

In Gl. (44) bedeuten:

- B Magnetische Induktion im Innern der festen Spule
- Θ_b Durchflutung der beweglichen Spule
- A_b Mittlere Windungsfläche der beweglichen Spule
- ϱ Winkel der magnetischen Achsen der festen und der beweglichen Spule (Abb. 73)
- ψ Phasenwinkel zwischen der Induktion B und der Durchflutung Θ_b (ψ tritt natürlich nur bei Wechselstrombetrieb des Elektrodynamometers auf)

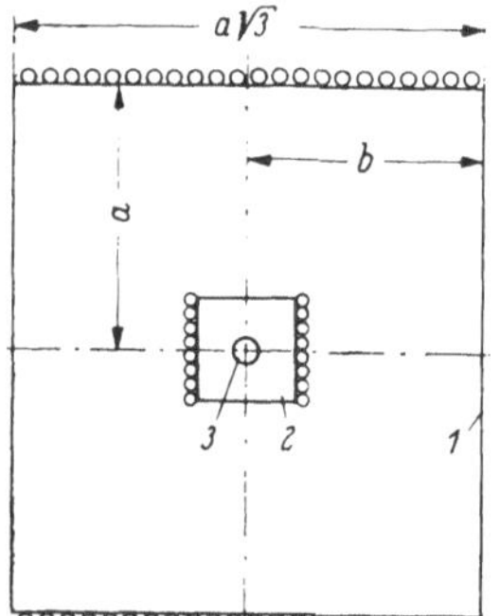

Abb. 72. Absolutes Elektrodynamometer nach GRAY. *1* feste Spule mit Halbmesser *a* und Länge 2*b*; *2* bewegliche Spule; *3* Drehachse

Gl. (44) gilt exakt für das sogenannte absolute Elektrodynamometer nach GRAY[2] unter den folgenden Bedingungen:

[1] Ein Punkt bedeutet die Richtung aus der Zeichenebene heraus, ein Kreuz die entgegengesetzte. – [2] ROSA, E. B.: The GRAY absolute Electrodynamometer, Bur. Standards Bull. Vol. 2 (1906) S. 71.

Das Verhältnis des Durchmessers $2a$ der festen Spule zu ihrer Länge $2b$ muß $2 : \sqrt{3}$ sein (Abb. 72).

Die Mittelpunkte von fester und beweglicher Spule müssen identisch sein.

Die Abmessungen der beweglichen Spule müssen klein sein gegen die der festen Spule.

Durch folgende Überlegung läßt sich die Formel plausibel machen: Das Drehmoment wächst mit der Induktion in der festen Spule, mit der Durchflutung der beweglichen Spule und mit der Größe der mittleren Windungsfläche der beweglichen Spule proportional an. Mit dem Sinus des Winkels ϱ zwischen den magnetischen Achsen von fester und beweglicher Spule ändert sich das Drehmoment, weil je nach der Stellung der Spulen zueinander nur ein Teil der Induktion B die Windungsfläche A_b der beweglichen Spule durchsetzt.

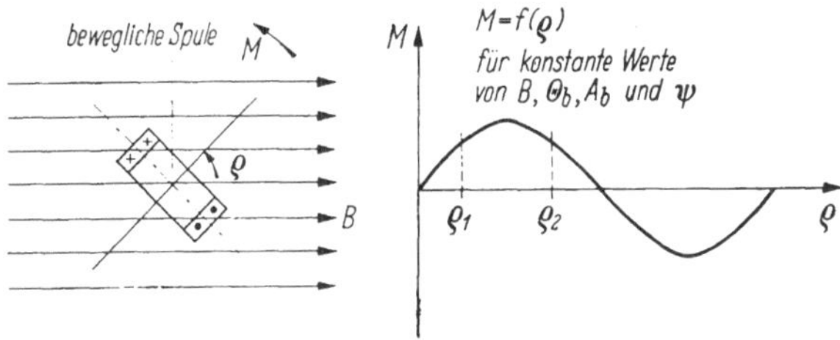

Abb. 73. Das Moment M in Abhängigkeit des Drehwinkels ϱ der beweglichen Spule

Abb. 73 veranschaulicht den Einfluß des Winkels ϱ auf das Moment. Der Bereich von ϱ_1 bis ϱ_2, der gleich $\pi/2$ rad (90°) groß ist, wird bei den meisten elektrodynamischen Produktmessern praktisch ausgenutzt.

Der Kosinus des Phasenwinkels ψ zwischen der Induktion B und der Durchflutung Θ_b tritt als Faktor auf, wenn das Elektrodynamometer mit Wechselstrom betrieben wird. Es läßt sich ohne weiteres einsehen, daß das Moment zu Null wird, wenn die Durchflutung Θ_b gegenüber der Induktion B um $\pi/2$ rad phasenverschoben ist.

Um zu zeigen, unter welchen Voraussetzungen Elektrodynamometer zu Leistungsmessern, Strom- oder Spannungsmessern werden, sei zunächst darauf eingegangen, wie sich die Ströme I_f und I_b durch die feste und die bewegliche Spule in die Beziehung für das Moment einführen lassen. Die Induktion B inmitten der festen Spule (Abb. 72) errechnet sich nach der Gleichung:

$$B = \frac{4\pi}{a\sqrt{7}} \mu_r \mu_0 N_f I_f \tag{45}$$

Dazu die Einheitengleichung:

$$\frac{\text{Vs}}{\text{m}^2} = \frac{1}{\text{m} \cdot 1} 1 \frac{\text{H}}{\text{m}} 1 \cdot \text{A}$$

Hierin bedeuten:

$\frac{4}{a\sqrt{7}}$ Faktor, der durch die Geometrie der festen Spule bedingt ist

μ_r Permeabilitätszahl (relative magnetische Durchlässigkeit des Mediums, welches das Innere der festen Spule erfüllt)

μ_0 Induktionskonstante (absolute magnetische Durchlässigkeit des Vakuums) ($\mu_0 = 1{,}2566 \cdot 10^{-6}$ H/m)

N_f Windungszahl der festen Spule

I_f Strom durch die feste Spule

Die Durchflutung Θ_b der beweglichen Spule ist bekanntlich:

$$\Theta_b = N_b I_b \tag{46}$$

Einheiten: $\quad \mathrm{A} = 1 \cdot \mathrm{A}$

wobei N_b die Windungszahl der beweglichen Spule und I_b der Strom in der beweglichen Spule sind.

Setzt man die Gln. (45) und (46) in die Formel für das Moment ein, so ergibt sich M zu:

$$M = \frac{4\pi}{a\sqrt{7}} \mu_r \mu_0 N_f N_b A_b \sin(\varrho) I_f I_b \cos(\mathfrak{J}_f, \mathfrak{J}_b) \tag{47}$$

Statt des Kosinus des Phasenwinkels ψ ist in der obigen Formel der Kosinus des Phasenwinkels zwischen dem Strom I_f durch die feste Spule und dem Strom I_b durch die bewegliche Spule getreten. Das darf nur gemacht werden, wenn die Induktion B genau mit dem Strom I_f in Phase ist.

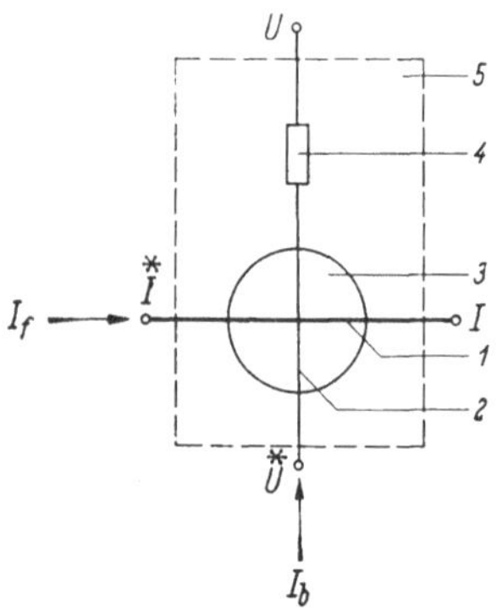

Abb. 74. Innenschaltung eines Wirkleistungsmessers. *1* Festspule; *2* Drehspule; *3* Meßwerk; *4* eingebauter Vorwiderstand; *5* Gehäuse

Sorgt man durch geeignete Gestaltung des Verlaufs der Induktion dafür, daß in dem ausgenutzten Bereich keine Abhängigkeit des Momentes vom Drehwinkel der beweglichen Spule besteht, so lassen sich für ein bestimmtes Gerät die meisten Größen durch die Konstante K ausdrücken, und das Moment beträgt:

$$M = K I_f I_b \cos(\mathfrak{J}_f, \mathfrak{J}_b) \tag{48}$$

2.1 Leistungsmesser

Bei Leistungsmessern macht man einen Strom (meistens I_b) der Spannung proportional und phasengleich, läßt die feste Spule vom Hauptstrom durchfließen und erhält für das Moment:

$$M = K_1 U I \cos\varphi = K_1 P \tag{49}$$

Das Moment des als Leistungsmesser geschalteten Elektrodynamometers ist also direkt der Wirkleistung proportional. Abb. 74 zeigt die Innenschaltung eines Leistungsmessers.

2.2 Strommesser

Bei elektrodynamischen Strommessern läßt man den Strom durch die Reihenschaltung von fester und beweglicher Spule fließen und erhält für das Moment:

$$M = K_2 I^2 \tag{50}$$

Eine Phasenwinkelabhängigkeit ist nicht mehr vorhanden, da durch beide Spulen derselbe Strom fließt. Das Moment ist dem Quadrat des Stromes proportional. Man kann jedoch ohne Schwierigkeit den Skalenverlauf eines elektrodynamischen Strommessers linearisieren, indem man durch geeignete Formgebung der Spulen die Induktion im ausgenutzten

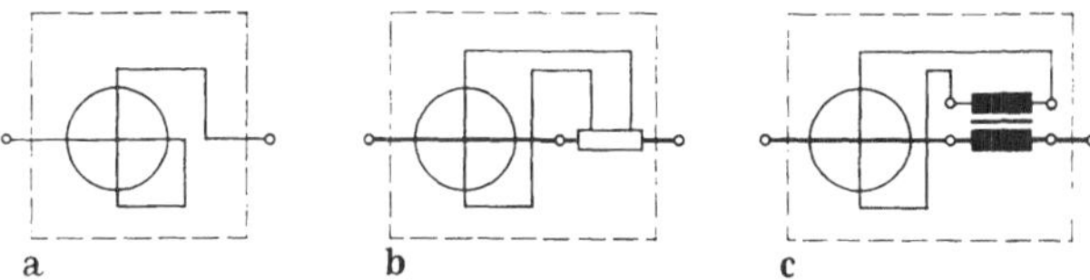

Abb. 75 a–c. Innenschaltungen elektrodynamischer Strommesser. a) Reihenschaltung von fester und beweglicher Spule; b) Reihenschaltung über Nebenwiderstand; c) Reihenschaltung über Stromwandler

Bereich mit wachsendem Ausschlag abnehmen läßt. Ströme von 1 A oder 5 A sind zu groß, um über gebräuchliche Spiralfedern der beweglichen Spule zugeleitet werden zu können. Daher legt man parallel zur beweglichen Spule einen Nebenwiderstand oder schickt den Strom über einen Stromwandler. Abb. 75 zeigt die Innenschaltung elektrodynamischer Strommesser. Eine Parallelschaltung von fester und beweglicher Spule ist unvorteilhaft, da die Stromaufteilung sich bei unterschiedlicher Erwärmung der Spulen ändert.

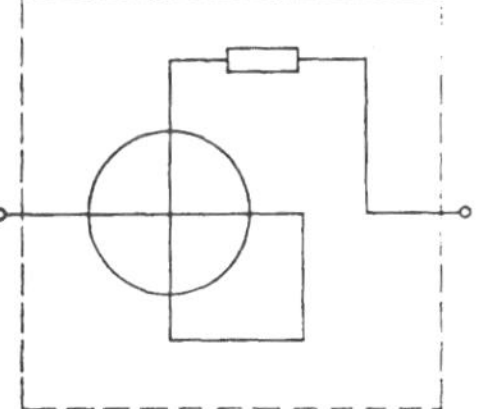

Abb. 76. Innenschaltung eines elektrodynamischen Spannungsmessers

2.3 Spannungsmesser

Bei elektrodynamischen Spannungsmessern läßt man den Strom ebenfalls durch die Reihenschaltung von fester und beweglicher Spule fließen und macht durch konstanten Innenwiderstand den Spulenstrom der angelegten Spannung proportional. Für das Moment ergibt sich damit

$$M = K_3 U^2 \tag{51}$$

Abb. 76 zeigt die Innenschaltung eines elektrodynamischen Spannungsmessers.

2.4 Blindleistungsmesser

Blindleistungsmesser kann man unter Verwendung elektrodynamischer Meßwerke realisieren, wenn man den Strom durch die bewegliche Spule mit Blindwiderständen um $\pi/2$ rad gegen die angelegte Spannung phasenverschiebt. Das Moment eines solchen Blindleistungsmessers ergibt sich zu:

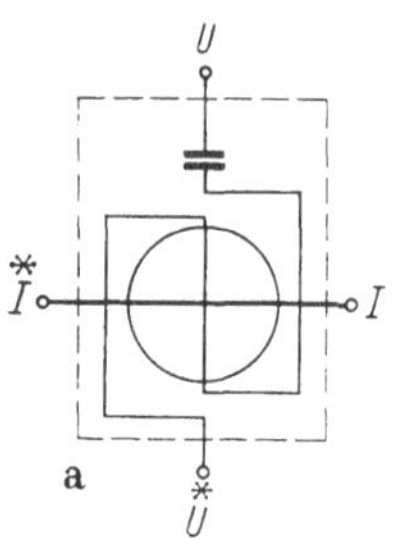

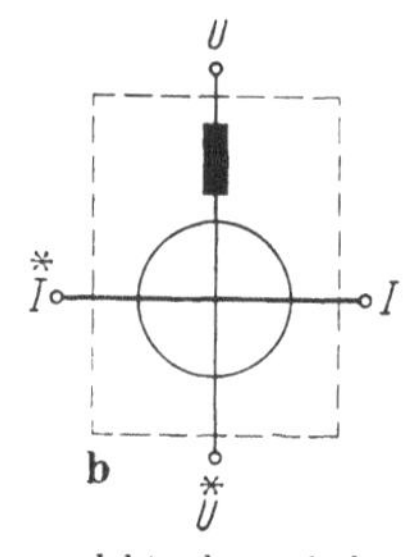

Abb. 77a u. b. Innenschaltungen elektrodynamischer Blindleistungsmesser. a) I_b gegen U mittels C um $\pi/2$ vorverschoben und durch Umpolung der Drehspule um π versetzt. Das ergibt im Endeffekt eine Nachverschiebung von I_b gegen U um $\pi/2$; b) I_b gegen U mittels L um $\pi/2$ nachverschoben

$$M = K_4\, U\, I \sin\varphi = K_4\, Q \quad (52)$$

Die Innenschaltung zeigt Abb. 77. Infolge der Verwendung von Blindwiderständen sind Einphasenblindleistungsmesser stark frequenzabhängig und können nur bei der Eichfrequenz verwendet werden.

Eine gewisse Unabhängigkeit von der Frequenz erreicht man mit der Schaltung eines Blindleistungsmessers nach Abb. 78. Man braucht dazu ein elektrodynamisches Meßwerk mit mittelangezapfter Drehspule. Vor die eine Hälfte schaltet man eine Induktivität, vor die andere eine Kapazität. Das Zeigerschaubild dazu zeigt Abb. 79. Der in der Drehspule wirksame Strom

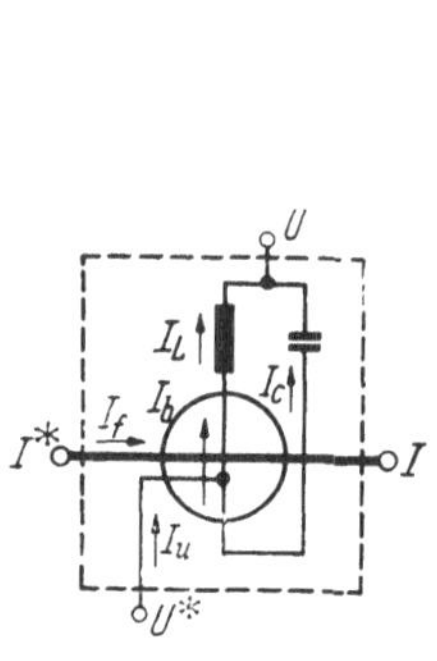

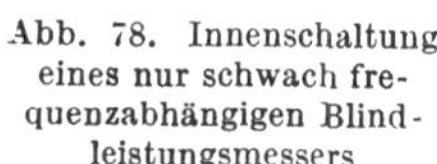

Abb. 78. Innenschaltung eines nur schwach frequenzabhängigen Blindleistungsmessers

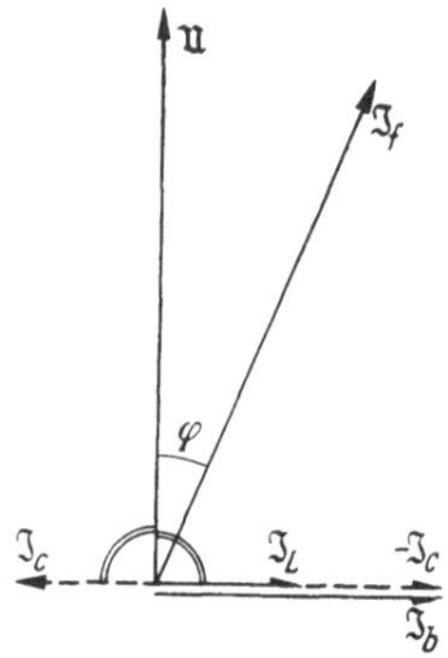

Abb. 79. Zeigerschaubild des nur schwach frequenzabhängigen Blindleistungsmessers nach Abb. 78

$$\mathfrak{I}_b = \mathfrak{I}_L - \mathfrak{I}_C \quad (53)$$

Dabei ist I_L der Strom durch die Induktivität und I_C der Strom durch die Kapazität. Der Strom im Spannungspfad $\mathfrak{I}_u = \mathfrak{I}_L + \mathfrak{I}_C$ ist praktisch gleich Null, da es sich um einen Parallelresonanzkreis handelt. Nur die Verluste müssen gedeckt werden, die man am besten im kapazitiven Zweig – z.B. durch Zuschaltung eines ohmschen Widerstandes – ebenso groß macht wie im induktiven. Mit steigender Frequenz wächst I_C, und I_L nimmt ab; mit fallender Frequenz nimmt I_C ab, und I_L wächst. Daher bleibt I_b [vgl. Gl. (53)] in erster Näherung unabhängig von der Frequenz konstant. Als Fehler zweiter

Ordnung tritt jedoch in Erscheinung, daß I_C mit steigender Frequenz linear steigt, daß aber I_L hyperbolisch abnimmt. Steigt die Betriebsfrequenz um 10% über die Nennfrequenz eines solchen Blindleistungsmessers mit schwacher Frequenzabhängigkeit, so beträgt der prinzipielle Frequenzfehler dieses Instruments nur +0,45%. Sinkt die Betriebsfrequenz um 10%, so beträgt der Frequenzfehler +0,55%, wie man leicht an Hand der Formeln für I_L und I_C ermitteln kann.

2.5 Scheinleistungsmesser

Um einen Scheinleistungsmesser zu erhalten, muß man die Abhängigkeit des Momentes vom Phasenwinkel zwischen Strom und Spannung zum Verschwinden bringen. Zu diesem Zweck kann man beispielsweise den Strom durch die feste Spule und den Strom durch die bewegliche Spule gleichrichten. Dabei muß dafür gesorgt werden, daß der Wechselstromanteil der Spulenströme unter die Ansprechgrenze des Gerätes herabgedrückt wird, da andernfalls zusätzliche Momente entstehen, die die Anzeige fälschen. Dies kann man durch Kondensatoren parallel zu den Spulen erreichen. Sie müssen so bemessen sein, daß ihr kapazitiver Widerstand – beispielsweise für ein Instrument der Klasse 1 – nur etwa 5% des Wechselstromwiderstands der parallelen Spule beträgt. Abb. 80 zeigt die Innenschaltung eines Scheinleistungsmessers, dessen Moment

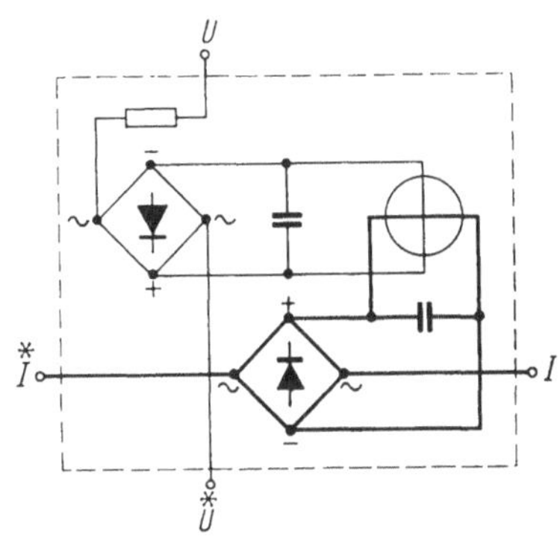

Abb. 80. Innenschaltung eines Scheinleistungsmessers

$$M = K_5 U I = K_5 S \tag{54}$$

ist.

3. Anwendung

Elektrodynamische Produktmeßwerke werden ganz überwiegend als Leistungsmesser verwendet, und zwar sowohl auf dem Gebiet der Betriebs- als auch auf dem der Präzisionsmeßinstrumente. Als Strom- und Spannungsmesser in Schalttafelausführung sind Elektrodynamometer nie zu einer praktischen Bedeutung gelangt, weil das Dreheisengerät wegen seiner einfacheren Bauart und seines niedrigeren Preises auf diesem Gebiet überlegen ist.

Als Präzisionsstrom- und -spannungsmesser für Wechselstrom jedoch nimmt das Elektrodynamometer heute noch in der ganzen Welt eine beherrschende Stellung ein. Bisher hat sich lediglich in Deutschland, wo es vor mehr als zwei Jahrzehnten erstmals gelang, das Dreheisengerät für Gleich- und Wechselstrom in die Klasse 0,2 zu bringen, das Dreheiseninstrument gegen das Elektrodynamometer als Präzisionsstrom- und -spannungsmesser durchgesetzt.

4. Der Aufbau elektrodynamischer Leistungsmesser

Präzisionsleistungsmesser haben entweder ein astatisches Meßwerk oder – in zunehmendem Maß – ein ferromagnetisch geschirmtes. Verschiedene Instrumente der Klasse 0,5 haben ein eisengeschlossenes elektrodynamisches Meßwerk. Erst in den letzten Jahren sind hochgezüchtete weichmagnetische Legierungen auf dem Markt erschienen, die eine Entwicklung von eisengeschlossenen Leistungsmessern der Klasse 0,2 aussichtsreich erscheinen lassen.

Betriebsleistungsmesser sind in der überwiegenden Mehrzahl mit eisengeschlossenen elektrodynamischen Meßwerken ausgerüstet. Zu Leistungsmessungen im Drehstrom verwendet man häufig Instrumente mit zwei oder drei gekuppelten Meßwerken.

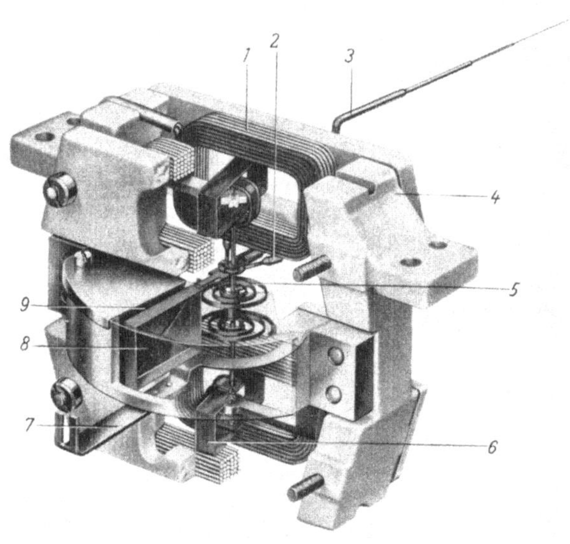

Abb. 81. Astatisches elektrodynamisches Präzisionsmeßwerk (AEG). *1* Stromspule; *2* Balanciergewichte; *3* Zeiger; *4* keramischer Meßwerkträger; *5* Spiralfeder; *6* Spannungsspule; *7* Nullstellhebel; *8* Dämpferflügel; *9* Dämpferkammer

4.1 Präzisionsleistungsmesser

4.11 Astatisches Zeigermeßwerk. Abb. 81 zeigt ein astatisches elektrodynamisches Präzisionsmeßwerk für einen Leistungsmesser der Klasse 0,2. Die Festspulen *1* sind so geschaltet, daß das obere Stromspulenpaar sein magnetisches Feld gerade in der entgegengesetzten Richtung entwickelt wie das untere. Die beweglichen Spulen *6* liegen über einen entsprechenden Vorwiderstand in Reihe an der Spannung des zu messenden Stromkreises, wobei die obere Spule umgekehrt gepolt ist wie die untere. Dadurch addieren sich die elektrodynamischen Momente der oberen und der unteren Spulenanordnung, wohingegen die Momente infolge eines homogenen Fremdfelds sich gegeneinander aufheben. Der Zeiger *3* ist so abgestuft, daß er über das erforderliche Frequenzspektrum hinweg möglichst wenig vibriert und dann nur bei Frequenzen, die im allgemeinen uninteressant sind. Die Zeigerspitze, die aus Glas von etwa 0,1 mm Durchmesser besteht, erlaubt mit Hilfe eines Spiegelbogens ein exaktes Ablesen. Der Dämpferflügel *8* schwingt in der Dämpferkammer *9*. Er ist so angeordnet, daß er ein Gegengewicht zum Zeiger darstellt. Die restliche Unbalance wird mit Hilfe der Balanciergewichte *2* beseitigt. Die Spulenhalter und Meßwerkträger *4* bestehen aus Keramik; dadurch wird eine ausgezeichnete Stabilität des Meßwerks erreicht. Die Verwendung von Metallteilen verbietet sich wegen der Wirbelstromverluste bei Wechselstrombetrieb. Die beiden Spiralfedern *5* erzeugen das Richtmoment. Sie sind gegenläufig angeordnet, damit sich ihr Rolleffekt bei Temperaturänderung kompensiert und nicht als Anzeigeveränderung in Erscheinung tritt. Mit Hilfe des Nullstellhebels *7* lassen sich die Federfußpunkte verstellen und somit der Zeiger exakt auf Null einstellen. Das bewegliche Organ ist innenspitzengelagert. Das bringt den beachtlichen Vorteil, daß die Zeigerachse ungefähr durch das tragende Lager geht, wodurch die Kippung sich nicht als Anzeigefehler auswirken kann. Das Meßwerk ist geeignet für Gleichstrom und für Wechselstrom von 15···$\underline{50}$···500 Hz. Der Eigenverbrauch der Stromspulen beträgt 1 VA bei Nennstrom und 50 Hz; die Stromaufnahme im Spannungspfad ist 30 mA bei Nennspannung. Bei Verwendung der kleinsten Strom- und Spannungsbereiche (0,5 A und 90 V) wird Endausschlag bei der kleinsten Leistung von 45 W erreicht.

4.12 Geschirmtes Lichtzeigermeßwerk. Abb. 82 zeigt ein ferromagnetisch geschirmtes elektrodynamisches Präzisionsmeßwerk eines Lichtmarkenleistungsmessers der Klasse 0,1. Im Feld des Festspulenpaares dreht sich die Drehspule, die frei gewickelt und mit der keramischen Achse verklebt ist. Die Spulenträger der Stromspulen bestehen aus Keramik, dem wegen seiner hervorragenden Standfestigkeit bevorzugten isolierenden Werkstoff. Unten an der Drehachse sieht man den zweiflächigen Meßwerkspiegel, der die beiden Lichtmarken auf die zweizeilige Skale wirft, und die beiden Dämpferscheiben, die in den Luftspalten zweier Permanentmagnete schwingen und dadurch eine kräftige Wirbelstromdämpfung bewirken. Die erste Überschwingung des Meßwerks liegt zwischen 0,1 und 4% des Meßbereichendwerts. Die Beruhigungszeit beträgt 0,8 s (vgl. Abb. 24).

Das bewegliche Organ ist spannbandgelagert. Das kräftige Spannband ist sowohl in die beiden beweglichen Spannköpfe als auch in die beiden festen eingeklemmt; letztere sind in Blattfedern eingenietet, die den erforderlichen Bandzug aufrechterhalten. Justierbare Abfangrohre begrenzen das radiale und axiale Spiel des beweglichen Organs und helfen damit, Spannbandschäden bei Stößen und Erschütterungen zu verhindern. Mit Hilfe des Nullstellhebels läßt sich die Buchse mit dem oberen Spannkopf verdrehen, wodurch sich die Lichtmarke auf Null einstellen läßt. Das Spannband erzeugt das volle Richtmoment, d. h., es sind keine zusätzlichen Spiralfedern vorhanden; es handelt sich also um eine reine Spannbandlagerung, und zwar um die erste, die für ein Präzisionsinstrument der Klasse 0,1 angewandt wurde. Die Stromzuführung zur Drehspule erfolgt über die Spannbänder. Dadurch werden Zuführungsbänder vermieden, die unter Umständen durch Flattern oder Störmomente sich unliebsam bemerkbar machen könnten. Andererseits ergibt sich die Notwendigkeit, die beiden beweglichen Spannköpfe gegeneinander zu isolieren. Beim beschriebenen Meßwerk ist diese Aufgabe dadurch gelöst, daß die Spannköpfe auf die metallisierten Kappen einer keramischen Drehachse aufgelötet sind. Ferner sei noch auf die doppelte ferromagnetische Schirmung hingewiesen, die den Einfluß homogener und inhomogener Fremdfelder von 400 A/m auf die Anzeige des Meßinstruments zu Null werden läßt. Die Dicke einer Kappe (1 mm) ist gleich dem Abstand der Schirmkappen voneinander, wodurch eine besonders hohe Schirmwirkung erzielt wird. Die beiden Hüllen sind überall magnetisch gegeneinander isoliert, damit nicht der von der äußeren Hülle abgefangene Fremdfluß auf bequeme Art die innere Hülle erreichen und auf diese Weise zum Teil ins Innere des abgeschirmten Raumes gelangen kann. Ein stabiler Meßwerkträger, der als geschlossener Metallrahmen ausgebildet ist, dient zur Befestigung der Bauteile des Meßwerks.

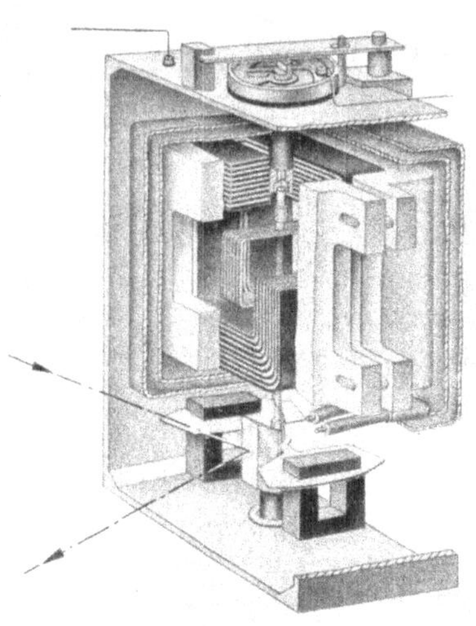

Abb. 82. Eisengeschirmtes elektrodynamisches Präzisionsmeßwerk (H & B) mit Festspulen, Drehspule, keramischen Spulenträgern, Keramikachse, Spannband, Abfängern, Spannfedern, zweiflächigem Meßwerkspiegel, Dämpferscheiben, Dämpfungsmagneten, Eisenschirmen, Meßwerkträger und Nullstellhebel

Das Meßwerk ist geeignet für Gleichstrom und Wechselstrom von 30…50…500 Hz. Der Eigenverbrauch der Stromspulen beträgt 0,36 VA bei Nennstrom und 50 Hz; die Stromaufnahme im Spannungspfad ist 15 mA bei Nennspannung. Bei Verwendung der kleinsten Strom- und Spannungsbereiche (0,5 A und 30 V) des Klasse-0,1-Instruments wird Endausschlag bei der kleinsten Leistung von 15 W erreicht. Mit dem gleichen Meßwerk werden auch empfindliche Lichtmarkenleistungsmesser der Klassen 0,2 und 0,5 gebaut, deren empfindlichster seinen Endausschlag bei 0,75 W erreicht (25 mA, 30 V).

4.13 Astatisches Lichtzeigermeßwerk mit Schirmung. Zum Abschluß der angeführten Meßwerke der Präzisionselektrodynamometer sei noch das des S-&-H-Milliwattmeters erwähnt (Abb. 83). Es handelt sich um ein astatisches Meßwerk mit seitlich der Drehachse in gleicher Höhe angeordneten Drehspulen. Überdies ist eine doppelte magnetische Schirmung angebracht, die aus einem zylindrischen Innenschirm und einem quaderförmigen Außenschirm besteht. Die Feldspulen sitzen auf einem Feldspulenhalter, dessen Inneres als Dämpferkammern ausgebildet ist, in denen die mit Glasplättchen belegten Drehspulen als Dämpferflügel einer Luftdämpfung schwingen. Der Feldspulenhalter ist im Innern mit Leitlack belegt, der mit dem Potential der Drehspulen verbunden ist. Dadurch wird der elektrostatische Einfluß beseitigt, der ohne einen solchen elektrostatischen Schirm durch die Kräfte des elektrischen Feldes entsteht, wenn zwischen den Fest- und Drehspulen eine Potentialdifferenz auftritt. Der Torsionskopf läßt erkennen, daß das schwingende Organ spannbandgelagert ist. Der Meßwerkspiegel sitzt unterhalb der inneren Schirmhülle, so daß nur in der äußeren Schirmhülle Durchtrittsöffnungen für das Licht vorgesehen sein müssen. Die Schirmwirkung ist so gut, daß der in den Regeln des VDE zugelassene Fehler von 0,75% bei 400 A/m erst bei einem Fremdfeld von 4800 A/m erreicht wird. Angesichts der hohen Empfindlichkeit des Milliwattmeters ist dieser Fremdfeldschutz beachtlich. Bei einem kleinsten Leistungsbereich von 75 mW wird nämlich bereits Endausschlag erzielt. Dabei ist der Strom entweder 25 mA und die Spannung 3 V oder – unter Beibehaltung der Meßbereiche – der Strom 2,5 mA und die Spannung 30 V. Der Eigenverbrauch der Stromspulen beträgt 75 mVA bei Nennstrom (25 mA) und 50 Hz; die Stromaufnahme

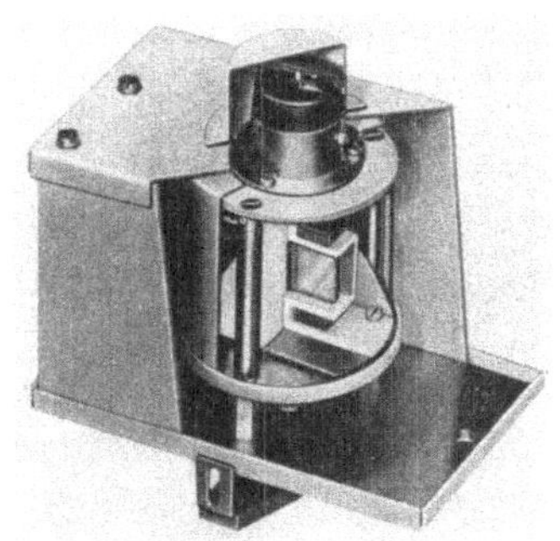

Abb. 83. Meßwerk des S-&-H-Präzisions-Milliwattmeters mit Feldspulen (Strompfad), Drehspulen (Spannungspfad), Feldspulenhalter, Meßwerkspiegel, Innenschirm, Außenschirm und Torsionskopf

im Spannungspfad ist 1 mA bei Nennspannung (3 V). Das Milliwattmeter ist für Gleichstrom und Wechselstrom von 15···50···500 Hz geeignet. Beim Leistungsfaktor eins wird die Klassengrenze erst bei 1,5 kHz überschritten. Die Genauigkeitsklasse ist 0,5; die Beruhigungszeit beträgt trotz der hohen Empfindlichkeit infolge des extrem leichten beweglichen Organs nur 2 s.

4.2 Eisengeschlossene elektrodynamische Meßwerke

4.21 Konzentrisches Einfachmeßwerk. Abb. 84 zeigt ein eisengeschlossenes elektrodynamisches Einfachmeßwerk mit konzentrischem Feldeisen *1*, in dessen zwei Nuten die beiden Festspulen *2* eingelegt sind. Die Drehspule *3* sitzt auf der durchgehenden Achse *5*, die spitzengelagert ist. Ferner trägt die Achse den Zeiger *6*, dessen Gegengewicht der Dämpferflügel *7* bildet. Die obere der beiden gegensinnig angeordneten Spiralfedern *8* ist mit dem Nullstellhebel *9* verbunden, wodurch sich der Zeiger auf Null einstellen läßt. Die Spiralfedern dienen auch der Stromzuführung zur Drehspule. Damit der Luftweg für den magnetischen Fluß klein wird, befindet sich im Innern der Drehspule der Eisenkern *4*.

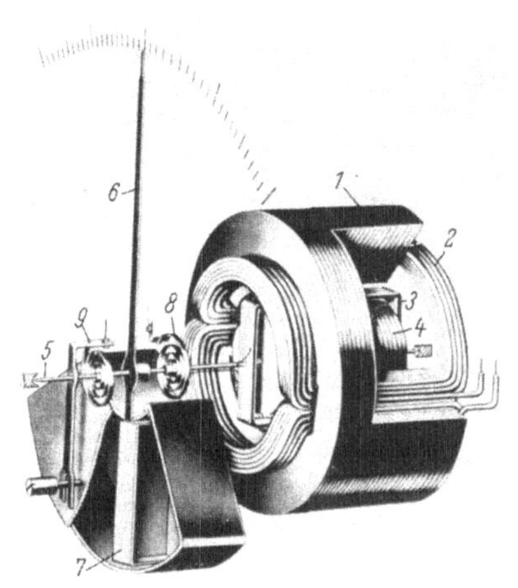

Abb. 84. Eisengeschlossenes elektrodynamisches Meßwerk (H & B). *1* Feldeisen; *2* Festspulen; *3* Drehspule; *4* Eisenkern; *5* Achse; *6* Zeiger; *7* Dämpfungsflügel; *8* Spiralfedern; *9* Nullstellhebel

Die konzentrische Bauweise hat den Vorteil, daß der Weg des Flusses im Eisen kurz und die Streuung klein ist. Das Feldeisen und der Kern sind lamelliert, damit bei Wechselstrombetrieb die Wirbelstromverluste und der dadurch mit verursachte Leistungsfaktoreinfluß klein gehalten werden. Für hohe Frequenzen macht man das Feldeisen und den Kern aus Ferrit, einem weichmagnetischen Sinterwerkstoff guter magnetischer und äußerst geringer elektrischer Leitfähigkeit. Dadurch gelingt es, das Meßwerk nach Abb. 84 so auszulegen, daß man bis zu Frequenzen von 12 kHz in Klasse 1,5 damit messen kann.

Bei konstanter Breite des Luftspalts über den Ausschlagwinkel bildet sich ein radial homogenes Magnetfeld aus, das den Ausschlag linear mit der zu messenden Leistung zunehmen läßt. Die Induktion im Luftspalt liegt etwa bei 40 mT (400 Gauß). Der Eigenverbrauch der Stromspulen beträgt 1 VA bei Nennstrom und 50 Hz; die Stromaufnahme der

Drehspule ist 8 mA bei Nennspannung, beim Skalenfaktor[1] 1 und beim Ausschlagwinkel $\pi/2$ rad (90°).

Schaltbilder für einen Einfachleistungsmesser zeigen Abb. 85, 86, 87 und 88[2]. Während man bei Wechsel- und Drehstrommessungen durchweg die Festspulen der Meßwerke vom Hauptstrom durchfließen läßt und die Drehspulen über Vorwiderstände an Spannung legt, macht man

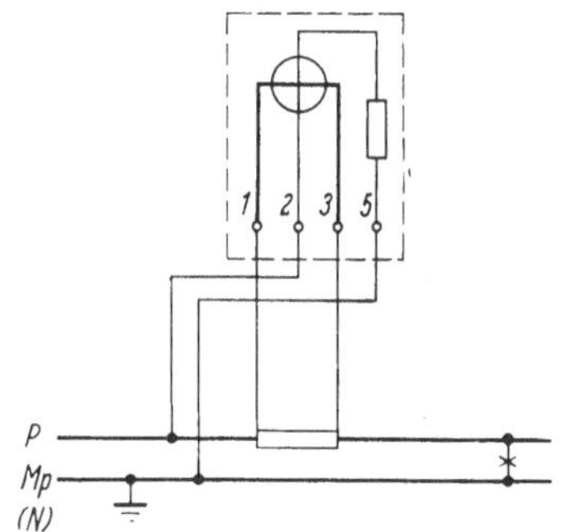

Abb. 85. Gleichstromleistungsmesser mit getrenntem Nebenwiderstand

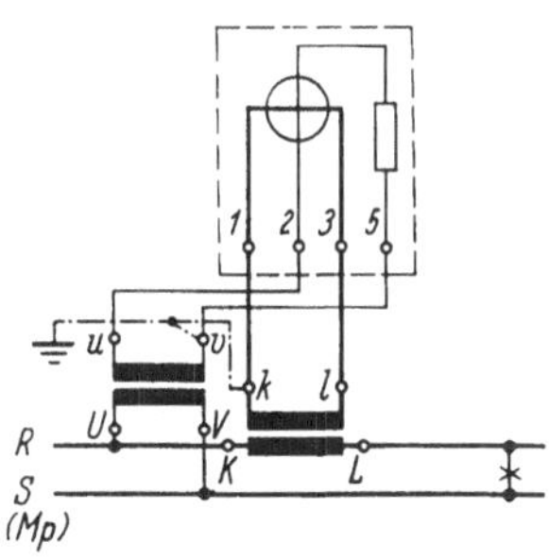

Abb. 86. Wirkleistungsmesser für Einphasenwechselstrom (mit Strom- und Spannungswandler)

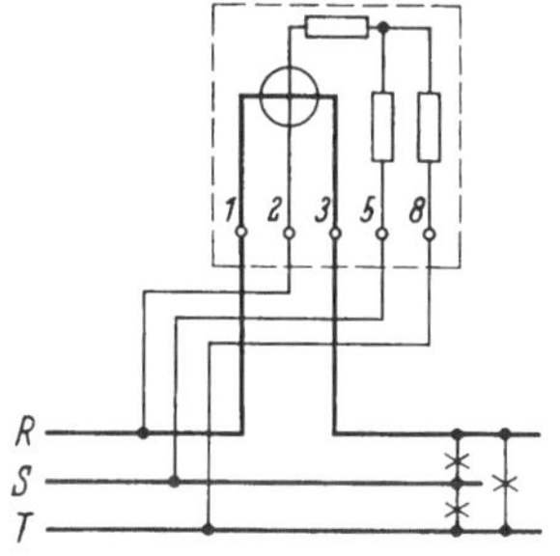

Abb. 87. Wirkleistungsmesser für Dreileiterdrehstrom gleicher Belastung, mit eingebautem Nullpunktwiderstand (unmittelbarer Anschluß)

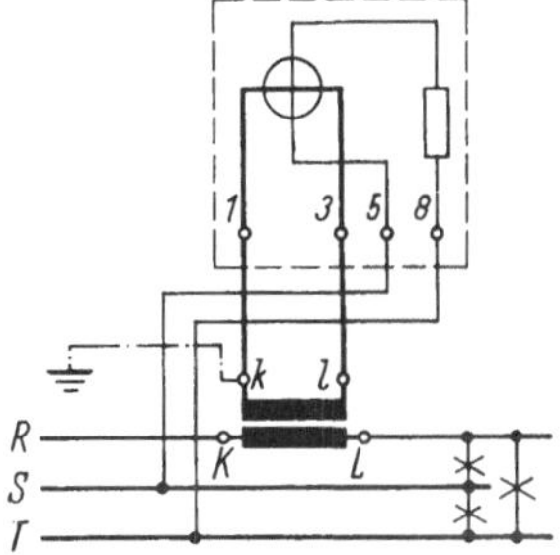

Abb. 88. Blindleistungsmesser für Dreileiterdrehstrom gleicher Belastung (mit Stromwandler)

es bei Gleichstromleistungsmessern umgekehrt, sofern Nebenwiderstände verwendet werden. Zweigt man bei einem 300-mV-Nebenwiderstand, wie er für Leistungsmessungen vorzugsweise benutzt wird, einen Strom von 0,5 A für den Leistungsmesser ab, so hat man eine Leistung zur Deckung des Eigenverbrauchs von 300 mV · 0,5 A = 150 mW zur Verfügung. Das reicht für die festen Spulen, die fast 1 W brauchen, nicht entfernt aus. Eine Drehspule begnügt sich hingegen mit etwa 20 mW. Zur Temperaturkompensation kann dann noch ein temperaturunabhängiger Wider-

[1] Als Skalenfaktor bezeichnet man bei elektrodynamischen Produktmessern das Verhältnis vom Skalenendwert zum Produkt aus Nennspannung und -strom.

[2] Aus DIN 43807.

stand vom etwa sechsfachen Wert des Widerstands der in diesem Fall dickdrahtigen Drehspule in Reihe geschaltet werden. Diese Schaltungsart – Drehspule als Strom- und Festspule als Spannungspfad – bringt bei Gleichstrommessungen überdies noch den Vorteil, daß die Remanenz des Eisens nicht als Fehler in Erscheinung tritt; denn ein Leistungsmesser braucht nach VDE nur richtig anzuzeigen, wenn die Spannung gleich der Nennspannung ist und der Strom Werte zwischen Null und dem Nennstrom annimmt. Solange aber Nennspannung vorhanden ist, erzeugen die Festspulen eine konstante Induktion. Wenn sich die Spannung um $\pm 20\%$ ändert, darf – bei reziproker Änderung des Stroms – bereits eine Änderung der Anzeige in Höhe der Klassentoleranz (meist $\pm 1{,}5\%$) auftreten.

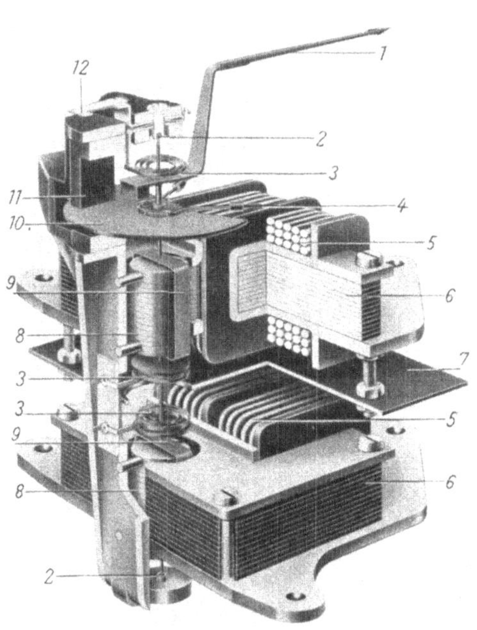

Abb. 89. Eisengeschlossenes elektrodynamisches Doppelmeßwerk (AEG). *1* Zeiger; *2* Lager; *3* Spiralfedern; *4* Balanciergewichte; *5* Stromspulen; *6* Blechpakete (Eisenrückschluß); *7* Abschirmblech; *8* Kerne; *9* Drehspulen; *10* Dämpferscheibe; *11* Dämpfermagnet; *12* Nullstellhebel

4.22 Doppelmeßwerk. Abb. 89 zeigt ein eisengeschlossenes elektrodynamisches Doppelmeßwerk für Schalttafelinstrumente. Im Gegensatz zur Bauweise des zuvor beschriebenen konzentrischen Meßwerks (Abb. 84) sind hier die Festspulen *5* exzentrisch angeordnet, und die Blechpakete (Eisenrückschluß) *6* haben die Form eines Rechtecks, das innen seinerseits wiederum rechteckig ausgespart ist. Inmitten des langen Schenkels, der nicht die Festspule trägt, ist jeweils das Polmaul ausgespart. Die darin befindlichen Kerne *8* sind am Systemträger befestigt, der auch die Lager *2* für die Spitzenlagerung des beweglichen Organs trägt. Die Drehspulen *9* des Doppelmeßwerks sind auf einer Achse konzentrisch übereinander angeordnet. Vier Spiralfedern *3* erzeugen das Richtmoment und dienen der Stromzuführung zu den beiden Drehspulen. Häufig findet man auch Doppelmeßwerke mit nur einer Spiralfeder und zwei zusätzlichen Stromzuführungen über richtkraftarme, spiralige Zuführungsbänder vorzugsweise aus Gold (oder auch Bronze oder Silber).

Auch bei diesem Doppelmeßwerk bildet die Dämpferscheibe *10*, die sich im Luftspalt des Dämpfermagnets *11* bewegt, ein Gegengewicht zum Zeiger *1*. Die genaue Balancierung des beweglichen Organs wird mit Hilfe der Balanciergewichte *4* vorgenommen. Der Nullstellhebel *12* greift am Fußpunkt der oberen Spiralfeder an und gestattet in üblicher Weise das Einstellen des Zeigers auf den Nullpunkt. Zwischen den beiden Meßwerken ist ein ferromagnetisches Abschirmblech *7* angebracht, das die magnetische Beeinflussung der Meßwerke aufeinander vermindert und damit den Kopplungseinfluß in zulässigen Grenzen hält.

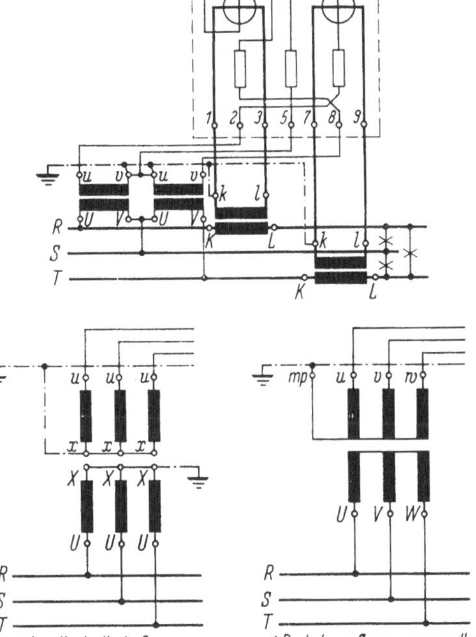

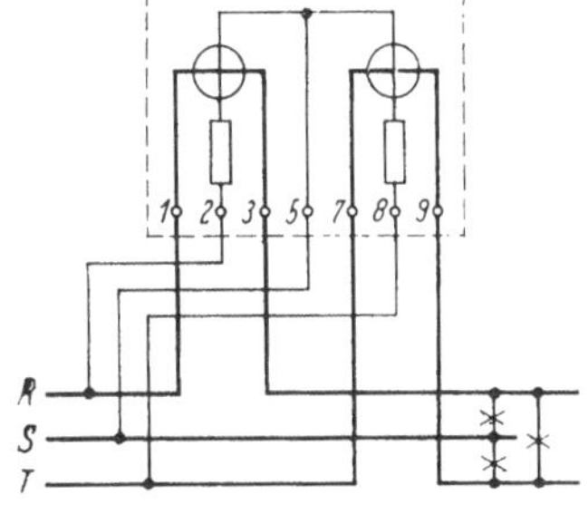

Abb. 90. Wirkleistungsmesser für Dreileiterdrehstrom beliebiger Belastung (unmittelbarer Anschluß)

Abb. 91. Blindleistungsmesser für Dreileiterdrehstrom beliebiger Belastung (mit Strom- und Spannungswandler)

Doppelleistungsmesser werden durchweg zur Leistungsmessung im beliebig belasteten Dreileiterdrehstrom nach der Zweileistungsmesser-methode (Aronschaltung) eingesetzt. Abb. 90 und 91 (DIN 43807, Nr. 5200 und 5302) zeigen dazu zwei Schaltbilder. Die mathematische Grundlage für die Zweileistungsmesserschaltung leitet sich aus der Gleichung für die Leistung eines Drehstromsystems ab. Sie lautet:

$$P = \mathfrak{U}_R \mathfrak{J}_R + \mathfrak{U}_S \mathfrak{J}_S + \mathfrak{U}_T \mathfrak{J}_T \tag{55}$$

und besagt, daß die insgesamt übertragene Leistung gleich der Summe der in jedem einzelnen der drei Leiter *R*, *S* und *T* übertragenen Leistungen ist. Jeder Summand auf der rechten Seite ist das skalare Produkt von zwei

Zeigergrößen, wobei der Zeiger nicht den Betrag des Scheitelwerts, sondern den des Effektivwerts hat. Im Dreileiterdrehstrom ist die geometrische Summe der drei Ströme gleich Null:

$$\mathfrak{J}_R + \mathfrak{J}_S + \mathfrak{J}_T = 0 \tag{56}$$

Setzt man Gl. (56) in Gl. (55) ein, so erhält man:

$$P = \mathfrak{U}_R \mathfrak{J}_R - \mathfrak{U}_S \mathfrak{J}_R - \mathfrak{U}_S \mathfrak{J}_T + \mathfrak{U}_T \mathfrak{J}_T$$

oder:

$$P = (\mathfrak{U}_R - \mathfrak{U}_S)\,\mathfrak{J}_R + (\mathfrak{U}_T - \mathfrak{U}_S)\,\mathfrak{J}_T$$

Bekanntlich ist aber die Differenz zweier Leitersternpunktspannungen gleich einer Leiterspannung, also z. B.

$$\mathfrak{U}_{RS} = \mathfrak{U}_R - \mathfrak{U}_S$$

Daher ergibt sich für die Leistung eines beliebig belasteten Dreileiterdrehstromsystems:

$$P = \mathfrak{U}_{RS} \mathfrak{J}_R + \mathfrak{U}_{TS} \mathfrak{J}_T \tag{57}$$

Entsprechend den nur zwei Summanden auf der rechten Seite der Gl. (57) kann man die Leistung einwandfrei mit nur zwei Meßwerken messen, die starr miteinander gekoppelt sind. Die einzige Voraussetzung ist die, daß die Summe der drei Leiterströme gleich Null ist [Gl. (56)].

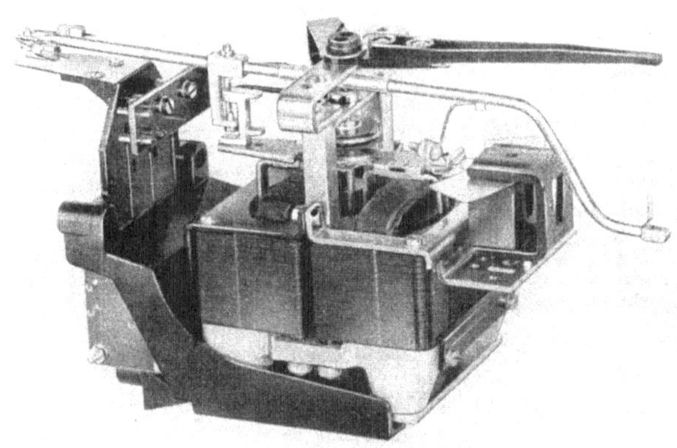

Abb. 92. Eisengeschlossenes elektrodynamisches Zweifachmeßwerk für Registrierinstrumente (AEG)

Die Blindleistung wird ohne Anwendung von Blindwiderständen in einfacher Weise dadurch gemessen, daß man die Spannungspfade der Meßwerke gegenüber dem Anschluß bei Wirkleistungsmessung an um $\pi/2$ nacheilende Spannungen legt, die im Drehstromsystem bekanntlich vorhanden sind. An Stelle der Leiterspannung U_{RS} wählt man also die Leitersternpunktspannung U_{MT} und an Stelle der Leiterspannung U_{TS}

die Leitersternpunktspannung U_{RM}. Den Unterschied des Betrags der Spannungen ($1:\sqrt{3}$) berücksichtigt man durch entsprechende Änderung der Vorwiderstände. Dadurch fließt sowohl bei Wirk- als auch bei Blindleistungsmessung jeweils ein Strom vom gleichen Betrag durch die Drehspulen. Um $\pi/2$ nacheilende Spannungen wählt man, weil bei dem als positiv definierten Bezug induktiver Blindleistung auch der Zeiger des Leistungsmessers in positiver Richtung ausschlagen soll. Dabei ist als Bezug die Übertragungsrichtung anzusehen, bei welcher Stromwandler in Richtung von Klemme K zu Klemme L durchsetzt werden.

4.23 Dreifachmeßwerk. Ähnlich dem in Abb. 92 gezeigten Doppelmeßwerk werden auch elektrodynamische Dreifachmeßwerke gebaut. Dabei sind die drei Drehspulen in gleicher Höhe exzentrisch zu der Drehachse und um 120° gegeneinander versetzt angeordnet. Nur eine Flanke jeder Spule befindet sich in je einem Luftspalt der drei Feldeisen, die von je einer Fest-

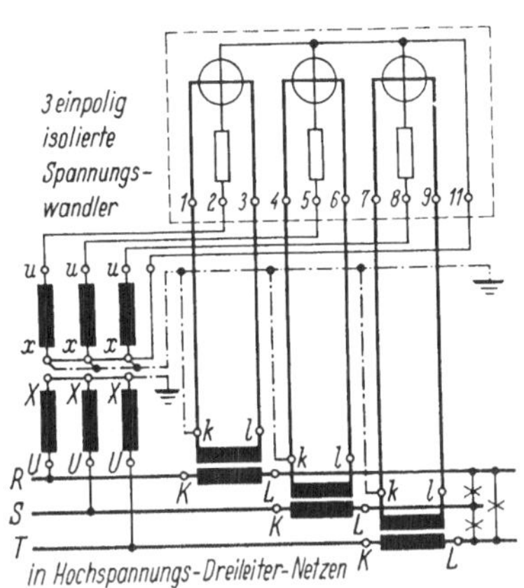

Abb. 93. Wirkleistungsmesser für Vierleiterdrehstrom (mit Strom- und Spannungswandler)

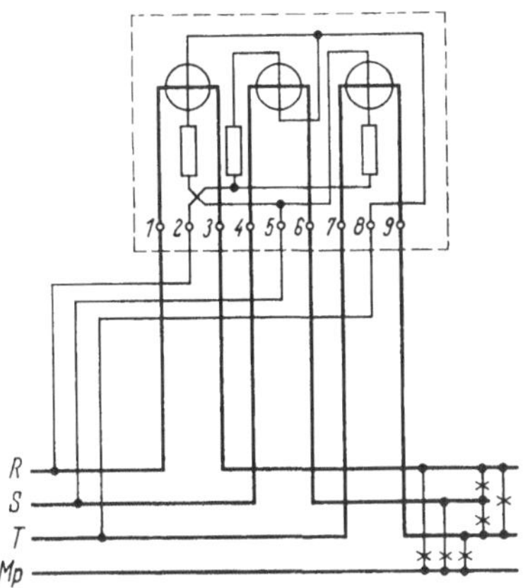

Abb. 94. Blindleistungsmesser für Vierleiterdrehstrom (unmittelbarer Anschluß)

spule erregt werden. Man hat also ein Zwei- bzw. Dreifachmeßwerk unipolarer Bauart vor sich, das wenig Raum bei minimaler Höhe beansprucht. Ferner werden Dreifachmeßwerke nach Art der Abb. 89 mit drei Drehspulen gebaut, die konzentrisch auf einer Achse übereinander sitzen. Schließlich findet man es, daß zwei oder drei Einfachmeßwerke nebeneinander sitzen und mit einem feinen Band miteinander gekuppelt sind.

Dreifachmeßwerke dienen zur Leistungsmessung im beliebig belasteten Drei- oder Vierleiterdrehstrom und werden gemäß Gl. (55) angeschlossen, wie die beiden Schaltbilder Abb. 93 und 94 zeigen (DIN 43807 Bild 6202 und 6300). Der Eigenverbrauch eines solchen Meßwerks für einen Schreiber beträgt rund 6 VA je Strompfad bei Nennstrom und 50 Hz;

jede Drehspule nimmt etwa 100 mA bei Nennspannung auf. Das dabei erzeugte Drehmoment beträgt etwa 2 mWs; die Beruhigungszeit ist 1,5 s.

4.24 Kreisskalenmeßwerk. Die Reihe der dargestellten elektrodynamischen Produktmeßwerke wird mit der Abb. 95 abgeschlossen, die ein eisengeschlossenes Meßwerk für Kreisskaleninstrumente zeigt. Der Ausschlagwinkel von Kreisskaleninstrumenten liegt im allgemeinen zwischen 240 und 300°. Daher muß die Drehspule exzentrisch zur Achse sitzen und kann sich nur mit einer Flanke in dem unipolaren Luftspalt bewegen. Die Ausbildung des Feldeisens führt zu der für Kreisskaleninstrumentmeßwerke charakteristischen Form des Hakenpols, dessen Schlitz nach der Einführung des beweglichen Organs im Interesse einer symmetrischen Feldverteilung im Luftspalt gern mit einem passenden Keil aus Feldeisenmaterial ausgefüllt wird. Der Eigenverbrauch des in Abb. 95 gezeigten Meßwerks beträgt 2 VA im Strompfad bei Nennstrom und 50 Hz; die Stromaufnahme im Spannungspfad ist etwa 20 mA bei Nennspannung. Dabei wird ein Drehmoment von 0,08 mWs (= 0,82 cmp) erzeugt.

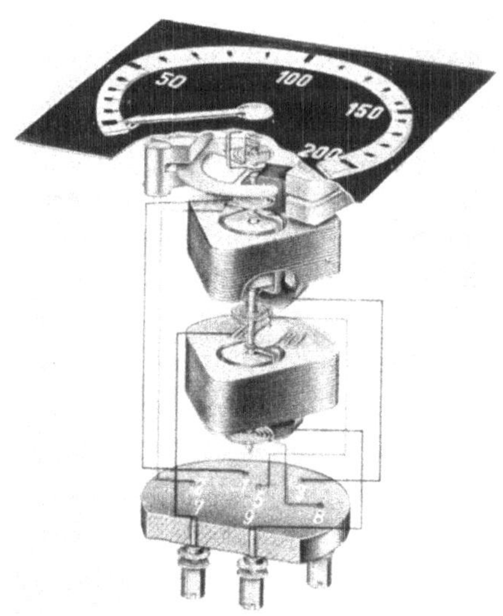

Abb. 95. Eisengeschlossenes elektrodynamisches Meßwerk für Kreisskaleninstrumente (CBM)

5. Fehler

5.1 Frequenzeinfluß

Mit Ausnahme der Einphasenblindleistungsmesser sind Elektrodynamometer theoretisch frequenzunabhängig. Lediglich infolge des Einflusses einiger naturgegebener Fehler sind der Anwendung von Elektrodynamometern bei beliebigen Frequenzen Grenzen gesetzt. So können eisengeschlossene Elektrodynamometer bei Gleichstrom nur verwendet werden, wenn die Remanenz des Ferromagnetikums hinreichend klein ist, so daß kein unzulässig hoher Remanenzeinfluß entsteht.

Bei Einphasenwechselstrom ist bekanntlich der Leistungsumsatz pulsierend, und zwar geht er mit der doppelten Frequenz der Spannung (Abb. 96). Damit wird auch das Moment pulsierend. Infolge der Trägheit des elektrodynamischen Meßwerkes kann jedoch oberhalb 10···15 Hz mit einem Ruhigstehen des Zeigers und mit der Anzeige der mittleren Leistung gerechnet werden. Bei Bahnfrequenz ($16^2/_3$ Hz) kann also mit den meisten serienmäßigen Elektrodynamometern bereits gemessen werden.

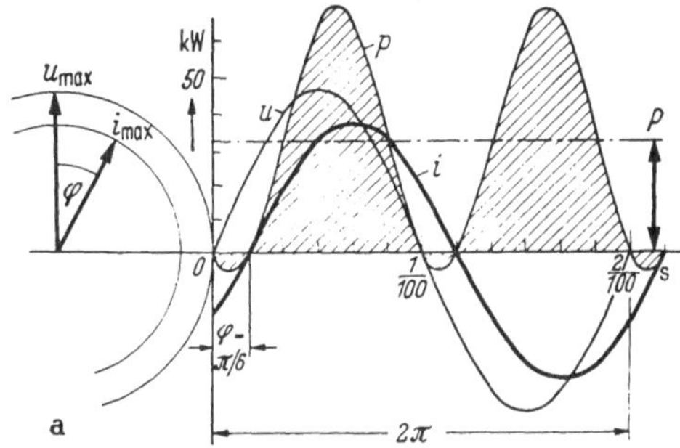

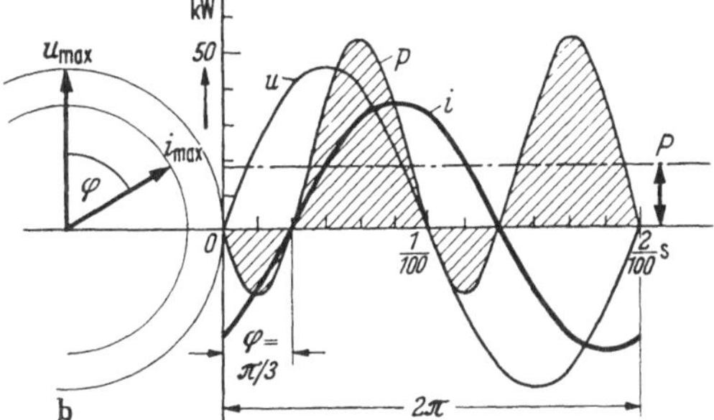

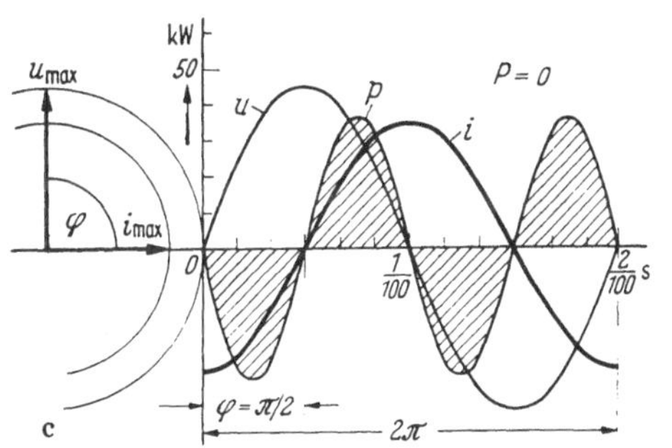

Abb. 96 a–c. Zeigerschaubilder[1] von u_{max} und i_{max} sowie Linienschaubilder von u, i und p bei a) $\varphi=\pi/6$, b) $\varphi=\pi/3$ und c) $\varphi=\pi/2$

Je höher die Frequenz wird, desto feiner muß das Eisen der eisengeschlossenen Meßwerke lamelliert werden, um erstens die Meßfehler durch Wirbelstromverluste und zweitens die Anwärmung des Meßwerks in vertretbaren Grenzen zu halten. Mit Kernen und Rückschlußjochen aus weichmagnetischem Sintermaterial werden heutzutage ferrodynamische Leistungsmesser für Mittelfrequenzmessungen bei 12 kHz geliefert. Mit eisenlosen Elektrodynamometern dürfte man bei 12 kHz auch an der oberen Grenze liegen, da der Blindwiderstand der Spulen bei diesen Frequenzen schon beträchtliche Werte annimmt und die Windungskapazität wirksam wird. Leistungsmessungen bei höheren Frequenzen werden mit thermischen Wattmetern durchgeführt (S. 130).

5.2 Wechselinduktionseinfluß

Unter Wechselinduktionseinfluß versteht man die Auswirkung des Störmoments, welches durch die transformatorische Wirkung zwischen

[1] Die Zeiger sind der besseren Übersichtlichkeit halber um $\pi/2$ rad vorverschoben gezeichnet.

festen und beweglichen Spulen auftritt. Die feste Spule erzeugt beispielsweise eine Induktion, durch die in der beweglichen Spule eine EMK induziert wird. Über den Schließungskreis der beweglichen Spule fließt infolge dieser EMK ein Strom, welcher durch die Wirkung der Induktion der festen Spule ein Moment bewirkt. Es ist aber auch – insbesondere bei der Anwendung sogenannter wattloser Meßschaltungen – ein Wechselinduktionseinfluß von der Drehspule auf die Festspule feststellbar; er wird in der Literatur meist verschwiegen. Der Wechselinduktionseinfluß wird Null, wenn der Kopplungsfaktor zwischen beweglichen und festen Spulen Null wird, das heißt, wenn die magnetischen Achsen der Spulen senkrecht zueinander stehen.

Mit stets senkrechten magnetischen Achsen arbeiten Torsionsleistungsmesser, welche daher keinen Wechselinduktionsfehler aufweisen. Bei Torsionsleistungsmessern wird der Meßwert durch Verdrehung der Skale und gleichzeitig damit der Fußpunkte der Spiralfedern eingestellt.

5.3 Elektrostatischer Einfluß

Wenn zwischen der festen und der beweglichen Spule eine Potentialdifferenz besteht, so kann ein Störmoment infolge der Kräfte des elektrischen Feldes entstehen. Zur Vermeidung dieses elektrostatischen Einflusses ist bei der Anschlußschaltung von Leistungsmessern darauf zu achten, daß die Stromspule und die Spannungsspule das gleiche Potential erhalten. Die entsprechenden Klemmen des Strom- und des Spannungspfades sind mit je einem gleichen Kennzeichen versehen, sofern nicht die Bezifferung aller Klemmen gemäß DIN durchgeführt ist.

Unempfindlich gegen Potentialdifferenzen zwischen Fest- und Drehspule sind elektrostatisch geschirmte Elektrodynamometer. Der Metallbelag zwischen Fest- und Drehspule erhält das Potential der Drehspule und verhindert damit das Entstehen eines elektrischen Felds im Arbeitsbereich der Drehspule.

5.4 Krümmungseinfluß

Bei eisengeschlossenen Leistungsmessern verläuft die Anzeige in Abhängigkeit der Leistung unterschiedlich je nach dem, ob bei konstanter Spannung und variablem Strom gemessen wird oder bei variabler Spannung und konstantem Strom. Die Unterschiede erklären sich durch den Verlauf der Magnetisierungskennlinie des Ferromagnetikums. Bei konstantem Strom herrscht eine bestimmte Induktion vor, und der Ausschlag des Gerätes ändert sich mit der Durchflutung der beweglichen Spule. Bei konstanter Spannung ändert sich dagegen der Ausschlag des Gerätes mit der Induktion, die ihrerseits über die Magnetisierungskennlinie des Eisens vom Strom in den festen Spulen abhängt.

Nur selten wird ein Hersteller den Ehrgeiz haben, daß sein eisengeschlossener Leistungsmesser sowohl bei konstanter Spannung (gleich

Nennspannung) und veränderlichem Strom zwischen Null und Nennstrom als auch bei konstantem Strom (gleich Nennstrom) und veränderlicher Spannung zwischen Null und Nennspannung richtig zeigt. Dann müßte nämlich die Änderung der relativen Permeabilität des Ferromagnetikums mit der Feldstärke so klein sein, daß die Anzeigeunterschiede einmal bei variabler Spannung und zum andern bei variablem Strom innerhalb der Meßtoleranz liegen. Im allgemeinen wird man sich damit begnügen, daß ein eisengeschlossener Leistungsmesser bei einer Änderung der Spannung um $\pm 20\%$ von der Nennspannung seine Anzeige um nicht mehr als die Klassentoleranz ändert gegenüber dem bei Nennspannung angezeigten Wert, wie es die VDE-Regeln 0410 vorschreiben. Der Strom wird bei dieser Prüfung um adäquate Beträge entgegengesetzten Vorzeichens geändert.

5.5 Eiseneffekt

Schickt man Nennstrom durch die Drehspule und läßt die Festspulen unangeschlossen, so entsteht bei eisengeschlossenen und eisengeschirmten Meßwerken ein Ausschlag infolge des Eiseneffekts. Die von der Drehspule ausgebildeten magnetischen Kraftlinien suchen sich den bequemsten Weg durch das Feldeisen und den Kern bzw. die Abschirmkappen und üben dabei ein Moment auf die Drehspule aus. Durch sorgfältige zylindrische Ausführung der Polmäuler und Kerne sowie gute Zentrierung derselben kann man diesen Eiseneffekt klein machen. Bei geschirmten Elektrodynamometern wird er durch konzentrisch zur Drehachse ausgebildete Eisenschirme vermieden. Der Eiseneffekt ist von der Stromrichtung unabhängig und nimmt mit dem Strom in der Drehspule quadratisch zu.

5.6 Leistungsfaktoreinfluß

Der reine Leistungsfaktoreinfluß F_L^* ist gleich der Differenz des Fehlwinkels γ im Spannungspfad und des Fehlwinkels δ im Strompfad eines elektrodynamischen Meßwerks:

$$F_L^* = \gamma - \delta \tag{58}$$

Dazu die Einheiten: mrad = mrad − mrad

Dabei sind als Fehlwinkel γ im Spannungspfad der Phasenwinkel zwischen der angelegten Spannung und dem Strom durch die Drehspule und als Fehlwinkel δ im Strompfad der Phasenwinkel zwischen dem Strom durch die Festspule und dem erzeugten Nutzfluß anzusehen. Der Fehlwinkel γ im Spannungspfad wird durch die im Spannungspfad vorhandenen Blindwiderstände verursacht, der Fehlwinkel δ im Strompfad durch Wirbelstrom-, Hysterese- und Zusatzverluste, wobei auch bei 50 Hz der Haut- oder Skin-Effekt bereits eine Rolle spielt. δ dürfte sich je nach Art des Meßwerks zwischen +0,3 und +30 mrad (= 1′ und 100′) bei 50 Hz bewegen (+ bedeutet: Φ eilt I nach). Der reine Leistungsfaktoreinfluß ist seinem Betrag nach unabhängig davon, ob es sich um eine induktive oder um eine kapazitive Phasenverschiebung des Stroms gegenüber der Spannung handelt; lediglich das Vorzeichen ändert sich.

Der Leistungsfaktoreinfluß F_L gemäß den VDE-Regeln ist gleich der algebraischen Summe aus dem reinen Leistungsfaktoreinfluß F_L^*, dem Eiseneffekt F_E und dem Wechselinduktionseinfluß F_W.

$$F_L = F_L^* + F_E + F_W \tag{59}$$

Einheiten[1]: mrad = mrad + mrad + mrad

Wenn man, wie es vorgeschrieben ist, bei Nennspannung, Nennstrom und dem Leistungsfaktor Null mißt, erhält man tatsächlich den Leistungsfaktoreinfluß F_L gemäß VDE. Der Anteil des relativen, reinen Leistungsfaktoreinflusses F_L^* wächst sowohl mit der Überlastung des Spannungspfads als auch mit der des Strompfads linear, der Eiseneffekt F_E mit der Spannung quadratisch und mit dem Strom überhaupt nicht und der Wechselinduktionseinfluß der Festspule auf die Drehspule mit der Spannung nicht und mit dem Strom quadratisch.

Der Leistungsfaktoreinfluß F_L darf bei Nennfrequenz die Klassentoleranz und bei der Grenzfrequenz den doppelten Wert der Klassentoleranz nicht überschreiten. Eine Möglichkeit zur Kompensation des Leistungsfaktoreinflusses ergibt sich durch eine Veränderung des Fehlwinkels γ im Spannungspfad. Schaltet man zu einem Teil des Vorwiderstands einen kleinen Kondensator parallel, so wird ein induktiver (+) Fehlwinkel γ kleiner oder gar kapazitiv (−); schaltet man dagegen zu der Drehspule selbst und einem Teil des direkt davor liegenden Vorwiderstands einen Kondensator parallel, so wird ein induktiver (+) Fehlwinkel γ noch stärker induktiv (+). Hat man den Fehlwinkel γ mittels der beschriebenen Kompensationsmethode gerade so groß gemacht wie den Fehlwinkel δ des Strompfads, so wird der reine Leistungsfaktoreinfluß F_L^* zu Null [vgl. Gl. (58)].

5.7 Gleich-Wechselstromfehler

Bei den genauesten Präzisionsleistungsmessern kann der Gleich-Wechselstromfehler unter Umständen stören. Er erklärt sich dadurch, daß die Nutzflußamplitude bei Wechselstrom etwas kleiner sein kann als bei Gleichstrom und daß die Blindwiderstände des Spannungspfads

[1] Die Einheit mrad kann gleich ‰ des Meßbereichendwerts gesetzt werden, wenn F_L auf Nennspannung, Nennstrom und den Leistungsfaktor bezogen wird, bei dem das Meßwerk Endausschlag erreicht.

den Drehspulwechselstrom auch ein wenig geringer werden lassen, als es der Drehspulgleichstrom bei gleicher angelegter Spannung ist. Diesen Gleich-Wechselstromfehler kann man kompensieren, indem man einem Teil des Vorwiderstands eine Reihenschaltung aus Kondensator und ohmschem Widerstand parallel legt. Bei Gleichstrombetrieb hat dieser Parallelzweig keine Wirkung, weil der Kondensator sperrt. Bei Wechselstrombetrieb fließt durch den Parallelzweig ein ganz kleiner Strom mit ohmscher Komponente, die beim Durchfließen der Drehspule den Ausschlag des Instruments auf den Gleichstromwert anhebt.

5.8 Temperaturfehler

Das bei den Dreheiseninstrumenten (vgl. S. 77) Gesagte läßt sich sinngemäß auf Elektrodynamometer übertragen. Heutzutage wird aber häufig für Präzisionsleistungsmesser nicht nur eine temperaturkompensierte Anzeige, sondern darüber hinaus auch noch ein konstanter Widerstand im Spannungspfad gefordert, weil dann durch Vorschalten temperaturunabhängiger Vorwiderstände der Spannungsbereich erweitert werden kann, ohne daß ein Temperaturfehler auftritt.

Die Kompensation muß also die beiden Forderungen erfüllen. Für den niedrigsten Spannungsbereich muß die Temperaturabhängigkeit des Widerstands mit Hilfe eines geeigneten Kupfer-Manganin-Verhältnisses so gewählt werden, daß der Temperatureinfluß des Meßwerks an sich – verursacht in erster Linie durch Spiralfedern oder Spannband – kompensiert wird. Der sich ergebende Widerstand wird infolge der Kupferanteile mit steigender Temperatur wachsen. Zur Kompensation wird also parallel zu diesem Widerstand ein hochohmiger Zweig mit einem solchen Anteil an Thermistoren geschaltet, daß der Gesamtwiderstand temperaturunabhängig wird.

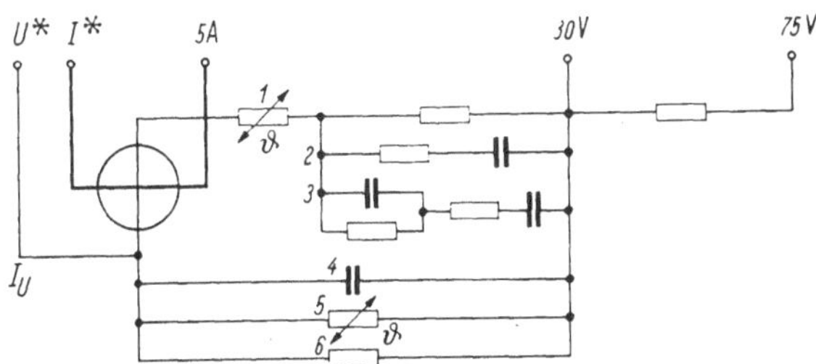

Abb. 97. Schaltbild eines Präzisionsleistungsmessers der Kl. 0,1. *1* Kompensation des Temperatur- und Anwärmfehlers der Anzeige; *2* Gleich-Wechselstromfehlerkompensation; *3* Leistungsfaktor- und Frequenzeinflußkompensation; *4* Beseitigung des Phasenwinkels zwischen U und I_U; *5* Zweig mit Thermistoren zur Temperaturkompensation des Gesamtwiderstandes; *6* Parallelzweig zur Gleichmachung von I_U für die gesamte Instrumententype

Abb. 97 zeigt die Schaltung eines modernen Präzisionsleistungsmessers mit Temperaturkompensation der Anzeige, die zugleich Anwärmfehlerkompensation ist. Ferner sind die Temperaturkompensation des Widerstandswerts im Spannungspfad, die Gleich-Wechselstromfehlerkompensation, die Leistungsfaktor- und Frequenzeinflußkompensation und der Abgleich des Widerstandswerts auf einen konstanten Betrag (zwecks Verwendbarkeit austauschbarer Vorwiderstände) in Abb. 97 dargestellt.

5.9 Fremdfeldeinfluß

Auch hierbei gilt für Elektrodynamometer das Analoge wie für Dreheiseninstrumente. Eisengeschlossene Leistungsmesser werden durch Fremdfelder wenig beeinflußt. Astatische Leistungsmesser sind nur gegen homogene Fremdfelder unempfindlich. Da aber die meisten in der Praxis auftretenden Fremdfelder nicht homogen sind, hat sich das eisengeschirmte – und zwar insbesondere das doppelt geschirmte – elektrodynamische Meßwerk zum Bau von Präzisionselektrodynamometern durchgesetzt. Sein Fremdfeldeinfluß bleibt im allgemeinen sehr weit unter der vom VDE zugelassenen Grenze (S. 225).

5.10 Kurvenformeinfluß

Die Wirkleistung wird bei jedem beliebigen Oberschwingungsgehalt von Strom und Spannung gemäß der Definitionsgleichung

$$P = U I \lambda = U_1 I_1 \cos\varphi_1 + U_2 I_2 \cos\varphi_2 + \cdots + U_n I_n \cos\varphi_n \qquad (60)$$

richtig angezeigt; denn beim Elektrodynamometer wirken nur gleiche Frequenzen im Strom- und Spannungspfad momentbildend. In Gl. (60) bedeuten: U, I Effektivwerte von Strom und Spannung, U_n, I_n Effektivwerte der n-ten Harmonischen von Strom und Spannung, λ Leistungsfaktor, φ_n Phasenwinkel zwischen den n-ten Harmonischen von Strom und Spannung.

Die Blindleistung setzt sich bei oberwellenhaltigem Strom aus der Grundschwingungsblindleistung

$$Q_1 = U I_1 \sin\varphi_1$$

und der Verzerrungsleistung

$$D = U \sqrt{I_2^2 + I_3^2 + \cdots + I_n^2}$$

zusammen[1].

Die Blindleistung wird vom Elektrodynamometer nur richtig gemessen, wenn die Spannungen und die Ströme oberschwingungsfrei sind, d.h. sinusförmig.

5.11 Unsymmetrieeinfluß

„Bei Leistungsmessern mit mehreren Meßwerken darf der Einfluß einer unsymmetrischen Belastung den Wert der Klassentoleranz nicht überschreiten. Zu vergleichen ist die Anzeige bei halbem Meßbereich-

[1] DIN 40110.

endwert bei Nennspannung und größtem Leistungsfaktor, für den das Gerät ausgelegt ist, und symmetrischer Belastung mit dem Ausschlag, der sich ergibt, wenn der Strom eines Meßwerks abgeschaltet und der Strom in dem oder den anderen Meßwerken entsprechend erhöht wird."[1]

5.12 Kopplungseinfluß

„Bei einem Leistungsmesser mit mehreren Meßwerken sind die Meßwerke bei Nennfrequenz, Nennspannung und Skalenendwert zu betreiben, wobei die Spannungen und Ströme je unter sich und miteinander gleichphasig sein sollen. Dann sind bei einem Meßwerk die Strom- und Spannungszuführungen in sich zu vertauschen, wobei die Änderung der Anzeige die doppelten Werte der Klassentoleranz nicht überschreiten darf."[1]

Wenn man aus Gründen der Raumersparnis die Meßwerke sehr nah zusammen setzen möchte, so kann man zur Vermeidung eines Kopplungseinflusses ferromagnetische Abschirmungen zwischen den Meßwerken anbringen[2].

6. Eigenverbrauch und Meßbereiche

Der Eigenverbrauch der Elektrodynamometer, der zur Aufrechterhaltung des Endausschlags erforderlich ist, ist je nach Art des Meßwerks recht unterschiedlich. Er liegt für die Stromspulen zwischen 1 mVA und 10 VA bei Nennstrom und 50 Hz. Dabei gilt 1 mVA für das Milliwattmeter, wenn man den Strompfad mit 1/10 des Stroms und den Spannungspfad mit zehnfacher Spannung beaufschlagt. 10 VA gilt für Registriergeräte. Für Betriebsinstrumente ist 1 VA häufig. Die Stromaufnahme im Spannungspfad liegt zwischen 0,5 und 500 mA bei Nennspannung.

Der kleinste Strombereich liegt bei 2,5 mA, der kleinste Spannungsbereich bei 3 V; der kleinste Leistungsmeßbereich ist 75 mW. Bei der Verwendung von Strom- und Spannungswandlern sind die größten Meßbereiche praktisch unbegrenzt. Nebenwiderstände und Gleichstromwandler sowie separate Vorwiderstände dienen der Meßbereicherweiterung bei Gleichstrom.

Auch hier sei noch einmal erwähnt, daß das Meßwerk mit Spannband und Lichtzeiger der Empfindlichkeit der Leistungsmesser zwei Zehnerpotenzen dazu erobert hat. Gleichzeitig ist der Eigenverbrauch noch erheblich gesunken.

7. Korrektur des Eigenverbrauchs

Bei allen elektrischen Leistungsmessungen unterscheidet sich die vom Leistungsmesser angezeigte Leistung von der zu messenden Leistung je

---

[1] Aus VDE 0410. – [2] Patentschrift 1078223.

nach Schaltung. Es geht entweder der Eigenverbrauch des Strompfades oder des Spannungspfades in die Messung ein. Die Schaltungen (Abb. 98a und b) zeigen die möglichen Fälle.

Ist der Spannungspfad vor dem Strompfad angeschlossen (Abb. 98a), so ist

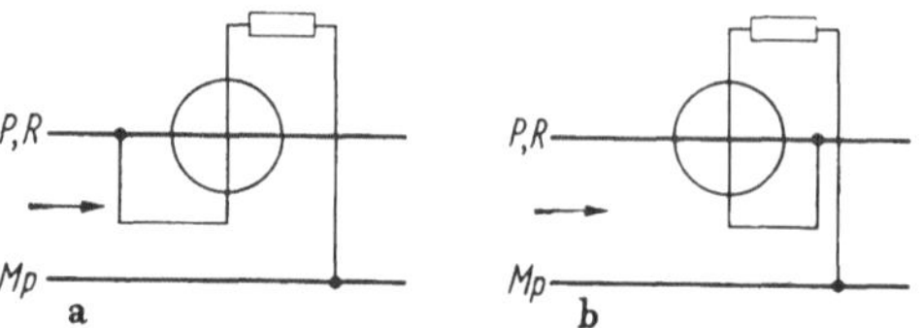

Abb. 98a u. b. Leistungsmessung. Anschluß des Spannungspfads a) vor und b) hinter dem Strompfad

1. die von der Stromquelle abgegebene Leistung P_Q gleich der vom Leistungsmesser angezeigten Leistung P_α plus dem Eigenverbrauch des Spannungspfades P_U:

$$P_Q = P_\alpha + P_U \tag{61}$$

und somit 2. die vom Verbraucher bezogene Leistung P_V gleich der vom Leistungsmesser angezeigten Leistung P_α minus dem Eigenverbrauch des Strompfades P_I:

$$P_V = P_\alpha - P_I \tag{62}$$

Ist der Spannungspfad hinter dem Strompfad angeschlossen (Abb. 98b), so ist

1. die von der Stromquelle abgegebene Leistung P_Q gleich der vom Leistungsmesser angezeigten Leistung P_α plus dem Eigenverbrauch des Strompfades P_I:

$$P_Q = P_\alpha + P_I \tag{63}$$

und somit 2. die vom Verbraucher bezogene Leistung P_V gleich der vom Leistungsmesser angezeigten Leistung P_α minus dem Eigenverbrauch des Spannungspfades P_U:

$$P_V = P_\alpha - P_U \tag{64}$$

Der Eigenverbrauch des Strompfades P_I errechnet sich zu:

$$P_I = I^2 R_I \tag{65}$$

wobei bedeuten:

I Strom im Strompfad
R_I Widerstand des Strompfades (auf Präzisionsleistungmessern angegeben)

Der Eigenverbrauch des Spannungspfades P_U ergibt sich zu:

$$P_U = \frac{U^2}{R_U} \tag{66}$$

wobei bedeuten:

U Spannung am Spannungspfad
R_U Widerstand des Spannungspfades (auf Präzisionsleistungsmessern angegeben)

Eine Korrektur wird erforderlich, sobald der Eigenverbrauch des Strom- oder Spannungspfades des Leistungsmessers mindestens die halbe Größe der Klassentoleranz des Gerätes erreicht.

Der Unbequemlichkeit einer rechnerischen Korrektur entgeht man bei Verwendung eines Leistungsmessers mit Selbstkorrektion des Eigenverbrauchs (Abb. 99). Bei diesem wird der Strom $I_{l'}$ im Spannungspfad

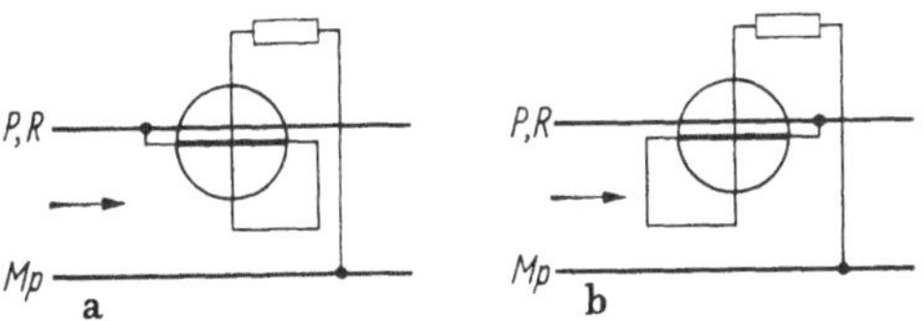

Abb. 99a u. b. Leistungsmessung mit Selbstkorrektion des Eigenverbrauchs des Spannungspfads. a) Angezeigte Leistung P_α = Erzeugerleistung P_Q; b) angezeigte Leistung P_α = Verbraucherleistung P_V

in geeigneter Richtung durch eine zweite Stromspule geleitet, die der ersten in ihrer magnetischen Wirkung gleichwertig ist. Dadurch addiert oder subtrahiert er sich in seiner Wirkung zu oder von dem Strom in der Stromspule, und das Instrument zeigt direkt die vom Erzeuger gelieferte oder vom Verbraucher bezogene Leistung an[1].

B. Elektrodynamische Quotientenmesser

1. Wirkungsweise

Während die Drehmomenterzeugung bei elektrodynamischen Produktmessern auf der Wirkung eines magnetischen Wechsel- oder Gleichfeldes auf eine von Wechsel- oder Gleichstrom durchflossene Spule beruht, entsteht das Moment bei elektrodynamischen Quotientenmessern stets durch die Wirkung eines magnetischen Drehfeldes auf eine von Wechselstrom durchflossene Spule. Zur Erzeugung des Drehfelds bedient man sich der Tatsache, daß durch die Überlagerung zweier Wechselfelder, die räumlich und zeitlich gegeneinander versetzt sind (Abb. 100), ein Drehfeld entsteht.

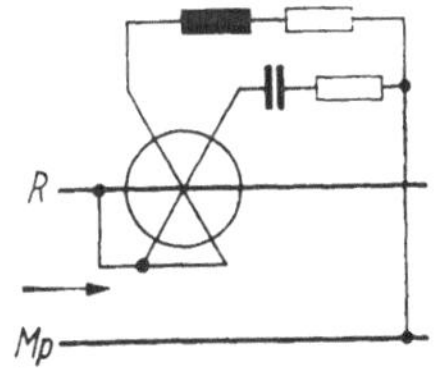

Abb. 100. Schaltbild eines elektrodynamischen Quotientenmessers

Ein elektrodynamisches Kreuzfeldmeßwerk hat zwei gekreuzte Festspulen oder Festspulenpaare, die von gegeneinander phasenverschobenen Strömen durchflossen werden. Ein elektrodynamisches Kreuzspulmeßwerk hat zwei gekreuzte Drehspulen, die gegeneinander phasenverschobene Ströme führen. Aus Gründen der einfacheren Herstellung baut man elektrodynamische Kreuzspulmeßwerke häufig in Form sogenannter auseinander-

[1] H-&-B-Druckschrift EB 30-4 (1959).

gezogener Kreuzspulmeßwerke. Man wählt dazu einfach zwei elektrodynamische Produktmeßwerke und kuppelt mechanisch die in einem bestimmten Winkel gekreuzten Drehspulen. Die festen Spulen der beiden Meßwerke müssen dabei vom selben Strom durchflossen werden.

Elektrodynamische Produktmesser besitzen ein mechanisches Rückstellmoment (Spiralfeder oder Spannband) und gehen auf Null, wenn die Spannung ausbleibt. Dagegen haben elektrodynamische Quotientenmesser kein mechanisches Rückstellmoment, sondern es entsteht in der Ruhelage des beweglichen Organs ein Gleichgewicht zwischen dem Moment der einen Kreuzspule und dem der anderen. Wenn daher Quotientenmesser stromlos werden, bleiben sie an der Stelle der letzten Anzeige stehen.

2. Drehmoment und Ausschlag

Die Entwicklung der Formeln für den elektrodynamischen Quotientenmesser erfolgt an Hand eines Instrumentes zur Messung des Phasenwinkels φ eines Stromes I gegenüber der Spannung U (Schaltung vgl. Abb. 100). Bei der Ableitung ist zu beachten, daß den magnetischen Flüssen sowohl die Eigenschaft von Vektoren als auch die von Zeigern anhaftet, d.h. es sind räumlich gerichtete Größen mit Phasenverschiebung. Abb. 101 zeigt das Zeigerschaubild oder Zeitdiagramm der Flüsse[1]. Daraus ergeben sich die Projektionen der Kreuzspulflüsse auf den Fluß der Festspule zu:

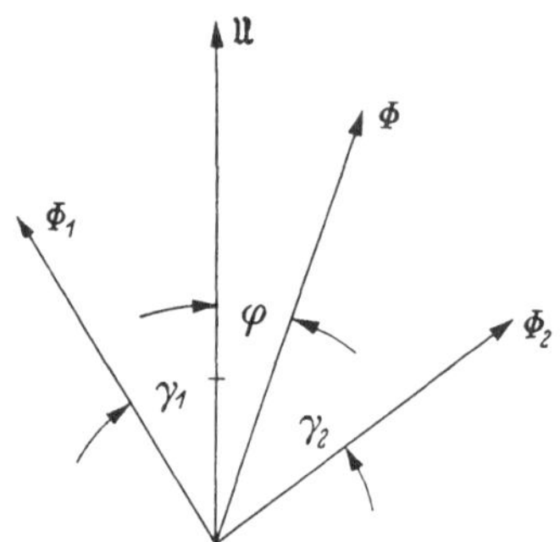

Abb. 101. Zeigerschaubild der Flüsse. Φ Fluß der Festspule; Φ_1 Fluß der ersten Drehspule; Φ_2 Fluß der zweiten Drehspule; γ_1 bzw. γ_2 Phasenwinkel zwischen $\mathfrak{U}$ und Φ_1 bzw. Φ_2

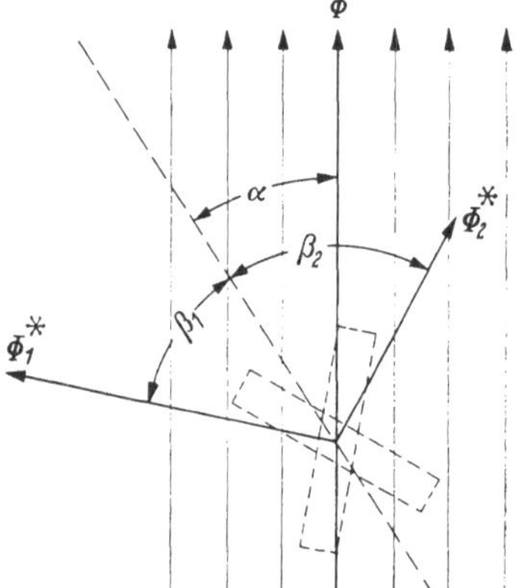

Abb. 102. Vektorschaubild der Flüsse. α Ausschlagwinkel; $\beta_1+\alpha$ bzw. $\beta_2-\alpha$ räumliche Winkel zwischen Φ und Φ_1^* bzw. Φ_2^*

$$\Phi_1^* = \Phi_1 \cos(\gamma_1 - \varphi) \tag{67}$$

$$\Phi_2^* = \Phi_2 \cos(\gamma_2 - \varphi) \tag{68}$$

[1] Steffen, A.: ATM J 743–8.

Abb. 102 zeigt das Vektorschaubild oder Raumdiagramm der Flüsse. Daraus läßt sich für das Drehmoment M_1 der ersten Drehspule entnehmen:

$$M_1 = -K\Phi\Phi_1^* \sin(\beta_1 + \alpha) \tag{69}$$

und für das Drehmoment M_2 der zweiten Drehspule:

$$M_2 = K\Phi\Phi_2^* \sin(\beta_2 - \alpha) \tag{70}$$

Diese Gleichungen für die Momente der beiden Drehspulen, die zusammen die Kreuzspule bilden, gelten nur, wenn bei eisenlosen Instrumenten die Feldverteilung des Flusses Φ homogen ist oder bei eisengeschlossenen Instrumenten die Luftspaltinduktion als Funktion des Ausschlagwinkels α sinusförmig verläuft.

Setzt man Gl. (67) bzw. (68) in Gl. (69) bzw. (70) ein, so ergibt sich:

$$M_1 = -K\Phi\Phi_1 \cos(\gamma_1 - \varphi) \sin(\beta_1 + \alpha) \tag{71}$$

$$M_2 = K\Phi\Phi_2 \cos(\gamma_2 - \varphi) \sin(\beta_2 - \alpha) \tag{72}$$

Wenn das bewegliche Organ zur Ruhe gekommen ist, dann ist

$$M_1 + M_2 = 0$$

Macht man $|\Phi_1| = |\Phi_2|$, so erhält man für den Fall, daß der Zeiger ruhigsteht, aus den Gln. (71) und (72) nach Explizitsetzen von α die Beziehung:

$$\alpha = \arctan \frac{\sin\beta_1(\sin\gamma_1 \tan\varphi - \cos\gamma_1) + \sin\beta_2(\sin\gamma_2 \tan\varphi + \cos\gamma_2)}{\cos\beta_1(\sin\gamma_1 \tan\varphi - \cos\gamma_1) - \cos\beta_2(\sin\gamma_2 \tan\varphi + \cos\gamma_2)} \tag{73}$$

Der Ausschlagwinkel des beweglichen Organs ist nur abhängig von dem Phasenwinkel φ zwischen U und I, denn β_1, β_2, γ_1 und γ_2 sind für ein bestimmtes Instrument konstante Größen. Wenn man beim Bau eines solchen Phasenwinkelmessers dafür sorgt, daß

$$\beta_1 = \gamma_1 = \varepsilon$$

und

$$\beta_2 = \gamma_2 = \frac{\pi}{2} - \varepsilon$$

ist, wobei ε ein beliebiger Winkel zwischen 0 und $\pi/2$ rad ist, dann vereinfacht sich die Gleichung für α zu:

$$\alpha = -\varphi \tag{74}$$

3. Anwendung

Elektrodynamische Quotientenmesser werden heutzutage hauptsächlich als Leistungsfaktormesser verwendet; das sind eigentlich Phasenwinkelmesser, die direkt in Leistungsfaktorwerten geeicht sind. Im

Einphasenwechselstrom braucht man als Vorwiderstände zur Erzielung der erforderlichen Phasenverschiebung der Ströme in den gekreuzten Spulen auch Blindwiderstände. Im gleichbelasteten Drehstrom kommt man dagegen in allen Fällen mit Wirkwiderständen aus, da erstens Spannungen zur Verfügung stehen, die um jeweils $\pi/6$ rad (30°) gegeneinander phasenverschoben sind, und da zweitens mit Hilfe von Wirkwiderständen (in schiefen Sternschaltungen) jeder beliebige Phasenwinkel erreicht werden kann. Die Leistungsfaktormessung im beliebig belasteten Drehstrom ist problematisch, weil dafür überhaupt kein Leistungsfaktor definiert ist[1]. Einwandfrei ist nur die Messung des Leistungsfaktors jedes einzelnen der drei Leiter *R*, *S* und *T* im beliebig belasteten Drehstrom, wozu man allerdings drei Leistungsfaktormesser braucht.

Auch als Synchronoskope haben elektrodynamische Quotientenmesser noch Bedeutung. Sie dienen dazu, die Frequenz- und Phasengleichheit zweier zusammenzuschaltender Netze anzuzeigen. Beim Synchronoskop liegen die gekreuzten Spulen über ihre Vorwiderstände am in Betrieb befindlichen Netz, und die Einzelspule wird – ebenfalls über einen Vorwiderstand – an eine bestimmte Spannung des zuzuschaltenden Netzes gelegt. Bei kleinen Frequenzabweichungen rotiert der Zeiger mit der Differenzfrequenz, bei Frequenzgleichheit gibt der Zeiger des Synchronoskopes die Phasenabweichung des zuzuschaltenden Netzes an.

Im Lauf der geschichtlichen Entwicklung sind elektrodynamische Quotientenmesser auch als Kapazitätsmesser, Induktivitätsmesser und Frequenzmesser verwendet worden. Auf diesen Gebieten sind sie aber durch Meßbrücken, Vibrationsinstrumente und elektronische Zähler verdrängt worden.

4. Aufbau elektrodynamischer Quotientenmeßwerke

4.1 Kreuzspulmeßwerk

Abb. 103 zeigt ein eisengeschlossenes elektrodynamisches Quotientenmeßwerk für einen Schalttafelleistungsfaktormesser. Der Aufbau des Blechpakets *5* gleicht dem des Doppelleistungsmessers in Abb. 89. Auf einen Kern muß beim vorliegenden Kreuzspulmeßwerk allerdings verzichtet werden, weil er wegen der notwendigen Bewegungsmöglichkeit der Kreuzspule *7* nicht gehaltert werden kann. Dadurch wird der magnetische Widerstand höher als bei einem Meßwerk mit Kern. Der von der Festspule *4* aufgebrachte Fluß muß durch geeignete Formgebung des Polmauls so verteilt werden, daß die Induktion über dem Umfang der beiden gekreuzten Drehspulen möglichst sinusförmig verläuft. Die Stromzuführung erfolgt über drei richtmomentarme, spiralige Zuführungsbänder *6*. Die Lager *2*, der Zeiger *1*, die Dämpferscheibe *8*, der Dämpfer-

[1] DIN 40110.

magnet *9* und die Balanciergewichte *3* sind die gleichen wie beim Doppelmeßwerk nach Abb. 89.

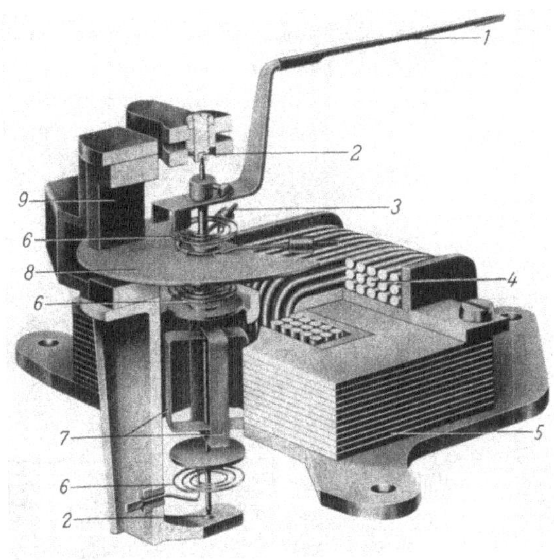

Abb. 103. Eisengeschlossenes elektrodynamisches Kreuzspulmeßwerk für einen Schalttafelleistungsfaktormesser (AEG). *1* Zeiger; *2* Lager; *3* Balanciergewichte; *4* Stromspule; *5* Blechpaket; *6* Stromzuführungsbänder; *7* Drehspulen; *8* Dämpferscheibe; *9* Dämpfermagnet

Abb. 104 zeigt ein schematisches Meßwerkbild eines sogenannten auseinandergezogenen Kreuzspulmeßwerks.

Der Meßbereich von Kreuzspulmeßwerken liegt entweder symmetrisch, beispielsweise von 0,5 kap ··· 1 ··· 0,5 ind, oder unsymmetrisch mit dem Hauptanteil im induktiven Quadranten. z.B. 0,8 kap ··· 1 ··· 0,2 ind. Der Eigenverbrauch im Strompfad beträgt etwa 2 VA bei Nennstrom und 50 Hz, die Stromaufnahme je Drehspule etwa 25 mA.

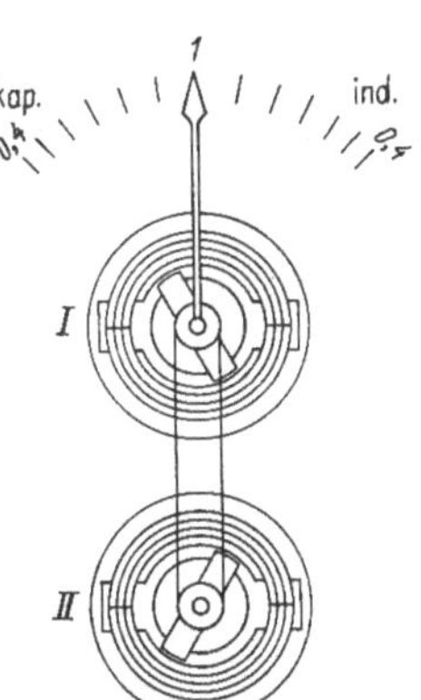

Abb. 104. Schematisches Bild zweier gekoppelter elektrodynamischer Meßwerke mit gekreuzten Drehspulen

4.2 Kreuzfeldmeßwerk

Abb. 105 zeigt ein eisengeschlossenes elektrodynamisches Kreuzfeldmeßwerk für Schalttafelleistungsfaktormesser.

Auf den vier nach innen gerichteten Polen eines Eisenkörpers *1* sind die Wicklungen *2* und *3* in je zwei gegenüberliegenden Spulen aufgebracht. Die bewegliche Spule *4* ist als Glockenspule ausgebildet, damit der im

Innern befindliche Eisenkern auch bei Instrumenten für Ausschlagwinkel gleich größer 360° gehaltert werden kann. Die Glockenspule ist auf einer in Steinen gelagerten Achse *5* befestigt. Der Strom *I* wird ihr durch dünne Metallbänder *6* zugeführt, die praktisch kein mechanisches Drehmoment ausüben. Der Zeiger *7* ist mit einer Aluminiumscheibe *8* in Form eines Kreisausschnittes verbunden, die sich im Feld eines kleinen Dauermagnets *9* bewegt. Hierbei werden in der Scheibe Wirbelströme erzeugt, und zwar auf Kosten der im beweglichen Organ aufgespeicherten Bewegungsenergie, mit deren Verbrauch die Bewegung des Zeigers aufhört. Diese sogenannte magnetische bzw. Wirbelstromdämpfung findet bei vielen Meßgeräten Anwendung und ist auf S. 120 beschrieben.

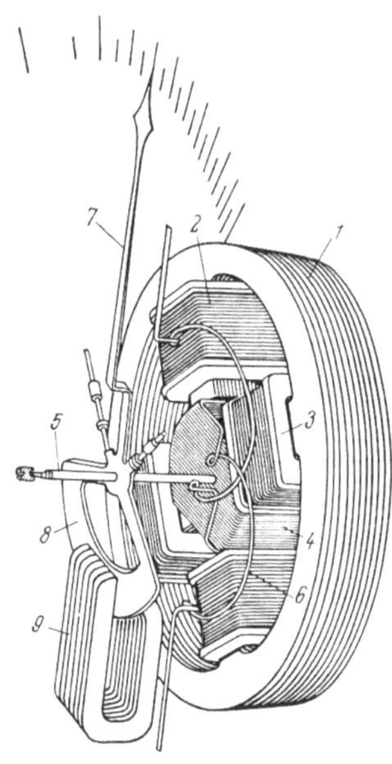

Abb. 105. Eisengeschlossenes elektrodynamisches Kreuzfeldmeßwerk für Schalttafelleistungsfaktormesser (H&B). *1* Eisenkörper; *2* u. *3* gekreuzte Festspulenpaare; *4* Drehspule in Glockenform; *5* Achse; *6* Stromzuführungsbänder; *7* Zeiger; *8* Dämpferscheibe; *9* Dämpfermagnet

Bei Leistungsfaktormessern mit über 360° Zeigerausschlag und Synchronoskopen kann die Zuleitung zum beweglichen Organ nicht mit Bändern wie in Abb. 105 erfolgen, da die Drehspule die Möglichkeit haben muß, sich beliebig oft um ihre Achse zu drehen. Man verwendet dann Schleifringe mit Bürsten als Zuleitung. Die Dämpferscheibe wird als geschlossener Ring ausgebildet. Die Zeigerachse ist in der Skalenmitte in einer langen Brücke gelagert (vgl. Abb. 106 und 107), unter der sich der Zeiger beliebig oft hindurchdrehen kann.

Meist wird ein besonderer Stromwandler vor die Drehspule geschaltet, der bei einem Netzkurzschluß den Strom so weit begrenzt, daß die Spule und ihre Stromzuführungen nicht beschädigt werden. Dieser Stromwandler wandelt den üblichen Strom von 5 A auf einen für die Drehspule gangbaren Wert von etwa 150 mA. Der Eigenverbrauch im Strompfad beträgt (inklusiv Sonderstromwandler) etwa 3,8 VA. Die festen Spulen liegen beim Kreuzfeldmeßwerk im Spannungspfad, nehmen je Paar etwa 20 mA auf und werden meistens mit Vorwiderständen für 100 V versehen, der genormten Sekundärspannung der Spannungswandler.

5. Vierquadrantleistungsfaktormesser und Synchronoskop

Abb. 106 und 107 zeigen die Ansicht eines Vierquadrantleistungsfaktormessers und eines Synchronoskops. Die Anordnung der Quadranten ist vorgeschrieben. Die Anzeige auf der oberen Skalenhälfte bedeutet Bezug, auf der unteren Lieferung von Wirkleistung. Dazu kommt noch im rechten oberen Quadranten die Anzeige des Bezugs induktiver Blindleistung, im linken oberen Quadranten des Bezugs kapazitiver Blindleistung, im linken unteren Quadranten der Lieferung induktiver Blind-

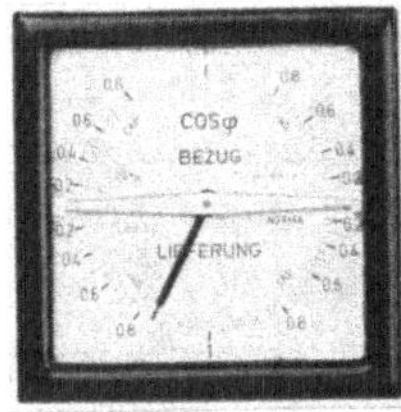

Abb. 106. Vierquadrant-Leistungsfaktormesser (NORMA)

Abb. 107. Synchronoskop (H & B ELIMA)

leistung und im rechten unteren Quadranten schließlich der Lieferung kapazitiver Blindleistung. Steht also der Zeiger beispielsweise wie auf Abb. 106 im linken unteren Quadranten, so wird die Lieferung von Wirkleistung und induktiver Blindleistung angezeigt.

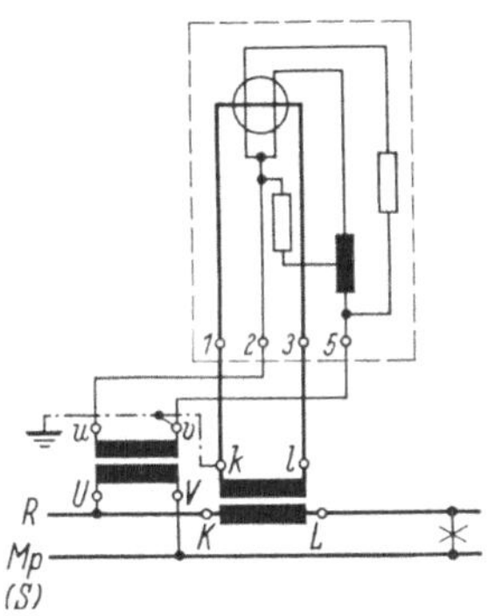

Abb. 108. Leistungsfaktormesser für Einphasenwechselstrom (mit Strom- und Spannungswandler)

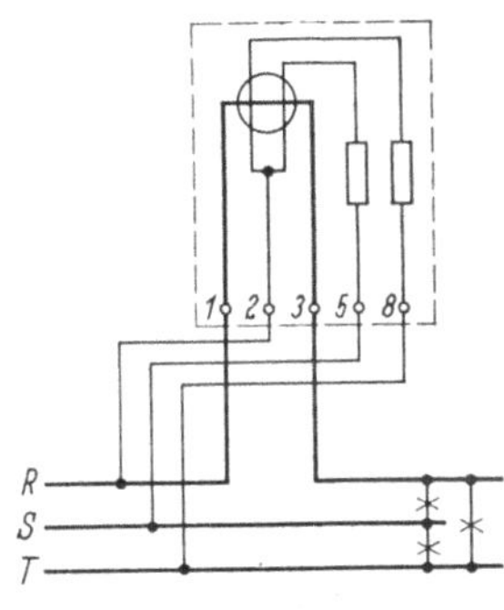

Abb. 109. Leistungsfaktormesser für Dreileiterdrehstrom (unmittelbarer Anschluß)

Wenn der Zeiger des Synchronoskops (Abb. 107) auf dem Strich oben in Skalenmitte stillsteht, ist das zuzuschaltende Netz dem in Betrieb befindlichen frequenz- und phasengleich; nur in diesem einen Fall darf der die Netze kuppelnde Schalter eingelegt werden. (Darüber hinaus muß selbstverständlich noch auf gleiche Spannung geachtet werden.)

Abb. 108 und 109 (DIN 43807, Bild 3402 und 4400) zeigen Schaltungen von Leistungsfaktormessern für Einphasenwechsel- und Dreileiterdrehstrom.

C. Induktionselektrodynamometer

1. Meßprinzip

Befindet sich eine Drehspule in einem durch den Strom einer Festspule erzeugten Wechselfeld, so wird in ihren Windungen eine elektromotorische Kraft induziert, deren Größe unter anderem von der Stellung der beweglichen Spule zur festen abhängt. Diese Induktion tritt bei den vorstehend beschriebenen Instrumenten als Begleiterscheinung auf; ihr Einfluß wird möglichst klein gehalten. Beim Induktionselektrodynamometer wird dieser Einfluß in einer besonderen Spule absichtlich so gesteigert, daß ihr elektromagnetisches Drehmoment als spannungsabhängige Richtkraft dienen kann. Dieses Meßprinzip wurde zuerst von ABRAHAM[1] angegeben. Abb. 110 zeigt bei a die Wirkungsweise der Richtspule S, die drehbar gelagert ist. Sie befindet sich in einem homogenen Wechselfeld $\Phi_{\sim}$ und ist über eine Induktivität L geschlossen. In der gezeichneten Stellung wird das Wechselfeld $\Phi_{\sim}$ keine Spannung in den Windungen der Spule induzieren, und der Strom I ist Null. Dreht man die Spule um den Winkel α in die Zeigerstellung cd, so wird durch das wirksame Feld $\Phi_{\sim} \cdot \sin\alpha$, d.h. durch das Feld, das die Spule durchsetzt, in S eine Spannung induziert, die $\Phi_{\sim}$ um $\pi/2$ rad nacheilt. Der Strom I im induktiven Spulenkreis und damit sein Feld eilen der EMK weitere $\pi/2$ rad nach und sind somit um π rad gegen $\Phi_{\sim}$ verschoben.

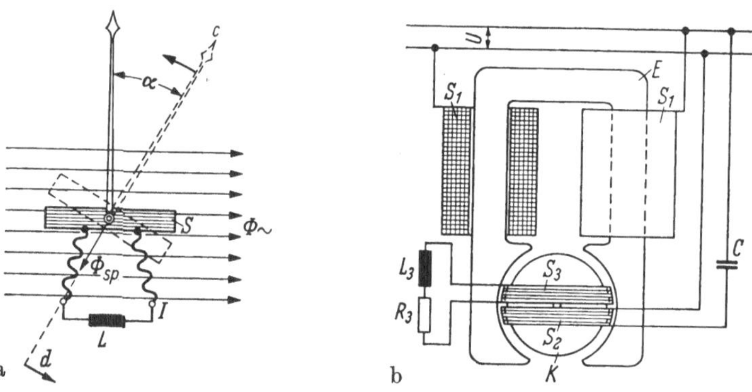

Abb. 110a u. b. Schema des Induktionselektrodynamometers. a) Wirkungsweise der Richtspule S; $\Phi_{\sim}$ Wechselfeld; Φ_{sp} Feld der Spule, durch Induktion erzeugt; L Induktivität; I Spulenstrom; b) Aufbau des Meßwerks als Kapazitätsmesser; E Meßwerkeisen; S_1 Erregerspule, die Φ erzeugt; S_2 Ablenkspule; S_3 Richtspule mit Φ_{sp}; K Eisenkern; C zu messende Kapazität; L_3 Induktivität; R_3 ohmscher Widerstand

[1] ABRAHAM: J. Physique 1911 S. 264/271.

Die Spule S versucht, ihre magnetische Achse Φ_{sp} mit $\Phi_{\sim}$ zur Deckung zu bringen, und kommt auf dem Weg dahin wieder in die gezeichnete Lage $\alpha = 0$. Dort sind der in der Spule induzierte Strom und damit das Drehmoment Null. Dasselbe geschieht, wenn man den Zeiger nach links auslenkt. Die Spule S übt also ein Drehmoment aus, durch das der mit der Achse verbundene Zeiger ähnlich wie durch eine Spiralfeder immer wieder in eine bestimmte Nullage zurückgeführt wird, nur mit dem Unterschied, daß diese „elektrische Feder" ihr Drehmoment quadratisch mit dem Feld $\Phi_{\sim}$ und damit mit der Spannung U an der festen Spule, die das Feld erzeugt, ändert. Legt man an Stelle der Selbstinduktion L einen Widerstand R oder eine Kapazität C an die Spule S, so ist, wie sich nachweisen läßt, die Einstellung der Spule S im ersten Fall indifferent, d.h. die Spule bleibt in jeder Richtung stehen (I um $\pi/2$ rad phasenverschoben gegen $\Phi_{\sim}$), im zweiten Fall labil (I in Phase mit $\Phi_{\sim}$). Die Verwendung eines reinen Widerstandes oder einer reinen Kapazität an Stelle der Selbstinduktion L scheidet daher für die praktische Anwendung aus. Dagegen ist eine Kombination von L, C und R von praktischer Bedeutung; eine eingehende Untersuchung würde jedoch hier zu weit führen[1].

2. Meßwerkaufbau

Der Aufbau des Meßwerks ist in Abb. 110b gezeichnet; die Schaltung ist ebenfalls dort zu entnehmen. Eine kräftige Spule S_1 ist in zwei Teilen auf die Schenkel des aus Dynamoblechen aufgebauten Eisenkörpers E geschoben. In der Polbohrung von E befindet sich ein runder Eisenkern K, der von den beweglichen Spulen S_2 und S_3 so umschlossen wird, daß diese sich frei um ihre Achse drehen können. Die Spulen S_2 und S_3 sind nebeneinander gezeichnet; sie können auch übereinander liegen oder durch gleichzeitiges Aufwickeln zweier Drähte gebildet sein. Jede bewegliche Spule hat ihre Zuleitungen aus dünnen Bändern ohne Richtkraft.

3. Der Ausschlag

Die Spule S_2 liegt in Reihe mit dem Kondensator C an der Netzspannung U. Die „Richtkraftspule" S_3 ist über die Induktivität L_3 und den Widerstand R_3 geschlossen. Es gilt dann unter einigen zulässigen Vernachlässigungen für den Zeigerauschlag α die Gleichung:

$$\alpha = \text{konst.}\, C\, \frac{R_3^2 + (2\pi f L)^2}{L_3} \tag{75}$$

Dieser Ausdruck enthält die Spannung U nicht mehr; die Anzeige ist demnach in gewissen Grenzen unabhängig von U. Das ist deshalb der

[1] Blamberg, E.: Arch. Elektrotechn. 17 (1926) Heft 3 S. 281.

Fall, weil das Drehmoment der Drehspule S_2 und das Drehmoment der Richtkraftspule S_3 (elektrische Feder), die sich ja das Gleichgewicht halten, in gleicher Weise (quadratisch) von der Betriebsspannung U abhängen. Praktisch ist eine Spannungsänderung von $\pm 20\%$ zulässig. Die obere Grenze wird durch die Erwärmung der Spulen, die untere durch das notwendige Einstellmoment (wegen der unvermeidlichen Reibungsmomente des beweglichen Organs in seinen Lagern) bestimmt. Die aperiodische Einstellung des beweglichen Organs wird durch eine Luftdämpfung, ähnlich wie bei den elektrodynamischen Leistungsmessern, bewirkt.

Von den Größen C, L_3, R_3 und f in Gl. (75) kann eine durch den Zeigerausschlag α gemessen werden; die anderen müssen bekannt und konstant sein. Das Induktionselektrodynamometer hat heute keine praktische Bedeutung mehr.

VI. Induktionsinstrumente

VDE: Induktionsinstrumente haben feststehende stromdurchflossene Spulen und bewegliche Leiter, z. B. Scheiben oder Trommeln, die durch elektromagnetisch induzierte Ströme abgelenkt werden.

A. Anwendung

Das von FERRARIS[1] angegebene Meßprinzip hat in großer Zahl bei Zeigerinstrumenten und Registriergeräten und noch viel mehr bei Zählern (s. S. 182) Anwendung gefunden. Als Meßwerke für Kreisskalenleistungsmesser werden Induktionsmeßwerke gern verwendet, weil ihr Ausschlagwinkel von Haus aus unbegrenzt ist. Als Meßwerke für Doppelleistungsmesser bieten sie sich an, da man auf einen einzigen beweglichen Leiter (Scheibe) zwei Spulenpaare wirken lassen kann. Schließlich bevorzugt man sie zum Bau von Leistungsmessern und -schreibern in Ex-Ausführung[2], weil zum beweglichen Organ keinerlei Stromzuführung gebraucht wird, die bei Bruch zu einer gefährlichen Funkenbildung führen kann.

Präzisionsmeßinstrumente werden üblicherweise nicht mit Induktionsmeßwerken ausgerüstet, weil sich dazu das elektrodynamische und das Dreheisenmeßwerk besser eignen. In Betriebsmeßinstrumenten (inklusiv Schreibern) ist insbesondere bei Leistungsmessern das Induktionsmeßwerk häufig vorzufinden.

---

[1] FERRARIS: Atti. Accad. Sci. Torino 23 (1887/88) Disp. 9a.

[2] Ausführung als nichtzündendes Instrument zur Verwendung in explosionsgefährdeten Räumen (S. 49).

B. Meßprinzip

Das Meßprinzip soll an Hand der Abb. 111 erläutert werden. Der Dauermagnet *1* erzeugt ein Magnetfeld Φ, das den Eisenkern *2* und das um die Achse *3* drehbar gelagerte Metallrohr *4* durchsetzt. Läßt man den Dauermagnet und damit das Feld Φ um die Achse *3* drehen, so entsteht ein „Drehfeld", das in dem zunächst feststehenden Rohr *4* nach dem Grundgesetz der elektromagnetischen Induktion Wirbelströme erzeugt, deren Feld (und damit auch das Rohr *4*) von dem induzierenden Drehfeld mitgenommen wird. Das Rohr *4* dreht sich also in der Drehrichtung von Φ. Ist auf der Achse *3* in der üblichen Weise eine Spiralfeder aufgebracht, so wird sie so lange gespannt, bis ihr mechanisches Drehmoment entgegengesetzt gleich ist dem elektromagnetischen Drehmoment zwischen dem Drehfeld Φ und den von ihm hervorgerufenen Wirbelströmen. Der Drehwinkel des Rohres *4* und damit der Ausschlag eines mit ihm verbundenen Zeigers wird also verhältnisgleich der Umdrehungsgeschwindigkeit des Feldes Φ sein. Nach dieser Methode werden Meßwerke für Tachometer hergestellt, bei denen der Verdrehungswinkel der Trommel unmittelbar die Umdrehungen je Minute des Magnets *1* bzw. einer mit ihm gekuppelten Welle angibt.

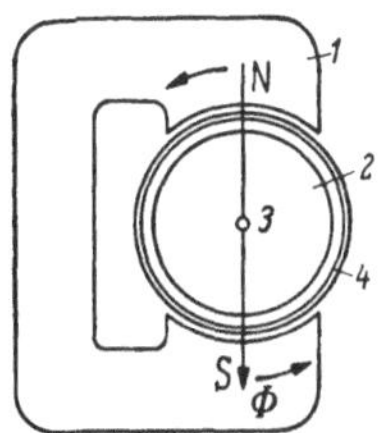

Abb. 111. Wirkung eines Drehfeldes auf ein Metallrohr. *1* Dauermagnet; *2* Eisenkern; *3* Achse; *4* Aluminiumrohr

Ein Drehfeld kann aber nicht nur dadurch erzeugt werden, daß man ein magnetisches Gleichfeld rotieren läßt, sondern ebenso gut dadurch, daß man zwei gleichfrequente magnetische Wechselfelder[1] kreuzt, die eine Phasenverschiebung gegeneinander haben. Sorgt man dafür, daß zwei zeitlich sinusförmige Wechselfelder räumlich um $\pi/2$ rad (90°) gegeneinander versetzt sind und zeitlich um genau eine Viertelperiode gegeneinander phasenverschoben sind, so entsteht ein exaktes (kreisförmiges) magnetisches Drehfeld (ohne Wechselfeldanteile). Dieses rotiert mit der Frequenz der Wechselfelder um die Achse, die durch den Kreuzungspunkt geht und auf den Achsen der Wechselfelder senkrecht steht. Ein solches Drehfeld wird durch das Meßwerk nach Abb. 114 erzeugt (vgl. auch das über die elektrodynamischen Quotientenmeßwerke Gesagte auf S. 107).

C. Drehmoment

Das Drehmoment eines Induktionsmeßwerks wird um so größer, je größer die Amplitude des Drehfelds, die Frequenz des Drehfelds sowie der Radius und Scheinleitwert des beweglichen Leiters werden.

[1] Ein magnetisches Wechselfeld ist bekanntlich dadurch gekennzeichnet, daß seine räumliche Achse fest im Raum steht, während seine Amplitude eine periodische Funktion der Zeit ist.

Die Amplitude des Drehfelds ist bei Erzeugung durch Wechselfelder abhängig vom Betrag des ersten Wechselflusses Φ_1, des zweiten Wechselflusses Φ_2 und dem Sinus ihres eingeschlossenen Phasenwinkels ψ. Dabei ist vorausgesetzt, daß der räumliche Winkel zwischen Φ_1 und Φ_2 genau $\pi/2$ rad (90°) beträgt.

Die Abhängigkeit des Drehmoments von der Frequenz f ist einleuchtend, wenn man sich das Beispiel des Induktionstachometers vor Augen führt. Je schneller sich der Magnet dreht, desto größer wird der Ausschlag. Beim Stillstand des Magnets wird das Drehfeld zum Gleichfeld und das Moment des Induktionsmeßwerks zu Null. Diese Extrembetrachtung zeigt auch, daß ein Induktionsmeßwerk mit Gleichstrom nicht betrieben werden kann.

Der Radius und der Scheinleitwert des Sekundärleiters sind in der folgenden Formel für das Moment M eines Induktionsmeßwerks in der Konstante K enthalten.

$$M = K f \Phi_1 \Phi_2 \sin\psi \tag{76}$$

Dazu die Einheiten:

$$\mathrm{Ws} = \mathrm{S} \cdot \mathrm{Hz} \cdot \mathrm{Vs} \cdot \mathrm{Vs} \cdot 1$$

1. Blindleistungsmesser

Das Induktionsmeßwerk ist seinem Wesen nach direkt ein Blindleistungsmesser. Deshalb wird auch die Momentformel für das Induktionsinstrument als Blindleistungsmesser an erster Stelle gebracht. Bekanntlich ist die Blindleistung Q eines Einphasenwechselstroms bei sinusförmigem Kurvenverlauf:

$$Q = U I \sin\varphi \tag{77}$$

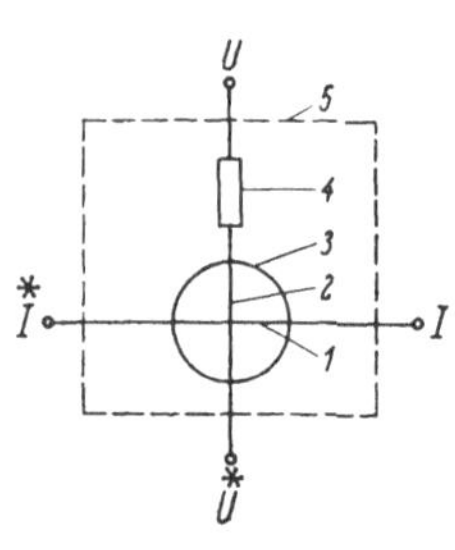

Abb. 112. Innenschaltung eines Induktionsblindleistungsmessers. *1* Stromspule; *2* Spannungsspule; *3* Meßwerk; *4* eingebauter Vorwiderstand; *5* Gehäuse (der meist erhebliche Scheinwiderstand der Spannungsspule ist hierbei nicht berücksichtigt)

Sorgt man dafür, daß der erste Wechselfluß Φ_1 der Spannung U proportional und phasengleich und der zweite Wechselfluß Φ_2 dem Strom I proportional und phasengleich sind, dann ergibt sich für das Drehmoment M eines Induktionsmeßwerks als Blindleistungsmesser:

$$M = K f U I \sin\varphi = K f Q \tag{78}$$

Die Schaltung dazu zeigt Abb. 112.

2. Wirkleistungsmesser

Ebensogut kann man freilich ein Induktionsmeßwerk als Wirkleistungsmesser verwenden. Man muß dazu die Spannung U dem Fluß Φ_1 um $\pi/2$ rad voreilen lassen. Man kann das entweder durch Verwendung von Scheinwiderständen erreichen oder im Drehstromsystem durch Zurückgreifen auf Spannungen mit geeigneter Phasenlage. Dann ergibt sich für das Drehmoment:

$$M = K f U I \cos\varphi = K f P \tag{79}$$

Die Schaltung hierzu zeigt Abb. 113.

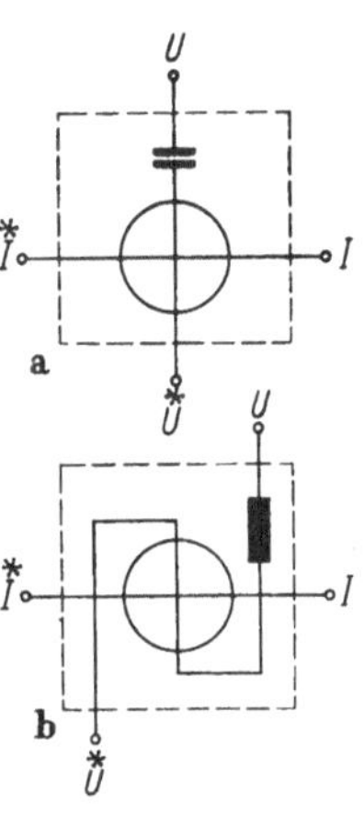

Abb. 113a u. b. Innenschaltung eines Induktionswirkleistungsmessers. a) Spannung vorverschoben; b) Spannung nachverschoben und Spannungsspule umgepolt (auch hierbei ist der Scheinwiderstand der Spannungsspule nicht berücksichtigt)

3. Spannungsmesser

Nur noch selten werden Spannungsmesser mit Induktionsmeßwerken anzutreffen sein. Man bildet zwei Spannungspfade, deren Ströme mit Hilfe von Scheinwiderständen gegeneinander um $\pi/2$ rad phasenverschoben sind. Das Moment ist dem Quadrat der Spannung proportional.

4. Strommesser

Auch Strommesser mit Induktionsmeßwerken werden kaum noch gebaut. Ein Teil des Stroms fließt über die Spule, die Φ_1 erzeugt, der zweite Teil über die, die Φ_2 erzeugt. Die Scheinwiderstände der parallelen Zweige sind dabei so gewählt, daß die beiden Teile des zu messenden Stroms gegeneinander möglichst um $\pi/2$ rad verschoben sind. Das Moment ist dem Quadrat des Stroms proportional.

5. Frequenzmesser

In allen Formeln für das Moment von Induktionsmeßwerken kommt die Frequenz vor. Daher ist es naheliegend, das Induktionsmeßwerk zum Bau von Frequenzmessern zu verwenden. Es ist aber nicht nur diese „naturgegebene" Frequenzabhängigkeit des Induktionsmeßwerks ausgenutzt worden, sondern man hat auch die Ströme in den festen Spulen durch Vorschalten von Resonanzkreisen stark frequenzgängig gemacht und dadurch hohe Empfindlichkeiten erzielt. So sind Frequenzmesser mit Induktionsmeßwerk von 49,5···50,5 Hz mit einem Fehler von nur maximal $\pm 0{,}033\%$ vom Sollwert ausgeführt worden.

Durch die Formgebung des beweglichen Leiters, z.B. Ovalisierung oder Dickenänderung, kann man die Skalencharakteristik von Induktionsinstrumenten relativ leicht beeinflussen. Vornehmlich bei Strom- und Spannungsmessern, deren Skalenverlauf von Haus aus quadratisch ist, hat man davon Gebrauch gemacht.

D. Meßwerke

1. Trommelmeßwerk

Abb. 114 zeigt ein Induktionsmeßwerk, dessen beweglicher Leiter als Trommel (Zylindermantel) ausgebildet ist.

Ein aus Dynamoblechen geschichteter Eisenkörper *3* trägt nach innen 4 Pole, die mit den Spulenpaaren *1* und *2* bewickelt sind. In der Mitte zwischen den Polen steht ein ebenfalls geschichteter Eisenkern *4*, der den magnetischen Eisenweg so weit schließt, daß eben noch ein Spalt bleibt, der die freie Drehbewegung des auf einer Stahlachse in Steinen gelagerten Aluminiumrohres *5* gestattet. Auf der Achse sind noch Zeiger und Spiralfedern befestigt; letztere dienen nicht als Stromzuführungen, ein sehr wichtiges Merkmal des Induktionsmeßwerks. Die Spulenpaare *1* und *2* stehen im rechten Winkel zueinander. Werden sie von Strömen durchflossen, die zeitlich um $\pi/2$ rad phasenverschoben sind, so entsteht ein Drehfeld, das mit einer der Frequenz f des Wechselstromes verhältnisgleichen Drehzahl umläuft und das Rohr *5* mitzunehmen sucht.

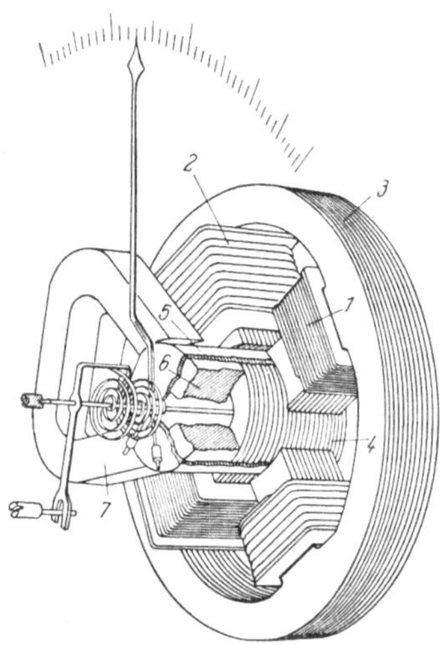

Abb. 114. Induktionsmeßwerk. *1*, *2* Spulenpaare; *3* Eisenkörper; *4* Eisenkern aus geschichteten Blechen; *5* Aluminiumrohr; *6* Kern aus massivem Weicheisen; *7* Dämpfermagnet

Die *Wirbelstromdämpfung*, die nicht nur beim Induktionsinstrument, sondern auch bei anderen Meßgeräten zur Anwendung kommt, soll hier eingehender beschrieben werden. Schon beim Drehspulinstrument wurde erläutert, wie durch die Bewegung der Drehspule und ihres Rähmchens im Feld des Dauermagnets eine Spannung induziert wird. Sie hat einen Strom zur Folge, der mit dem Feld des Dauermagnets ein der Bewegung entgegenwirkendes Drehmoment ergibt. Ähnlich ist es bei der Wirbelstromdämpfung, zu deren Erläuterung wieder Abb. 111 dienen möge. *1* sei jetzt ein feststehender Dauermagnet, dessen Kraftlinien sich über einen Luftspalt, das Rohr *4* und den Eisenkern *2* schließen. Dreht man das Rohr *4* um die Achse *3*, so wird in ihm eine Spannung induziert, die um so größer ist, je schneller sich das Rohr dreht. Die Folge dieser Spannung sind Wirbelströme in der Wandung des Rohres *4*, die seiner Bewegung entgegenwirken: Die Bewegungsenergie wird in Stromwärme umgesetzt und der Ausschlagbewegung des beweglichen Organs beim Einstellen auf einen neuen Meßwert entzogen, so daß ein Pendeln der trägen Trommel *4* durch die Richtkraftfeder unterbleibt. Abb. 114 zeigt die Ausführung der Wirbelstromdämpfung bei den Induktionsmeßwerken. Neben dem geschichteten Eisenkern *4* ist ein massiver Weicheisenkern *6* angebracht. Das aktive Meßwerkrohr *5* ist über diesen Kern *6* hinaus verlängert. Zwei hufeisenförmige Dauermagnete *7*, von denen der rechts befindliche zur besseren Einsicht in das Meßwerk in Abb. 114 fortgelassen ist, erzeugen zwei kräftige Dauerfelder, in welchen sich die Trommel *5* bei der Einstellung auf einen neuen Ausschlagwert bewegen muß, wodurch das bewegliche Organ gedämpft wird.

2. Scheibenmeßwerke

2.1 Einfachmeßwerk

Abb. 115 zeigt schematisch ein Induktionsmeßwerk mit einer Scheibe *1* als beweglichem Leiter in der Schaltung als Einphasenleistungsmesser. Die erforderliche Phasenverschiebung zwischen der Spannung und dem

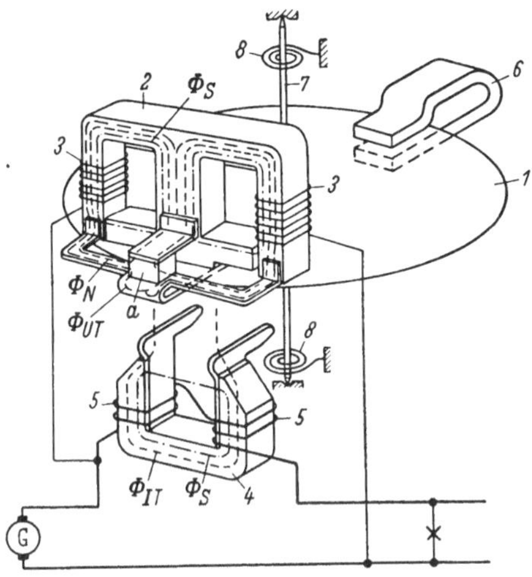

Abb. 115. Schematische Darstellung eines Induktionsmeßwerkes für einen Einfachleistungsmesser (aus ETZ). *1* Scheibe; *2* Spannungseisen; *3* Spannungsspulen; *4* Stromeisen; *5* Stromspulen; *6* Dämpfermagnet; *7* Achse; *8* Spiralfedern; Φ_{UT} Treibfluß des Spannungsstators; Φ_{IT} Treibfluß des Stromstators; Φ_S Streuflüsse; Φ_N Fluß durch den Nebenschluß; *a* Nebenschluß aus Thermoperm; *G* Generator

magnetischen Fluß Φ_{UT} des Spannungseisens *2* wird durch die hohe Induktivität der Spannungsspulen *3* hervorgerufen. Der Fluß Φ_{IT} des Stromeisens *4*, das die Stromspulen *5* trägt, durchsetzt die Scheibe senkrecht zum Fluß Φ_{UT}. Der Dämpfungsmagnet *6*, die spitzengelagerte Achse *7* und die Spiralfedern *8* seien der Vollständigkeit halber erwähnt.

Bemerkenswert ist noch, daß die Polschuhe des Stromstators *4* recht schmal ausgebildet sind. Dadurch wird das Moment nur geringfügig geschwächt, man erzielt aber eine hohe Stoßüberlastbarkeit. Das bewegliche Organ wird auch bei starken Überlaststößen nicht beschädigt; die Grenze der Überlastbarkeit ist allein durch die thermische Belastbarkeit der Spulen gezogen.

2.2 Doppelmeßwerk

Abb. 116 zeigt ein Induktions-Doppelmeßwerk zur Leistungs- oder Blindleistungsmessung im beliebig belasteten Dreileiterdrehstrom nach

Abb. 116. Induktions-Doppelmeßwerk für Kreisskaleninstrument (TTC)

der Zweileistungsmessermethode. Das Meßwerk wird in einem Kreisskalengerät verwendet und erreicht mühelos den dafür erforderlichen Ausschlagwinkel von etwa 270°.

E. Meßbereiche und Eigenverbrauch

Die Meßbereiche der Induktionsleistungs- und -blindleistungsmesser sind im allgemeinen 5 A (oder 1 A) und 100 V (oder 220 V, 380 V bzw. 500 V), da sie praktisch ausschließlich als Schalttafel- und Registrierinstrumente verwendet werden. Der Eigenverbrauch der Schalttafelinstrumente beträgt etwa 1 VA im Strompfad bei 50 Hz und Nennstrom; die Stromaufnahme im Spannungspfad ist etwa 5 mA. Auch Registriergeräte zeichnen sich bei großen Momenten durch recht günstigen Eigenverbrauch aus. Er beträgt etwa 3 VA im Strompfad bei 50 Hz und Nennstrom; die Stromaufnahme im Spannungspfad ist etwa 40 mA bei Nennspannung.

F. Fehler

1. Frequenzfehler

Die mit Abstand bedeutendsten Fehler beim Induktionsinstrument sind der Frequenz- und der Temperaturfehler. Während der Frequenzfehler beim Elektrodynamometer z. B. durch zweitrangige Einflüsse hervorgerufen wird, ist das Induktionsinstrument in seinem Moment und seiner Anzeige direkt frequenzabhängig, wie ein Blick auf die entsprechenden Gln. (76), (78) und (79) zeigt.

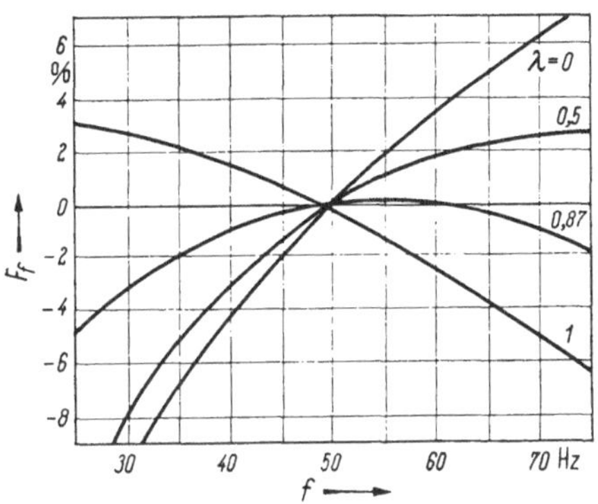

Abb. 117. Frequenzfehler eines nichtkompensierten Induktionsmeßwerks (aus ETZ)

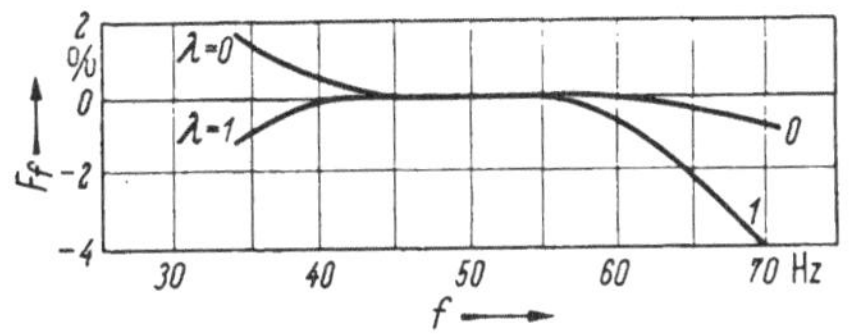

Abb. 118. Frequenzfehler eines kompensierten Induktionsmeßwerks (aus ETZ)

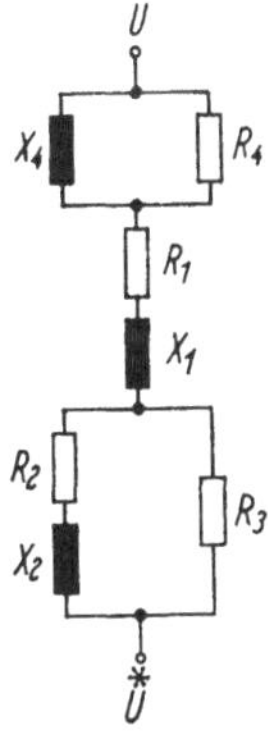

Abb. 119. Ersatzschaltbild des Spannungsstators (Indizes *1* bis *3*) und Kompensationsglieds (Indizes *4*) (aus ETZ)

Im Jahre 1950 erst ist eine Methode zur Kompensation des Frequenzfehlers von Induktionsmeßwerken veröffentlicht worden[1]. Es kommt beim Induktionsleistungsmesser darauf an, daß sowohl die Amplitudentreue als auch die Phasentreue zwischen Strom und Spannung einerseits und den Flüssen Φ_U und Φ_I andererseits – soweit erforderlich – gewahrt werden, daß aber überdies die direkte Frequenzabhängigkeit des Moments kompensiert wird. In Abb. 117 ist der Frequenzfehler eines nichtkompensierten Induktionsleistungsmessers dargestellt; als Parameter fungiert der Leistungsfaktor. Abb. 118 zeigt den Frequenzfehler eines Induktionsleistungsmessers mit einer Kompensationsschaltung nach Abb. 119, die an sich recht einfach anmutet. Die Widerstände mit den

[1] Wichmann, H. J.: ETZ 1950, S. 161.

Indizes *1* bis *3* geben die Ersatzschaltung der Spannungsspule wieder, die Widerstände mit den Indizes *4* das Kompensationsglied.

Wenn 50 Hz als Nennfrequenz eines Meßinstruments angegeben wird, dann sind laut VDE die Grenzen seines Frequenzeinflußbereichs 45 und 55 Hz. Beachtet man dies, so ist, wie Abb. 118 zeigt, die Kompensation des Frequenzfehlers ausgezeichnet gelungen.

2. Temperaturfehler

Der Temperaturfehler zeigt sich beim Induktionsmeßwerk qualitativ in ähnlicher Weise wie der Frequenzfehler, da sich unter Temperatureinfluß die Wirkwiderstände der Wicklungen ändern und sich somit eine Änderung der wirksamen magnetischen Flüsse nach Größe und Phasenlage ergibt. Der bewegliche Leiter ist zur Erzielung hoher Leitfähigkeit fast immer aus temperaturabhängigem Material hergestellt, dessen Widerstandsänderung direkt in das Moment eingeht [steckt in K der Gl. (76)]; auch die unterschiedliche Rückwirkung des Scheiben- oder Trommelstroms auf die Statorflüsse führt zu einer Änderung des Moments mit der Temperatur.

Zur Kompensation dieses Fehlers ist es also notwendig, Mittel einzusetzen, die in Abhängigkeit von der Temperatur die drehmomentbildenden Vektoren nach Größe und Phasenlage in kompensierendem Sinn verändern. Die Kompensation der sich verändernden Phasenlage der wirksamen Flüsse kann durch Belastungswicklungen für dieselben am Spannungs- und Stromstator aus verschieden temperaturabhängigem Material vorgenommen werden. Der dann noch verbleibende Amplitudenfehler läßt sich durch einen temperaturabhängigen magnetischen Nebenschluß (z.B. Thermoperm) zum Rückschlußeisen kompensieren. Man kann mit diesen Maßnahmen den Temperaturfehler der Instrumente ohne individuelle Justierung kleiner als 0,5%/10 grd halten.

3. Anwärmfehler

Der Anwärmfehler, der durch dieselben temperaturabhängigen Bauelemente verursacht wird wie der Temperaturfehler, wird am besten dadurch klein gehalten, daß man den Eigenverbrauch und damit die Eigenerwärmung des Meßwerks niedrig wählt. Das ist bei Induktionsmeßwerken im Verlauf ihrer Entwicklung gut gelungen, zumal nicht die hohen Anforderungen gestellt zu werden brauchen, die für Präzisionsinstrumente gelten.

VII. Thermische Meßinstrumente

VDE: Hitzdrahtinstrumente haben einen Draht oder ein Band, der bzw. das vom Strom direkt oder indirekt erwärmt und durch dessen Ausdehnung ein bewegliches Organ betätigt wird.

Bimetallinstrumente haben ein Bimetallorgan, das vom Strom direkt oder indirekt erwärmt und durch dessen Verformung das bewegliche Organ betätigt wird.

Thermoumformer-Meßgeräte haben außer dem Meßwerk Thermopaare, die (durch die elektrische Meßgröße mittelbar oder unmittelbar erwärmt) eine elektromotorische Kraft für das Meßwerk liefern.

A. Hitzdrahtinstrumente

Das Hitzdrahtinstrument ist eines der ältesten Meßinstrumente und wurde in seiner ersten technischen Form von CARDEW[1] mit einem langen, geraden Hitzdraht ausgeführt. Es hat nicht nur in seiner Form, sondern vielleicht noch mehr in seiner Geltung in wenigen Jahrzehnten manchen Wandel durchgemacht. Als erstes wirklich brauchbares Gerät für Wechselstrommessungen hat es seinerzeit große Verbreitung gefunden. Durch die Verbesserung der anderen Wechselstromgeräte wurde es allmählich aus der Starkstromtechnik verdrängt. In der jungen Hochfrequenztechnik spielte es zeitweise eine große Rolle. Hier wurde es seit etwa 1930 durch das Drehspulinstrument mit Gleichrichter oder Thermoumformer wieder zurückgedrängt. Von den Schalttafeln der Elektrizitätswerke ist es verschwunden, man findet es aber noch hie und da in Prüfräumen und Laboratorien.

1. Meßprinzip

Fließt durch einen Leiter, z.B. einen dünnen Draht oder ein dünnes Band, mit dem ohmschen Widerstand R ein Strom I, so ist die entwickelte Wärmemenge nach dem JOULEschen Gesetz $I^2 \cdot R$. Der Draht erwärmt sich unter bestimmten Abkühlungsverhältnissen in erster Annäherung auf eine Übertemperatur

$$\Delta t \sim I^2 R \tag{80}$$

Δt gibt also ein Maß für den Strom I; man sieht aus Gl. (80), daß alle thermischen Geräte quadratischen Charakter haben und daher für Gleich- und Wechselstrom in gleicher Weise geeignet sind. Beim Hitzdraht- oder Hitzbandinstrument mißt man die mit der Erwärmung zunehmende Verlängerung des Drahtes, die dem Gesetz folgt:

$$l_t = l_0 (1 + \alpha \Delta t) \tag{81}$$

---

[1] DRYSDALE und JOLLEY: Electrical measuring instruments, S. 367. London 1924.

oder mit Gl. (81):

$$l_t = l_0\,(1 + \text{konst.}\,I^2) \tag{82}$$

Hier ist l_0 die Länge des kalten Drahtes, l_t diejenige des durch den Strom I um die Temperaturdifferenz Δt erwärmten Drahtes und α der Ausdehnungskoeffizient des als Hitzdraht verwendeten Metalls[1].

2. Aufbau des Meßwerks

Eine einfache Konstruktion ist in der Abb. 120 dargestellt. Der Hitzdraht *1*, der vom Meßstrom I durchflossen wird und eine Länge von etwa 17 cm hat, ist zwischen zwei auf einer Metallplatte *2* befestigten Böcken *3* und *4* ausgespannt. Von der Mitte des Hitzdrahtes führt ein nicht vom Meßstrom durchflossener Draht *5*, der sogenannte Brückendraht, nach dem ebenfalls auf der Metallplatte befestigten Bock *6*; weiter führt von der Mitte des Brückendrahtes *5* ein ganz feiner Kokonfaden über eine Rolle auf der Zeigerachse *7* nach einer Blattfeder *8*. Letztere hält das ganze Drahtsystem in Spannung und den Zeiger *14* in seiner Nullstellung. Der Hitzdraht *1* ist leicht durchgebogen, ebenso der Brückendraht *5*. Erwärmt sich der Hitzdraht durch den zu messenden Strom, so wird er länger; er biegt sich unter der Kraft der Feder *8* weiter durch, ebenso der Brückendraht. Diese Durchbiegungen sind, wie sich rechnerisch nachweisen läßt, um ein Vielfaches größer als die unmittelbare Verlängerung des Drahtes *1*. So ist es möglich, mit der einer Temperaturerhöhung von 120 °C entsprechenden Verlängerung des Meßdrahtes *1* von etwa 0,16 mm den Zeiger über die Skale *13* zu führen. Wenn man die Rolle auf der Zeigerachse exzentrisch lagert, kann man auch den von Natur aus quadratischen Skalenverlauf beeinflussen. Die Bewegung der hier sehr kleinen Massen wird durch eine auf der Achse befestigte, im Feld eines Dauermagnets *10* frei bewegliche Aluminiumscheibe *9* gedämpft.

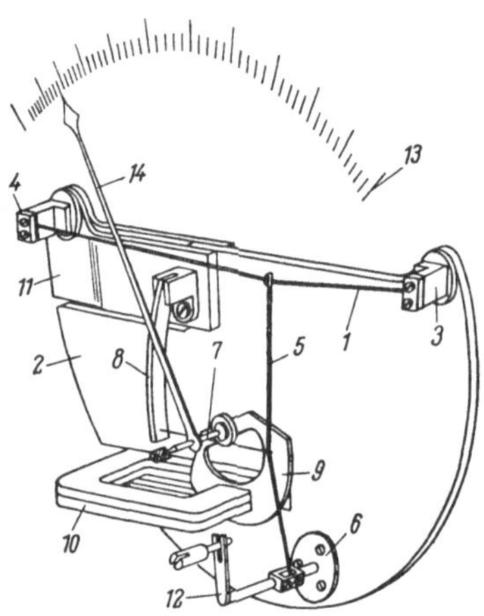

Abb. 120. Hitzdrahtmeßwerk. *1* Hitzdraht aus Platin-Iridium; *2* metallene Grundplatte; *3*, *4*, *6* Einspannböcke; *5* Brückendraht; *7* Drehachse; *8* Blattfeder; *9* Dämpferscheibe; *10* Dämpfermagnet; *11* Kompensationsstreifen; *12* Nullsteller; *13* Skale; *14* Zeiger

Hitzdrahtinstrumente sind von KEINATH[2] ausführlich beschrieben.

---

[1] FISCHER, J.: Theorie der thermischen Meßgeräte der Elektrotechnik. Stuttgart 1931.

[2] KEINATH: Technik elektrischer Meßgeräte, Bd. 1, S. 218ff. München 1928.

3. Anwendung

Ein Hitzdraht vermag beispielsweise bei einem Durchmesser von 0,10 mm höchstens einen Strom von etwa 0,3 A zu führen. Meist ist der Draht dünner, und der Strom beträgt nur 0,10···0,15 A. (Man geht bis höchstens 0,5 A.) Würde man den Hitzdraht so dick wählen, daß er auch höhere Ströme führen könnte, so ginge die erforderliche Beweglichkeit verloren; die Wärmeträgheit würde eine unzulässig hohe Einstellungsdauer zur Folge haben, und endlich würden bei Wechselstrom durch die Stromverdrängung nach der Oberfläche des Leiters (Hautwirkung) Fehler auftreten.

Hitzdrahtinstrumente wurden als Strom- und als Spannungsmesser gebaut. Man kann sie bis zu Frequenzen von etwa 0,1 MHz benutzen.

B. Das Thermoumformerinstrument

Unter Thermoumformer versteht man die Kombination eines Heizleiters, der vom zu messenden Strom durchflossen wird, mit einem Thermoelement, das eine temperaturabhängige Thermospannung für ein empfindliches Drehspulmeßwerk abgibt. Man unterscheidet zwischen direkt und indirekt geheizten Thermoumformern. Bei direkt geheizten ist das Thermoelement direkt an den Heizleiter angelötet und somit galvanisch mit ihm verbunden, bei indirekt geheizten ist das Thermoelement gegen den Heizleiter isoliert.

1. Meßprinzip

Wie beim Hitzdrahtinstrument ist auch beim Thermoumformer die Übertemperatur Δt des Heizleiters der jouleschen Wärme $I^2 R$ in erster Näherung proportional:

$$\Delta t \sim I^2 R \tag{80}$$

Die Thermospannung ist ihrerseits innerhalb der interessierenden Grenzen direkt linear abhängig von der Temperaturdifferenz $\Delta t = t_H - t_R$ zwischen den Verbindungsstellen der beiden Materialien des Thermopaares; dabei sind t_H die Heizleiter- und t_R die Raumtemperatur. Die Anzeige des empfindlichen Drehspulspannungsmessers geht schließlich bekanntermaßen linear mit der Spannung des Thermoelements. Zwischen dem Moment M des Thermoumformerinstruments und dem Strom I im Heizleiter besteht der folgende Zusammenhang:

$$M = K I^2 \tag{83}$$

wobei K eine durch die Eigenschaften des Thermoumformerinstruments gegebene Konstante ist. Die Abhängigkeit des Moments vom Quadrat des Stroms zeigt, daß mit Thermoumformergeräten stets Effektivwerte gemessen werden.

Will man Thermoumformergeräte als Spannungsmesser gebrauchen, so muß man sie über einen entsprechend bemessenen Vorwiderstand an Spannung legen. Auch als Produktmesser kann man sie verwenden (S. 130).

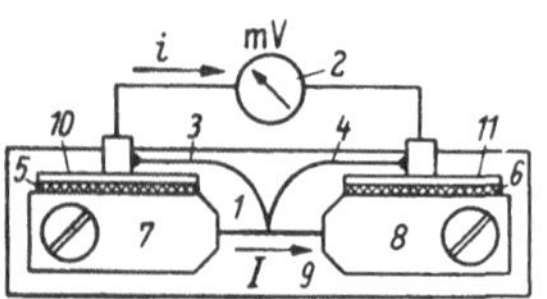

Abb. 121. Thermoumformer in Luft. *1* Heizdraht; *2* Millivoltmeter; *3, 4* Elementschenkel; *5, 6* Glimmerisolation; *7, 8* Anschlußklötze aus Kupfer; *9, 10* und *11* Metallplatten für Wärmekontakt

2. Aufbau

Abb. 121 zeigt schematisch den Aufbau eines unmittelbar geheizten Thermoumformers für Stromstärken von 150 mA aufwärts bis zu rund 10 A. Zwischen die Anschlußklemmen *7* und *8* für den Meßstrom ist der Heizdraht *1* oder, wie man ihn kurz nennt, der Heizer – ein kurzer, dünner Draht, z.B. aus Konstantan – eingespannt und hart angelötet. Er erwärmt sich unter dem Einfluß des Stromes *I*. Ferner erfolgt eine Erwärmung der umgebenden Luft und der Anschlußteile. Um den hierdurch entstehenden Anwärmefehler möglichst klein zu halten, werden die Anschlußteile aus Metall mit guter Wärmeleitfähigkeit hergestellt und mit möglichst großer, strahlender Oberfläche (unter Umständen Kühlrippen) versehen. Die Meßstelle des Thermoelements mit den Schenkeln *3* und *4* wird am Heizer angeschweißt und die kalten Enden (Vergleichsstelle) unter elektrischer Trennung durch dünne Glimmerplättchen *5* und *6* in Wärmeberührung mit den Anschlußklötzen *7* und *8* gebracht. Die Platte *9* hält die Anschlußklötze auf gleicher Temperatur.

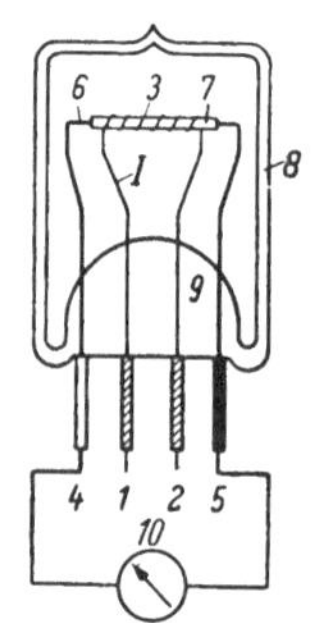

Abb. 122. Thermoumformer in Vakuum für 1 mA. *1, 2* Anschlüsse für den zu messenden Strom; *3* Heizspirale; *4, 5* Enden der Elementschenkel und Anschluß für Millivoltmeter; *6* Elementschenkel; *7* Glasrohr; *8* Glaskolben (8 mm Durchmesser); *9* Quetschfuß; *10* Drehspule

Die im Heizer umgesetzte Leistung wird, wie schon angedeutet, durch Wärmestrahlung und vor allem durch Konvektion an die umgebende Luft abgeführt. Um die hierdurch verminderte Empfindlichkeit zu erhöhen, werden Umformer von etwa 250 mA abwärts in Vakuum gesetzt, von etwa 25 mA abwärts wird außerdem der Heizer vom Element isoliert, damit man ihn zu einer Wendel wickeln und somit die geringe Leistung besser konzentrieren kann. Abb. 122 zeigt ein solches Element für einen Heizstrom von 1 mA. Der ganze Umformer ist in den luftleeren Glaskolben *8* eingeschmolzen. Der zu messende Strom *I* (meist Hochfrequenz) wird über die Anschlüsse *1, 2* einer Heizwicklung *3* zugeführt, die auf einem Glasröhrchen *7* aufliegt. In letzterem befindet sich das Element *6* mit den Anschlüssen *4* und *5*, die zu dem Meßwerk *10* führen. Die Meßstelle des Elements liegt in der Mitte des Röhrchens *7*. Die mechanischen und elektrischen Daten sind beispielsweise folgende: Elementschenkel 0,02 mm Durchmesser, Elementwiderstand 8 Ω, Thermospannung 7 mV, Glasröhrchen 0,05 mm Durchmesser, Heizdraht 0,006 mm Durchmesser (menschliches Haar 0,05 mm Durchmesser), Heizstrom 1 mA, Heizleiterwiderstand 2000 Ω.

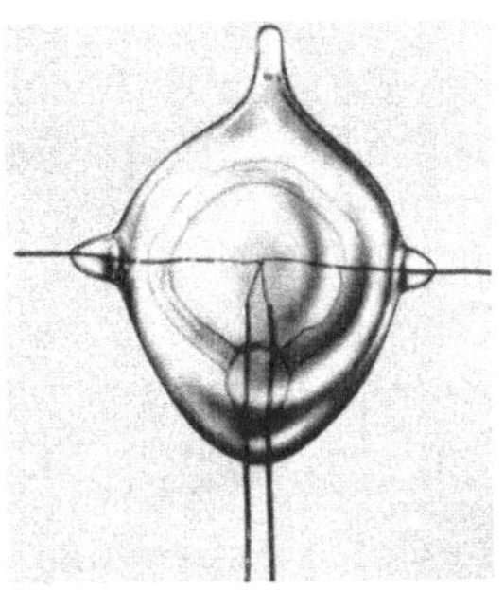

Abb. 123. Indirekt geheizter Thermoumformer in Vakuum (H & B)

Abb. 123 zeigt einen indirekt geheizten Vakuumthermoumformer, bei dem die Zuführung zum Heizdraht direkt seitlich herausgeführt ist. Durch die gestreckte Leitungsführung ergeben sich kleinste Parallelkapazitäten. Diese Bauweise ermöglicht Messungen bei 1000 MHz. Indirekt geheizte Thermoumformer für hohe Anforderungen werden ohne Gehäuse geliefert. Direkt geheizte und einige Typen indirekt geheizter Thermoumformer werden üblicherweise in ein Gehäuse eingebaut, das oft schon mit einem Übertragungsnomogramm und Anschlußlaschen für das anzuschließende Millivoltmeter versehen ist (vgl. Abb. 124). Mit Hilfe des Übertragungsnomogramms können zu der Anzeige auf der Skale des Instruments die zugehörigen Werte des zu messenden Heizstroms abgelesen werden.

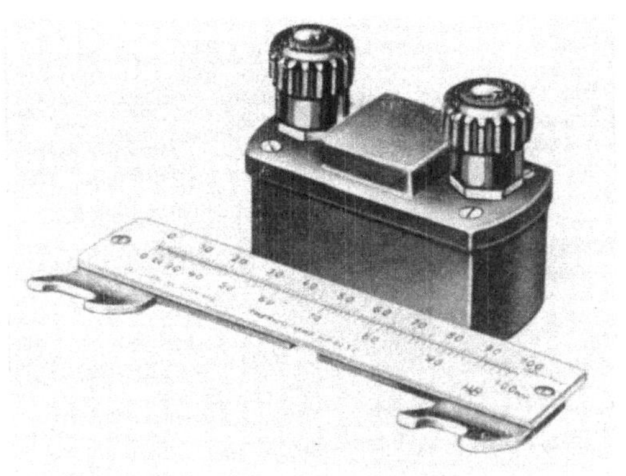

Abb. 124. Thermoumformer im Gehäuse mit Skalennomogramm und Anschlußlaschen für ein Millivoltmeter (H & B)

3. Meßbereiche und Anwendung

Thermoumformer werden für Ströme von 1 mA bis 6 A angeboten. Die Thermospannung ist meist 12 mV. Dadurch ist das gleiche Drehspulinstrument für Thermoumformer der verschiedensten Meßbereiche verwendbar. Die Fehlergrenze ist im allgemeinen ± 1%. Für Laboratoriumszwecke werden jedoch auch wesentlich genauere Thermoumformer gebaut. Die maximale Frequenz liegt – je nach Bereich und Bauweise – zwischen 1 und 1000 MHz. Zum Messen größerer Ströme als 6…10 A werden Hochfrequenz-Durchsteckstromwandler gebaut. Der Eigenverbrauch eines Thermoumformers liegt zwischen 0,002 und 1 W bei Nennstrom. Die Überlastbarkeit ist meist nicht sehr hoch und liegt bei kurzzeitig zweifachem Nennstrom.

Mit dem Thermoumformer hat sich das Drehspulinstrument das wichtige Gebiet der Hochfrequenztechnik erobert. Thermoumformerinstrumente können mit Gleichstrom geeicht werden und zeigen nach Untersuchungen von KRUSE und ZINKE auch bei Wechselstrom hoher Frequenz richtig an[1]. Mißt man bei hohen Frequenzen, so setzt man am besten das Thermoumformerinstrument in ein Abschirmgehäuse (Abb. 201).

4. Thermische Leistungsmesser

Unter Anwendung eines Kunstgriffes, den W. DUDELL 1904 zuerst angegeben hat, kann man auch die Leistung nach dem thermischen Prinzip messen. Diese Methode ist wichtig, da sie gestattet, bei sehr hohen Frequenzen mit verhältnismäßig kleinem Verbrauch zu messen, während die elektrodynamischen Leistungsmesser nur bis zu einigen kHz geeignet sind. Abb. 125 zeigt die Schaltung: Einem Verbraucher, der im Schema rechts zu denken ist, wird der Strom $I - 2\,i_U$ bei der Spannung $U - I\,R_l$ zugeführt. I fließt zum größten Teil über den Meßwiderstand R_l, der Rest i fließt über die beiden Heizleiter H_1 und H_2 zweier Thermoumformer. An einer Spannung, die ein wenig kleiner als U ist, liegt der Widerstand R , über welchen der Strom $2 \cdot i_U$ fließen möge. Dieser teilt sich am Verbindungspunkt der Heizleiter H_1 und H_2, so daß über H_1 der Strom $i + i$ und über H_2 der Strom $i - i_U$ fließt. Die beiden Drähte nehmen verschiedene Übertemperaturen t_1 und t_2 proportional dem Quadrat des Stromes an. Die Differenz Δt dieser Temperaturen ist dann:

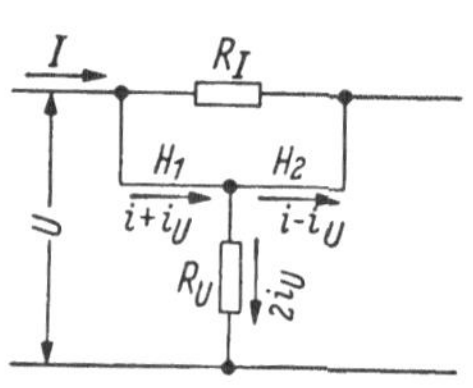

Abb. 125. Schaltung des thermischen Leistungsmessers nach DUDELL. U zugeführte Spannung; I Hauptstrom; R_l Nebenwiderstand zu den Meßdrähten H_1 und H_2; i Teil von I durch die Meßdrähte; i_U Strom in den Meßdrähten, durch U bewirkt; R_U Vorwiderstand zu den Meßdrähten

$$\Delta t = t_1 - t_2 = K_1\,[(i + i_U)^2 - (i - i_U)^2] = K_1\,i\,i_U \tag{84}$$

oder, da nach der Voraussetzung $i \sim I$ und $i_U \sim U$ ist,

$$\Delta t = K_2\,U\,I\,\lambda = K_2\,P \tag{85}$$

Diese Beziehung für die Leistung P gilt für Gleich- und Wechselstrom beliebiger Frequenz und Phasenlage. K_1 und K_2 sind Konstanten.

---

[1] KRUSE und ZINKE: ATM V 324–2 (Sept. 1935).

Die Temperaturdifferenz Δt zwischen den beiden Heizleitern H_1 und H_2 wird mit den gegeneinander geschalteten Elementen der Thermoumformer unmittelbar erfaßt, so daß die Differenzspannung gemäß Gln. (84) und (85) der Leistung proportional ist. Die Thermoumformer sind ähnlich Abb. 121 oder 122 ausgeführt. Als Anzeigegerät dient meist ein hochempfindliches Lichtmarkengalvanometer, das zusammen mit den Meßwiderständen in einem handlichen Gehäuse eingebaut ist.

Thermische Leistungsmesser und Meßeinrichtungen dieser Art wurden von DUDELL, BADER, BRUKMAN und J. FISCHER entwickelt bzw. untersucht. Eine gute Übersicht über diese Geräte und ihre Wirkungsweise, deren ausführliche Beschreibung hier unterbleiben muß, hat J. FISCHER[1] gegeben. Er beschreibt die verschiedenen Schaltweisen zur Vermeidung von Fehlern und zur Steigerung der Empfindlichkeit und gibt eine Schaltung an, bei der die Empfindlichkeit auf 0,1···1 Skalenteil je μW gesteigert ist. In einer weiteren Arbeit untersucht FISCHER[2] die allgemeinen Eigenschaften thermischer Leistungsmesser; hier findet sich auch ein ausführliches Literaturverzeichnis.

C. Bimetallinstrumente

1. Meßprinzip und Drehmoment

Windet man einen von dem zu messenden Strom durchflossenen Bimetallstreifen zu einer Spirale auf, deren inneres Ende an einer Drehachse mit Zeiger und deren äußeres Ende am Instrumentkörper befestigt ist, so entsteht ein sehr einfaches Meßwerk, bei dem der Stromleiter gleichzeitig das Einstellmoment abgibt. Der Meßstrom erwärmt die Bimetallspirale und bringt durch die Änderung ihrer mechanischen Spannung den Zeiger zum Ausschlagen. Das Bimetallgerät ist nur für ganz begrenzte Stromstärken anwendbar, die dem Querschnitt des Bimetallstreifens entsprechen. Die elastische Nachwirkung des letzteren ist verhältnismäßig groß, seine Einstellung sehr träge. Bimetallinstrumente haben vorwiegend als Mittelwert-Meß- und -Registrierinstrumente Bedeutung gewonnen, bei denen man speziell ihre Trägheit ausnutzt. Hierbei wird die beschriebene Spirale indirekt geheizt. Das Instrument zeigt dann den Mittelwert über längere oder kürzere Zeit an, je nach der thermischen Trägheit der gesamten Anordnung.

Das Moment eines Bimetallinstruments hängt vom Quadrat des Stroms in der Bimetallspirale ab. Es zeigt also wie alle thermischen Instrumente den Effektivwert eines Stroms unabhängig von dessen Kur-

[1] FISCHER, J.: Arch. Elektrotechn. 33 (1939) S. 242.

[2] FISCHER, J.: Z. techn. Phys. 22 (1941) S. 9.

venform richtig an. Das Drehmoment eines Bimetallinstruments beträgt im allgemeinen ein Vielfaches des Moments der anderen elektrischen Meßinstrumente.

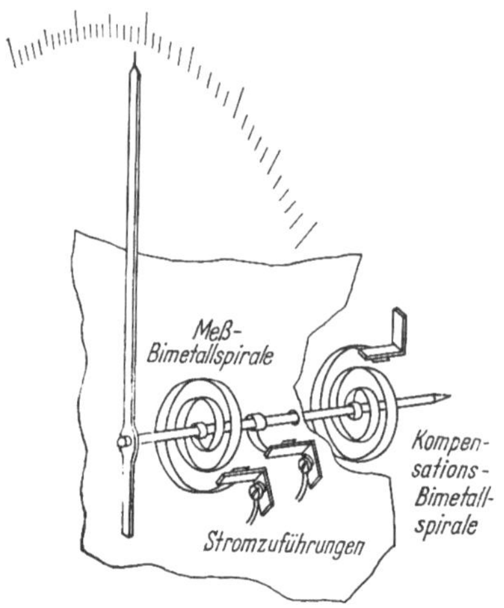

Abb. 126 zeigt schematisch ein temperaturkompensiertes Bimetallmeßwerk. Zwei gleiche Bimetallspiralen wirken gegenläufig auf die Meßwerkachse; die eine wird vom Strom durchflossen und dient als Meß-Bimetallspirale, die andere ist nur abhängig von der Temperatur der Umgebung und dient somit als Kompensations-Bimetallspirale.

Abb. 126. Schematische Darstellung eines temperaturkompensierten Bimetallmeßwerks

2. Der Aufbau der Bimetallmeßwerke

Abb. 127 zeigt ein Bimetallmeßwerk. Rechts befindet sich die Meß-Bimetallspirale, links auf einer besonderen Achse die Kompensations-Bimetallspirale. Sie wirkt nicht direkt auf die Meßwerkachse, sondern auf den festen Fußpunkt der Meßspirale. Eine Besonderheit dieses Meßwerks besteht darin, daß jede Bimetallspirale aus einem U-förmigen Streifen gewikkelt ist. Dadurch ergibt sich eine überraschend einfache Stromzuführung, die beide Anschlüsse am festen Fußpunkt der Meßspirale trägt; somit erübrigt sich jede bewegliche Stromzuführung zur Achse. Der Zeiger kann infolge des großen Drehmoments ohne jede Beeinträchtigung einen Schleppzeiger (zur Maximalwertanzeige) mitnehmen, dessen Rückstelleinrichtung plombierbar ist, damit ein Eingriff Unbefugter verhindert wird.

Abb. 127. Temperaturkompensiertes Bimetallmeßwerk (Gossen) mit Meß-Bimetallspirale, Kompensations-Bimetallspirale, Meßwerkachse, Stromzuführungen, Zeiger und Schleppzeiger

3. Meßbereiche, Genauigkeit, Eigenverbrauch

Strommesser werden überwiegend für den seit Jahrzehnten genormten sekundären Stromwandlerstrom von 5 A geliefert, wobei der Meßbereich bis 6 A geht. Spannungsmesser werden mit wenigen Ausnahmen mit zwei gegenläufig angeordneten Meß-Bimetallspiralen versehen, deren eine an einen gesättigten und deren andere an einen ungesättigten Wandler angeschlossen sind. Die beiden Wandler liegen primär in Reihe an der zu messenden Spannung und sind so bemessen, daß bei Nennspannung in beiden Meß-Bimetallspiralen genau der gleiche Strom fließt. Bei Nennspannung stellt sich der Zeiger auf die Skalenmitte ein, die dem mechanischen Nullpunkt entspricht. Steigt die Spannung höher als die Nennspannung, so steigt der Strom des ungesättigten Wandlers, während der des Sättigungswandlers nahezu konstant bleibt; dadurch wandert der Zeiger nach rechts. Fällt die Spannung unter den Nennspannungswert, so wird der Sekundärstrom des ungesättigten Wandlers kleiner als der konstant bleibende des gesättigten Wandlers, und der Zeiger wandert nach links. Diese Spannungs-Höchst-Niedrigstwertmesser (Abb. 128) werden mit zwei Schleppzeigern versehen und z. B. für die Bereiche 70···100···120 V, 160···220···260 V, 280···380···450 V und 350···500···600 V angeboten.

Abb. 128. Spannungs-Höchst-Niedrigstwertmesser mit Bimetallmeßwerk und zwei Schleppzeigern (H & B-ELIMA)

Der Anzeigefehler der Bimetallinstrumente wird im allgemeinen mit 3% angegeben. Der Eigenverbrauch der Strommesser liegt um 3,5 VA und der der Spannungs-Höchst-Niedrigstwertmesser bei 9 VA. Der Eigenverbrauch der recht preiswerten Kreisblattschreiber (Frontrahmen 192 × 192 mm) mit Bimetallmeßwerk (Abb. 129) erreicht etwa die gleichen Werte.

Abb. 129. Maximumstromschreiber mit Bimetallmeßwerk und Wachspapier-Kreisblatt (Gossen)

Die Einstellzeit der gebräuchlichen Bimetallmeßwerke beträgt entweder 8 oder 15 min. Die entsprechenden Zeitkonstanten, nach deren Ablauf die betreffende Größe bekanntlich 63,2% ihres Endwerts erreicht, sind 1,35 oder 2,9 min.

4. Anwendung

Bimetallinstrumente werden gern zur Überwachung eingesetzt. Meist interessieren die über Minuten gemittelten Höchstwerte zur Beurteilung der Belastungsverhältnisse elektrischer Versorgungsanlagen wesentlich mehr als nur Sekunden dauernde Höchstwerte. Für diese häufig auftretenden Bedarfsfälle bietet sich das wohlfeile Bimetallinstrument an. Hauptsächlich in nicht besetzten Unterstationen ist es sehr zweckmäßig, wo in regelmäßigen Zeitabständen bei Kontrollgängen der Höchstwert am Schleppzeiger abgelesen werden kann.

Abb. 130. Schalttafelinstrument mit Dreheisen- und Bimetallmeßwerk (H & B-ELIMA)

Großer Beliebtheit erfreuen sich auch kombinierte Schalttafelinstrumente, die sowohl beispielsweise ein Dreheisenmeßwerk zur unmittelbaren Anzeige des Effektivwerts als auch ein Bimetallmeßwerk mit Schleppskale zur Anzeige des über einige Minuten gemittelten Höchstwerts besitzen (Abb. 130). Die Schleppskale am Bimetallmeßwerk kann mit einem Drehknopf zurückgestellt werden.

VIII. Elektrostatische Meßinstrumente

VDE: Elektrostatische Instrumente haben feststehende und mindestens einen beweglichen Körper, zwischen denen Kräfte des elektrischen Feldes wirken.

Während die oben beschriebenen Instrumente im Prinzip Strommesser sind, die durch die Art der Schaltung auch für Spannungsmessungen eingerichtet werden, ist beim elektrostatischen Meßprinzip die wirksame Kraft die unmittelbare Folge einer Potentialdifferenz zwischen zwei Leitern. Das Goldblattelektroskop ist wohl das älteste elektrische Meßgerät, das die Physiker besaßen. Im Laufe der Jahrzehnte sind ganz außerordentlich viele Konstruktionen entstanden; es hat sich jedoch bis heute noch keine einheitliche Form herausgebildet, die, wie dies bei anderen Meßgeräten der Fall ist, mit wenigen Abweichungen allgemein angewendet wird[1].

[1] Palm, A.: Elektrostatische Meßgeräte. Karlsruhe: G. Braun.

A. Meßprinzip

1. Beziehung zwischen Spannung und Kraft

Das elektrostatische Meßwerk stellt einen Kondensator kleiner Kapazität dar, dessen einer Belag (Elektrode) beweglich angeordnet ist. Legt man an die beiden Beläge eine Spannung U, so tritt eine mechanische Kraft F auf, die im Sinne einer Vergrößerung der Kapazität und damit Verminderung des Blindwiderstandes gerichtet ist. Diese Änderung ist entweder durch Verringerung des Abstands der Beläge oder durch Vergrößerung ihrer wirksamen Flächen zu erreichen. In der Abb. 131 ist der erste Fall bei a, der zweite bei b dargestellt. Der bewegliche Belag *1* ist an einer Feder *3* aufgehängt, die die Gegenkraft liefert. Bei a steht die bewegliche Platte senkrecht zur Bewegungsrichtung; bei einer Bewegung ändert sich der Abstand a, während die wirksame Fläche A konstant bleibt. Bei b ist die bewegliche Platte *1* in der Bewegungsrichtung der Schraubenfeder *3* angehängt; bei einer Bewegung bleibt der Abstand zwischen den Belägen *1* und *2* konstant, während sich die Größe der wirksamen Fläche A ändert. Hier ist der feste Belag *2* zu beiden Seiten des beweglichen Belages angeordnet, wodurch sich die elektrostatischen Kräfte senkrecht zur Bewegungsrichtung aufheben und die Kapazitätsänderung sich gegenüber a verdoppelt. Praktisch ordnet man den beweglichen Belag meist so an, daß er nach Art eines Drehkondensators eine Rotationsbewegung ausführt. Dafür gilt die folgende Betrachtung sinngemäß.

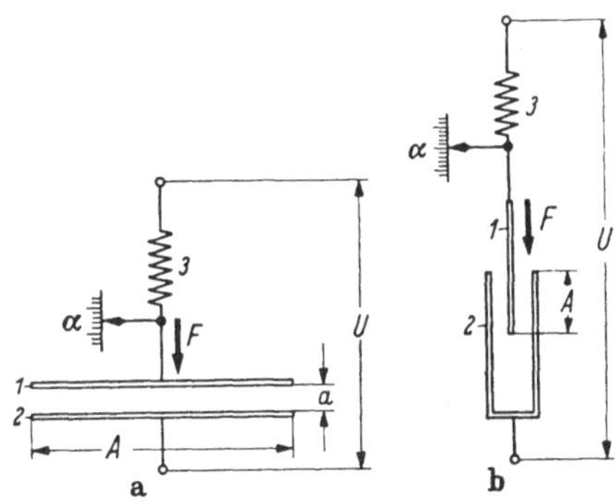

Abb. 131 a u. b. Die beiden grundsätzlichen Anordnungen elektrostatischer Spannungsmesser. a) Änderung des wirksamen Abstands der Elektroden; b) Änderung der wirksamen Flächen der Elektroden. *1* bewegliche, *2* feste Elektrodenplatte; *3* Schrauben- (oder sonstige) Feder; α Zeigerausschlag; a Abstand der Platten; A wirksame Elektrodenfläche; F wirkende Kraft; U angelegte Spannung

Die Beziehung zwischen der Bewegung α der Platte *1*, d.h. dem Zeigerausschlag, und der zu messenden Spannung U läßt sich in einfacher Weise finden. Die mechanische Energie zur Bewegung der Platte *1* um den sehr kleinen Betrag $\mathrm{d}\alpha$ gegen die Kraft F der Feder *3* ist $P \cdot \mathrm{d}\alpha$. Dabei ändert sich die Kapazität C um den sehr kleinen Betrag $\mathrm{d}C$, wobei die elektrische Energie $^1/_2\, U^2 \cdot \mathrm{d}C$ geleistet wird. Beide Energien sind im Beharrungszustand gleich groß, also ist:

$$F\,\mathrm{d}\alpha = \frac{1}{2}\,U^2\,\mathrm{d}C$$

oder:

$$F = \frac{1}{2} U^2 \frac{\mathrm{d}C}{\mathrm{d}\alpha} \tag{86}$$

Dazu die Einheiten:

$$\mathrm{N} = \mathrm{V}^2 \frac{\mathrm{F}}{\mathrm{m}}$$

Für die Kapazität C gilt die Beziehung:

$$C = \frac{\varepsilon_0 \varepsilon_r A}{a} \tag{87}$$

Einheiten:

$$\mathrm{F} = \frac{\mathrm{F/m} \cdot 1 \cdot \mathrm{m}^2}{\mathrm{m}}$$

In Gl. (87) bedeuten:

ε_0 Influenzkonstante; $\varepsilon_0 = 8{,}856 \cdot 10^{-12}\,\mathrm{F/m}$
ε_r Dielektrizitätszahl des Isolierstoffs zwischen den Elektroden; $\varepsilon_r \approx 1$ für Luft
A wirksame Fläche der Elektroden
a Abstand der Elektroden

Bei der Anordnung nach Abb. 131a vermindert sich der Abstand a mit dem Ausschlag α; es ist daher

$$C = \varepsilon_0 \varepsilon_r A \frac{1}{a - \alpha}; \quad \frac{\mathrm{d}C}{\mathrm{d}\alpha} = \varepsilon_0 \varepsilon_r A \frac{1}{(a - \alpha)^2} \tag{88}$$

Mit Gl. (86) erhält man:

$$F = \varepsilon_0 \varepsilon_r \frac{A}{2} \frac{U^2}{(a - \alpha)^2} \tag{89 a}$$

Für den meist vorliegenden Fall $\alpha \ll a$ ist:

$$F \approx \varepsilon_0 \varepsilon_r \frac{A}{2} \left(\frac{U}{a}\right)^2 \tag{89 b}$$

Bei der Anordnung nach Abb. 131b vergrößert sich die wirksame Fläche A mit dem Ausschlag α. Die Zunahme von A kann, je nach der Form der Platte *1* und der Kammer *2*, nach einer Funktion $f(\alpha)$ erfolgen, die bei zur Bewegungsrichtung parallelen Kanten von *1* und *2* in den linearen Ausdruck $k \cdot \alpha$ übergeht, wo k eine Konstante bedeutet. Für die Kapazität C gilt dann die Beziehung:

$$C = \varepsilon_0 \varepsilon_r \frac{A}{a} [1 + f(\alpha)]; \quad \frac{\mathrm{d}C}{\mathrm{d}\alpha} = \varepsilon_0 \varepsilon_r \frac{A}{a} f'(\alpha) \tag{90}$$

Mit Gl. (86) erhält man:

$$F = \varepsilon_0 \varepsilon_r \frac{A}{2} \frac{U^2}{a} f'(\alpha) \tag{91 a}$$

Für $f(\alpha) = k\alpha$ ist $f'(\alpha) = k$ und

$$F = k \varepsilon_0 \varepsilon_r \frac{A}{2} \frac{U^2}{a} \tag{91 b}$$

Zur wirksamen Fläche A zählen hier die beiden Seiten der Platte *1*. Die für einen gewünschten Skalenverlauf erforderliche Beziehung zwischen

Fläche A und Ausschlag α wird meist durch den Versuch gefunden und läßt sich nur in besonderen Fällen berechnen.

Die Einstellkraft F[1] ist beim elektrostatischen Meßwerk in Luft von 1 at erheblich kleiner als bei anderen Meßwerken. Die sonst gebräuchliche Spiralfeder findet man daher nur ausnahmsweise; meist dient ein dünnes Metallband, auf seitliche Ausbiegung oder Verdrehung beansprucht, als Gegenkraft. Die Einstellkraft ist nach den Gleichungen für F immer positiv im Sinne einer Anziehung der Elektroden. Das Gerät ist also unabhängig vom Vorzeichen der Spannung für Gleich- und Wechselspannung verwendbar.

2. Das Dielektrikum

Das Dielektrikum zwischen den Elektroden ist in doppelter Beziehung von Wichtigkeit: Die vorstehenden Gln. (89) und (91) für F enthalten beide den Quotienten U/a, d.h. die elektrische Feldstärke, die unterhalb der Durchbruchfeldstärke (in Luft von 1 at etwa 3 MV/m) liegen muß. Zur Erhöhung der Durchbruchfeldstärke, die etwa proportional mit dem Druck ansteigt, hat man mit Erfolg Kohlensäure oder Stickstoff bis zu 20 at verwendet; die Dielektrizitätszahl ändert sich mit steigendem Druck nur wenig. Isolierflüssigkeiten mit hoher Dielektrizitätszahl und hoher Durchbruchfeldstärke wären nach den Gleichungen für F sehr günstig; es hat sich aber noch keine Flüssigkeit mit hinreichend konstanten Eigenschaften gefunden.

B. Aufbau der Meßwerke

Es sollen von beiden Gruppen nach Abb. 131a und b einige kennzeichnende Geräte beschrieben werden.

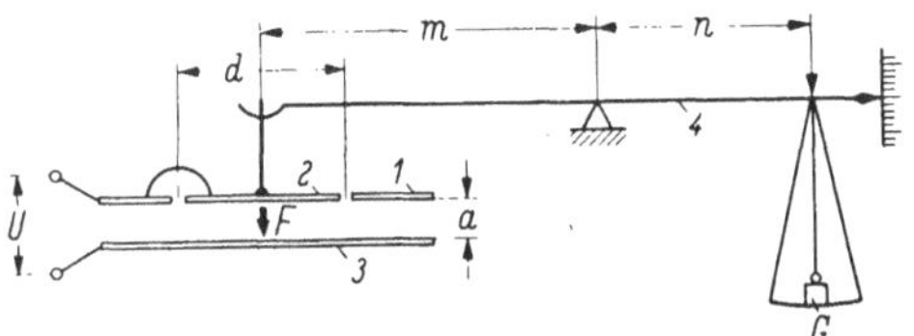

Abb. 132. Schutzringelektrometer (Spannungswaage) von THOMSON. *1* Schutzring; *2* bewegliche Elektrode mit Durchmesser d; *3* feste Elektrode; *4* Waagebalken; G Gewicht; m, n Hebelarme; a Abstand der Elektroden; U zu messende Spannung

1. Schutzringelektrometer von Thomson

Es sind hier (Abb. 132), ähnlich wie in der Abb. 131a, feste Platten *1* und *3* isoliert aufgestellt, an welche die Spannung U gelegt wird. An den Rändern dieser Platten ist das elektrische Feld inhomogen. Als bewegliche

[1] bzw. bei sich drehendem beweglichem Organ das Moment M.

Meßelektrode dient daher nur ein kleiner, kreisförmiger Ausschnitt *2* der Platte *1* mit dem Durchmesser *d*. Die bewegliche Platte ist an einem Waagebalken *4* aufgehängt und spielt gerade frei in der Bohrung der festen Platte *1* (Schutzring). Die elektrostatische Kraft *F* wirkt in der angegebenen Pfeilrichtung nach unten. Man kann so durch Auflegen von Gewichten *G* auf die rechte Seite der Waage das Gleichgewicht herstellen, so daß die unteren Flächen der Platten *1* und *2* genau in einer Ebene stehen. Dann gilt die Gl. (89 b)[1] unter zusätzlicher Berücksichtigung der Hebelarme *m* und *n* des Waagebalkens. Es handelt sich hierbei um Messungen nach einer Kompensationsmethode, die grundsätzlich wesentlich genauere Resultate liefert als Messungen nach der Ausschlagmethode. Außerdem verdient Erwähnung, daß man mit dem Schutzringelektrometer absolut mißt. Das heißt: Zur Eichung des Instruments braucht man keine bekannte Spannung, sondern man berechnet die zu messende Spannung aus physikalischen Grundgrößen.

2. Elektrostatisches Plattenvoltmeter

H & B baute ein in Abb. 133 dargestelltes elektrostatisches Meßwerk, das sich zum Einbau in große, runde Schalttafelgehäuse eignet und große Verbreitung gefunden hat. Eine leichte Aluminiumplatte ist mit dünnen Metallbändern an einem Stift aufgehängt. Der Stift ist auf einer Grundplatte befestigt, die auch die Brücke mit den Lagern für die Zeigerachse trägt. An der letzteren ist ein feiner Paralleldraht ausgespannt, der in seiner Mitte von einem Metallstreifen gefaßt wird, dessen rechtes Ende an der beweglichen Platte befestigt ist. Die Bewegung der Aluminiumplatte zwischen den festen Platten wird also durch ein kurbelartiges Getriebe auf die Zeigerachse und damit auf den Zeiger übertragen. Als Richtkraft für das Meßwerk dient die Schwerkraft. Das Instrument muß daher bei der Aufstellung so ausgerichtet werden, daß der Zeiger in spannungslosem Zustand auf Null zeigt. Eine Aluminiumscheibe in Form eines Kreisausschnitts und ein Dauermagnet bewirken die Dämpfung des Zeigerausschlags. Die feste Platte rechts vom

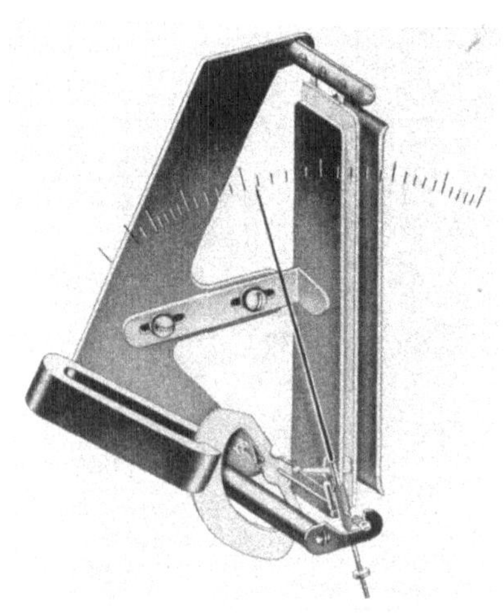

Abb. 133. Meßwerk eines elektrostatischen Plattenvoltmeters (H & B)

[1] Gl. (89 b) gilt hierbei exakt, da $\alpha = 0$.

beweglichen Organ ist isoliert von der Grundplatte aufgestellt; zwischen dieser festen und der beweglichen Platte liegt die zu messende Spannung. Durch das entstehende elektrische Feld wird die bewegliche Platte mit der Kraft F angezogen und führt dabei den Zeiger über die Skale, die unmittelbar in Volt geeicht ist. Die Meßwerke werden je nach dem Verwendungszweck in Metall- oder Isoliergehäuse eingebaut mit Meßbereichen zwischen 1200 und 15000 V. Ihre Prüfspannung liegt oft nur etwa 50% über dem Skalenendwert und reicht daher für den Einbau in Starkstromnetze nach den Vorschriften des VDE nicht aus. Die Instrumente sind für Gleichspannung und Wechselspannung bis 10^6 Hz verwendbar. Zur Erhöhung des Spannungsmeßbereichs werden die elektrostatischen Spannungsmesser mit elektrostatischen Spannungsteilern verwendet.

3. Lichtmarkenpräzisionspannungsmesser

Das nach Abb. 131b arbeitende Meßwerk eines Lichtmarkenpräzisionsspannungsmessers ist in Abb. 134 zu sehen. Zur Erhöhung des Moments sind die Beläge des spannbandgelagerten beweglichen Organs doppelt ausgeführt und dementsprechend die festen Beläge je dreifach. Ihre Halterung besteht aus hochwertigem Isolierstoff (etwa 10^{14} Ω), damit bei Spannungsmessung eine Wirkstromaufnahme unterbleibt und man auch Ladungsmessungen durchführen kann. Die Instrumente werden mit Meßbereichen von 60···3000 V in Klasse 0,5 angeboten. Davon werden einige Meßbereiche für Gleichspannungsmessungen auch in Klasse 0,2 ausgeführt. Die obere Grenzfrequenz liegt bei 5 MHz. Die Eigenkapazität dieses elektrostatischen Meßwerks beträgt je nach Meßbereich und Ausschlagwinkel 13 ··· 47 pF. Über die Prüfspannung macht der Hersteller keine Angabe.

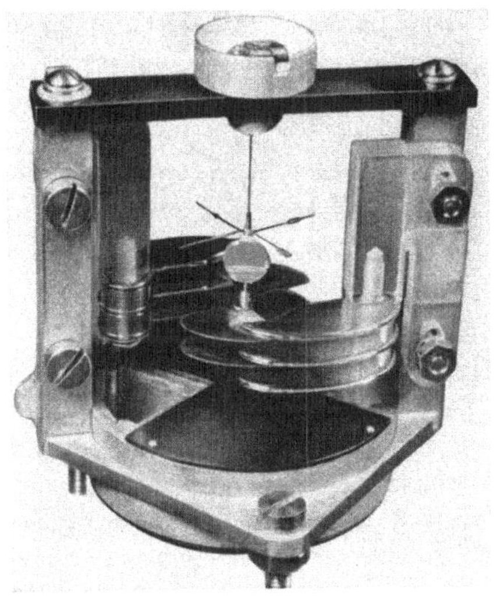

Abb. 134. Elektrostatisches Meßwerk für Lichtmarkenpräzisionsspannungsmesser (TTC)

4. Multizellularvoltmeter

Eine ganze Reihe von Belägen weist das sogenannte Multizellularvoltmeter auf, das in seiner ursprünglichen Form von Lord KELVIN[1] an-

[1] Lord KELVIN: Telegr. Telef. J. 25 (1889) S. 4.

gegeben wurde. Ein modernes Multizellularmeßwerk zeigt Abb. 135. Es hat sechs biskuitförmige bewegliche und sieben feste Beläge. Das bewegliche Organ ist spitzengelagert. Eine Spiralfeder erzeugt das Richtmoment. Der

Abb. 135. Elektrostatisches Multizellularmeßwerk für Schalttafelinstrumente (Berger)

Dämpferflügel der Luftdämpfung ist in der rückwärtigen Verlängerung des Zeigers deutlich zu sehen. Die Meßbereiche dieses Meßwerks reichen von 250···1500 V. Die Eigenkapazität ist 12···60 pF, die Beruhigungszeit 1···8 s, der Isolationswiderstand mindestens $10^{12}\,\Omega$. Die Fehlergrenze sowie die Grenzfrequenz sind nicht angegeben. Schätzungsweise dürfte das Instrument der Klasse 2,5 entsprechen und bis mindestens 0,5 MHz verwendbar sein, wobei die Stromaufnahme (60 pF und 250 V angenommen) immerhin schon fast 50 mA erreicht.

5. Quadrantelektrometer

Eine beachtliche Bedeutung hat wegen seiner vielseitigen Möglichkeiten auch das Quadrantelektrometer gewonnen. Abb. 136 zeigt ein Meßwerk eines Lichtmarkeninstruments. Das spannbandgelagert bewegliche Organ wiegt nur 150 mp. Der bewegliche Belag (Nadel) hat die Form zweier symmetrisch angeordneter Kreissektoren und dreht sich zwischen kreisförmigen festen Belägen, die in vier Quadranten unterteilt sind. Die Meßbereiche erstrecken sich von 20···260 V. Der Isolationswiderstand beträgt $10^{14}\,\Omega$, die Eigenkapazität etwa 30 pF. Im Nadelkreis liegt ein Widerstand von 20 kΩ als Kurzschlußschutz bei Überschlägen im Instrument. Der Scheinverbrauch beträgt bei 20 V und 10 kHz 0,86 mVA. Das Meßwerk entspricht den Bedingungen der Klasse 1. Bei 175 MHz liegt der Frequenzeinfluß noch unter 1%.

Abb. 137 zeigt drei typische Schaltungen des Quadrantelektrometermeßwerks, nämlich a) die Quadranten-, b) die Nadel- und c) die idiostatische Schaltung. U_X ist dabei die zu messende und U_H eine Hilfs-

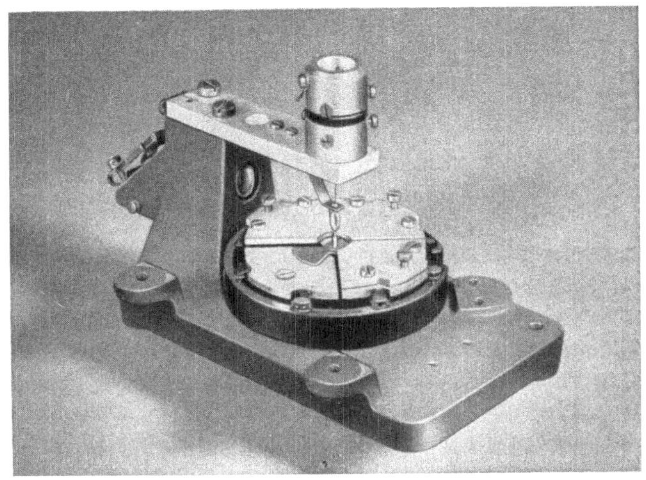

Abb. 136. Elektrostatisches Quadrantmeßwerk für Lichtmarkeninstrumente (S & H)

spannung. Der Kreis versinnbildlicht das Gehäuse, die gekrümmten Striche die Quadranten (feste Beläge) und der waagerechte Strich in der Mitte die Nadel (beweglicher Belag).

Abb. 138 zeigt die Schaltung eines Quadrantelektrometers als Leistungsmes-

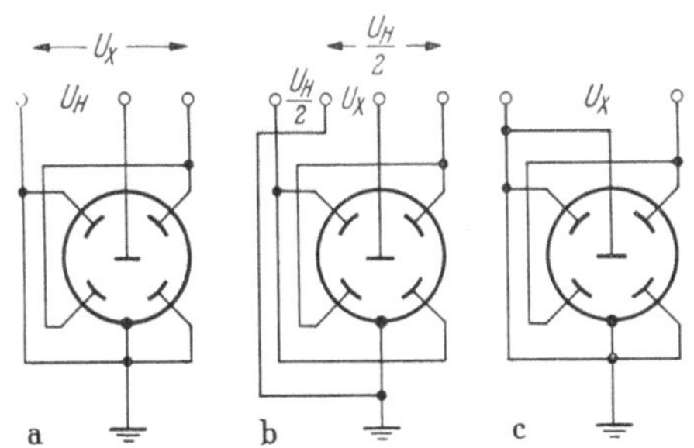

Abb. 137 a–c. Schaltungen des Quadrantmeßwerks. a) Quadranten-, b) Nadel-, c) idiostatische Schaltung; U_X zu messende, U_H Hilfsspannung

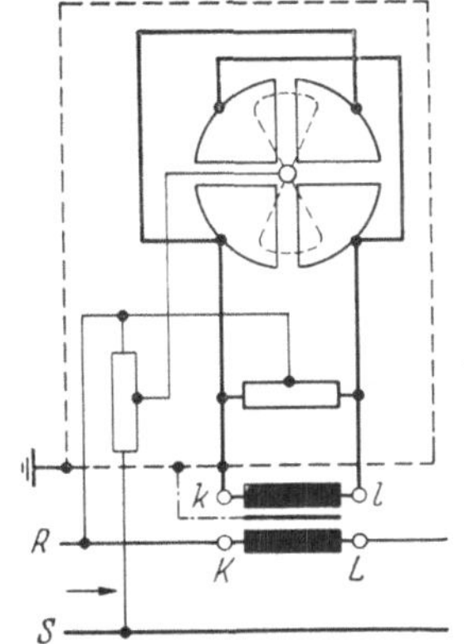

Abb. 138. Elektrostatisches Quadrantmeßwerk als Leistungsmesser

ser. Zwischen zwei Quadrantenpaaren liegt eine Spannung, die dem Strom des zu messenden Netzes proportional ist. An der Nadel liegt gegen das mittlere Potential der Quadrantenpaare eine Spannung, die der Spannung des zu messenden Netzes proportional ist. Es läßt sich nachweisen, daß in dieser Schaltung der Ausschlag von der Leistung des zu messenden Netzes abhängt. Elektrostatische Leistungsmesser zeichnen sich durch geringen Verbrauch und hohe Grenzfrequenz aus.

Weitere Elektrometer werden hier nicht behandelt, da sie in das Gebiet der physikalischen Meßgeräte gehören. Eine Übersicht findet man im Archiv für Technisches Messen[1].

C. Allgemeine Eigenschaften

1. Anwendung

Vorzugsweise dienen elektrostatische Meßinstrumente als Spannungsmesser. Mit Elektrometern kann man schon 10^{-4} V nachweisen. Mit Hochspannungsinstrumenten kann man einige MV messen, z.B. mit dem Kugelspannungsmesser nach HUETER[2]. Für die genaue Messung sehr hoher Spannungen kommt fast ausschließlich das elektrostatische Meßprinzip zur Anwendung. Eine ausführliche Zusammenstellung mit vielen Literaturangaben wurde von BÖCKER[3] bearbeitet. Gegen die für Hochspannungsprüfungen viel verwendete Funkenstrecke (s. S. 303), die das Erreichen eines bestimmten Scheitelwertes anzeigt und dann zum Kurzschluß führt, hat der elektrostatische Hochspannungsanzeiger den Vorteil der fortlaufenden Anzeige ohne Überschlag.

Die Meßbereiche können bei Wechselspannung durch kapazitive Spannungsteiler erweitert werden (Abb. 139). Ferner lassen sich mit elektrostatischen Meßinstrumenten Ladungen, Kapazitäten, Induktivitäten, Isolationswiderstände, Frequenzen und Leistungen messen.

Der *Anwendungsbereich* ist sehr groß. Man verwendet elektrostatische Meßinstrumente zwar nur selten für Betriebsmessungen, findet sie aber häufig in Laboratorien und Prüfräumen, besonders für Mittel- und Hochfrequenz. Die Genauigkeit der Instrumente erstreckt sich je nach Bauart über die ganzen zur Verfügung stehenden Toleranzen von 0,1···5%.

2. Eigenverbrauch

Der *Eigenverbrauch* ist außerordentlich klein, und hier ist das elektrostatische Meßprinzip allen anderen weit überlegen. Bei Gleichstrom tritt im Augenblick des Einschaltens ein Ladestrom auf, der von sehr kurzer Dauer ist. Bei ruhig stehendem Zeiger fließt nur noch der Isolationsstrom von der Größenordnung 10^{-10} A oder weniger, d.h. die Spannungsmessung erfolgt praktisch ohne Stromverbrauch. Bei Wechselstrom fließt

---
[1] PALM, A.: ATM J 765-1 (Aug. 35).
[2] HUETER, E.: ETZ 55 (1934) S 833 und 56 (1935) S. 1319.
[3] BÖCKER: ETZ 61 (1940) S. 729.

ein der kleinen Kapazität des Gerätes entsprechender Blindstrom, der z.B. bei 50 Hz und 150 V in der Größenordnung $10^{-6} \ldots 10^{-7}$ A liegt. Mit steigender Frequenz steigt auch dieser Blindstrom und erreicht bei etwa 10^7 Hz einen Wert, der sich schon als Spannungsabfall und Erwärmung in den Zuleitungsbändern bemerkbar macht.

3. Überlastbarkeit

Die *Überlastbarkeit* dieser Geräte ist nicht hoch. Um auf die erforderliche Empfindlichkeit zu kommen, muß man zuweilen für den Skalenendwert bis nahe an die Überschlagspannung herangehen. In vielen Fällen erreicht man auch eine zweifache Überlastbarkeit. Bei großer Energiequelle genügt dies im allgemeinen nicht. Es gibt dann zwei Schutzmöglichkeiten: Entweder schaltet man vor das Gerät einen hochohmigen Schutzwiderstand, der so bemessen ist, daß sein Spannungsabfall bei dem kleinen Stromverbrauch des normal belasteten Gerätes keine Meßfehler bringt. Im Fall eines Spannungsüberschlags im Instrument begrenzt der Schutzwiderstand aber den Strom auf einen für das Meßwerk unschädlichen Wert. Die zweite Schutzmöglichkeit besteht im Vorschalten eines Kondensators mit der erforderlichen Spannungssicherheit.

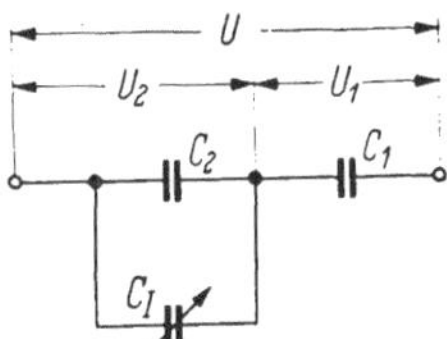

Abb. 139. Spannungsteilung mit Kondensatoren

4. Fehler

Als spezifische Fehler eines elektrostatischen Meßinstruments sind der Fehler durch elektrische Fremdfelder und der Fehler durch Verluste von Vorkondensatoren bei einer Meßbereicherweiterung anzusehen.

Der Fehler durch elektrische Fremdfelder läßt sich durch geeignete Metallschirme und zweckmäßige Festlegung des Klemmenpotentials vermeiden. Bei Instrumenten mit Metallgehäuse genügt im allgemeinen dessen Schirmwirkung. In der Regel ist es richtig, den elektrostatischen Schirm bzw. das Gehäuse und einen Pol der zu messenden Spannung zu erden. Auch die Schirmung einer Zuleitung und die Erdung dieses Schirms können insbesondere bei der Messung kleiner Spannungen erforderlich werden.

Bei der Meßbereicherweiterung eines elektrostatischen Spannungsmessers mit einem Vorkondensator C bringt dessen Verlustwiderstand R_p den Fehler[1]:

$$F = \frac{1}{2\,\omega^2 C^2 R_p^2} \tag{92}$$

[1] LANGBEIN, R. u. G. WERKMEISTER: Elektrische Meßgeräte, S. 154. Leipzig: Geest & Portig K.-G., 1951.

Dieser Fehler wird bei gegebenem Wert des Vorkondensators C um so geringer, je höher die Frequenz der zu messenden Spannung und je höher der Wert R_p des Verlustwiderstands ist, der im Ersatzschaltbild parallel zum Kapazitätswert C liegt. In den meisten Fällen erfüllen nur die großen und teueren Luftkondensatoren die hohen Anforderungen an sehr kleine Verlustwinkel. Daher macht man zur Meßbereicherweiterung gern von elektrostatischen Spannungsteilern nach Abb. 139 Gebrauch, für die die Beziehungen gelten:

$$C_1 : (C_2 + C_I) = U_2 : U_1 \quad \text{und} \quad U_1 + U_2 = U$$

oder

$$U = U_2 [1 + (C_2 + C_I)/C_1] \tag{93}$$

Hierin sind U die zu messende Spannung, U_2 die vom Spannungsmesser mit der Eigenkapazität C_I angezeigte Spannung sowie C_1 und C_2 die Kapazitäten des Spannungsteilers. Eine Meßbereicherweiterung mit Vorkondensator oder mit kapazitivem Spannungsteiler ist nur für Wechselspannungsmessungen möglich.

D. Elektrostatische Quotientenmesser

Auch das elektrostatische Meßprinzip gestattet, ebenso wie die elektromagnetischen, die Ausbildung von Meßwerken ohne mechanische Richtkraft, mit denen man das Verhältnis zweier Größen messen kann.

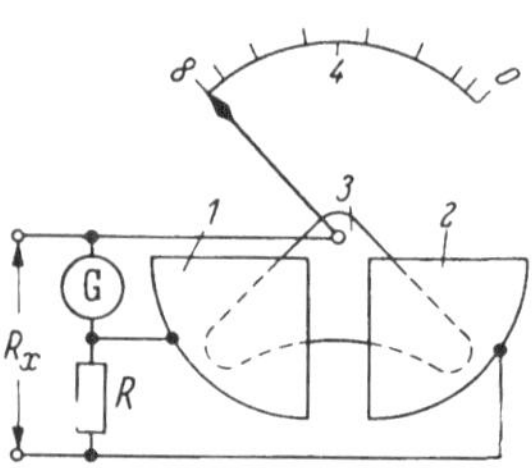

Abb. 140. Elektrostatischer Widerstandsmesser von NALDER BROS[1]. *1*, *2* feste Kammern mit Potentialen entsprechend ($R_x + R$) und R_x; *3* beweglicher Flügel mit dem Potential Null; *4* Skale; *G* Gleichstromgenerator; *R* bekannter Vergleichswiderstand; R_x unbekannter Widerstand

Bei dem *elektrostatischen Ohmmeter* nach Abb. 140 spielt in zwei Kammern *1* und *2* von Quadrantform ein eigenartig geformter Flügel *3*, der mit dem Zeiger verbunden ist. Ein kleiner Generator G (Kurbelinduktor) erzeugt eine Gleichspannung U, die zwischen dem Flügel und Kammer *1* liegt. Zwischen *1* und *2* liegt der bekannte Widerstand R, zwischen *2* und *3* der unbekannte Widerstand R_x. Für $R_x = \infty$ sind die Spannungen *3*···*1* und *3*···*2* gleich groß; auch ihre Drehmomente sind gleich, aber entgegengesetzt (Stellung des beweglichen Organs nach Abb. 140). Ist $R_x = 0$, so wird die Spannung *3*···*2* gleich Null, und der Flügel *3* wird ganz in die Kammer *1* hineingezogen. Der Zeigerausschlag gibt also den Widerstand R_x an und ist in gewissen Grenzen unabhängig von der Spannung des Generators.

[1] KEINATH: Technik elektrischer Meßgeräte, Bd. 2 (1928) S. 208.

Ein elektrostatisches *Drehfeldinstrument* (Synchronoskop) ist in Abb. 141 dargestellt. Zwei Drehstromnetze RST und $R'S'T'$ sollen parallel geschaltet werden. Mit den drei Leitern des Netzes $R'S'T'$ sind die drei festen Kammern *1*, *2* und *3* verbunden. Sie erzeugen ein elektrostatisches Drehfeld, das mit der Frequenz des angeschlossenen Netzes und bei geeigneter Ausbildung der Kammern mit praktisch konstanter Amplitude um den Krümmungsmittelpunkt der Kammern umläuft. In dem Augenblick, in dem die Spannung an einer der Kammern ihren Höchstwert hat, stimmt die Lage des Drehfeldes mit der Mittellinie der betreffenden Kammer überein. Die in Spitzen drehbar gelagerte Nadel *4* ist mit einem Leiter des Netzes RST verbunden. Sie wird sich so einstellen, daß beim Spannungshöchstwert die Richtung ihres elektrostatischen Wechselfeldes mit der augenblicklichen Drehfeldlage zusammenfällt. Haben die beiden Netze verschiedene Frequenz, so wird die Nadel *4* mit dem Zeiger *5* mit der Schlupffrequenz der beiden Netze umlaufen. Sind die Netzfrequenzen gleich, so steht der Zeiger in einer Lage still, welche die Phasenverschiebung der beiden Netzspannungen angibt. Die Skale des Gerätes ist mit einer Marke für die Phasenverschiebung Null und zwei Pfeilen für die Bezeichnung „zu schnell“ und „zu langsam“ versehen (vgl. Abb. 107, S. 113). Steht der Zeiger auf der Nullmarke still, so sind in beiden Netzen Frequenz und Spannungsphase gleich, und der Schalter *6* kann eingelegt werden, vorausgesetzt, daß die Spannungen gleich groß sind. Dieses elektrostatische Synchronoskop kann an die als Spannungsteiler benutzten Durchführungsisolatoren von Ölschaltern angeschlossen werden, was besonders bei sehr hohen Spannungen von Vorteil ist, da dann die kostspieligen Spannungswandler eingespart werden. Das kleine Meßwerk dieses Instruments ist in ein Glasgefäß mit Öl eingebaut. Letzteres bewirkt eine gute Dämpfung und gestattet, eine verhältnismäßig hohe Teilspannung von etwa 600 V an Nadel und Kammern zu legen; kleine Änderungen von Leitfähigkeit und Dielektrizitätskonstante des Öles mit der Temperatur und der Zeit sind ohne Einfluß auf die Anzeige. Das Bild des Zeigers wird durch eine einfache optische Einrichtung auf eine in die Schalttafel eingebaute Mattscheibe von der üblichen Instrumentengröße geworfen.

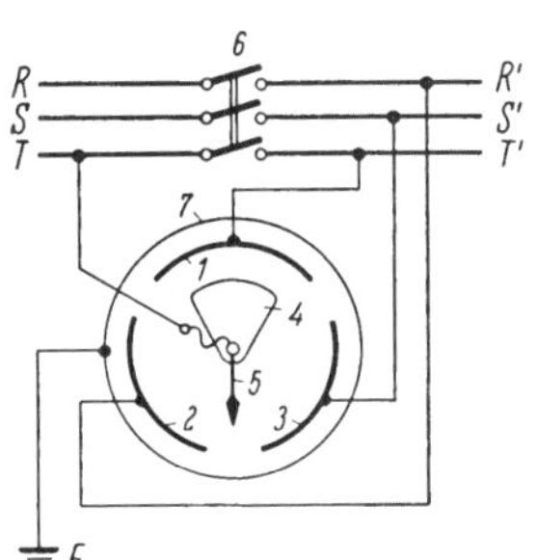

Abb. 141. Elektrostatisches Drehfeldmeßwerk nach SIEBER[1] in der Verwendung als Synchronoskop. *1*, *2*, *3* feste Kammern; *4* beweglicher Flügel; *5* Zeiger; *6* Netzkupplungsschalter; *7* Schutzring; RST und $R'S'T'$ Drehstromnetze, die parallel geschaltet werden sollen

Elektrostatische Frequenzmesser s. S. 150.

[1] PALM, A. u. S. RUMP: Bull. schweiz. elektrotechn. Ver. 22 (1931) S. 133.

IX. Vibrationsinstrumente

VDE: Vibrationsinstrumente haben schwingfähige bewegliche Organe, die elektromagnetisch, elektrodynamisch oder elektrostatisch in Resonanzschwingungen versetzt werden. (Kardiographen- und Oszillographensysteme gelten nicht als Vibrationsinstrumente.)

A. Zungenfrequenzmesser

Ordnet man eine Anzahl Stahlzungen, von denen jede auf eine bestimmte Eigenfrequenz abgestimmt ist, nebeneinander an und erregt sie durch das Wechselfeld eines Elektromagneten, so wird diejenige Zunge am stärksten schwingen, deren Eigenfrequenz mit dem doppelten Wert der Erregerfrequenz übereinstimmt.

1. Wirkungsweise

Abb. 142 zeigt Stahlzungen, wie sie in elektromagnetischen Zungenfrequenzmessern verwendet werden. Das Lötzinn *3* in der Kehle zwischen Zungenkopf *1* und Zunge dient zum Abgleich der Zunge auf die genaue Eigenfrequenz; durch Wegfeilen wird die Masse verringert und die Eigenfrequenz erhöht. An der Einspannstelle *2* ist die federnde Stahlzunge der Länge l und der Höhe (Dicke) h einseitig fest eingespannt. Abb. 142b zeigt eine Variante einer Zunge, wie sie für höhere Frequenzen üblich ist. Durch die dargestellte Aussparung und den entfallenden Zungenkopf wird die Masse verringert und somit die Eigenfrequenz höher.

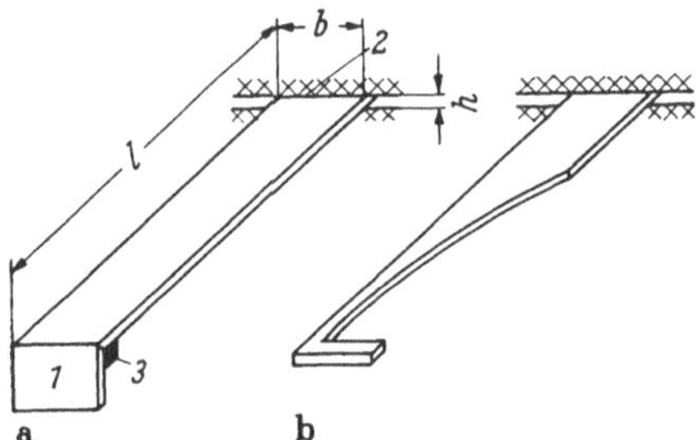

Abb. 142a u. b. Zungen für Zungenfrequenzmesser. a) Zunge für niedrige Frequenz; b) Zunge für hohe Frequenz; *1* Zungenkopf; *2* Einspannstelle; *3* Lötzinn; l Länge; h Höhe; b Breite

Die Eigenfrequenz f_0 einer transversalen Schwingung einer solchen einseitig fest eingespannten Zunge ohne Kopf errechnet sich nach der Beziehung:

$$f_0 = c\sqrt{\frac{E\,J}{m l^3}} \tag{94}$$

Einheiten:

$$\mathrm{Hz} = 1\sqrt{\frac{(\mathrm{kp/cm^2})\cdot \mathrm{cm^4}}{(\mathrm{kp\,s^2/cm})\cdot \mathrm{cm^3}}}$$

In Gl.(94) sind:

E Elastizitätsmodul (für Stahl 2,2 · 10^6 kp/cm^2)
J Trägheitsmoment der Zunge (für Rechteckzunge $h^3b/12$)
m Masse der Zunge ($m = G/g$)

c Federzahl (für transversale Grundschwingung 0,560)[1]
G Gewicht der Zunge
g Erdbeschleunigung (für Mitteleuropa 981 cm/s^2)

Setzt man diese Werte in Gl. (94) ein, so erhält man:

$$f_0 = c\sqrt{\frac{E\,h^3\,b\,l\,g}{12\,G\,l^4}}$$

Beachtet man, daß $hbl = V$ das Volumen der Zunge ist und die Wichte $\gamma = G/V$ in kp/cm^3 ist, so ergibt sich:

$$f_0 = \frac{c\,h}{2\,l^2}\sqrt{\frac{E\,g}{3\gamma}} \tag{95}$$

Einheiten:

$$\mathrm{Hz} = \frac{1\cdot\mathrm{cm}}{\mathrm{cm}^2}\sqrt{\frac{(\mathrm{kp/cm}^2)\cdot\mathrm{cm/s}^2}{\mathrm{kp/cm}^3}}$$

Man beherrscht die Herstellung von Zungen mit Eigenfrequenzen von 10···1500 Hz. Zungen mit einer Eigenfrequenz < 10 Hz reagieren zu stark auf Stöße und Erschütterungen und schwingen infolge schwacher Dämpfung zu lange nach; dadurch leidet die eindeutige Anzeige. Zungen mit höherer Eigenfrequenz als 1500 Hz sind am Kopf so dünn, daß sie kein gut erkennbares Schwingungsbild mehr ergeben.

Wegen der Breite der Resonanzkurve einer Zunge ist für Frequenzmesser ein kleinerer Abstand zu den benachbarten Zungen als $\pm 1\%$ der Eigenfrequenz nicht angebracht. Bei 50 Hz ist demnach der kleinste sinnvolle Abstand der Eigenfrequenzen benachbarter Zungen 0,5 Hz; bei 1000 Hz beträgt er 10 Hz.

Da die auf eine Zunge wirkende magnetische Kraft vom Quadrat des magnetischen Flusses abhängt, ist die Vibrationsfrequenz der Zunge doppelt so groß wie die Frequenz des magnetischen Flusses bzw. des Stroms in der Magnetwicklung. Eine Möglichkeit, die Vibrationsfrequenz und die Frequenz des Erregerstroms gleich groß zu machen, besteht in der Überlagerung eines magnetischen Gleichfelds. Ist das Gleichfeld mindestens so groß wie der Scheitelwert des magnetischen Wechselfelds, so geht die Frequenz der auf die Zunge wirkenden magnetischen Kraft auf den einfachen Wert der Frequenz des Erregerstroms zurück. Folgende Überlegung macht diesen Sachverhalt klar:

[1] van Santen, G. W.: Einführung in das Gebiet der mechanischen Schwingungen, Philips Holland 1954.

Der Gleichfluß sei Φ_-, der Wechselfluß $\Phi = \Phi_{max} \sin \omega t$. Die auf die Zunge wirkende Kraft F ist dem Quadrat des Flusses proportional. Ist nur Wechselfluß vorhanden, so ist mit der Proportionalitätskonstante K:

$$F = K \Phi_{max}^2 \sin^2 \omega t = \frac{1}{2} K \Phi_{max}^2 (1 - \cos 2 \omega t) \qquad (96)$$

Der Wechselkraftanteil geht also, wie bereits erwähnt, mit der doppelten Frequenz des Wechselflusses.

Überlagern sich ein Gleichfluß und ein Wechselfluß, so ist:

$$F = K (\Phi_- + \Phi_{max} \sin \omega t)^2$$

$$F = K (\Phi_-^2 + 2 \Phi_- \Phi_{max} \sin \omega t + \Phi_{max}^2 \sin^2 \omega t)$$

$$F = K \left(\Phi_-^2 + \frac{1}{2} \Phi_{max}^2 + 2 \Phi_- \Phi_{max} \sin \omega t - \frac{1}{2} \Phi_{max}^2 \cos 2 \omega t\right) \qquad (97)$$

Die Kraft F setzt sich aus einem zeitunabhängigen Anteil [die beiden ersten Summanden in Gl. (97)] und zwei periodischen Anteilen [3. u. 4. Summand in Gl. (97)] zusammen; der eine geht mit der Frequenz des Flusses, der zweite mit dessen doppelter Frequenz. Je größer der Gleichfluß Φ_- gegen den Wechselfluß Φ wird, desto eher kann der Wechselkraftanteil mit der doppelten Frequenz vernachlässigt werden.

Das Meßwerk eines Zungenfrequenzmessers mit magnetischem Gleichfeld nennt man ein transponiertes System, das ohne magnetisches Gleichfeld ein untransponiertes.

2. Aufbau

2.1 Elektromagnetische Zungenfrequenzmesser

In Abb. 143 ist ein elektromagnetischer Zungenfrequenzmesser nach Hartmann-Kempf[1] dargestellt. Sein wesentliches Kennzeichen besteht darin, daß die Zungen *1* aus Stahl einen Teil des magnetischen Kreises *4* bilden und somit direkt vom magnetischen Fluß zum Schwingen angeregt werden. Die Erregerspule *2* umschließt einen ganzen Zungenkamm. Abb. 143a zeigt die transponierte Ausführung mit den Permanentmagneten *3* und Abb. 143b die untransponierte. Für die Genauigkeit eines Vibrationsmeßwerks ist eine gut definierte Einspannstelle der Zungen wichtig; am besten hat sich das Einklemmen zwischen harten Messingdrähten *5* bewährt.

In Abb. 144 ist ein elektromagnetischer Zungenfrequenzmesser nach Frahm[2] dargestellt. Die Zungen *1* werden hier nicht unmittelbar vom Feld des Elektromagnets erregt, sondern über einen Halter *2*, der auf

---

[1] Hartmann-Kempf, R.: ETZ 25 (1904) S. 44; – Phys. Z. 2 (1910) S. 1183.

[2] Lux: ETZ 26 (1905) S. 264.

einer dünnen elastischen Platte *3* befestigt ist und einen Hebel *4* aus Eisen trägt. Letzterer wird durch den Elektromagnet *5* in Schwingungen

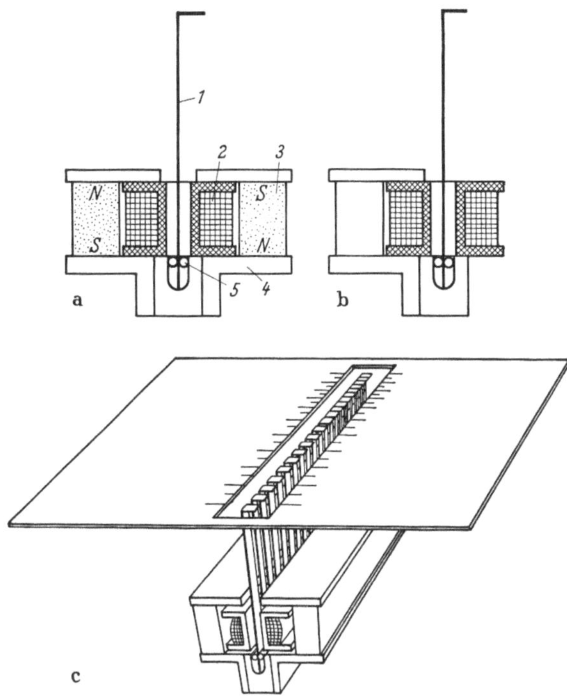

Abb. 143a–c. Elektromagnetischer Zungenfrequenzmesser. a) Transponierte Ausführung; b) untransponierte Ausführung; c) perspektivische Ansicht. *1* Stahlzunge; *2* Erregerspule; *3* Permanentmagnet; *4* magnetischer Kreis; *5* Einspannstelle

versetzt und bringt dann alle Zungen zum Schwingen mit kleiner, mit dem bloßen Auge nicht sichtbarer Schwingungsweite. Nur die Zunge, deren Eigenfrequenz mit der doppelten Frequenz des Wechselstromes ganz oder nahezu übereinstimmt, führt Resonanzschwingungen mit großer, sichtbarer Amplitude aus. Das Skalenbild ist dann das gleiche wie in Abb. 23.

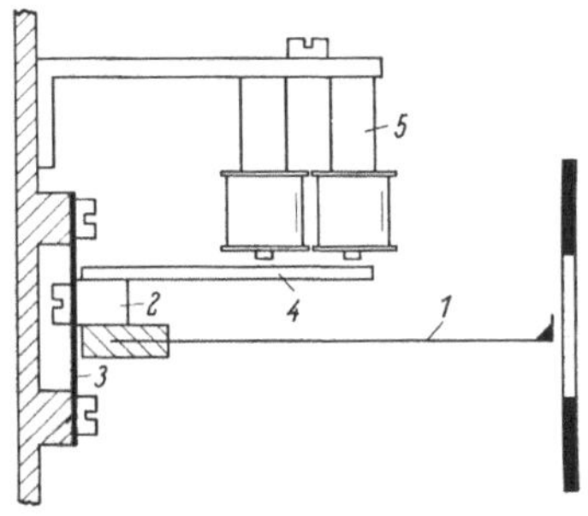

Abb. 144. Zungenfrequenzmesser nach FRAHM. *1* Stahlzunge; *2* Halter; *3* elastische Platte; *4* Hebel aus Eisen; *5* Elektromagnet

Die beiden Anordnungen unterscheiden sich im Betrieb nur dadurch, daß die unmittelbar erregten Zungen (Abb. 143) „reiner" schwingen, da sich die mechanischen Oberschwingungen der Befestigungsteile nicht überlagern können und dank ihrer elektromagnetischen Dämpfung sich bei Frequenzänderungen schneller beruhigen als die mittelbar erregten Zungen nach Abb. 144. Bei der zweiten Anordnung ist dagegen die erforderliche Leistung kleiner, was bei sehr schwachen Stromquellen wichtig sein kann.

2.2 Elektrostatischer Frequenzmesser

Auch durch die Kraft eines elektrostatischen Felds lassen sich Zungen zu Schwingungen anregen. In der Abb. 145 ist *1* eine dünne Platte, die zwischen den Schneiden *3* gelagert ist. Das über letztere hinausragende Ende der Platte ist durch Sägeschnitte in Zungen *2* von verschiedener Länge und Schwingungsdauer unterteilt. Man kann auch am rechten Ende der Platte *2* einen Zungenkamm anbringen wie in Abb. 143 und 144. Nahe an der Platte *1* steht als zweite Elektrode die Platte *4*. Zwischen *1* und *4* liegt die Wechselspannung $U_\sim$, die die Platte in erzwungene Schwingungen um die Schneiden *3* als Knotenpunkte versetzt. Die Zungen machen diese sehr kleinen Schwingungen mit, und die Zunge, deren halbe Eigenschwingungszahl gleich der Frequenz der Spannung ist, gerät wie bei den elektromagnetischen Zungenfrequenzmessern in Resonanzschwingungen großer Amplitude. Der kleine und einfache Apparat benötigt zwar eine Spannung von einigen hundert Volt, aber – und dies ist sein Hauptvorteil – bei 50 Hz nur einen Strom von wenigen µA. Er kann so an elektrostatische Spannungsteiler angeschlossen werden und wird vorwiegend in Verbindung mit dem auf S. 145 beschriebenen elektrostatischen Synchronoskop verwendet.

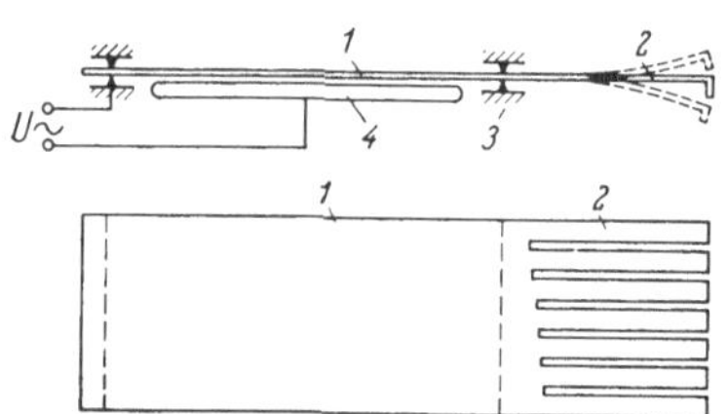

Abb. 145. Elektrostatischer Frequenzmesser. *1* dünne Platte (eine Elektrode); *2* schwingende Zungen; *3* Schneidenlager; *4* Platte (andere Elektrode); $U_\sim$ Erregerspannung

3. Anzeige, Abstimmung, Fehlergrenzen

Das Bild der Anzeige der Zungenfrequenzmesser weicht erheblich von dem üblicher analoger Meßinstrumente ab. In einem Skalenfenster sind die Zungenköpfe eines Zungenkamms zu sehen. Am Rand des Zungenfensters befindet sich die Skalenteilung mit einem Teilstrich für jede Zunge, die genaugenommen ein Meßwerk für sich darstellt; die Anzeige hat bereits digitalen Charakter. Abb. 23 zeigt zwei charakteristische Anzeigebilder eines Zungenfrequenzmessers. In Abb. 23a schwingen die 49,5-Hz- und die 50-Hz-Zunge gleich stark. Die richtige Ablesung ist 49,75 Hz. In Abb. 23b schwingt die 50-Hz-Zunge am stärksten und die beiden benachbarten gleich stark. Hier ist 50 Hz die richtige Ablesung. Ganz exakt stimmt diese Darstellung deswegen nicht, weil die Resonanzkurve (Schwingamplitude als Funktion der Frequenz) steiler abfällt, als sie ansteigt (vgl. Abb. 149).

Bei der Kalibrierung eines Zungenfrequenzmessers muß jede einzelne Zunge auf ihre Frequenz abgestimmt werden. Durch Wegfeilen von Lötzinn am Zungenkopf (vgl. Abb. 142a) wird die Masse so lange verringert, bis die zunächst zu tief vorabgestimmte Zunge ihre richtige Eigenfrequenz erlangt hat.

Die Genauigkeit sorgfältig gefertigter Zungenfrequenzmesser ist recht hoch. Es gelingt, Fehlergrenzen von 0,2% und unter gewissen Voraussetzungen von 0,1% einzuhalten. Bei Zungenfrequenzmessern ist es sinnvoll, die Anzeigeabweichung auf den Sollwert zu beziehen, weil wie gesagt jede Zunge als ein selbständiges Meßwerk anzusehen ist. So schreibt auch VDE 0410, daß der Anzeigefehler und der Einfluß bei Zungenfrequenzmessern in Prozent des richtigen Werts anzugeben sind. Zum Feststellen des Anzeigefehlers ist die Frequenz zu ermitteln, bei der die zu prüfende Zunge am weitesten ausschlägt. Die zeitliche Konstanz der Anzeige ist sehr hoch. Sie hängt vornehmlich von der Konstanz des Elastizitätsmoduls des Zungenmaterials und der Exaktheit der Einspannstelle ab, die weder so hart sein darf, daß sie eine Kneifwirkung auf die Zungen ausübt, noch so weich, daß sie sich plastisch verformt und somit im Lauf der Zeit die freie Zungenlänge verkürzt.

4. Meßbereiche, Eigenverbrauch, Fehler, Dämpfung

Die Meßbereiche der Zungenfrequenzmesser erstrecken sich von 5···1500 Hz. Der schon erwähnte Zungenabstand von 1% ist durch die Dämpfung bestimmt und sollte tunlichst nicht unterschritten werden. Will man beispielsweise bei einem Meßbereich um 1000 Hz einen engeren Zungenabstand als 10 Hz haben, so kann man sich eines *Überlagerungsfrequenzmessers* bedienen. Soll der zu messende Frequenzbereich 1050 bis 1100 Hz sein, so gibt man auf eine zweite Wicklung der Erregerspule exakt 1000 Hz. Mit der dabei auftretenden Differenzfrequenz von 50 bis 100 Hz kann man Zungen betreiben, die von 50···100 Hz abgestimmt sind und einen Abstand von z.B. 0,5 oder 1 Hz haben. Ein solcher Überlagerungsfrequenzmesser hat einen höheren Eigenverbrauch als einfache Frequenzmesser.

Der Eigenverbrauch der Zungen hoher Frequenz ist größer als der niedriger Frequenz. Ebenso ist der Eigenverbrauch untransponierter Frequenzmesser erheblich höher als der transponierter Frequenzmesser. Man kann den Eigenverbrauch elektromagnetischer Frequenzmesser mit 50···500 mVA angeben: 50 mVA gilt für transponierte Frequenzmesser in der Gegend von 50 Hz, 500 mVA für untransponierte von 10···30 Hz und für transponierte von 1500 Hz.

Ein wesentlicher Fehler der Zungenfrequenzmesser ist der Temperaturfehler. Dabei tritt der Effekt der Längenänderung der Zunge mit der Temperatur stark zurück gegen den (in gleicher Richtung wirkenden) Effekt der Elastizitätsänderung. Mit steigender Temperatur nimmt im allgemeinen der Elastizitätsmodul von Metallen ab, wodurch die Eigenfrequenz der Zungen sinkt. Bei Frequenzmessern mit Stahlzungen rechnet man mit einem Temperaturfehler von $-0{,}15\,^0/_{00}$/grd. Fertigt man die Zungen aus Nivarox (berylliumhaltige Eisen-Nickel-Legierung), dessen Elastizitätsmodul zwischen 0 °C und 60 °C praktisch temperaturunabhängig ist, so ist der Temperaturfehler der Zungenfrequenzmesser gleich Null.

Die Dämpfung der elektromagnetischen Zungenfrequenzmesser setzt sich aus der inneren und der äußeren Dämpfung zusammen. Unter innerer Dämpfung ist dabei der Energieumsatz in Wärme im Innern der Zunge infolge innerer Reibung im Metall zu verstehen. Auch die äußere Dämpfung besteht aus einem Energieumsatz in Wärme durch die Reibung der schwingenden Zunge mit der Luft und die magnetische Dämpfung infolge des Gleichflußanteils [vgl. Gln. (96) und (97)]. Eine zusätzliche Dämpfung ist bei Zungenfrequenzmessern nicht üblich. Die Schwingungsamplitude der Zungen wird einfach durch die Wahl einer geeigneten Erregerspannung auf das gewünschte Maß gebracht. Bei Schalttafelinstrumenten, die im allgemeinen nur für eine bestimmte Nennspannung gebraucht werden, ist die Erregerspule entsprechend ausgelegt; bei transportablen Instrumenten dient ein eingebauter oder separater, umschaltbarer Transformator mit mehreren Spannungsbereichen zur Anpassung der Schwingungsamplitude der Zungen an die jeweilige Spannung, deren Frequenz gemessen werden soll.

Ein Beispiel dafür, daß man Zungenkämme auch zum Messen der Amplituden mechanischer Schwingungen verwenden kann, ist

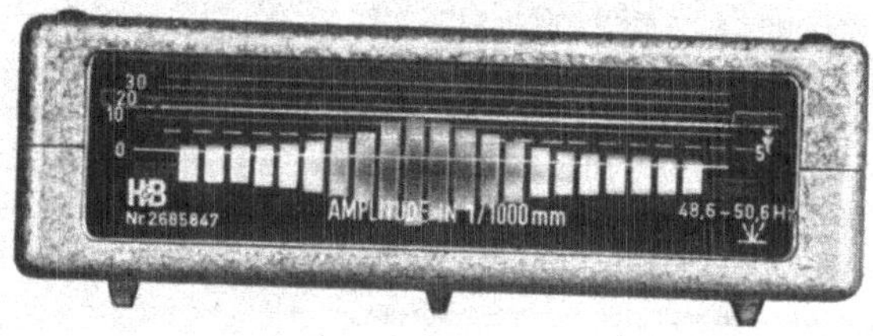

Abb. 146. Amplitudenmeßkamm (H & B)

der Amplitudenmeßkamm von H & B (Abb. 146). Der Abstand der Eigenfrequenz benachbarter Zungen ist hier erheblich niedriger als beim Zungenfrequenzmesser und beträgt nur etwa 0,2% des Sollwerts. Zur

Messung wird ein Amplitudenkamm derjenigen Frequenz, mit welcher der zu messende Körper schwingt, an den betreffenden Körper gehalten. Die Schwingweite der am stärksten schwingenden Zunge wird auf der Skale abgelesen und gibt direkt den Wert der Schwingamplitude des zu messenden Körpers an. Die Skale des in Abb. 146 dargestellten Amplitudenmeßkamms von 48,6···50,6 Hz hat z.B. Teilstriche für 5, 10, 20 und 30 μm Schwingamplitude des zu messenden Körpers.

B. Vibrationsgalvanometer

1. Anwendung

Das Vibrationsgalvanometer (Abb. 147) dient in Wechselstrombrükken zwischen 15 und 200 Hz – in Sonderfällen bis 1000 Hz – als Nullinstrument. Früher baute man Saiten-, Spulen- und Nadel-Vibrationsgalvanometer[1]. Davon hat sich bis heute lediglich das Nadel-Vibrationsgalvanometer[2] gehalten; aber es sieht so aus, als ob auch dieses in absehbarer Zeit von oszillographischen Nullindikatoren mit Siebgliedern verdrängt sein dürfte (s. S. 263). Dennoch sollen ihm hier einige Worte gewidmet werden, denn noch wird es gebaut und verwendet.

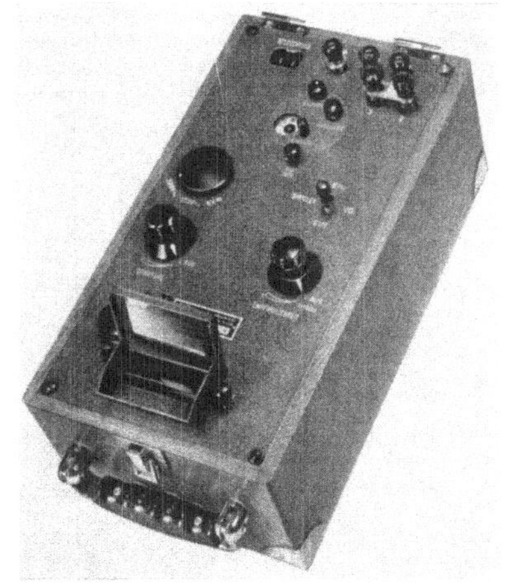

Abb. 147. Vibrationsgalvanometer (H & B)

2. Aufbau

Abb. 148 zeigt schematisiert das Meßwerk eines Nadel-Vibrationsgalvanometers. Ein kleiner, röhrenförmiger Galvanometereinsatz *1* trägt das spannbandgelagerte bewegliche Organ, das im wesentlichen aus dem sehr kleinen Spiegel *2* und der nur einige mp wiegenden Magnetnadel *3* besteht, die meist aus Cunife, einer energiereichen hartmagnetischen Kupfer-Nickel-Eisen-Legierung hergestellt ist[3]. In ihrer Magnetisierungsrichtung liegt die

---

[1] SCHERING, H.: Schwingungsinstrumente, Geiger-Scheels Handbuch der Physik, Bd. 16 (1927) S. 304.

[2] RUBENS, H.: Wiedemanns Ann. 56 (1895) S. 27; – SCHERING u. SCHMIDT: Z. Instrumentenkunde 38 (1918) S. 1 und 50 (1930) S. 300.

[3] RUMP u. SCHMIDT: DRP 625272 (1933).

Magnetnadel im Luftspalt des magnetischen Kreises zweier Permanentmagnete *4*, die auf einer weichmagnetischen, am Knopf *5* verdrehbaren Achse sitzen. Senkrecht zur Magnetisierungsrichtung der Magnetnadel wirkt der magnetische Wechselfluß des weichmagnetischen Kreises *6* mit der Erregerspule *7*. Rechts im Bild sind die Lichtwurfeinrichtung *8* und die Skale *9* mit hantelförmiger Lichtmarke *10* zu sehen. An Stelle der Permanentmagnete können auch mit Gleichstrom betriebene Elektromagnete eingebaut sein.

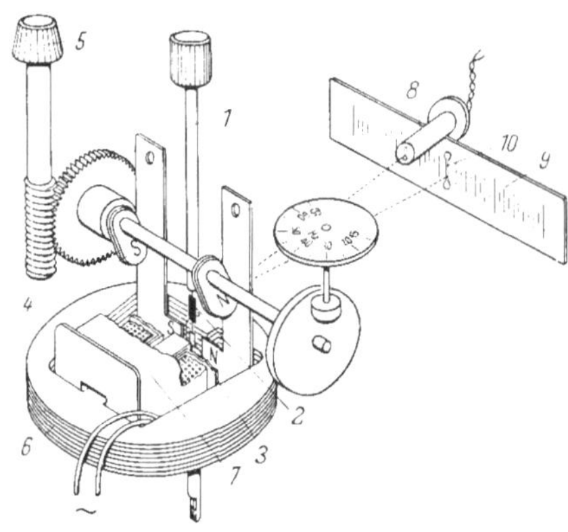

Abb. 148. Meßwerk eines Nadel-Vibrationsgalvanometers (schematisiert) (H & B). *1* Galvanometereinsatz; *2* Meßwerkspiegel; *3* Magnetnadel; *4* Permanentmagnete; *5* Resonanzfrequenzeinstellung; *6* weichmagnetischer Kreis; *7* Erregerspule; *8* Lichtwurfeinrichtung; *9* Skale; *10* Lichtmarke

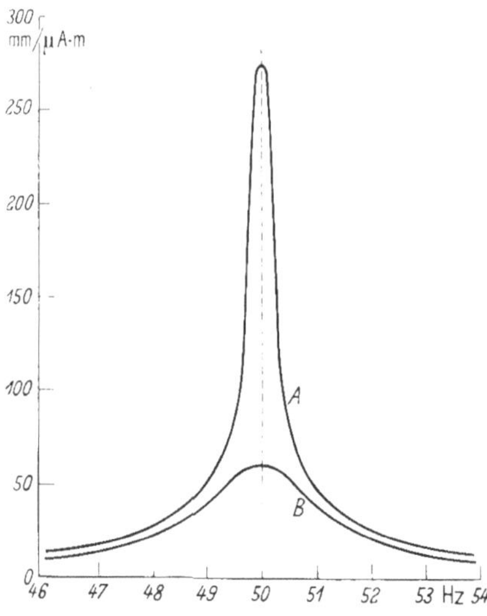

Abb. 149. Resonanzkurven eines Vibrationsgalvanometers *A* bei offener, *B* bei kurzgeschlossener Dämpfungsspule

3. Wirkungsweise

Die Eigenfrequenz der Torsionsschwingungen des beweglichen Organs hängt von seinem Trägheitsmoment, dem Torsionsmoment des Spannbands und dem magnetischen Gleichfluß in der Magnetisierungsrichtung der Magnetnadel ab. Der Gleichfluß kann durch Variation eines zusätzlichen Luftspalts im Permanentkreis – oder durch eine Änderung des Gleichstroms in der Magnetisierungsspule – verändert und damit die Resonanzfrequenz des Vibrationsgalvanometers etwa im Verhältnis 1 : 2 bis 1 : 4 geändert werden. Durch Austausch der Galvanometereinsätze lassen sich Resonanzfrequenzen innerhalb noch wesentlich weiterer Grenzen erzielen.

Schickt man durch die Erregerspule eines Vibrationsgalvanometers einen Wechselstrom, so gerät durch die Wirkung des von ihm erzeugten Wechselflusses das bewegliche Organ ins Schwingen. Die Verbreiterung des Lichtmarkenstrichs ist ein Maß für die Schwingungsamplitude, die als Funktion der Frequenz des Wechselstroms für eine Resonanzfrequenz des Vibrationsgalvanometers von 50 Hz in Abb. 149 aufgetragen ist. Als Parameter ist die Dämpfung des Vibrationsgalvanometers gewählt. Man arbeitet mit einem Vibrationsgalvanometer grundsätzlich bei Resonanzfrequenz, wobei es hochgradig frequenzselektiv wirkt. Es eignet sich also besonders zum Abgleich von Brückenschaltungen auf die Grundwelle auch bei stark oberschwingungshaltigen Strömen.

4. Schaltung und Empfindlichkeit

Die Schaltung eines modernen Vibrationsgalvanometers ist aus Abb. 150 zu ersehen. Die Erregerspule trägt zwei getrennte Wicklungen I und II, die je fünf Anzapfungen haben. Von drei Schaltern dient einer der Empfindlichkeitswahl, ein zweiter gestattet durch das Schließen eines Wicklungsteils über mehr oder weniger Widerstand eine Variation der Dämpfung, und der dritte polt um.

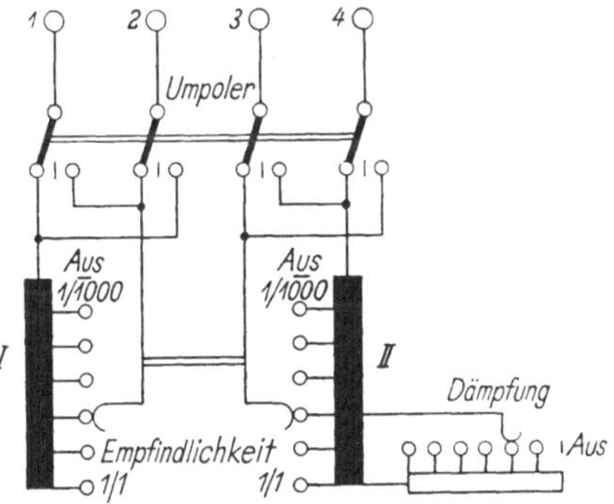

Abb. 150. Schaltung eines Vibrationsgalvanometers. I 1. Erregerwicklung; II 2. Erregerwicklung (dient auch als Dämpfungswicklung)

Die Empfindlichkeit eines Vibrationsgalvanometers wird als die Verbreiterung des Spaltbilds in Millimeter, bezogen auf 1 m Lichtzeigerlänge, für einen Strom von 1 μA oder eine Spannung von 1 μV im Resonanzfall angegeben. Die Leistungsempfindlichkeit, die durch das Produkt von Strom- und Spannungsempfindlichkeit bestimmt wird, ist für die Güte eines Galvanometers besonders kennzeichnend. Die Tabelle auf S. 156 gibt Aufschluß über die Empfindlichkeit eines neuzeitlichen Vibrationsgalvanometers bei einer Meßfrequenz von 50 Hz.

Unter *Rückwirkungsfaktor* versteht man dabei die Widerstandserhöhung gegenüber dem Widerstand, der bei ruhendem oder herausgenommenem System gemessen wird. Die Rückwirkung wird dadurch verursacht, daß die schwingende Magnetnadel in der Meßwicklung eine Spannung induziert, die der angelegten entgegenwirkt.

Die *Resonanzbreite* ist diejenige prozentuale Abweichung der Meßfrequenz von der Eigenfrequenz des Vibrationsgalvanometers, bei der die Empfindlichkeit auf den halben Wert abgesunken ist. Sie ist der gesamten Dämpfung des Systems proportional. Je größere Dämpfungs-

Galvanometereinsatz	Stromempf.	Spannungsempf.	Leistungsempf.	Gleichstromempf.	Resonanzbreite i. Leerlauf	Rückwirkungsfaktor	Widerstand
	$\frac{\text{mm}}{\mu\text{A}\cdot\text{m}}$	$\frac{\text{mm}}{\mu\text{V}\cdot\text{m}}$	$\frac{\text{mm}}{\text{fW}\cdot\text{m}}$ [1]	$\frac{\text{mm}}{\mu\text{A}\cdot\text{m}}$	%		Ω
Standard- (Spulen parallel)	320	1,8	0,6	0,79	0,60	7,9	21
Hochempfindlicher (Spulen in Reihe)	715	2,3	1,7	2,0	0,66	3,3	85

werte eingestellt werden, desto langsamer fällt die Empfindlichkeit bei Verstimmung der Meßfrequenz ab, desto geringer ist allerdings auch die Resonanzempfindlichkeit selbst.

Ein Vergleich der Stromempfindlichkeit, die selbstverständlich für Wechselstrom der Resonanzfrequenz gilt, mit der Gleichstromempfindlichkeit zeigt, daß das Vibrationsgalvanometer bei Resonanz fast 400mal empfindlicher ist als bei einer Gleichstromauslenkung nach dem Prinzip eines Drehmagnetinstruments.

5. Sonstige Eigenschaften

Auf die Genauigkeit kommt es beim Vibrationsgalvanometer wie bei allen Nullindikatoren nicht an. An Fehlereinflüssen sind hervorstechend: mechanische Schüttelempfindlichkeit, magnetischer und elektrischer Fremdfeldeinfluß, Kriechstromeinfluß. Zur Vermeidung eines Schütteleinflusses auf die Lichtmarkenbreite muß man einen ruhigen Meßplatz wählen und unter Umständen das Vibrationsgalvanometer auf eine schwere Platte (z.B. Marmor) mit Schaumgummiunterlage stellen. Überdies haben Vibrationsgalvanometergehäuse heutzutage Schaumgummifüße.

Gegen die Einflüsse von Fremdfeldern sind Meßwerke elektrisch und magnetisch abgeschirmt. Bei der Leitungsführung der Anschlußleitungen zum Vibrationsgalvanometer achtet man tunlichst auf geschirmte und verdrillte Leitungen.

Die Isolation der Wicklungen, Klemmen und Verdrahtung muß hochwertig sein, damit kein Kriechstromeinfluß in Erscheinung tritt.

Die Dämpfung wird durch die innere Reibung der Bandaufhängung, den Luftwiderstand und die Wirbelströme bestimmt, die von der schwin-

[1] 1 fW = 10^{-15} W (vgl. Tab. IX, S. 230).

genden Magnetnadel in benachbarten Metallteilen induziert werden. Außerdem wird in der Meßwicklung durch die Magnetnadel ein Strom verursacht, der je nach dem Betrag des äußeren Schließungswiderstands eine mehr oder weniger große dämpfende Wirkung auf das schwingende Organ ausübt.

X. Kontakt- und Signalgeräte

Man kann die beschriebenen Meßwerke dazu verwenden, um beim Erreichen eines bestimmten Meßwertes unmittelbar oder mittelbar einen Signalstromkreis zu schließen. Ein solches Signalgerät hat neben der laufenden Anzeige des Meßwertes zusätzlich die Aufgabe, beim Über- oder Unterschreiten eines vorgegebenen Grenzwertes ein Signal auszulösen. Es ist also nicht nur ein Anzeigegerät, sondern gleichzeitig eine „Sicherung" für den zu überwachenden Vorgang. Das ausgelöste Signal kann zur optischen oder akustischen Warnung verwendet werden oder unmittelbar in den zu überwachenden Vorgang eingreifen (z.B. Abschalten eines Ofens bei Überschreitung einer gefährlichen Temperatur). Bei dem vielseitigen Einsatz elektrischer Meßgeräte zur Überwachung von Prozeßabläufen haben Signalgeräte eine große Bedeutung gewonnen.

Man unterscheidet zwei Gruppen von Signalgeräten: Geräte, bei denen die Kraft des beweglichen Organs ausreicht, um einen sicheren elektrischen Kontakt einzuleiten, und solche, bei denen das bewegliche Organ die Kontaktgabe nur steuert, während eine fremde Energiequelle die Kraft dazu liefert.

A. Geräte mit unmittelbarer Kontaktgabe

Wenn auch solche Geräte heute nur noch selten verwendet werden, so soll die „klassische" Bauweise eines Kontaktgeräts doch an einem Beispiel erläutert werden. Abb. 151 zeigt die Kontakteinrichtung eines Meßwerks. Der Zeiger *1* oder ein mit ihm starr verbundener Hebelarm trägt einen Edelmetallkontakt *2*, der durch ein bewegliches, richtkraftarmes Band *3* mit der Anschlußklemme *4* verbunden ist. Ein zweiter Zeiger *5* (Sollwertzeiger) ist in der verlängert gedachten Meßwerkachse getrennt einstellbar gelagert. Er trägt ebenfalls einen Edelmetallkontakt *6*, der über das bewegliche Band *7* zur Klemme *8* geführt ist. Der Sollwertzeiger *5* ist so ausgebildet, daß der Sollwert für

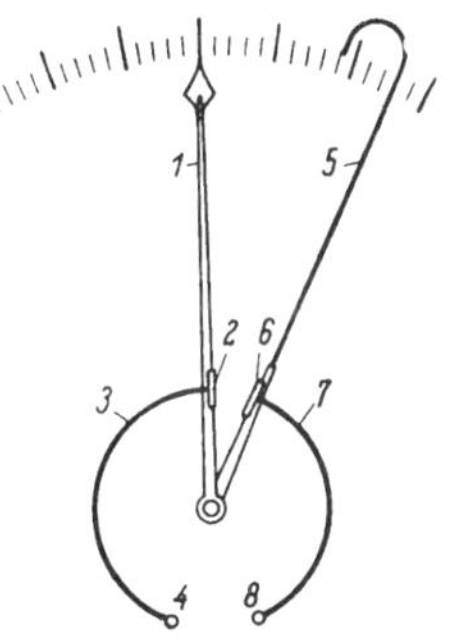

Abb. 151. Meßwerk mit unmittelbarer Kontaktgabe. *1* Zeiger; *2* u. *6* Kontakte; *3* u. *7* mechanisch nachgiebige Stromzuführungen; *4* u. *8* Anschlußklemmen; *5* Sollwertzeiger

die Kontaktgabe auf der Instrumentenskale eingestellt werden kann. Schlägt nun das Meßwerk so weit aus, daß der Zeiger *1* den Sollwertzeiger *5* erreicht, so berühren sich die Kontakte *2* und *6*, und das gewünschte Signal wird ausgelöst. In Abb. 151 ist ein „Maximalkontakt" dargestellt; er wird – daher seine Bezeichnung – bei einem Maximalwert des Meßwerts geschlossen. Einen „Minimalkontakt" erhält man, wenn man den Sollwertzeiger *5* links vom Meßwerkzeiger anordnet.

Mit einem vom Meßwerk direkt betätigten Kontakt kann man nur kleine Leistungen schalten (maximal einige Milliampere bei Spannungen von höchstens 220 V) und muß praktisch immer ein Zwischenrelais verwenden. Besonders beim Öffnen schweißen die Kontakte durch den Öffnungsfunken leicht zusammen, so daß bei kleiner Änderung des Meßwerts das Drehmoment des Meßwerks unter Umständen nicht ausreicht, die Kontakte zu trennen. Aus diesem Grunde sind nur kräftige Meßwerke mit einem Drehmoment ab etwa 1 cmp für Endausschlag zur Ausbildung mit Kontakten geeignet.

Empfindlichere Meßwerke mit Direktkontakten sind möglich, wenn man die Kontakte sehr klein ausbildet und durch einen nachgeschalteten Verstärker (Röhren- oder Transistorverstärker) erreicht, daß sie praktisch leistungslos schalten. Dieser zusätzliche Aufwand ist aber so groß, daß man dann auch auf die weiter unten beschriebene mittelbare Kontaktgabe übergehen kann, bei der das Meßwerk selbst keine Berührungskontakte zu betätigen braucht.

Ein weiterer Nachteil der direkten Kontaktgabe liegt darin, daß der Kontakt im Weg des Zeigers die richtige Anzeige verhindert, wenn der eingestellte Sollwert über- bzw. unterschritten wird. Da oft gerade in diesen Fällen der Meßwert besonders interessant ist, muß man dem Signalgerät noch ein normales Anzeigegerät zuordnen. Eine andere Möglichkeit besteht darin, daß bei Kontaktgabe durch eine elektromagnetische Hilfsvorrichtung der Kontakt aus der Zeigerbahn herausgeklappt wird.

B. Geräte mit mittelbarer Kontaktgabe

Bei solchen Geräten braucht das Meßwerk die zur Signalgabe erforderliche Energie nicht selbst aufzubringen, sondern lediglich eine Hilfsenergie zu steuern. Es können daher zur Signalgabe auch empfindliche Meßwerke verwendet werden, denn die Steuerung ist möglich, ohne daß eine merkliche Rückwirkung auf das Meßwerk ausgeübt wird. Bei einer viel verwendeten Ausführung wird die Zeigerstellung durch eine motorangetriebene Abtasteinrichtung periodisch abgetastet (Fallbügelabtastung). Neuerdings bevorzugt man Geräte mit photoelektrischem Abgriff oder Schwingkreisabgriff, bei denen das Signal ohne Zeitverzögerung ausgelöst wird.

1. Fallbügelabtastung

Abb. 152 zeigt schematisch ein Kontaktgerät mit Fallbügelabtastung[1]. Unter dem Meßwerkzeiger *1*, der nahe seiner Spitze ein kleines Druckstück *2* trägt, ist ein in Zapfen drehbarer Fallbügel *3* angeordnet,

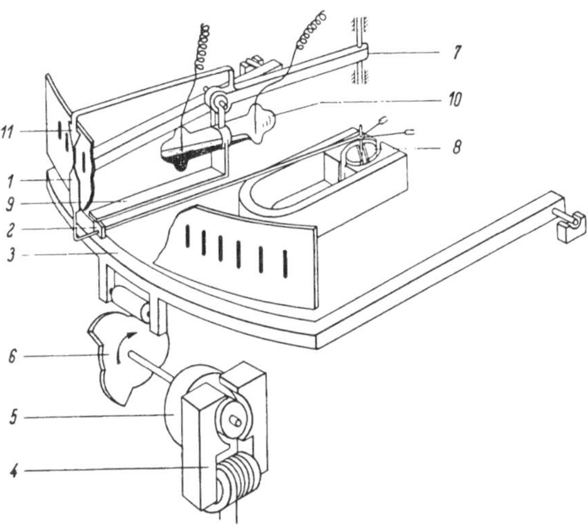

Abb. 152. Schema eines Signalgeräts mit Fallbügelabtastung. *1* Meßwerkzeiger mit Druckstück *2*; *3* Fallbügel; *4* Synchronmotor mit Übersetzungsgetriebe *5*; *6* Kurvensche.be; *7* Tragarm; *8* Meßwerk; *9* Schaltwippe; *10* Quecksilberschaltröhre; *11* Sollwertzeiger

der durch den Synchronmotor *4* über das Getriebe *5* und die Kurvenscheibe *6* periodisch angehoben und gesenkt wird; dieses Spiel wiederholt sich je nach Ausführung ein- bis sechsmal in der Minute. Über dem Meßwerk ist an einen Tragarm *7*, dessen Drehachse in der Verlängerung der Meßwerkachse *8* liegt, eine Wippe *9* befestigt, die eine Quecksilberschaltröhre *10* trägt und mit einem Hebel bis in den Bewegungsbereich des Zeigerdruckstücks *2* reicht; letzteres wird beim Hochgehen des Zeigers angehoben. Steht das Druckstück *2* unter der Wippe, so wird diese mit angehoben, die Schaltröhre *10* gekippt und damit der Kontakt geschlossen (oder geöffnet). Die neue Stellung der Schaltröhre kann durch eine (nicht eingezeichnete) Verklinkung festgehalten werden, so daß die Röhre beim Rückgang des Fallbügels nicht zurückkippt; die Verklinkung wird erst wieder aufgehoben, wenn der Meßwerkzeiger beim Abtasten außerhalb der Wippe steht. Mit dem Tragarm ist der Sollwertzeiger *11* verbunden, mit dem sich auf der Meßwerkskale der Sollwert der Kontaktgabe einstellen läßt. Hat der Meßwerkzeiger den eingestellten Sollwert

[1] Solche Geräte sind auch unter dem Namen „Fallbügelregler" bekannt, da man sie häufig als Zweipunktregler für einfache Regelaufgaben verwendet.

erreicht, so wird der Kontakt nicht sofort ausgelöst, sondern erst beim nächsten Fallbügelhub. Diese Verzögerung ist aber in vielen Fällen (z.B. bei der Temperaturüberwachung) ohne weiteres zulässig.

Mit den Quecksilberschaltröhren kann man verhältnismäßig große Leistungen schalten (übliche Ausführungen 6···10 A bei 220···380 V, Sonderausführungen bis 30 A; die Angaben gelten jeweils für ohmsche Last).

2. Photoelektrischer Abgriff

Mit der Entwicklung leistungsfähiger Photowiderstände wurde es möglich, auf einfache Weise auch mit empfindlichen Meßwerken Signale auszulösen[1]. Abb. 153 zeigt das Schema. Der (nicht gezeichnete) Sollwertarm, mit dem sich der gewünschte Signalwert einstellen läßt, trägt die Glühlampe *1* und den Photowiderstand *2*. Am Meßwerkzeiger *3* ist eine Metallfahne (Steuerfahne) *4* befestigt. Steht die Fahne außerhalb des von der Lampe auf den Photowiderstand fallenden Strahlenbündels, so wird der Photowiderstand voll beleuchtet. Da sein Widerstand dabei klein gegen den der Erregerspule des Relais *5* ist, das in Reihe mit dem Photowiderstand am Wechselstromnetz liegt, zieht das Relais an. Tritt die Steuerfahne zwischen die Lampe und den Photowiderstand, so wird dieser verdunkelt, sein Widerstand steigt um mehrere Zehnerpotenzen, und das Relais fällt ab.

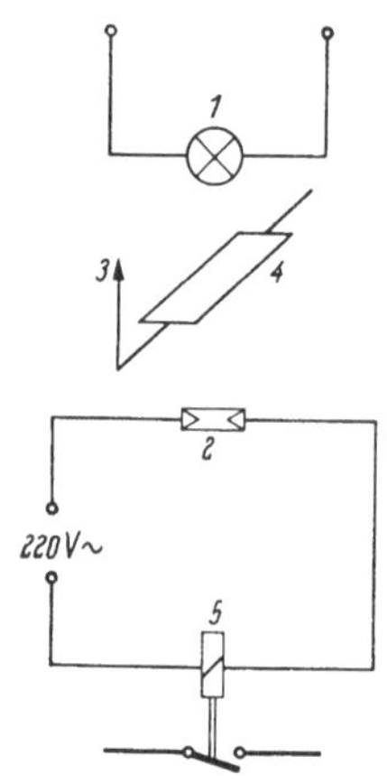

Abb. 153. Photoelektrische Kontaktgabe. *1* Glühlampe; *2* Photowiderstand; *3* Meßwerkzeiger mit Fahne *4*; *5* Starkstromrelais

Abb. 154 zeigt Cadmiumsulfid-Photowiderstände, wie sie zu diesem Zweck entwickelt wurden. Links unten sieht man einen ungefaßten, daneben einen in eine Fassung eingebauten Photowiderstand (darüber jeweils die Rückseite). Eine Glasplatte (10 × 30 mm) trägt eine aufgedampfte, photoleitend gemachte CdS-Schicht. Auf diese sind Metallelektroden so aufgebracht, daß in der Mitte ein 1 mm breiter photoleitender Spalt frei bleibt. Die Elektroden sind auf die Rückseite herumgeführt, wo die Kontakte abgenommen werden. Mit einem solchen Photowiderstand kann man z.B. ein am Netz liegendes Quecksilber-Tauchankerrelais mit etwa 1 VA Erregerleistung und einer Schaltleistung von 3 kW (ohmsche Last) direkt betätigen. Die zur Beleuchtung nötige Lampe (Soffittenlampe) kann so weit unterbelastet sein, daß sie eine vieljährige Lebensdauer besitzt.

---

[1] Hunsinger, W. u. W. Oppelt: Regelungstechn. 1 (1953) S. 87/88; — Kleiner, H. O.: Nachrichtentechn. Fachber. 24 (1961) S. 127/137.

Bei den Photowiderständen rechts sind drei Elektroden so aufgedampft, daß zwei nebeneinanderliegende photoleitende Spalte entstehen (Abstände 2···8 mm). Man kann damit an zwei benachbarten Skalenpunkten Signale auslösen und z.B. schon vor Erreichen eines Gefahrenzustands ein Warnsignal geben.

Zum direkten Schalten eines Starkstromrelais ist ein verhältnismäßig großflächiger Photowiderstand nötig, der zudem nahe am Zeigerende sitzen muß, wenn das Gerät exakt ansprechen soll. Damit nicht die Steuerfahne

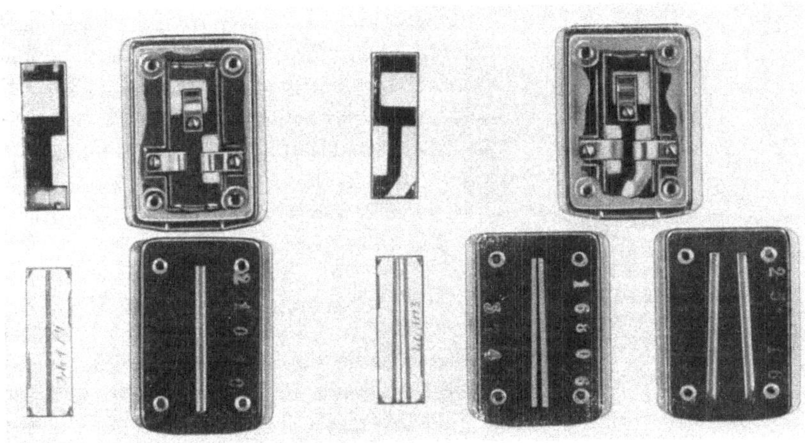

Abb. 154. Photowiderstände

zu schwer und ihr Trägheitsmoment zu groß wird, muß sie möglichst schmal sein. Bei einer schmalen Fahne würde aber bei einer größeren Sollwertüberschreitung der Photowiderstand wieder belichtet, also der Schaltzustand „Zeiger steht noch unterhalb des Sollwerts" vorgetäuscht. Um dies zu vermeiden, muß man den Zeigerausschlag dicht hinter dem Sollwert durch einen Anschlag begrenzen.

Soll der Meßwert auch bei beliebigem Überschreiten des Sollwerts richtig angezeigt werden, so muß die Fahnenlänge mindestens dem Ausschlagwinkel des Meßwerks entsprechen. Damit die Fahne trotzdem leicht wird, muß sie nahe der Achse angebracht sein. Man braucht dann einen räumlich kleinen Photowiderstand, mit dem man aber ein Starkstromrelais nicht mehr unmittelbar, sondern nur über einen Schaltverstärker aussteuern kann. Abb. 155 zeigt die Prinzipanordnung eines solchen Geräts (Fodin 2 von H & B) mit zwei getrennten einstellbaren Schaltarmen (z.B. für Maximal- und Minimalkontakt). Die senkrecht zur Papierebene abgekröpfte Fahne ist an der rückwärtigen Verlängerung des Meßwerkzeigers befestigt; sie dient gleichzeitig als Ausgleichgewicht für den Zeiger. Die die Photowiderstände *3* und die Soffittenlampen *4* tragenden Teile der Sollwertarme *5* sind seitlich abgekröpft, damit sich beliebig dicht nebeneinanderliegende Sollwerte einstellen lassen. An jedem Sollwertarm können zwei Photowiderstände befestigt werden, die in Ausschlagrichtung gegeneinander verschiebbar sind und die von einer gemeinsamen Soffittenlampe beleuchtet werden; der Abstand der Schaltpunkte auf der Skale läßt sich zwischen 0 und 8 mm einstellen. Jedem Photowiderstand ist ein als Transistorkippstufe ausgebildeter Schaltverstärker und ein Sprungkontaktrelais zugeordnet, mit dem man 4 A bei 220 V (ohmsche Last) schalten kann. Relais und Verstärker bilden eine Baueinheit, von denen vier Stück im Gerät untergebracht werden können.

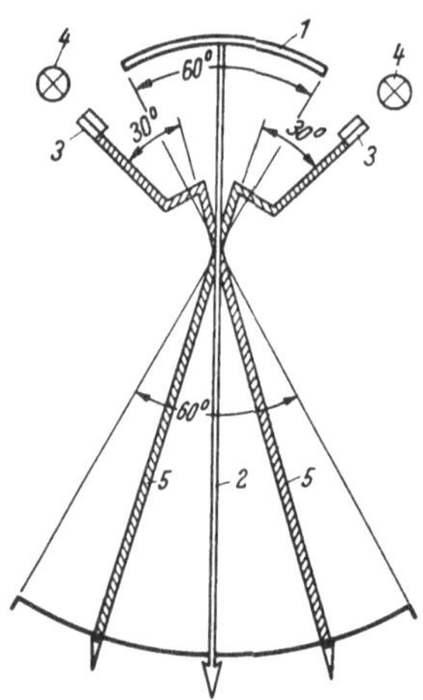

Abb. 155. Signalgerät mit photoelektrischem Abgriff für Minimal- und Maximalkontakt (Fodin 2 von H & B). *1* Steuerfahne; *2* Meßwerkzeiger; *3* Photowiderstände; *4* Lampen; *5* Sollwertarme

3. Schwingkreisabgriff[1]

Das Schema einer anderen, häufig angewandten Methode zum berührungslosen Auslösen eines Signals zeigt Abb. 156. Ein Transistoroszillator, dessen Hauptteile der Transistor *1*, der Schwingkreis *2* und die Rückkopplungsspule *3* sind, liefert ungedämpfte HF-Schwingungen, solange die am Meßwerkzeiger *4* befestigte Steuerfahne *5* außerhalb des Luftspalts zwischen Schwing- und Rückkopplungsspule steht; beide Spulen sind am (nicht gezeichneten) Sollwertarm befestigt. Taucht die Fahne in den Luftspalt ein, so wird die Rückkopplungsspule gegen die Schwingkreisspule abgeschirmt, und die Schwingung reißt ab. Die Änderung der am Schwingkreis liegenden HF-Spannung wird (z. B. nach Gleichrichtung und Verstärkung in einer Transistorkippstufe) zum Schalten eines Relais ausgenutzt. Ist der Schwingkreis richtig ausgelegt, so wirkt er praktisch nicht auf das Meßwerk zurück.

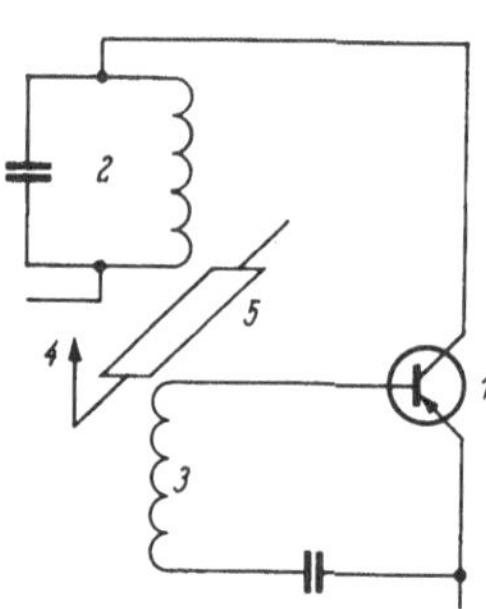

Abb. 156. Signalgerät mit Schwingkreisabgriff. *1* Transistor; *2* HF-Schwingkreis; *3* Rückkopplungsspule; *4* Meßwerkzeiger; *5* Steuerfahne

Durch Anordnen der Steuerfahne an der rückwärtigen Zeigerverlängerung und Abkröpfen der

[1] KALUSCHE, H. u. V. STIGLER: Siemens-Z. 31 (1957) S. 516/518; – BÄR, H.: JCE-Berichte (1960) S. 29/30; – ZEITZ, K. H.: AEG-Mitt. 50 (1960) S. 342/345.

Sollwertarme kann man wie beim Photowiderstandsabgriff gleichzeitig einen Maximal- und Minimalkontakt anbringen und ungehindertes Durchschwingen des Zeigers erreichen. Zwei verstellbare Kontakte auf einem Sollwertarm lassen sich dagegen schwieriger anbringen als bei einem Photowiderstandsabgriff.

XI. Registrierinstrumente[1]

A. Linien- und Punktschreiber

Die Aufzeichnung der schreibenden elektrischen Meßgeräte dient als Dokument über den zeitlichen Verlauf eines Vorgangs. Man findet solche Geräte heute fast auf allen Gebieten der Technik und der Wissenschaft in Anwendung. Zuweilen dienen die Schaubilder auch als Unterlage zur Überwachung von Energiemengen und damit von Geldwerten. Die Durchbildung der Registrierinstrumente hat manche Schwierigkeit bereitet, weil das Drehmoment der Meßwerke nicht immer zur Führung einer Feder auf dem Papier ausreicht und weil die Meßwerke eine drehende Bewegung ausführen. Fast immer wird aber eine Aufzeichnung in geradlinig-rechtwinkligen Koordinaten gefordert, da sich ein Bogendiagramm schlecht auswerten läßt.

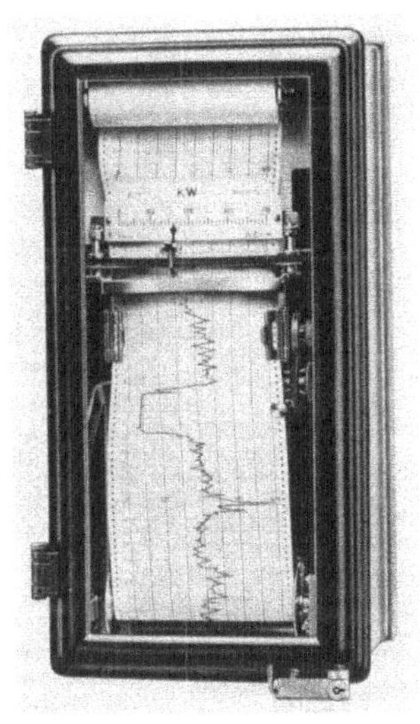

Abb. 157.
Alter großer Linienschreiber (H & B)

Früher hatte man sehr große Registrierinstrumente (Abb. 157). Die sichtbare Diagrammfläche betrug nur etwa 17% der vom Schreiber beanspruchten Frontfläche. Die modernen Schreiber weisen dagegen eine sichtbare Diagrammfläche von etwa 45% der beanspruchten Frontfläche auf.

1. Allgemeines

1.1 Frontrahmenabmessungen und Schreibbreiten

Die folgenden *Frontrahmenabmessungen* und *Schreibbreiten* sind heute gebräuchlich[2]:

[1] PALM, A.: Registrierinstrumente, 2. Aufl. Berlin/Göttingen/Heidelberg: Springer 1959.

[2] DIN 43831 Gehäuse für schreibende Meßinstrumente für Einbau; – DIN 16230 bis 16233 Schreibstreifen für Band-, Trommel- und Kreisblattschreiber; – DIN 16234 Papier; – DIN 16240/1 Transportwerk für Bandschreiber.

Frontrahmen		Schreibbreite	Sichtbare Schreiblänge
Breite	Länge		
mm	mm	mm	mm
96	192	50	130
144	144	100	80
144	192	100	130
192	240	120 oder	160
192	288	2 · 50	210
288	192	2 · 100	130
288	240	oder	160
288	288	3 · 60	210

Abb. 158 zeigt drei moderne Schreiber.

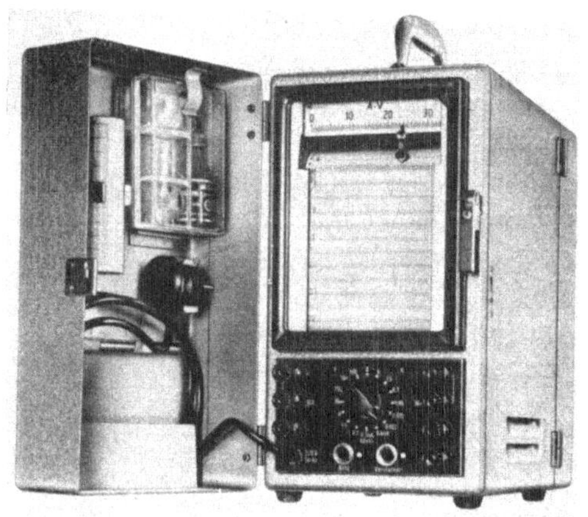

Abb. 158 a

1.2 Papiervorschub

Der *Papiervorschub* für Bandschreiber beträgt 5, 10, 20, 60, 120, 300, 600, 1200, 3600, 7200, 18000 oder 36000 mm/h. Bei vielen Schreibern kann zwischen drei benachbarten Vorschüben durch Umschaltung gewählt werden, z.B. 10, 20 und 60 mm/h. Der Vorschub richtet sich nach der Änderungsgeschwindigkeit der zu registrierenden Meßgröße. Zur Aufzeichnung einer Temperatur genügt im allgemeinen ein kleiner Vorschub, zur Aufzeichnung von Einschaltvorgängen oder Störungen braucht man hingegen einen sehr großen Vorschub. Zur Registrierung der Netzspannung wählt man häufig einen Vorschub von 20 mm/h.

1.3 Papierantrieb

Der *Papierantrieb* wird entweder von einem Synchronmotor oder von einem Federwerk besorgt, das von Zeit zu Zeit durch einen Motor oder von Hand aufgezogen wird. Auf Wunsch wird der Synchronmotorantrieb mit einer *Gangreserve* eingerichtet. Die Gangdauer der üblichen Feder-

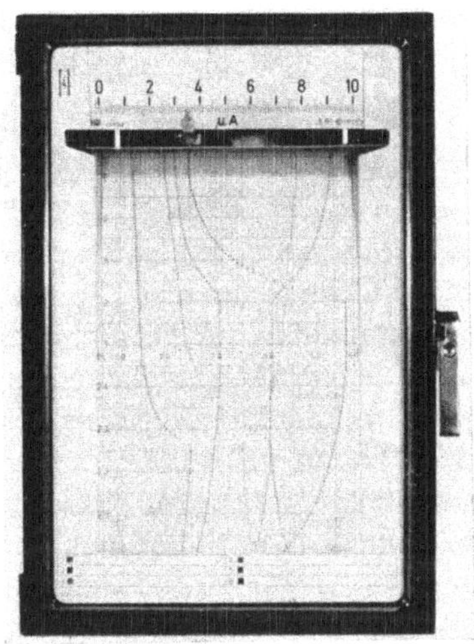

Abb. 158 b

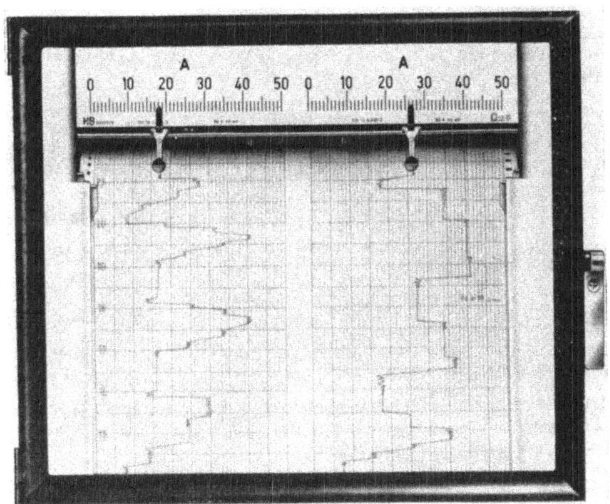

Abb. 158 c

Abb. 158 a–c. Drei moderne Schreiber (H & B). a) Tragbarer Universal-Linienschreiber 144 · 192; b) Sechsfarben-Punktschreiber 192 · 288; c) Zweifach-Linienschreiber 288 · 240

werke liegt für Vorschübe von 20 oder 60 mm/h je nach Schreiberart bei zweieinhalb bis acht Tagen. Der Gangfehler guter Federwerke beträgt etwa 0,25…1 min je Tag, das sind 0,2…0,7 ‰. Synchronmotore an frequenzgeregelten Netzen haben keinen Gangfehler, weil bei diesen Netzen die synchrone Uhr in regelmäßigen Zeitabständen mit der Normaluhr zur Übereinstimmung gebracht wird. Der Papierantrieb von Bandschreibern erfolgt meist über Stiftwalzen in Höhe der Schreibstelle. Die Papieraufwickelwalze kann nicht als Antrieb verwendet werden, weil ihre Winkelgeschwindigkeit von der Menge des aufgespulten Papiers abhängt.

1.4 Papier

In Europa ist die Registrierung auf einem ablaufenden Papierstreifen oder -band vorherrschend. Dieser hat eine Länge zwischen 10 und 100 m und ist meist auf einer Papphülse zu einer Vorratsrolle aufgerollt. Vielfach sind die Streifen mit einem Koordinatennetz bedruckt, das eine leichte Auswertung des Diagramms ermöglicht. Die häufigsten Schreibbreiten sind 100 und 120 mm. In der Längsrichtung des Streifens ist fast immer eine Zeitteilung aufgetragen. Als Abstand der Teilstriche wählt man für beide Teilungen 5···10 mm; eine sinnvolle untere Grenze liegt bei etwa 1 mm. Oft werden der Einfachheit halber Streifen mit Zentimeter- oder 10er-Teilung verwandt. Zur Auswertung des Diagramms braucht man dann entweder ein durchsichtiges Ableselineal mit Eichteilung oder einen Streifen mit einem der Eichung entsprechenden Koordinatenaufdruck.

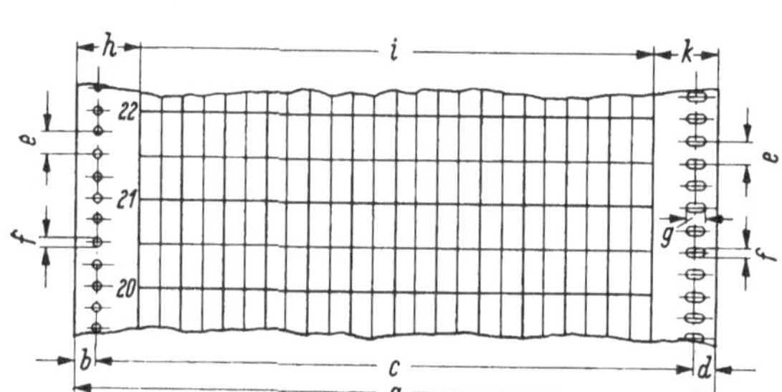

Abb. 159. Registrierstreifen mit geradlinigen rechtwinkligen Koordinaten und Zentimeterteilung (links mit Rund-, rechts mit Langlochung)

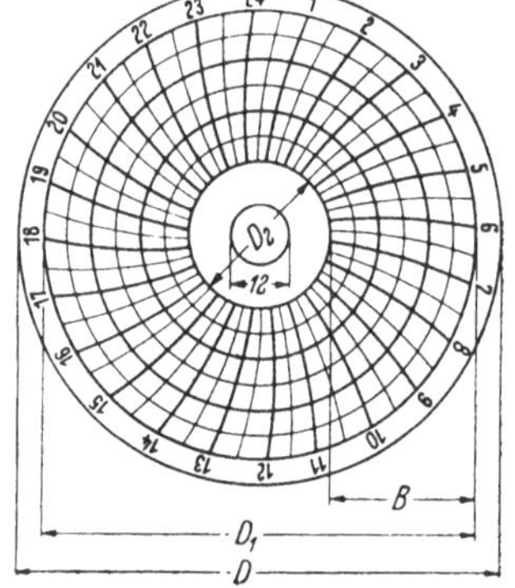

Abb. 160. Kreisblatt (D_1 = 130, 185, 255 oder 310 mm)

Die meist vorhandene Lochung, die zum Transport des Papiers gebraucht wird, befindet sich bisweilen nur auf einer, meist aber auf beiden Seiten des Streifens. Der Lochabstand *e* beträgt 5 mm (Abb. 159).

Außer Bandschreibern verwendet man auch Kreisblattschreiber und in seltenen Fällen Trommelschreiber. Als Registrierpapier braucht man dazu ein Kreisblatt (Abb. 160) oder ein Trommelblatt. Kreisblattschreiber erfreuen sich insbesondere in den USA großer Beliebtheit.

2. Linienschreiber mit unmittelbarer Aufzeichnung

2.1 Meßwerke

Die *Meßwerke* sind grundsätzlich die gleichen wie die der Zeigerinstrumente. Sie müssen allerdings ein wesentlich höheres Drehmoment aufbringen, um die zusätzliche Reibung der Schreibfeder auf dem Papier sowie in dem Lenkungsmechanismus der Geradführung zu überwinden. Das höhere Drehmoment macht im allgemeinen auch größere Abmessungen des Meßwerks notwendig und erfordert erheblich höheren Eigenverbrauch. Bei anzeigenden Schalttafelinstrumenten liegt das Drehmoment für Endausschlag etwa bei 0,1 mWs ($\approx$ 1 cmp) oder darunter, bei Linienschreibern dagegen bei 2 mWs ($\approx$ 20 cmp) oder darüber. Bei solchen Meßwerken spielt die Reibung in einer einwandfreien Lagerung keine Rolle mehr; oft werden daher Zapfenlagerungen benutzt, insbesondere für obere Lager. Erwähnt sei noch, daß man in Linienschreibern keine Dreheisenmeßwerke findet. Seine Aufgaben werden hier vom elektrodynamischen Meßwerk oder – bei definierter Kurvenform – vom Drehspulgleichrichtermeßwerk übernommen.

2.2 Führung der Schreibfeder

2.21 Direkte Führungen. Die Übertragung der Drehbewegung des beweglichen Organs auf die Schreibfeder ist in den Abb. 161 bis 166 in verschiedenen Ausführungen zusammengestellt. *1* bedeutet in den Abbildungen 161, 162, 163 und 165 das bewegliche Organ des Meßwerks, *2* bedeutet die Schreibfeder und *3* das Schreibpapier.

Abb. 161 zeigt die einfachste Methode. Am Ende des Zeigers ist die Schreibfeder befestigt, die auf einem Papierstreifen mit Kreisbogenordinaten schreibt. Da man jedoch geradlinige Koordinaten vorzieht, trifft man diese einfache Art der Registrierung fast nicht mehr an.

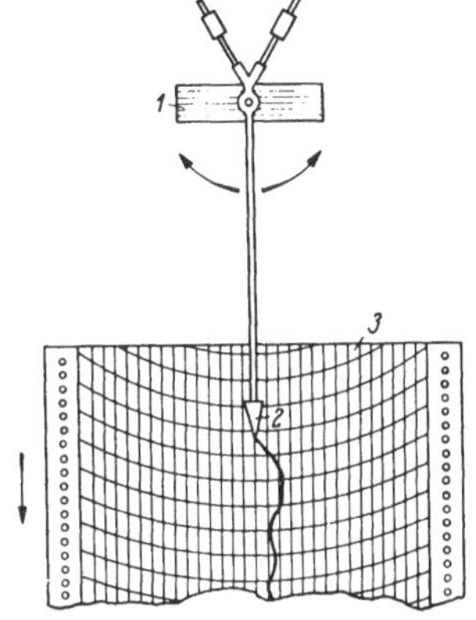

Abb. 161. Aufzeichnung auf Papierstreifen mit Kreisbogenordinaten. *1* bewegliches Organ; *2* Schreibfeder; *3* Papier

Abb. 162 zeigt die Aufzeichnung in einem Kreisdiagramm. Das Kreisblatt wird meistens in 24 h einmal um seinen Mittelpunkt gedreht und muß dann täglich zu einem bestimmten Zeitpunkt ausgewechselt werden.

Abb. 163 zeigt den von H & B erstmals gebrachten *Hakenzeiger*. Der Schreibtisch ist ein Teil eines Zylindermantels; die Zylinderachse und die Meßwerkachse fallen zusammen.

Der robuste, hakenförmige Zeiger greift um das Papier herum und schreibt ohne Zwischenglieder in geradlinig-rechtwinkligen Koordinaten.

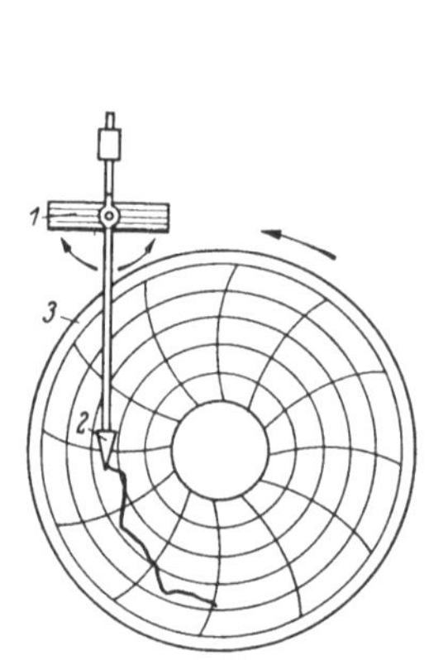

Abb. 162. Aufzeichnung auf einem Kreisblatt. *1* bewegliches Organ; *2* Schreibfeder; *3* Papier

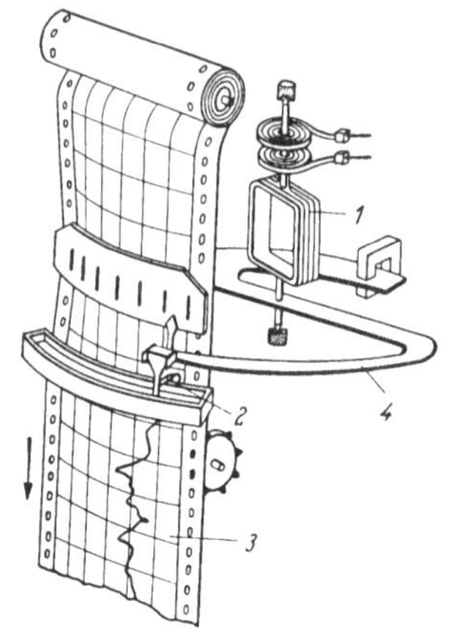

Abb. 163. Aufzeichnung auf Streifen mit rechtwinkligen geradlinigen Koordinaten mittels Hakenzeigers. *1* bewegliches Organ; *2* Schreibfeder; *3* Papier; *4* Hakenzeiger

Diese an sich elegante Lösung fordert eine größere Gehäuselänge, weil das Papier von der geraden Linie der Ablaufrolle über die kreisbogen-

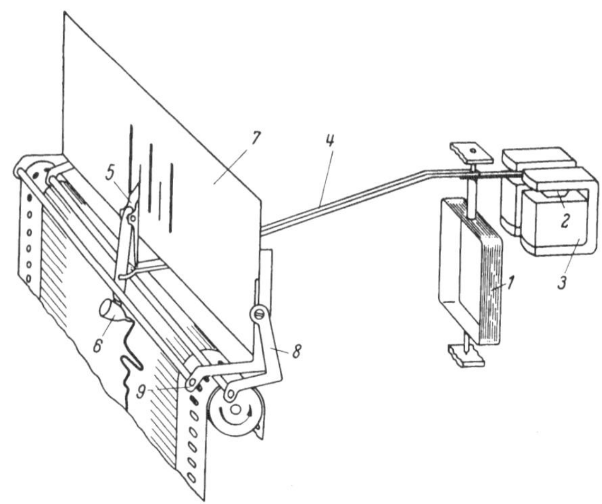

Abb. 164. Aufzeichnung auf Streifen mit rechtwinkligen geradlinigen Koordinaten mittels Sehnenlenkers (S&H). *1* Drehspule; *2* Dämpfungsflügel; *3* Dämpfungsmagnet; *4* Schreibarm; *5* Zeiger; *6* Feder; *7* Skale; *8* und *9* Arretierung

förmige Schnittlinie des Schreibtisches wieder zu der geraden Linie der Auflaufrolle gebracht werden muß. Mit dem Aufkommen der modernen raumsparenden Schreiber ist daher diese Art der Registrierung vom Markt verschwunden.

2.22 Geradführungen. Abb. 164 zeigt die Registrierung mit *Sehnengeradführung*, die für kleine Schreibbreiten gut geeignet ist. Die Feder

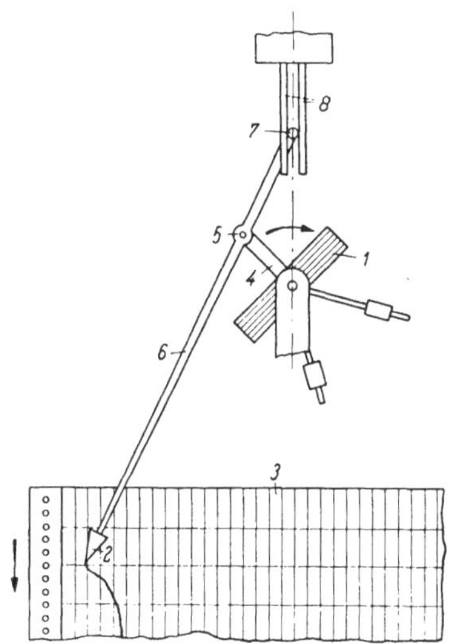

Abb. 165. Aufzeichnung auf Streifen mit rechtwinkligen geradlinigen Koordinaten mittels Ellipsenlenkers (S & H). *1* bewegliches Organ; *2* Schreibfeder; *3* Papier; *4* Schwenkarm; *5* Gelenk; *6* Schreibarm; *7* Glasstift; *8* Führung

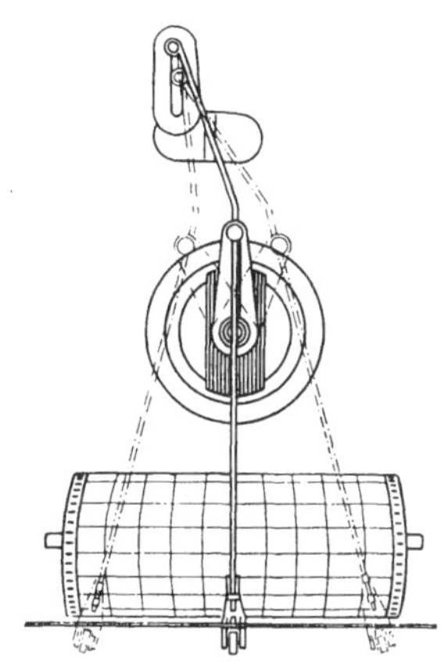

Abb. 166. Aufzeichnung auf Streifen mit rechtwinkligen geradlinigen Koordinaten mittels Kulissengeradführung (H & B)

ist bei diesem System an der Zeigerspitze in einem Scharnier aufgehängt. Hierdurch kann sich die Feder bei drehenden Bewegungen des Meßwerks der ebenen Papierbahn anpassen.

Die Aufzeichnung mit *Ellipsenlenker* ist in Abb. 165 dargestellt. Das bewegliche System des Meßwerks besitzt einen kurzen Schwenkarm *4*, der in einem Gelenk *5* mit dem Schreibarm *6* verbunden ist. Das hintere (obere) Ende des Schreibarms trägt einen senkrecht stehenden Glasstift *7*, der in der geradlinigen, feststehenden Führung *8* gehalten wird. Die Hebelarme sind derart bemessen, daß bei einer Drehung des Meßwerks die Schreibfeder *2* auf dem Registrierpapier *3* praktisch eine geradlinige Bahn beschreibt.

Ganz ähnlich arbeitet die sogenannte *Kulissengeradführung* nach Abb. 166. Die rückwärtige Verlängerung des Schreibarms ist seitlich abgebogen, und der senkrechte Stift an dessen Ende wird in einer Kulisse bestimmter Kurvenform geführt.

Darüber hinaus gibt es noch weitere Geradführungssysteme, z. B. den *Lemniskatenlenker*.

2.3 Schreibfedern

Einige Schreibfedern sind in Abb. 167 wiedergegeben. Ihnen kommt die Aufgabe zu, die Auslenkungen des Meßsystems auf der Schreibfläche aufzuzeichnen. Es hat besonderer Sorgfalt bedurft, Registrierfedern zu schaffen, mit denen feine scharfe Linien von etwa 0,2···0,4 mm Strichstärke ohne Wartung über lange Zeit geschrieben werden können.

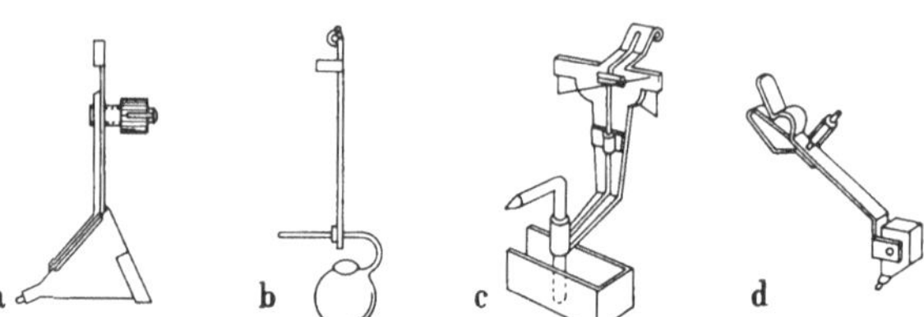

Abb. 167 a–d. Schreibfedern für Tintenschreiber (aus PALM, Registrierinstrumente). a) Kegelfeder; b) HESS-Feder; c) Feder für nicht beweglichen Vorratstrog; d) Napffeder

Die Federn bestehen aus einem Werkstoff, der von der Tinte nicht angegriffen wird, z.B. Nickel, Edelmetall oder Glas, und müssen eine verschleißarme Spitze haben. Die Kegelfeder nach Abb. 167a faßt in dem Hohlkegel einen Tintenvorrat, der allmählich durch das Kapillarröhrchen zur Spitze gelangt. In gleicher Weise arbeitet die sogenannte HESS-Feder aus Glas nach Abb. 167b. Abb. 167c zeigt eine Kapillarfeder, die in einem nicht beweglichen Vorratstrog läuft. Der Tintenvorrat in einem solchen Trog reicht unter Umständen viele Wochen. Die Napffeder nach Abb. 167d hat einen Vorratsbehälter aus Kunststoff, in den eine Metallkapillare eingesetzt ist.

2.4 Tinte

An eine Tinte für Registrierzwecke werden zwei sich widersprechende Anforderungen gestellt:

Einerseits soll sie im Vorratsgefäß nicht eintrocknen, andererseits soll das geschriebene Diagramm bald trocknen, damit die Aufzeichnung beim Aufrollen nicht verwischt wird. Man verwendet als Grundstoff eine Glyzerin-Wasser-Mischung, deren Zusammensetzung je nach Bevorzugung der ersten oder zweiten Forderung gewählt wird. Auch etwas Alkohol und Dextrin werden der Tinte zur Verbesserung ihrer Trocknungseigenschaften zugesetzt, desgleichen Gummiarabikum. Als Farbstoff verwendet man wasserlösliche Anilinfarben. Methylviolett und Methylblau ergeben kräftig gefärbte Schriften, Methylrot läßt sich besonders gut pausen.

2.5 Andere Registrierverfahren

Andere Registrierverfahren seien im Rahmen dieses Buches nur kurz gestreift. Das bedeutendste ist das Registrieren auf Metallpapier (Fa.

Bosch). Dabei ist die Feder des Tintenschreibers durch eine Schreibelektrode in Gestalt einer Wolframnadel ersetzt. Der Metallpapierstreifen besteht aus einem Trägerpapier, auf das eine sehr dünne Metallschicht (0,1 μm) einer niedrigschmelzenden, korrosionsfesten Legierung (z. B. Zink-Cadmium) im Vakuum aufgedampft ist. Zur Registrierung wird zwischen Elektrode und Metallschicht eine Gleichspannung zwischen 18 und 24 V angelegt. Dadurch bildet sich ein kleiner Lichtbogen aus, der eine scharfe Brandspur in dem Metallbelag hinterläßt.

Gut bewährt hat sich auch das folgende Verfahren: Ein feiner Metallstift am Zeiger des Meßwerks berührt leicht den Registrierstreifen, unter dem sich unmittelbar ein Streifen aus Kohlepapier befindet. Die Kohlepapierbahn, deren Schichtseite dem Schreibpapier zugewandt ist, wandert mit geringerer Geschwindigkeit als das Schreibpapier oder sogar in entgegengesetzter Richtung. Die Strichstärke ist etwas breiter als bei Tintenschrift, jedoch ist das Schreibverfahren billig und eignet sich auch zur Registrierung rasch verlaufender Vorgänge.

Ferner werden Wachspapiere in wachsendem Umfang verwendet. Dunkel gefärbte Papiere sind mit hellem Wachs oder Paraffin überzogen, das durch einen feinen harten Stift aus Metall oder Achat geritzt wird, so daß die Grundfarbe des Papiers als dunkle scharfe Linie erscheint. Kann die Reibung infolge der erforderlichen Auflagekraft des Schreibstifts von etwa 25 p vom Meßwerk nicht überwunden werden, so kann man den Schreibstift zur Verminderung der Reibung heizen oder vibrieren lassen.

Schließlich soll wenigstens erwähnt werden, daß auch die Funkenregistrierung, die Registrierung mit Gas- oder Flüssigkeitsstrahl, die Registrierung auf Magnetband und die Registrierung mit Licht- oder Elektronenstrahl angewandt werden.

2.6 Zeitschreiber

Ein Linienschreiber mit einem einfachen Relais als „Meßwerk" gibt einen sogenannten Zeitschreiber ab. Besitzt beispielsweise ein Schreiber ein von Wirk- auf Blindleistungsmessung umschaltbares Meßwerk, so kann man bei der Auswertung des Diagramms leicht feststellen, wann Wirk- und wann Blindleistung geschrieben wurde, wenn am Rand des Streifens ein zweiter Schreibstift „die Zeit geschrieben hat". Das will besagen: Der abszissenparallele Strich der vom Relais betätigten Schreibfeder verläuft während der Wirkleistungsregistrierung auf einer bestimmten Linie, die bei ausgeschaltetem Relais geschrieben wird, und während der Blindleistungsregistrierung auf einer gegen die erste um einen kleinen Betrag versetzten Linie, die bei eingeschaltetem Relais geschrieben wird. Vielfach verwendet man auch Zeitschreiber mit mehreren Relais und Schreibfedern zur zeitlichen Überwachung verschiedener Vorgänge. So kann man nachträglich jederzeit feststellen, welche Öfen beispielsweise zu welchen Zeiten ein- oder ausgeschaltet waren, und vieles andere mehr. Diese Mehrfach-Zeitschreiber besitzen selbstverständlich außer den Relais keine anderen Meßwerke mehr; sie registrieren lediglich die Dauer zweier oder dreier verschiedener Betriebszustände einer Anzahl von Betriebsobjekten.

3. Punktschreiber

3.1 Aufzeichnung

Punktschreiber brauchen zum Registrieren nur eine sehr kleine Leistung für das Meßwerk, denn der Zeiger spielt frei über dem Schreibpapier. Er wird in gewissen Zeitabständen, z.B. alle 30 s, durch eine Hilfskraft niedergedrückt und preßt dabei, wie bei der Schreibmaschine, ein Farbband an das Papier. Dadurch entsteht ein Punkt, dessen Lage auf dem Schreibstreifen dem Meßwert entspricht. Es reiht sich dann auf dem bewegten Papierband Punkt an Punkt zu einer Kurve aneinander.

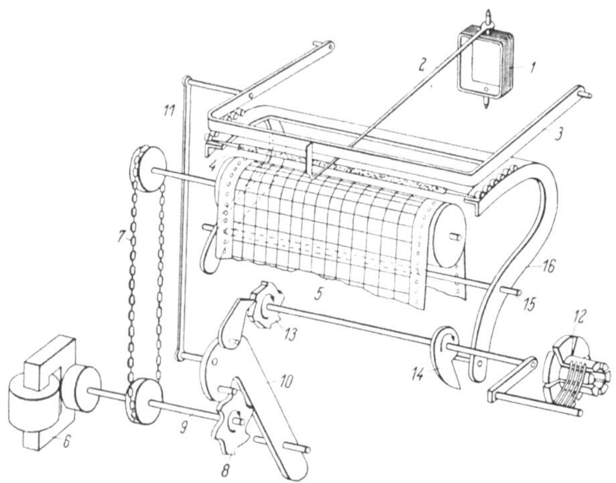

Abb. 168. Schema eines Sechsfarben-Punktschreibers (H & B). *1* Meßwerkspule; *2* Zeiger; *3* Fallbügel; *4* Farbband; *5* Schreibpapier; *6* Synchronmotor; *7* Kette; *8* Kurvenscheibe; *9* Achse von *8*; *10* Hebel mit Sperrzahn; *11* Stange; *12* Umschalter; *13* Zahngesperre; *14* Kurvenscheibe; *15* Achse von *16*; *16* Farbbandträger

Abb. 168 zeigt diesen Vorgang. Der Zeiger *2* des Meßwerks *1* bewegt sich mit seinem nach oben gewinkelten Ende über eine bogenförmige Skale, die im Bild fortgelassen ist. Am Ende seines geraden Teiles ist er messerförmig ausgebildet. Der in Zapfen drehbar gelagerte Fallbügel *3* ist über dem Zeiger angebracht. Unter dem Zeigermesser liegt ein Farbband *4* und das über eine Walze geführte Schreibpapier *5*. Der Teil des Fallbügels, unter dem sich der Zeiger befindet, ist gerade und parallel zu den waagerechten Zeitlinien des Papiers. Die Aufzeichnungen erfolgen also trotz der drehenden Bewegung des Zeigers *2* in geradlinigen Koordinaten, denn die Zeigerstellung wird von dem Skalenbogen auf dessen Sehne übertragen. Dadurch erleidet die Schreibstreifenteilung eine kleine Verzerrung gegen die Teilung auf der gebogenen Skale, die bei der Eichung berücksichtigt werden muß, aber mit dem bloßen Auge kaum sichtbar ist.

Die punktweise Aufzeichnung, die große Verbreitung gefunden hat, ermöglicht es, mehrere Vorgänge in verschiedenen Farben auf ein Papierband aufzuzeichnen. Bei dem Mehrfachschreiber nach Abb. 168 kann man z.B. den Temperaturverlauf von sechs Meßstellen in sechs verschiedenen Farben aufschreiben. Zum Antrieb des ganzen Werks dient ein Uhrwerk oder ein kleiner Synchronmotor *6*, der vier Vorgänge zu tätigen hat:

1. Vorschub des Papierbandes *5* über einen Kettenantrieb *7*. An dessen Ende hat man sich noch Zahnradübersetzungen zu denken, die den jeweils gewünschten Papiervorschub ermöglichen.

2. Betätigung des Fallbügels *3*. Hierzu wird von der Motorwelle *9* eine sechsfach gestufte Kurvenscheibe *8* gedreht, die den Hebel *10* auf und ab bewegt. Der Hebel *10* ist durch eine Stange *11* mit dem Fallbügel *3* verbunden, der durch die Bewegungen von *10* in den richtigen Zeitabständen auf den Zeiger *2* niedergedrückt wird.

3. Die Umschaltung der Meßwerkspule *1* nach erfolgter Aufzeichnung besorgt der Schalter *12*, der durch ein Sperrad *13* beim Rückweg des Hebels *10* auf die nächste Meßstelle gedreht wird. Der Zeiger hat dann Zeit, sich vor der nächsten Abtastung auf den neuen Meßwert einzustellen.

4. Nach erfolgter Punktaufzeichnung muß ein anderes Farbband zwischen Zeiger und Papier geschoben werden. Hierzu sind auf dem Farbbandträger *16* auf einem Bogen mit der Achse *15* sechs Farbbänder *4* aufgespannt. Der Farbbandträger *16* liegt mit seinem unteren Fortsatz an einer Kurvenscheibe *14* an, die mit jeder Meßstellenumschaltung das richtige Farbband unter den Zeiger *2* bringt.

Es gibt zahlreiche Ausführungen von Punktschreibern, die sich aber nur in konstruktiver Hinsicht von dem beschriebenen Beispiel unterscheiden.

3.2 Meßwerk

Als Meßwerk wird bei fast allen Konstruktionen ein empfindliches Drehspul- oder Kreuzspulmeßwerk eingebaut. Das bewegliche Organ, insbesondere die Zeigerwurzel, bedarf einer besonderen Ausbildung, die dem häufigen Niederdrücken des Zeigers durch den Fallbügel gewachsen ist.

3.3 Schaltweise

Die Schaltweise der Punktschreiber ist messerwerkseitig dieselbe wie die der Zeigerinstrumente. Bei Mehrfachschreibern mit Kreuzspulmeßwerken erfolgt die Meßstellenumschaltung jeweils in dem Augenblick, in dem der Zeiger vom Fallbügel festgehalten wird, weil sonst der Zeiger heftig gegen den oberen Anschlag geschleudert würde.

B. Lichtschreiber

Bei rasch verlaufenden Vorgängen versagen die bis jetzt geschilderten Aufzeichnungsarten. Die Masse von Tinte und Feder zusammen mit der des Zeigers kann schnellen Änderungen der Meßgröße nicht folgen. Man wendet dann den masselosen Lichtzeiger wie bei den Spiegelgalvanometern an und läßt durch den vom Meßwerk gesteuerten Lichtstrahl einen zeitgetreu bewegten, lichtempfindlichen Papier- oder Filmstreifen belichten. Bei den physikalischen Meßgeräten und bei Oszillographen ist diese Methode schon lange im Gebrauch. Sie bürgert sich auch für technische Meßgeräte immer mehr ein.

1. Lichtpunktlinienschreiber[1]

Abb. 169 zeigt einen Lichtpunktlinienschreiber „Lumiscript", der 25 Vorgänge gleichzeitig auf einem Streifen zu registrieren vermag. Rechts

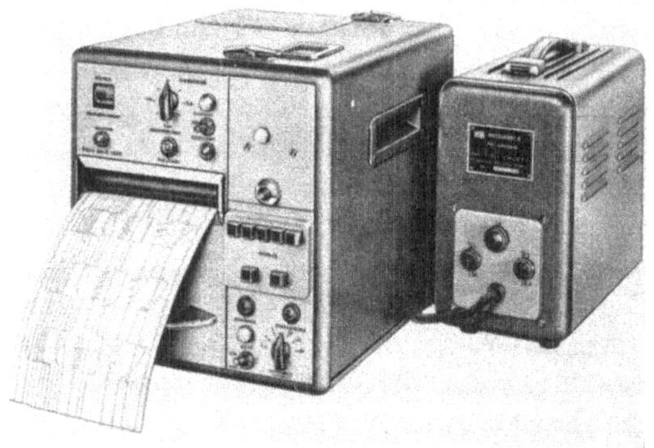

Abb. 169. Lichtpunktlinienschreiber „Lumiscript" für 25 Spulenschwinger und 150 mm Papierbreite (H & B). Rechts: Netzanschlußgerät

davon ist das Netzanschlußgerät zu sehen. Abb. 170 zeigt 25 „Subminiaturgalvanometer" im Magnetblock des Lichtpunktlinienschreibers. Es sind auch Lichtpunktlinienschreiber auf dem Markt, die 50 Subminiaturgalvanometer in einem Magnetblock zu fassen vermögen. Abb. 171 stellt schematisch den Strahlengang im Lumiscript dar. Eine Quecksilberhöchstdrucklampe mit extrem hoher Leuchtdichte wirft ihr

[1] Stabe, H.: Z. Feinwerktechnik 7 (1953) S. 198/203.

Licht durch eine Zylinderlinse auf die 25 Meßwerkspiegel. Von da nehmen die 25 Lichtzeiger ihren Weg über einen Umlenkspiegel durch eine zweite Zylinderlinse, die die strichförmigen Strahlenbündel konzentriert, so daß die Lichtzeiger praktisch punktförmig auf das lichtempfindliche Registrierpapier auftreffen.

Die Quecksilberhöchstdrucklampe bedarf zum Zünden und Brennen einer bestimmten Spannungsversorgung, die das Netzanschlußgerät liefert. Die Lampe stellt eine fast punktförmige Lichtquelle dar und gibt einen erheblichen Anteil an ultraviolettem Licht ab.

Abb. 170. Magnetblock mit 25 Subminiaturgalvanometern für Lichtpunktlinienschreiber (H & B)

1.1 Registrierpapier

Das Registrierpapier ist gegen Tageslicht ziemlich unempfindlich, läßt sich aber mit ultraviolettem Licht gut exponieren. Es braucht nicht entwickelt zu werden; die von den Lichtpunkten geschriebenen Linien sind direkt sichtbar. Da das Papier keinerlei Beschriftung oder Koordinaten enthält, läßt man als Zeitmaßstab tunlichst irgendeine feste Frequenz „mitlaufen“, gegebenenfalls die Netzfrequenz von 50 Hz, oder man läßt Zeitmarken schreiben, ähnlich der Handhabung beim Zeitschreiber. Überdies besteht die Möglichkeit, mit einer Elektronenblitzlampe, die als Zubehör vorgesehen ist, in gleichen Zeitabständen feine Striche senkrecht zur Zeitachse über die gesamte Papierbreite „aufzublitzen“. Die einzelnen Kurvenzüge sind leicht dadurch voneinander zu unterscheiden, daß sie periodisch in systematischer Reihenfolge ganz kurz unterbrochen werden (Kanalmarkierung).

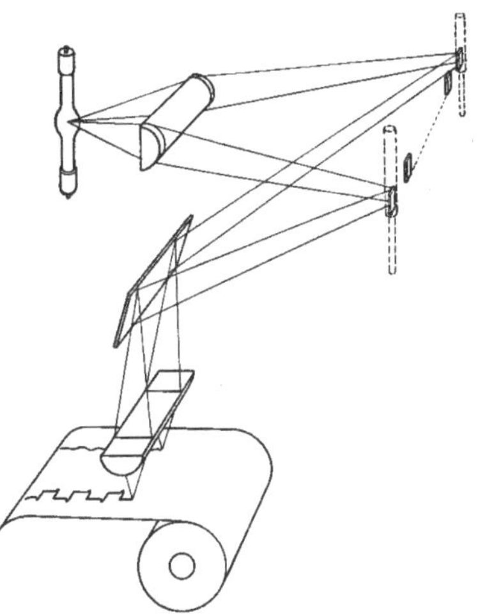

Abb. 171. Schema des Strahlengangs im Lichtpunktlinienschreiber (H & B) (Quecksilberhöchstdrucklampe, 1. Zylinderlinse, Meßwerkspiegel der Spulenschwinger, Umlenkspiegel, 2. Zylinderlinse, Registrierpapier)

1.2 Papiervorschub

Der Papiervorschub erfolgt durch einen Synchronmotor und ist stufig einstellbar zwischen 1,25 und 2000 mm/s. Verfügbare Breiten sind 60, 90, 150 und 300 mm, wobei 300-mm-Papier nur in das Gerät für 50 Meßwerke paßt. Die Länge des Registrierpapiers reicht von 30 ··· 100 m je Vorratsrolle. Damit man bei schnellem Vorschub keinen unnötig hohen Papierverbrauch hat, kann man bei selbsttätig gesteuerter Aufnahme eine Registrierlänge von 0···3 m vorgeben. Wenn der Papiervorrat kleiner als 10% geworden ist, leuchtet eine Warnlampe auf.

1.3 Meßwerk

Die *Subminiaturgalvanometer* – nicht viel größer als Zündhölzer – sind empfindliche Spulenschwinger[1] mit Eigenfrequenzen zwischen 100 und 4000 Hz, also Werten, die bislang nur von Schleifenschwingern (Abb. 172) erreicht wurden. Man kann somit mit Lichtpunktlinienschreibern schnell veränderliche Vorgänge (bis etwa 3 kHz) – häufig sogar ohne Einsatz von Verstärkern – naturgetreu aufzeichnen. Platzbedarf und Kosten liegen je Meßkanal erheblich niedriger als bei Elektronenstrahloszillographen. Koaxialer Steckanschluß vereinfacht den Einbau und Austausch der Meßwerke beträchtlich, weil keine Schraub-, Klemmen- oder Lötverbindungen erforderlich sind. Eine hohe Stoßfestigkeit erlaubt den Einsatz unter rauhen Betriebsbedingungen. Die Lichtpunktlinienschreiber mit Subminiaturgalvanometern eignen sich besonders zur Messung dynamischer Vorgänge im Flugzeug-, Raketen-, Schiff-, Maschinen- und Fahrzeugbau sowie in der Statik, Relaistechnik, Schwingungsforschung und Medizin. Einige markante technische Daten von Subminiaturgalvanometern (H & B) sind in der folgenden Tabelle wiedergegeben:

Typ	Eigenfrequenz f_0*	Innenwiderstand R_i	Außenwiderstand R_a**	Stromkonstante C_i	Spannungskonstante C_u	Höchstzul. Dauerbelastung
	Hz	Ω	Ω	μA/mm	mV/mm	mA_{eff}
0,1	100	100	160	0,85	0,085	2
0,3	300	70	beliebig	11,5	0,8	10
1	1000	70	beliebig	150	10,5	50
4	4000	70	beliebig	750	52,5	50

* Der nutzbare Frequenzbereich ergibt sich aus der Genauigkeitsforderung an den Frequenzgang:

Zulässiger Amplitudenfehler	Frequenzbereich
– 5%	$0 \cdots 0,72 \cdot f_0$
– 10% (– 1 db)	$0 \cdots 0,82 \cdot f_0$
– 30% (– 3 db)	$0 \cdots 1,1 \cdot f_0$

** Außenwiderstand der Galvanometer zur Erzielung des erforderlichen Dämpfungsgrads $\vartheta = 0,7$.

[1] Spulenschwinger sind nach Art der Drehspulmeßwerke, aber ohne Eisenkern, aufgebaut.

Die Strom- und Spannungskonstanten beziehen sich auf die im Schreiber vorhandene Lichtzeigerlänge von 300 mm. Die Induktion im Magnetblock beträgt 1 T (10000 G). Die Spulenschwinger sind alle gegeneinander und gegen die Masse des Magnetblocks isoliert. In besonderen Fällen ist eine Fernbedienung des Lumiscripts angebracht, die bei Verwendung des separaten Zusatzgeräts zur Fernbedienung oder Impulssteuerung ohne weiteres möglich ist.

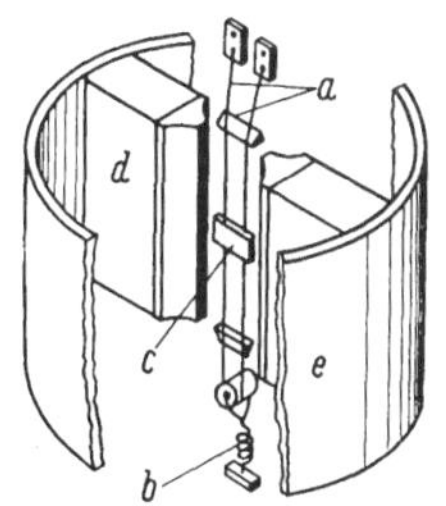

Abb. 172. Aufbau eines Schleifenschwingers (S & H). *a* schwingende Saiten; *b* Spannfeder; *c* Meßwerkspiegel; *d* Magnet; *e* magnetischer Rückschluß

2. Andere Lichtschreiber

Andere Lichtlinienschreiber arbeiten im allgemeinen mit Registrierpapier, welches empfindlich gegen Tageslicht ist und entwickelt werden muß, nachdem es exponiert ist. Ein markantes Gerät ist der Hochleistungslichtstrahloszillograph „Oscillogrand" von S & H, der auf einem fahrbaren Stahlrohrrahmen aufgebaut ist. Das Schwingergestell kann bis zu zwölf Oszillographenschleifen (Schleifenschwinger, Abb. 172) aufnehmen, die bis zu Eigenfrequenzen von 20 kHz gebaut werden.

C. Oszillographen

1. Allgemeines und Anwendung

Oszillographen sind Schwingungsschreiber (lat. oscillare schwingen, gr. graphein schreiben). Ihnen fällt die Aufgabe zu, schnell veränderliche Vorgänge zu schreiben. Im weitesten Sinne fallen darunter alle Schreiber mit Licht- oder Elektronenzeiger, deren „Meßwerke" eine hohe Eigenfrequenz haben, größenordnungsmäßig gleich größer 0,1 kHz. Darunter fallen also auch die im vorigen Abschnitt B unter dem Titel „Lichtschreiber" beschriebenen Spulen- und Schleifenschwinger. In diesem Buch wurde aber die Klassifizierung in Lichtschreiber und Oszillographen nach dem Merkmal der ruhenden oder sich bewegenden Schreibfläche vorgenommen. Unter Oszillographen im engeren Sinne werden hier nur die Schwingungsschreiber mit ruhender Schreibfläche verstanden. Sie bedürfen zur Erzielung eines einwandfreien Funktionierens bei der Darstellung periodischer Vorgänge ausnahmslos einer synchronen Rückführung des als Zeiger dienenden Strahls. Im Verlauf der historischen Entwicklung wurde beispielsweise als Rückführung ein rotierender Polygonspiegel verwendet, über den der Zeiger geführt wurde.

Wenn man heutzutage von Oszillographen spricht, meint man vorwiegend Elektronenstrahloszillographen. Abb. 173 zeigt die Ansicht eines modernen Breitbandoszillographen. Die kreisrunde, plane Bildfläche mit einem Durchmesser von 100 mm trägt eine beleuchtbare Teilung. Unten in der Frontplatte erkennt man die Buchsen, an welche die in y-Richtung darzustellende Spannung angelegt wird, die bei Frequenzen zwischen 0 und 15 MHz mindestens 30 mV_{ss}[1] je Zentimeter Bildhöhe betragen muß. Die Eingangsimpedanz ist gleich 1 MΩ (40 pF). Der x-Verstärker ist gleichspannungsgekoppelt und arbeitet über zwei Stufen im Gegentakt mit einem *Ablenkfaktor* von 50 mV_{ss}/cm···5 V_{ss}/cm und einer Bandbreite von 0···2 MHz. Die Zeitablenkung erfolgt entweder selbstschwingend mit einem Folgefrequenzbereich von 0···1 MHz oder getriggert[2] von 0···3 MHz. Mit dem eingebauten Vergleichsspannungsinstrument läßt sich in bequemer Weise die Amplitude beliebiger Oszillogrammabschnitte messen. Dabei entfällt die sonst notwendige Umschaltung des Meßeingangs, da die Vergleichsspannung zum zweiten Röhrensystem der Gegentakt-Eingangsstufe geführt wird und somit die Messung nach dem Prinzip der Differenzverstärkung erfolgt. Die Stromversorgung geschieht über einen streuarmen Netztransformator. Sämtliche Anodenspannungen sind elektronisch stabilisiert. Die Nachleuchtdauer des Bildschirms ist verhältnismäßig kurz.

Abb. 173. Breitbandoszillograph (Grundig, H & B)

Hier sei auch auf den Elektronenstrahloszillographen „Blauschreiber" der Fa. Wandel & Goltermann mit extrem langer Nachleuchtdauer (bis 1 h) hingewiesen[3]. Dieses Gerät, das einen rechteckigen Bildschirm hat, ermöglicht somit in idealer Weise die Aufnahme einmaliger Vorgänge wie z. B. Röhrenkennlinien.

Die Anwendungsmöglichkeiten von Elektronenstrahloszillographen sind ungeheuer vielfältig, so daß das im folgenden Genannte nur als lückenhafter Hinweis aufgefaßt werden kann.

---

[1] Index *ss* bedeutet: Wert zwischen positivem und negativem Scheitelwert.

[2] Triggern bedeutet einmaliges Auslösen der Zeitablenkung durch den zu oszillographierenden Vorgang selbst.

[3] ROTTGARDT, K. H. J.: Fernmeldetechnische Zeitschrift 7 (1954) S. 249/253; – DIETRICH, W.: Nachrichtentechnische Zeitschrift 9 (1956) S. 504/507.

Starkstromtechnik: Messungen an Generatoren, Motoren und Transformatoren – Zündzeiten und Kurvenformen von Leuchtstofflampen

Schwachstromtechnik: Spannungsverlauf an Relais und Kontakten – Verhalten von Regelkreisen

Nachrichtentechnik: Frequenzgang von Vierpolen – Einschwingvorgänge von Lautsprechern – Einstellung von Wählscheiben

Akustik: Untersuchungen von Sprache und Klang

Medizin: Darstellung von Nervenaktionsströmen

2. Eingebaute Einheiten

Abb. 174 zeigt, was in einem Elektronenstrahloszillographen eingebaut ist. Rechts oben ist die Elektronenstrahlröhre dargestellt, an deren linker Seite sich die Kathode befindet. Nach rechts folgen das Plattenpaar für die

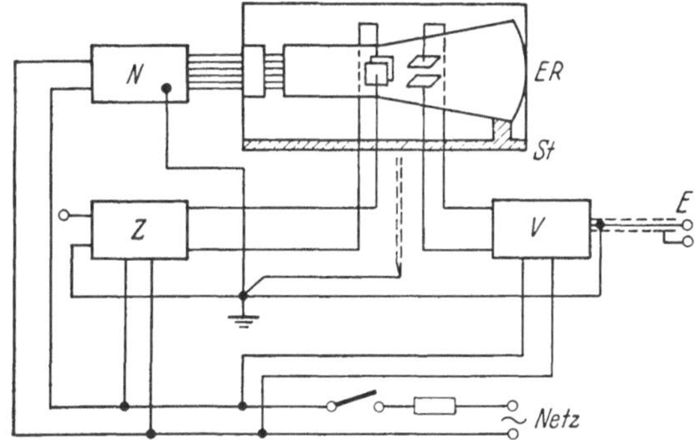

Abb. 174. Bestandteile eines Oszillographen. *ER* Elektronenstrahlröhre; *St* Stativ; *N* Netzteil; *E* Eingang; *V* Verstärker; *Z* Zeitablenkung

Zeitablenkung (Rückführung) oder die Auslenkung in x-Richtung, das um $\pi/2$ rad (90°) versetzte Plattenpaar für die Auslenkung in y-Richtung und schließlich die Bildfläche. Das Netzgerät (links oben in Abb. 174) hat unter anderem die Aufgabe, die Kathode zu heizen und die Anodenspannungen zu erzeugen. An die Netzeinspeisung (meist 220 V, 50 Hz) sind außerdem der Verstärker und die Zeitablenkung angeschlossen[1].

2.1 Elektronenstrahlröhre

Die Elektronenstrahlröhre (Braunsche Röhre) ist das eigentliche Meßwerk des Elektronenstrahloszillographen. Ihrem Aufbau und ihrer Wirkungsweise kommt daher besondere Bedeutung zu. Die modernen, abgeschmolzenen Elektronenstrahlröhren sind fast ausschließlich als Hochvakuumröhren ausgebildet. Abb. 175 zeigt das Schema einer indirekt

[1] KLEIN, P. E.: Elektronenstrahloszillographen, Berlin: Weidmannsche Verlagsbuchhandlung. – KALUSCHE, H.: Siemens-Zeitschrift 1963 S. 105.

geheizten Oxydkathode für Hochvakuumelektronenstrahlröhren. Bei *1* fließt der Heizstrom in die Wendel *2*, die auf einem Träger *3* aufgebracht und in Isoliermasse eingebettet ist. Die zweite Stromzuführung *4* ist gleichzeitig mit der Emissionsschicht *5* verbunden, die sich auf der Hülse *6* befindet.

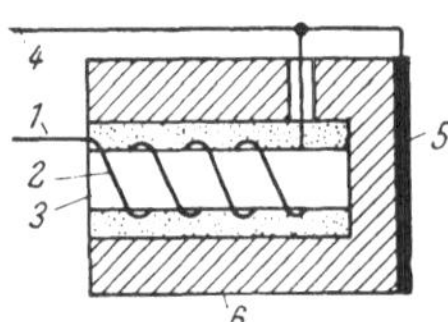

Abb. 175. Kathode. *1* Stromzuführung zu Heizwendel *2*; *3* Tragkörper; *4* Stromzuführung zu Heizwendel und Emissionsschicht *5*; *6* Hülse

Würde man vor der Kathode eine Anode anordnen und eine Spannung zwischen diese beiden Elektroden legen, so würden die emittierten Elektronen einen divergenten Strahl bilden. Es ist aber die Aufgabe der Elektronenstrahlröhre, auf dem Leuchtschirm einen scharfen Fleck zu erzeugen. Dazu bedient man sich einer Elektronenoptik, die aus einer Anzahl geeignet vorgespannter Elektroden besteht. Sie bilden solche Felder, daß die Bahn der emittierten Elektronen beeinflußt wird und ein scharf gebündelter Strahl entsteht. Die Beziehung zwischen der Elektronengeschwindigkeit v_E und der Beschleunigungsspannung U_A lautet nach dem Energiesatz:

$$0{,}5\, m\, v_E^2 = e\, U_A \tag{98}$$

oder:

$$v_E = \sqrt{2\,\frac{e}{m}\,U_A}$$

Einheiten:

$$\mathrm{m/s} = \sqrt{\frac{\mathrm{A\,s}}{\mathrm{kg}}\,\mathrm{V}} = \sqrt{\frac{\mathrm{A\,s}}{\mathrm{W\,s^3\,m^{-2}}}\,\mathrm{V}}$$

Es bedeuten:

m Masse des Elektrons ($0{,}91 \cdot 10^{-30}$ kg); e Ladung des Elektrons ($1{,}6 \cdot 10^{-19}$ As)

Aus Gl. (98) ergibt sich beispielsweise eine Elektronengeschwindigkeit $v_E = 12{,}3 \cdot 10^6$ m/s bei einer Anodenspannung $U_A = 50$ kV.

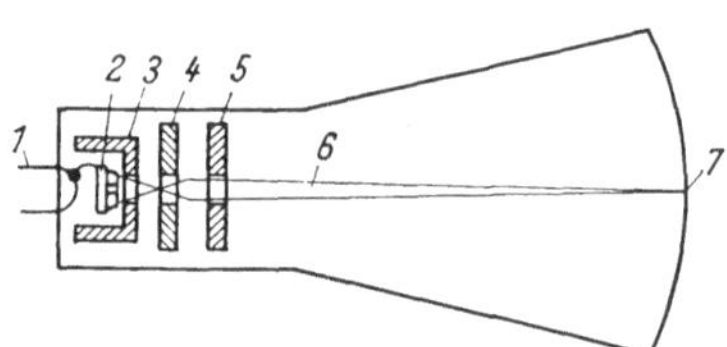

Abb. 176. Strahlerzeugungssystem (aus KLEIN, Elektronenstrahloszillographen). *1* Heizwendel; *2* Emissionsschicht; *3* Wehnelt-Zylinder; *4* und *5* Elektroden; *6* Elektronenstrahl; *7* Leuchtfleck

Abb. 176 zeigt das Prinzip einer elektronenoptischen Anordnung mit Heizfaden *1*, der von diesem beheizten Kathode *2*, einem die Kathode umgebenden, mit Blende versehenen Zylinder *3*, einer weiteren Elektrode *4* und einer letzten Elektrode *5*. Der Verlauf der Elektronenstrahlen ist durch die Linien *6* und der zu erzeugende scharfe Lichtfleck mit *7* bezeichnet. Der sogenannte Wehnelt-Zylinder 3 hat gegen die Kathode eine negative Spannung, mit deren Höhe die Stärke des austretenden Strahls eingestellt werden kann. Die Elektroden *4* und *5* haben gegen die Kathode eine fortlaufend steigende positive Spannung, durch deren Höhe die Schärfe des Strahls beeinflußt wird. Die beschriebene Anordnung ist eine der einfachsten. Meist ist die Zahl der Elektroden größer und ihre Formgebung komplizierter. Auch mit magnetischen elektronenoptischen Linsen (Spulen) wird häufig gearbeitet.

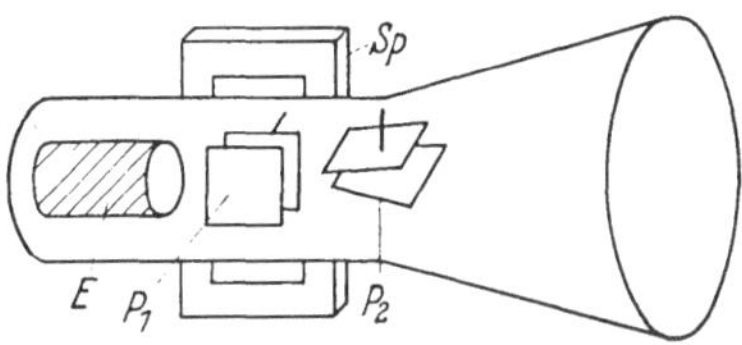

Abb. 177. Ablenksystem. *E* Erzeugungssystem; P_1 und P_2 Ablenkplattenpaare; *Sp* Ablenkspule (aus KLEIN, Elektronenstrahloszillographen)

Im Gegensatz zu der soeben geschilderten *Längssteuerung* des Elektronenstrahls bezeichnet man die Strahlbeeinflussung durch Ablenkung als *Quersteuerung*, wozu man Ablenkkondensatoren oder -spulen verwendet (Abb. 177). Der Elektronenstrahl wird durch elektrische oder (und) magnetische Felder abgelenkt, die durch Plattenpaare P_1 und P_2 oder (und) Spulen *Sp* erzeugt werden. Der Ausschlag s des Elektronenleuchtflecks auf dem Leuchtschirm errechnet sich aus der Beziehung:

$$s = \frac{l_1 l_2}{2a} \frac{U_p}{U_A} \tag{99}$$

worin bedeuten:

l_1 Länge des Ablenkfelds
l_2 Abstand der Mitte des Ablenkfelds vom Leuchtschirm
a Abstand der Platten des Ablenkkondensators
U_p Ablenkspannung und
U_A Anodenspannung

Der Boden des Röhrenkolbens ist als Leuchtschirm ausgebildet. Eine Leuchtmasse, z.B. Calciumwolframat ($CaWO_4$), ist eingebrannt und leuchtet beim Auftreffen des Elektronenstrahls auf. Die Nachleuchtzeit muß den Erfordernissen entsprechend richtig bemessen sein, damit eine scheinbar zusammenhängende Linie den Verlauf der Augenblickswerte darstellt.

2.2 Verstärker

An den Verstärker in einem Elektronenstrahloszillographen wird vornehmlich die Forderung nach einer möglichst großen Bandbreite gestellt, denn die Einschaltung eines Verstärkers bedeutet immer eine Begrenzung des Meßbereichs hinsichtlich des zu übertragenden Frequenzbands. Die mögliche Bandbreite des Verstärkers richtet sich nach der gewählten Schaltung und hängt im wesentlichen von der gewünschten Verzerrungsfreiheit und vom geforderten Verstärkungsgrad ab. Der Aufbau moderner Verstärker ist trotz erhöhter Leistung gegen früher stark vereinfacht. Durch die Anwendung von Miniaturröhren oder Transistoren sind die Abmessungen verkleinert. Der Verstärker wird meist dicht an der Elektronenstrahlröhre angeordnet, damit der Ausgang und die Ablenkplatten nur kürzester Verbindungsleitungen bedürfen.

2.3 Zeitablenkung

Bei der Anwendung des Elektronenstrahloszillographen kommt es in den meisten Fällen darauf an, den Verlauf einer Spannung in Abhängigkeit von der Zeit darzustellen. Dazu setzt man am besten die zu untersuchende Spannung in Beziehung zu einer zweiten, deren Verlauf der Zeit proportional ist. Die Richtung, in der diese die Zeit darstellende Ablenkspannung angelegt wird, nennt man Zeitlinie oder Zeitachse. Für den Verlauf der Zeitlinie auf dem Leuchtschirm wird meist die waagrechte Gerade gewählt. Die Geschwindigkeit, mit der der Leuchtpunkt in jedem Augenblick auf der Zeitlinie entlangläuft, bezeichnet man als Zeitablenkgeschwindigkeit; sie ist proportional der ersten Ableitung der Ablenkspannung nach der Zeit. Kippschaltungen, die auf der Auf- oder Entladung von Kondensatoren basieren, erzeugen geeignete Kurven (z.B. Sägezahnkurve) der Ablenkspannung zur Erzielung einer periodischen Zeitablenkung.

3. Mehrfachoszillographie

In manchen Anwendungsfällen ist auch eine Mehrfachoszillographie erwünscht. Dazu arbeitet man oft mit Oszillographen mit mehreren beieinander angeordneten Röhren. Gern bedient man sich auch elektronischer Umschalter, die es gestatten, auf dem Leuchtschirm einer einzigen Röhre mehrere Kurven gleichzeitig erscheinen zu lassen. Ferner macht man von Anordnungen Gebrauch, die mit Hilfe von Spiegeln die Bilder von zwei oder drei Leuchtschirmen auf einer einzigen Darstellungsfläche vereinigen. Schließlich sollen auch Doppelstrahlröhren in diesem Zusammenhang nicht unerwähnt bleiben, bei denen alle Innenteile mit Ausnahme des Leuchtschirms doppelt vorhanden sind.

4. Registrierung[1]

Will man das Bild auf dem Leuchtschirm eines Oszillographen registrieren, so bedient man sich im allgemeinen eines photographischen Apparats. Spezielle Kameras mit sinnreichem Zubehör aller Art bietet die einschlägige Industrie an.

XII. Elektrizitätszähler[2]

Elektrizitätszähler messen die in einer elektrischen Leitung übertragene Energie. Ihre Angaben dienen als Grundlage für die Verrechnung derselben und unterliegen daher – wie z.B. auch Waagen – der staatlichen Aufsicht, welche für Zähler von den konzessionierten Elek-

[1] Fricke, H. W.: Z. Instrumentenkunde 1962 S. 259 u. S. 302.

[2] Pflier, P. M.: Elektrizitätszähler, Berlin/Göttingen/Heidelberg: Springer 1954

trischen Prüfämtern wahrgenommen wird. Da es viele Stromabnehmer gibt, werden Elektrizitätszähler in außerordentlich großen Stückzahlen gebraucht. Dabei werden an die Genauigkeit von Zählern für Haushalte geringere Anforderungen gestellt als an die von Zählern für Großabnehmer oder an Übergabestellen, weil mit letzteren viel größere Energiemengen verrechnet werden und sich eine Fehlanzeige von 1% beispielsweise schon in beachtlichen Geldbeträgen auswirkt.

A. Zählerarten

Man unterscheidet zwischen Motorzählern und Elektrolytzählern. Motorzähler besitzen einen Rotor, dessen Umdrehungszahl ein Maß für die übertragene elektrische Arbeit ist.

Elektrolytzähler basieren auf der zersetzenden Wirkung eines Gleichstroms auf einen Elektrolyten. Eine bestimmte Elektrizitätsmenge scheidet eine bestimmte Stoffmenge des Elektrolyten an einer Elektrode ab. Diese Stoffmenge bestimmt die Höhe des Flüssigkeitsspiegels in einem skalenunterlegten Glasrohr und gestattet, nach entsprechender Eichung, jederzeit die verbrauchte Elektrizitätsmenge – z.B. in Amperestunden (Ah) – abzulesen. Auf die verbrauchte Energie kann man beim Elektrolytzähler nur dann schließen, wenn die Spannung konstant war.

Motorzähler unterteilt man in Induktionszähler, Magnetmotorzähler (permanentdynamische Zähler), eisenlose und eisengeschlossene elektrodynamische Zähler. Induktionszähler sind nur für Wechselstrom (einschließlich Drehstrom) geeignet. Magnetmotorzähler zählen – wie Elektrolytzähler – nur die Elektrizitätsmenge eines Gleichstroms und bedürfen eines Kommutators. Elektrodynamische Zähler schließlich messen die übertragene Energie, sind für Gleich- und Wechselstrom geeignet und erfordern in beiden Fällen einen Kommutator. Meistens werden sie mit drei um $2\pi/3$ rad (120°) versetzten Drehspulen ausgeführt, um die Drehmomentkurve zu begradigen, die beim Vorhandensein nur einer Drehspule in Abhängigkeit des Ausschlagwinkels sinusförmig verläuft.

Magnetmotorzähler gewinnen in steigendem Maß Bedeutung durch ihre Verwendung im Anschluß an Meßumformer. Bekanntlich wandeln solche Meßumformer nichtelektrische Größen (z.B. Durchfluß) in einheitliche Gleichstromsignale (z.B. 0···20 mA) um (s. S. 342). Setzt man in den Sekundärkreis eines Durchflußmeßumformers einen Magnetmotorzähler, so ergibt sich eine elegante Methode zur Messung der insgesamt durchgeflossenen Menge des betreffenden Mediums in einer gewissen Zeitspanne.

Der Induktionszähler erreicht mit weitem Abstand die höchsten Stückzahlen. Deshalb sei dieses Kapitel ihm allein gewidmet.

B. Induktionszähler

1. Der Aufbau des Induktionszählers

Selbstverständlich ergeben sich weitreichende Parallelen zwischen den Induktionsinstrumenten und den Induktionszählern. Vieles, was dort (S. 116) geschrieben steht, gilt auch für Induktionszähler und bedarf hier keiner Wiederholung. Ein wesentlicher Unterschied besteht darin, daß das Richtmoment bei Induktionsinstrumenten durch Spiralfedern erzeugt wird, während sich bei Induktionszählern die Scheibe beliebig oft um 2π rad (360°) weiterdrehen kann; bei Induktionsinstrumenten wird also der Ausschlagwinkel der Scheibe zur Anzeige herangezogen, bei Induktionszählern hingegen ihre Umdrehungszahl von einem Zählwerk gezählt. Das Bremsmoment wird von Dauermagneten erzeugt, deren Felder die Scheibe durchsetzen. Abb. 178 zeigt die Anordnung der Triebsysteme und Abgleichvorrichtungen eines dreisystemigen Drehstromzählers. Auf die obere Scheibe wirken die beiden Statorsysteme, deren Strompfade in den Leitern R und T liegen, auf die untere Scheibe, die

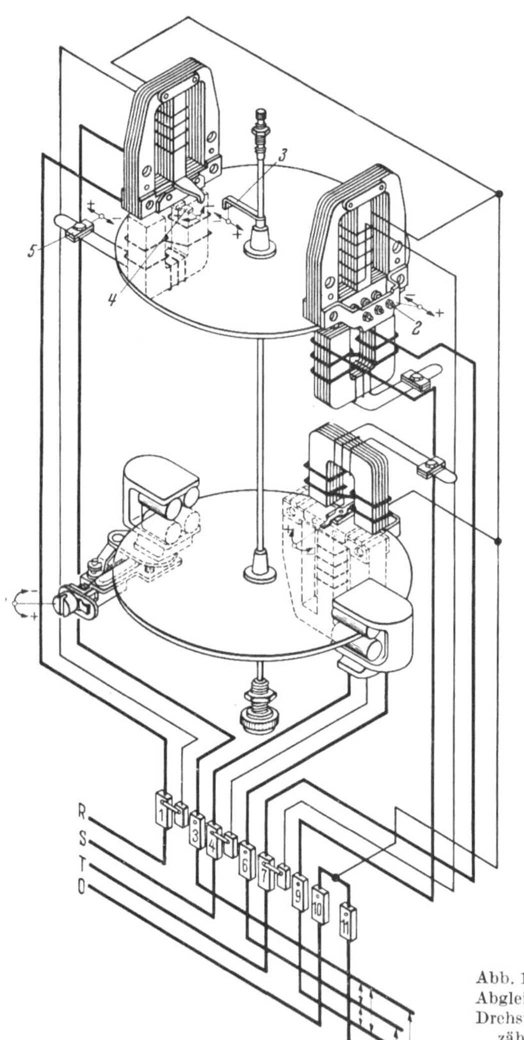

Abb. 178. Anordnung der Triebsysteme und Abgleichvorrichtungen eines dreisystemigen Drehstromzählers (aus PFLIER, Elektrizitätszähler). *1* Drehzahleinstellung; *2* Drehmomenteinstellung; *3* Hemmfahne am Läufer; *4* Kleinlasteinstellung; *5* Phasenabgleich

auf derselben Achse sitzt, wirken das Bremsmagnetsystem (links) und das Statorsystem, dessen Strompfad im Leiter *S* liegt. Die Klemmenbezeichnungen und die Schaltungen der Zähler gleichen denen der Leistungsmesser (vgl. S. 93). Von besonderem Interesse sind die diversen Abgleichvorrichtungen, die zur Justierung des Zählers dienen.

Die Drehzahleinstellung *1* erfolgt durch mehr oder weniger starkes Einrücken des Permanentmagneten auf die untere Scheibe.

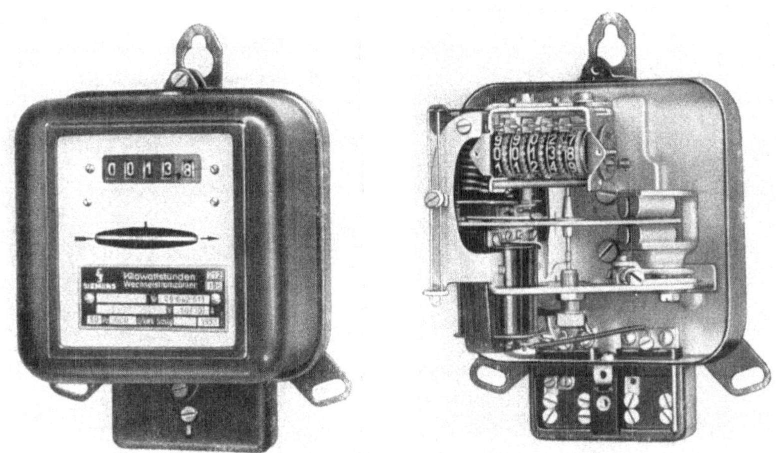

Abb. 179. Wechselstrominduktionszähler, geschlossen und geöffnet, ohne Zifferblatt (Siemens)

Die Drehmomenteinstellung *2* wird durch einen verstellbaren Nebenschluß zum Spannungsstator bewirkt.

Die Hemmfahne *3* am Läufer dient dazu, den sogenannten Spannungslauf zu verhindern, d.h. das Rotieren der Scheiben, wenn nur Spannung anliegt und kein Strom fließt.

Bei kleinen Strömen wirken sich die Reibung und die geringe Permeabilität der Statorbleche relativ stark auf das Antriebmoment aus, welches daher durch die sogenannte Kleinlasteinstellung *4* vergrößert werden kann Das Moment bei kleinen Strömen kann entweder durch verdrehbare Eisenflügel parallel zum Triebluftspalt oder durch unsymmetrisch wirkende Kurzschlußwicklungen erhöht werden.

Schließlich bedarf es noch eines Phasenabgleichs *5*, mit dem die Lastkurve eines Zählers bei Belastungen mit Leistungsfaktoren unter eins verändert werden kann. Die Phasenwinkel zwischen Spannung und Spannungsspulenstrom sowie die Fehlwinkel der Strom- und Spannungstriebflüsse streuen nämlich von Stück zu Stück ein wenig. Eine zusätzliche Wicklung auf dem Stromeisen mit einem veränderbaren Belastungswiderstand ermöglicht eine Änderung des Winkels zwischen Stromfluß und Strom.

Abb. 179 zeigt einen Einphaseninduktionszähler geschlossen und geöffnet. Das Zählwerk ist fünfstellig und besitzt eine horizontale Achse. Gute Aussichten haben erst in letzter Zeit entwickelte Zählwerke, deren Rollen einzeln vertikal gelagert sind, weil sie erheblich geringere Reibung aufweisen. Die rechte Rolle eines Zählwerkes wird meist über einen Schneckentrieb und eine zusätzliche Zahnradübersetzung von der Läuferachse des Zählers angetrieben. Wenn eine Ziffernrolle eine volle Umdrehung gemacht hat, dreht sich jeweils die direkt links daneben sitzende Rolle um eine Ziffer weiter (Abb. 180).

Abb. 181 zeigt den Schnitt durch je ein federndes Einstein- und Doppelsteinlager. Bei den im Vergleich zu den Ausschlaginstrumenten robusteren Zählern hat sich für das Traglager die Lagerung mit Stahlkugel durchgesetzt. Dem Bestreben, Zähler nach Möglichkeit zwanzig Jahre und länger ohne Revision im Einsatz zu belassen, kommt diese Lagerung sehr entgegen. Das Oberlager ist ein Führungslager und ist meist als Zapfenlager mit Stahlzapfen und Lochstein aus Saphir ausgebildet.

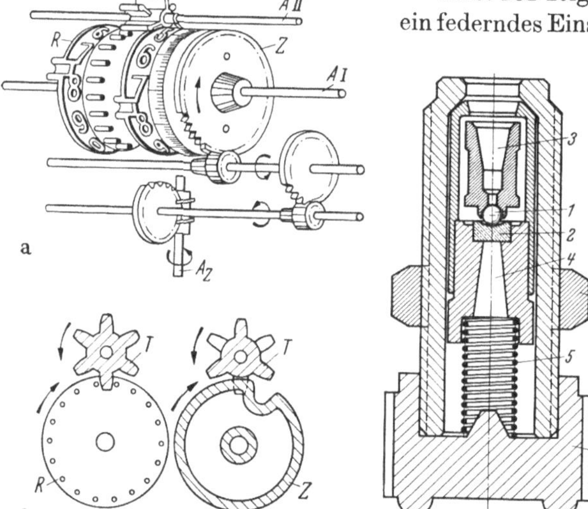

Abb. 180a u. b. Rollenzählwerk. a) schematische Darstellung. b) Schnitte. A_Z Zählerachse; A_I und A_{II} Zählwerkachsen; R und Z Ziffernrollen; T Trieb

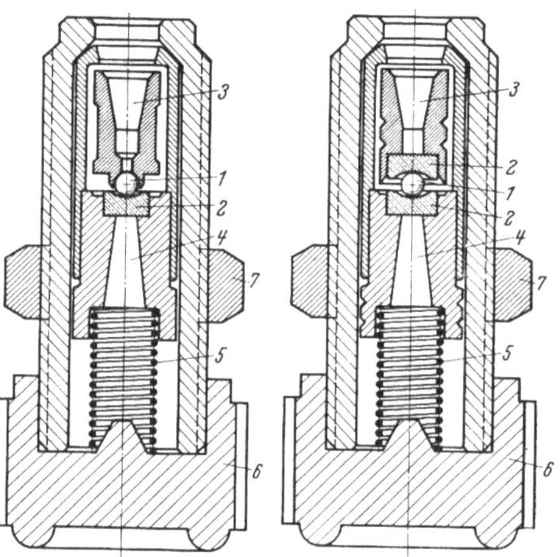

Abb. 181. Schnitt durch ein Einstein- und ein Doppelsteinunterlager. *1* Stahlkugel; *2* Edelsteinpfanne; *3* Konushülse zur Aufnahme der Läuferachse; *4* federnde Steinhülse; *5* Feder; *6* Unterlagerkappe; *7* Arretiermutter für die Höheneinstellung

2. Die Wirkungsweise des Induktionszählers

Der Spannungsstator erzeugt den Spannungsfluß Φ_U und der Stromstator den Stromfluß Φ_I. Die beiden Flüsse durchsetzen in einer geeigneten räumlichen Anordnung die Läuferscheibe und induzieren dort die elektromotorischen Kräfte E_{SU} und E_{SI}, die die Scheibenströme I_{SU} und I_{SI} zum Fließen bringen (Abb. 182). Aus Abb. 183 geht die Bezeichnung der einzelnen Phasenwinkel hervor. Durch die Wirkung der beiden Flüsse und der jeweils anderen Scheibenströme aufeinander entsteht das Antriebsmoment M.

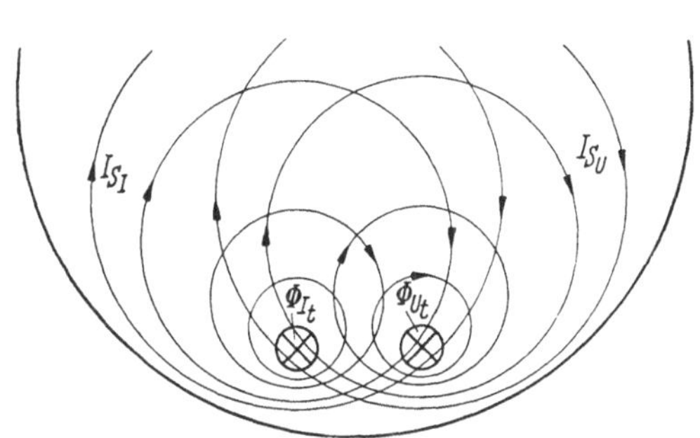

Abb. 182. Schematische Darstellung der Scheibenströme eines Induktionszählers. Φ_{I_t} Spur des Stromtriebflusses; Φ_{U_t} Spur des Spannungstriebflusses; I_{S_I} vom Stromfluß induzierte Scheibenströme; I_{S_U} vom Spannungsfluß induzierte Scheibenströme

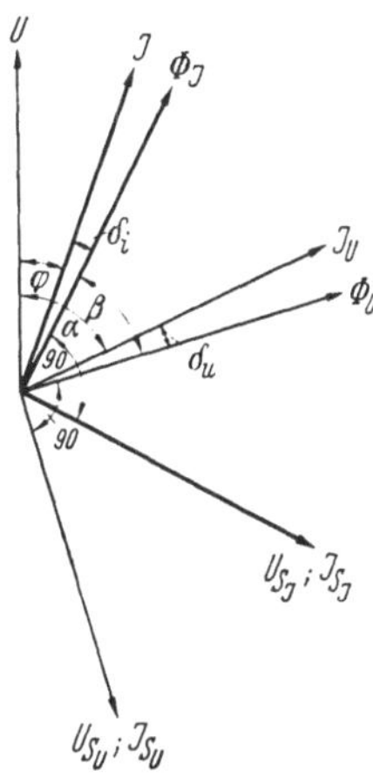

Abb. 183.

Abb. 183. Diagramm des Wechselstrominduktionszählers (aus PFLIER, Elektrizitätszähler). U Spannung; I_U Strom in der Spannungsspule; Φ_U Spannungsfluß; U_{S_U} vom Spannungsfluß induzierte Scheibenspannung; I_{S_U} vom Spannungsfluß herrührende Scheibenströme; I Strom in der Stromspule; Φ_I Stromfluß; U_{S_I} vom Stromfluß induzierte Scheibenspannung; I_{S_I} vom Stromfluß herrührende Scheibenströme; φ Phasenverschiebung im Meßkreis; α Verschiebung zwischen Spannungsspulenstrom und Spannung (innere Verschiebung); δ_i Fehlwinkel des Stromflusses; δ_u Fehlwinkel des Spannungsflusses; β Phasenverschiebung zwischen Stromfluß und Spannungsfluß

Der Spannungsfluß Φ_U bildet mit dem vom Strom herrührenden Scheibenstrom I_{SI} das Moment M_1:

$$M_1 = K_1 I_{SI} \Phi_U \cos[\pi/2 - (\alpha + \delta_u - \varphi - \delta_i)]$$

Da $\cos(\pi/2 - \xi) = \sin \xi$ ist, schreibt sich M_1:

$$M_1 = K_1 I_{SI} \Phi_U \sin(\alpha + \delta_u - \varphi - \delta_i) \qquad (100)$$

Der Scheibenstrom I_{SI} ist dem Stromfluß Φ_I proportional. Daher ist schließlich:

$$M_1 = K_2 \Phi_U \Phi_I \sin(\alpha + \delta_u - \varphi - \delta_i) \qquad (101)$$

Auch der Stromfluß Φ_I bildet mit dem von der Spannung herrührenden Scheibenstrom I_{SU} ein Moment:

$$M_2 = K_3 I_{SU} \Phi_I \sin(\alpha + \delta_u - \varphi - \delta_i) \qquad (102)$$

Da der Scheibenstrom I_{SU} dem Spannungsfluß Φ_U proportional ist, schreibt sich M_2:

$$M_2 = K_4 \Phi_U \Phi_I \sin(\alpha + \delta_u - \varphi - \delta_i) \tag{103}$$

Das gesamte Antriebsmoment M ist gleich der Summe der beiden Teilmomente M_1 und M_2:

$$M = K_5 \Phi_U \Phi_I \sin(\alpha + \delta_u - \varphi - \delta_i) \tag{104}$$

Aus dem Zeigerschaubild Abb. 183 läßt sich entnehmen, daß der Winkel

$$\beta = \alpha + \delta_u - \varphi - \delta_i$$

ist. Damit schreibt sich Gl. (104):

$$M = K_5 \Phi_U \Phi_I \sin\beta \tag{105}$$

Ist der Fehlwinkel δ_u des Spannungsflusses gleich dem Fehlwinkel δ_i des Stromflusses, so wird das Antriebsmoment eines Einphaseninduktionszählers:

$$M = K_5 \Phi_U \Phi_I \sin(\alpha - \varphi) \tag{106}$$

Gl. (105) und (106) besagen, daß das Moment dem Produkt der Flüsse und dem Sinus des Phasenwinkels zwischen ihnen proportional ist. Das Moment ist vom voreilenden zum nacheilenden Fluß gerichtet. Die Drehrichtung gegen den Uhrzeigersinn wird durchweg als positiv bezeichnet. Die Konstante K_5 hängt von der Bemessung und Anordnung des Statorsystems, der Frequenz sowie dem Leitwert der Läuferscheibe ab. Der Spannungsfluß und der Stromfluß bilden mit den von ihnen selbst erzeugten Scheibenströmen kein Moment, weil die Phasenverschiebung $\pi/2$ rad beträgt.

Durch die Wahl des Winkels α zwischen der Spannung U und dem Strom I_U im Spannungsstator hat man es in der Hand, Wirk-, Blind- oder Mischverbrauchzähler zu bauen. Bei Wirkverbrauchzählern muß $\alpha = \pi/2$ sein, denn $\sin(\alpha - \varphi)$ in Gl. (106) wird zu $\sin(\pi/2 - \varphi) = \cos\varphi$. Da $\Phi_U \sim U$ und $\Phi_I \sim I$ sind, wird somit das Moment M der Wirkleistung $P = UI\cos\varphi$ proportional und die Umdrehungszahl u des Läufers der übertragenen Energiemenge W.

$$\frac{u}{K} = W = \int_0^t P(t)\,\mathrm{d}t \tag{107}$$

Dazu gehören entweder die Einheiten des praktischen Maßsystems:

$$\mathrm{Ws} = \mathrm{W} \cdot \mathrm{s}$$

oder die in der Zählerpraxis gebräuchlichen Einheiten:

$$\mathrm{kWh} = \mathrm{kW} \cdot \mathrm{h}$$

K in Gl. (107) ist die *Zählerkonstante*; sie gibt an, wieviel Umdrehungen u die Läuferscheibe je Energieeinheit macht.

Das Bremsmoment rührt in erster Linie vom Bremsfluß des Dauermagneten her. Überdies entstehen kleine Bremsmomente durch den Spannungsfluß und den Stromfluß, die ja auch beide die Läuferscheibe durchsetzen. Schließlich addiert sich noch eine kleine Reibungsbremsung. Dreht sich die Läuferscheibe mit konstanter Winkelgeschwindigkeit, so ist das Antriebsmoment gleich dem Bremsmoment. Das Bremsmoment des Dauermagneten ist bei einer bestimmten Einstellung desselben lediglich von der Winkelgeschwindigkeit abhängig, während die Spannungsdämpfung auch noch von der Spannung, die Stromdämpfung vom Strom und die Reibungsdämpfung von der Qualität und dem Zustand der Lagerung des Läufers und des Zählwerks abhängen. Daher sind Zähler zu bevorzugen, die ein großes Antriebs- und auch ein hohes Bremsmoment aufweisen. Ferner rüstet man moderne Zähler mit je einer Kompensation für die Spannungs-, die Strom- und die Reibungsdämpfung aus, die in zusätzlichen Antriebsmomenten mit geeigneter Abhängigkeit von den einzelnen Dämpfungseinflüssen besteht.

3. Einflußgrößen

Die bedeutungsvolle Entwicklung im Zählerbau wird dadurch gekennzeichnet, daß beispielsweise im Jahr 1912 die Zähler nur bis zu 100% des Nennstroms richtig zeigten; im Jahr 1958 kamen bereits Zähler auf den Markt, die entweder bis 400% oder gar bis 700% des Nennstroms verwendbar sind. Abb. 184 zeigt die Fehlerkurve eines Wechsel-

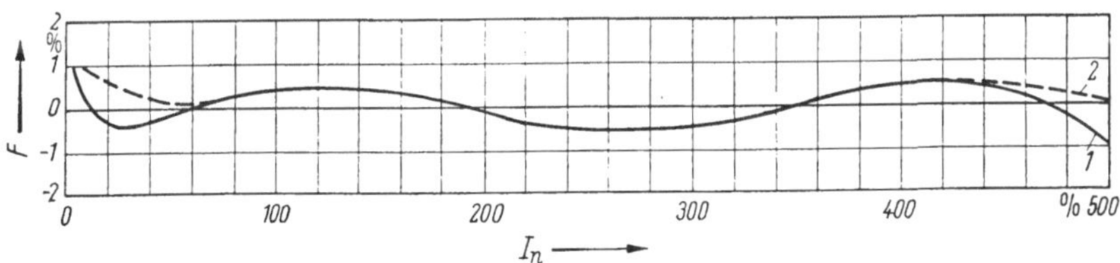

Abb. 184. Fehlerkurven eines Wechselstromgroßbereichzählers. *1* bei $\cos\varphi = 1$; *2* bei $\cos\varphi = 0{,}5$

stromgroßbereichzählers in Abhängigkeit des Stroms bis zum fünffachen Nennstrom beim Leistungsfaktor 1 und 0,5. Der Spannungsvortrieb bewirkt bei sehr kleiner Last (5%) einen positiven Fehler. Mit wachsender Belastung (30%) wirkt sich zunächst die noch geringe Permeabilität des Statoreisens in einem negativen Fehler aus, der dann aber mit steigender Permeabilität nach der positiven Seite geht (100%). Bei noch höherer Last (250%) liegt der Fehler infolge der Stromdämpfung wieder im negativen Bereich, wandert jedoch durch den an Wirksamkeit gewinnenden, gesättigten magnetischen Nebenschluß wieder ins Positive (400%). Schließlich geht der Fehler endgültig ins Negative (bei 500%), weil die Wirkung der Kompensationsmittel erschöpft ist und die Sättigung im Stromeisen einzutreten beginnt. Der Anlaufstrom moderner Zähler liegt nur noch zwischen 1‰ und 3‰ des Nennstroms.

Bei Zählern werden die Fehler im Gegensatz zu Ausschlaginstrumenten auf den Istwert bezogen. Sie entstehen z. B. durch eine Unsymmetrie der Läuferscheibe und durch Schwankungen der Scheibendicke. Außerdem treten hauptsächlich Spannungs- und Frequenzfehler (Abb. 185 und 186) sowie Temperaturfehler in Erscheinung. Der Einfluß der

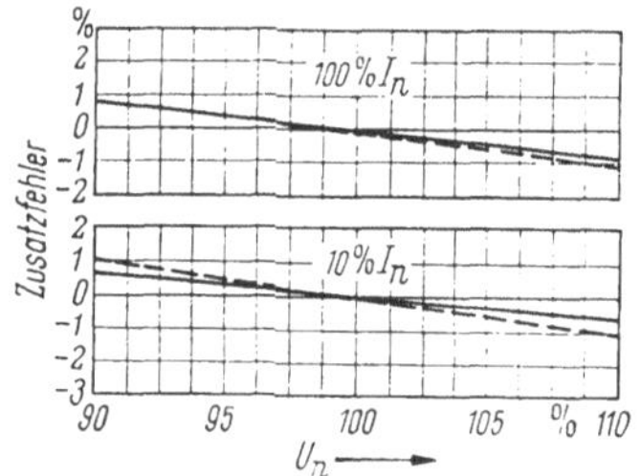

Abb. 185. Spannungseinfluß eines Wechselstromgroßbereichzählers bei I_N und $0{,}1\ I_N$. —— $\cos\varphi = 1$, - - - $\cos\varphi = 0{,}5$ ind

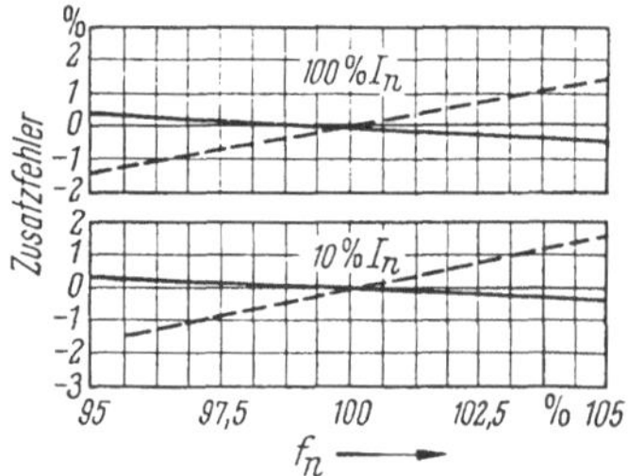

Abb. 186. Frequenzeinfluß eines Wechselstromgroßbereichzählers bei I_N und $0{,}1\ I_N$. —— $\cos\varphi = 1$, - - - $\cos\varphi = 0{,}5$ ind

Temperatur und der Anwärmung auf die Funktion des Zählers ist vielfältig. Nur andeutungsweise sei erwähnt, daß sich die Permeabilität der Statoren, die Geometrie der Luftspalte, der Scheinwiderstand des Spannungspfads, die Leitfähigkeit der Läuferscheibe, die Induktion des Bremsmagneten und anderes mehr mit der Temperatur ändern. Ein Teil dieser Temperatureinflüsse wirkt auf die Trieb- und Bremsmomente ein und ruft einen vom Leistungsfaktor unabhängigen Fehler hervor; ein weiterer Teil wirkt auf die Phasenlage der Flüsse und Ströme ein und verursacht somit einen leistungsfaktorabhängigen Fehler. Zur Kompensation des Temperatur- und Anwärmfehlers bedient man sich sogenannter Wärmelegierungen, deren Permeabilität sich mit der Temperatur ändert (beispielsweise Thermoperm). Die deutschen Regeln für Zähler (VDE 0418) lassen Temperaturfehler von $\pm 1\%$ je 10 grd bei Nennstrom und $\cos\varphi = 1$ bzw. $\cos\varphi = 0{,}5$ zu und Anwärmfehler von 1% bei $\cos\varphi = 1$ nach zweistündiger Belastung mit $1{,}2\ U_N$ und Grenzstrom.

Der Fremdfeldeinfluß ist infolge des guten Eisenschlusses der Statoren sehr gering. Die Regeln lassen $\pm 1\%$ bei 20% des Nennstroms zu, wenn ein Fremdfeld von 100 A/m einwirkt.

4. Anwendung, Meßbereiche und Anforderungen

Induktionszähler werden zur Messung des Wirk-, Blind- oder Mischverbrauchs bei Einphasenwechselstrom, gleich- und beliebigbelastetem Drei- und Vierleiterdrehstrom verwandt. Häufig ist die Nennspannung der Zähler 220 V, der Nennstrom 10 oder 15 A. Bei hohen Spannungen und Strömen wird über Spannungs- und Stromwandler angeschlossen. Der Eigenverbrauch im Spannungspfad liegt bei 1 VA, der im Strompfad bei 0,3 VA. Die Nennfrequenz (meist 50 Hz) muß ziemlich genau eingehalten werden (vgl. Abb. 186). Die Zählerkonstante K eines Einphasenwechselstromzählers [vgl. Gl. (107)] liegt in der Größenordnung von 500 Umdrehungen der Läuferscheibe je Kilowattstunde. Das Moment bei Nennlast beträgt größenordnungsmäßig 0,5 mWs (5 pcm), das Läufergewicht 0,3 N (30 p).

Zähler werden auch für eine Reihe von Spezialaufgaben eingesetzt. So gibt es Mehrtarifzähler, die beispielsweise von einer Schaltuhr umgeschaltet werden, Zähler für wechselnde Energierichtung, Maximumzähler, Münzzähler und anderes mehr. Um hohe Spitzen im Stromverbrauch zu vermeiden, stellt man eine Abnahme von Energie oberhalb einer bestimmten Grenzleistung mit einem hohen Betrag in Rechnung. Zur Erfassung dienen Spitzenzähler mit Maximumwerk. Jede Rückstellung, die an einem im Schauglas befindlichen Rückstellknopf vorgenommen werden kann, treibt z. B. ein separates Zählwerk voran, dessen kumulative Funktion etwaigen Irrtümern oder gar Betrugsabsichten begegnet.

VDE 0418 fordert bei allen Zählern eine Prüfspannung gegen das Gehäuse von 8 kV. Da es vorkommen kann, daß höhere Spannungen auftreten, legt man in den USA z.B. dem Zähler eine Schutzfunkenstrecke parallel, die zu hohe Überspannungen vom Zähler fernhält.

Man bevorzugt heute Zähler, die geräuscharm laufen und nach Möglichkeit durch Stöße von vierzigfacher Erdbeschleunigung nicht beschädigt werden. Außerdem sollen die Zähler ihre guten Eigenschaften über viele Jahre beibehalten, damit die Elektrizitätsversorgungsunternehmen durch die Zählerwartung nicht über Gebühr beansprucht werden. Teilweise ist man diesem Wunsch durch die magnetische Lagerung entgegengekommen, die allerdings teuer ist und verhältnismäßig viel Platz beansprucht. Im allgemeinen hat man andere Wege beschritten. Durch eine mechanische Lagerung hoher Güte bei der Läuferscheibe und die neuen Zählwerke mit vertikalen Rollenachsen kommt man heute auf 1/40 des Reibungswerts älterer Zähler und kann überdies beobachten, daß diese kleinen Reibungswerte über lange Zeit gut konstant bleiben.

XIII. Vor- und Nebenwiderstände

Vorwiderstände dienen zur Erweiterung von Spannungsmeßbereichen, Nebenwiderstände zur Erweiterung von Strommeßbereichen. Man unterscheidet zwischen ein- oder angebauten Vor- und Nebenwiderstän-

Abb. 187. Angebauter Vorwiderstand an Schalttafelleistungsmesser 96 mm × 96 mm für 380 V Drehstrom (H & B-ELIMA)

Abb. 188. Angebauter Nebenwiderstand an Schalttafelstrommesser 72 mm × 36 mm für 100 A Gleichstrom (H & B-ELIMA)

Abb. 189. Getrennter Mehrbereichvorwiderstand Kl. 0,05 für Präzisionsleistungsmesser

Abb. 190. Anklemmbarer Mehrbereichnebenwiderstand Kl. 0,05 für Präzisionsdrehspulinstrument (S & H)

den (Abb. 187 und 188) und getrennten Vor- und Nebenwiderständen (Abb. 189 und 190). Vor- und Nebenwiderstände bis etwa 650 V und 10···100 A baut man gewöhnlich in oder an das Instrumentgehäuse ein oder an, für höhere Bereiche fertigt man sie als (getrenntes) Zubehör. VDE 0410 unterscheidet zwischen austauschbarem und nicht austauschbarem Zubehör. Austauschbares Zubehör entspricht den Klassen 0,05, 0,1, 0,2 oder 0,5 und kann mit jedem beliebigen Meßinstrument einer bestimmten Type zusammengeschaltet werden. Die Fehlergrenze einer Messung bei Nennbedingungen setzt sich dabei aus der Toleranz des Instruments selbst und der Toleranz des Zubehörs zusammen. Nicht austauschbares Zubehör erhält dieselbe Fertigungsnummer wie das Instrument, zu dem es gehört, und ist nur mit diesem einen Stück zu verwenden. Nicht austauschbarem Zubehör werden keine eigenen Toleranzen zugestanden; ein Instrument muß zusammen mit seinem getrennten Vor- oder Nebenwiderstand seiner Genauigkeitsklasse entsprechen.

A. Vorwiderstände

1. Schichtwiderstände

Im allgemeinen fordert man von Vorwiderständen, daß ihr Wert über lange Zeit hin genügend konstant ist und daß er unabhängig von der Temperatur und der Anwärmung ist. Für Vorwiderstände von Wechselstrominstrumenten wird überdies noch verlangt, daß ihr Fehlwinkel hinreichend klein ist. Insbesondere die letztgenannte Forderung erfüllen auch bei hohen Frequenzen Kohleschichtwiderstände, die in den Klassen 0,5, 2 und 5 angeboten werden. Die Widerstandswerte reichen in feiner Stufung von 1 Ω bis 50 MΩ und darüber; die gängigsten Größen haben eine Nennbelastbarkeit[1] von 0,1, 0,25, 0,5, 1, 2 und 3 W. Die effektive Belastung dieser Schichtwiderstände als Vorwiderstände sollte den halben Nennwert nicht überschreiten. Erstens befinden sie sich immer in Gehäusen und meist mit anderen Schichtwiderständen, die ebenfalls Wärme abgeben, zusammen. Zweitens sind die Konstanz und die Lebensdauer bei geringerer Belastung günstiger, und drittens ist für viele Instrumentenarten eine 20%ige Überlastbarkeit des Spannungspfads vorgesehen, die ja bekanntlich eine thermische Überlastung der Widerstände von etwa 40% bedeutet. Die Eigenkapazität der Schichtwiderstände liegt zwischen 0,3 und 1,6 pF. Die Zeitkonstante $T = L/R - CR$ eines 1-MΩ-Widerstands beträgt somit nur etwa -10^{-6}; unter Berücksichtigung einer kleinen Eigeninduktivität vermindert sich dieser Betrag noch.

2. Drahtwiderstände

2.1 Widerstandsmaterial

Als Widerstandsdraht zum Wickeln von Vorwiderständen hat sich seit über 70 Jahren Manganin bewährt. Diese Legierung aus 86% Cu,

[1] DIN 41398 bis 41403.

2% Ni und 12% Mn hat etwa den 25fachen spezifischen Widerstand von Kupfer, nämlich 0,43 Ω mm²/m, mit einem Temperaturgang von nur etwa ±0,01‰/grd. Seine Thermokraft gegen Kupfer ist klein (1 μV/grd). Gelegentlich wird auch noch Konstantan (60% Cu, 40% Ni) zum Wickeln von Vorwiderständen verwendet, dessen Daten allerdings nicht so günstig liegen (spezifischer Widerstand 0,49 Ω mm²/m, Thermokraft gegen Cu 40 μV/grd, Temperaturgang des Widerstandes < | ±0,05 | ‰/grd). Der dünnste gängige Manganindraht hat einen Durchmesser von 0,03 mm und einen Widerstand von 608 Ω/m. Wenn man also z. B. einen Vorwiderstand von 608 kΩ braucht, muß man bereits 1 km Draht verwikkeln. Das wird aber teuer und voluminös.

Zum Wickeln von Hochohmwiderständen bieten sich die Legierungen Centanin (67% Cu, 27% Mn, 5% Ni, 1% Div.) und Isaohm (71% Ni, 21% Cr, 8% Div.) an. Centanin hat einen spezifischen elektrischen Widerstand von 1,0 Ω mm²/m, Isaohm von 1,32 Ω mm²/m. Schließlich seien noch die Werte für den Temperaturgang des elektrischen Widerstands und für die Thermokraft gegen Kupfer angegeben; sie sind für Centanin etwa ±0,013‰/grd und 3 μV/grd und für Isaohm etwa ±0,01‰/grd und 0,5 μV/grd. Der spezifische Widerstand von Centanin ist also 2,3mal und der von Isaohm 3,1mal so hoch wie der von Manganin. Die Werte der zeitlichen Konstanz liegen ähnlich günstig wie die von Manganin[1].

2.2 Spulenkörper

Die Vorwiderstandsdrähte werden meist auf Rahmen oder auf Spulen aufgewickelt (Abb. 191). Für Präzisionsvorwiderstände hat sich als

a b

Abb. 191a u. b. a) Vorwiderstandsrahmen aus Hartpapier, bewickelt; b) Vorwiderstandsspulenkörper aus Keramik mit Lötösen

Spulenmaterial Keramik vorzüglich bewährt. Bei der Dimensionierung der Vorwiderstände ist zu beachten, daß beim Betrieb die Temperatur

[1] Hetzel, W. u. F. Melchert: Zeitschrift für Instrumentenkunde (1960), S. 264; – Firmenschrift E 12/2000/459 EWD der Isabellen-Hütte in Dillenburg.

nicht die zulässige Grenze übersteigt. Dabei ist zu berücksichtigen, daß Vorwiderstände nicht nur häufig bei Überspannung betrieben werden müssen, sondern daß auch die Umgebungstemperatur auf 40 °C oder mehr steigen kann. Die in Wärme umgesetzte Leistung eines Vorwiderstands errechnet sich bekanntlich nach der Beziehung:

$$P = U^2/R = I^2 R = U I$$

wobei U der Spannungsabfall am Vorwiderstand, I der hindurchfließende Strom und R der Widerstandswert des Vorwiderstands sind. Trägt man die empirisch ermittelte Temperatur eines Widerstands in Abhängigkeit der in ihm umgesetzten Leistung bei den zu erwartenden Betriebsbedingungen – d.h. im Gehäuse und mit den benachbarten Widerständen zusammen – auf, so kann man dieser Kurve die zulässige Leistung des Widerstands entnehmen. Die als zulässig anzusehende Temperatur richtet sich nach den Anforderungen an die Präzision des betreffenden Vorwiderstands und dürfte bei den genauen Vorwiderständen um etwa 20 grd über der Umgebungstemperatur liegen, bei weniger genauen um bis zu 80 grd.

2.3 Isolation

Als Isolation hat sich für Widerstandsdrähte Lack durchgesetzt. Die früher übliche Seideisolation hat Nachteile: Sie fusselt und bringt dadurch Staub in die Arbeitsräume. Beim Umspinnen können insbesondere dünne Drähte mechanisch überbeansprucht und dadurch in ihren Eigenschaften beeinträchtigt werden. Sie nimmt Feuchtigkeit auf, die bei Erwärmung des Widerstands auf benachbarten Teilen und innen im Gehäuse – auch an der Glasscheibe von Instrumenten – kondensiert. Sie beansprucht mehr Platz als eine Lackisolation. Schließlich ist ihre Isolationswirkung schlechter, und sie ist empfindlich gegen thermische Überlastung des Widerstands.

Beim Wickeln der Widerstände ist darauf zu achten, daß nicht Windungen nebeneinander zu liegen kommen, die eine hohe Spannung gegeneinander führen, damit nicht die Isolation überbeansprucht wird und dadurch beim Betrieb – besonders bei Überspannung – Schäden entstehen. Erforderlichenfalls hilft man sich mit Zwischenlagen aus Papier oder ähnlichen Isolationsmaterialien.

2.4 Wickelart

Braucht man gewickelte Vorwiderstände mit kleinem Fehlwinkel und kleiner Zeitkonstante, so muß man auf induktivitäts- und kapazitätsarme Wickelarten bedacht sein (S. 236). Erfahrungsgemäß stört bei niederohmigen Widerständen (z.B. 30 Ω/V) in erster Linie die Eigeninduktivität der Wicklung und bei hochohmigen (z.B. 3 kΩ/V) die Eigenkapazität.

2.5 Alterung

Präzisionsvorwiderstände müssen gealtert werden, da sich der Widerstandswert nach der Beanspruchung beim Wickeln über eine gewisse Zeitspanne gewöhnlich ein wenig ändert. Bewährt hat sich die Vornahme einer künstlichen Alterung im Ofen, beispielsweise 24 h lang bei 140 °C, und eine anschließende Lagerung bei Raumtemperatur über mindestens 1/2 Jahr. Danach pflegen – eine einwandfreie Behandlung des Drahts beim Wickeln vorausgesetzt – die Änderungen des Widerstandswerts auch für Klasse-0,05-Widerstände hinreichend klein zu sein.

3. Aufschriften

Gemäß VDE 0410 müssen auf austauschbaren Vorwiderständen folgende Angaben zu finden sein: 1. Ursprungszeichen; 2. Fertigungsnummer bei den Klassen 0,05···0,2; 3. Nennwert des Widerstands oder die Angabe „··· Ω/V“; 4. Frequenzbereich, soweit erforderlich; 5. Kennzeichnung der Klemmen mit Nennspannung bzw. Meßbereich; 6. Nennstrom; 7. Klassenzeichen; 8. Prüfspannungszeichen. Auf Vorwiderständen für Spannungen über 650 V muß sowohl ein Hochspannungspfeil als auch der Hinweis „Vorsicht, Hochspannung auch am Instrument!“ angebracht sein.

B. Nebenwiderstände

1. Abgleich der Nebenwiderstände

Nebenwiderstände werden fast ausschließlich aus Manganin gefertigt. Für hohe Ströme hat sich die Ausführung mit parallelen Stäben durch-

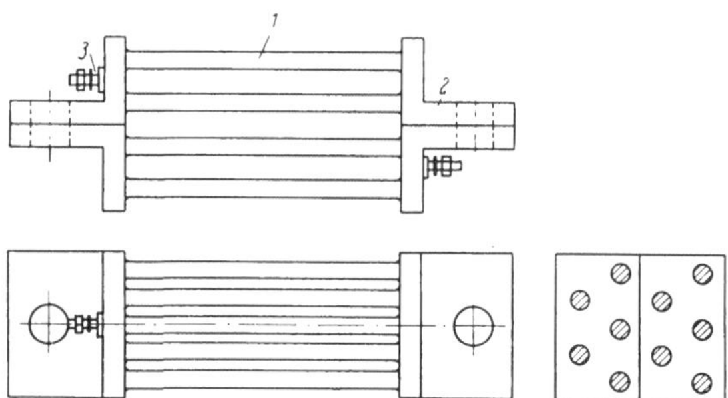

Abb. 192. Hochstromnebenwiderstand. *1* Manganinstäbe; *2* Anschlußstück aus Kupfer; *3* Anschlußklemme für das Meßinstrument

gesetzt (Abb. 192). Der Abgleich erfolgt durch Feilen an den Stäben; dadurch wird der Querschnitt vermindert und der Widerstand erhöht.

In Verbindung mit Nebenwiderständen werden Strommesser zu Spannungsmessern. Die Nebenwiderstände bringen an ihren Klemmen bei Nennstrom einen definierten Spannungsabfall auf, der von einem Millivoltmeter gemessen wird. Der Meßinstrumentkreis muß temperaturkompensiert sein. Als Nennspannungsabfall an Nebenwiderständen haben sich die Werte 30, 60, 150 und 300 mV eingebürgert.

Der Nennwert des Spannungsabfalls kann gemäß Abb. 193 entweder am Nebenwiderstand oder am Meßinstrument auftreten. Im Fall a gehören die Zuleitungen mit ihrem Widerstand zum Instrument, im Fall b

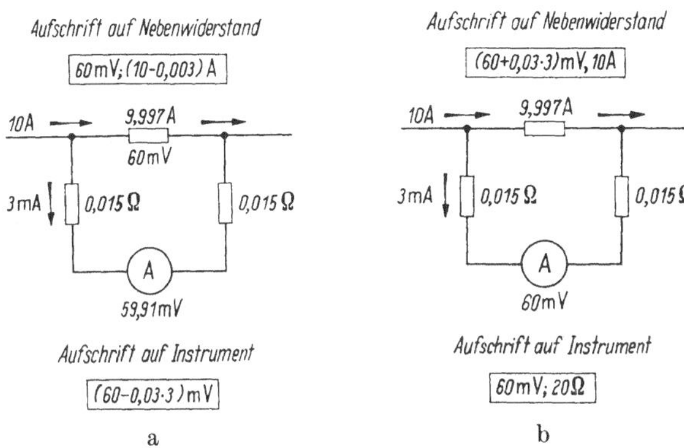

Abb. 193 a u. b. Gleichstrommessung mit Nebenwiderstand (aus VDE 0410). a) Nennspannungsabfall am Nebenwiderstand; b) Nennspannungsabfall am Meßinstrument

zum Nebenwiderstand. Heutzutage neigt man dazu, den Nennwert des Spannungsabfalls am Meßinstrument auftreten zu lassen (Fall b), weil man dann das Instrument universell als Millivoltmeter benutzen kann, was insbesondere bei tragbaren Instrumenten vorteilhaft ist.

Bei der Eichung der Nebenwiderstände ist zu berücksichtigen, daß ein Teil des Stroms durch das Meßinstrument fließt. Besonders bei kleinen Nennströmen fällt das ins Gewicht. Braucht man z.B. einen Nebenwiderstand für 10 A, wobei das zugehörige Millivoltmeter 60 mV und 3 mA Stromaufnahme und die Leitungen zusammen 30 mΩ Widerstand haben, so muß man diesen Nebenwiderstand so justieren, daß er bei $10 - 0{,}003 = 9{,}997$ A einen Spannungsabfall von $60 + 0{,}03 \cdot 3 = 60{,}09$ mV hat.

2. Zuleitungs- und Übergangswiderstand

Schließt man Instrumente mit höherem Eigenverbrauch an Nebenwiderstände an, z.B. die Strompfade von Leistungsschreibern mit $300 \text{ mV} \cdot 0{,}5 \text{ A} = 150$ mW, so muß man auf kleine Zuleitungswiderstände und vor allem auf kleinste, genau definierte Übergangswiderstände der Klemmen bedacht sein. Der gesamte Widerstand des Instrumentkreises einschließlich temperaturunabhängigem Vorwiderstand beträgt beim gewählten Beispiel nur 300 mV/0,5 A = 600 mΩ. Wenn die Summe der Übergangswiderstände an den vier Klemmstellen 3 mΩ ist, sind das bereits 0,5% des Gesamtwiderstands.

Der Widerstand der Zuleitungen und der von zwei Klemmstellen entfällt, wenn man anklemmbare Nebenwiderstände mit Laschen benutzt (vgl. Abb. 190). Ihrer Verwendung ist eine Grenze gesetzt durch die Größe und das Gewicht, das Nebenwiderstände für höhere Ströme haben müssen. Ein Nebenwiderstand für 1 kA und 30 mV beispielsweise setzt 30 W um und ist nicht als anklemmbarer Nebenwiderstand ausführbar. Auch müssen die Klemmen für den Hauptstrom schon beachtliche Abmessungen haben, und ein anklemmbarer Nebenwiderstand wäre zum Anschließen der Stromzuführungen nicht stabil genug.

3. Besondere Meßklemmen

Grundsätzlich trennt man bei Nebenwiderständen die Klemmen für den Anschluß des Meßinstruments von denen für den Hauptstrom. Das geschieht in erster Linie aus Sicherheitsgründen, damit nicht, falls sich einmal eine Klemme löst, unter Umständen der ganze Strom durch das Meßinstrument fließt und es zerstört. Es geschieht auch, damit man die Klemmen zum Anschluß des Instruments an den Stellen anbringen kann, wo exakt der gewünschte Spannungsabfall vorhanden ist, und schließlich, weil bei Nebenwiderständen für hohe Ströme die Zuleitungen zum Instrument nur schwierig unter die recht großen Klemmen zum Anschluß der Hauptstromkabel oder Sammelschienen zu klemmen wären.

4. Magnetische Felder

Abschließend sei noch darauf hingewiesen, daß an Millivoltmeter zum Anschluß an Nebenwiderstände oft erhöhte Anforderungen bezüglich ihrer Unempfindlichkeit gegen magnetische Fremdfelder gestellt werden. Das ist verständlich, denn ein Kabel, das 10 kA führt, erzeugt in 1 m Entfernung ein magnetisches Feld $H = I/2\,\pi r = 1590$ A/m (20 Oe). Die Instrumentenhersteller kommen dieser Forderung durch magnetische Schirmung der Meßwerke mit hochpermeablen Weicheisenlegierungen nach.

5. Aufschriften

Gemäß VDE 0410 müssen auf austauschbaren Nebenwiderständen folgende Angaben zu finden sein: 1. Ursprungszeichen; 2. Fertigungsnummer bei den Klassen 0,05···0,2; 3. Nennspannungsabfall; 4. Nennstrom und die beim Abgleichen berücksichtigte Stromaufnahme des Instruments; 5. Klassenzeichen; 6. Prüfspannungszeichen bei Nebenwiderständen mit Gehäuse.

XIV. Meßwandler

Der Meßwandler ist ein Transformator, der entweder eine Wechselspannung oder einen Wechselstrom auf eine für die Messung praktische Größe transformiert. Oft hat er dabei noch die Aufgabe, das für Niederspannung eingerichtete Meßgerät gegen die Hochspannung zu isolieren.

Der VDE kennzeichnet die Meßwandler nach folgenden Unterscheidungsmerkmalen (VDE 0414):

Isolation

Y	ungetränkte	organische Stoffe, z. B. Baumwolle und Papier
A	getränkte	
A_0	unter Öl stehende	
E	ungetränkte, wärmebeständige Kunststoffolien, Hartpapier oder mit Kunstharzlacken getränktes Papier	
B	mit Kunstharzlacken	getränkte anorganische Stoffe, z. B. Glimmer, Asbest und Glas
F	mit modifizierten Silikonen	
H	mit reinen Silikonen	
C	feuerfeste Stoffe wie Glimmer, Porzellan, Glas und Quarz	

Einbauart

⊥ nur für den Einbau mit Isolatoren nach oben geeignet

⊢ nur für den Einbau mit Isolatoren nach der Seite geeignet

T nur für den Einbau mit Isolatoren nach unten geeignet

F für Freiluftaufstellung geeignet

Art der Kerne und Wicklungen

Bei Wandlern, die mehrere getrennte Sekundärkreise haben, werden die Kerne bzw. Wicklungen nach deren vorzugsweiser Verwendung bezeichnet.

Bei Stromwandlern

Zählkern: zum Anschluß von Zählern

Meßkern: zum Anschluß von Meßgeräten

Schutzkern: zum Anschluß von Schutzrelais

Bei Spannungswandlern

Meßwicklung: zum Anschluß von Zählern, Meßgeräten und Schutzrelais

Hilfswicklung: zur Erdschlußerfassung

Aufbau

Topfwandler; Stützwandler; Durchführungswandler; ungeschützte Wandler (ohne Gehäuse).

Eine umfassende Darstellung über Meßwandler findet man bei G. BAUER[1].

[1] BAUER, G.: Die Meßwandler, Berlin/Göttingen/Heidelberg: Springer 1953.

A. Stromwandler

Der Stromwandler übersetzt den Primärnennstrom, z.B. 1000 A, auf einen Sekundärnennstrom von fast immer 5 A, der dem Meßgerät zugeführt wird. Nur bei ausnahmsweise großer Entfernung zwischen Stromwandler und Meßgerät wählt man einen Sekundärnennstrom von 1 A und kann dann am Querschnitt der langen Meßleitungen sparen, ohne allzu große Wandler zu erhalten. Für primäre Nennströme ab 4 kA kann der Sekundärnennstrom auch 10 A betragen.

1. Schaltung und Wirkungsweise

Abb. 194 zeigt die Schaltung eines Stromwandlers. Auf einen Eisenkörper *3*, der meist als Bandringkern aus weichmagnetisch hochwertigen Blechen von 0,2···1 mm Dicke aufgebaut ist, befindet sich die Primärwicklung *1*, die den zu messenden Strom I_1, und eine Sekundärwicklung *2*, die den Meßstrom I_2 führt. Die Windungszahlen ergeben sich aus der Tatsache, daß die Amperewindungen primär und sekundär praktisch gleich groß sind, also z.B. primär 600 A und 2 Windungen, sekundär 5 A und 240 Windungen. Die magnetischen Flüsse der beiden Wicklungen sind – und das ist ein besonderes Merkmal des Stromwandlers – in jedem Augenblick fast gleich groß und einander entgegengesetzt gerichtet, so daß nur ein kleiner Fluß übrigbleibt. Dieser ruft im Eisen eine Induktion von meistens einigen hundert G hervor, welche eine Spannung induziert, die gerade den Meßstrom aufrechterhält. Läßt man aber die Sekundärwicklung offen, so dient der gesamte Primärstrom I_1 zur Magnetisierung; die Induktion im Eisen und mit ihr die Eisenverluste werden sehr hoch, und der Wandler wird heiß. Dabei wird in der offenen Sekundärwicklung eine hohe Spannung induziert (besonders bei hoher Windungszahl), die für die Isolation schädlich sein kann. Überdies ist zu beachten, daß der vom sinusförmigen Magnetisierungsstrom erzwungene magnetische Fluß infolge der Übersättigung des Eisenkerns etwa trapezförmig verläuft, wodurch die sekundäre Scheitelspannung erheblich höher liegt, als der Effektivwert vermuten läßt.

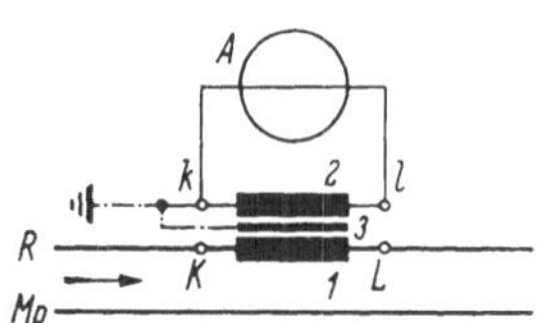

Abb. 194. Stromwandlerschaltung. *1* Primärwicklung; *2* Sekundärwicklung; *3* Eisenkern

Die Sekundärwicklung des Wandlers und sein Gehäuse müssen aus Sicherheitsgründen an Erde liegen (VDE 0140/1).

In Abb. 195 ist das Zeigerschaubild eines Stromwandlers dargestellt. Der sekundäre Strom I_2' (bezogen auf die Primärseite) ruft in der Sekundärwicklung die Spannungsabfälle $I_2' \cdot R_2'$ und $I_2' \cdot X_2'$ hervor. Diese ergeben zusammen mit der Spannung U_2' an der Bürde (Instrument) die sekundäre (E_2') und damit auch die primäre EMK $(-E_2') = E_1$. Senkrecht auf dieser steht der Magnetisierungsstrom I_m, der zusammen mit dem Strom I_w, welcher die Eisenverluste deckt, den Leerlaufstrom I_0 ergibt. I_0 setzt sich mit dem Sekundärstrom $(-I_2')$ zum Primärstrom I_1 zusammen, der in der Primärwicklung die Spannungsabfälle $I_1 \cdot R_1$ und $I_1 \cdot X_1$ hervorruft. Letztere und die EMK E_1 müssen von der primären Klemmenspannung U_1 überwunden werden. Der Winkel δ zwischen dem Primärstrom und dem Sekundärstrom ist der sogenannte Fehlwinkel, der nach VDE 0414 5'…120' betragen darf. Der absolute Unterschied ΔI zwischen dem Primär- und dem auf die Primärseite bezogenen Sekundärstrom ergibt den sogenannten Stromfehler. Fehlwinkel und Stromfehler fälschen die Angaben von Meßgeräten und Zählern. Sie sind um so kleiner, je kleiner der Leerlaufstrom ist, der deshalb durch zweckmäßigen Bau des Wandlers und die Verwendung hochwertiger Eisensorten für den Kern klein gehalten wird.

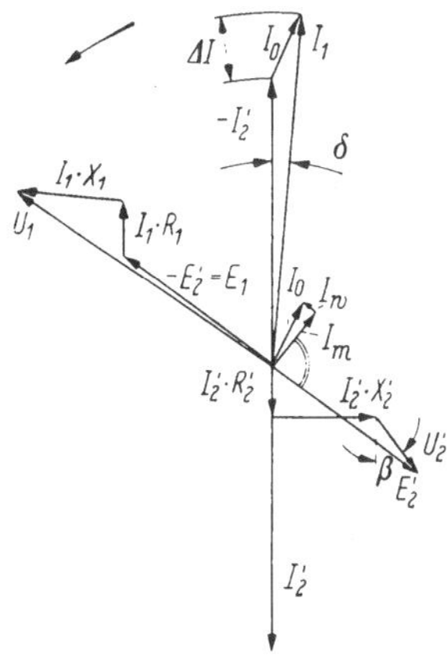

Abb. 195. Zeigerschaubild eines Stromwandlers (alle sekundären Größen sind auf die Primärseite bezogen). I_2' Sekundärstrom: $I_2' \cdot R_2'$ ohmscher, $I_2' \cdot X_2'$ induktiver sekundärer Spannungsabfall; U_2' Klemmenspannung an der Bürde mit $\cos\beta = 0{,}8$; E_2 sekundäre EMK; I_m Magnetisierungsstrom $\perp -E_2' = E_1$; I_w Verluststrom durch Eisenverluste; $I_0 = I_m \mp I_w =$ Leerlaufstrom; $I_1 = -I_2' \mp I_0 =$ Primärstrom; $I_1 \cdot R_1$ ohmscher, $I_1 \cdot X_1$ induktiver primärer Spannungsabfall; U_1 primäre Klemmenspannung; ΔI Stromfehler absolut (Übersetzungsfehler); δ Winkelfehler

Der Stromfehler F_i eines Stromwandlers ist folgendermaßen definiert:

$$F_i = \frac{I_2 K_N - I_1}{I_1} \tag{108a}$$

Der gesamte relative Fehler $\mathfrak{F}$ eines Stromwandlers ergibt sich aus der Zeigergrößengleichung:

$$\mathfrak{F} = -\frac{\mathfrak{J}_0}{\mathfrak{J}_1} = -\frac{\Theta_0}{\Theta_1} = -\frac{\Theta_0/l_E}{\Theta_1/l_E} = -\frac{\vartheta_0}{\vartheta_1} \tag{108b}$$

Die fiktive Leerlaufdurchflutung Θ_0 läßt sich unter Zuhilfenahme der Transformatorgleichung:

$$E_1 = \omega \Phi N_1 = \omega A_E B N_1 \tag{109}$$

Einheiten: $\quad \mathrm{V} = \frac{1}{\mathrm{s}} \mathrm{Vs} \cdot 1 = \frac{1}{\mathrm{s}} \mathrm{m^2 T} \cdot 1$

und der Magnetisierungskurve

$$\vartheta_0 = f(B)$$

des verwendeten Kerneisens ermitteln. In den Gln. (108) und (109) bedeuten:

I_1 Primärstrom
I_2 Sekundärstrom
$\mathfrak{J}_0$ Leerlaufstrom
K_N Nennübersetzung ($K_N = I_{1N}/I_{2N}$)
Θ_1 Primärdurchflutung
l_E Länge der mittleren magnetischen Kraftlinie im Eisenkern
ϑ längenbezogene Durchflutung ($\vartheta = \Theta/l_E$)
E_1 elektromotorische Kraft der Primärwicklung
Φ magnetischer Fluß (Effektivwert)
N_1 primäre Windungszahl
A_E Fläche des Eisenquerschnitts
B Induktion (Effektivwert)

Führt man für das ferromagnetische Material den Qualitätsfaktor

$$\mu_g = \frac{B}{\vartheta_0}$$

ein, so geht Gl. (108b) in

$$\mathfrak{F} = \frac{B}{\vartheta_1 \mu_g}$$

und mit B nach Gl. (109) in

$$\mathfrak{F} = \frac{E_1}{\vartheta_1 \mu_g \omega A_E N_1}$$

über. Beachtet man, daß die vom Eisenkern übertragene Scheinleistung

$$S = E_1 I_2 K_N$$

und das Eisenvolumen

$$V_E = A_E l_E$$

sind, so erhält man eine Formel, aus der die Abhängigkeit des Fehlers von der Bemessung des Stromwandlers hervorgeht:

$$\mathfrak{F} = \frac{S}{\vartheta_1 \vartheta_2 \mu_g \omega V_E} \approx \frac{S}{\vartheta_1^2 \mu_g \omega V_E} \tag{110}$$

Einheiten: $$1 = \frac{\mathrm{VA}}{\left(\frac{\mathrm{A}}{\mathrm{m}}\right)^2 \frac{\mathrm{T\,m}}{\mathrm{A}} \frac{1}{\mathrm{s}} \mathrm{m}^3}$$

Gl. (110) sagt aus, daß der Fehler eines Stromwandlers mit der vom Eisenkern übertragenen Scheinleistung wächst. Er wird hingegen kleiner mit dem Quadrat der längenbezogenen Primärdurchflutung, mit zunehmendem Kernvolumen, mit besserer Kernmaterialqualität (μ_g) und mit steigender Frequenz ($\omega = 2\pi f$).

2. Ausführungsformen

Die Formen der Stromwandler sind, je nach ihrem Verwendungszweck, außerordentlich mannigfaltig; es sollen hier einige kennzeichnende Beispiele beschrieben werden. Abb. 196 zeigt einen viel verwendeten *Gießharz-Stromwandler*, der bis 30 kV Reihenspannung[1] gefertigt wird.

Beim *Ringkern-Stromwandler* nach Abb. 197 kann man die Streuung praktisch vollkommen unterdrücken; das als Stanz- oder Bandringkern ausgebildete Ferromagnetikum *3* hat keine Stoßfuge, ist also vollständig geschlossen. Solche Wandler haben kleinere Fehler als Wandler, deren Kern eine Stoßfuge aufweist, gleiche Amperewindungszahl und gleichen Eisenquerschnitt vorausgesetzt. Die Sekundärwicklung *2* liegt mit geringer Isolation gleichmäßig gewickelt auf dem Eisen *3*. Zwischen *2* und der Primärwicklung *1* liegt eine kräftige Isolierschicht. Durch Anzapfung der Wicklung *1* lassen sich Vielfachstromwandler herstellen.

Abb. 196. Gießharz-Stromwandler, Reihe 10, Kl. 3, 120 VA (S & H)

Für sehr hohe Ströme (einige hundert Ampere) verwendet man nur eine Primärwindung und kommt dann zur Gattung der *Stabwandler* (Abb. 198). Der Primärleiter kann eine Strom-

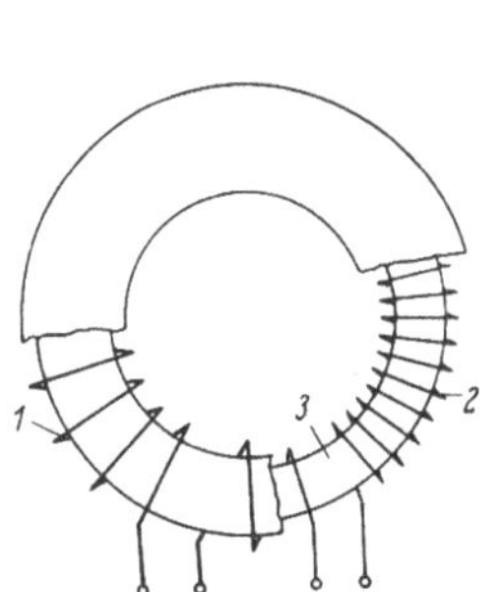

Abb. 197. Ringkern-Stromwandler. *1* Primärwicklung; *2* Sekundärwicklung; *3* Eisenkern

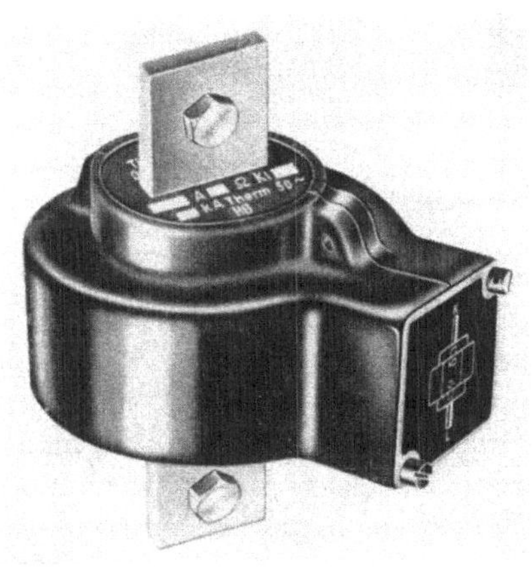

Abb. 198. Stromwandler, Reihe 0,5, Kl. 0,2, Nennscheinleistung 15 VA bei 50 Hz, Übersetzungsverhältnis 100/5 A (H & B)

[1] Reihenspannung ist diejenige genormte Spannung, für welche die Isolation eines Betriebsmittels bemessen ist (DIN 40 002).

schiene oder der Zuleitungsbolzen eines Durchführungsisolators sein. Das Eisen mit der Sekundärwicklung liegt meist außerhalb des Durchführungsisolators. Manchmal sind die Hochspannungsklemmen an Hochspannungstransformatoren und -schaltern sowie Durchführungs- und Stützerisolatoren gleichzeitig als Durchführungsstromwandler ausgebildet.

Für höhere Spannungen müssen die beiden Wicklungen sehr gut gegeneinander isoliert sein. Als Beispiel hierfür ist in der Abb. 199 ein *Querlochwandler* schematisch dargestellt, bei dem die Isolationsfrage

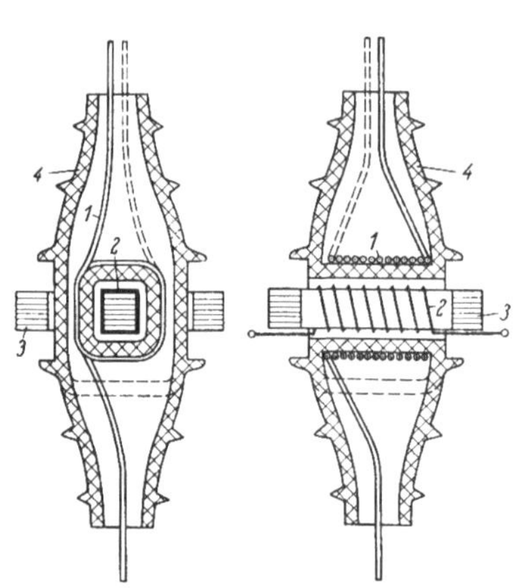

Abb. 199. Querloch-Stromwandler mit Mantelkern, Reihe 30 (Koch & Sterzel), als Durchführungswandler ausgebildet (gestrichelt: Abänderung zum Topfwandler). *1* Primärwicklung (an Hochspannung); *2* Sekundärwicklung (zum Anschluß des Instruments); *3* Wandlereisen; *4* Isolator (aus Porzellan oder Gießharz)

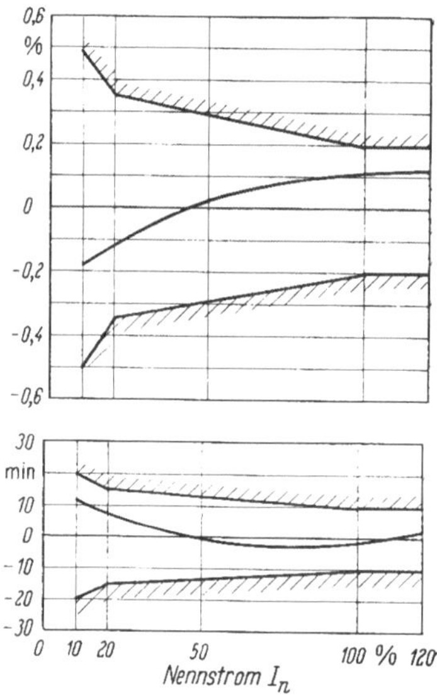

Abb. 200. Fehlergrenzen (nach VDE) und Fehlerkurven eines Stromwandlers der Klasse 0,2

auf sehr gute Weise gelöst ist. Die unter hoher Spannung stehende Primärwicklung *1* befindet sich im Innern eines kräftigen Isolierkörpers *4* und umschließt ein quer zum Hauptkörper verlaufendes Isolierrohr, durch dessen „Querloch“ der die Sekundärwicklung *2* tragende Eisenkörper *3* hindurchtritt. Hauptkörper und Querrohr des Isolators bilden einen einzigen Porzellankörper. Solche Wandler werden für Betriebsspannungen von 10 kV an aufwärts ausgeführt. Bei sehr hohen Spannungen werden mehrere Wandler hintereinander geschaltet, so daß auf jeden Wandler nur ein Teil der Hochspannung kommt, wodurch man Isolierstoff spart. Der Hohlraum, in dem sich die Hochspannungswicklung befindet, wird bei dem Querloch- und auch bei anderen Wandlern mit einer festen Isoliermasse oder mit Isolieröl ausgefüllt. Das hat folgenden Grund: Die Luftschicht kann bei hohen Spannungen, besonders bei Überspannungen, an den scharfen Kanten der Spule glimmen, wodurch die Durchschlagfestigkeit herabgesetzt würde. Ferner muß die Hochspannungsspule sehr gut gegen Eisenkern und Gehäuse abgestützt sein, da sie bei Netzkurzschlüssen mechanisch hoch beansprucht wird und versucht, sich auszuweiten. Der Querlochwandler nach der Abb. 199 ist als Durchführungswandler dargestellt. Er kann am Eisenkörper *3* gefaßt und z. B. in den Deckel eines Hochspannungsschalters eingebaut werden. Führt man die beiden Enden der Hochspannungswicklung *1* nach oben heraus – ihre Spannungsdifferenz liegt meist unter 10 V – und schließt

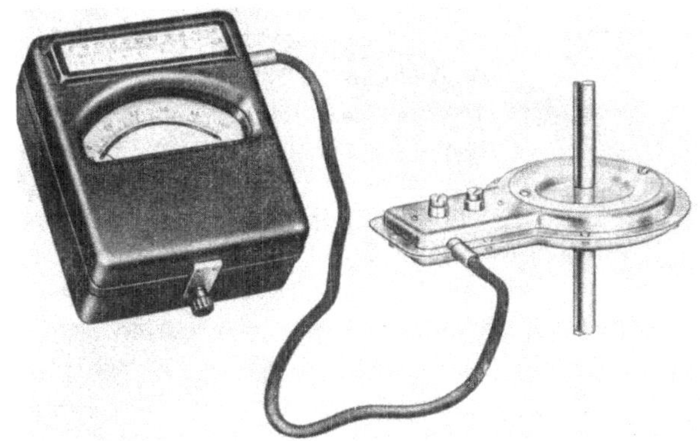

Abb. 201. Hochfrequenz-Stromwandler mit Thermoumformerinstrument im Schirmgehäuse (H & B)

den Porzellankörper bei der gestrichelten Linie in Abb. 199, so entsteht der Querloch-Topfwandler. Dabei sind der Eisenkörper *3* und der verkürzte untere Teil des Isolators *4* oft von einem eisernen Topf umgeben.

Abb. 201 zeigt einen Hochfrequenz-Stromwandler mit einem Thermoumformer-Drehspulinstrument in einem Schirmgehäuse.

3. Anforderungen

3.1 Kurzschlußfestigkeit

Die Kurzschlußfestigkeit von Stromwandlern, die in Starkstromnetzen eingebaut werden, ist außerordentlich wichtig. Kurzschlußfest ist ein Wandler, der Netzkurzschlüsse ohne Schaden aushalten kann. Dabei tritt eine hohe mechanische Beanspruchung der Wicklungen auf; die Primärwindungen werden, wie schon bemerkt, mit großer Kraft auseinandergetrieben. Der Ringwandler nach Abb. 197 ist dieser Beanspruchung durch die symmetrische Anordnung der Primärwicklung am besten gewachsen. Außer der dynamischen tritt noch eine thermische Beanspruchung auf; die Erwärmung muß in zulässigen Grenzen bleiben.

Der *thermische Grenzstrom* ist der für 1 s zulässige Überstrom. Die Übertemperatur, die sich allein aus der Wärmekapazität der Wicklung berechnet, darf einen bestimmten Wert, z. B. 80 °C, nicht übersteigen. Der thermische Grenzstrom liegt etwa beim 60fachen Nennstrom. Der *dynamische Grenzstrom* ist der Wert der ersten Stromamplitude, deren Kraftwirkung ein Stromwandler bei kurzgeschlossener Sekundärwicklung aushalten kann.

3.2 Bürde und Fehlergrenzen

Der Stromwandler ist ein im Kurzschluß arbeitender Transformator. Sein Übersetzungsverhältnis nähert sich dem aus den Windungszahlen errechneten um so besser, je vollkommener der Kurzschluß ist. Die an die Sekundärwicklung eines Wandlers angeschlossene „Bürde" bedeutet eine Minderung des sekundären Kurzschlusses und ist deshalb nicht ohne Rückwirkung auf das Übersetzungsverhältnis und den Fehlwinkel (Abb. 195). Eicht man den Strommesser zusammen mit seinem Wandler, so tritt der Stromfehler nicht in Erscheinung. Die meisten Stromwandler sind aber selbständige Apparate, die in dem Bürdenbereich $(0{,}5 \cdots 1) \times$ Nennbürde oder bei fester Betriebsbürde (die aus der Stromspule eines Instruments, Zählers oder Relais bestehen kann) eine vom VDE festgelegte Fehlergrenze nicht überschreiten dürfen. In Abb. 200 wird dies veranschaulicht. Auf der Abszisse ist der Strom als Bruchteil vom Nennstrom, auf der Ordinate der Stromfehler in Prozent bzw. der Winkelfehler in Minuten aufgetragen. Die Fläche zwischen den schraffierten Linien ist die nach den Regeln des VDE[1] für einen Stromwandler der Klasse 0,2 zugelassene Fehlergrenze. Die ausgezogenen Linien sind die an einem guten Wandler gemessenen Fehler. Man unterscheidet folgende Wandlerklassen: 0,05[2]; 0,1; 0,2; 0,5; 1; 3. Für jede Klasse sind Fehlergrenzen vorgeschrieben, die ein Wandler nicht überschreiten darf, um das Klassenzeichen des VDE zu bekommen. Genormte Nennscheinleistungen sind 5, 10, 15, 30 und 60 VA.

3.3 Aufschriften

Auf einem Stromwandler ist angegeben: 1. Ursprungszeichen; 2. Formbezeichnung des Herstellers; 3. Fertigungsnummer; 4. Baujahr; 5. Reihe und Wicklungsprüfspannung in kV; 6. Einbauart (vgl. S. 199); 7. Nennfrequenz in Hz; 8. primärer thermischer und gegebenenfalls dynamischer Grenzstrom in kA; 9. Isolierstoffklasse (vgl. S. 199); 10. Zulassungsbezeichung mit Gattungs- und Bauartbezeichnung; 11. primärer und sekundärer Nennstrom in A; 12. Nennscheinleistung in VA; 13. Klassenzeichen; 14. Nennüberstromziffer; 15. Kernbezeichnung oder Klemmenzuordnung, soweit erforderlich.

---

[1] VDE 0414 Regeln für Meßwandler. – [2] Kl. 0,05 noch im Entwurf.

4. Normalstromwandler

Für sehr genaue Strom- und Leistungsmessungen sowie für die Prüfung von Stromwandlern ist die Fehlergrenze technischer Wandler zu groß; man braucht zu diesem Zweck einen *Normalwandler*, wie ihn Abb. 202 zeigt. Bei einem solchen fällt die Aufgabe weg, den Meßkreis gegen die hohe Spannung des Stromleiters betriebssicher zu isolieren, da auch auf der Primärseite niedere Spannung herrscht. Für Normalwandler verwendet man einen geschlossenen Eisenring aus einer hochwertigen Eisen-Nickel-Legierung, der aus einem dünnen Band gewickelt ist. Der fertige Ring wird in einem nicht ganz einfachen thermischen Verfahren magnetisch vergütet und dann bewickelt. Die Sekundärwicklung hat bei 5 A etwa 200 Windungen. Um auf 1/1000 abgleichen zu können, verwendet man zwei parallel oder in Reihe geschaltete Sekundärwicklungen und an die Wicklungen gelegte ohmsche und induktive bzw. kapazitive Widerstände.

Abb. 202. Normalstromwandler, 1···3000/5 und 1 A, (0,05···2) · I_N ± 0,005% ± 0,5′ (H & B)

Die meisten Stromwandler haben einen Strombereich von (0,1···1,2) · I_N, wobei I_{2N} gleich 1 A, 2 A oder 5 A ist. *Großbereichwandler*, die zur Klassenbezeichnung den Zusatz „G" tragen (z.B. Kl. 0,1 G), haben einen Strombereich von (0,01···2) · I_N, wobei $I_{2N} = 5$ A und I_{1N} beispielsweise 500 A sind. *Zweibereichwandler* sind erstens verwendbar als 5-A-Großbereichwandler von (0,01···2) · I_N und zweitens als 1-A-Großbereichwandler von (0,05···10) · I_N, wobei $I_{2N} = 1$ A ist und I_{1N} gemäß obigem Beispiel 100 A.

Es ist möglich, zwischen 0,5 und 200% des Primärnennstromes mit dem Stromfehler eine Fehlergrenze von ± 0,005% und mit dem Fehlwinkel eine Fehlergrenze von ± 0,5′ (0,29 mrad) einzuhalten. Keller[1] beschreibt solche Normalwandler, die zur Erzielung mehrerer Meßbereiche (bis zu 40) mit einer vielfach angezapften Primärwicklung versehen sind. Die Normalstromwandler sind in weiten Grenzen temperaturunabhängig; ihre Genauigkeit entspricht der der besten Strommeßwiderstände.

[1] Keller, A.: ETZ 45 (1933) S. 1258.

5. Zangenwandler[1]

Abb. 203 zeigt einen Zangenwandler. Sein Eisenkörper läßt sich wie eine Zange öffnen. Man umfaßt damit einen im Betrieb befindlichen Leiter, der als Primärwicklung dient. Der Stromkreis braucht dabei nicht unterbrochen zu werden. Die Sekundärwicklung ist auf die beiden Schenkel gewickelt. Ein Vielbereichstrommesser ist meist eingebaut. Es lassen sich mit dem handlichen Apparat Ströme von etwa 1···1000 A messen.

Abb. 203. Zangenwandler mit eingebautem Vielfachinstrument (H & B-ELIMA)

6. Gleichstromwandler

Wie aus Gl. (110) eindeutig hervorgeht, kann man einen üblichen Stromwandler, der ja einen Transformator darstellt, bei Gleichstrom nicht verwenden, denn der Fehler würde bei der Frequenz Null unendlich groß. Größere Gleichströme mißt man vorzugsweise mit Hilfe von Nebenwiderständen. Bei sehr großen Gleichströmen zeigen jedoch Nebenwiderstände einige Nachteile. Hauptsächlich stört, daß sie wegen ihres hohen Leistungsumsatzes (z. B. 100 kA · 60 mV = 6 kW) ungenau und sehr plump werden. Außerdem ist eine galvanische Verbindung zwischen Stromkreis und Meßkreis nötig (störend bei Hochspannung). Daher hat man Gleichstromwandler entwickelt, und im Lauf der Zeit ist eine ganze Reihe von Verfahren realisiert worden, die alle die magnetische Wirkung des Gleichfelds ausnutzen. Eine Gruppe von Gleichstromwandlern hat bewegliche Teile, eine andere kommt ohne solche aus und zieht die Veränderung der Permeabilität eines Eisenkerns durch Gleichstromvormagnetisierung zur Messung heran. Relativ große Verbreitung haben Gleichstromwandler mit

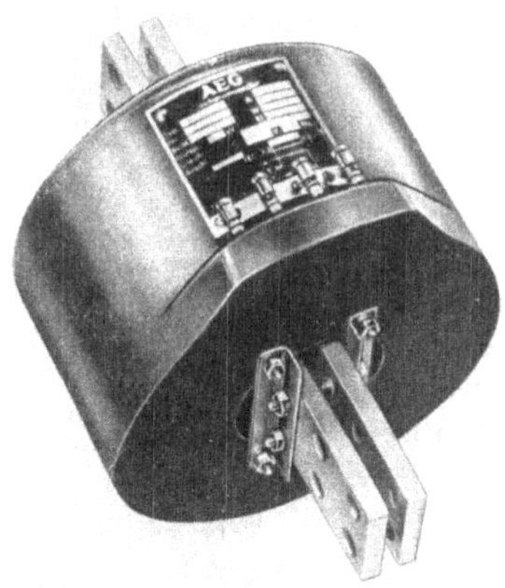

Abb. 204. Gleichstromwandler in Gießharzausführung (AEG)

[1] Busse, G. u. B. Graichen: AEG-Mitt. 47 (1957) S. 89/91.

Nickeleisenkernen ohne bewegliche Teile gefunden. Abb. 204 zeigt eine Ausführung in Gießharz für Primärströme bis 10 kA. Eine Ausführung

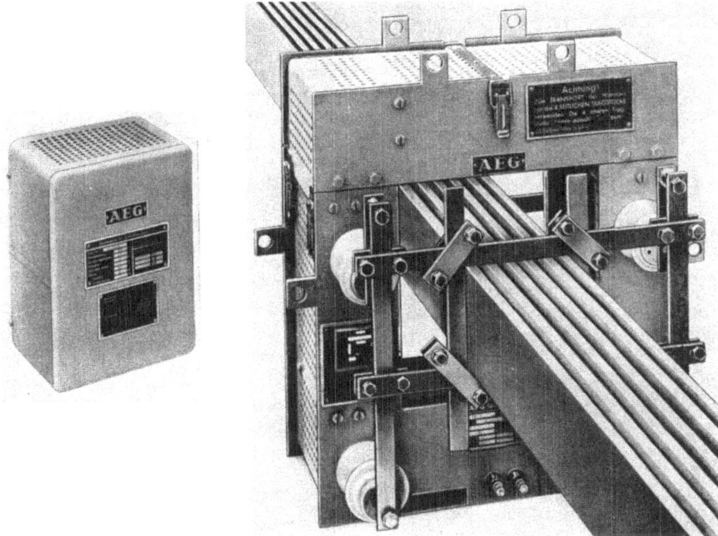

Abb. 205 Umbau-Gleichstromwandler mit Zusatzgerät (AEG)

für Primärströme bis zu 200 kA (Abb. 205) kann um den Primärleiter gebaut werden, ohne daß dieser unterbrochen werden muß. Das Schaltbild dazu ist in Abb. 206 wiedergegeben. Die Wicklungen der beiden Teilkerne sind in Gegenreihenschaltung an das Wechselstromnetz als Hilfsspannungsquelle angeschlossen. Das Kernmaterial ist ein hochpermeabler Werkstoff mit scharfem Sättigungsknick, wodurch die Kernwicklungen einen nahezu rechteckförmigen Magnetisierungsstrom aufnehmen, der dem primären Gleichstrom proportional ist und der grundsätzlich zur Messung verwendet werden könnte. Um jedoch die genauigkeitsmindernde Wirkung von Induktivitäten im Meßkreis zu vermeiden, richtet man den Strom mittels einer Brücke aus Siliziumgleich-

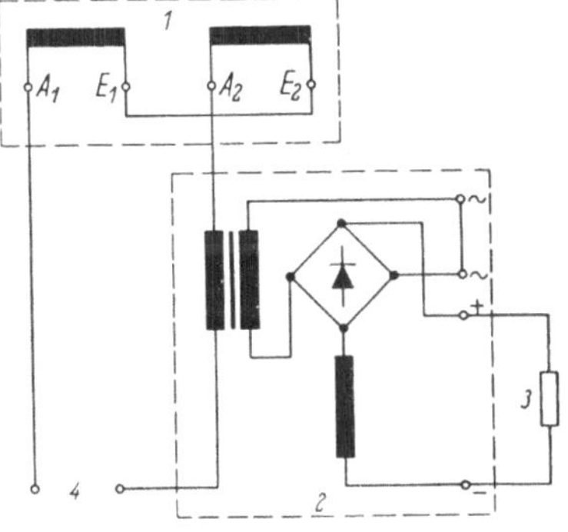

Abb. 206. Schaltung des Gleichstromwandlers mit Zusatzgerät (AEG). *1* Wandler mit zwei Sekundärwicklungen in Gegenreihenschaltung; *2* Zusatzgerät mit Isolier- und Anpassungsübertrager, Gleichrichterbrücke und Glättungsdrossel; *3* Bürde; *4* Netzanschluß (380 V, 50 Hz)

richtern gleich und ordnet gegebenenfalls im Gleichstromkreis noch eine Glättungsdrossel an. Der vorgeschaltete Übertrager trennt den Meßkreis galvanisch vom Wechselstromnetz. Zur Anzeige verwendet man Gleichstrominstrumente für 1 A oder 5 A Nennstrom. Die Nennleistung dieser Gleichstromwandler ist 30, 60 oder 120 W. Ihre Fehlergrenze entspricht den Klassen 0,5 oder 1. Große Wandler (Abb. 205) werden auch mit einer Fehlergrenze von $\pm 0{,}2\%$ geliefert, kleine Wandler (Abb. 204) auch in Klasse 3. Die Isolation zwischen Primärleiter und Sekundärwicklung der Gleichstromwandler wird nach den Regeln für Gleichrichter-Transformatoren (VDE 0555) mit einer Prüfwechselspannung von 5,5 kV geprüft. Gleichstromwandler sind dauernd mit dem 1,2fachen Nennstrom (über 40 kA mit dem 1,1fachen) überlastbar. Kurzzeitig sind wesentlich höhere Überströme zulässig. Der Temperatureinfluß ist sehr gering. Der Fremdfeldeinfluß wird durch die Anordnung mehrerer paralleler Wicklungen praktisch beseitigt. Die beschriebenen Gleichstromwandler übertragen Wechselstromanteile wie ein Wechselstromwandler; man kann daher mit ihrer Hilfe auch Mischströme richtig messen[1].

B. Spannungswandler

1. Schaltung und Wirkungsweise

Die allgemeinen Ausführungen über Stromwandler gelten sinngemäß auch für Spannungswandler. Im Gegensatz zum Stromwandler ist der Spannungswandler ein sekundär praktisch offener Transformator, arbeitet also im Leerlauf. Abb. 207 zeigt seine Schaltung (vgl. auch Abb. 86, 91, 93 und 108). An der hohen Spannung U liegt die feindrähtige Wicklung *1* mit vielen Windungen N_1, die wie bei Leistungstransformatoren in einem durch die Spannung bestimmten Abstand um die Sekundärwicklung *2* mit der Windungszahl N_2 und der Niederspannung u gelegt ist. Beide Wicklungen sind durch den Eisenkörper *3* aus geschichtetem Blech magnetisch gekoppelt. Für das Übersetzungsverhältnis gilt sehr angenähert die Beziehung $U : u = N_1 : N_2$. Die Sekundärnennspannung ist heute fast allgemein auf 100 V genormt. Bei einem Spannungswandler für 30000/100 V ergeben sich folgende Windungszahlen: $N_1 = 50000$, $N_2 = 167$. Diese hohen Windungszahlen, zusammen mit der für die Spannung notwendigen Isola-

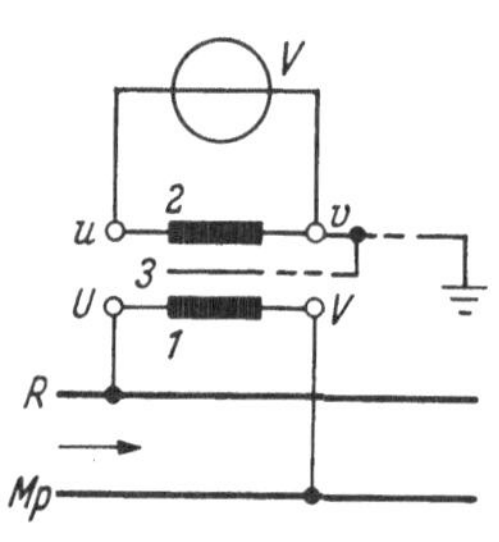

Abb. 207. Spannungswandlerschaltung. *1* Primärwicklung; *2* Sekundärwicklung; *3* Eisenkern

[1] KRÄMER, W.: ATM V 3213-4 u. 5, 1961.

tion, bestimmen die Konstruktion und die hohen Kosten der Spannungswandler, die in ihrem Aufbau den Transformatoren für kleine Leistungen sehr ähnlich sind. Abb. 208 zeigt Zeigerschaubilder des Spannungswandlers.

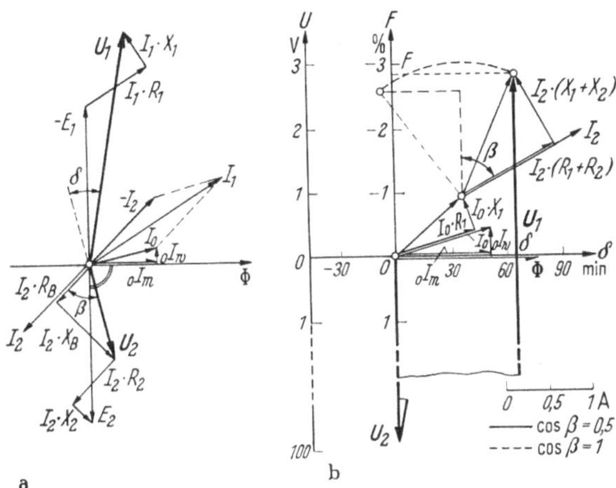

Abb. 208 a u. b. Zeigerschaubilder eines Spannungswandlers

2. Ausführungsformen

In der Abb. 209 ist als *Ausführungsbeispiel* ein Spannungswandler für 30 kV im Schnitt dargestellt. *3* ist der Eisenkörper, *1* die Hochspannungs-

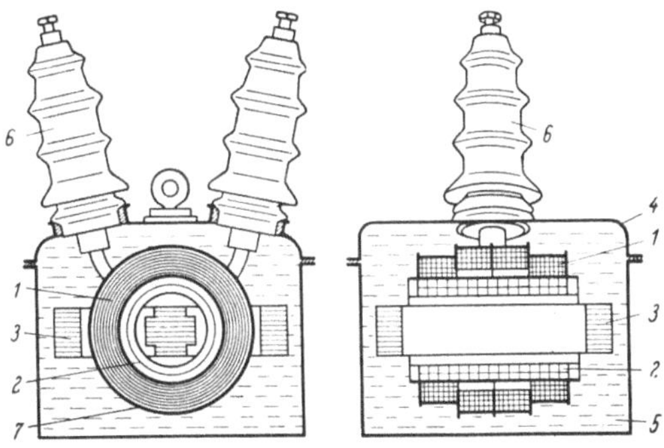

Abb. 209. Spannungswandler für 30 kV mit Mantelkern. *1* Primärwicklung; *2* Sekundärwicklung; *3* Wandlereisen; *4* Gehäuse; *5* Isolieröl; *6* Porzellanisolatoren mit Hochspannungsklemmen; *7* Hartpapierrohr

wicklung, *2* die Sekundärwicklung für 100 V. Zwischen den beiden letzteren befindet sich ein kräftiges Hartpapier-Isolierrohr. Eisenkörper und Wicklungen sind in einem mit Isolieröl gefüllten Behälter *4* eingebaut, durch dessen Deckel die großen Porzellandurchführungen *6* für die Hochspannung und kleine porzellanisolierte Klemmen (nicht gezeichnet) für die sekundäre Niederspannung führen. Die Durchführungsisolatoren sind oft als Ölausdehnungsgefäße ausgebildet.

Für sehr hohe Spannungen werden die Spannungswandler häufig zur Aufstellung im Freien ausgebildet. Zuweilen werden mehrere in der sogenannten Kaskadenschaltung in Reihe geschaltet. Überspannungen durch Wanderwellen, wie sie besonders in Freileitungen auftreten, beanspruchen die Isolation über die normale Spannung hinaus. Man muß daher einen Überspannungsschutz (gut isolierte Eingangswindungen) wie bei Leistungstransformatoren vorsehen. Man baut auch kombinierte Strom- und Spannungswandler in einer Baueinheit. Dies ist besonders bei sehr hohen Spannungen vorteilhaft, wo die Isolation der aufwendigste Teil ist. Abb. 210 stellt einen kombinierten Strom- und Spannungswandler dar.

Abb. 210. Kombinierter Strom-Spannungswandler in Öltopfbauweise, Freiluftausführung, Reihe 110 (AEG)

3. Fehlergrenze und Bürde

Für Spannungswandler sind vom VDE die gleichen Fehlergrenzen festgesetzt wie für Stromwandler. Die Bürden sind die Spannungsspulen von Leistungs- und Spannungsmessern, Zählern und Relais, die parallel an die Sekundärklemmen angeschlossen werden und deren Verbrauch innerhalb des Bereichs (0,25···1)mal Nennbürde liegen muß. Nennscheinleistungen sind 15, 30, 60, 120, 180, 240 und 300 VA. Es gibt auch Normalspannungswandler, die vor allem zum Prüfen von Spannungswandlern mittels besonderer Wandler-Meßeinrichtungen dienen. Ihre Fehlergrenze zwischen (0,4···1,2) · U_N ist z.B. $\pm 0{,}002\%$ und $\pm 0{,}2'$.

4. Aufschriften

Auf einem Spannungswandler ist angegeben: 1. bis 7. wie bei einem Stromwandler (vgl. S. 206), unter 5. jedoch zusätzlich die Windungsprüfspannung; 8. Isolierstoffklasse (vgl. S. 199); 9. Zulassungsbezeichnung mit Gattungs- und Bauartbezeichnung; 10. primäre und sekundäre Nennspannung in V; 11. Nennscheinleistung und Grenzleistung in VA; 12. Klassenzeichen; 13. Klemmenzuordnung, soweit erforderlich.

5. Kapazitiver Spannungswandler

Der kapazitive Spannungswandler[1] bietet den Vorteil, sehr billig zu sein. Als Oberspannungskondensator kann man eine Durchführung, einen Ölpapier- oder einen Preßgaskondensator benutzen. Als Dielektrikum für den Unterspannungskondensator eignen sich Glimmer, Papier oder Kunststoffolie. Der kapazitive Spannungswandler (vgl. Abb. 139) erreicht bestenfalls Klasse 0,5.

XV. Zusammenstellung von Angaben über elektrische Meßgeräte

Für die Durchführung der Messungen und die richtige Wahl und Anwendung der Meßgeräte sind in den hier folgenden Tabellen wichtige Angaben zusammengestellt.

1. Verwendungsmöglichkeit

In der Tab. I auf S. 215 sind die Verwendungsmöglichkeiten der wichtigsten elektrischen Meßgeräte und Meßeinrichtungen zusammengestellt.

2. Anwendungsbereiche

Tab. II auf S. 216 zeigt, für welche Ströme und Spannungen innerhalb des angegebenen Frequenzbereichs die einzelnen Gerätearten verwendet werden können. Dabei sind auch Kombinationen mit Zusatzgeräten einbegriffen. Als solche sind hier Neben- oder Vorwiderstände, Trockengleichrichter, Thermoumformer, Vorkondensatoren, Spannungsteiler, Strom- und Spannungswandler zu verstehen.

3. Bau- und Sicherheitsbestimmungen

Tab. III ist den VDE-Regeln (0410) entnommen und gibt unter anderem die auch international geltenden Prüfspannungen für Meßgeräte für bestimmte Betriebsspannungsbereiche an. In der letzten Spalte sind die Prüfspannungszeichen angeführt, die auf der Geräteskale anzugeben sind.

[1] BBC-Druckschriften S 1175/S, S 1191/S, S 1206/S und S 1202/F.

4. Sinnbilder für Meßgeräte

Tab. IV ist ebenfalls den VDE-Regeln 0410 entnommen und zeigt die Sinnbilder zum Beschriften von Meßgeräten. Diese Sinnbilder, die zum großen Teil mit den internationalen übereinstimmen, findet man auf den Skalen der Geräte aufgedruckt.

5. Fehlergrenzen für die verschiedenen Klassen

Die Güte der Meßgeräte kommt nach VDE (Tab. V) und internationalen Vereinbarungen durch ein Klassenzeichen zum Ausdruck, das auf der Skale angegeben wird.

Das Klassenzeichen sagt sowohl etwas über die Fehlergrenzen beim Messen unter Nennbedingungen aus als auch über die zulässigen Fehler infolge der einzelnen Einflüsse (z. B. Lage, Temperatur oder Fremdfeld). Der tatsächlich auftretende Fehler kann größer sein als der Anzeigefehler, wenn bei anderen als den Nennbedingungen gemessen wird.

6. Eigenverbrauch der Strom- und Spannungsmesser

Die Tab. VI und VII (S. 227 und 228) zeigen in logarithmischem Maßstab den Eigenverbrauch normaler Strom- und Spannungsmesser, und zwar innerhalb eines gewissen, von guten Geräten eingehaltenen Spielraums, der durch Schraffuren angedeutet ist. Aus den dargestellten Schaulinien kann man interessante Schlüsse auf die Eigenart des Meßinstruments ziehen. Der Stromverbrauch der Drehspulspannungsmesser z.B. kann 0,1···10 mA (Tab. VII) betragen und ist dann für alle Meßbereiche, die durch Vorwiderstände gebildet werden, konstant. Der Spannungsabfall der Drehspulstrommesser beträgt etwa 30···150 mV (Tab. VI) und bleibt für alle Stromstärken konstant, da die Meßbereiche durch Nebenwiderstände gebildet werden.

Als weiteres Beispiel sei das Dreheiseninstrument herausgegriffen. Zur Erzielung des Endausschlags ist eine bestimmte Amperewindungszahl und damit ein konstanter Wattverbrauch notwendig. Wird der Strommeßbereich vergrößert, so kommt man mit weniger Windungen größeren Querschnittes aus; der Widerstand nimmt quadratisch, der Spannungsabfall linear ab. Eine ähnliche Überlegung gilt für den Spannungsmeßbereich.

Kennzeichnend ist auch der Verlauf der Schaulinie für das Drehspulgerät mit Thermoumformer. Um das Drehspulinstrument zum Endausschlag zu bringen, ist eine Mindestheizleistung $I^2 \cdot R$ erforderlich. Wächst der Strommeßbereich, dann geht der Widerstand bei gleicher Heizleistung quadratisch zurück.

Der Verbrauch der Instrumente beim Endausschlag in W bzw. VA ergibt sich jeweils aus dem Produkt von Strommeßbereich mal Spannungsabfall oder Spannungsmeßbereich mal Stromverbrauch.

Tabelle I. Verwendungsmöglichkeiten elektrischer Meßgeräte und Meßeinrichtungen

Meßgerät ↓ / zur Messung von:	Gleichspannung	Gleichstrom	Wechselspannung	Wechselstrom	Leistung	Frequenz	Phasenwinkel	Widerstand	Kapazität	Induktivität	Drehzahl	Temperatur	Feuchtigkeit und CO_2	Fehlwinkel tg δ	Lichtstärke	Druck
Einheit:	V	A	V	A	W	Hz	rad	Ω	F	H	U/min	°C	%	‰	lm	kp/cm²
Drehspul	**○**	**○**	**[12] ○**	**[12] ○**		**[19] ○**		**○**			**[3] ○**	**[2] ○**	**[2] ○**		**[6] ○**	
Kreuzspul mit Dauermagnet								**(Q)**				**[4] (Q)**	[4] (Q)			
Drehmagnet	**○**	**○**														
Elektrodynamometer			○	○	**○**											
Kreuzspul-(Induktions-) dynamometer						(Q)	**(Q)**	(Q)	(Q)	(Q)		[4] (Q)	[4] (Q)			
Dreheisen	**○**	**○**	**○**	**○**				(Q)			[35] ○	[4] ○	[4] ○			
Induktions			○	○	**○**	(Q)		(Q)			○					
elektrostatisch	**○**		**○**		○	○		(Q)	○							[7] ○
Hitzdraht	○	○	○	○	[2] ○											
Vibrations			○	○		**○**					[5] ○					
Oszillograf	○	○	○	○		○										[7] ○
Meßbrücke						○	**○**	**○**	**○**	**○**		**[4] ○**	[4] ○	**○**		
Kompensator	**○**	**○**	○	○		○	○	○					[2] ○	○		
Ferngeber	[8] ○	[8] ○	[8] ○	[8] ○	[8] ○	[8] ○	[8] ○	[8] ○			[8] ○	[8] ○	[8] ○			**[8] ○**

○ unmittelbare Anzeige,

[n] ○ mittelbare Anzeige, bei

n = 1 über Trockengleichrichter	n = 35 über 3 oder 5
n = 2 „ Thermoelement bzw. -umformer	n = 6 „ Fotozelle
n = 12 „ 1 oder 2	n = 7 „ Quarzkristall
n = 3 „ Gleichstrominduktor	n = 8 „ Ferngeber und Fernempfänger
n = 4 „ Widerstandsthermometer	n = 9 „ Scheinwiderstände
n = 5 „ Wechselstrominduktor	Q = Quotientenmeßgerät

Anmerkung: Die stark umrandeten Kreise geben die gebräuchlichsten Meßmethoden an, die schwach umrandeten die außerdem möglichen.

Tabelle II. Anwendungsbereiche elektrischer Meßgeräte

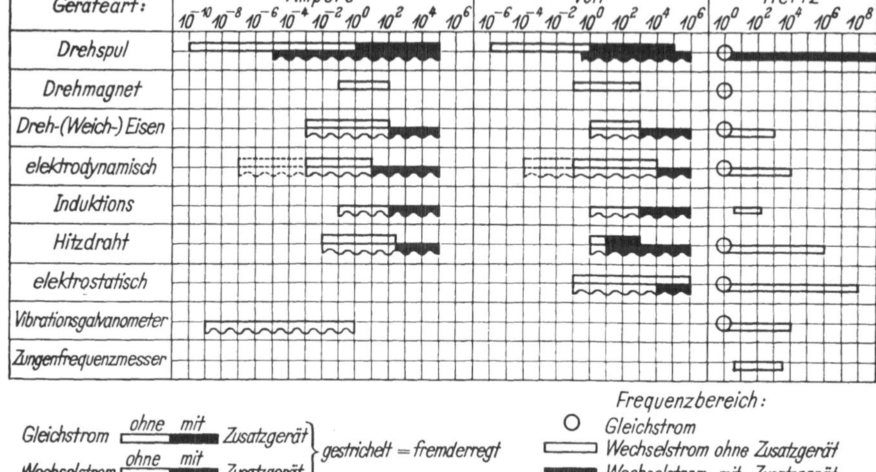

Tabelle III. Bau- und Sicherheitsbestimmungen

(Auszug aus VDE 0410)

1. Klemmenbezeichnung

Die Klemmenbezeichnungen lassen die Art des Anschlusses erkennen. Schalttafelinstrumente sind nach DIN 43807 bezeichnet. Tragbare Leistungs- und Leistungsfaktormesser tragen an der Strom- und Spannungsklemme, die mit der Energiequelle zu verbinden sind, jeweils ein gleiches Zeichen.

2. Skalenausführung

Die Skale soll für zunehmende Meßgrößen möglichst von links nach rechts, von unten nach oben oder im Uhrzeigersinn (bei Kreisskalen) beziffert sein. Unterscheidet sich bei einem Instrument der Meßbereich vom Anzeigebereich, so sind die Grenzen des Meßbereichs durch Punkte unter den betreffenden Teilstrichen gekennzeichnet. Der Meßbereichendwert von Strom-, Spannungs- und Leistungsmessern soll vorzugsweise der folgenden Zahlenreihe angehören (bzw. den dekadischen Teilen oder Vielfachen dieser Zahlen):

1; 1,2; **1,5**; 2; **2,5**; 3; 4; 5; **6**; 7,5; 8
(Schalttafelinstrumente nach DIN 43701).

3. Zeigernullstellung

Durch Drehen an der Nullpunktkorrektion muß bei Präzisionsmeßinstrumenten mit mechanischem Nullpunkt der Zeiger um mindestens 2% und höchstens 6% der Skalenlänge verstellt werden können. Bei Betriebsmeßinstrumenten, die eine Nullpunktkorrektion besitzen, erstreckt sich der Verstellbereich zwischen 4 und 12%.

4. Dämpfung

Bei plötzlichem Einschalten eines Meßwerts, der 2/3 der Skalenlänge Ausschlag ergibt, darf die erste Überschwingung nicht größer als 20% der Skalenlänge sein und die Beruhigungszeit 4 s nicht überschreiten (vgl. Fußnote S. 27); einige Instrumentenarten sind davon ausgenommen.

5. Spannungsprüfung (Stück- bzw. Typenprüfung)

Eine Spannungsprüfung mit praktisch sinusförmiger Wechselspannung (Frequenz zwischen 15 und 60 Hz) mit den in der folgenden Tabelle angegeben Effektivwerten müssen alle galvanisch nicht dauernd miteinander verbundenen Pfade gegen das Gehäuse sowie gegeneinander aushalten. Die Prüfspannung ist vom halben Wert ab stetig oder in Stufen von höchstens 5% der Prüfspannung in 10···30 s auf den vollen Betrag zu steigern und dann 1 min lang aufrechtzuerhalten.

Prüfspannungen und Prüfspannungszeichen

Nennspannung U_N des Meßgerätes Volt	Prüfspannung U_p (Effektivwert) Volt	Prüfspannungszeichen (Siehe Tab. IV, C−1 bis C−3)
bis 40	500	Stern ohne Zahl
über 40 bis 650	2000	Stern mit Zahl 2
über 650 bis 1000	3000	Stern mit Zahl 3
über 1000 bis 1500	5000	Stern mit Zahl 5
über 1500 bis 3000	10000	Stern mit Zahl 10
über 3000 bis 6000	20000	Stern mit Zahl 20
über 6000 bis 10000	30000	Stern mit Zahl 30
über 10000 bis 15000	50000	Stern mit Zahl 50
über 15000	$2{,}2\,U_N + 20000$	Stern mit U_p in kV
Instrument zum Anschluß an Meßwandler	2000	Stern mit Zahl 2
keine Spannungsprüfung		Stern mit Zahl 0

6. Kriech- und Luftstrecken

Die Kriech- und Luftstrecken sind mindestens nach Gruppe A von VDE 0110 zu bemessen.

7. Anschluß des Schutzleiters

An der Vorderseite von Schalttafeln oder Geräten liegende leitfähige Gehäuseteile, die bei inneren Schäden eine Berührungsspannung von mehr als 42 V gegen Erde annehmen können, müssen mit einer Vorrichtung zum sicheren Anschluß eines Schutzleiters zwischen 4 und 50 mm² Querschnitt versehen sein (Bezeichnung nach DIN 40011).

8. Dauerbelastbarkeit und Dauerüberlastbarkeit (Typenprüfung)

Meßinstrumente und Zubehör halten im Arbeitstemperaturbereich bei den Nennbedingungen den Meßbereichendwert dauernd unbeschädigt aus; bei Nenntemperatur halten sie das 1,2fache ihrer Meßbereichendwerte aus.

9. Elektrische Stoßüberlastbarkeit (Typenprüfung)

Präzisionsmeßinstrumente halten unbeschädigt fünf kurze Überlaststöße in Abständen von 5 s und einen langen Überlaststoß von 5 s Dauer mit jeweils dem doppelten Meßbereichendwert aus. Betriebsmeßinstrumente halten unbeschädigt neun kurze (0,5 s) Überlaststöße in Abständen von 1 min und einen langen (5 s) Überlaststoß mit jeweils dem doppelten Meßbereichendwert (für Spannungspfade) oder dem zehnfachen Meßbereichendwert (für Strompfade) aus. Als unbeschädigt gelten dabei Instrumente, deren Nullpunktabweichung nach der Überlastung kleiner als 0,5% der Skalenlänge ist, und die die Bedingungen ihrer Klasse einhalten.

10. Arbeitstemperaturbereich (Typenprüfung)

Alle elektrischen Meßinstrumente müssen bei Raumtemperaturen von 0···40 °C störungsfrei arbeiten, Betriebsinstrumente darüber hinaus auch noch zwischen −20 und 0 °C.

11. Schüttelfestigkeit (Typenprüfung)

Betriebsinstrumente halten eine Schüttelprüfung mit ±0,25 mm Amplitude bei 50 Hz in drei aufeinander senkrechten Ebenen über je 20 min Prüfzeit aus. Danach muß der halbe Unterschied zwischen steigender und fallender Anzeige innerhalb der Klassentoleranz liegen.

12. Mechanische Stoßfestigkeit (Typenprüfung)

Betriebsinstrumente halten je fünf Stöße in drei aufeinander senkrechten Richtungen von je 15 g (g = 9,81 m/s²) aus. Danach muß der halbe Unterschied zwischen steigender und fallender Anzeige innerhalb der Klassentoleranz liegen.

Tabelle IV. Kurzzeichen und Sinnbilder zum Beschriften von Meßgeräten

Lfd. Nr.	Bezeichnung	Kurzzeichen bzw. Sinnbild
	A. Kurzzeichen der hauptsächlichsten Einheiten, ihrer wichtigsten Vielfachen und Teile	
A–1	Kiloampere	kA
A–2	Ampere	A
A–3	Milliampere	mA
A–4	Mikroampere	μA
A–5	Kilovolt	kV
A–6	Volt	V
A–7	Millivolt	mV
A–8	Mikrovolt	μV
A–9	Megawatt	MW
A–10	Kilowatt	kW
A–11	Watt	W
A–12	Megavar	Mvar
A–13	Kilovar	kvar
A–14	Var	var
A–15	Megahertz	MHz
A–16	Kilohertz	kHz
A–17	Hertz	Hz
A–18	Megohm	MΩ
A–19	Kiloohm	kΩ
A–20	Ohm	Ω
	B. Sinnbilder für die Art des durch das Gerät gemessenen Stromes	
B–1	Gleichstrom	—
B–2	Wechselstrom	~
B–3	Gleich- und Wechselstrom	≂
B–4	Drehstrominstrument mit einem Meßwerk	≋
B–5	Drehstrominstrument mit zwei Meßwerken	≋
B–6	Drehstrominstrument mit drei Meßwerken	≋

Tabelle IV (*Fortsetzung*)

Lfd. Nr.	Bezeichnung	Kurzzeichen bzw. Sinnbild
	C. Sinnbilder für die Prüfspannung	
C–1	Prüfspannung 500 V	
C–2	Prüfspannung höher als 500 V, z. B. 2000 V	2
C–3	Keine Spannungsprüfung	0
	D. Sinnbilder für die Gebrauchslage	
D–1	Senkrechte Gebrauchslage	
D–1a	Senkrechte Gebrauchslage, z. B. für lageempfindliche Geräte	±1°
D–2	Waagerechte Gebrauchslage	
D–2a	Waagerechte Gebrauchslage, z. B. für nichtlageempfindliche Geräte	±15°
D–3	Schräge Gebrauchslage, Neigungswinkel z. B. 60°.	60°
	E. Sinnbilder für die Genauigkeitsklassen	
E–1	Klassenzeichen für Anzeigefehler, bezogen auf Meßbereich-Endwert	1,5
E–2	Klassenzeichen für Anzeigefehler, bezogen auf Skalenlänge	1,5
E–3	Klassenzeichen für Anzeigefehler, bezogen auf den richtigen Wert...........................	1,5
	F. Sinnbilder für die Arbeitsweise der Meßgeräte und ihres Zubehörs sowie sonstige Sinnbilder	
F–1	Drehspulmeßwerk mit Dauermagnet, allgemein ..	
F–2	Drehspul-Quotientenmeßwerk	
F–3	Drehmagnetmeßwerk	
F–4	Drehmagnet-Quotientenmeßwerk	
F–5	Dreheisenmeßwerk	
F–6	Eisennadelmeßwerk	
F–7	Dreheisen-Quotientenmeßwerk	
F–8	Elektrodynamisches Meßwerk, eisenlos	

Tabelle IV (*Fortsetzung*)

Lfd. Nr.	Bezeichnung	Kurzzeichen bzw. Sinnbild
F-9	Elektrodynamisches Meßwerk, eisengeschlossen ..	
F-10	Elektrodynamisches Quotientenmeßwerk, eisenlos	
F-11	Elektrodynamisches Quotientenmeßwerk, eisengeschlossen	
F-12	Induktionsmeßwerk	
F-13	Induktions-Quotientenmeßwerk	
F-14	Hitzdrahtmeßwerk	
F-15	Bimetallmeßwerk	
F-16	Elektrostatisches Meßwerk	
F-17	Vibrationsmeßwerk	
F-18	Thermoumformer, nicht isoliert[1]	
F-19	Isolierter Thermoumformer[1]..................	
F-20a	Drehspulinstrument mit eingebautem, isoliertem Thermoumformer	
F-20b	Drehspulinstrument mit getrenntem, nicht isoliertem Thermoumformer	
F-21	Gleichrichter[1]	
F-22	Drehspulinstrument mit eingebautem Gleichrichter	
F-23	Hinweis auf getrennten Nebenwiderstand	
F-24	Hinweis auf getrennten Vorwiderstand	
F-25	Hinweis auf getrennten Blindwiderstand	

[1] Falls kein Irrtum möglich ist, dürfen diese Sinnbilder an Stelle der Sinnbilder F-20a, F-20b bzw. F-22 verwendet werden, um einen Thermoumformer bzw. einen Gleichrichter in Verbindung mit einem Meßinstrument zu kennzeichnen.

Tabelle IV (*Fortsetzung*)

Lfd. Nr.	Bezeichnung	Kurzzeichen bzw. Sinnbild
F–26	Hinweis auf getrennten Scheinwiderstand	
F–27	Elektrostatische Schirmung	
F–28	Magnetische Schirmung	
F–29	Astatisches Meßwerk	ast
F–30	Maximal zulässige Größe eines Fremdfeldes gemäß § 38, z. B. 5 Millitesla	5
F–31	Schutzleiteranschluß	
F–32	Zeigernullstellung	
F–33	Achtung! Gebrauchsanweisung beachten	
F–34	Prüfspannung entspricht nicht der Tabelle III ...	
F–35	Gerät zum Einbau in eine Eisentafel von X mm Dicke	FeX
F–36	Gerät zum Einbau in eine Eisentafel beliebiger Dicke	Fe
F–37	Gerät zum Einbau in eine Nichteisentafel beliebiger Dicke	NFe
F–38	Gerät mit geprüftem Schütteleinfluß mit Angabe des Frequenzbereiches	vib *m*...*n*Hz

Tabelle V. Genauigkeitsanforderungen

(Auszug aus VDE 0410/X. 1959)

1. Zulässiger Anzeige- oder Schreibfehler und zulässiger Einfluß

Klasse		0,1	0,2	0,5	1	1,5	2,5	5
Anzeige- oder Schreibfehler	±%	0,1	0,2	0,5	1	1,5	2,5	5
Einfluß	±%	0,1	0,2	0,5	1	1,5	2,5	5

2. Nennbedingungen

Nennbedingungen sind alle vom Hersteller festgelegten Werte für die verschiedenen Einflußgrößen, bei denen oder innerhalb derer das Meßgerät den Forderungen hinsichtlich des Anzeigefehlers entspricht. Nennbedingung kann sein: 1. ein Nennwert; 2. ein Nennbereich. Einflußbereich ist ein Bereich, innerhalb dessen eine Einflußgröße sich ändern darf, ohne daß die Änderung der Anzeige die zulässigen Grenzen überschreitet.

Nennbedingungen

1	2	3	4
Lfd. Nr.	Einflußgröße	Skalenaufschrift	Nennbedingung
1.1	Lage	Nennlage ± 1°	Nennlage ± 0,1°
1.2	Lage	Nennlage	Nennlage ± 1°
1.3	Lage	fehlt	beliebig
2.1	Temperatur	fehlt	(20 ± 1) °C
2.2	Temperatur	25 °C	(25 ± 1) °C
2.3	Temperatur	20···30 °C	20···30 °C
3.1	Spannung	Nennspannung	Nennspannung ± 2%
3.2	Spannung	100···120 V	100···120 V
4.1	Frequenz	Nennfrequenz	Nennfrequenz ± 1%
4.2	Frequenz	49,9···50,1 Hz	49,9···50,1 Hz
4.3	Frequenz	40···50···60 Hz	(50 ± 1) Hz
4.4	Frequenz	fehlt	45···65 Hz

3. **Anzeigefehler** (Stückprüfung)

Der Anzeigefehler ist die prozentuale Fehlangabe eines anzeigenden Instruments. Er wird in Prozent des Meßbereichendwerts bzw. der Skalenlänge bzw. des richtigen Werts angegeben.

Der Anzeigefehler wird bei Nennbedingungen nach bestimmten Regeln (VDE 0410) ermittelt und darf die zulässigen Werte (vgl. Ziffer 1) nicht übersteigen. Der Anzeigefehler umfaßt verschiedene Fehler, z. B. – von Fall zu Fall – den Reibungsfehler, die Nachwirkung, mechanische Hysterese und Rollung (Aufrolleffekt) der Federn oder Spannbänder, den Anwärmeinfluß bei Präzisionsmeßinstrumenten, den Gleich-Wechselstromfehler, den Eichfehler, den Fehler des bei der Eichung verwendeten Normalgeräts[1], den Skalenausteilungsfehler und den Kippfehler. Für diese Fehler sind also keine besonderen Einflüsse mehr zulässig. Daraus ergibt sich unter anderem, daß bei der Prüfung von Instrumenten auf ihren Anzeigefehler der Reibungsfehler nicht „herausgeklopft" werden darf.

[1] Die Fehlergrenzen des Normalgeräts sollen sich zu denen des zu eichenden Instruments tunlichst wie 1:10 verhalten, notfalls wie 1:5.

4. Lageeinfluß (Stückprüfung bzw. Typenprüfung)

Beim Neigen des Instruments um den Betrag des Einflußbereichs (5° oder auf der Skale angegebener Wert) in allen vier Richtungen um zwei aufeinander senkrecht stehende Achsen darf die Anzeigeänderung gegenüber der Anzeige bei Nennlage den für den Einfluß zulässigen Wert (vgl. Ziffer 1) nicht überschreiten. (Stückprüfung am Nullpunkt, Typenprüfung über die ganze Skale.)

Beispiele für die Nennlage von Meßinstrumenten

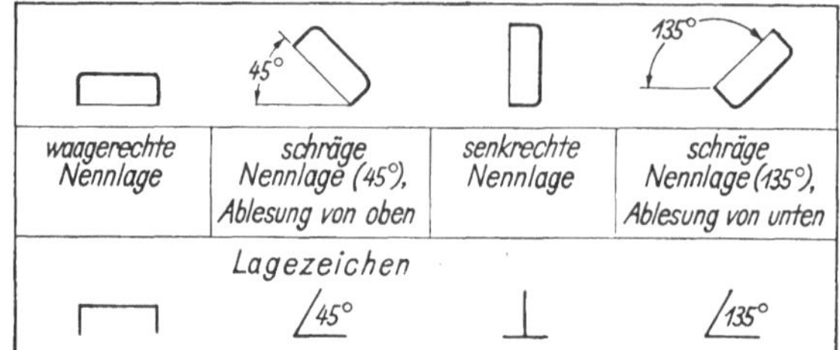

5. Temperatureinfluß (Typenprüfung)

Einflußbereich zur Bestimmung des Temperatureinflusses

1	2	3	4
Lfd. Nr.	Skalenaufschrift	Nennbedingung	Einflußbereich
1	keine	20 °C	10···20 °C und 20···30 °C
2	25 °C	25 °C	15···25 °C und 25···35 °C
3	20···30 °C	20···30 °C	entfällt
4	20···25···30 °C	25 °C	20···25 °C und 25···30 °C
5	20···25···30 °C	20···25 °C	25···30 °C
6	15···20···25···30 °C	20···25 °C	15···20 °C und 25···30 °C

Die Anzeigeänderung darf bei einer Änderung der Raumtemperatur innerhalb des Einflußbereichs (im allgemeinen ± 10 grd) gegen die Anzeige bei der Nenntemperatur (meist 20 °C) den für den Einfluß zulässigen Wert (vgl. Ziffer 1) nicht überschreiten. Ein Meßinstrument muß mindestens 2 h lang der neuen Umgebungstemperatur ausgesetzt gewesen sein, bevor sein Temperatureinfluß gemessen werden kann.

6. Spannungseinfluß (Typenprüfung)

Bei Leistungsmessern sowie bei Instrumenten ohne mechanische Richtkraft darf die Anzeigeänderung infolge Spannungsänderung innerhalb des Einflußbereichs (± 20% der Nennspannung oder der den Nennspannungsbereich begrenzenden Spannungen) gegen die Anzeige bei Nennspannung den für den Einfluß zulässigen Wert (vgl. Ziffer 1) nicht überschreiten. Bei Leistungsmessern ist die Leistung durch gegenläufiges

Ändern des Stroms konstant zu halten. Überdies darf bei Leistungsmessern ein Potentialunterschied zwischen Strom- und Spannungspfad in Höhe der Nennspannung keinen größeren Einfluß auf die Anzeige als den für den Einfluß zulässigen Wert (vgl. Ziffer 1) haben.

7. Stromeinfluß (Typenprüfung)

Bei Leistungsfaktormessern darf die Änderung der Anzeige beim Ändern des Stroms von 40% auf 20% des Nennstroms und von 100% auf 120% die für den Einfluß zulässigen Werte (vgl. Ziffer 1) nicht überschreiten.

8. Anwärmeinfluß für Betriebsinstrumente (Typenprüfung)

Die Differenz zwischen den Anzeigen nach 10 und 60 min Einschaltdauer bei Betrieb mit 80% des Meßbereichendwerts oder der Skalenlänge darf die Hälfte des für den Einfluß zulässigen Werts (vgl. Ziffer 1) nicht überschreiten.

9. Frequenzeinfluß (Typenprüfung)

Frequenzeinflußbereich zur Bestimmung des Frequenzeinflusses

1	2	3	4
Lfd. Nr.	Skalenaufschrift	Nennbedingung	Einflußbereich
1	keine	45···65 Hz	15···45 Hz
2	<u>50</u> Hz	50 Hz	± 10% = 45···50 Hz und 50···55 Hz
3	<u>40···50</u> Hz	40···50 Hz	entfällt
4	40···<u>50</u>···10000 Hz	50 Hz	40···50 Hz und 50···10000 Hz
5	<u>40···50</u>···1000 Hz	40···50 Hz	50···1000 Hz
6	15···<u>50···60</u>···100 Hz	50···60 Hz	15···50 Hz und 60···100 Hz

Die Anzeigeänderung bei einer Frequenzänderung innerhalb des Frequenzeinflußbereichs gegen die Anzeige bei der nächstliegenden Grenze des Nennfrequenzbereichs oder bei Nennfrequenz darf den zulässigen Wert für den Einfluß (vgl. Ziffer 1) nicht übersteigen.

10. Leistungsfaktoreinfluß (Typenprüfung)

Bei Nennstrom, -spannung und -frequenz sowie bei induktiver und kapazitiver Phasenverschiebung von $\pi/2$ rad bzw. Null darf die Anzeige von Wirk- bzw. Blindleistungsmessern nicht weiter von Null abweichen, als für den Einfluß (vgl. Ziffer 1) zugelassen ist.

Bei den Grenzwerten des Frequenzeinflußbereichs dürfen die Abweichungen das Doppelte des für den Einfluß zulässigen Werts (vgl. Ziffer 1) betragen.

11. Fremdfeldeinfluß (Typenprüfung)

Der Fremdfeldeinfluß, der durch ein homogenes Fremdfeld von 400 A/m bei ungünstigster Stromart, Frequenz, Phasenlage und Richtung des Felds verursacht wird, darf folgende Werte nicht überschreiten:

0,75% bei Instrumenten, die als astatisch oder geschirmt gekennzeichnet sind;

1,5% bei nichtgeschirmten Drehspulinstrumenten;

3% bei den übrigen, nicht astatischen oder nicht geschirmten Instrumenten der Klassen 0,1 bis 1;

6% bei allen anderen Instrumenten.

Ist das Sinnbild F–30 (Tab. IV) vorhanden, so darf bei Einwirkung des angegebenen Fremdfelds höchstens der zulässige Einfluß (Ziff. 1) auftreten.

12. Unsymmetrie- und Kopplungseinfluß (Typenprüfung)

(s. S. 104 unter elektrodynamische Meßinstrumente.)

13. Einbaueinfluß (Typenprüfung)

Schalttafelinstrumente, die das Kennzeichen Fe oder NFe oder beide tragen, müssen in oder auf Schalttafeln des gekennzeichneten Materials von beliebiger Dicke verwendet werden können, ohne daß sich ihre Angaben merklich ändern. Schalttafelinstrumente ohne diese Sinnbilder dürfen

auf oder in Eisentafeln von 3 ± 0,5 mm Dicke ihre Anzeige höchstens um den halben zulässigen Wert des Einflusses (vgl. Ziffer 1) ändern,

auf oder in Al-Tafeln von 6 ± 0,5 mm Dicke ihre Anzeige höchstens um 0,2% ändern.

14. Schütteleinfluß (Typenprüfung nach Vereinbarung)

(s. S. 7 unter Lagerung des beweglichen Organs.)

15. Kurvenformeinfluß

Ein Einfluß der Kurvenform des Stroms oder der Spannung ist nicht festgelegt. Statt dessen ist jedoch eine Nennkurvenform vorgeschrieben, bei der in jedem Augenblick die Abweichung von der Sinusform nicht mehr als 5% des Scheitelwerts der Grundschwingung beträgt. Bei Gleichrichtergeräten ist 1/5 des angegebenen Werts festgesetzt.

16. Klassen und zulässige Fehler austauschbarer Neben- und Vorwiderstände

Klasse	0,05	0,1	0,2	0,5
Zulässiger Fehler in % vom Nennwert	± 0,05	± 0,1	± 0,2	± 0,5

Austauschbare Neben- und Vorwiderstände sind mindestens um eine Klasse genauer auszuführen als die Meßinstrumente, für die sie vorgesehen sind.

Tabelle VI. Eigenverbrauch üblicher anzeigender Strommesser

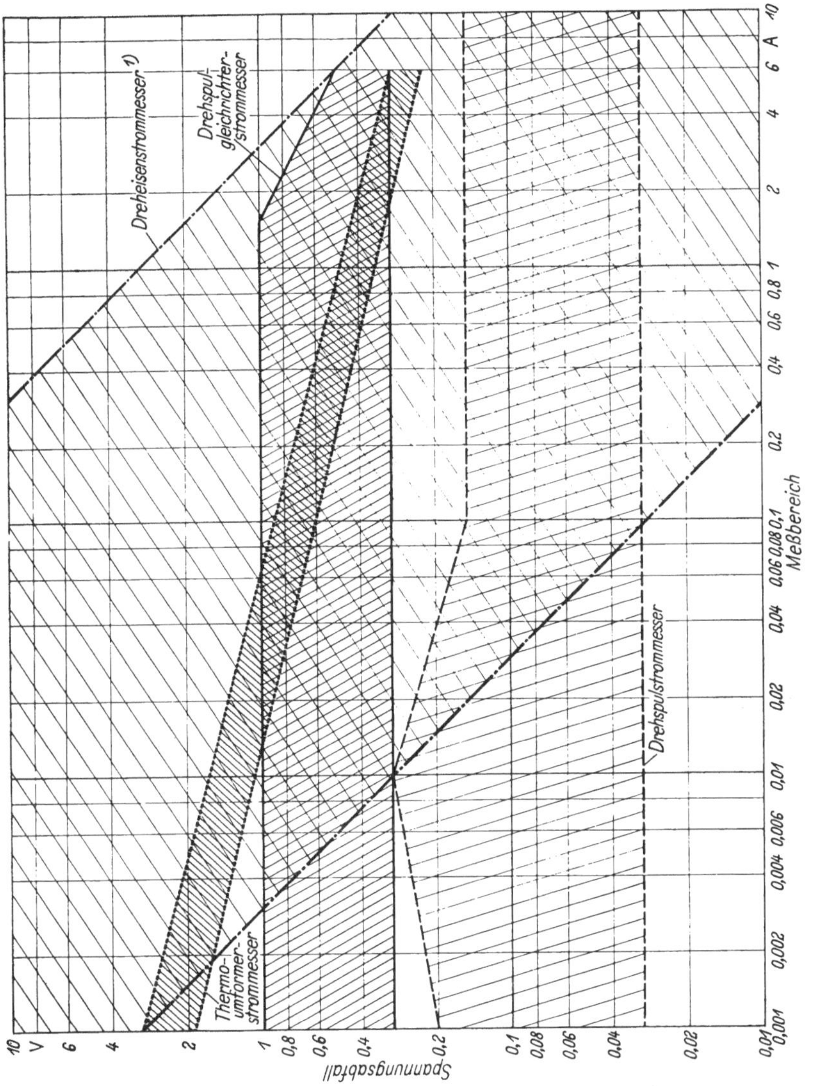

[1] In diesem Bereich liegt etwa auch der Eigenverbrauch der Strompfade elektrodynamischer und Induktionsleistungsmesser.

Tabelle VII. Eigenverbrauch üblicher anzeigender und registrierender Spannungsmesser

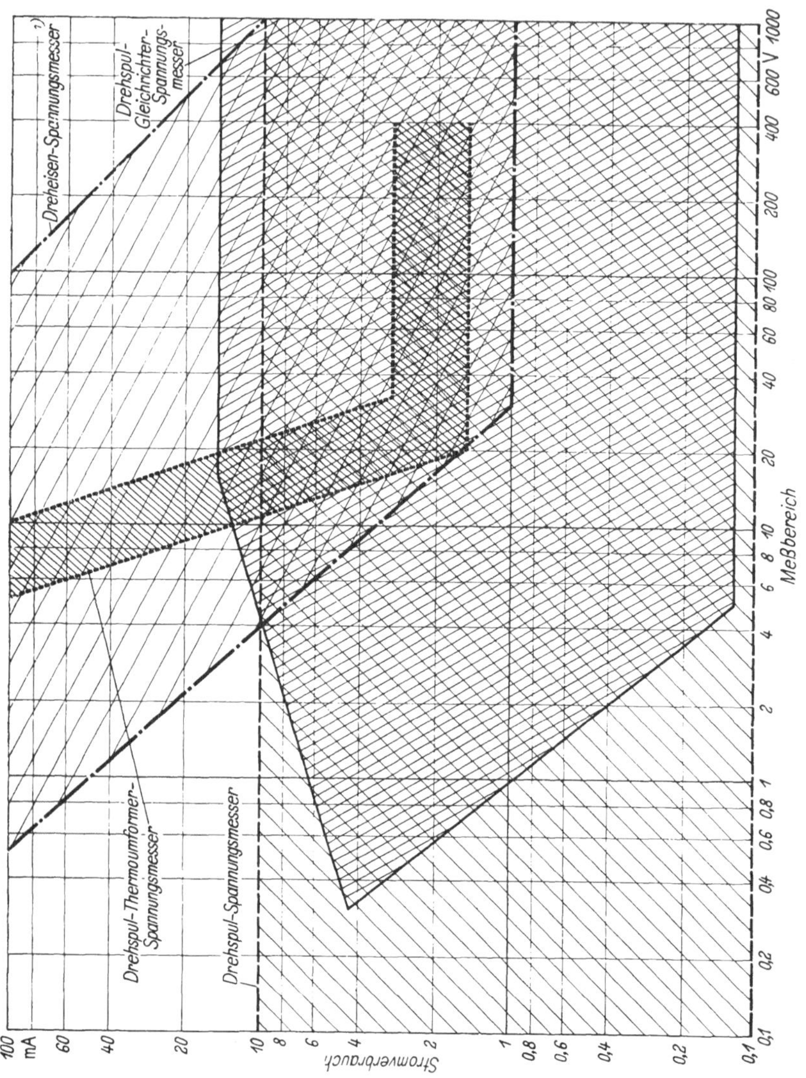

---

[1] In diesem Bereich liegt etwa auch der Eigenverbrauch der Spannungspfade elektrodynamischer und Induktionsleistungsmesser und -schreiber.

Tabelle VIII. Dauermagnetwerkstoffe[1]

Bezeichnung, mittlere Zusammensetzung und mittlere Kenndaten								
Herstellungsart	Normbezeichnung	Firmenbezeichnung	B_R	H_C	$(B \cdot H)_{opt}$	B_{opt}	H_{opt}	Mittlere Zusammensetzung (Rest ist Fe)
			G	Oe	G · Oe	G	Oe	%
Walzmagnete	Cr 030	Oerstit 30	9700	65	$0{,}3 \cdot 10^6$	6750	45	3 Cr
	Co 060	Oerstit 60	8500	155	$0{,}59 \cdot 10^6$	5650	104	8 Cr; 11 CO; 1,5 Mo
Guß- und Sinter-magnete	Ni-Al 120	Oerstit 120 Koersit 120s	5700	500	$1{,}13 \cdot 10^6$	3500	325	27,5 Ni; 13 Al
	Ni-Al-Co 160	Oerstit 160 Koersit 150s	7100	600	$1{,}60 \cdot 10^6$	4300	375	24,5 Ni; 11,5 Al; 10 CO; 4 Cu
	Co-Ni-Al 400 gesintert	Oerstit 400 Koersit 400s	10000	600	$3{,}20 \cdot 10^6$	7200	440	15,5 Ni; 9,5 Al; 24 Co; 4 Cu
	Co-Ni-Al 400 gegossen	Oerstit 400	10500	550	$3{,}80 \cdot 10^6$	8000	440	dieselben
Bindemittel-magnete		Tromalit 800	4200	800	$0{,}97 \cdot 10^6$	2300	420	18 Ni; 9 Al; 19 Co; 4 Cu; 4 Ti
Sondermagnete		Platin-Kobalt-Stahl	4530	2650	$3{,}77 \cdot 10^6$			76,7 Pt; 23,2 Co
Magnete mit Vorzugsrichtung		Ni-Al-Co V	12000	500	$3{,}6 \cdot 10^6$	9500	470	

[1] FISCHER, J.: Dauermagnetkunde, Berlin/Göttingen/Heidelberg: Springer 1949.

Tabelle IX. Einheitenliste[1])

Vorsätze zur Bezeichnung von dezimalen Vielfachen und Teilen der Einheiten:

k	Kilo	$= 10^3$	m	Milli	$= 10^{-3}$	f	Femto	$= 10^{-15}$
M	Mega	$= 10^6$	μ	Mikro	$= 10^{-6}$	a	Atto	$= 10^{-18}$
G	Giga	$= 10^9$	n	Nano	$= 10^{-9}$			
T	Tera	$= 10^{12}$	p	Piko	$= 10^{-12}$			

Größe		Einheit[2])		Zusammensetzbar aus:	Äquivalent in überholten Einheiten
Zeichen	Benennung	Benennung	Zeichen		
l	Länge	Meter	m	—	—
A	Fläche	Quadratmeter	m^2	—	—
V	Volumen	Kubikmeter	m^3	—	—
—	Ebener Winkel	Radiant	rad	1 = m/m	57,296°
t, T	Zeit	Sekunde	s	—	—
f	Frequenz	Hertz	Hz	1/s	—
n	Drehzahl	—	s^{-1}	—	60 Umdrehungen je Minute
ω	Winkelgeschwindigkeit	Radiant je Sekunde	rad/s	—	—
m	Masse	Kilogramm	kg	$Ns^2/m = Ws^3/m^2$	$1/9{,}80665\ kps^2/m$ vgl.[3])
t	Temperatur	Grad	°C; °K; grd[11])	—	—
F	Kraft	Newton	N	J/m = Ws/m	1/9,80665 kp
p, σ	Druck und Spannung[4])	Newton je Quadratmeter	N/m^2	—	$10^{-4}/9{,}80665\ kp/cm^2$
W	Energie, Arbeit und Wärmemenge	Joule	J vgl.[5])	Ws = Nm	1/9,80665 kpm
M	Moment	Newtonmeter	Nm	Ws	1/9,80665 kpm
D	Drehvermögen	—	Nm/rad	Ws/rad	90/57,296 · 9,80665 kpm/90°

Tabelle IX. (Fortsetzung)

Größe		Einheit[2])		Zusammensetzbar aus:	Äquivalent in überholten Einheiten
Zeichen	Benennung	Benennung	Zeichen		
P	Leistung	Watt	W	Nm/s	1/9,80665 kpm/s vgl.[6])
J	Axiales Massenträgheitsmoment	—	Ws³/rad	Nms²/rad	1/9,80665 kpms²/rad
p	Dämpfungsfaktor[7])	—	Ws²/rad	Nms/rad	1/9,80665 kpms/rad
I	Elektrische Stromstärke[8])	Ampere	A	—	—
U	Elektrische Spannung	Volt	V	—	—
R	Elektrischer Widerstand	Ohm	Ω	V/A	—
G	Elektrischer Leitwert	Siemens	S	A/V	—
Q	Elektrische Ladung	Coulomb[9])	C	As	—
C	Elektrische Kapazität	Farad	F	C/V = As/V	—
Φ	Magnetischer Fluß	Weber	Wb	Vs	10^8 Mx
L	Elektromagnetische Induktivität	Henry	H	Wb/A = Vs/A	—
B	Magnetische Flußdichte, m. Induktion	Tesla	T	Wb/m² = Vs/m²	10^4 G
H	Magnetische Feldstärke	Ampere je Meter	A/m	—	$4\pi\, 10^{-3}$ Oe vgl.[10])

1) In Anlehnung an DIN 1301.

2) Bei Verwendung dieser Einheiten beträgt gemäß der im Vakuum gültigen Beziehung $B = \mu_0 H$ die Induktionskonstante μ_0:

$$\mu_0 = 4\pi\, 10^{-7} \frac{\mathrm{T}}{\mathrm{A/m}} \quad \text{oder} \quad \frac{\mathrm{H}}{\mathrm{m}} \quad \text{oder} \quad \frac{\mathrm{N}}{\mathrm{A}^2}.$$

Da $\mu_0 \varepsilon_0 = 1/c^2$ ist, wobei c die Lichtgeschwindigkeit ($299{,}78 \cdot 10^6$ m/s) ist, ergibt sich die Influenzkonstante ε_0 zu: $\varepsilon_0 = 8{,}856 \cdot 10^{-12}\, \frac{\mathrm{F}}{\mathrm{m}}$.

3) 1/9,80665 = 0,1019716. – 4) Die Einheit Newton je Meterquadrat gilt auch für den Elastizitätsmodul.

5) 1 kWh = $3{,}6 \cdot 10^6$ J. – 6) 1 W = 1/736 PS. – 7) Vgl. Gl. (22). – 8) Die Einheit A gilt auch für die magnetische Spannung.

9) Die Einheit C gilt auch für die Elektrizitätsmenge. – 10) $4\pi\, 10^{-3} = 0{,}01256637$. – 11) Bei Temperaturdifferenzen.

Anmerkung: Wo in dieser Liste die Hinweisziffer auf eine Fußnote mit einem Exponenten verwechselt werden könnte, sind die Buchstaben vgl. (vergleiche) gesetzt.

Zweiter Teil

Die elektrischen Meßeinrichtungen

Die Grenze zwischen elektrischen Meßgeräten und Meßeinrichtungen ist nicht starr. Die Abgrenzung wird hier so vorgenommen, daß Meßgeräte zusammen mit dem für spezielle Meßaufgaben erforderlichen Zubehör bei den Meßeinrichtungen beschrieben sind (z.B. Kreuzspulgerät mit Stromquelle und Widerstandsthermometer zur Temperaturmessung; Drehspulgerät mit Kurbelinduktor zum Messen von Isolationswiderständen). Neben den klassischen elektrischen Meßeinrichtungen – wie Präzisionswiderständen, Meßbrücken und Kompensatoren – werden auch solche Meßeinrichtungen behandelt, mit deren Hilfe wichtige nichtelektrische Meßgrößen durch elektrische Messungen erfaßt werden können; die Abschnitte Meßfühler, Meßumformer und Gasanalysegeräte gehören zu dieser Gruppe.

XVI. Präzisions-Meßwiderstände

Die *Einheit* des elektrischen Widerstandes ist das Ohm (Ω). Nach einem 1898 auf Grund internationaler Abmachungen erlassenen Gesetz ist dies der Widerstand einer Quecksilbersäule von 106,3 cm Länge und 1 mm² Querschnitt bei 0 °C. Folgende dekadische Bruchteile und Vielfache der Widerstandseinheit sind gebräuchlich: Milliohm (mΩ), Kiloohm (kΩ), Megohm (MΩ), Teraohm (TΩ).

Vom Internationalen Komitee für Maß und Gewicht ist 1946 empfohlen und von der 9. Generalkonferenz für Maß und Gewicht 1948 beschlossen worden, für die elektrischen Größen durch Anschluß der Einheiten des Widerstands und der Stromstärke an die Grundeinheiten von Länge, Masse und Zeit unter Zugrundelegung der Induktionskonstante $\mu_0 = 4\pi \cdot 10^{-7}$ N/A² „absolute Einheiten" einzuführen. Die Zahlenwerte der Einheiten haben sich dadurch geringfügig geändert, wie es nachstehende Zusammenstellung für die Einheiten des Widerstands, der Stromstärke und der Spannung zeigt:

1 int. Ω = 1,00049 abs. Ω; 1 int. A = 0,99985 abs. A; 1 int. V = 1,00034 abs. V

Mit dem Zusatz „abs.“ sind die absoluten Einheiten gekennzeichnet, mit dem Zusatz „int.“ die internationalen, die in Deutschland zur Zeit noch gelten (laut Gesetz vom 1. 6. 1898). Da aber die gesetzliche Einführung der absoluten Einheiten bevorsteht, werden sie bereits jetzt häufig angewandt (z.B. bei Normalien).

A. Der Werkstoff

Die Hauptforderungen, die man an einen Werkstoff für Präzisionswiderstände stellt, sind: hoher spezifischer Widerstand, Unabhängigkeit von der Temperatur in hinreichend weiten Grenzen, Konstanz über Jahrzehnte, Unveränderlichkeit bei wechselnder Strombelastung und bei mechanischer Beanspruchung durch Erschütterungen und Stöße. Diese Forderungen werden von den zwei jahrzehntelang erprobten Kupferlegierungen Konstantan und Manganin erfüllt, deren Eigenschaften aus Tab. X zu ersehen sind; zum Vergleich sind die Werte für reines Kupfer mit aufgeführt[1].

Konstantan eignet sich trotz sonst sehr günstiger Eigenschaften wegen seiner hohen Thermokraft gegen Kupfer nicht für solche Präzisionswiderstände, die für Gleichstrommessungen benutzt werden. Gut brauchbar ist es jedoch für Vorwiderstände von Wechselspannungsmessern und von Gleichspannungsmessern bei höheren Meßbereichen.

Manganin ist wegen seiner kleinen Thermokraft gegen Kupfer der bevorzugte Werkstoff für Präzisionswiderstände; es wird in Form von blanken und isolierten Drähten, von Stäben und von Blechen angewandt.

Tabelle X

Eigenschaft	Konstantan	Manganin	Kupfer
Zusammensetzung	60% Cu; 40% Ni	86% Cu; 12% Mn; 2% Ni	100% Cu
Spezifischer Widerstand ($\Omega \cdot mm^2/m$)	0,49	0,43	0,0175
Temperaturkoeffizient $\varkappa$ bei 20 °C (1/grd)	$-3 \cdot 10^{-5}$ bis $+5 \cdot 10^{-5}$	$\pm 1 \cdot 10^{-5}$	$+4 \cdot 10^{-3}$
Thermokraft gegen Cu (µV/grd)	-40	$+1$	0

Alle Präzisionswiderstände müssen nach der Herstellung, die ja mit einer Verformung des Werkstoffs verbunden ist, zunächst künstlich ge-

[1] Versuche zur Entwicklung weiterer Legierungen für Präzisionswiderstände zielen in der Hauptsache auf eine Erhöhung des spezifischen Widerstands. Besonders geeignet scheinen in dieser Hinsicht Legierungen auf Nickel-Chrom-Basis zu sein.

altert und dann mehrere Monate lang gelagert werden. Die künstliche Alterung wird im allgemeinen durch Erwärmen durchgeführt. Umsponnene Drähte vertragen nur eine Alterungstemperatur von 140 °C, der man sie nach Angaben der PTR 24 h lang aussetzt. Kurzzeitige Alterungstemperaturen von über 300 °C führen zu besserer zeitlicher Konstanz und kleinerer Temperaturabhängigkeit des Widerstands; wo es die Bauart der Widerstände zuläßt (z.B. Aufbau aus blanken Stäben oder Blechen, einlagige Spulen aus blankem Draht), altert man nach entsprechenden Vorschriften[1,2]. Nach dem Altern darf an den Widerständen keine Formänderung mehr vorgenommen werden, außerdem sind mechanische Beanspruchungen (z.B. beim Einbau) unbedingt zu vermeiden.

Metallschichten. Auf Keramikröhrchen aufgedampfte dünne Metallschichten aus Edelmetallegierungen werden ebenfalls als Präzisionswiderstände benutzt[3]. Meist wird die Schicht durch einen wendelförmigen Kerbschliff zu einem Band geformt. Solche Widerstände, die man durch Lackieren, Eingießen in Kunstharz oder Einlöten in ein Keramikrohr gegen äußere Einflüsse schützt, zeichnen sich durch gute Konstanz und hohe Belastbarkeit aus. Man kann sie bis auf 0,1% genau abgleichen und eine zeitliche Konstanz von der gleichen Größenordnung erreichen. Der maximale Temperaturkoeffizient (T.K.) im Bereich zwischen −60 und +150 °C liegt je nach Ausführung zwischen ±15 und $\pm 100 \cdot 10^{-6}$/grd; zwischen +20 und +60 °C kann ein T.K. von angenähert Null erreicht werden. Die möglichen Widerstandswerte reichen von etwa 10 Ω bis 10 kΩ (ungewendelte, induktionsfreie Ausführung) bzw. 1 MΩ (gewendelte Ausführung).

Auch *Kohleschichten* eignen sich als Meßwiderstände. Man verwendet sie besonders als hochohmige Widerstände (bis etwa 100 MΩ), die sich als Drahtwiderstände nicht oder nur schwer herstellen lassen. Die Schichten werden auf keramischen Stäben oder Röhrchen aufgebracht, entweder durch ein Aufdampfverfahren oder durch Auftragen einer Lackschicht, die kolloidal gelöste Kohle enthält. Der T.K. liegt bei etwa $-0{,}3 \cdot 10^{-3}$/grd, die zeitliche Konstanz bestenfalls bei einigen Promille.

B. Normalwiderstände

Für sehr genaue Strom- und Widerstandsmessungen bei Gleichstrom, besonders mit dem Präzisionskompensator, werden Normalwiderstände benutzt. Die üblichen Widerstandswerte liegen – jeweils um den **Faktor 10** abgestuft – zwischen $1 \cdot 10^{-4}$ Ω und $1 \cdot 10^{5}$ Ω. Damit die Widerstände

---

[1] Schulze, A.: Phys. Z. (1937) S. 598; (1939) S. 300.

[2] Thomas, J. L.: Bur. of Std. Journal of Research 5 (1930).

[3] Heiber, E.: STEMAG-Nachr. (1960) S. 818/822.

hoch belastbar sind, macht man ihre Oberfläche möglichst groß und baut sie, wie Abb. 211 zeigt, in ein gut entlüftetes Metallgefäß *1* ein. Dieses ist mit Lüftungslöchern versehen und durch einen Deckel *2* aus Isolierstoff abgeschlossen, durch den zwei starke Kupferbolzen *3* in das Innere des Gefäßes ragen. An diese Bolzen wird der Widerstand angeschlossen. Er besteht (s. Abb. 211) bei Widerstandswerten zwischen 10^{-4} und $10^{-1}\,\Omega$ aus besonders geformten Manganinblechen *4*, die an die Bolzen *3* hart angelötet sind; der genaue Widerstandsabgleich wird durch Feilen an den Blechen herbeigeführt. Von 1 Ω aufwärts besteht der Widerstand aus doppelt lackiertem Manganindraht, der auf einem zylindrischen, mit Ölseide isolierten Messingträger aufgewickelt ist. Außerhalb des Gefäßes sind an den Kupferbolzen die Flügelschrauben *5* befestigt, die zur Stromzuführung dienen. Von den Verbindungsstellen des Widerstands mit den Kupferbolzen *3* führen die Zuleitungen *6* zu den Potentialklemmen *7*, an denen der Spannungsabfall abgenommen wird. Als Nennwiderstand gilt der Widerstand zwischen den Potentialklemmen.

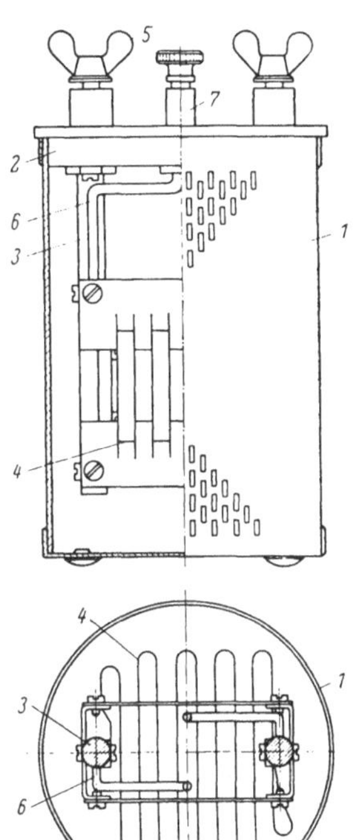

Abb. 211. Normalwiderstand 0,1 Ω. *1* Metallgefäß mit Lüftungslöchern; *2* Isolierstoffdeckel; *3* Kupferbolzen; *4* Manganinblech; *5* Stromanschlußschraube; *6* Potentialleitung; *7* Potentialklemme

Normalwiderstände kann man mit etwa 10 W belasten (bei niedrigen Widerstandswerten zum Teil noch höher), entsprechend etwa 300 A bei $1 \cdot 10^{-4}\,\Omega$ und 0,1 A bei 1000 Ω. Bei 10000 Ω und 100000 Ω beträgt die Belastbarkeit allerdings nur noch etwa 0,1 W, und zwar nicht aus thermischen Gründen, sondern um zur Vermeidung von Isolationsschwierigkeiten die Spannung am Widerstand zu begrenzen. Die Fehlergrenze, die von Normalwiderständen über den ganzen Belastungsbereich eingehalten wird, beträgt $\pm 0{,}3\,^0/_{00}$. Belastet man die Widerstände mit weniger als 1 W und gleicht sie entsprechend ab, so läßt sich eine Fehlergrenze von $\pm 0{,}1\,^0/_{00}$ einhalten.

C. Hochohmige Widerstände für kleine Ströme

1. Zeitkonstante

Für Ströme von etwa 1 A abwärts stellt man Präzisionswiderstände fast durchweg aus Widerstandsdraht her, der auf zylindrische oder rahmenförmige Träger aufgewickelt wird. In einer Gleichstromschaltung ist der den Widerstand durchfließende Strom allein durch das Ohmsche Gesetz bestimmt, Induktivität und Kapazität der Widerstandswicklung spielen keine Rolle. Dennoch führt man auch ausschließlich für Gleichstrom bestimmte Widerstände durchweg mit bifilarer Wicklung aus, bei der Hin- und Rückleitung gleichzeitig nebeneinander gewickelt werden. In einer Wechselstromschaltung kann zwischen Strom im und Spannungsabfall am Widerstand eine kleine Phasenverschiebung (Fehlwinkel) auftreten, deren Betrag mit φ bezeichnet sei. Hierfür gilt angenähert die Gleichung[1]

$$\varphi = \omega L/R - \omega C R = \omega T \qquad (111)$$

Es bedeuten $\omega = 2\pi f$ die Kreisfrequenz, R den ohmschen Widerstand der Widerstandswicklung, L ihre Induktivität, C die zwischen ihren Enden wirksame Kapazität und $T = L/R - C R$ die Zeitkonstante. Gl. (111) zeigt, daß sich der Fehlwinkel φ auf zwei Wegen klein halten läßt: Man kann entweder L und C unabhängig voneinander möglichst klein machen, man kann aber auch versuchen, die beiden Glieder in Gl. (111) so abzugleichen, daß ihre Differenz möglichst klein wird. Für $L/C = R^2$ wird die Zeitkonstante und damit der Fehlwinkel φ bei allen Frequenzen gleich Null; dies gilt allerdings nicht exakt, da Gl. (111) nur näherungsweise Gültigkeit hat.

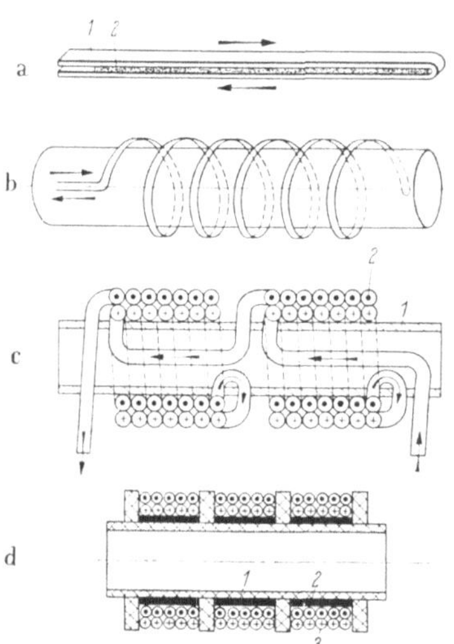

Abb. 212a-d. Wicklungen für Präzisionswiderstände. a) Bifilarwicklung aus Blechen für kleinste Widerstandswerte. *1* Manganinblech; *2* Glimmerzwischenlage. b) Bifilarwicklung aus Drähten. c) Wicklung nach CHAPERON. *1* Metallrohr; *2* Wicklung. d) Wicklung nach WAGNER und WERTHEIMER. *1* Isolierrohr; *2* geschlitztes Metallrohr; *3* Wicklung

Bei niederohmigen Widerständen wird die Zeitkonstante vorwiegend durch die Induktivität bestimmt. Man vergrößert dann die Kapazität künstlich durch bifilare Wicklung; man verwendet unter Umständen Bänder, die mit großer Fläche bei dünnster Isolation aneinander liegen (Abb. 212a). Bei hochohmigen Widerständen überwiegt dagegen der Einfluß der Kapazität. Man unterteilt solche Widerstände daher in Gruppen kleineren Widerstands, so daß die Spannung zwischen den Drahtlagen klein bleibt. Eine ausgezeichnete Übersicht über diese Probleme hat K. W. WAGNER gegeben[2].

---

[1] Näheres s. WAGNER, K. W. u. A. WERTHEIMER: ETZ 34 (1913) S. 613; 649 u. WAGNER, K. W.: ETZ 36 (1915) S. 606; 621.

[2] WAGNER, K. W.: ETZ 36 (1915) S. 606; 621.

2. Wicklungsarten

Die hauptsächlichen Wicklungsarten sind folgende:

Bifilare Wicklung für Widerstände von etwa 1···100 Ω. Wickelt man einen lackierten oder umsponnenen Draht auf einen Spulenkörper ohne Wechsel der Wicklungsrichtung (unifilare Wicklung), so hat die Spule eine ziemlich große Induktivität. Man kann diese verringern, wenn man den Draht abwechselnd je einige Windungen nach rechts und nach links herumführt. Wickelt man nach Abb. 212b zwei am Anfang miteinander verbundene Drähte gemeinsam auf den Wickelkörper, so entsteht die sogenannte bifilare Wicklung, deren Induktivität sehr klein ist. Dagegen hat die bifilare Wicklung eine verhältnismäßig große Kapazität, weil die Drähte auf der halben Gesamtlänge sehr nahe zusammenliegen[1]. Die rein bifilare Wicklung wird daher nur für verhältnismäßig niederohmige Widerstände verwendet.

Die *Wicklung nach Chaperon* für Widerstände über 100 Ω, nach der die meisten Laboratoriumswiderstände gewickelt sind, zeigt Abb. 212c. Auf dem Metallrohr *1* wird erst eine Lage Draht rechts herum, dann die zweite links herum gewickelt. Die Wicklung wird in kleine Gruppen unterteilt, von denen zwei im Bild zu sehen sind. Zwischen den Gruppen liegen Ringe aus Isolierstoff. Die Zeitkonstante T dieser und der nachstehenden Widerstände kann man in der Größenordnung 10^{-8} s halten. Aus der Gl. (111): $\varphi = \omega T$ kann man die Frequenz f bzw. Kreisfrequenz ω ausrechnen, bei der der Fehlwinkel des Widerstands einen bestimmten Betrag überschreitet.

Die *Wicklung nach Wagner und Wertheimer* für hochohmige Widerstände (vgl. die bereits erwähnte Arbeit) ist das Ergebnis sehr eingehender Untersuchungen. Das Schema ist in Abb. 212d dargestellt. Die nach Chaperon gewickelten Drähte sind hier in kleinste Gruppen unterteilt. Auf dem Isolierkörper *1* sind Metallrohre *2* aufgebracht, die der Wicklung eine feste Unterlage und ein bestimmtes Potential geben, die aber zur Vermeidung von Wirbelströmen längs aufgeschlitzt sind. Der Längsschlitz bringt noch eine vorteilhafte Nachgiebigkeit der Wicklungsunterlage. Als Träger für die Wicklung dient bei den Präzisionswiderständen eine Rolle aus einem keramischen Stoff oder ein dünnwandiges Metallrohr, das die Wärme besser abführt. Die Wicklung ist dann durch eine dünne Lackschicht gegen das Metallrohr isoliert. Die feinen Enden der Widerstandsdrähte sind immer an kleine Messingösen oder Kupferdrähte

[1] Die den Klemmen parallelliegende Ersatzkapazität, die in Gl. (111) einzusetzen ist, beträgt den dritten Teil der Kapazität, die die (am Anfang aufgeschnitten gedachten) Paralleldrähte gegeneinander besitzen. Dies kommt daher, daß die Spannung zwischen den beiden gegenläufigen Wicklungshälften von Null am gemeinsamen Anfang auf den vollen Wert am Ende ansteigt.

mit einem Lot auf Silberbasis angelötet, da Löten mit Zinn bei Manganin nur ungenügende Haltbarkeit ergibt. Diese künstlichen Enden können dann durch Verschrauben oder Weichlöten befestigt werden.

Während die von CHAPERON und die von WAGNER und WERTHEIMER angegebenen Wicklungsarten auch heute noch praktisch unverändert angewandt werden, haben sich für den Aufbau der Widerstände verschiedene Varianten ergeben. So benutzt man heute vielfach keramische Spulenkörper, die unmittelbar mit Kammern für die einzelnen Abteilungen der Wicklung versehen sind.

D. Hochspannungswiderstände

Hochspannungswiderstände zur Messung von Spannungen bis etwa 100 kV wurden in zahlreichen Formen entwickelt, von denen sich jedoch keine allgemein eingeführt hat. Für Gleichstrom lassen sich Widerstände der vorbeschriebenen Art bei guter Isolation in hinreichender Zahl in Reihe schalten; das Verfahren ist aber sehr kostspielig. Man verwendet auch sogenannte Widerstandskordel, bei der ein feiner Manganin- oder Chromnickeldraht um eine Kordel aus Isolierstoff von etwa 2 mm Durchmesser gewickelt ist. Diese Kordel, die bis zu 2 MΩ für den laufenden Meter hergestellt wird, ist auf ein Isolierrohr gewickelt, z.B. von etwa 1 m Länge und etwa 40 mm Durchmesser, wie dies RENNINGER[1] beschreibt als Vorwiderstand von 25 MΩ für 50 kV in Verbindung mit einem kleinen Strommesser für 2 mA. Hochspannungswiderstände baut man vielfach auch durch Aneinanderreihen handelsüblicher Kohleschicht- oder Metallschichtwiderstände (s. S. 234) auf. Die Widerstände werden in geeigneter Weise an einem Isolierstoffträger befestigt und meist durch ein gemeinsames Isolierrohr vor Verschmutzung geschützt. Gegebenenfalls kann man mit Hilfe eines Ventilators die Verlustwärme abführen und dadurch die Belastbarkeit erhöhen.

Bei Wechselstrom treten durch die Kapazität der Widerstände gegen die Umgebung Meßfehler auf, die nur durch sorgfältige Abschirmung in erträglichen Grenzen zu halten sind.

E. Einstellbare Widerstände

Man unterscheidet stetig veränderbare und stufenweise veränderbare Widerstände. Zu ersteren gehören die Schleifdrahtwiderstände, zu letzteren die Stöpselwiderstände und die Drehschalter- oder Kurbelwiderstände.

[1] RENNINGER, M.: Z. Instrumentenkde. 55 (1935) S. 377.

1. Schleifdrahtwiderstände

Ein Schleifdrahtwiderstand besteht aus einem kalibrierten Widerstandsdraht (z. B. aus Manganin oder einer Chrom-Nickel-Legierung), der auf dem Umfang einer Isolierstoffscheibe ausgespannt ist. Über die ganze Länge des Drahtes kann ein auf ihm schleifender, federnder Kontakt (Bürste) mittels eines Drehknaufs bewegt werden. Durch Drehen des Knaufs läßt sich also der Betrag des zwischen Drahtanfang und Schleifkontakt liegenden Widerstands stetig verändern. Da man mit der Schleifdrahtdicke aus mechanischen Gründen nicht unter ein bestimmtes Maß (etwa 0,3 mm) heruntergehen kann und sich auch der Scheibendurchmesser nicht beliebig vergrößern läßt, liegt die obere Widerstandsgrenze bei etwa 10···20 Ω. Höhere Widerstände erreicht man durch Aufbringen mehrerer Schleifdrahtwindungen auf einem Isolierstoffzylinder und entsprechende Führung des Schleifkontakts (s. Walzenmeßbrücke, S. 252).

Vielfach benutzt man an Stelle des Schleifdrahtes eine Widerstandswendel. Ein dünner, oxydierter oder emaillierter Widerstandsdraht (meist aus Konstantan oder einer Edelmetallegierung) wird auf einem dickeren Haltedraht, einem flachen Band oder einem ringförmigen Trägerkörper Schlag an Schlag aufgewickelt. Auf dieser Wicklung macht man eine schmale Bahn blank, auf der die Abnahmebürste schleift. Der Widerstand ändert sich hier allerdings nicht mehr stetig mit dem Kontaktweg, sondern in kleinen Sprüngen (Windungssprung). Durch eine entsprechend hohe Windungszahl kann man den Windungssprung allerdings meist so klein halten, daß er nicht stört.

Schleifdraht- und Schleifwendelwiderstände gehören nicht zu den Meßwiderständen höchster Präzision, obwohl man bei sorgfältiger Ausführung erreichen kann, daß z.B. die Abweichung von der Linearität kleiner als $1^0/_{00}$ ist. Vermeiden soll man Anwendungen, bei denen der Übergangswiderstand am Schleifkontakt in den Meßwiderstand fällt. Ferner ist es schwierig, bei bestimmter Länge einen vorgegebenen Widerstandswert genau zu erreichen. Schleifdraht- und Schleifwendelwiderstände werden in Meßschaltungen vorwiegend als Spannungsteiler (Potentiometer) oder Verhältniswiderstände benutzt (s. auch Abschnitte, Meßbrücken und Kompensatoren).

Man verwendet kleine, sorgfältig hergestellte Schleifwendelwiderstände häufig auch als Widerstandsferngeber[1]. Mit ihrer Hilfe kann die Winkelstellung eines mechanischen Geräts (z.B. der Ausschlag eines Manometers oder die Stellung einer Drosselklappe) mit einem elektrischen Instrument gemessen werden. Kuppelt man z.B. die Schleifbürste eines Widerstandsferngebers mit einer Manometerwelle, so ist das Ver-

[1] DIN 43821 und 43822.

hältnis der beiden durch die Bürstenstellung bestimmten Teilwiderstände ein Maß für den Manometerausschlag. Das Widerstandsverhältnis kann auf eine der üblichen Arten, z. B. von einem Kreuzspulinstrument, angezeigt werden.

2. Stöpselwiderstände

Für Meßwiderstände hoher Präzision werden Teilwiderstände, die nach Abb. 212b, c oder d auf Rollen gewickelt sind, nach Abb. 213 in Reihe geschaltet. Die Enden der Teilwiderstände *3* sind durch Messingbolzen *4* an kräftige Metallklötze *2* (vgl. die Draufsicht in Abb. 214) geführt, die möglichst unverrückbar auf einer Isolierplatte *1* befestigt sind. Der Anschluß erfolgt an den Klemmen *7* (nur eine gezeichnet). Die Widerstände *3* können durch konische Stöpsel *5*, die einen isolierten Handgriff besitzen, kurzgeschlossen werden. In der Abb. 213 sind alle Widerstände kurzgeschlossen, und zwischen der Klemme *7* und der Abzweigklemme *6* liegen nur die Widerstände der Klemmklötze, der Stöpsel und die Übergangswiderstände zwischen beiden. Letztere sind bei sorgfältiger Ausführung und Pflege außerordentlich klein ($5 \cdot 10^{-5}\,\Omega$).

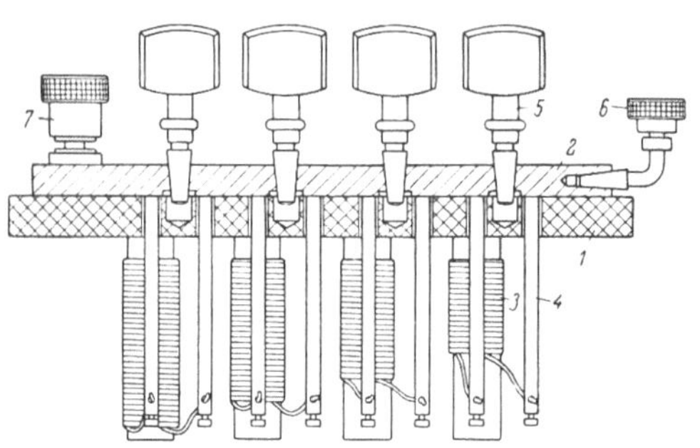

Abb. 213. Stöpselwiderstand (Schnitt). *1* Isolierplatte; *2* Messingklötze; *3* Widerstandsrollen; *4* Messingbolzen; *5* Stöpsel; *6* Abzweigklemme (Potentialstöpsel); *7* Anschlußklemme

Abb. 214 zeigt die übliche Anordnung der Klötze für einen Präzisionswiderstand von insgesamt 111,11 Ω auf einer Isolierplatte *1*. Letztere dient als Deckel eines Holzkastens, in dem die Widerstände nach Abb. 213 untergebracht sind[1]. Zwischen der Anschlußklemme *7* und dem zweiten Klotz nach links liegt der Widerstand 0,01 Ω usw.

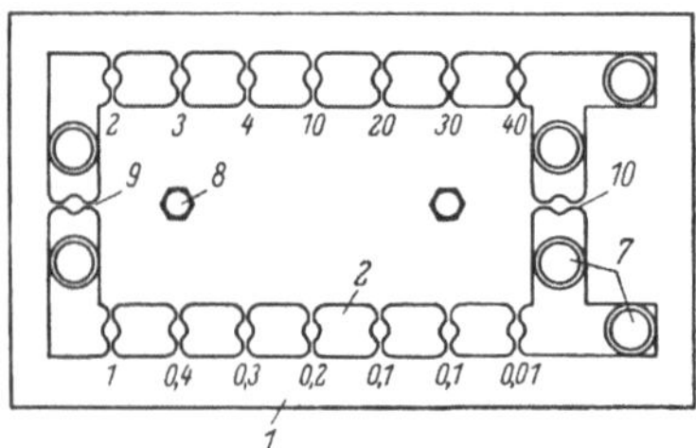

Abb. 214. Präzisions-Stöpselwiderstand (Draufsicht). *1*, *2*, *7* wie Abb. 213; *8* Stöpsel in Blindbuchse; *9* Buchse zur Verbindung der oberen und unteren Widerstandsreihe; *10* Buchse zum Kurzschluß der Anschlußklemmen *7*

[1] Bei neueren Ausführungen ist der Kasten durch eine Deckplatte mit Durchstecklöchern für die Stöpsel abgeschlossen und dadurch besser vor Verschmutzung geschützt.

Jeder Widerstand kann durch einen Stöpsel kurzgeschlossen werden. Die Abstufung ist so gewählt, daß sich alle Werte zwischen 0,1 Ω und 111,1 Ω in Stufen von 0,1 Ω darstellen lassen; die Stufe 0,01 Ω dient lediglich zur Interpolation. Die Abstufung ist ferner so vorgesehen, daß man jede Stufe durch entsprechende Kombination anderer Stufen herstellen kann; hierzu ist die Stufe 0,1 Ω zweimal vorhanden. Durch diese Vergleichsmöglichkeit läßt sich der Meßwiderstand überprüfen. Die Buchsen *9* und *10* in den Querverbindungen (Abb. 214) gestatten, die Widerstände in zwei Abteilungen zu trennen; ferner läßt sich durch Unterbrechung bei *9* und *10* der Wert ∞, durch Kurzschluß an der Stelle *10* (mittels des in einer Blindbuchse gezeichneten Stöpsels *8*) der Wert 0 Ω darstellen. Jeder der Klötze *2* besitzt noch eine seitliche konische Bohrung, in die sich ein sogenannter Potentialstöpsel einstekken läßt, wie dies Abb. 213 bei *6* zeigt. Man kann damit den Gesamtwiderstand oder die Spannung zwischen den Anschlußklemmen beliebig unterteilen, was für die Eichung und Prüfung der Widerstände und für Kompensationsschaltungen wichtig ist.

Die Herstellungsmöglichkeit dieser Stöpsel-Reihenwiderstände liegt etwa zwischen 111,11 und 111111,1 Ω Gesamtwert. Unterhalb würde die kleinste Stufe so klein, daß schon die Übergangswiderstände der Stöpsel ins Gewicht fielen. Nach oben wird die Ausführung durch die Herstellungsmöglichkeit der Drähte und Spulen begrenzt. Die zulässige Belastung wird vom Hersteller angegeben und liegt z.B. zwischen 0,8 A bei den kleinen und 1 mA bei den großen Stufen; die Widerstände sind sorgfältig vor Überlastung zu schützen.

3. Drehschalterwiderstände

Wesentlich bequemer zu handhaben als Stöpselwiderstände sind Drehschalterwiderstände, die meist als Kurbelwiderstände bezeichnet werden; sie haben die Stöpselwiderstände heute weitgehend verdrängt. Der Aufbau eines Drehschalterwiderstands geht aus Abb. 215 hervor, die zwar eine ältere Ausführung zeigt, aber recht anschaulich ist. Bei a sind die Meßwiderstände *3*, die Kontaktklötze *2* und die Kontaktfeder *1* des Drehschalters schematisch dargestellt, bei b ein Meßwiderstand mit drei Drehschaltern in Draufsicht. Der Übergangswiderstand zwischen Kontaktfeder und Kontaktklotz (Anhaltswert $2 \cdot 10^{-4}$ Ω) ist etwas größer als bei den Stöpseln, fällt aber nur bei kleinen Meßwiderständen ins Gewicht. Reibt man die Kontaktflächen mit säurefreiem Paraffinöl ein, so bleibt ihr Übergangswiderstand trotz des Ölfilms lange sehr niedrig. Die Kontaktklötze (meist 10 oder 11) sitzen auf einer hochwertigen Isolierstoffplatte *H* und sind im Halbkreis oder Kreis um die Drehachse des Bürstenhalters *B* angeordnet. Zum Drehen des Schalters dient ein kräftiger Knauf D aus Isoliermaterial, der bequem in der Hand liegen soll. Ferner sind federnde Rasten vorgesehen, die sicherstellen, daß die Bürste jeweils ganz auf einem Kontaktklotz steht. Die Meßwiderstände *3* werden nach einer der in Abb. 212 dargestellten Methoden gewickelt und so geschaltet, daß man dekadisch abgestufte Werte einstellen kann. In Abb. 215b sind drei solcher Drehschalterwiderstände zu einem Satz vereinigt. Nach den beiden Anschlußklemmen A kommen der Reihe nach die Einer-, die Zehner- und die Hunderterdekade. An der Kontaktstellung der Drehschalter kann man den Widerstandswert direkt ablesen; sie stehen in Abb. 215b auf dem Wert 183 Ω. Drehschalterwiderstände werden auch als Einzeldekaden gebaut, die sich dann zu größeren Sätzen zusammenstellen lassen, und zwar als

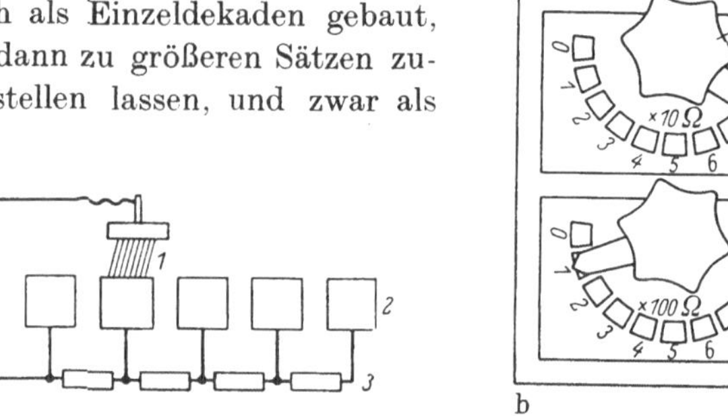

Abb. 215a u. b. Drehschalterwiderstand. a) Schema. *1* Schleifkontakt; *2* Kontaktklötze; *3* Widerstände; *R* Widerstand zwischen den Klemmen. b) Draufsicht. *D* Drehknauf; *K* Kontaktklötze; *B* Schleifbürste bzw. Halter; *H* Isolierplatte; *A* Anschlußklemmen

fertige Meßsätze bis zu fünf Dekaden. Die untere Grenze liegt bei etwa 10 · 0,1 Ω (zulässige Belastung etwa 1,5 A), die obere Grenze bei 10 · 10000 Ω (zulässige Belastung etwa 5 mA).

Bei modernen Präzisions-Drehschalterwiderständen sind die Schalter durch eine Metallplatte — die gleichzeitig zur statischen Abschirmung dient – abgedeckt und vor Verschmutzung geschützt. Trotz der Abdeckung müssen die Schalter zwecks Reinigung und Wartung leicht zugänglich sein. Die Bezifferung ist meist auf einer mit dem Drehknauf starr verbundenen Scheibe aufgebracht. Bei nebeneinanderliegenden Dekadenwiderständen kann man dann durch Öffnungen in der Abdeckplatte den eingestellten Widerstandswert unmittelbar als Zahlenwert ablesen, der gegebenenfalls noch mit einer Potenz von 10 zu multiplizieren ist.

Neben den einfachen Kurbelwiderständen baut man – besonders zur Verwendung in Kompensatoren (s. S. 268) – auch Doppelkurbelwiderstände. Bei diesen werden entweder zwei getrennte Widerstandsreihen mit einem gemeinsamen Drehknauf geschaltet, oder es werden aus einer Widerstandsreihe durch zwei mechanisch gekuppelte Abgreifer gleichzeitig zwei korrespondierende Anschlußpunkte herausgeführt.

XVII. Induktivitäten und Kapazitäten

A. Induktivitäten

Einheit. 1 Henry (H) ist die Induktivität einer geschlossenen Windung, die bei Stromdurchgang von 1 A den magnetischen Fluß 1 Weber (Wb) = 1 Vs umschlingt. Dies bedeutet, daß bei gleichmäßiger Änderung der Stromstärke um 1 A/s in dem Leiter die Spannung 1 V induziert wird. Weitere gebräuchliche Einheiten sind das Millihenry (mH) und das Mikrohenry (μH).

1. Allgemeines

Die Induktivität L einer runden Spule mit quadratischem Wicklungsquerschnitt nach Abb. 216 ist[1]:

$$L = \mu_0 \mu_r r_m N^2 a \tag{112}$$

mit den Einheiten $\quad \mathrm{H} = \frac{\mathrm{Vs}}{\mathrm{Am}} \cdot 1 \cdot \mathrm{m} \cdot 1 \cdot 1$

Dabei ist $\mu_0 = 4\pi \cdot 10^{-7}$ Vs/Am die Induktionskonstante, μ_r die Permeabilitätszahl (bei dem paramagnetischen Spulenkörper $\mu_r \approx 1$). N die Windungszahl, r_m der mittlere Windungsradius (s. Abb. 216). a ist ein Zahlenfaktor, der vom Verhältnis der Wicklungslänge l zum mittleren Windungsradius r_m abhängt.

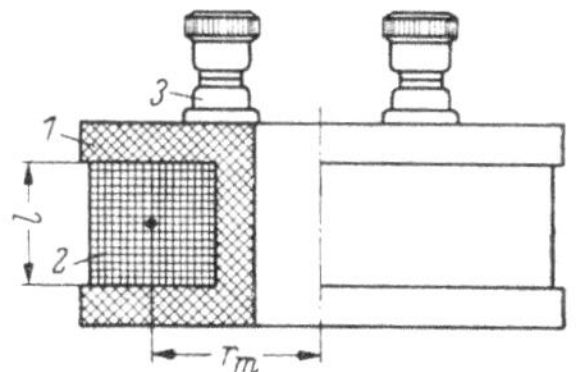

Abb. 216. Normal der Selbstinduktivität nach WIEN. *1* Wicklungsträger aus Porzellan; *2* Wicklung; *3* Anschlußklemme

Eine ausführliche theoretische Abhandlung wurde von M. WIEN[2] gegeben. Die Eigenkapazität der Wicklung wird, ähnlich wie bei den Widerständen, durch Aufteilung in Gruppen möglichst klein gehalten: sie fällt aber weniger ins Gewicht, da sie keinen Fehlwinkel verursacht. Der Spulenwiderstand dagegen hat einen Fehlwinkel oder Verlustfaktor zur Folge, dem man nur dadurch begegnen kann, daß man den Leitungswiderstand (Kupfer) möglichst klein hält und Metallteile in der Umgebung der Spule vermeidet.

[1] STEFAN: Wiedemanns Ann. 22 (1884) S. 114.
[2] WIEN, M.: Ann. Physik 58 (1896) S. 553.

2. Meßinduktivitäten

Selbstinduktivität. Abb. 216 zeigt eine Normalspule nach M. WIEN. Auf einem Porzellankörper *1* ist eine Kupferwicklung *2* aufgebracht, deren Enden an die Klemmen *3* geführt sind. Solche Normale werden für $L = 0{,}0001\cdots 1$ H ausgeführt. Ihr Verlustfaktor $\tan\delta$ ist bis 1000 Hz $< 0{,}3$ (meist um so größer, je kleiner die Induktivität ist).

Als Normal der *gegenseitigen Induktion* werden auf einem Spulenkörper nach Abb. 216 zwei Drähte nebeneinander aufgewickelt, so daß zwei ineinanderliegende, vollkommen gleiche Spulen entstehen, deren gegenseitige Induktion M bei einer Spule von 1 mH Selbstinduktion ebenfalls 1 mH beträgt. Bei Wechselstrom hoher Frequenz ist zu bedenken, daß die beiden Spulen auch kapazitiv gut gekoppelt sind. Man verwendet Gegeninduktivitäten hauptsächlich zur Erzeugung einer genau bekannten Elektrizitätsmenge $Q = 2 \cdot I \cdot M/R$ C (Coulomb), die in der Sekundärspule fließt, wenn man den Gleichstrom I in der Primärspule wendet; R ist der Gesamtwiderstand im Sekundärkreis. Derartige gegenseitige Induktivitäten dienen z.B. zum Eichen von Flußmessern, ballistischen Galvanometern und anderem mehr.

Veränderbare Induktivitäten erhält man, wenn man Einzelspulen – ähnlich wie bei Widerständen – mit Drehschaltern schaltet. Bei der Ausführung von Rohde & Schwarz ist jede Dekade in einem Metallgehäuse eingebaut, das die Spulen abschirmt. In einer Typenreihe für niedere Frequenzen (LDN) gibt es vier Dekaden mit Bereichen zwischen 0···10 mH und 0···10 H (Eingangskapazität zwischen < 60 pF und < 110 pF). Eine Reihe für höhere Frequenzen (LDH) umfaßt drei Dekaden zwischen 0···100 µH und 0···11 mH (Eigenkapazität je nach Bereich zwischen 10 und 28 pF). Die Type LDN ist mit Ringkern-Massespulen, die Type LDH mit normalen Massespulen ausgerüstet. Die Fehlergrenze liegt bei ±1%.

Ein *Variometer* ist eine stetig veränderbare Induktivität. Schaltet man zwei Spulen in Serie, von denen die eine innerhalb der anderen drehbar gelagert ist, so kann man durch Drehen der inneren Spule die Induktivität verändern. In der einen Endlage, in der die Spulen parallel liegen, haben sie gleichen Wicklungssinn, und ihre Induktivitäten addieren sich. In der anderen Endlage (nach Drehung um 180°) ist der Wicklungssinn beider Spulen entgegengerichtet, und ihre Induktivitäten subtrahieren sich. Unterteilt man die Spulen in mehrere Abteilungen, die man einzeln verwenden oder wahlweise in Serie oder parallel schalten kann, so läßt sich insgesamt ein großer Induktivitätsbereich überstreichen. Legt man beide Spulen in getrennte Stromkreise, so hat man eine veränderbare Gegeninduktivität.

Zwei Variometer (Type LVN), die zu den oben genannten Induktivitätsdekaden passen, lassen sich zwischen 0,1···1 mH bzw. 1···10 mH verändern; ihre Eigenkapazität ist kleiner als 150 bzw. 160 pF.

B. Kapazitäten

Einheit. 1 Farad (F) ist die Kapazität eines Kondensators, der durch die Ladung 1 Coulomb (C) = 1 As auf die Spannung 1 V aufgeladen wird. Die Einheit Farad ist unbequem groß, man verwendet daher vorwiegend die kleineren Einheiten Mikrofarad (μF), Nanofarad (nF) und Picofarad (pF).

1. Allgemeines

Die *Kapazität C* eines Kondensators, der aus zwei gleichgroßen, sich im Abstand a parallel gegenüberstehenden Metallplatten oder -folien von der Fläche A besteht, ist nach Gleichung (87):

$$C = \frac{\varepsilon_0 \varepsilon_r A}{a}$$

(Einheiten und ε_0 s. S. 136).

ε_r ist die *relative Dielektrizitätskonstante* (Dielektrizitätszahl), die für das Vakuum gleich 1 und für Luft annähernd gleich 1 ist; für flüssige und feste Stoffe liegt sie zwischen 1 und 80. Für Meßkondensatoren scheiden Flüssigkeiten als Dielektrikum aus, da sich ihre Eigenschaften mit der Temperatur, vor allem aber auch mit der Zeit, ändern. Die Höhe der Spannung, die man an einen Kondensator anlegen darf, ist durch die Durchbruchfeldstärke des Dielektrikums begrenzt. Man wird daher Isolierstoffe mit hoher Durchschlagfestigkeit wählen. Ferner muß der Isolationswiderstand des Dielektrikums sehr hoch sein, damit bei den großen Oberflächen und den kleinen Abständen der Beläge kein Isolationsstrom fließt. Schließlich müssen für Wechselstrom die *dielektrischen Verluste* klein sein, die durch das ständige Umelektrisieren entstehen und die zusammen mit dem Isolationsstrom den Verlustfaktor $\tan\delta$ verursachen. Bei einem idealen Dielektrikum (Vakuum) beträgt die Phasenverschiebung zwischen Strom I und Spannung U genau $\pi/2$ rad, bei einem Dielektrikum mit einem Verlustwinkel δ beträgt sie $\pi/2 - \delta$. Der Verlust im Kondensator ist dann:

$$P = I\,U \sin\delta = U^2 \omega C \sin\delta$$

Einheiten:

$$\mathrm{W} = \mathrm{V}^2 \cdot \frac{1}{\mathrm{s}} \cdot \mathrm{F}$$

Der Verlust steigt also mit dem Quadrat der Spannung und mit der Frequenz. Den Verlustwinkel δ kann man sich durch einen Reihenersatzwiderstand R_r oder einen Parallelersatzwiderstand R_p zur Kapazität C verursacht denken und erhält

$$\delta \approx \tan\delta = R_r\,\omega\,C \tag{113a}$$

$$\delta \approx \tan\delta = \frac{1}{R_p\,\omega\,C} \tag{113b}$$

Für die dielektrischen Verluste P erhält man dann

$$P = U^2 (\omega C)^2 R_r \tag{114a}$$

$$P = U^2 / R_p \tag{114b}$$

Weder das eine noch das andere Ersatzschema für den mit Verlusten behafteten Kondensator, das zur bequemen Rechnung dient, wird den tatsächlichen Verhältnissen und Versuchsergebnissen ganz gerecht. In gewissen Frequenzbereichen ist oft eine weitgehende Frequenzabhängigkeit des Verlustwinkels zu beobachten.

2. Meßkondensatoren

Luftkondensatoren. Die Dielektrizitätszahl von Luft bei 1013 mbar beträgt $\varepsilon_r = 1{,}0006$; der Verlustfaktor $\tan\delta$ ist in reinen Gasen außerordentlich klein. Abb. 217 zeigt einen „absoluten Kondensator" mit Schutzring *3* nach THOMSON, der die Meßplatte *1* vom Durchmesser d umgibt und dasselbe Potential wie *1* besitzt, aber nicht mitgemessen wird. Der Gegenbelag *2* befindet sich im Abstand a vom Meßbelag *1*. Die Kapazität läßt sich nach Gl. (87) berechnen[1]. Nach dieser Anordnung kann man nur Kondensatoren bis etwa 100 pF herstellen. Zur Darstellung größerer Kapazitäten werden z. B. runde Metallscheiben von etwa 30 cm Durchmesser, die zur Versteifung und zur Vergrößerung ihrer Oberfläche kegelförmig durchgedrückt sind, nach Abb. 218 geschichtet und geschaltet. Sie werden für Kapazitäten von 10 bis zu 100000 pF und Spannungen bis zu etwa 5 kV hergestellt. Die Tragisolation zwischen den Platten besteht aus Quarz, das hohen Isolationswiderstand und kleine dielektrische Verluste besitzt.

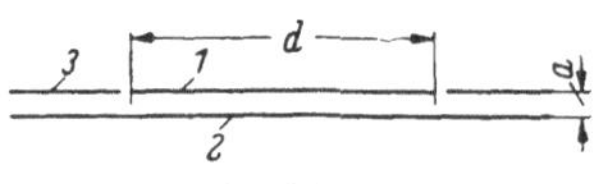

Abb. 217. Absoluter Schutzringkondensator. *d* wirksamer Plattendurchmesser; *a* Plattenabstand; *1* Meßbelag; *2* Gegenbelag; *3* Schutzring

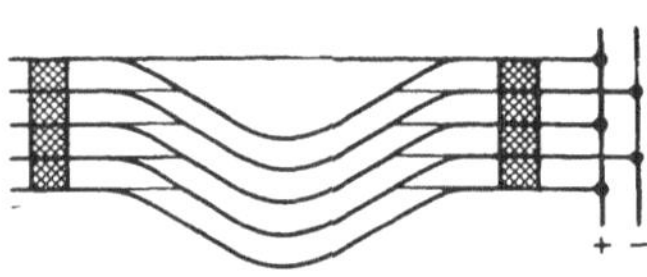

Abb. 218. Luftkondensator mit parallelgeschalteten durchgedrückten Metallscheiben

Drehkondensatoren mit vielen ineinandergreifenden halbkreisförmigen Platten, wie sie aus der Nachrichtentechnik[2] allgemein bekannt sind, werden ebenfalls häufig als Meßkondensatoren verwendet. Ihre Kapazität ist stetig veränderbar und läßt sich aus der Stellung eines mit den beweglichen Platten verbundenen Zeigers ablesen. Die Isolation muß unter Umständen den besonderen Meßzwecken angepaßt werden. Der höchste darstellbare Wert beträgt etwa 3000 pF.

---

[1] Genaue Berechnung siehe MAXWELL: Lehrbuch der Elektrizität und des Magnetismus 1883, Bd. 1 S. 347f.

[2] LINDNER: ETZ 61 (1940) S. 945; 969.

Die Kapazität läßt sich bis etwa 1/10 des höchsten Wertes herab verändern. Die Kennlinie ist bis auf den Anfang geradlinig.

Preßgaskondensatoren. Die Gase – auch Luft – haben bei Atmosphärendruck nur eine Durchbruchfeldstärke von etwa $30\,\mathrm{kV_{max}/cm}$. Bei verdichteten Gasen steigt die Durchbruchfeldstärke etwa bis 15 kp/cm² verhältnisgleich mit dem Druck an[1], während sich die Dielektrizitätszahl bei 15 kp/cm² nur um wenige Promille gegen den Wert bei 1 kp/cm² erhöht. Dies gibt die Möglichkeit, Kondensatoren mit einer Kapazität von etwa 50···100 pF für sehr hohe Spannungen herzustellen. Abb. 219 zeigt einen Preßgaskondensator nach SCHERING-VIEWEG[2] für eine Betriebsspannung von etwa $500\,\mathrm{kV_{eff}}$ bei Stickstoff- oder Kohlensäurefüllung von 14 kp/cm² (in Kaskadenbauweise wurden Preßgaskondensatoren bis $1400\,\mathrm{kV_{eff}}$ entworfen). Die zylindrischen Meßbeläge *1* und *2* sind innerhalb eines Isolierrohrs *3* untergebracht. Der Niederspannungsbelag *1* ist isoliert auf einer Säule befestigt und liegt ganz innerhalb des Hochspannungsbelages *2*; eine Beeinflussung durch fremde Felder ist dadurch vermieden. Das Isolierrohr *3* ist durch kräftige Metalldeckel abgeschlossen, die zum Schutz gegen Sprühen mit gut verrundeten Blechhauben abgedeckt sind. Hochspannungskondensatoren dieser Art mit vernachlässigbar kleinen Verlusten benötigt man z. B. in der Hochspannungsbrücke nach SCHERING (s. S. 267), als Hochspannungsglied zum Messen von Höchstspannungen (Effektiv- oder Scheitelwert) oder zum Prüfen von Höchstspannungswandlern.

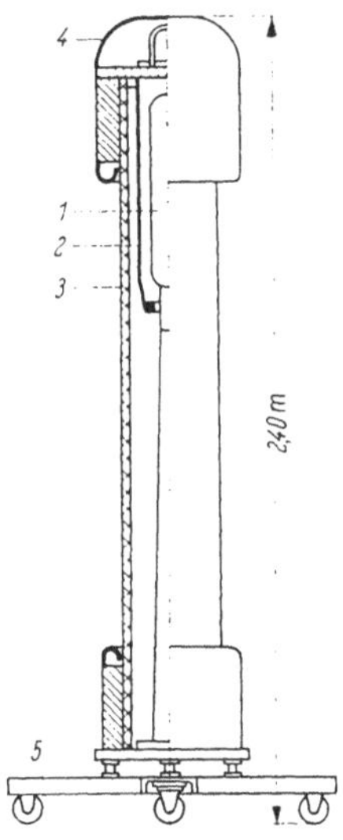

Abb. 219. Preßgaskondensator nach SCHERING-VIEWEG (H&B) mit etwa 50 pF, $500\,\mathrm{kV_{eff}}$, Stickstofffüllung von etwa 14 kp/cm². *1* innere Elektrode; *2* äußere Elektrode; *3* Hartpapiermantel; *4* Schutzkappe; *5* Fahrgestell

Kondensatoren mit festem Dielektrikum. In der nachstehenden Tabelle XI sind Dielektrizitätszahl ε_r, Verlustfaktor $\tan\delta$, spezifischer Widerstand ϱ und Durchschlagsfestigkeit der wichtigsten für Meßkondensatoren verwendeten Isolierstoffe[3] angegeben. Die dritte Spalte zeigt die Temperaturabhängigkeit der Isolierstoffe, gemessen durch die Kapazitätsänderung $\frac{\Delta C}{C}\Big/\mathrm{grd}$ eines Kondensators, dessen Dielektrikum sie bilden. Alle Werte können nur als grobe Anhaltswerte angesehen werden, denn sie schwanken sehr mit der Güte der ausgemessenen Probe.

---

[1] PALM, A.: Arch. Elektrotechn. 28 (1934) S. 296.

[2] SCHERING, H. u. R. VIEWEG: Z. techn. Physik 9 (1928) S. 442. – KELLER, A.: Elektrotechn. u. Masch.-Bau 59 (1941) S. 292.

[3] Siehe auch ROHDE, L. u. W. SCHLEGELMILCH: ETZ 54 (1933) S. 581.

Tabelle XI

Dielektrikum	Dielektrizitätszahl ε_r	Temperaturgang in $10^3 \cdot \frac{\Delta C}{C} / \text{grd}$	Verlustfaktor in $10^3 \cdot \tan\delta$ bei		Spezifischer Widerstand ϱ	Durchschlagspannung in kV bei Elektrodenabstand	
		von 20···80 °C	800 Hz	$5 \cdot 10^5$ Hz	Ω cm	1 mm	10 mm
Glimmer	4··· 8	+0,06···+0,1	0,1··· 1	0,2	$10^{15}\cdots10^{17}$	60	500
Glas	5···16		10 ···25	0,5···13	$10^{13}\cdots10^{14}$	12···20	90···100
Minosglas	8	+0,14	1	0,45			
Quarzglas	4			0,2	$10^{15}\cdots5\cdot10^{18}$		
Papier, trocken	1,8···2,6						
Hartpapier	3,5···5		6···30	25	$10^{12}\cdots10^{14}$	16	150···200
Porzellan	6	+0,5 ···+0,6	10···20	7···8,5	$3\cdot10^{14}$		···200
Edelporzellan	5,5···80	−0,02···+0,05		0,1···1	10^8	15···45	···100
Bernstein	2,8			5	$>10^{18}$		
Hartgummi	2,5···3,5		2,5···25	6,5	$10^{15}\cdots10^{18}$	35	100···300
Styroflex	2,5			0,5			500

„Edelporzellan" sind die unter den Namen Calan, Frequenta, Calit, Condensa usw. bekannt gewordenen keramischen Stoffe, die für die Hochfrequenztechnik entstanden sind[1]. Für genaue Meßkondensatoren hoher Kapazität verwendet man Glimmer, der in sehr dünne Scheiben gespalten und z. B. beiderseits mit Stanniol (Klebemittel: Paraffin) beklebt wird. Diese Scheiben werden zu größeren oder kleineren Blöcken zusammengeschichtet, genau auf einen bestimmten Wert abgeglichen und mit Paraffin getränkt. Die Blöcke werden dann, ähnlich wie ohmsche Widerstände, zu Meßkondensatoren zusammengeschaltet und mit Drehschaltern auf bestimmte Werte eingestellt; ein solcher Meßsatz umfaßt z. B. die Werte 10 (0,1 + 0,01 + 0,001) μF. Während man die ohmschen Widerstände zur Summierung in Reihe schaltet, sind die Drehschalter der Meßkondensatoren so eingerichtet, daß sie die einzelnen Stufen zur Summierung der Kapazität parallel schalten.

Für Hochfrequenz-Meßkondensatoren wird ausschließlich Edelporzellan in Form von dünnwandigen Rohren oder Platten verwendet, auf die der Metallbelag (Silber, Gold) aufgebrannt ist.

Kapazitätsnormal nach Jahre. Für genaue Kapazitätsbestimmungen, z. B. von Meßkondensatoren nach dem Substitutionsverfahren[2], sind leicht zu handhabende, einen weiten Kapazitätsbereich umfassende Vergleichsnormale erwünscht. Diese Forderung wird von dem Kapazitätsnormal nach JAHRE, Abb. 220, erfüllt. Die unkonventionelle Form ergab sich aus der Forderung nach möglichst kurzer Leitungsführung für die Verbindung der Teilkondensatoren, die zum lückenlosen Bestreichen des Bereichs von wenigen Pikofarad bis 10 μF nötig sind. Die Einzelkondensatoren sind becherförmig aufgebaut. Es gibt 24 Festkondensatoren mit

[1] DIN 40685. – [2] GIEBE u. ZICKNER: Z. Instrumentenkde. 53 (1933) S. 1; 49; 97.

Kapazitäten zwischen 10 pF und 4 μF. Bis 400 pF sind sie als Luftkondensatoren mit Quarzisolation, darüber als Glimmerkondensatoren ausgeführt. Ferner stehen drei stetig einstellbare Luftkondensatoren mit den Bereichen von etwa 6···20 pF, 50···66 pF und 70···230 pF zur Verfügung. Jede Kapazitätsdekade umfaßt vier Festkondensatoren mit Kapazitätswerten im Verhältnis 1 : 2 : 3 : 4; durch deren Kombination kann man jede Dekade von Zehntel zu Zehntel unterteilen. Die zum Zusammenschalten der Einzelkondensatoren dienenden Anschlußteile sind unter anderem ein Dreifußsockel und aufschraubbare Anschlußwürfel, auf deren Flächen die Einzelkondensatoren mit zwei Umdrehungen befestigt und gleichzeitig elektrisch angeschlossen werden. Die Anschlußfelder übereinanderliegender Anschlußwürfel für die einzelnen Dekaden sind jeweils um 45° gegeneinander versetzt. Die Kapazität der Kondensatoren wird auf 1‰ bzw. 0,1 pF gewährleistet. Der Verlustfaktor der Luftkondensatoren ist kleiner als $1 \cdot 10^{-5}$, der der Glimmerkondensatoren etwa $1 \cdot 10^{-4}$.

Abb. 220. Kapazitätsnormal nach JAHRE

XVIII. Meßbrücken

Meßbrücken dienen vom Prinzip her zum Messen von Widerständen (ohmsche Widerstände, Induktivitäten, Kapazitäten). Man benutzt sie darüber hinaus zum Messen zahlreicher physikalischer Größen, die sich in eine der erstgenannten Größen umwandeln lassen (z. B. Temperatur, Druck, Feuchte, Gaskonzentration). Das Prinzipschaltbild einer Brücke zeigt Abb. 221. Aus einer Stromquelle B werden an den Punkten a und b zwei parallele Stromkreise eingespeist, die aus den Widerständen R_1 und R_2 bzw. R_3 und R_4 bestehen. Zwischen den Diagonalpunkten c und d liegt ein empfindlicher Nullindikator G.

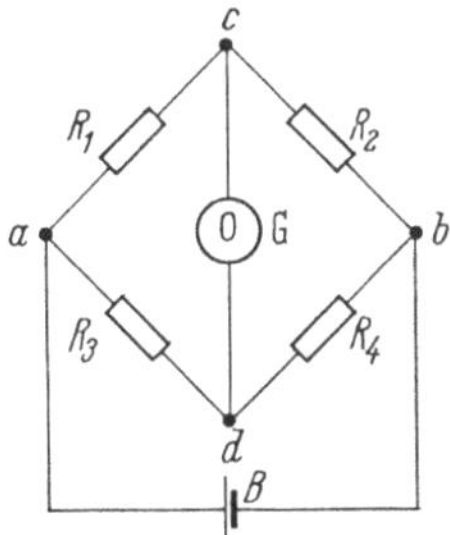

Abb. 221. Prinzipschaltung einer Meßbrücke. B Stromquelle; $R_1 \cdots R_4$ Widerstände; G Nullindikator

Sind drei der Widerstände bekannt (z.B. R_2, R_3, R_4) und so ausgewählt, daß der Nullindikator stromlos ist, so läßt sich der vierte Widerstand (R_1) aus den drei anderen bestimmen (siehe weiter unten). Brücken können sowohl mit Gleichstrom als auch mit Wechselstrom gespeist werden. Als Nullindikator dient im ersten Fall vorwiegend ein Drehspulgalvanometer, im zweiten ein Telefon, ein Vibrationsgalvanometer oder ein oszillographischer Nullindikator.

Eine wichtige Vorraussetzung für genaues Messen ist eine ausreichende Empfindlichkeit des Nullindikators. Dieser muß noch einen deutlich erkennbaren Ausschlag ergeben, wenn man den zu messenden Widerstand um einen Bruchteil des Betrags ändert, der der gewünschten Fehlergrenze entspricht.

A. Meßbrücken für Gleichstrom[1]

1. Wheatstone-Brücke

Die älteste und verbreitetste Meßbrücke wurde von WHEATSTONE für Zwecke der Telegraphie angegeben. Abb. 222 zeigt ihre Schaltung. Die vier Brückenzweige bestehen aus den Widerständen R_1 bis R_4; sie werden von den Strömen I_1 bis I_4 durchflossen, die von der Batterie B geliefert werden. Zwischen den Diagonalpunkten c und d liegt das Nullgalvanometer G, das den Strom I_G führt. Hat man die Widerstände R_1 bis R_4 so ausgewählt, daß der Galvanometerstrom $I_G = 0$ wird, dann besteht zwischen den Punkten c und d kein Spannungsunterschied, und es ist

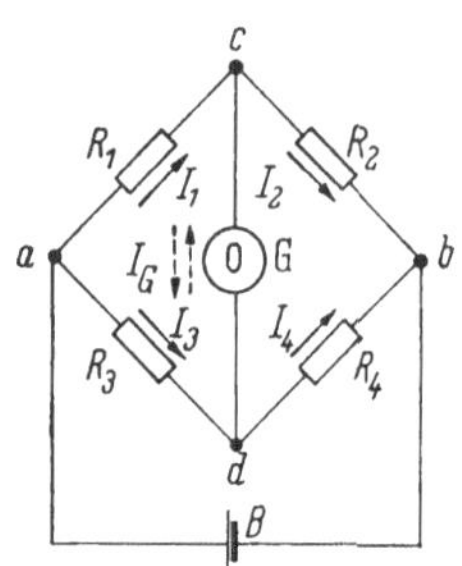

Abb. 222. Schaltung einer WHEATSTONE-Brücke

$$\left.\begin{aligned} U_{ac} = U_{ad} = I_1 R_1 = I_3 R_3 \\ U_{cb} = U_{db} = I_2 R_2 = I_4 R_4 \end{aligned}\right\} \tag{115}$$

Wegen $I_G = 0$ ist ferner

$$I_1 = I_2; \quad I_3 = I_4 \tag{116}$$

Nach Division der beiden Gl. (115) erhält man mit Gl. (116)

$$\frac{R_1}{R_2} = \frac{R_3}{R_4} \tag{117}$$

Ist einer dieser Widerstände unbekannt (z.B. R_1), so ergibt er sich aus Gl. (117) zu

$$R_1 = \frac{R_2 R_3}{R_4} \tag{118}$$

Wie man aus Gl. (118) sieht, braucht nur einer der drei Widerstände, der

[1] Näheres s. v. STEINWEHR, H.: Geiger-Scheel, Handbuch der Physik, Bd. 16, S. 433; 445. Berlin 1927.

sogenannte Vergleichswiderstand (R_2 bzw. R_3), dem Ohmwert nach bekannt zu sein; von den anderen beiden braucht man lediglich das Verhältnis zu kennen ($R_3 : R_1$ bzw. $R_2 : R_4$).

Ist die Brücke abgeglichen ($I_G = 0$), so kann man an den Diagonalpunkten die Stromquelle und das Galvanometer miteinander vertauschen. Dies läßt sich leicht erkennen, wenn man Gl. (117) in $R_1/R_3 = R_2/R_4$ umformt.

Nach Gl. (117) wird eine abgeglichene Brücke von der Spannung der Speisebatterie B und der Empfindlichkeit des Galvanometers G nicht beeinflußt. Dagegen ist die Empfindlichkeit der Brücke um so größer (d.h. der Abgleich kann um so genauer durchgeführt werden), je höher die Spannung von B und je empfindlicher das Galvanometer G ist. Die Spannung wird allerdings durch die Belastbarkeit der Widerstände begrenzt. Die Fehlergrenze der Brückenmessung ist durch die der Meßwiderstände und die Empfindlichkeit des Galvanometers bestimmt. Bei genauen WHEATSTONE-Brücken mit richtig angepaßten empfindlichen Spiegelgalvanometern kann man Widerstände von $10^{-1} \cdots 10^{6}\,\Omega$ auf etwa $\pm 0{,}5\,^0/_{00}$ genau messen.

Zum Abschätzen der Empfindlichkeit einer Brücke verwendet man die Formeln für den Galvanometerstrom I_G der unvollständig abgeglichenen Brücke (s. S. 260).

Für den Betrieb einer Brücke sind fast immer von der Meßaufgabe her bestimmte Bedingungen vorgegeben. Nur zwei Beispiele seien angeführt: Eine kleine tragbare Brücke soll aus einer eingebauten 4,5-V-Taschenlampenbatterie gespeist werden. – Bei einer zur Temperaturmessung bestimmten Brücke darf der über das Widerstandsthermometer (also den zu messenden Widerstand) fließende Strom nicht größer als 5 mA sein, damit das Thermometer durch den Meßstrom nicht unzulässig erwärmt wird. Die Empfindlichkeits- und Bemessungsfragen von WHEATSTONE-Brücken unter allen vorkommenden Bedingungen hat J. FISCHER ausführlich behandelt[1].

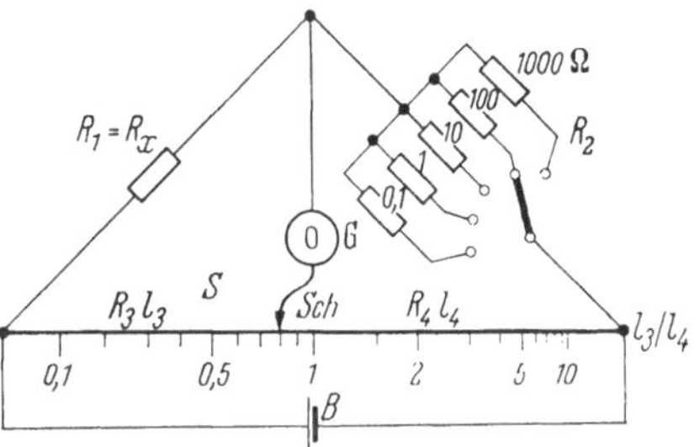

Abb. 223. Schleifdrahtmeßbrücke mit umschaltbarem Vergleichswiderstand. R_x zu messender Widerstand (hier $0{,}8 \cdot 100\,\Omega = 80\,\Omega$); R_2 Vergleichswiderstand ($0{,}1 \cdots 1000\,\Omega$); S Schleifdraht mit den Teillängen l_3, l_4 und den Teilwiderständen R_3, R_4; Sch Schleifbürste; B Batterie; G Galvanometer

Schleifdrahtmeßbrücke. Abb. 223 zeigt das Schema einer Schleifdrahtmeßbrücke. $R_x = R_1$ ist der zu messende Widerstand. Als Vergleichswiderstand R_2 dient ein Festwiderstand, den man in mehreren

[1] FISCHER, J.: Z. Instrumentenkde. 54 (1934) S. 137.

dekadischen Stufen (z. B. fünf Stufen von 0,1···1000 Ω) umschalten und damit der Größenordnung von R_x anpassen kann. Zum Abgleichen der Brücke wird das Verhältnis R_3/R_4 geändert. R_3 und R_4 sind die beiden Teilwiderstände eines Schleifdrahts aus Widerstandsmaterial, ihr Verhältnis läßt sich mittels einer verschiebbaren Schleifbürste in den Grenzen 0,1···10 verändern. Da sich bei genau kalibriertem Schleifdraht die durch die Bürstenstellung bestimmten Teillängen l_3 und l_4 wie die entsprechenden Teilwiderstände R_3 und R_4 verhalten, ist nach dem Abgleich

$$R_x = \frac{l_3}{l_4} R_2 \qquad (119)$$

Abb. 224. Kleine Schleifdrahtmeßbrücke PONTAVI-WHEATSTONE (H & B)

Man muß also, um den gesuchten Widerstand zu erhalten, das Verhältnis l_3/l_4, in dem der Schleifdraht geeicht ist, mit dem eingestellten Ohmwert von R_2 multiplizieren. Das Verhältnis l_3/l_4 läßt sich in der Mitte am genauesten einstellen; daher kommt auch die Forderung, R_2 in der Größenordnung von R_x zu wählen.

Abb. 224 zeigt eine handelsübliche kleine Schleifdrahtmeßbrücke (PONTAVI-WHEATSTONE von H & B) für Widerstände zwischen 0,05 und 50000 Ω. Sie ist zusammen mit dem Galvanometer und einer 4,5-V-Taschenlampenbatterie in einem Preßstoffgehäuse untergebracht. Der etwa 30 cm lange Schleifdraht ist auf dem Umfang einer Isolierstoffscheibe aufgespannt. Die Skale ist statt in 0,1···1···10 entsprechend Abb. 223 in 0,5···5···50 ausgeteilt; da die Werte der Vergleichswiderstände 0,5···5000 Ω betragen, ergeben sich auch hier dekadische Umrechnungsfaktoren (0,1···1000). Die Fehlergrenze beträgt im Gebiet der Skalenmitte (2···20) ± 0,5% in den drei mittleren Meßbereichen, ± 2% in den übrigen.

Walzenmeßbrücke. Will man mit einer Schleifdrahtmeßbrücke sehr genau messen, so muß man einen langen Schleifdraht verwenden. Dieser wird, damit die Abmessungen handlich bleiben, in mehreren Windungen wendelförmig auf einer Isolierstoffwalze aufgewickelt; z. B. ergeben zehn Windungen auf einer Walze mit 20 cm Durchmesser etwa 6 m Schleifdrahtlänge. Den Schleifkontakt bildet man zweckmäßig als kleine Rolle aus, die mit einer Rille auf dem Schleifdraht aufliegt und durch einen der Walze parallellaufenden Stift gelagert wird. Der Stift ist an Federn befestigt, die für den nötigen Kontaktdruck zwischen Rolle und Draht sorgen. Dreht man die Walze, so verschiebt der Schleifdraht infolge seiner

Steigung die Rolle entlang ihrem Lagerstift. Das Meßergebnis wird an zwei Skalen abgelesen; eine Grobskale (oder ein Zählwerk) gibt an, auf welcher der zehn Windungen die Kontaktrolle steht, an einer feingeteilten Kreisskale wird die Stellung der Kontaktrolle am Skalenumfang angezeigt. Aus beiden Angaben läßt sich die Stellung der Kontaktrolle auf dem Schleifdraht und damit das Widerstandsverhältnis ermitteln; eine direkte Eichung im Verhältnis der Teillängen ist hier nicht möglich. Mit einer solchen Walzenmeßbrücke und einem empfindlichen Spiegelgalvanometer kann man Widerstände zwischen etwa 0,1 und 50000 Ω auf etwa $\pm 0{,}3^0/_{00}$ genau messen.

Prozentmeßbrücke. Will man feststellen, ob ein Widerstand innerhalb einer vorgegebenen Toleranz liegt (z. B. bei der Massenfertigung von Widerständen, Heizkörpern usw.), so interessiert weniger sein Ohmwert als seine prozentuale Abweichung von einem Vergleichswiderstand. Auch für diese Aufgabe kann man eine Schleifdrahtbrücke verwenden. Man denke sich in Abb. 223 im oberen rechten Brückenzweig die eingebauten Widerstände durch einen an Klemmen anzuschließenden beliebigen Vergleichswiderstand R_2 ersetzt, der dem Sollwert des zu messenden Widerstands entspricht. Ferner sei $R_x = R_2 \pm \Delta R$. Dann ist

$$R_2 \pm \Delta R = \frac{l_3}{l_4} R_2$$

$$\pm \Delta R = R_2 \left(\frac{l_3}{l_4} - 1\right)$$

$$p = \pm \frac{\Delta R}{R_2} 100 = 100 \left(\frac{l_3}{l_4} - 1\right) \quad (120)$$

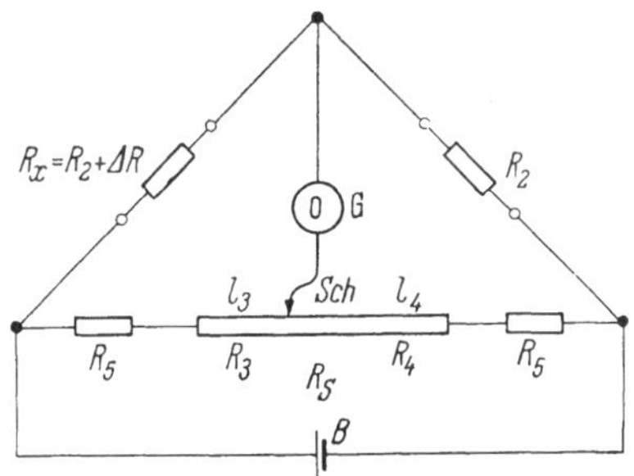

Abb. 225. Schleifdraht-Prozentmeßbrücke

Man sieht, daß der Prozentwert p, um den R_x von R_2 abweicht, durch das Verhältnis der Teillängen des Schleifdrahtes, d. h. durch die Stellung der Schleifbürste, bestimmt ist. Da dieses Verhältnis theoretisch von 0 bis ∞, praktisch von etwa 0,1 bis 10 geändert werden kann (entsprechend $p = -90$ bis $+900\%$), ergibt sich ein sehr großer Meßbereich, und man kann die praktisch vorkommenden Abweichungen von einigen Prozent nur ungenau messen. Zum Einengen des Meßbereichs schaltet man nach Abb. 225 je einen Zusatzwiderstand R_5 vor die Enden des Schleifdrahts; der Schleifdrahtwiderstand ist $R_S = R_3 + R_4$. Bezeichnet man mit a bzw. $1/a$ das gewünschte Verhältnis zwischen dem zu messenden Widerstand und dem Vergleichswiderstand am Skalenanfangs- bzw. am Skalenendpunkt (d. h. bei Bürstenstellung am linken bzw. rechten Schleifdrahtende), so ist

$$a = \frac{R_5}{R_5 + R_S}; \quad \frac{1}{a} = \frac{R_5 + R_S}{R_5}$$

und

$$R_5 = R_S \frac{a}{1-a} \tag{121}$$

Beispiel: $a = 0{,}9$; $1/a = 1{,}11$ (entsprechend $p = -10\%$ am Skalenanfang, $+11{,}1\%$ am Skalenende); $R_5 = R_S \cdot 0{,}9/0{,}1 = 9 \cdot R_S$.

Rechnet man für die Brücke nach Abb. 225 mit Gl. (121) die Abgleichbedingung aus, so ergibt sich

$$p = \pm \frac{\Delta R}{R_2} 100 = 100 \frac{(1-a)\left(\frac{l_3}{l_4} - 1\right)}{a \frac{l_3}{l_4} + 1} \tag{122}$$

Auch hier ist also bei gegebener Auslegung p eindeutig durch das Verhältnis der Teillängen des Schleifdrahts definiert.

Präzisionsmeßbrücke für Widerstandsthermometer. Eine auf E. F. MUELLER[1] zurückgehende Meßbrücke der AEG ist für genauste Temperaturmessungen mit Platin-Widerstandsthermometern (100 oder 25 Ω bei 0 °C) bestimmt (s. S. 317). Man kann damit Temperaturen im Bereich zwischen − 200 und 500 °C auf absolut 1/100 grd (relativ 1/1000 grd) genau messen (bei fehlerlosem Thermometer); dies erfordert eine Fehlergrenze der Widerstandsmessung bis herab zu $1{,}2 \cdot 10^{-5}$. Das Prinzipschema zeigt Abb. 226. Im einen Brückenzweig liegt das Thermometer R_T in Serie mit dem Präzisionskurbelwiderstand R_K, im benachbarten Zweig der konstante Vergleichswiderstand R_V. Die beiden anderen Brückenzweige bestehen aus gleichgroßen Festwiderständen R_F. Beim Abgleich wird R_T mittels R_K jeweils auf den Wert von R_V ergänzt; dadurch ist der Schließungswiderstand des Galvanometers G immer konstant, und man kann kleine Widerstandsänderungen im Ausschlagverfahren messen. An dem rückläufig beschrifteten Kurbelwiderstand läßt sich der Thermometerwiderstand direkt ablesen. Die kleine Fehlergrenze wird dadurch erreicht, daß alle Manganinwiderstände in einem Thermostaten eingebaut sind, dessen Temperatur auf ± 0,1 grd konstant gehalten wird; außerdem bestehen die Widerstände aus Material mit ausgesuchtem Temperaturkoeffizienten.

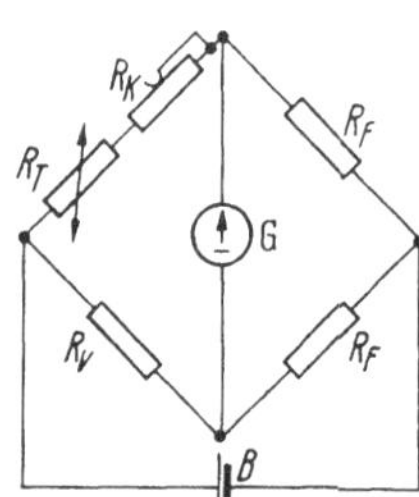

Abb. 226. Präzisionsmeßbrücke für Widerstandsthermometer (Prinzipschema)

2. Thomson-Brücke zum Messen kleiner Widerstände

Zum Messen niederohmiger Widerstände (von etwa 1 Ω abwärts) eignet sich die WHEATSTONE-Brücke nicht. Je kleiner der zu messende Widerstand wird, desto größer werden die Fehler infolge der Übergangswider-

[1] MUELLER, E. F.: Scientific Papers of the Bureau of Standards 13 (1916) S. 547.

stände an den Anschlußklemmen und der Widerstände der Zuleitungen zu den Brückeneckpunkten. THOMSON hat bereits 1862 eine Doppelbrücke angegeben, die diesen Nachteil vermeidet; ihr Schema zeigt Abb. 227. Der zu messende Widerstand $R_x = R_1$ und der bekannte Vergleichswiderstand R_2 (deren Verbindungsleitung den Widerstand R_7 hat) werden von einem Strom I_1 durchflossen, den die Batterie B liefert. Die Widerstände R_x und R_2 sind mit Potentialklemmen versehen, die ihre Anfangs- und Endpunkte genau definieren. Diese Potentialklemmen führen zu den Meßwiderständen $R_3 \cdots R_6$ einer Doppelbrücke; $R_3 \cdots R_6$ müssen groß gegenüber R_1 und R_2 sein. Zwischen den Verbindungspunkten von R_3 und R_4 bzw. R_5 und R_6 liegt das Nullgalvanometer G. Der Strom I_1 muß um so größer werden, je kleiner R_1 und R_2 sind, damit an diesen Widerständen genügend große Spannungsabfälle entstehen und eine hinreichende Empfindlichkeit der Brücke erzielt wird. Die die Meßwiderstände durchfließenden Ströme I_3 und I_5 liegen in der Größenordnung von 10 mA.

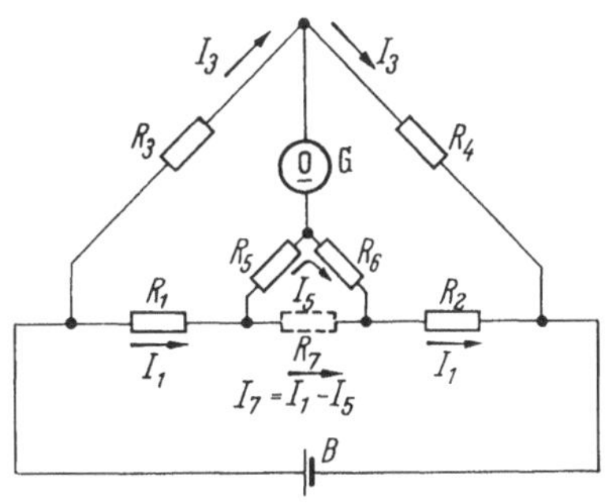

Abb. 227. THOMSON-Brücke zum Messen kleiner Widerstände

Man kann für die THOMSON-Brücke eine ähnliche Beziehung wie für die WHEATSTONE-Brücke aufstellen (s. S. 250). Unter der Voraussetzung $R_3/R_4 = R_5/R_6$ gilt für die abgeglichene Brücke ($I_G = 0$):

$$\frac{R_1}{R_2} = \frac{R_3}{R_4} = \frac{R_5}{R_6}; \quad R_x = R_1 = R_2 \frac{R_3}{R_4} = R_2 \frac{R_5}{R_6} \tag{123}$$

Aus folgenden Gründen wird bei der THOMSON-Brücke die Messung durch Übergangs- und Zuleitungswiderstände – die unter Umständen größer sind als der zu messende Widerstand – nicht beeinflußt: 1. Der Spannungsabfall an R_7 (dem Widerstand der Verbindungsleitung zwischen R_1 und R_2) wird durch die Widerstände R_5 und R_6 im gleichen Verhältnis geteilt, in dem R_1 und R_2 selbst stehen; man kann also diese Teile zu den Spannungsabfällen an R_1 und R_2 addieren, ohne daß sich deren Verhältnis ändert. – 2. Die Stromzuführungen von der Batterie B zu den Widerständen R_1 und R_2 liegen außerhalb der Brücke. – 3. Die Übergangswiderstände an den Potentialklemmen und die Leitungswiderstände von den Widerständen R_1 und R_2 zu den Widerständen $R_3 \cdots R_6$ sind gegenüber letzteren zu vernachlässigen.

Mit der THOMSON-Brücke, deren sukzessiv durchzuführender Abgleich mit den vier veränderbaren Widerständen $R_3 \cdots R_6$ etwas mehr Übung erfordert als der einer WHEATSTONE-Brücke, kann man Widerstände von rund 1 Ω abwärts bis etwa $1 \cdot 10^{-6}$ Ω messen. Die Fehlergrenze hängt von der der Widerstände $R_2 \cdots R_6$, vor allem aber auch von der Empfindlichkeit des verwendeten Nullgalvanometers, ab.

THOMSON-Brücken werden in zahlreichen Bauformen hergestellt. Ausführungen für Präzisionsmessungen sind meist so eingerichtet, daß man sie auch in WHEATSTONE-Schaltung verwenden kann. Als Beispiel zeigt Abb. 228 die THOMSON-Brücke MT 4 der Firma Otto Wolff, Berlin. Die

Abb. 228. THOMSON-Brücke MT 4 mit fünf Dekaden (Otto Wolff, Berlin)

Widerstände (Bezeichnungen gemäß Abb. 227) R_3 und R_5 sind jeweils gleich, desgleichen die Widerstände R_4 und R_6. Für R_3 und R_5 stehen je fünf Dekaden zur Verfügung ($10 \cdot 1000\,\Omega \cdots 10 \cdot 0{,}1\,\Omega$), die mit Doppelkurbeln gemeinsam geschaltet werden. R_4 und R_6 können mittels Stöpseln in drei Stufen gewählt werden (je 10; 100; 1000 Ω). $R_3 \cdots R_6$ sind auf $\pm 0{,}01\%$ genau abgeglichen. Als Vergleichswiderstand dient ein außen anzuschließender Normalwiderstand gemäß Abb. 211. Durch das jeweils gemeinsame Verändern von R_3 und R_5 bzw. R_4 und R_6 ist die Bedienung ebenso einfach wie bei einer WHEATSTONE-Brücke. Der Meßbereich liegt bei Verwendung von Normalwiderständen von $10^{-5} \cdots 1\,\Omega$ zwischen 10^{-6} und 10 Ω. Außerdem kann man in WHEATSTONE-Schaltung Widerstände zwischen 0,1 Ω und 111110 Ω messen.

3. Fehlerortsmeßbrücken

Eine wichtige Anwendung von Brückenschaltungen (hauptsächlich von Schleifdrahtbrücken) ist das Bestimmen des Fehlerorts von Kabeln, besonders von Fernmeldekabeln[1]. Kabelfehler können durch Mängel bei

[1] GRAF, W.: Telegraphen-Praxis 19 (1939) S. 24, (1940) S. 61; ATM V 35194-4 u. V 35194-5 (1954).

der Fertigung, bei der Verlegung, bei späteren Kabelarbeiten oder durch äußere Einflüsse (z.B. Korrosion, Blitzschlag) entstehen. Arten von Kabelfehlern sind Nebenschluß (Isolationsminderung, Erdschluß), Kurzschluß, Aderbruch, Adervertauschung, Stoßstellen (z.B. schlechte Lötstellen).

Je nach Art des Kabelfehlers werden verschiedene Schaltungsvarianten angewandt, die meist mit Gleichstrom, teils jedoch auch mit

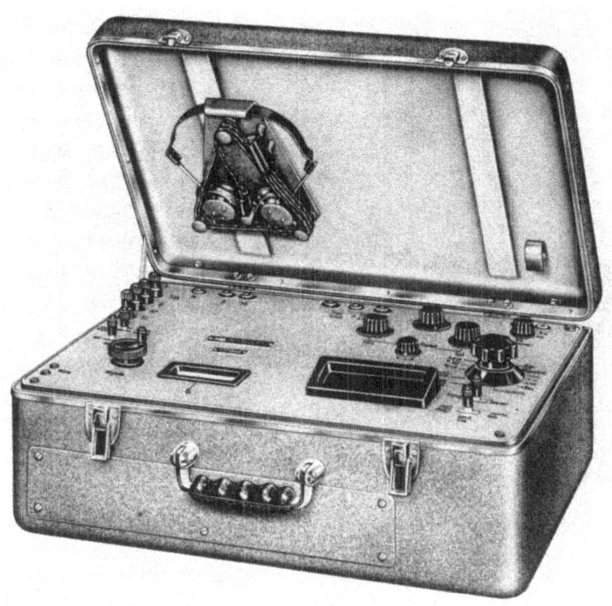

Abb. 229. Kabelmeßkoffer MEKGL 2 (H & B)

Wechselstrom betrieben werden. Damit die jeweils gebrauchte Schaltung schnell zur Verfügung steht, verwendet man meist „Kabelmeßkoffer", bei denen die einzelnen Schaltungen mittels eines Schalters wählbar sind. Auch die für die Messung benötigten Nullindikatoren (Lichtmarkengalvanometer, Telephon) und Stromquellen (Trockenbatterie, Tonfrequenzgenerator) sind in einem solchen Koffer, wie ihn Abb. 229 zeigt, enthalten.

Prüfung auf Fehlerart. Beim Prüfen auf *Aderbruch* werden alle Adern am Kabelende geerdet und dann der Reihe nach auf Stromdurchgang geprüft. Ein *Erd- oder Nebenschluß* macht sich durch einen niedrigen Isolationswiderstand der Fehlerader gegen Erde bzw. die anderen Adern bemerkbar.

Fehlerortung. Von den zahlreichen Meßschaltungen, die je nach dem vorliegenden Fehler und den sonstigen Bedingungen (z.B. Kabellänge,

Vorhandensein ungestörter Adern) zur Fehlerortung verwendet werden, seien zwei angeführt.

Die *Meßschaltung nach* MURRAY (auch Erdfehlerschleife B genannt), Abb. 230, dient zum Orten des Erd- oder Nebenschlusses einer Ader, wenn der Zuleitungswiderstand zum Kabel gegenüber dem Widerstand einer ungestörten Kabelader zu vernachlässigen ist. Die Fehlerader verbindet man am Ende mit einer gleichartigen ungestörten Hilfsader zu einer Schleife, die am Kabelanfang an den Meßkoffer angeschlossen wird. Dem Schleifdrahtwiderstand R_S ist ein Widerstand von gleichem Ohmwert vorgeschaltet. Den Abstand l_x der Fehlerstelle vom Meßkoffer kann man nach dem Nullabgleich aus der Kabellänge l und der prozentualen Stellung p der Schleifbürste *Sch* auf dem Schleifdraht bestimmen.

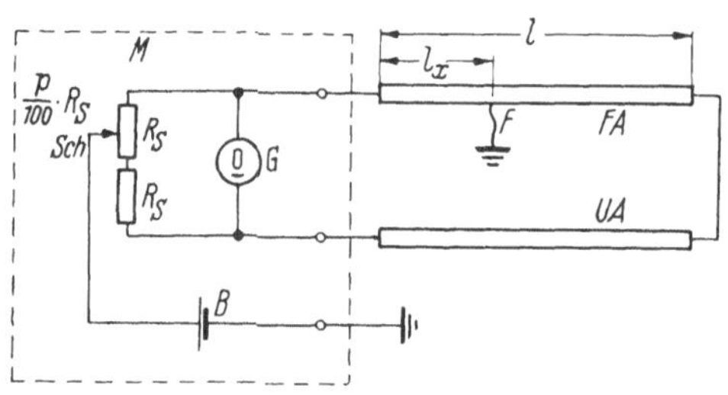

Abb. 230. Meßschaltung nach MURRAY.
M Meßkoffer; R_S Widerstand des Schleifdrahts, Vorwiderstand; *Sch* Schleifbürste; *G* Nullgalvanometer; *B* Batterie; *FA* fehlerhafte Kabelader; *F* Fehlerstelle; *UA* ungestörte Kabelader; *l* Kabellänge; l_x Abstand der Fehlerstelle vom Kabelanfang; *p* prozentuale Schleifbürstenstellung

Aus der Abgleichbedingung

$$\frac{l_x}{2l - l_x} = \frac{p/100 \cdot R_S}{(1 - p/100)\, R_S + R_S}$$

folgt:

$$l_x = l\,\frac{p}{100} \tag{124}$$

Die gleiche Schaltung wird – mit Wechselstrom betrieben – auch zum Orten eines Aderbruchs verwendet; die gestörte und die ungestörte Ader müssen umgekehrt angeschlossen sein wie in Abb. 230. Als Stromquelle dient ein Tonfrequenzgenerator, als Nullindikator ein Telephon. Die auf einem Kapazitätsvergleich beruhende Messung geht von der Tatsache aus, daß bei Kabeln gleichen Aufbaus die Kapazität gegen Erde der Kabellänge direkt proportional ist. Für l_x gilt wieder Gl. (124).

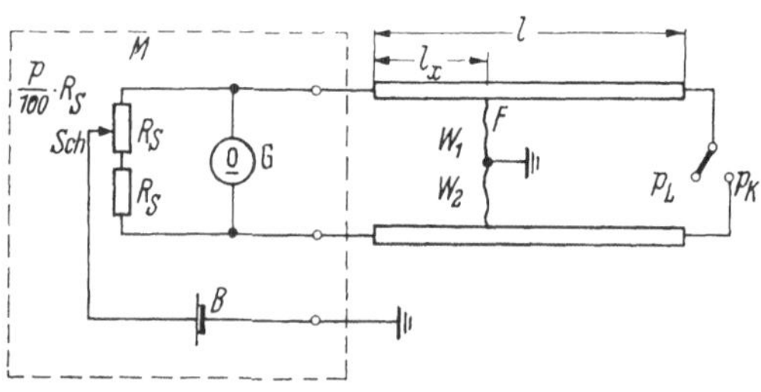

Abb. 231. Doppelbrückenschleife nach KÜPFMÜLLER.
W_1, W_2 Fehlerwiderstände zweier Adern gegen Erde; p_L, p_K Schalterstellung für Leerlauf- und Kurzschlußmessung. Sonstige Bezeichnung wie in Abb. 230

Die *Doppelbrückenschleife nach* KÜPFMÜLLER[1], Abb. 231, wird bei alladrigem Nebenschluß angewandt, wenn keine Hilfsader zur Verfügung steht. Man schließt an den Meßkoffer zwei gleichartige Adern an, deren Fehlerwiderstand gegen Erde (W_1 und W_2) möglichst verschieden ist ($W_2 \geqq 2\,W_1$). Ferner muß der Zuleitungswiderstand klein gegen den Aderwiderstand und dieser klein gegen ($W_1 + W_2$) sein. Zum Bestimmen der Fehlerlänge l_x muß man zwei Nullabgleiche durchführen, einen bei offenen Kabelenden (Leerlaufmessung, Schleiferstellung $p_L\%$) und einen bei kurzgeschlossenen Kabelenden (Kurzschlußmessung, Schleiferstellung $p_K\%$). Aus den beiden Abgleichbedingungen ergibt sich die Beziehung:

$$l_x = l\,\frac{p_K - p_L}{100 - p_L} \qquad (125)$$

Da die durch Feuchtigkeit bedingten Fehlerwiderstände W_1 und W_2 nicht konstant sind, müssen beide Messungen abwechselnd in gleicher kurzer Folge mehrmals wiederholt und die jeweiligen Mittel eingesetzt werden. Die Einhaltung der Bedingung $W_2 \geqq 2\,W_1$ kann man aus der Leerlaufmessung erkennen. Da für diese

$$\frac{W_1}{W_2} = \frac{p_L\,R_S}{(200 - p_L)\,R_S} \quad \text{oder} \quad W_2 = W_1\,\frac{200 - p_L}{p_L}$$

gilt, folgt, daß $p_L \leqq 66$ sein muß.

4. Unvollständig abgeglichene Meßbrücken

Bei einer abgeglichenen Brücke ($I_G = 0$) ist nach Gl. (118) der zu messende Widerstand R_x durch die Widerstände der anderen Brückenzweige bestimmt. Ändert man nach dem Abgleich den zu messenden Widerstand, so fließt über den Nullindikator ein Strom I_G, der nach Stärke und Richtung ein Maß für die Änderung von R_x ist. Während bei abgeglichener Brücke die Batteriespannung bzw. der die Brücke durchfließende Strom nicht in die Messung eingeht, ist bei einer unvollständig abgeglichenen Brücke I_G der Batteriespannnung bzw. dem Brückenspeisestrom direkt proportional. Will man daher R_x mit Hilfe von I_G bestimmen, so muß man die Batteriespannung oder den Brückenstrom konstant halten.

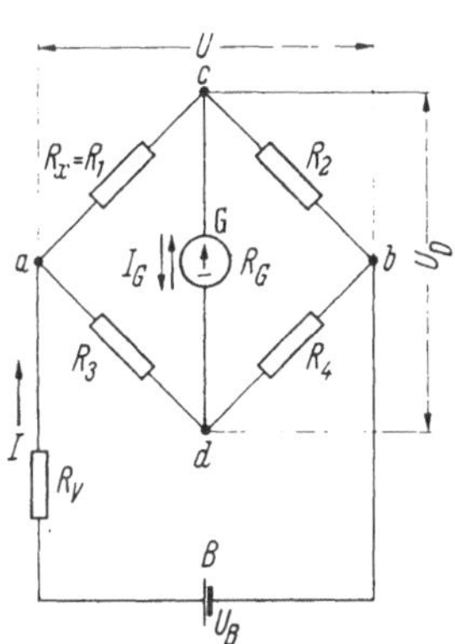

Abb. 232. Unvollständig abgeglichene Brücke. Der Gesamtwiderstand R_B der Brücke zwischen den Punkten a und b ist $R_B = \frac{(R_1 + R_2)(R_3 + R_4)}{R_1 + R_2 + R_3 + R_4}$; dies gilt für die abgeglichene Brücke exakt, für die unvollständig abgeglichene Brücke angenähert

Unvollständig abgeglichene Brücken (auch Brücken in Ausschlagschaltung genannt) benutzt man häufig zum Messen physikalischer

[1] KÜPFMÜLLER, K.: Telegr.- u. Fernspr.-Techn. 14 (1925) S. 234.

Größen, die sich durch eine Widerstandsänderung darstellen lassen (z. B. Temperaturmessung mit Widerstandsthermometern, s. S. 317).

Nachstehend sind die Formeln zusammengestellt, nach denen man I_G bestimmen kann[1] (s. dazu Abb. 232). Je nach Speisungsart der Brücke bezieht man I_G auf den Brückenspeisestrom I, die Brückenspeisespannung U (zwischen den Punkten a und b) oder die Batteriespannung U_B.

a) Für *konstanten Brückenspeisestrom I* (Speisung aus Konstantstromquelle):

$$I_G = I \frac{R_1 R_4 - R_2 R_3}{R_G (R_1 + R_2 + R_3 + R_4) + (R_1 + R_3)(R_2 + R_4)} \tag{126}$$

Für den recht häufigen Sonderfall, daß $R_2 = R_3 = R_4 = R$ und $R_x = R_1 = R \pm \Delta R$, ferner $\Delta R \ll R$, erhält man die einfache Beziehung:

$$I_G = \frac{I}{4} \frac{\Delta R}{R + R_G} \tag{126a}$$

b) Für *konstante Brückenspeisespannung U* (Speisung aus einer Konstantspannungsquelle ohne Vorwiderstand R_V):

$$I_G = U \frac{R_1 R_4 - R_2 R_3}{(R_1 + R_2)(R_3 + R_4) R_G + (R_1 + R_2) R_3 R_4 + (R_3 + R_4) R_1 R_2} \tag{127}$$

Für den gleichen Sonderfall wie unter a) ergibt sich

$$I_G = \frac{U}{4R} \frac{\Delta R}{R + R_G} \tag{127a}$$

c) Für *konstante Batteriespannung U_B* (Speisung aus einer Konstantspannungsquelle über Vorwiderstand R_V):

$$I_G = U_B \frac{R_1 R_4 - R_2 R_3}{(R_1 + R_2)(R_3 + R_4) R_G + (R_1 + R_2)(R_3 R_4 + R_G R_V) + (R_3 + R_4)(R_1 R_2 + R_G R_V) + (R_1 + R_3)(R_2 + R_4) R_V} \tag{128}$$

und im Sonderfall:

$$I_G = \frac{U_B}{4(R + R_V)} \frac{\Delta R}{R + R_G} \tag{128a}$$

Zum Messen sehr kleiner Widerstandsänderungen verwendet man häufig an Stelle eines Galvanometers einen selbstabgleichenden Kompensator (s. S. 287). In diesem Fall wird R_G praktisch unendlich; man mißt dann die Diagonalspannung U_D zwischen den Punkten c und d. Für diese gilt unter den gleichen Bedingungen wie oben:

[1] Ergibt sich in Gl. (126 ··· 128a) bei Polung gemäß Abb. 232 für I_G ein positiver (negativer) Wert, so fließt I_G von d nach c (c nach d). In Gl. (129 ··· 131a) hat bei positivem (negativem) Wert von U_D der Punkt d positives (negatives) Potential gegen den Punkt c. Für ΔR ist dabei ein positiver Wert einzusetzen, wenn $R_x > R$ und ein negativer, wenn $R_x < R$ ist.

a) Für $I =$ konst.:

$$U_D = I \frac{R_1 R_4 - R_2 R_3}{R_1 + R_2 + R_3 + R_4} \tag{129}$$

und im Sonderfall:

$$U_D = \frac{I}{4} \Delta R \tag{129a}$$

b) Für $U =$ konst.:

$$U_D = U \frac{R_1 R_4 - R_2 R_3}{(R_1 + R_2)(R_3 + R_4)} \tag{130}$$

und im Sonderfall:

$$U_D = \frac{U}{4R} \Delta R \tag{130a}$$

c) Für $U_B =$ konst.:

$$U_D = U_B \frac{R_1 R_4 - R_2 R_3}{(R_1 + R_2)(R_3 + R_4) + (R_1 + R_2 + R_3 + R_4) R_V} \tag{131}$$

und im Sonderfall:

$$U_D = \frac{U_B}{4(R + R_V)} \Delta R \tag{131a}$$

B. Meßbrücken für Wechselstrom[1]

1. Allgemeines

Die beschriebenen Brücken lassen sich alle auch mit Wechselstrom betreiben, wenn man an Stelle des Drehspulgalvanometers einen wechselstromempfindlichen Nullindikator verwendet. Die Meßwiderstände und ihre Zuleitungen müssen außerdem so aufgebaut und angeordnet sein. daß keine Meßfehler durch zusätzliche Induktivitäten oder Kapazitäten entstehen. Diese Bedingung ist bei Niederfrequenz leicht zu erfüllen, bei Mittelfrequenz macht sie eine sorgfältige Durchbildung notwendig. In der Hochfrequenztechnik werden Brücken nur in Sonderfällen benutzt.

Ein Anwendungsfall für den Wechselstrombetrieb einer Brücke aus rein ohmschen Widerständen ist die Messung des Widerstands bzw. der Leitfähigkeit von Flüssigkeiten; bei Messung mit Gleichstrom würden die auftretenden Polarisationsspannungen das Meßergebnis fälschen. Man verwendet in Abb. 222 statt der Batterie B einen batteriegespeisten Summer oder Tonfrequenzgenerator, der einen tonfrequenten Wechselstrom (z.B. von 800 Hz) liefert. An die Stelle des Galvanometers tritt ein empfindlicher Telephonhörer. Die Brückenwiderstände gleicht man so ab, daß der Summerton im Fernhörer verschwindet; es gelten dann die

[1] GIEBE, E.: Geiger-Scheel, Handbuch der Physik, Bd. 16, S. 498. Berlin 1927. – VIEWEG, R.: Brion-Vieweg, Starkstromtechnik. Berlin 1933. – HAGUE: Alternating Current Bridge Methods. London 1930. – KRÖNERT, J.: Meßbrücken und Kompensatoren, Bd. 1. München u. Berlin 1935.

gleichen Abgleichbedingungen wie für Gleichstrombetrieb. Zur Durchführung solcher Messungen wird z. B. für die Schleifdrahtmeßbrücke nach Abb. 224 ein Zusatzkästchen geliefert, das den Summer und einen kleinen Speisetransformator enthält.

2. Abgleichbedingungen

Für die WHEATSTONE-Brücke (Abb. 222) war die Gleichung $R_1/R_2 = R_3/R_4$ oder $R_1 \cdot R_4 = R_2 \cdot R_3$ abgeleitet worden. Diese Beziehung gilt auch für jede Wechselstrombrücke, in deren Zweigen beliebige ohmsche, induktive oder kapazitive Widerstände liegen, wenn man an die Stelle des ohmschen Widerstandes R den Scheinwiderstand $\mathfrak{Z}$ setzt, also $\mathfrak{Z}_1 \cdot \mathfrak{Z}_4 = \mathfrak{Z}_2 \cdot \mathfrak{Z}_3$. Löst man dieses Produkt nach den Gesetzen der Vektorrechnung auf, so erhält man

$$Z_1 Z_4 = Z_2 Z_3 \quad \text{und} \quad \varphi_1 - \varphi_4 = \varphi_2 - \varphi_3 \tag{132}$$

wobei Z der Betrag von $\mathfrak{Z}$ und φ der Phasenverschiebungswinkel von $\mathfrak{Z}$ gegen seine ohmsche Komponente ist. Aus Gl. (132) geht hervor, daß bei Wechselstrombrücken im allgemeinen zwei Abgleichungen (nach Betrag und Phase) vorzunehmen sind, also auch zwei Abgleichmittel vorhanden sein müssen.

3. Wechselstrom-Nullindikatoren

Telephon. Das *Telephon* ist der einfachste Nullindikator für Wechselstrombrücken. Seine Anwendung ist vorwiegend auf das untere Tonfrequenzgebiet beschränkt. Während bei 500 Hz noch eine Leistung von $1 \cdot 10^{-14}$ W hörbar ist, sind dazu bei 50 Hz bereits $1 \cdot 10^{-6}$ W nötig[1]. Wegen des breiten Frequenzbandes, in dem das Telephon innerhalb des Hörbereiches anspricht, machen sich unter Umständen Oberwellen der Meßspannung störend bemerkbar. Wenn für diese die Brücke nicht abgeglichen ist, ergibt sich oft beim Abgleich nur ein flaches Tonminimum.

Nullgalvanometer mit Wechselstromverstärker. Ein Nullabgleich mit einem Telephon ist besonders in Räumen mit starkem akustischem Störpegel unbequem oder gar unmöglich. In diesen Fällen kann man das Nullsignal elektronisch verstärken (Röhren- oder Transistorverstärker) und einem Meßinstrument zuführen. Ein Beispiel für einen solchen Nullindikator ist das Transistor-Wechselstromgalvanometer (Type UM) der AEG, das die Form eines Vielfachinstruments hat[2]. Es enthält einen zweistufigen Transistorverstärker, in dessen Ausgang ein Drehspulzeigerinstrument mit vorgeschaltetem Gleichrichter liegt. Das Gerät hat

[1] KEINATH, G.: ATM J 022–1 (Febr. 1932).
[2] ECKHARDT, G.: AEG-Mitt. 50 (1960) S. 365/368.

1000 Ω Eingangswiderstand und geht mit 0,5 μA über die Skale. Es spricht bei 0,05 μA noch deutlich erkennbar an, entsprechend einer Ansprechleistung von $2{,}5 \cdot 10^{-12}$ W. Die im Netz- und Tonfrequenzgebiet etwa konstante Empfindlichkeit kann man in 6 Stufen bis auf 1/10000 herabsetzen. Die Einstellzeit beträgt 3,5 s.

Vibrationsgalvanometer. Wirkungsweise, Aufbau und Eigenschaften (besonders Empfindlichkeit) s. S. 153. Es sei hier noch einmal auf die große Frequenzselektivität verwiesen, die das Vibrationsgalvanometer besonders geeignet macht für Brücken mit frequenzabhängigem Abgleich bei oberschwingungshaltigen Strömen.

Oszillographischer Nullindikator. Als Nullindikator für Meßbrücken (und Kompensatoren), die mit niederfrequentem Wechselstrom betrieben werden, setzt sich der oszillographische Nullindikator immer mehr durch. Der Grund ist, daß man damit im Gegensatz zu anderen Nullindikatoren den Amplituden- und den Phasenabgleich einer Meßschaltung unabhängig voneinander durchführen kann.

Bei dem oszillographischen Nullindikator wird die verstärkte Meßspannung (z. B. die Diagonalspannung einer Brücke) den vertikalen Ablenkplatten einer Braunschen Röhre zugeführt; sie bewirkt auf dem Bildschirm einen senkrechten Strich. An den horizontalen Ablenkplatten liegt eine Bezugsspannung gleicher Frequenz. Je nach der Phasenlage der Bezugsspannung zur Meßspannung entstehen auf dem Bildschirm LISSAJOUS-Figuren in Form von Ellipsen oder Strichen. Die Phasenlage der Bezugsspannung (die extern aus der Meßschaltung oder intern aus dem speisenden Netz entnommen wird) kann man mittels eines *RC*-Glieds um etwa 180° drehen. Durch eine einmalige Phaseneinstellung läßt es sich erreichen, daß ein getrennter Abgleich nach Betrag und Phase möglich ist. Beim Bedienen der einen Abgleicheinrichtung der Meßschaltung ändert sich dann die Fläche, beim Bedienen der anderen die Neigung der Ellipse. Richtig abgeglichen ist dann, wenn auf dem Bildschirm ein waagerechter Strich erscheint.

Die Meßspannung wird z.B. einem vierstufigen Niederfrequenz-Gegentaktverstärker über einen ungeerdeten Eingangstransformator zugeführt. Hinter der ersten Stufe liegt ein Empfindlichkeitseinsteller mit vier Stellungen zwischen 1/1 und 1/250. Damit auch bei starker Brückenverstimmung die vertikale Auslenkung den Schirmdurchmesser nicht übersteigt, wird die Verstärkung automatisch im Verhältnis 10000 : 1 geregelt. Ein Tiefpaß hinter der zweiten Stufe, der für die Frequenzen $16^2/_3$, 50···60 und 1000 Hz gewählt werden kann, siebt die Oberschwingungen aus und macht den Verstärker für die jeweilige Arbeitsfrequenz selektiv. Auch die Bezugsspannung wird den Ablenkplatten über einen automatisch geregelten Verstärker zugeführt, so daß die Auslenkung den Schirmdurchmesser nicht übersteigen kann.

Anhaltswerte für die Empfindlichkeit: 0,66 cm/μV bei $16^2/_3$ Hz; 1 cm/μV bei 50···60 Hz; 0,066 cm/μV bei 1000 Hz. Eingangswiderstand 250 Ω bei Empfindlichkeitsstellung 1/1, sonst 1000 Ω.

4. Schaltungen und Anwendungen

Die Brücke nach WIEN[1], die zum Messen von Kondensatoren dient, ist in Abb. 233 dargestellt. Die Zweige *1* und *2* enthalten nur ohmsche Widerstände. Im Zweig *3* liegt in Reihe mit dem unbekannten Kondensator C_3 ein kleiner veränderbarer Widerstand R_3, im Zweig *4* ein bekannter veränderbarer Kondensator C_4 mit einem hochohmigen Parallelwiderstand R_4. Im abgeglichenen Zustand gelten die Beziehungen:

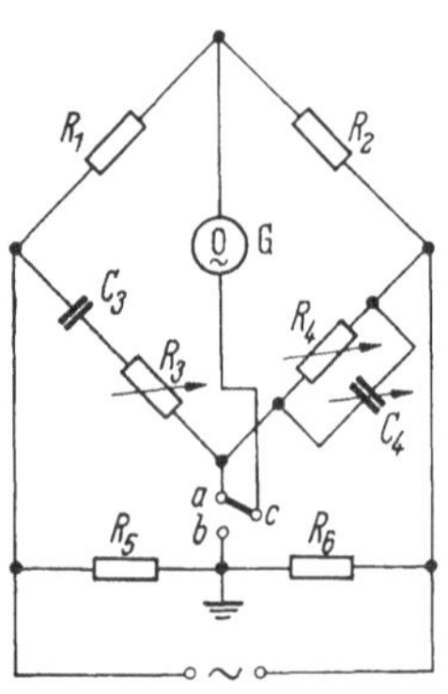

Abb. 233. Brücke nach WIEN mit WAGNERschem Hilfszweig

$$\frac{R_1}{R_2} - \frac{R_3}{R_4} = \frac{C_4}{C_3} \quad \text{und} \quad C_3 C_4 = \frac{1}{\omega^2 R_3 R_4} \tag{133}$$

Hieraus ergibt sich

$$C_3 = C_4 \frac{R_2}{R_1} \frac{(\omega C_4 R_4)^2 + 1}{(\omega C_4 R_4)^2} \tag{134}$$

und

$$R_3 = \frac{R_1}{R_2} \frac{R_4}{(\omega C_4 R_4)^2 + 1} \tag{135}$$

Wenn, wie meist der Fall, $R_4 \gg 1/\omega C_4$ (d.h. $\omega C_4 R_4 \gg 1$), erhält man für C_3 die einfache Beziehung:

$$C_3 = C_4 \frac{R_2}{R_1} \tag{134a}$$

Wie man sieht, geht bei der WIENschen Brücke die Frequenz in die Abgleichbedingungen ein. Während sie nach Gl. (134) die Kapazitätsbestimmung nur unwesentlich beeinflußt, ist der mit C_3 in Reihe liegende (den Serienverlustwiderstand einschließende) Widerstand R_3 angenähert dem Quadrat der Frequenz umgekehrt proportional.

ROBINSON hat die Frequenzabhängigkeit der Brücke vom WIENschen Typ unmittelbar zur *Frequenzmessung* benutzt[2]. Wählt man in Gl. (135)

$$R_1 = 2R_2; \quad C_3 = C_4 = C \quad \text{und} \quad R_3 = R_4 = R$$

so ist

$$f = \frac{\omega}{2\pi} = \frac{1}{2\pi} \frac{1}{CR} \tag{136}$$

Einheiten: $\mathrm{Hz} = 1 \cdot \frac{1}{\mathrm{F} \cdot \Omega}$

[1] WIEN, M.: Ann. Physik 44 (1891) S. 689.

[2] ROBINSON, C.: Post Office Electr. Engr. J. 16 (1923) S. 171.

Beim Abstimmen der Brücke muß man die beiden Widerstände R und die beiden Kapazitäten C mittels Doppelkurbeln jeweils gemeinsam ändern. Eine früher von S & H ausgeführte ROBINSON-Brücke umfaßte den Meßbereich 15···12000 Hz (Fehlergrenze $\pm 1\%$, unter 100 Hz $\pm$ 1 Hz). Durch die Entwicklung der elektronischen Zähler hat diese Art der Frequenzmessung an Bedeutung verloren.

Der Wagnersche Hilfszweig[1], der in Abb. 233 mit eingezeichnet ist, hat den Zweck, die Potentiale der Brücke gegen Erde zu steuern. Neben dem Brückenabgleich werden auch die Widerstände R_5 und R_6 (allgemein die Scheinwiderstände $\mathfrak{Z}_5$ und $\mathfrak{Z}_6$), deren Verbindungspunkt b geerdet ist, abgeglichen. Der Nullindikator wird durch diesen zusätzlichen Abgleich auch dann stromlos gemacht, wenn sein Punkt c mit dem geerdeten Punkt b des Hilfszweigs verbunden ist. Hierdurch wird der Nullzweig auf Erdpotential gebracht, und die Erdkapazitäten der Brückenglieder und des Nullindikators können sich nicht störend auf den Abgleich auswirken.

Die Brücke nach Maxwell, Abb. 234, ist zum Messen von Induktivitäten mit Hilfe einer Vergleichskapazität (oder umgekehrt) bestimmt. Aus den Abgleichbedingungen

$$\frac{L_3}{C_2} = R_1 R_4 \quad \text{und} \quad R_2 R_3 = R_1 R_4 \qquad (137)$$

ergibt sich

$$L_3 = C_2 R_1 R_4 \qquad (138)$$

und

$$R_3 = \frac{R_1 R_4}{R_2} \qquad (139)$$

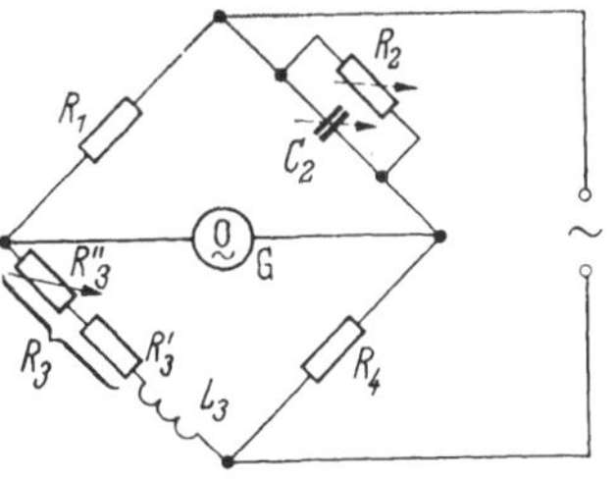

Abb. 234. Brücke nach MAXWELL. L_3, R_3' Induktivität mit Verlusten; R_3'' einstellbarer Vorwiderstand zur Induktivität. $R_3' + R_3'' = R_3$

Im Gegensatz zur WIEN-Brücke ist also hier der Abgleich unabhängig von der Frequenz.

Aus dem Vergleich der Schaltungen Abb. 233 und 234 läßt sich erkennen, daß man mit Hilfe einer Vergleichskapazität durch Vertauschen der Brückenzweige *2* und *4* sowohl Kapazitäten als auch Induktivitäten messen kann. Als Ausführungsbeispiel sei die kleine Induktivitäts- und Kapazitätsmeßbrücke „Inkavi" (H & B) angeführt (Abb. 235), mit der man in je sechs Meßbereichen Kapazitäten zwischen 10 pF und 100 µF und Induktivitäten zwischen 1 µH und 10 H messen kann (Fehlergrenze im Mittel $\pm$ 0,3% vom Meßbereichendwert). Die mittels eines Umschalters wählbaren beiden Schaltungen zeigt Abb. 236a und b. Die Brücke wird aus der eingebauten Batterie B über den Summer S und den Übertrager Tr gespeist. Dem Präzisionskonden-

[1] WAGNER, K. W.: ETZ 32 (1911) S. 1001; 33 (1912) S. 635.

sator C_N liegt ein veränderbarer Hochohmwiderstand R_P parallel, mit dem der Phasenabgleich durchgeführt wird. Den Zahlenwert der zu messenden Kapazität bzw. Induktivität kann man an der Skale des Schleifdrahtwiderstandes R_S, den dekadischen Umrechnungsfaktor an der Skale des umschaltbaren, den Meßbereich bestimmenden Stufenwiderstandes R_D ablesen. Er ergibt sich aus den Formeln:

Abb. 235. Induktivitäts- und Kapazitätsmeßbrücke „Inkavi" (H & B). Prinzipschaltung s. Abb. 236

$$C_x = C_N \frac{R_S}{R_D}$$

bzw.

$$L_x = C_N R_S R_D$$

In Abb. 236 sind auch die Abschirmungen eingezeichnet, die eine Beeinflussung des Abgleichs durch gegenseitige Kapazitäten von Brückengliedern oder durch Erdkapazitäten verhindern. Als Nullindikator kann man ein Telephon oder einen elektronischen Nullspannungsanzeiger benutzen; dieser enthält einen auf die Grundfrequenz angepaßten Wandler, einen Transistorverstärker und ein Anzeigegerät.

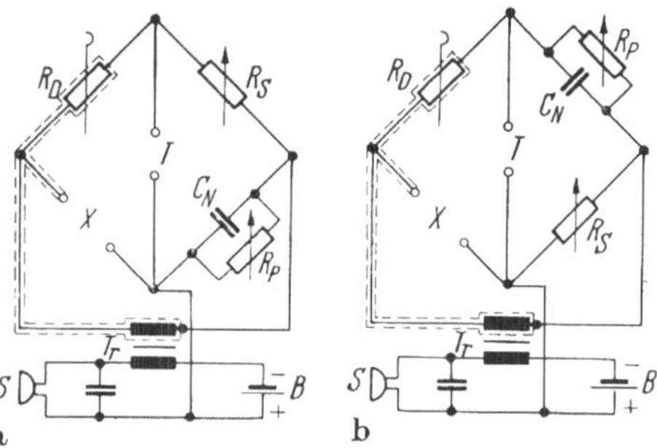

Abb. 236a u. b. Prinzipschaltung der Kapazitäts- und Induktivitätsmeßbrücke Inkavi (H & B). a) Schaltung für Kapazitätsmessung. b) Schaltung für Induktivitätsmessung. X Anschlußklemmen für zu messende Kapazität bzw. Induktivität; R_S Schleifdrahtwiderstand; R_D Dekadenwiderstand für Meßbereichumschaltung; C_N Präzisionskondensator; R_P Phasenabgleichwiderstand; S Summer; T Anschluß für Nullindikator; B Batterie; Tr Speiseübertrager

Die Schering-Brücke[1], eine der wichtigsten Wechselstrombrücken, dient vorwiegend zum Bestimmen des dielektrischen Verlustfaktors tan δ und der Kapazität von Kabeln, Isolatoren, Durchführungen, Wicklun-

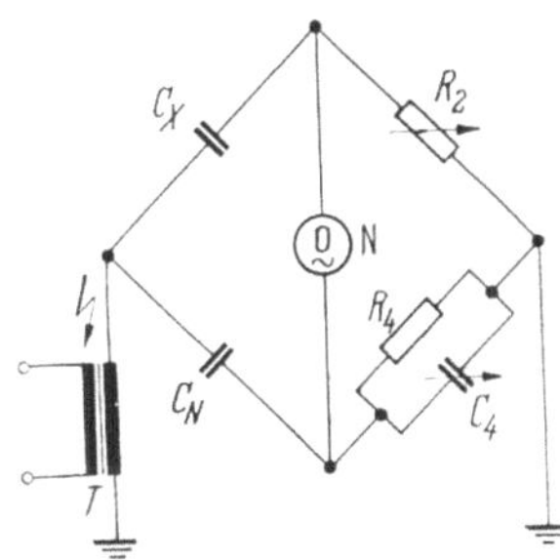

Abb. 237. Hochspannungsbrücke nach SCHERING. C_x Prüfling (Kondensator mit Verlusten); C_N Vergleichs-(Normal-)Kondensator; C_4 veränderbarer Kondensator; R_2, R_4 ohmsche Widerstände; N Nullindikator; T Hochspannungstransformator

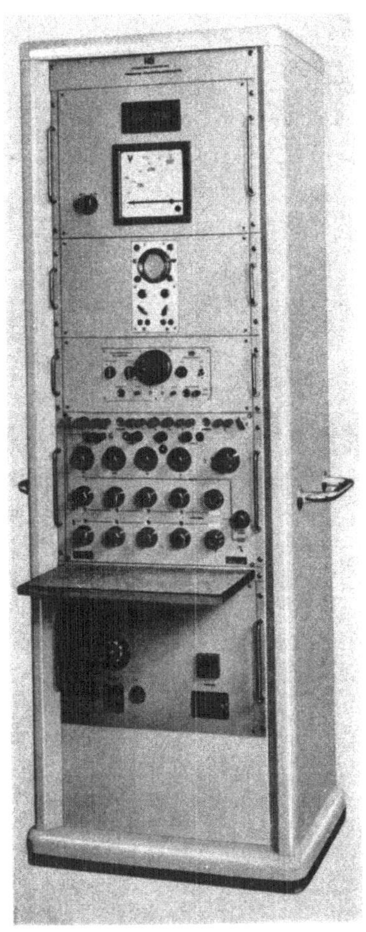

Abb. 238. Meßplatz mit SCHERING-Meßbrücke (H & B)

gen elektrischer Maschinen usw. unter Hochspannung. Der Verlustfaktor tan δ, der ein direktes Maß für die dielektrischen Energieverluste ist, gibt einen wichtigen Aufschluß über die hochspannungsmäßige Beanspruchung eines Isoliermaterials. Nimmt man ihn als Funktion der Spannung auf, so erhält man meist eine zunächst flach verlaufende, von einer bestimmten Spannung an aber steil abknickende Kurve (Ionisationsknick); oberhalb dieses Knicks darf ein Isoliermaterial wegen der Gefahr eines Spannungsdurchschlags nicht beansprucht werden. Mit Hilfe von Zusatzeinrichtungen lassen sich mit der SCHERING-Brücke auch die relative Dielektrizitätskonstante fester und flüssiger Isolierstoffe und die Glimmeinsatzspannung bestimmen. Auch bei Niederspannung kann man den Verlustfaktor und die Kapazität von Kondensatoren aller Art (z. B. von Elektrolytkondensatoren) messen.

[1] SEMM: Arch. Elektrotechn. 13 (1920) S. 30; – PALM, A.: ATM J 921–3 (Sept. 1932); – VIEWEG, R.: ETZ 61 (1940) S. 1045; – KELLER, A.: ETZ 71 (1950) S. 232 bis 235 u. ETZ-A 76 (1955) S. 826/827.

Abb. 237 zeigt die Prinzipschaltung einer Messung bei Hochspannung. Die Brücke wird von dem einseitig geerdeten Hochspannungstransformator T gespeist. Auf der Hochspannungsseite der Brücke liegen der Prüfling C_x (ein mit Verlusten behafteter Kondensator, z.B. ein Kabel) und der verlustfreie Normalkondensator C_N (z.B. ein Preßgaskondensator, s. S. 247). In den beiden anderen Brückenzweigen, deren Verbindungspunkt geerdet ist, liegen der veränderbare Widerstand R_2 und der veränderbare Kondensator C_4 mit dem Parallelwiderstand R_4. R_2, R_4 und C_4 werden so bemessen, daß die Anschlußpunkte des Nullindikators N und damit die Meßeinrichtung auf Niederspannungspotential liegen.

Nach dem durch Verändern von R_2 und C_4 durchgeführten Nullabgleich gelten die Beziehungen:

$$C_x = C_N \frac{R_4}{R_2} \tag{140}$$

$$\tan\delta = \omega R_4 C_4 \tag{141}$$

Als Nullindikator dient ein Vibrationsgalvanometer oder besser ein oszillographischer Nullindikator, da man mit diesem beide Abgleiche getrennt durchführen kann.

Bei geeigneter Wahl von R_4 steht der Wert von C_4 in dekadischer Beziehung zu $\tan\delta$, so daß der Verlustfaktor bequem abgelesen werden kann; dies gilt gemäß Gl. (141) natürlich nur für eine einzige Frequenz (normalerweise für 50 Hz).

Bei der SCHERING-Meßbrücke von H & B kann der Verlustfaktor in den Grenzen von etwa $2 \cdot 10^{-5}$ bis 1,111 gemessen werden; der Meßbereich läßt sich durch einen von außen zugeschalteten Kondensator noch erweitern. Der Kapazitätsbereich hängt von der Kapazität des Normalkondensators ab. Bei einem Wert von 100 pF liegt der Meßbereich zwischen 1 pF und 10 μF, mit getrennten Nebenwiderständen läßt er sich bis über 1000 μF erweitern. Abb. 238 zeigt einen Meßplatz in moderner Gestellbautechnik. Außer der SCHERING-Brücke selbst enthält dieser das für die Messung nötige Zubehör, wie den Stell- und Hochspannungstransformator, den oszillographischen Nullindikator sowie einen Normalkondensator für 20 kV.

XIX. Kompensatoren

Kompensatoren dienen vom Prinzip her zum Messen von Spannungen; man verwendet sie daneben aber auch zum Bestimmen anderer physikalischer Meßgrößen (z.B. Strom über Spannungsabfall an einem Widerstand, Temperatur über Thermoelemente). Ihre Wirkungsweise beruht auf dem Vergleich der zu messenden Spannung mit einer bekannten Spannung (Kompensationsverfahren). Man schaltet beide Spannungen gegeneinander und ändert die Vergleichsspannung so lange, bis ein in den Kreis geschalteter Nullindikator (z.B. Nullgalvanometer) stromlos und damit die zu messende Spannung gleich der bekannten Vergleichsspannung ist. Der Nullabgleich kann entweder von Hand oder selbsttätig durchgeführt werden.

Auf der Tatsache, daß nach dem Abgleich im Nullkreis kein Strom fließt, beruht ein wichtiger Vorteil des Kompensationsverfahrens gegenüber dem Ausschlagverfahren (Messung mit einem direktzeigenden Spannungsmesser): Das Meßergebnis ist unabhängig vom Widerstand des Nullkreises und damit vom Quellenwiderstand der Meßspannung.

Wie bei den Meßbrücken, muß auch bei den Kompensatoren der Nullindikator genügend empfindlich sein. Will man eine Spannung z.B. auf $1^0/_{00}$ genau messen, so muß eine Änderung der Spannung um etwa $0{,}1\cdots0{,}5^0/_{00}$ vom Nullindikator noch deutlich angezeigt werden.

Mit Kompensatoren kann man sowohl Gleich- als auch Wechselspannungen messen. Im letzteren Fall müssen die zu vergleichenden Spannungen nicht nur dem Betrag, sondern auch der Phasenlage nach übereinstimmen. Als Nullindikatoren verwendet man die gleichen wie bei Meßbrücken (s. S. 250 u. 262).

A. Das Normalelement

Die Spannungsmessung nach dem Kompensationsverfahren setzt eine genau bekannte Vergleichsspannung voraus. Als solche wird häufig die EMK von Normalelementen benutzt. Dies sind bestimmte, aus reinsten Materialien aufgebaute galvanische Elemente, deren EMK zeitlich sehr konstant ist. Sie dürfen praktisch nicht belastet werden (maximaler Belastungsstrom kurzzeitig 10^{-5} A). Als internationales Spannungsnormal dient seit 1908 das Internationale WESTON-Element, dessen Aufbau Abb. 239 zeigt. Seine EMK bei $+20\,°C$ beträgt 1,01830 int. V bzw. 1,01865 abs. V. Es kann im Temperaturbereich $+10$ bis $+40\,°C$ verwendet werden. Seine EMK ändert sich mit der Temperatur nach folgender Beziehung:

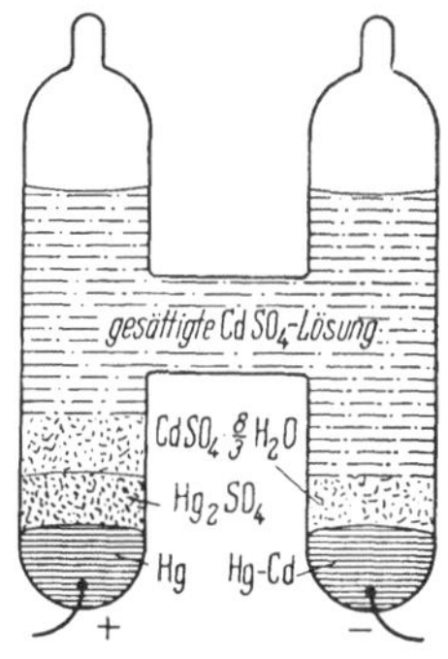

Abb. 239. Internationales WESTON-Normalelement

$$E_t = E_{20} - 4{,}06\cdot10^{-5}(t-20) - 0{,}95\cdot10^{-6}(t-20)^2 + 1\cdot10^{-8}(t-20)^3 \qquad (142)$$

wobei E_t bzw. E_{20} die EMK bei der Temperatur $t\,°C$ bzw. $+20\,°C$ ist. Nahe $+20\,°C$ entspricht dies einer EMK-Änderung von etwa $-40\,\mu V/grd$.

Die EMK des WESTON-Normalelements ist auf etwa $1 \cdot 10^{-4}$ sicher. Die Lebensdauer beträgt bei pfleglicher Behandlung im allgemeinen mehrere Jahre; eine gelegentliche Nachkontrolle ist zu empfehlen.

Für technische Zwecke benutzt man häufig das „ungesättigte WESTON-Element", das eine fast temperaturunabhängige EMK von 1,01925 abs.V besitzt. Es entspricht im Aufbau dem oben angeführten „gesättigten" WESTON-Element, nur dient als Elektrolyt ungesättigte Cadmiumsulfatlösung, und es fehlen die Cadmiumsulfatkristalle. Das ungesättigte WESTON-Element ist zeitlich nicht so konstant wie das gesättigte, die Exemplarstreuung der EMK-Werte beträgt etwa $\pm$ 0,5 ‰.

B. Gleichspannungskompensatoren

Die zahlreichen Varianten der Gleichspannungskompensatoren unterscheiden sich lediglich nach der Art und Weise, nach der die Vergleichsspannung erzeugt und verändert wird. Den zwei Hauptvarianten liegt das auf POGGENDORFF zurückgehende „Potentiometerverfahren" und das von LINDECK und ROTHE angegebene „Strommesserverfahren" zugrunde.

1. Das Potentiometerverfahren

Bei dem Potentiometerverfahren, Abb. 240, wird die der zu messenden Spannung E_x entgegengeschaltete Vergleichsspannung an einem Potentiometer (R_P) abgegriffen, das von einem konstanten Hilfsstrom I_K durchflossen ist. I_K wird von der Batterie B geliefert und mit dem Widerstand R_S eingestellt. Nach dem Nullabgleich mittels der Schleifbürste *Sch* (in Stellung *1* des Schalters S) ist

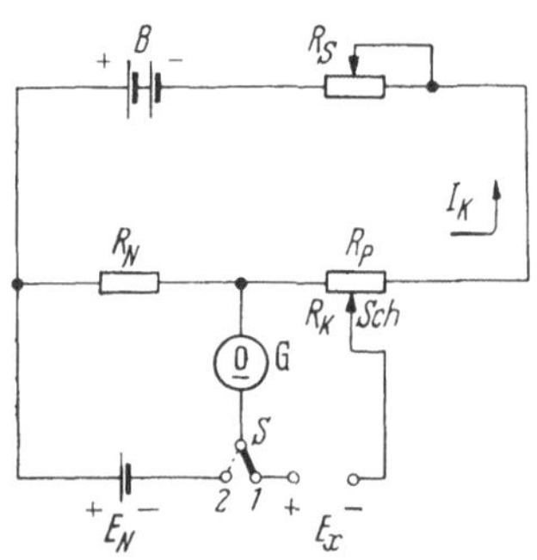

Abb. 240. Kompensator nach dem Potentiometerverfahren. Die zu messende Spannung wird an die mit E_x bezeichneten Klemmen angeschlossen

$$E_x = I_K R_K \tag{143}$$

wobei R_K der Widerstand zwischen dem Anfang und der Schleifbürste des Potentiometers ist. Der für I_K einzustellende Wert wird durch den gewünschten Meßbereich von E_x und den Widerstand R_P des gewählten Potentiometers bestimmt. Da der Widerstand des Hilfsstromkreises unabhängig von der Bürstenstellung ist, braucht man I_K nur von Zeit zu Zeit zu kontrollieren, um eventuelle Änderungen der Batteriespannung auszugleichen.

Auch zum Einstellen von I_K kann man sich des Kompensationsverfahrens bedienen. Man kompensiert den Spannungsabfall von I_K an einem zusätzlich im Hilfsstromkreis liegenden Widerstand R_N gegen die EMK E_N eines WESTON-Normalelements (durch Ändern von R_S in Stellung 2 des Schalters S). Nach dem Abgleich dieses „Hilfsstromkompensators" ist

$$I_K R_N = E_N; \quad I_K = \frac{E_N}{R_N} \tag{144}$$

Für die Bemessung von R_N ergibt sich daraus

$$R_N = \frac{E_N}{I_K} \tag{144a}$$

Aus Gl. (143) und (144) erhält man

$$E_x = E_N \frac{R_K}{R_N} \tag{145}$$

E_x ist somit auf die EMK des Normalelements und das Verhältnis zweier Widerstände zurückgeführt. Da Normalelement und Normalwiderstand die genauesten elektrischen Normalien sind, ist das Kompensationsverfahren mit konstantem Hilfsstrom und veränderbarem Kompensationswiderstand das genaueste Verfahren für eine Gleichspannungsmessung.

2. Das Strommesserverfahren

Bei dem vorwiegend im Millivoltbereich angewandten Strommesserverfahren, Abb. 241, dient als Vergleichsspannung der Spannungsabfall eines veränderbaren Stromes I an einem konstanten Kompensationswiderstand R_K. Nach dem mittels R_S durchgeführten Nullabgleich ist

$$E_x = I R_K \tag{146}$$

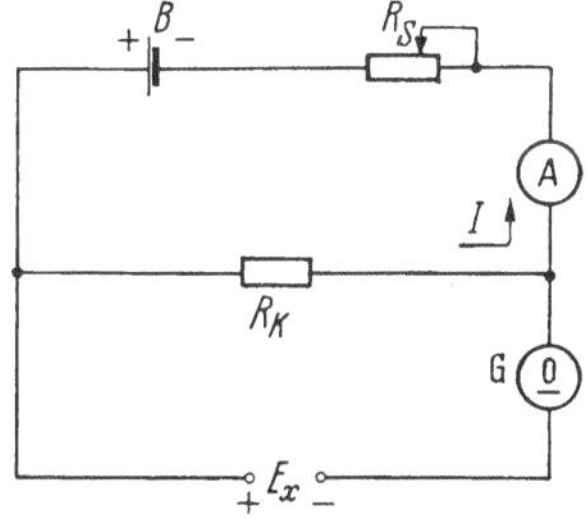

Abb. 241. Kompensator nach dem Strommesserverfahren

Die zu messende Spannung wird also durch einen ihr direkt proportionalen Strom abgebildet. Man mißt diesen mit einem Drehspulstrommesser, dessen Fehlergrenze die Genauigkeit der Spannungsmessung bestimmt. Gegenüber der direkten Messung mit einem Drehspulspannungsmesser ergeben sich folgende Vorteile: Die Messung hängt nicht vom Quellenwiderstand von E_x ab; man kann wesentlich kleinere Meßbereiche erzielen; der Strommesser unterliegt praktisch keinem Umgebungstemperatureinfluß; man kann den Strommesser sehr robust ausbilden, weil die Meßenergie von der beliebig belastbaren Hilfsstrombatterie geliefert wird.

3. Schaltungen von Präzisionskompensatoren

Präzisionskompensatoren arbeiten vorwiegend mit konstantem Hilfsstrom und veränderbarem Kompensationswiderstand entsprechend dem Prinzipschema nach Abb. 240. Der Hilfsstrom beträgt meist einen dekadischen Bruchteil des Ampere (z.B. 0,1; 1 oder 10 mA). Den Kompensationswiderstand des Hilfsstromkompensators (R_N) macht man mittels eines stufenweise einstellbaren Widerstandes um etwa 1% veränderbar, damit man beim Einstellen des Hilfsstroms die individuellen Streuungen und die Temperaturabhängigkeit der EMK des Normalelements berücksichtigen kann. Der Kompensationswiderstand, an dem die Vergleichsspannung abfällt, besteht durchweg aus Kurbelwiderständen, die so abgestuft und geschaltet sind, daß aus den Kurbelstellungen der Wert der eingestellten Vergleichsspannung unmittelbar abgelesen werden kann. Bei Präzisionskompensatoren ist im Hinblick auf die Fehlergrenze der verwendeten Präzisionswiderstände (etwa $\pm$ 0,2‰) die Vergleichsspannung meist über fünf Dekaden einstellbar. Damit sich beim Verstellen der Dekadenwiderstände der Hilfsstrom nicht ändert, muß man die einfache Potentiometerschaltung (die nur für zwei Dekaden ausführbar ist) durch kompliziertere Schaltungen ersetzen. Die drei gebräuchlichsten seien als Beispiele angeführt (der Einfachheit halber mit nur je drei Dekaden und ohne Hilfsstromkompensator). In den Prinzipschemen (Abb. 242 bis 244) sind die Strom- und Widerstandswerte so eingetragen, daß sich die Vergleichsspannung bei einem Schaltschritt der ersten Dekade um 100 mV ändert.

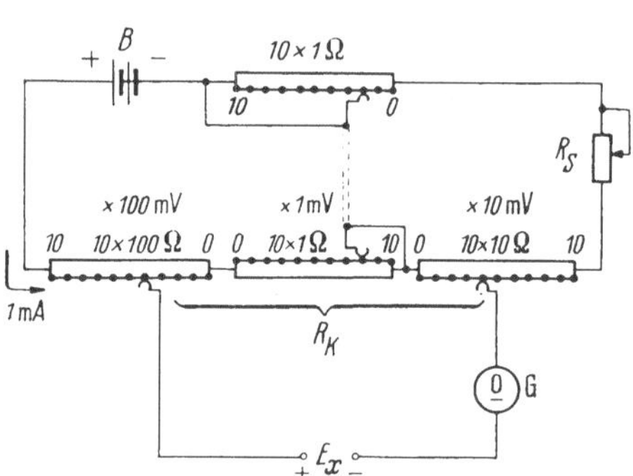

Abb. 242. Kompensationsschaltung nach FEUSSNER

Kompensationsschaltung nach Feussner[1] (Abb. 242). Zwischen den potentiometrisch geschalteten Kurbelwiderständen, mit denen die erste und zweite Stelle der Vergleichsspannung eingestellt wird, liegt der Widerstand für die dritte Stelle. Dieser ist mit einem gleichartigen, aber gegenläufig geschalteten Kurbelwiderstand gekuppelt, der außerhalb der Abgriffe für die Vergleichsspannung liegt (Ausführung als Doppelkurbelwiderstand). Auf gleiche Weise lassen sich weitere Dekaden einfügen. Diese Schaltung hat (besonders bei kleinem E_x) den Nachteil, daß der

[1] FEUSSNER, K.: Z. Instrumentenkde. 10 (1890) S. 113; 21 (1901) S. 227; 23 (1903) S. 301.

Spannungsabfall des Hilfsstroms an den Übergangswiderständen der zwischen den Potentiometern liegenden Kurbeln voll als Fehler in die Messung eingeht. Die Kurbelübergangswiderstände der als Potentiometer geschalteten Dekaden beeinflussen dagegen die Messung nicht, da sie im Nullkreis liegen.

Kaskadenschaltung[1] (Abb. 243). Die Dekadenwiderstände für die beiden ersten Stellen sind als Potentiometer geschaltet, von denen das erste mit einem Doppelabgriff versehen ist. Durch diesen werden jeweils zwei benachbarte Anzapfungen über einen Vorwiderstand mit dem Potentiometer für die dritte Stelle verbunden. Der Vorwiderstand ist so bemessen, daß die dritte Dekade (die gleiche Einzelwiderstände hat wie die erste) nur einen hundertmal so kleinen Strom wie die beiden ersten führt. Hierdurch wird aber der die Vergleichsspannung fälschende Spannungsabfall an dem im Kompensationskreis liegenden stromdurchflossenen Übergangswiderstand (rechter Abgriff der ersten Dekade) vernachlässigbar klein.

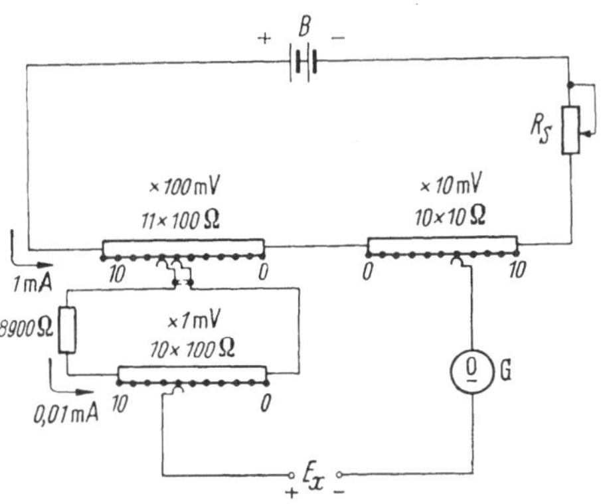

Abb. 243. Kaskadenschaltung

Kompensationsschaltung nach Diesselhorst und Hausrath. Bei den Schaltungen nach Abb. 242 und 243 wird die Vergleichsspannung über Kurbelkontakte abgegriffen. An den im Nullkreis liegenden Abgriffstellen sind dabei Bauelemente aus verschiedenen Werkstoffen (z. B. Manganin, Messing, Bronze, Kupfer) und mit unterschiedlicher Wärmekapazität (Kontaktklötze, Schleiffedern, Drähte) hintereinander geschaltet. Bei Temperaturunterschieden innerhalb dieser Kette, wie sie etwa bei Änderung der Umgebungstemperatur oder infolge der Reibungswärme beim Drehen der Kurbeln auftreten, entstehen „sekundäre Thermospannungen“. Diese überlagern sich der Vergleichsspannung und vermindern die Genauigkeit.

Bei der Kompensationsschaltung nach Diesselhorst und Hausrath[2], Abb. 244, ist dieser Nachteil vermieden; sie eignet sich daher besonders zum genauen Messen kleiner Spannungen (z. B. Thermospannungen). Der Hilfsstrom wird der ersten Dekade über die Kontakte einer Doppelkurbel zugeführt und im Verhältnis 10 : 1 auf zwei Stromkreise aufgeteilt, in denen die zweite bzw. dritte Dekade liegt. Das durch Fest-

[1] Feussner, K.: Elektrotechn. Z. 32 (1911) S. 215.
[2] Diesselhorst, H.: Z. Instrumentenkde. 28 (1908) S. 1.

widerstände eingestellte Verhältnis der beiden Teilströme und ihre Werte selbst sind unabhängig von der Einstellung der Kurbeln; alle Dekaden sind nämlich als Doppelkurbelwiderstände ausgeführt, bei denen jeder Widerstandsänderung innerhalb des Kompensationskreises eine gleichgroße gegenläufige Änderung außerhalb des Kompensationskreises entspricht. Die Vergleichsspannung wird an den freien Enden der zweiten und dritten Dekade abgegriffen; sie ist die Differenz der Spannungsabfälle, die von den beiden Teilströmen an den zwischen den Kurbeln liegenden Teilen der Kompensationswiderstände (obere Widerstände in Abb. 244) hervorgerufen werden. Die Widerstände und Ströme sind so gewählt, daß man auch hier die Vergleichsspannung unmittelbar an den Kurbeln ablesen kann. Sekundäre Thermospannungen an den Kurbelkontakten überlagern sich nicht der Vergleichsspannung, sondern der Batteriespannung, der gegenüber sie zu vernachlässigen sind. Im Nullkreis treffen nur Manganin und Kupfer mit ihrer sehr kleinen Thermokraft (0,5···1 μV/grd) aufeinander.

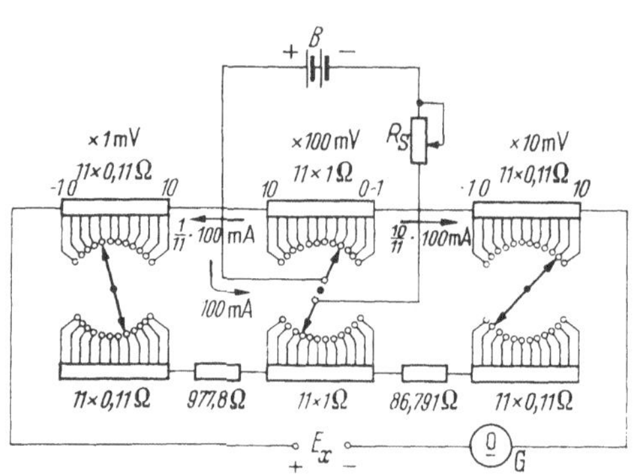

Abb. 244. Kompensationsschaltung nach DIESSELHORST und HAUSRATH

Für eine vierte und fünfte Dekade werden in beide Stromkreise gleichartige Nebenschlußschaltungen eingefügt (mit gegenläufiger Widerstandsänderung innerhalb und außerhalb des Kompensationskreises). Würde man zur weiteren Unterteilung der Vergleichsspannung normale Doppeldekaden verwenden (ähnlich wie bei der FEUSSNER-Schaltung Abb. 242), so ergäben sich einmal sehr kleine Widerstandswerte, zum anderen lägen wieder Kurbelkontakte direkt im Kompensationskreis. Beide Nachteile werden durch die Nebenschlußschaltung vermieden. Der Spannungsabfall an deren Grundwiderstand wird durch einen im anderen Stromkreis liegenden Festwiderstand ausgeglichen, an dem eine gleichgroße, aber entgegengesetzt gerichtete Spannung abfällt.

Bei einer Abwandlung der DIESSELHORST-HAUSRATH-Schaltung hat man die über die Doppelkurbel eingespeiste Dekade fortgelassen und dafür eine weitere Nebenschlußdekade hinzugefügt[1]. Für die beiden ersten, praktisch die Fehlergrenze bestimmenden Dekaden ergeben sich in dieser Schaltung gleiche Widerstandswerte. Man kann die Widerstände mit

[1] SIEGFRIED, G.: AEG-Mitt. 50 (1960) S. 368.

Draht aus der gleichen Charge wickeln und erhält dadurch bei gemeinsamer Alterung ein sehr gleichmäßiges zeitliches Verhalten.

Auch beim Messen mit einem thermospannungsfreien Kompensator können störende Thermospannungen, z.B. im Nullkreis am Galvanometer, entstehen. Diese lassen sich mit Hilfe einer zweiten Messung mit umgepolter Meß- und Vergleichsspannung eliminieren. Man bestimmt damit sowohl die Summe als auch die Differenz aus Meß- und Störspannung, und der Mittelwert aus beiden Messungen ist die ungestörte Meßspannung. Zum gleichzeitigen Umpolen von Meß- und Vergleichsspannung dienen Polwender, deren Kontaktmaterialien so ausgewählt und deren Anschlußpunkte so angeordnet sind, daß sie weitgehend thermospannungsfrei sind. Durch Einfüllen von Petroleum oder säurefreiem Öl können darüber hinaus Temperaturunterschiede völlig vermieden werden.

4. Ausführung und Anwendung von Präzisionskompensatoren

Präzisionskompensatoren werden meist in Kaskadenschaltung oder, wenn man auch kleine Spannungen (z.B. Thermospannungen) messen will, in der Diesselhorst-Hausrath-Schaltung bzw. ihrer Abwandlung ausgeführt. Den eigentlichen Kompensator faßt man mit dem Hilfsstromkompensator, den Stellwiderständen für den Hilfsstrom und gegebenenfalls dem Stromwender für Hilfsstrom und Meßspannung in einem Gehäuse zusammen. Durch Umschalten des Hilfsstroms (bei konstantem Kreiswiderstand) kann man zwei oder mehrere Meßbereiche erzielen. Der größte Meßbereich reicht im allgemeinen bis etwa 1,1 V. Die Fehlergrenze eines Präzisionskompensators[1] wird (bei genügend empfindlichem Galvanometer) vor allem durch die der Widerstände bestimmt. Je nach der Schaltung des Kompensators und der Anzahl der eingeschalteten Einzelwiderstände kann man eine Spannung auf etwa 0,2···0,5 ‰ genau messen. Die kleinsten Fehler erreicht man bei Spannungen um 1 V, wenn die Widerstände der ersten Dekade zugleich als Hauptteil des Hilfsstrom-Kompensationswiderstandes dienen. Die Widerstände R_K und R_N gemäß Gl. (145) sind dann größtenteils identisch, und ihre Fehler fallen aus dem Meßergebnis heraus.

Abb. 245 zeigt einen Kaskaden-Kompensator von S & H mit fünf Dekaden. Der Hilfsstrom kann auf 1 mA oder 0,1 mA eingestellt werden, entsprechend einem Meßbereich von 1,1 oder 0,11 V. Den Hilfsstrom-Kompensationswiderstand kann man mittels eines Stufenschalters an Normalelementspannungen zwischen 1,01810 und 1,01915 V (von 50 zu 50 μV abgestuft) anpassen. Dadurch läßt sich der Temperaturgang der EMK des Normalelements berücksichtigen, und man kann den Kom-

[1] Angersbach, F.: ATM J 930–1 (Dez. 1956) u. J 930–2 (März 1959).

pensator für Messungen in internationalen und absoluten Volt verwenden[1]. An besonderen Klemmen ist eine feste Vergleichsspannung von 0,5 V herausgeführt, die zur Vereinfachung der Leistungsmesserprüfung mit dem Kompensator dient (s. weiter unten).

Abb. 245. Präzisions-Kaskaden-Kompensator (S & H)

Präzisionskompensatoren verwendet man außer zur direkten Spannungsmessung vorwiegend zum Prüfen von Spannungs-, Strom- und Leistungsmessern der Klassen 0,1 und 0,2, ferner zum Messen von Widerständen.

Spannungsmesserprüfung. Dem zu prüfenden Spannungsmesser V schaltet man den Kompensator entweder direkt (bei $U_x < 1{,}1$ V) oder gemäß Abb. 246 über einen Spannungsteiler (bei $U_x > 1{,}1$ V) parallel. Es ist

$$U_x = U_K \frac{R_1 + R_2}{R_2} \tag{147}$$

Dabei ist U_x die am Spannungsmesser liegende, U_K die mit dem Kompensator K gemessene Spannung; R_1 und R_2 sind die Teilwiderstände eines Präzisionsspannungsteilers.

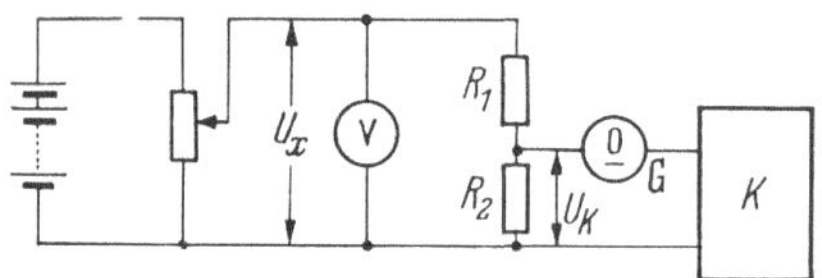

Abb. 246. Spannungsmesserprüfung mit einem Kompensator

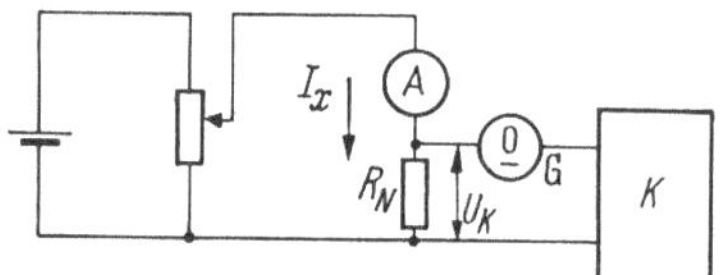

Abb. 247. Strommesserprüfung mit einem Kompensator

Strommesserprüfung. Man legt gemäß Abb. 247 dem vom Strom I_x durchflossenen Strommesser A einen Normalwiderstand R_N in Reihe und mißt mit dem Kompensator die an R_N abfallende Spannung U_K. Es ist

$$I_x = \frac{U_K}{R_N} \tag{148}$$

[1] Ob die Widerstände des Kompensators in int. Ω oder abs. Ω abgeglichen sind, ist dabei gleichgültig, denn das in Gl. (145) vorkommende Verhältnis zweier Widerstände ist unabhängig von der verwendeten Widerstandseinheit.

Leistungsmesserprüfung. Der Spannungsspulenkreis wird nach Abb. 246, der Stromspulenkreis nach Abb. 247 angeschlossen. Dann kompensiert man nacheinander (mit Hilfe eines Umschalters) Spannung und Strom. Der Bedienungsaufwand kann durch die erwähnte Herausführung einer festen Spannung (0,5 V) aus dem Kompensator verkleinert werden. Der Spannungsteiler für die Spannungsmessung besteht dann aus einem Festwiderstand, dessen Spannungsabfall gegen den 0,5-V-Abgriff des Kompensators geschaltet wird, und einem entsprechend bemessenen Dreidekadenwiderstand, an dem man Spannungen bis z.B. 1000 V (von 1 zu 1 V abgestuft) einstellen kann. Die eingestellte Spannung liegt dann an, wenn das Galvanometer stromlos ist, d.h. wenn auch an dem Festwiderstand 0,5 V abfallen. Auf diese Weise kann man Spannungen kompensieren, ohne daß man die Kompensationswiderstände verstellen muß. Den Faktor $\sqrt{3}$ oder $1/\sqrt{3}$, wie er beim Prüfen von Drehstromleistungsmessern vorkommt, kann man berücksichtigen, indem man den Festwiderstand des Spannungsteilers entsprechend ändert.

Widerstandsmessung. Der zu messende Widerstand R_x liegt in Reihe mit einem Normalwiderstand R_N in einem von einer Batterie gespeisten Stromkreis, s. Abb. 248. Mit dem Kompensator mißt man bei konstant gehaltenem Strom I nacheinander die Spannungsabfälle an R_x und R_N (U_x bzw. U_N). Es ist

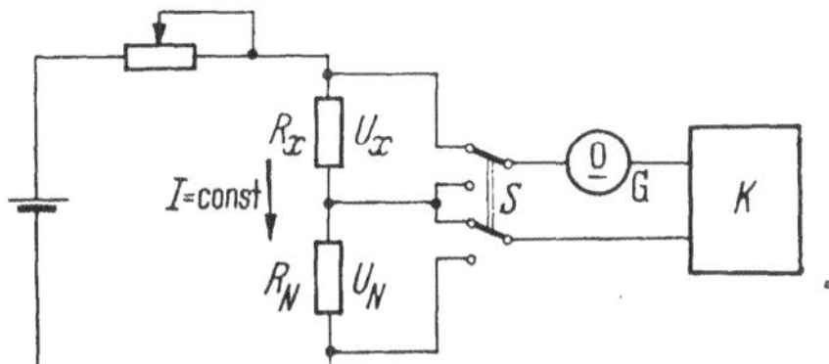

Abb. 248. Widerstandsmessung mit einem Kompensator

$$R_x = \frac{U_x}{I} = R_N \frac{U_x}{U_N} \quad (149)$$

Stellt man I auf einen dekadischen Bruchteil des Ampere ein, so kann man den Widerstandswert unmittelbar an den Kurbeln des Kompensators ablesen. Ähnlich wie bei der THOMSON-Brücke geht der Widerstand der Verbindungsleitung zwischen R_x und R_N nicht in die Messung ein, wenn man dem Schalter S die Spannungsabgriffe der Widerstände getrennt zuführt.

Stufenkompensator. Der *Stufenkompensator*[1], dessen Wirkungsweise an der Ausführung der AEG beschrieben sei, ist speziell auf das Eichen elektrischer Präzisionsinstrumente (Spannungs-, Strom- und Leistungsmesser) zugeschnitten. Die Meßgröße (Spannung oder Strom) wird durch einen Spannungsteiler bzw. Normalwiderstand so umgeformt, daß bei ihrem Nennwert dem Kompensator 0,3 V zugeführt werden. Die am Kompensationswiderstand abfallende Vergleichsspannung von 0,3 V ist in 15 gleiche Teile unterteilt, so daß man mit einem Stufenschalter („Teil-

[1] SCHMIDT, R.: DRP Nr. 627857 v. 7. 1. 1934; – ZSCHAAGE, W.: ETZ 61 (1940) S. 1185; – SCHMIDT, R.: AEG-Mitt. 42 (1952) S. 116/121.

strichwähler“) die Sollwerte für die 15 Eichpunkte einer 150teiligen Skale einstellen kann. Hat der Prüfling nur 100, 120 oder 130 Teilstriche, so kann man mit einem Schalter („Skalenteilung“) den durch den Kompensationswiderstand fließenden Strom so ändern, daß die Vergleichsspannung bereits bei der Stellung 100 (bzw. 120 oder 130) des Teilstrichwählers 0,3 V beträgt. Dadurch lassen sich auch bei diesen Instrumenten mit dem Teilstrichwähler die Sollwerte für die Hauptpunkte der Skale vorgeben. Bei der Messung wird der Kompensator auf den betreffenden Prüfpunkt (Sollwert) und der Prüfling auf den zu prüfenden Skalenwert eingestellt. Stimmen beide Werte überein, so zeigt das Galvanometer Null. Hat der Prüfling einen Fehler, so kann dieser (bzw. die entsprechende Korrektur) direkt am Galvanometer – in Skalenteilen angegeben – abgelesen werden (mit etwa 30fach vergrößertem Ausschlag). Das Galvanometer muß dazu entsprechend abgeglichen und der Widerstand im Galvanometerkreis konstant gehalten werden (durch Zusatzwiderstände in den Abgriffsleitungen des Kompensationswiderstands). Mit dem Schalter „Skalenteilung“ ist ein zweiter Schalter gekuppelt, der den Widerstand im Galvanometerkreis der jeweiligen Prüflingsteilung anpaßt. Den Hilfsstrom des Stufenkompensators kann man in der bereits früher beschriebenen Weise einstellen (Kompensation gegen Normalelement mit Berücksichtigung seines Temperaturgangs). Abb. 249 zeigt das Prinzip der Prüfung eines Leistungsmessers *1* mit dem Stufenkompensator *2*. Zunächst wird die Spannung am Prüfling auf ihren Nennwert gebracht und während der Messung auf diesem gehalten. Dazu muß der Spannungsteiler *6* auf den Nennwert eingestellt und die Spannung mit dem Stellwiderstand *7* so lange geändert werden, bis das Galvanometer *3* nach Drücken der Spannungstaste *4* stromlos ist. Durch Ändern des Stroms im Strompfad mit dem Stellwiderstand *9* wird der Prüflingszeiger nacheinander auf die zu prüfenden Skalenpunkte eingestellt. Bei der entsprechenden Stellung des „Teilstrichwählers“ kann man nach Drücken der Stromtaste *5* die jeweilige Korrektur am Galvanometer ablesen. Jede Messung muß mit vertauschter Stromrichtung im Strom- und Spannungspfad wiederholt werden; das Mittel der beiden Korrekturwerte stellt die für Wechselstrom geltende Korrektur dar.

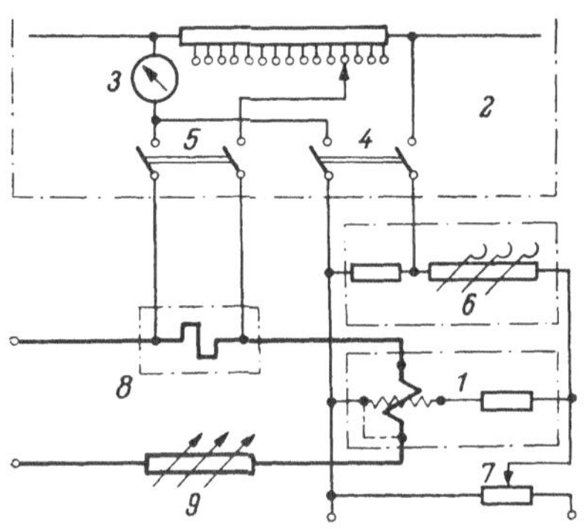

Abb. 249. Leistungsmesserprüfung mit dem Stufenkompensator. *1* Prüfling; *2* Stufenkompensator; *3* Nullgalvanometer; *4* Spannungstaste; *5* Stromtaste; *6* Spannungsteiler; *7* Spannungsstellwiderstand; *8* Normalwiderstand; *9* Stromstellwiderstand

Mit dem Stufenkompensator können Leistungsmesser mit 5 A Nennstrom auch nach der zeitsparenden Methode der „Summenkompensation" geprüft werden[1]. Bei dieser braucht man die Spannung nicht mehr exakt, sondern nur noch auf etwa 0,5% genau einzustellen; hierdurch entfällt z.B. ein Neuabgleich nach der Kommutierung. Das Prinzip beruht darauf, daß eine der Nennspannung und eine dem Prüflingsstrom proportionale Teilspannung von je 0,3 V summiert und gemein-

Abb. 250. Meßtisch mit Stufenkompensator (AEG)

sam gegen einen 0,6-V-Abgriff des Stufenkompensators kompensiert werden. Die Zuordnung einer Teilspannung von 0,3 V zum jeweiligen Prüflingsstrom wird durch einen Stromteiler erreicht, an dem man die Prüfpunkte einstellen kann. Da immer die Summenspannung kompensiert wird, gleicht man ganz automatisch beim Einstellen auf den Prüfpunkt eine kleine Spannungsänderung durch eine gleichgroße gegenläufige Stromänderung aus. Damit die in dieser Methode steckenden Fehler zweiter Ordnung nicht stören, ist die zulässige Spannungsabweichung auf $\pm$ 0,5% beschränkt.

Den Stufenkompensator baut man oft mit den zugehörigen Hilfseinrichtungen zur Strom- und Spannungseinstellung in einen „Meßtisch" ein, um eine möglichst einfache Bedienung zu erreichen und Störeinflüsse auszuschalten (s. Abb. 250).

[1] Hetzel, W.: Z. Instrumentenkde. 66 (1958) S. 161/164; – Busse, G.: AEG-Mitt. 50 (1960) S. 371/374.

5. Technische Kompensatoren

Das Kompensationsverfahren wendet man wegen des Vorteils der leistungslosen Messung oft auch dann an, wenn keine höchste Genauigkeit gefordert wird. Besonders für Thermospannungsmessungen benutzt man technische Kompensatoren, bei denen die meßfertige Schaltung (einschließlich Galvanometer, Normalelement und Hilfsstrombatterie) in einem handlichen Traggehäuse enthalten ist. Zusätzlich sind meist Hilfseinrichtungen eingebaut, die ein rasches Überprüfen von thermo-

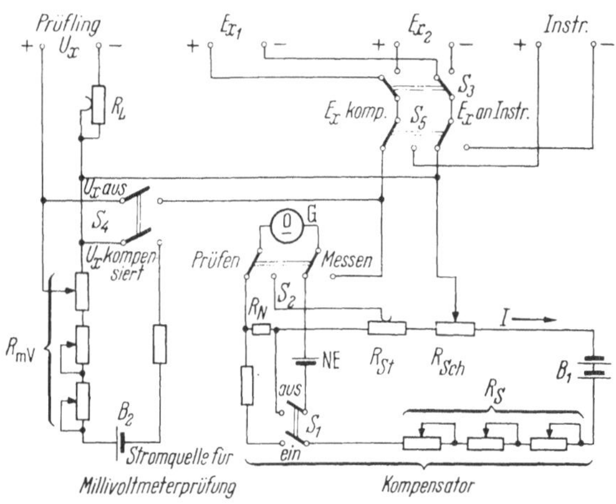

Abb. 251. Tragbarer Kompensator. Prinzipschema (H & B).
R_{Sch} Schleifdrahtpotentiometer; R_{St} Stufenpotentiometer; R_S 3stufiger Stellwiderstand für Kompensatorhilfsstrom; R_N Hilfsstrom-Kompensationswiderstand; *NE* Normalelement; B_1, B_2 Batterien für Kompensator und Millivoltmeterprüfung; R_{mV} 3stufiger Stellwiderstand für Millivoltmeterprüfung; R_L Ersatzwiderstand für Leitungswiderstand

elektrischen Temperaturmeßanlagen erleichtern. Solche Kompensatoren eignen sich in gleicher Weise für Messungen im Laboratorium, Prüffeld oder Betrieb; ihre Fehlergrenze von $\pm$ 1···2⁰/₀₀ entspricht der von Präzisionsinstrumenten.

Abb. 251 zeigt das Prinzipschema, Abb. 252 die Bedienungsplatte des „tragbaren Kompensators" von H & B. Die Vergleichsspannung wird zwischen den Abgriffen eines Stufen- und eines Schleifdrahtpotentiometers abgenommen; sie läßt sich in den sechs Bereichen 0···10 mV, 10···20 mV bis 50···60 mV einstellen. Der Hilfsstrom wird über einen festen Kompensationswiderstand gegen die EMK eines ungesättigten Normalelements kompensiert. Die Fehlergrenze beträgt $\pm$ 2⁰/₀₀ vom Istwert (bzw. $\pm$ 10 μV für Spannungen < 5 mV).

Zwei Klemmenpaare für die Meßspannung (E_{x1} und E_{x2}), die man mit dem Schalter S_3 wahlweise an den Kompensator legen kann, erleichtern den Vergleich von Thermoelementen (z.B. Prüfling und Normalthermoelement). – Die in Abb. 251 links dargestellte Hilfseinrichtung dient zum Prüfen von Millivoltmetern. Den an die Klemmen U_x angeschlossenen Prüfling kann man mittels der Stellwiderstände R_{mV} auf jeden gewünschten Skalenwert einstellen. Dem Kompensator wird über den Schalter S_4 die Spannung zugeführt, die an der Reihenschaltung des Prüflings und des Widerstands R_L (einstellbar zwischen 0 und 20 Ω) abfällt: mit diesem kann man den bei der Eichung des Prüflings berücksichtigten Leitungswiderstand nachbilden. – Zur Kontrolle eines Millivoltmeters an seinem Arbeitspunkt schließt man dieses an die Klemmen „Instr.", das zugehörige Thermoelement an die E_x-Klemmen an. In der linken Stellung des Schalters S_5 wird die Thermospannung kompensiert. Schaltet man S_5 sofort anschließend nach rechts, so erhält man (nur verzögert durch die Einstellzeit) den vom Millivoltmeter angezeigten Wert. Die Differenz aus angezeigtem und kompensiertem Wert ist der Fehler des Millivoltmeters am Arbeitspunkt, und zwar einschließlich der durch Einflußgrößen (z.B. Umgebungstemperatur, Leitungswiderstand) hervorgerufenen Fehler[1]. Ändert man den Abgleichwiderstand des Millivoltmeters bis zur Übereinstimmung beider Werte, so kann man den Fehler beseitigen, ohne im einzelnen seine Herkunft ermitteln zu müssen.

Abb. 252. Tragbarer Kompensator, Frontplatte (H & B)

C. Selbstabgleichende Gleichspannungskompensatoren

Beim Messen im Laboratorium und beim Prüfen von Instrumenten oder Anlagen (z.B. Temperaturmeßanlagen) kann im allgemeinen der Bedienungs- und Zeitaufwand für den von Hand vorzunehmenden Nullabgleich in Kauf genommen werden. Will man das Kompensationsverfahren hingegen bei Betriebsmeßgeräten anwenden, die den Meßwert

[1] Eine Spannungsänderung des Thermoelements oder ein Fehler durch falsch gewählte Vergleichstemperatur kann allerdings auf diese Weise nicht festgestellt werden.

laufend anzeigen oder registrieren sollen, so muß der Nullabgleich automatisch durchgeführt werden. Dies ist sowohl beim Potentiometer- als auch beim Strommesserverfahren möglich. Zur Durchführung des automatischen Abgleichs bedient man sich heute durchweg elektronischer Mittel.

Selbstabgleichende Kompensatoren haben in der gesamten Meßtechnik eine sehr große Bedeutung erlangt; dies gilt auch für selbstabgleichende Meßbrücken, die wegen der gleichartigen Abgleichtechnik hier mitbehandelt werden sollen. Besonders in Betrieben der chemischen Industrie und der Hüttenindustrie werden selbstabgleichende Kompensatoren zum Messen aller physikalischen Größen herangezogen, die sich durch eine Gleichspannung, einen Gleichstrom oder einen Widerstand abbilden lassen (z. B. Temperatur, Druck, Gaskonzentration). Den direktanzeigenden Spannungs-, Strom- und Widerstandsmessern zieht man sie trotz ihres höheren Preises oft vor, weil sie genauer, robuster, weniger anfällig gegen Einflußgrößen sowie leichter zu warten sind.

1. Selbstabgleichende Kompensatoren nach dem Potentiometerverfahren

Zunächst sei ein Kompensator mit mechanischer Abgleichautomatik, der „Micromax“ von Leeds & Northrup, erwähnt, der dem Prinzip nach bereits aus dem Jahr 1908 stammt und das Vorbild für zahlreiche ähnliche Konstruktionen[1] abgab. Solche Geräte waren vorwiegend als Schreiber bis etwa 1950 in den USA weit verbreitet; heute sind sie von elektronisch abgleichenden Geräten abgelöst worden. Abb. 253 zeigt die Abgleichautomatik des Micromax, die von einem dauernd laufenden

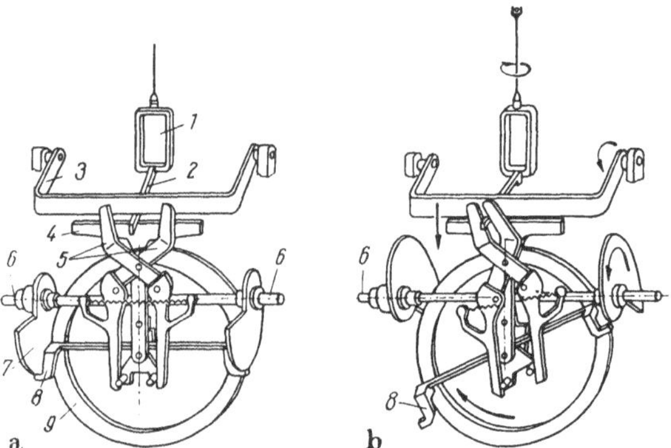

Abb. 253a u. b. Abgleichvorrichtung des „Micromax“ (Leeds & Northrup). a) die Kurvenscheiben 7 drehen den Kupplungshebel 8 und damit das mit dem Potentiometer verbundene Kupplungrad 9; b) die Tasthebel 5 verstellen den Kupplungshebel 8 entsprechend dem Galvanometerausschlag

[1] BORDEN, P. A. u. T. M. BEHAR: Instruments 8 (1935) S. 8; 34.

Motor periodisch gesteuert wird (die Prinzipschaltung entspricht Abb. 240). Während einer Periode spielt sich folgendes ab: Der Fallbügel *3* arretiert den Zeiger *2* des Nullgalvanometers *1* gegen das Widerlager *4*. Dann werden die zangenartigen Tasthebel *5* zusammengedrückt und legen sich gegen den festgeklemmten Galvanometerzeiger; ihre entgegengesetzten Enden bringen dabei den Kupplungshebel *8* in eine dem Zeigerausschlag proportionale Lage. Die Tasthebel gehen in ihre Ausgangslage zurück, und der Fallbügel löst sich vom Zeiger. Der Kupplungshebel *8* wird gegen das Kupplungsrad *9* gedrückt, durch die von der Welle *6* angetriebenen Kurvenscheiben *7* in seine Ausgangslage zurückgeführt und schließlich wieder freigegeben. Mit dem Kupplungsrad *9* ist das gegenüber dem festen Abgriff drehbare Potentiometer fest verbunden. Da das Potentiometer durch den beschriebenen Vorgang verstellt wurde, hat sich der Galvanometerzeiger seiner Nullage ein Stück genähert. Bei den folgenden Perioden wird das Potentiometer – in immer kleineren Schritten – so lange weiterverstellt, bis der Zeiger die dem Galvanometerstrom Null entsprechende Mittellage erreicht hat und damit der Abgleich vollzogen ist. Da die Tasthebel *5* beim Abtasten des Zeigers jetzt in ihrer Symmetriestellung stehen, bleibt der Kupplungshebel in seiner waagerechten Ausgangslage, und die Kurvenscheiben können das Potentiometer nicht weiter verstellen. Die Abtastperiode solcher Geräte liegt bei 2 bis 5 s, die Einstellzeit über die ganze Skalenbreite (etwa 250 mm) bei 20···50 s.

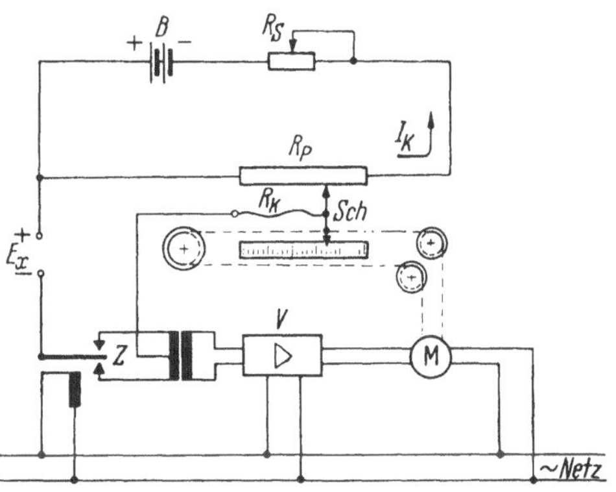

Abb. 254. Elektronisch gesteuerter selbstabgleichender Kompensator nach dem Potentiometerverfahren. *Z* Zerhacker; *V* Wechselstromverstärker; *M* Umkehrmotor; die übrigen Bezeichnungen entsprechen Abb. 240

Das Schema der gebräuchlichsten *elektronisch gesteuerten Abgleichautomatik* für einen Kompensator nach dem Potentiometerverfahren zeigt Abb. 254. Im Nullkreis liegt an Stelle des Galvanometers der vom Wechselstromnetz gesteuerte Zerhacker *Z*. Dieser wandelt den bei Ungleichheit von Meß- und Vergleichsspannung fließenden Gleichstrom (Ausgleichstrom) in einen Wechselstrom von Netzfrequenz um, dessen Amplitude dem Ausgleichstrom proportional ist. Ändert der Ausgleichstrom die Richtung, so ändert sich die Phasenlage des Wechselstromes um π rad (180°). Der Wechselstrom wird nach mehrstufiger Verstärkung mittels des Röhren- oder Transistorverstärkers *V* der Hauptwicklung des mit dem Potentiometerabgriff *Sch* gekuppelten Umkehrmotors *M* zugeführt, dessen Hilfswicklung am Netz liegt. Der Motor dreht sich entsprechend der Phasenlage des seine Hauptwicklung durchfließenden Stroms (und damit auch entsprechend dem Vorzeichen der Differenz zwischen Meß- und Vergleichsspannung) im einen oder anderen Sinn, bei Stromlosigkeit bleibt er stehen. Er verschiebt dadurch den Potentiometerabgriff immer so lange, bis seine Hauptwicklung stromlos und der Kompensator abgeglichen ist.

Auch der Hilfsstrom läßt sich selbsttätig abgleichen, indem z. B. mit Hilfe einer Automatik der Motor periodisch (z. B. alle Stunden) für kurze

Abb. 255. Kleiner Kompensationsschreiber „Minicomp" (H & B). Der Schreibtisch ist abgenommen und der Meßteil herausgezogen

Zeit vom Meßpotentiometer R_P auf den Stellwiderstand R_S umgekuppelt und gleichzeitig der Zerhacker vom Meßkreis in den Nullkreis des Hilfsstromkompensators (in Abb. 254 nicht gezeichnet) umgeschaltet wird. Entnimmt man den Hilfsstrom einer Batterie, so ist wegen der mit der Zeit absinkenden Batteriespannung ein selbsttätiger Hilfsstromabgleich unumgänglich. Wird der Hilfsstrom dagegen von einer netzgespeisten hochwertigen Konstantspannungsquelle geliefert (z. B. Glimmröhren- oder Zenerdiodenkaskade, s. S. 364), so ist ein selbsttätiger Abgleich nicht nötig. Die zeitliche Spannungsdrift derartiger Quellen ist so klein, daß sich eine Hilfsstromkontrolle ganz erübrigt oder erst nach Wochen oder Monaten nötig ist und dann von Hand durchgeführt werden kann.

Nach diesem Prinzip arbeitende selbstabgleichende Kompensatoren (kleinste Meßbereichendwerte 1···5 mV) werden als Registriergeräte (Kompensations- oder Potentiometerschreiber) oder als Anzeigegeräte gebaut. Die Registriergeräte führt man entweder als Linienschreiber (Tintenschreiber) für *eine* Meßstelle (mit Einstellzeiten bis herunter zu

0,3 s) oder als Punktdrucker für meist sechs oder zwölf automatisch umgeschaltete Meßstellen aus (kürzeste Punktfolge einige Sekunden). Die übliche Schreibbreite liegt bei etwa 250 mm. Neuerdings werden für die Betriebsmeßtechnik in steigendem Maß raumsparende Typen (Frontmaße nach DIN 43700; Schreibbreite 120 oder 100 mm) gefordert. Abb. 255 zeigt einen solchen Schreiber.

Während man Kompensatoren mit Handabgleich universell verwenden will und sie daher so auslegt, daß man innerhalb ihres Meßbereichs von Null an beliebige Spannungen messen kann, gleicht man die als Betriebsgeräte eingesetzten selbstabgleichenden Kompensatoren für den speziell gebrauchten Meßbereich ab. Will man z.B. mit einem Platinrhodium-Platin-Thermoelement Temperaturen zwischen 1000 und 1500 °C messen, so erhält der Kompensator den Meßbereich 9,457···15,417 mV (entsprechend DIN 43710). Zum Abgleichen auf solche beliebigen Meßbereiche ist die Brückenkompensationsschaltung nach Abb. 256 üblich (der Einfachheit halber mit einem Nullgalvanometer dargestellt). Der konstante Hilfsstrom I_K speist eine Brücke. In der einen Hälfte liegt das Potentiometer R_P, das durch den Parallelwiderstand R_5 und die Vorwiderstände R_1 und R_2 ergänzt ist, die andere besteht aus den Widerständen R_3 und R_4. Die Vergleichsspannung wird zwischen dem Potentiometerabgriff *Sch* und dem Verbindungspunkt von R_3 und R_4 abgenommen. Durch geeignete Bemessung der Widerstände und des Hilfsstroms kann man der Anfangs- und Endstellung des Potentiometerabgriffs beliebige Spannungen zuordnen, d.h. jeden gewünschten Meßbereich erzielen. Mit $R_3 = R_4$ und $I_1 = I_2 = I_K/2$ ergeben sich folgende Bemessungsregeln:

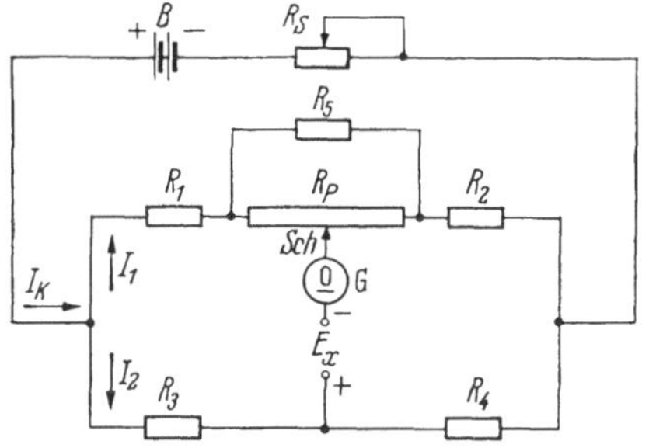

Abb. 256. Brückenkompensationsschaltung

$$R_1 = R_2 = \frac{2\,(2\,U_A + U_M)}{I_K} \tag{150}$$

$$R_3 = R_4 = R_2 - \frac{2\,(U_A + U_M)}{I_K} \tag{151}$$

$$R_5 = \frac{2\,U_M\,R_P}{I_K\,R_P - 2\,U_M} \tag{152}$$

Dabei ist U_A die Vergleichsspannung bei Anfangsstellung des Abgriffs (Unterdrückungsspannung), U_M die Vergleichsspannungsdifferenz zwischen End- und Anfangsstellung des Abgriffs (Meßbereichumfang), R_2 ein frei wählbarer Brückenwiderstand.

Mit der Brückenkompensationsschaltung kann man auf einfache Weise auch den Einfluß der Temperatur der Vergleichsstelle eines Thermoelementes (Vergleichstemperatur) auf die Temperaturanzeige beseitigen. Man macht dazu den Widerstand R_3 temperaturabhängig und legt ihn räumlich mit der Vergleichsstelle des Thermoelementes (Enden der Ausgleichsleitung) zusammen. Durch geeignete Wahl dieser Temperaturabhängigkeit (entsprechender Teilwiderstand aus Cu oder Ni) erreicht man, daß sich die Vergleichsspannung des Kompensators mit der Vergleichstemperatur des Thermoelements im gleichen Maß ändert wie dessen Thermospannung. Damit geht aber die Vergleichstemperatur nicht mehr in das Meßergebnis ein[1].

Die Fehlergrenze selbstabgleichender Kompensatoren nach dem Potentiometerverfahren setzt sich aus den Fehlergrenzen der Unterdrükkungsspannung und des am Potentiometer abgegriffenen Teils der Vergleichsspannung zusammen. Erstere umfaßt nur die Fehler des Normalelements und von Festwiderständen und ist deshalb verhältnismäßig klein. In die Fehlergrenze des am Potentiometer abgegriffenen Teils der Vergleichsspannung gehen zusätzlich der Linearitätsfehler und der Windungssprung des Potentiometers, der Skalenteilungsfehler, die Ansprechempfindlichkeit des Nullindikators sowie sekundäre Thermospannungen im Nullkreis ein. Wegen dieser überwiegend von der Abgriffsstellung unabhängigen Fehler bezieht man die Fehlergrenze auf den Meßbereichumfang. Als Anhalt für die Fehlergrenze solcher Kompensatoren diene die Angabe der Firmen H & B und S & H: $\pm$ 2,5 ‰ vom Meßbereichumfang zuzüglich $\pm$ 0,5 ‰ von der Spannung des Skalenanfangswertes; absolute untere Grenze $\pm$ 10 μV. Diese Werte gelten für Geräte mit 250 mm Schreibbreite; bei den raumsparenden Geräten liegt die Fehlergrenze durchweg bei $\pm$ 5 ‰.

Selbstabgleichende Widerstandsmeßbrücken baut man analog den selbstabgleichenden Kompensatoren auf. Der Speisestrom braucht nicht konstant zu sein, da er nicht in die Abgleichbedingungen eingeht [s. Gl. (117)]. Speist man die Brücke mit Gleichstrom (aus einer Batterie oder aus dem Netz über Gleichrichter), so muß man wie beim Kompensator dem Verstärker einen Zerhacker vorschalten. Man kann dann das gleiche Gerät durch Umschalten der Widerstände sowohl als Widerstandsmeßbrücke als auch als Kompensator verwenden[2]. Speist man die Brücke mit Wech-

---

[1] Mit R_3 ändert sich in Abhängigkeit von der Vergleichstemperatur geringfügig auch das Verhältnis der beiden Zweigströme. Dadurch ist die Kompensation der Vergleichstemperatur nicht ganz unabhängig von der Stellung des Potentiometerabgriffs. Dies läßt sich vermeiden, wenn man auch R_2 (in gleichem Maß wie R_3) temperaturabhängig macht.

[2] Man macht hiervon z.B. Gebrauch, wenn man mit einem Punktdrucker für mehrere Meßstellen Temperaturen aufzeichnen will, die teils von Thermoelementen, teils von Widerstandsthermometern erfaßt werden.

selstrom (aus dem Netz über einen Transformator), so kann der Zerhacker weggelassen werden.

2. Selbstabgleichende Kompensatoren nach dem Strommesserverfahren[1]

Beim Strommesserverfahren ist der Aufwand für den Selbstabgleich erheblich kleiner als beim Potentiometerverfahren. Während bei diesem zum Verstellen des Potentiometerabgriffs eine beträchtliche mechanische Arbeit geleistet werden muß, läßt sich der die zu messende Spannung abbildende Strom mit einfachen elektronischen Mitteln steuern.

Um sich die Wirkungsweise des selbsttätigen Abgleichs zu veranschaulichen, denke man sich in Abb. 241 das Galvanometer G durch einen mit dem Stellwiderstand R_S gekuppelten reibungsfreien „Nullmotor" ersetzt. Bei gestörtem Abgleich bewirkt der im Nullkreis fließende Ausgleichstrom, daß sich der Motor im einen oder anderen Sinn dreht und R_S verstellt. Dadurch ändert sich der Kompensationsstrom I, und zwar (bei richtiger Polung des Motors) so lange, bis im Nullkreis kein Strom mehr fließt und mit $I\,R_K = E_x$ der Abgleich erreicht ist. Da der Nullmotor bei jeder Störung des Abgleichs sofort wieder anläuft und ihn von neuem durchführt, haben auch Änderungen der Hilfsspannung oder der Charakteristik des Stellwiderstandes keinen Einfluß auf das Meßergebnis; sie werden durch eine neue Einstellung von R_S ausgeglichen. Man kann daher den Hilfsstrom dem Wechselstromnetz über einen Gleichrichter entnehmen.

Der Abgleich wird nur dann exakt durchgeführt, wenn auf den Rotor des Nullmotors ausschließlich das vom Ausgleichstrom erzeugte Drehmoment einwirkt[2]. Stördrehmomente, die etwa durch die Richtkraft der Stromzuführungen, durch Reibung oder durch eine Rückwirkung von R_S auf den Rotor hervorgerufen werden, haben in der jeweiligen Ruhelage des Rotors einen „Reststrom" zur Folge. Dieser ist immer gerade so groß, daß das durch ihn hervorgerufene Drehmoment das Stördrehmoment kompensiert. Das Verhältnis des Stördrehmoments zu dem vom Ausgleichsstrom erzeugten „Nutzdrehmoment" ergibt den „Übersetzungsfehler" des Kompensators. Diesen kann man zwar beim Eichen des Kompensators berücksichtigen, doch ändert er sich z.B. mit der Netzspannung, der Charakteristik von R_S und dem Quellenwiderstand von E_x. Damit der Einfluß dieser Änderungen klein bleibt, soll der Übersetzungsfehler 1···2% nicht übersteigen. Je kleiner man das Stördrehmoment machen kann, desto kleiner darf auch das Nutzdrehmoment und damit der Meßbereich sein.

[1] Die Theorie dieser Kompensatoren findet man bei Merz, L.: Arch. Elektrotechn. 31 (1937) S. 1.

[2] Dies muß in allen Lagen der Fall sein, die der Rotor im Verstellbereich von R_S entsprechend dem Wert von E_x einnehmen kann.

Als Nullmotor dient durchweg ein Drehspulgalvanometer. Damit dieses weitgehend richtkraftlos wird, führt man die Drehspule über dünne Stromzuführungs- oder Spannbänder heraus und steuert den Kompensationsstrom mit möglichst kleinem Ausschlag (meist Bruchteil eines

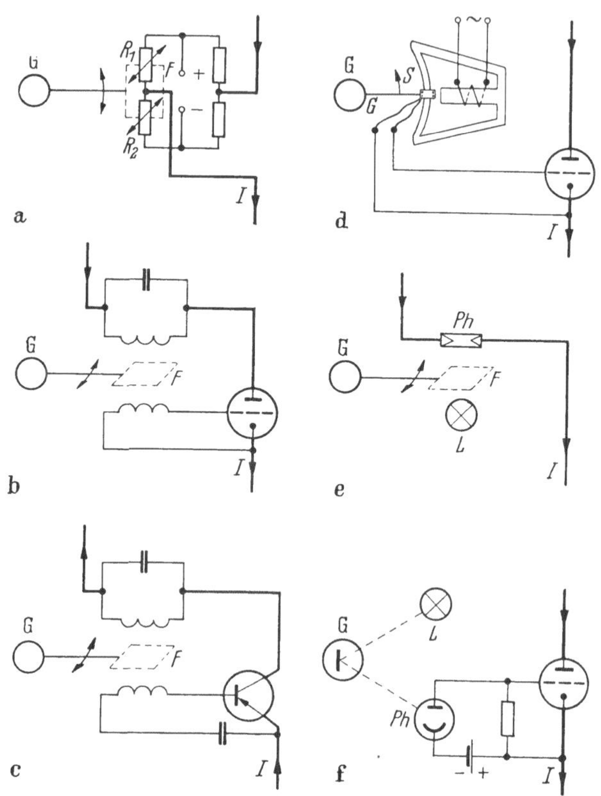

Abb. 257a–f. Steuerungsarten bei Galvanometerverstärkern. a) mit bolometrischem Abgriff (man denke sich R_1 und R_2 aus der Zeichenebene heraus von einem Luftstrom angeblasen); b) und c) mit Schwingkreisabgriff (Röhren- bzw. Transistoroszillator); d) mit induktivem Abgriff (Schwenkspule); e) und f) mit photoelektrischem Abgriff (mit Photowiderstand bzw. Photozelle)

Winkelgrads). In der Praxis wird der Hilfsstrom bei solchen Kompensatoren, die man auch *Galvanometerverstärker* nennt, nicht mittels eines mechanisch betätigten Stellwiderstands (wie bisher wegen der Anschaulichkeit angenommen), sondern meist mit elektronischen Mitteln gesteuert. Die gebräuchlichsten Steuerungsarten sind in Abb. 257 schematisch zusammengestellt. Bei a ändert eine am Galvanometer G angebrachte Fahne F je nach ihrer Stellung die Abkühlungsverhältnisse zweier beheizter, von einem Luftstrom angeblasener und in einer Brücke liegender temperaturabhängiger Widerstände R_1 und R_2 (Bolometer) und beeinflußt dadurch den Diagonalstrom I der Brücke. Auf diese (heute nicht mehr übliche) Art war der erste von SCHÜTZLER[1] angegebene Galvanometerverstärker aufgebaut. Bei b und c greift die Galvanometerfahne F in den Schwingkreis eines Röhren- bzw. Transistoroszillators ein und steuert dadurch den Anoden- bzw. Kollektorstrom I (Kompensator mit Schwingkreisabgriff). Bei d ist mit dem Galvanometer die be-

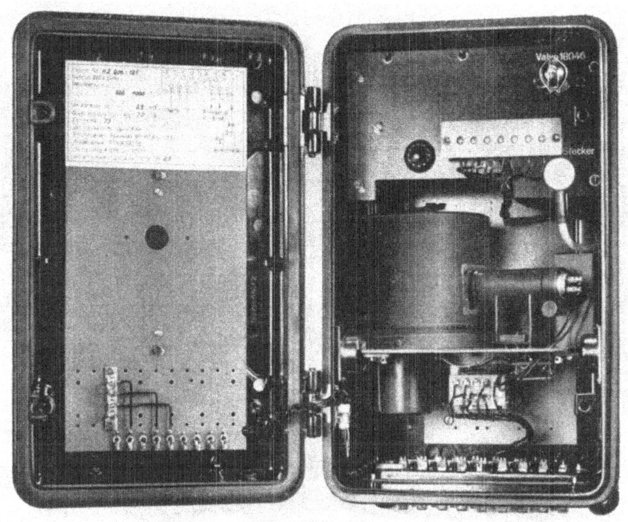

Abb. 258. Lichtelektrischer Verstärker (S & H)

wegliche Spule (Schwenkspule) S eines aus dem Netz erregten Differentialtransformators gekuppelt. In der Schwenkspule wird eine von ihrer Stellung abhängige Wechselspannung induziert, die den Anodenstrom I einer Röhre beeinflußt (Schwenkspulkompensator)[2]. Die Schaltungen e und f zeigen lichtelektrische Steuerungen des Kompensationsstroms[3]. Bei e ändert die Fahne F die von der Lampe L auf den direkt im Hilfsstromkreis liegenden Photowiderstand Ph fallende Beleuchtung und damit dessen Widerstand; bei f wird durch ein Spiegelgalvanometer eine Photozelle Ph mehr oder weniger beleuchtet, die im Gitterkreis einer Röhre liegt und damit deren Anodenstrom I beeinflußt.

Die kleinsten Meßbereiche erreicht man in der völlig rückwirkungsfreien Anordnung nach f. Da der Lichtzeiger den doppelten Ausschlag

[1] SCHÜTZLER, G.: Meßtechn. 5 (1929) S. 275.
[2] SAMAL, E.: ETZ-A 74 (1953) S. 590.
[3] GILBERT, R. W.: Rev. sci. Instr. 7 (1936) S. 41; – MERZ, L.: ATM Z 64-3 (Dez. 1937); – HUNSINGER, W.: Helios 45 (1939) S. 184; – HÜBNER, W.: Elektrotechn. 4 (1950) S. 378.

wie die Drehspule macht und man ihn beliebig lang ausbilden kann, wird der Kompensationsstrom mit einem sehr kleinen Ausschlag und damit sehr kleinen Rückstellmoment des Galvanometers ausgesteuert. Abb. 258 zeigt den „lichtelektrischen Verstärker" von S & H, der bereits für einen Meßbereich von 0···25 µV ausgelegt werden kann. Bei Kompensatoren mit den anderen Steuerungsarten erhält man für die kleinsten Meßbereiche Endwerte von 1···5 mV.

Die Galvanometerverstärker sind weitgehend thermospannungsfrei, denn im Nullkreis liegen keine beweglichen Kontakte. Ihre Fehlergrenze beträgt (ohne Strommesser) oberhalb von 1 mV je nach Bauart und Meßbereich etwa ± 0,1···1% vom Endwert. Die Einstellzeit ist meist kleiner als 1 s. Der Kompensationsstrom wird im allgemeinen aus dem Netz über einen Transformator mit nachgeschaltetem Gleichrichter entnommen. Wenn auch der Nullmotor den Kompensationsstrom bei Netzspannungsschwankungen sofort nachregelt, so wird doch häufig die Speisespannung grob stabilisiert. Man vermeidet so die kurzzeitigen Schwankungen des Kompensationsstroms während des Neuabgleichs, die besonders beim Registrieren oft stören.

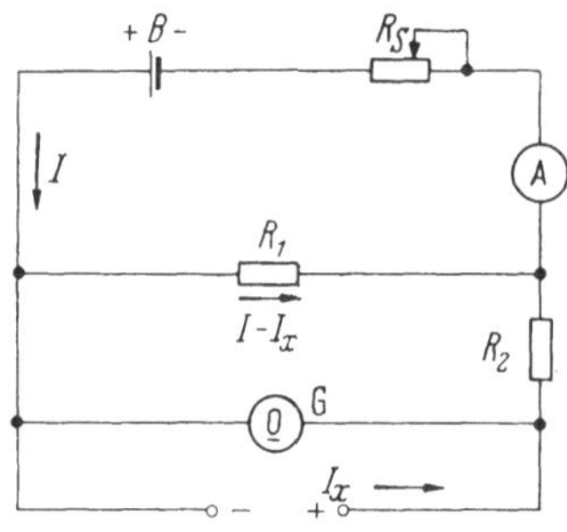

Abb. 259. Saugschaltung (ohne Selbstabgleich dargestellt)

Da bei den Galvanometerverstärkern – entsprechend dem Meßbereich des Strommessers – jeder Meßbereich mit Null beginnt, schaltet man zum Unterdrücken des Nullpunktes der Meßspannung eine konstante Spannung entgegen. Man legt dazu in den Nullkreis einen Widerstand, der von einem Konstantstrom durchflossen wird; diesen entnimmt man einer Konstantstrom- oder -spannungsquelle (siehe S. 362).

Strommessung mit Galvanometerverstärkern. Der exakt abgeglichene Galvanometerverstärker ist ein Spannungsmesser mit dem Innenwiderstand ∞. Einen Strommesser erhält man dadurch, daß man den Spannungsabfall an einem konstanten Widerstand (der dann den Innenwiderstand des Strommessers darstellt) bestimmt. Mit Hilfe der sogenannten Saugschaltung, Abb. 259, kann aber der Galvanometerverstärker auch als Strommesser mit dem Innenwiderstand Null verwendet werden, sofern der zu messende Strom I_x kleiner als der Kompensationsstrom I ist. Für Stromlosigkeit des Nullmotors G gilt:

$$I_x R_2 = (I - I_x) R_1$$

$$I_x = I \frac{R_1}{R_1 + R_2} \tag{153}$$

D. Kompensatoren für Wechselstrom

Bei den Wechselstromkompensatoren sind wie bei den Wechselstrommeßbrücken zwei Abgleichbedingungen zu erfüllen: Die zu vergleichenden Spannungen müssen sowohl den gleichen Betrag als auch die gleiche Phasenlage haben. Als Nullindikatoren werden die gleichen verwendet wie bei den Meßbrücken (s. S. 262). Die Wechselstromkompensation wird in vielen Fällen angewandt, wenn es sich darum handelt, kleine Wechselspannungen nach Betrag und Phasenlage zu bestimmen oder zu vergleichen. Es sollen hier zwei kennzeichnende Beispiele gebracht werden.

1. Komplexer Wechselstromkompensator[1]

Das in Abb. 260 dargestellte Prinzip beruht darauf, daß die zu messende Spannung $\mathfrak{U}_X$ gegen eine Vergleichsspannung kompensiert wird, die sich aus zwei getrennt einstellbaren, um $\pi/2$ rad gegeneinander phasenverschobenen Teilspannungen zusammensetzt. Der Normalstrom $\mathfrak{J}_N$ durchfließt den Normalwiderstand R_N und ruft an ihm einen gleichphasigen Spannungsabfall $\mathfrak{U}_N$ hervor. Gleichzeitig erzeugt $\mathfrak{J}_N$ über die praktisch leerlaufende Gegeninduktivität T am Widerstand R'_N eine gleichgroße, aber gegen $\mathfrak{U}_N$ um $\pi/2$ rad phasenverschobene Spannung $\mathfrak{U}'_N$. R_N und R'_N sind als Potentiometer ausgebildet. Die Summe der abgegriffenen Teilspannungen $a_w\,\mathfrak{U}_N$ und $a_b\,\mathfrak{U}'_N$ wird gegen die zu messende Spannnng $\mathfrak{U}_X$ kompensiert (a_w und a_b sind die zwischen 0 und 1 veränderbaren Stellungen der Potentiometerabgriffe). Ist der Nullindikator stromlos, so ist

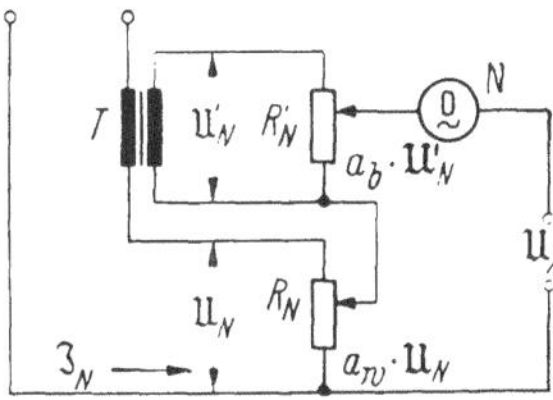

Abb. 260. Prinzipschema der Wechselstromkompensation

$$\mathfrak{U}_{Xw} = a_w\,\mathfrak{U}_N \tag{154}$$

$$\mathfrak{U}_{Xb} = a_b\,\mathfrak{U}'_N \tag{155}$$

Da $|\mathfrak{U}_N| = |\mathfrak{U}'_N|$, ergibt sich

$$\mathfrak{U}_X = \mathfrak{U}_N\sqrt{a_w^2 + a_b^2} \tag{156}$$

und

$$\tan\varphi = \frac{a_b}{a_w} \tag{157}$$

Die zu messende Spannung $\mathfrak{U}_X$ ergibt sich also aus der vektoriellen Summe ihres „Wirkanteils“ (der mit $\mathfrak{J}_N$ in Phase liegt) und ihres um $\pi/2$ rad phasenverschobenen Blindanteils.

[1] Geyger, W.: ETZ 45 (1924) S. 1348/1349; – Schlamp, G.: H-&-B-Sonderheft Interkama 1960 S. 60/65 u. ETZ-A 81 (1960) S. 784/789.

Der komplexe Wechselstromkompensator von H & B beruht auf diesem Prinzip; seine wichtigsten Kennzeichen seien kurz angeführt: Der „Bezugswert" (Normalstrom) wird der Meßschaltung über einen Isolierstromwandler zugeführt, damit man auch Spannungen anderen Potentials kompensieren kann. Dieser Wandler besitzt solche primärseitigen Anzapfungen und Vorwiderstände, daß als Bezugswerte Ströme von 0,02···10 A oder Spannungen von 50···500 V dienen können. Auch die Gegeninduktivität hat Anzapfungen, damit man bei den Nennfrequenzen 50, 60, 150, 400, 800 und 1000 Hz immer die gleiche Vergleichsspannung $\mathfrak{U}_N$ erreicht. Mit einem Schalter kann man deren Wirk- und Blindanteil so umpolen, daß in allen vier Quadranten gemessen werden kann. Die Vergleichsspannungspotentiometer sind je dreistufig ausgeführt (2 Stufenschalter, 1 Schleifdraht), so daß die beiden Vergleichskomponenten (maximal je 0,1 V) genügend fein unterteilt werden können. Außer dem Direktbereich 0···0,1 V sind über eingebaute Spannungsteiler und Nebenwiderstände Spannungsbereiche mit Endwerten bis 500 V und Strombereiche mit Endwerten zwischen 1 mA und 20 A möglich. Die Fehlergrenze ist bei 50 und 60 Hz $\pm$ 1 ‰, sie steigt mit der Frequenz über $\pm$ 2 ‰ bei 150 Hz auf $\pm$ 1,5% bei 1000 Hz.

Der komplexe Wechselstromkompensator eignet sich für zahlreiche Meßaufgaben aus der Wechselstromtechnik, wie Wechselstromeichung von Strom-, Spannungs- und Leistungsmessern, Bestimmung von Eisenverlusten, Messung des Übersetzungsverhältnisses von Transformatoren, Impedanzmessungen.

2. Trafo-Übersetzungsmesser

Nach dem Prinzip der Wechselspannungskompensation kann man vorteilhaft auch das Leerlauf-Übersetzungsverhältnis von Leistungstransformatoren bestimmen. Für dieses schreiben die IEC-Regeln eine Fehlergrenze von $\pm$ 0,5% des gewährleisteten Werts bzw. 1/10 der Kurzschlußspannung vor; jeweils der niedrigere Wert ist einzuhalten. Da Kurzschlußspannungen bis herab zu 3% vorkommen, muß das Leerlauf-Übersetzungsverhältnis auf $\pm$ 0,3··· $\pm$ 0,5% genau eingehalten werden.

Das Übersetzungsverhältnis $\ddot{U}$ eines Transformators ist vom VDE als das Verhältnis der Primärwindungszahl N_1 zur Sekundärwindungszahl N_2 definiert (also $\ddot{U} = N_1/N_2$). Es kann mit genügend guter Annäherung (s. weiter unten) durch das Verhältnis der Primärspannung U_1 zur Sekundärspannung U_2 – jeweils im Leerlauf gemessen – bestimmt werden (also $\ddot{U} = U_1/U_2$). Dies ist prinzipiell in der Schaltung nach Abb. 261a möglich. Die Primärwicklung des Prüflings P wird an die Spannung U_1 (z.B. 220 V) gelegt. An U_1 liegt ferner ein Spannungsteiler (z.B. Schleifwendelwiderstand) mit dem Gesamtwiderstand R, der durch seinen Abgriff in die Teilwiderstände R_1 und R_2 unterteilt wird. Die

Sekundärwicklung von P mit der Spannung U_2 ist auf der einen Seite mit der Primärwicklung und dem Spannungsteilerende, auf der anderen über den Nullindikator N mit dem Abgriff des Spannungsteilers verbunden; dabei ist auf Gleichphasigkeit von U_1 und U_2 zu achten. Stellt man den Spannungsteiler so ein, daß N stromlos wird (bzw. wegen des Winkelfehlers des Prüflings ein Minimum anzeigt), so ist

$$\ddot{U} = \frac{U_1}{U_2} = \frac{R}{R_2} \tag{158}$$

Man kann also den Spannungsteiler unmittelbar in $\ddot{U}$-Werten eichen. Da sich U_2 immer proportional mit U_1 ändert, ist die Messung ferner unabhängig von Schwankungen der Meßspannung.

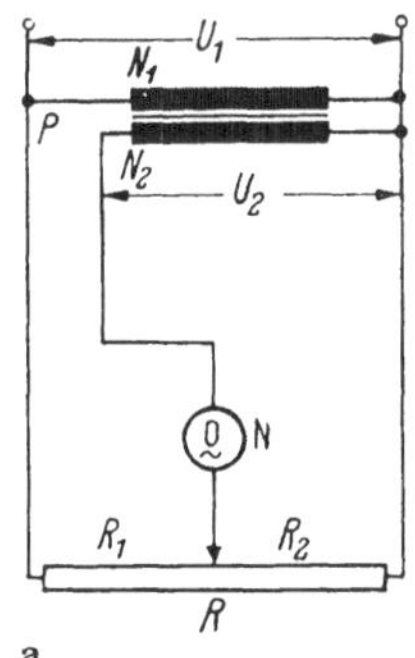

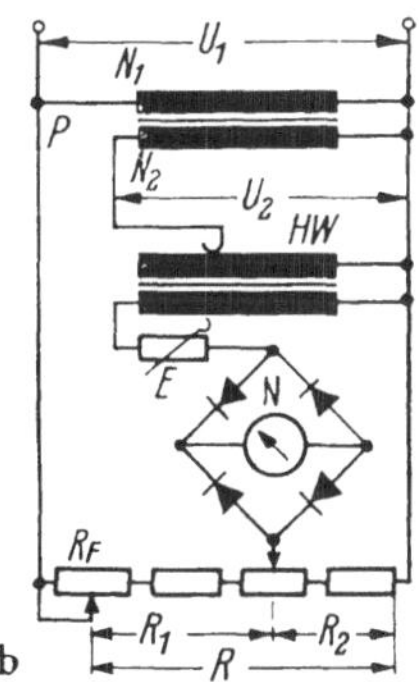

Abb. 261a u. b. Messung des Trafoübersetzungsverhältnisses. a) allgemeine Prinzipschaltung; b) Prinzipschaltung des Trafo-Übersetzungsmessers nach KELLER (H & B). P Prüfling; N_1, N_2 Windungszahl der Primär- bzw. Sekundärwicklung; U_1, U_2 Primar- bzw. Sekundärspannung; R Spannungsteiler mit den Teilwiderständen R_1 und R_2; N Nullindikator; HW Hilfswandler; E Empfindlichkeitseinsteller; R_F Zusatzwiderstand zum direkten Ablesen des Übersetzungsfehlers

Diese Methode ist allerdings für die Praxis wenig geeignet, da besonders bei großem $\ddot{U}$ die Messung recht ungenau wird. A. KELLER hat die Schaltung so abgewandelt, daß damit praktisch alle vorkommenden Übersetzungsverhältnisse (bezogen auf U_1/U_2) auf $\pm$ 0,1% genau bestimmt werden können[1]. Das Prinzip des Trafo-Übersetzungsmessers nach KELLER ist in Abb. 261b dargestellt. Gegenüber Abb. 261a ist zwischen die Sekundärwicklung des Prüflings und den Spannungsteiler ein sehr genauer, primärseitig in 13 Übersetzungsstufen umschaltbarer Hilfswandler HW eingefügt. Da dieser nur einen Eigenverbrauch von etwa 6 mVA hat, wird der Prüfling (auch wenn man die Belastung von der Prüfspannung 220 V auf seine Nennspannung umrechnet) praktisch in allen Fällen im Leerlauf gemessen. Durch Umschalten des Übersetzungsverhältnisses $\ddot{U}_{HW}$ des Hilfswandlers ist es bei allen $\ddot{U}$-Werten des Prüflings zwischen 2 und 350 möglich, die Kompensation im gleichen engen Spannungsbereich des Spannungsteilers durchzuführen. Damit der Spannungsteiler eine gute Auflösung erreicht, besteht er aus einem Schleifdraht, dem beiderseits Festwiderstände vorgeschaltet sind. Das Übersetzungsverhältnis des Prüflings ergibt sich zu

$$\ddot{U} = \frac{U_1}{U_2} = \ddot{U}_{HW} \frac{R}{R_2} \tag{159}$$

[1] KELLER, A.: ATM Z 731-1 (1939).

Der Schleifdraht für die $\ddot{U}$-Einstellung hat zwei Skalen, die von 4,0 ··· 7,0 und 6,0 ··· 10,5 ausgeteilt sind. Beim Umschalten des Hilfswandlers erscheint über der Skale jeweils der Faktor, mit dem der abgelesene Wert zu multiplizieren ist. Wegen $\ddot{U} \sim R$ kann man an dem R erweiternden Widerstand R_F (bei am Schleifdraht eingestelltem Sollübersetzungsverhältnis) im Bereich von $\pm$ 1% unmittelbar den Übersetzungsfehler ablesen.

Die Messungen werden an Transformatoren bis 30 kV Nennspannung am Niederspannungsnetz (220 bzw. 380 V) ausgeführt. Für Messungen an Höchstspannungstransformatoren muß dem Prüfling eine erhöhte Primärspannung zugeführt werden. Der Spannungsteiler wird dann über einen kleinen Reduzierwandler (z.B. 3300/220 V) gespeist. Da sich dadurch alle $\ddot{U}$-Bereiche um dessen Übersetzungsverhältnis erhöhen (z.B. von 2 auf 30), muß bei kleinerem $\ddot{U}$ die Sekundärspannung des Prüflings durch einen Zwischenwandler an die Primärspannung des Hilfswandlers angepaßt werden. Einen solchen Zwischenwandler braucht man auch bei Speisung mit 220 V, wenn $\ddot{U} < 2$ ist.

Als Nullindikator dient ein Drehspulgleichrichterinstrument mit vorgeschaltetem Empfindlichkeitseinsteller. Verschiedene in Abb. 261 b nicht eingezeichnete Sicherheitseinrichtungen sorgen dafür, daß ein falscher Anschluß vor der Messung bemerkt wird.

Wie schon erwähnt, stimmt das aus U_1/U_2 erhaltene Übersetzungsverhältnis mit dem zu N_1/N_2 definierten nicht exakt überein. Die Abweichung wird durch den Spannungsabfall des Leerlaufstroms an der Primärwicklung verursacht. Bei üblichen Leistungstransformatoren liegt die Abweichung zwischen 0,15 und 0,24%, so daß auch beim Messen von U_1/U_2 die in den IEC-Regeln geforderte Genauigkeit eingehalten wird. Die Abweichung hängt weiterhin in geringem Maß von der Erregerspannung des Prüflings ab. Ist diese erheblich kleiner als etwa 1% der Nennspannung, so wird die Fehlergrenze von 0,3% überschritten. Dies ist auch der Grund dafür, daß bei Nennspannungen ab 30 kV mit erhöhter Erregerspannung gearbeitet wird.

XX. Elektrische Meßverstärker

Unter Meßverstärkern[1] sollen solche Meßeinrichtungen verstanden werden, deren Eingang eine elektrische Größe (Spannung oder Strom) zugeführt wird und deren Ausgang eine „verstärkte", der Eingangsgröße proportionale elektrische Größe entnommen werden kann. Ausgangsgröße ist entweder eine Spannung oder ein eingeprägter (d.h. vom Be-

[1] Schneider, H.: VDI-Z. 103 (1961) S. 1163/1168.

lastungswiderstand unabhängiger) Strom. Meßverstärker mit eingeprägtem Ausgangsstrom werden in der industriellen Meßtechnik bevorzugt. „Verstärkt" bedeutet, daß die dem Ausgang entnehmbare Leistung größer als die dem Eingang zugeführte ist. Ein Meßverstärker liegt also auch dann vor, wenn die Ausgangsspannung gleich der Eingangsspannung ist, aber stärker belastet werden kann als diese (Impedanzwandler). Die Anforderungen, die an die Genauigkeit der Zuordnung zwischen Eingangs- und Ausgangsgröße gestellt werden, hängen von der Meßaufgabe ab: die zulässigen Fehlergrenzen liegen etwa zwischen $\pm 1\%$ und $< \pm 1‰$.

Die in diesem Kapitel als Meßverstärker bezeichneten Meßeinrichtungen sollen als verstärkende Bauelemente nur solche enthalten, die rein statisch (d.h. ohne bewegte Teile) arbeiten, also z.B. Elektronenröhren, Transistoren oder gleichstromvormagnetisierte Drosseln (Magnetverstärker).

A. Gegenkopplung

Bei einem elektrischen Verstärker (z.B. einem Röhrenverstärker), Abb. 262a, wird das Verhältnis der Ausgangsspannung U_2 zur Eingangsspannung U_1 als Verstärkungsfaktor V bezeichnet.

$$V = \frac{U_2}{U_1} \quad \text{oder} \quad U_2 = V\,U_1 \tag{160}$$

Der Zusammenhang zwischen U_2 und U_1 ist mehr oder weniger nicht-

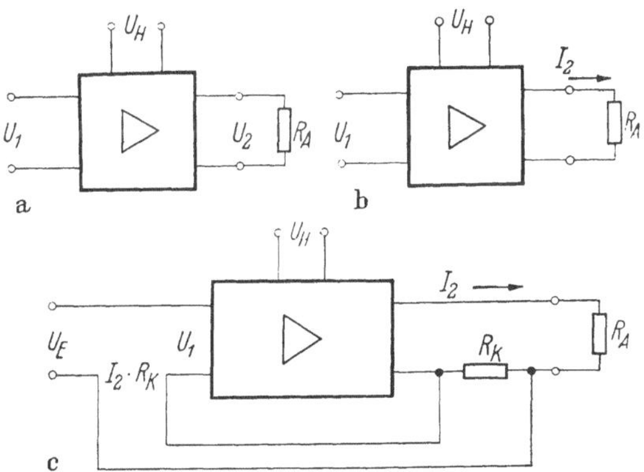

Abb. 262a–c. Schema eines Verstärkers. a) mit Spannungsausgang; b) mit Stromausgang; c) mit Stromausgang und Gegenkopplung.

Zu a) U_1 Eingangsspannung; U_2 Ausgangsspannung; U_H Hilfsspannung; R_A Abschlußwiderstand (Außenwiderstand); $V = U_2/U_1$ Verstärkungsfaktor (Spannungsverstärkung).

Zu b) I_2 Ausgangsstrom; $V^* = I_2/U_1$ Verstärkung; sonstige Bezeichnungen wie bei a).

Zu c) U_E Eingangsspannung der Gesamtschaltung; R_K Gegenkopplungswiderstand; sonstige Bezeichnungen wie bei a) und b)

linear. Der Verstärkungsfaktor V ist also nicht konstant, sondern hängt von der Amplitude von U_1 ab. Außerdem ändert sich V z.B. mit der Hilfsspannung U_H (z.B. Heiz- und Anodenspannung bei einem Röhrenverstärker) sowie mit der Alterung der Bauelemente. Da alle diese Einflüsse den Verstärkungsfaktor in sehr weitem Bereich schwanken lassen (etwa im Verhältnis 1 : 6), ist ein solcher Verstärker für Meßzwecke – wo man einen exakten Zusammenhang zwischen Ausgangs- und Eingangsgröße fordert – nicht geeignet. Dies gilt auch dann, wenn man durch Stabilisierung der Hilfsspannung die Schwankungen von V auf etwa 1 : 1,5 verringert.

Der Einfluß der Änderung des Verstärkungsfaktors auf die Ausgangsgröße läßt sich durch die sogenannte Gegenkopplung so weit vermindern, daß man Verstärker auch für Meßzwecke benutzen kann. Die Wirkung der Gegenkopplung soll an einem Verstärker mit Spannungseingang und Stromausgang gezeigt werden. Stromausgang bedeutet, daß nicht die Ausgangsspannung U_2, sondern der Ausgangsstrom I_2 die Eingangsgröße (z.B. die Eingangsspannung U_1) abbildet. Für Meßzwecke sind solche Verstärker mit „eingeprägtem" (d.h. vom Ausgangswiderstand unabhängigen) Ausgangsstrom oft erwünscht. Man kann nämlich mehrere Verbraucher (z.B. Anzeigegerät, Schreiber, Regler, Zähler) in Reihe schalten, ohne daß sich der Ausgangsstrom ändert; auch den Leitungswiderstand braucht man nicht zu berücksichtigen.

Das Prinzipschaltbild eines Verstärkers mit Stromausgang zeigt Abb. 262b. Als „Verstärkung" V^* sei hier das Verhältnis des Ausgangsstroms I_2 zur Eingangsspannung U_1 bezeichnet[1], also

$$V^* = \frac{I_2}{U_1} \quad \text{oder} \quad I_2 = V^* U_1 \tag{161}$$

Einheiten:

$$\mathrm{A} = \frac{\mathrm{A}}{\mathrm{V}} \cdot \mathrm{V}$$

Führt man gemäß Abb. 262c bei einem Verstärker mit Stromausgang eine dem Ausgangsstrom I_2 proportionale Spannung $I_2 R_K$ auf den Eingang zurück (so daß sie der der Gesamtschaltung zugeführten Spannung U_E entgegenwirkt), so ist die Eingangsspannung U_1 des Verstärkers:

$$U_1 = U_E - I_2 R_K \tag{162}$$

Mit Gl. (161) ergibt sich

$$I_2 = \frac{U_E}{R_K} \frac{1}{1 + \frac{1}{V^* R_K}} \tag{163}$$

[1] Die hier mit $V^* = I_2/U_1$ bezeichnete „Verstärkung" (Einheit A/V) ist eine in der Verstärkertechnik nicht übliche Größe. Da sie jedoch für die Meßtechnik wichtig ist, sollte eine geeignete Bezeichnung dafür festgelegt werden.

Für $V^* R_K \to \infty$ (d.h. für sehr große Verstärkung) geht Gl. (163) über in:

$$I_2 = \frac{U_E}{R_K} \tag{164}$$

Die Verstärkung des gegengekoppelten Verstärkers $V^{*\prime} = I_2/U_E$ ist nach Gl. (163):

$$V^{*\prime} = \frac{1}{R_K} \cdot \frac{1}{1 + \frac{1}{V^* R_K}} \tag{165}$$

Bezeichnet man mit $V_0^{*\prime} = 1/R_K$ die Sollverstärkung des gegengekoppelten Verstärkers, so geht Gl. (165) über in:

$$V^{*\prime} = V_0^{*\prime} \cdot \frac{1}{1 + \frac{V_0^{*\prime}}{V^*}} \tag{166}$$

Man sieht, daß durch Einführung der Gegenkopplung die Verstärkung vor allem von der Konstanz des Widerstandes R_K abhängt; man muß daher diesen als Meßwiderstand ausbilden. Die Verstärkung V^* des Verstärkers ohne Gegenkopplung, die, wie erwähnt, von vielen Einflüssen abhängt und in weiten Grenzen schwanken kann, geht in $V^{*\prime}$ um so weniger ein, je größer sie gegenüber $V_0^{*\prime}$ ist.

Für $V^*/V_0^{*\prime} = 100$ weicht z.B. $V^{*\prime}$ um $-1{,}25\%$ bzw. $-0{,}83\%$ von der Sollverstärkung ab, wenn sich V^* um -20% bzw. $+20\%$ ändert; bei $V^*/V_0^{*\prime} = 1000$ sind die Abweichungen zehnmal so klein.

$(V^{*\prime} - V_0^{*\prime})/V_0^{*\prime}$ bezeichnet man als den Übersetzungsfehler des Verstärkers; dieser ist, da $V^{*\prime}$ immer etwas kleiner als $V_0^{*\prime}$ ist, stets negativ.

Den für den Sollwert der Verstärkung V^* sich ergebenden Übersetzungsfehler kann man eineichen, so daß die Genauigkeit des Verstärkers nur noch von den Änderungen von V^* gegenüber dem der Eichung zugrunde gelegten Sollwert abhängt.

B. Wechselstrommeßverstärker

Beim Verstärken von Wechselspannungen und Wechselströmen reicht eine genügend starke Gegenkopplung aus, um dem Verstärker Meßqualität zu geben. Als Beispiel für die zahlreichen Anwendungen von Wechselstrommeßverstärkern soll ein Vorverstärker für Präzisionsmeßgeräte gebracht werden[1]. Bekanntlich haben Präzisionsgeräte der Klasse 0,2 für Wechselstrom, wie Dreheisenstrom- und -spannungsmesser oder Leistungsmesser, einen Eigenverbrauch von häufig 1 W und mehr. Nicht immer darf aber dem Meßkreis eine so große Leistung entnommen werden. Man schaltet in diesen Fällen dem Meßgerät einen Verstärker

[1] Fritze, G. u. H. Kalusche: Siemens-Z. 29 (1955) S. 461/465.

vor. Ein solcher als dreistufiger Röhrenverstärker ausgebildeter Präzisionsmeßverstärker von S & H ist in Abb. 263 gezeigt; er wird in zwei Varianten – als Strom- und als Spannungsverstärker – gebaut. Beide Typen arbeiten mit eingeprägtem Strom, d.h. sie werden einem Strommesser vorgeschaltet.

Strommeßverstärker. Die vom Ausgangsstrom abhängige Gegenkopplung wird auf den Eingang über eine Saugschaltung zurückgeführt. Diese im Abschnitt Kompensatoren beschriebene Schaltung (s. S. 290) gibt dem Verstärker die Eigenschaft, daß der wirksame Eingangswiderstand – und damit die Eingangsleistung – sehr klein ist (im Idealfall einer unendlich großen Verstärkung gleich Null). Die Ausgangsleistung ist so bemessen, daß gleichzeitig Strom- und Leistungsmesser angeschlossen werden können. Vor dem Verstärkereingang liegt ein Präzisionsstromwandler. Durch Umschalten der primärseitigen Anzapfungen des Wandlers können sieben Meßbereiche mit Endwerten zwischen 10 mA und 1 A gewählt werden. Der Eigenverbrauch liegt je nach dem Meßbereich zwischen 0,2 und 25 mW. Der Frequenzbereich beträgt 15···500 Hz, der Übersetzungsfehler ist dabei kleiner als 0,2% (einschließlich des Einflusses von Netzspannungsschwankungen und der Alterung von Bauelementen). Da durch den Stromwandler Ein- und Ausgang galvanisch voneinander getrennt sind, braucht man keine Erdungsvorschriften zu beachten.

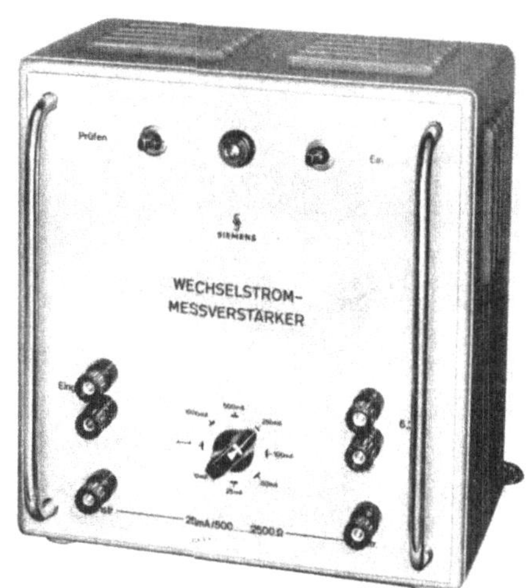

Abb. 263. Präzisionsmeßverstärker (S & H)

Spannungsmeßverstärker. Der Spannungsmeßverstärker ist ähnlich wie der Strommeßverstärker aufgebaut. Der Stromwandler ist für einen Eingangsstrom von 0,1 mA ausgelegt. Dadurch ergibt sich für die acht durch umschaltbare Vorwiderstände wählbaren Meßbereiche (Endwerte zwischen 1,5 und 300 V) ein Eingangswiderstand von 10 kΩ/V und ein Eigenverbrauch je nach Meßbereich zwischen 0,15 und 30 mW. Die übrigen Daten entsprechen denen des Strommeßverstärkers; lediglich in den beiden unteren Bereichen (1,5 und 3 V) ist der Übersetzungsfehler größer als 0,2%, und zwar 1 bzw. 0,5%.

C. Gleichstrommeßverstärker

1. Fehlerspannung

Schließt man den Eingang eines nicht gegengekoppelten Gleichspannungsverstärkers (nach Abb. 262b) kurz, d.h. macht man $U_1 = 0$, so erhält man im allgemeinen nicht den Ausgangsstrom $I_2 = 0$. Es fließt vielmehr ein kleiner Ausgangsstrom, dessen Wert sich mehr oder weniger ändert und von verschiedenen Einflüssen abhängt (z.B. Netzspannung, Temperatur, Änderung von Bauelementdaten): er ist vor allem zeitlich nicht konstant. Der Verstärker verhält sich so, als wirke hinter den kurzgeschlossenen Eingangsklemmen eine Fehlerspannung U_F auf den Eingang. Diese wird verstärkt und bewirkt den beobachteten Nullpunktfehler des Ausgangsstroms[1]. Gibt man einem solchen Gleichspannungsverstärker eine Gegenkopplung, so beeinflußt diese, wie man leicht nachweisen kann, die Wirkung der Fehlerspannung nicht; die Fehlerspannung ist vielmehr in gleichem Maße wirksam wie die Eingangsspannung.

Man hat durch die verschiedensten Schaltungsmaßnahmen versucht, die Fehlerspannung zu kompensieren oder zumindest klein zu halten. Besonders schwer läßt sich ihre zeitliche Änderung, die *Nullpunkt-Drift*, beherrschen.

Da die Driftspannung eine sich sehr langsam ändernde Gleichspannung ist, kann sie am Ausgang eines Wechselspannungsverstärkers nicht wirksam werden. Wechselspannungsverstärker sind daher driftfrei und, wie schon ausgeführt, allein durch Gegenkopplung auf Meßqualität zu bringen.

Direktgekoppelte Gleichspannungs-Röhrenverstärker haben eine Driftspannung (bezogen auf den Verstärkereingang) in der Größenordnung von 1 V, sie läßt sich durch Schaltungsmaßnahmen (z.B. Gegentaktschaltung von zwei Verstärkern) auf etwa 100 mV herabsetzen. Ein einigermaßen genauer Meßverstärker müßte also mindestens einen Meßbereich von 10 V besitzen. Bei direktgekoppelten Transistorverstärkern liegt die Driftspannung und damit der kleinste erzielbare Meßbereich etwa eine Zehnerpotenz niedriger.

2. Zerhackerverstärker

Die Driftfreiheit der Wechselspannungsverstärker kann man sich zunutze machen, um auch driftfreie Gleichspannungsverstärker zu bauen. Man muß dazu die Eingangsgleichspannung in eine Wechselspannung

[1] Die Ursache für den Nullpunktfehler ist nicht nur am Eingang, sondern an vielen Stellen des Verstärkers zu suchen. Man denkt sich aber zweckmäßig eine Fehlerspannung U_F am Verstärkereingang konzentriert.

verwandeln, diese verstärken und die Ausgangsspannung wieder gleichrichten[1]. Voraussetzung ist natürlich, daß der die Umwandlung bewirkende Modulator selbst driftfrei ist. Als driftfreie Modulatoren haben sich sorgfältig aufgebaute mechanische Zerhacker bewährt, wie sie bereits bei den selbstabgleichenden Kompensatoren erwähnt wurden (s. S. 282; auch dort ist Driftfreiheit unbedingte Voraussetzung). Wenn man einen solchen Verstärker gleichstromseitig stark gegenkoppelt (s. Abb. 262c) und den Zerhacker unmittelbar vor den Verstärker legt, erhält man einen driftfreien Gleichspannungsmeßverstärker. Als Ausführungsbeispiel seien zwei in mehreren Meßbereichen umschaltbare, mit einem Drehspulinstrument zusammengebaute Typen von Leeds & Northrup angeführt: Ein Spannungsverstärker hat sechs umschaltbare Meßbereiche mit Endwerten zwischen 50 μV und 2 mV (Fehlergrenze ±1,4%, Nullpunktunsicherheit 0,5 μV), ein Stromverstärker elf Bereiche mit Endwerten zwischen 1 nA und 2 μA (Fehlergrenze ±3,5%).

Noch kleinere Bereiche – z.B. $0 \cdots 10^{-13}$ A – kann man mit einem Schwingkondensator als Modulator erreichen. Beim Aufbau eines solchen Verstärkers muß allerdings äußerste Sorgfalt aufgewandt werden (z.B. hochwertigste Isolation).

Den mechanischen Zerhacker mit seiner beschränkten Lebensdauer sucht man heute durch sogenannte Transistorzerhacker zu ersetzen. Auf diese Weise will man in Verbindung mit einem Transistorverstärker zu einem „solid-state"-Aufbau eines Gleichspannungsverstärkers kommen, d.h. zu einem Aufbau mit rein elektronischen, keiner Abnutzung unterworfenen Bauelementen.

Einen Transistor kann man bekanntlich als periodischen Schalter verwenden, wenn man ihn an der Basis mit einer Rechteckspannung ansteuert, die ihn abwechselnd vollständig leitend macht bzw. sperrt. Dadurch wird der Widerstand zwischen Kollektor und Emitter abwechselnd sehr klein (z.B. $< 100\,\Omega$) und sehr groß (z.B. $> 1\,\mathrm{M}\Omega$). Legt man den Transistor unmittelbar vor einen Wechselstromverstärker und steuert ihn an der Basis mit einer entsprechend großen Rechteckspannung an, so hat man damit einen Zerhackerverstärker ohne mechanischen Zerhacker gewonnen, den man selbstverständlich in der üblichen Weise mit einer Gegenkopplung versehen kann. Den Eingangswiderstand des Verstärkers legt man etwa in die Mitte zwischen den obengenannten Werten, also auf etwa 10 kΩ. Ein solcher Transistorzerhacker hat allerdings noch eine verhältnismäßig große Fehlerspannung. Diese kann man wesentlich verkleinern, wenn man den Transistor invers (durch Vertauschen von Emitter und Kollektor) betreibt und gegebenenfalls im Gegentaktbetrieb mit symmetrischen Transistoren arbeitet. Auf weitere Möglichkeiten zur

[1] Eberhardt, R., G. Nüsslein u. H. Rupp: ETZ 62 (1941) S. 493/497.

Fehlerspannungskompensation kann hier nicht näher eingegangen werden[1, 2].

Ein vierstufiger Transistorzerhackerverstärker der AEG[1] (Zerhackerfrequenz 2 kHz), den Abb. 264 zeigt, kann mit einem kleinsten Meßbereich von 0···5 mV bei einer Fehlergrenze von ± 1% ausgeführt werden; ab 10 mV Meßbereichendwert verkleinert sich die Fehlergrenze auf ± 0,5%. Der Ausgangsstrom beträgt 0···20 mA, der Ausgangswiderstand 0···250 Ω, die Einstellzeit 20 ms. Zum Unterdrücken des Nullpunktes (oder zum

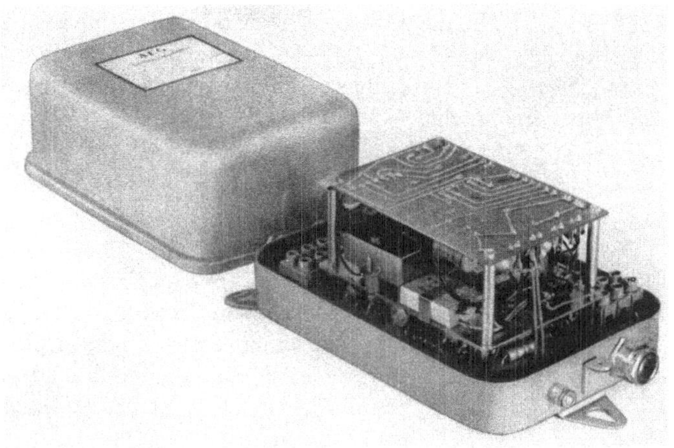

Abb. 264. Gleichspannungsverstärker „Geatherm" (AEG); Transistorverstärker mit Transistorzerhacker

Speisen einer Thermometerbrücke) dient eine eingebaute Konstantspannungsquelle mit Zenerdioden. Für Temperaturmeßbereiche in Verbindung mit Thermoelementen kann eine Ausgleichschaltung (s. S. 332), desgleichen eine Thermoelementbruchsicherung eingebaut werden.

3. Magnetverstärker[3]

Magnetverstärker benutzen als verstärkende Bauelemente gleichstromvormagnetisierte Drosseln. Eine Verstärkung ergibt sich dadurch, daß im Gebiet der Sättigung des Eisens eine kleine Änderung der zur Vormagnetisierung aufgewandten Gleichstromleistung eine verhältnismäßig große Änderung der gesteuerten Wechselstromleistung bewirkt. Speist man eine vormagnetisierte Drossel wechselstromseitig über eine symmetrische Gleichrichteranordnung ein, so kann man durch Änderung der Vormagnetisierung auch eine Gleichstromleistung steuern.

---

[1] Beug, L. u. H. R. Eggers: AEG-Mitt. 50 (1960) S. 352/358.

[2] Ladewig, W.: Messen, Steuern, Regeln (1961) S. 209/212.

[3] Geyger, W.: Magnetverstärkerschaltungen, Berliner Union: Stuttgart 1959.

Durch sorgfältigen Aufbau der Drosseln und geeignete Schaltungen kann man gegengekoppelte Magnetverstärker mit einem Eingang von wenigen Millivolt bauen. Ein Beispiel ist der Magnetik-Verstärker von S & H. Die Eingangsstufe des zweistufigen Magnetverstärkers besteht aus zwei völlig symmetrisch aufgebauten, im Gegentakt geschalteten Drosselpaaren mit den zugehörigen Gleichrichtern. Durch diesen Aufbau sind die Fehlerspannungen sehr klein, so daß man einen kleinsten Meßbereich von 0···1 mV erzielen kann. Der maximale Ausgangsstrom beträgt je nach Ausführung 10 oder 50 mA, der zulässige Ausgangswiderstand 200 ± 50 Ω. Alle Teile des Verstärkers, der eine Fehlergrenze (je nach Meßbereich) von etwa ±0,2···1% besitzt und keine beweglichen Bauelemente enthält, sind in einem geschlossenen, würfelförmigen Stahlblechgehäuse untergebracht.

D. Röhrenvoltmeter

Röhrenvoltmeter bestehen aus einem Meßverstärker und einem robusten Drehspulinstrument, die meist in einem handlichen Traggehäuse zusammengebaut sind. Röhrenvoltmeter gibt es in zahllosen Varianten für Gleich- und für Wechselstrommessungen. Ihr Hauptanwendungsgebiet sind Servicemessungen in der Rundfunk-, Fernseh- und Verstärkertechnik. Der eingebaute Verstärker macht es möglich, das Drehspulinstrument auch für Meßaufgaben heranzuziehen, für die es allein nicht geeignet ist. So kann man z. B. unter Vorschaltung eines als Impedanzwandler wirkenden Gleichspannungsverstärkers Spannungsmesser mit extrem hohem Widerstand (z. B. 10 MΩ bei 1 V) bauen, mit denen man Spannungen in Röhrenschaltungen praktisch leistungslos messen kann. Für direkt anzeigende Widerstandsmesser (s. S. 308) ergeben sich bei niedrigen Spannungen sehr hohe Meßbereiche (z. B. bei 1,5 V: bis zu 200 MΩ). Mit Hilfe vorgeschalteter Gleichrichter lassen sich Wechselspannungen bis zum MHz-Gebiet messen.

Abb. 265. Röhrenvoltmeter (Grundig)

Die Anforderungen an die Genauigkeit des Verstärkers sind im allgemeinen nicht sehr hoch; eine Fehlergrenze von ±3% bei Gleichstrom und ±5% bei Wechselstrom wird dem Verwendungszweck entsprechend meist zugestanden. Auch gelegentliche Nullpunkts- oder Endwertkontrollen nimmt man in Kauf, für die meist einfache Prüf- und Nachstellmöglichkeiten vorhanden sind. Abb. 265 zeigt ein solches Röhrenvoltmeter (Type RV 11 von Grundig). Zwei Röhrensysteme in Brückenschaltung dienen als Impedanzwandler und erlauben Gleichspannungsmessungen in sieben Bereichen mit Endwerten zwischen 1 und 1000 V (Fehlergrenze ±3%) bei einem Eingangswiderstand von 10 MΩ. Mit einer als Spannungsteiler geschalteten Hochspannungsmeßtaste kann der Meßbereich bis 30 kV erweitert werden (Eingangswiderstand 300 MΩ). Wechselspannungen im Frequenzbereich 40 Hz bis 8 MHz werden dem Verstärker über eine Gleichrichterschaltung zugeführt; in den gleichen Bereichen wie für die Gleichspannungsmessung ist der Eingangswiderstand 1,4 MΩ, die Fehlergrenze ±5%. Ferner sind sieben Widerstandsmeßbereiche vorgesehen (1···500 Ω bis 1···200 MΩ) mit einer Fehlergrenze von ±10%; die Meßspannung liefert eine eingebaute 1,5-V-Trockenbatterie.

XXI. Hochspannungsmeßeinrichtungen

Die elektrostatischen Spannungsmesser und die Spannungswandler zur Hochspannungsmessung sind auf S. 134 und 210 bereits beschrieben. In Hochspannungsnetzen wird die Spannung meist mit Spannungswandlern gemessen, die mit der erforderlichen Spannungssicherheit und Leistung hergestellt werden können. Vom unmittelbaren Einbau elektrostatischer Spannungsmesser ist man abgekommen, da ihre Spannungssicherheit nicht hoch genug ist. Dagegen werden kapazitive Spannungsteiler oder Vorkondensatoren verwendet, wie sie auf S. 213 beschrieben sind, auch in Verbindung mit Meßwandlern. Hierbei liegt die Spannungssicherheit im Meßkondensator. In Prüfräumen ist die Spannungssicherheit der Meßeinrichtung weniger wichtig als in Betrieben. Dafür gilt es hier, sowohl den Effektivwert als auch den Scheitelwert sehr hoher Spannungen möglichst genau zu bestimmen. Von den zahlreichen Meßeinrichtungen für diesen Zweck sollen hier einige beschrieben werden; über die Messung hoher Spannungen mit Vorwiderständen ist auf S. 238 Näheres zu finden.

A. Funkenstrecken

Der elektrische Durchschlag durch die Luft zwischen zwei Leitern (Elektroden) erfordert eine gewisse Spannung, die vorwiegend von der Entfernung der Leiter abhängt. Eine Rolle spielt noch die Form der

Elektroden und der Zustand der zwischen ihnen befindlichen Luft. Der mechanische Aufbau der „Funkenstrecke" ist sehr einfach und leicht durch einen Maßstab kontrollierbar, was bei Abnahmeprüfungen wichtig ist. Der erreichte Spannungswert wird durch einen effektvollen Überschlag angezeigt. Allerdings läßt sich das Anwachsen oder Absinken der Spannung vor oder nach dem Überschlag nicht mit der Funkenstrecke verfolgen; man bedient sich hierfür häufig eines Spannungsmessers auf der Unterspannungsseite des Hochspannungstransformators. Die Ausbildung des Überschlages erfordert eine Zeit von nur $10^{-5} \cdots 10^{-8}$ s, so daß man auch Stoßspannungen von sehr kurzer Dauer messen kann.

1. Nadelfunkenstrecke

Die *Nadelfunkenstrecke* nach Abb. 266 wird nur noch für Spezialzwecke angewandt, insbesondere dann, wenn es auf kleine Kapazität ankommt. Die „Nadeln" (ähnlich Nähnadeln) sind in verstellbar eingespannten Stäben gefaßt. Bei Steigerung der Spannung bildet sich eine zunehmende Büschelentladung aus, die bei einem bestimmten Spannungswert zum Überschlag führt. Die Schlagweite s ist ein Maß für den Maximalwert der Überschlagspannung U_S. Zwischen diesen Größen besteht nach FRANCK[1] folgende Beziehung, die jedoch nur angenähert für Spannungen über 100 kV gilt:

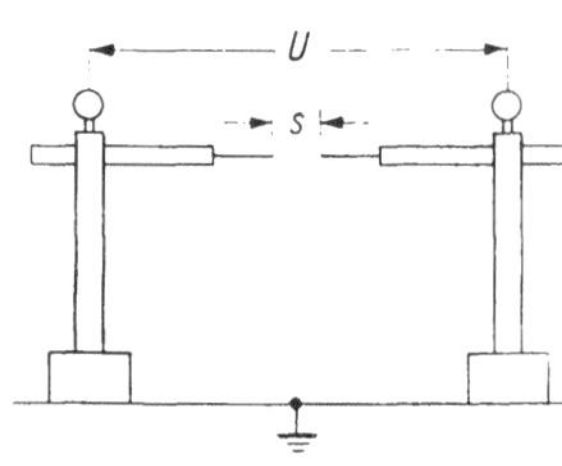

Abb. 266. Nadelfunkenstrecke

$$U_S = 15{,}4 + 4{,}74\,s \tag{167}$$

Einheiten: kV = kV + kV/cm · cm

Für kleine Schlagweiten treten sehr erhebliche Abweichungen auf. Der Einfluß fremder Felder, der Polarität und der Lage des Erdpotentials ist bei der Nadelfunkenstrecke klein. Die Meßwerte streuen aber verhältnismäßig stark wegen der Abhängigkeit der Nadelfunkenstrecke von der Luftfeuchtigkeit, der Elektrodenform und von der Form der Spannungskurve.

2. Die Kugelfunkenstrecke[2]

Eine *Kugelfunkenstrecke* ist in Abb. 267 schematisch dargestellt. Die beiden gleichgroßen Kugeln sind zuweilen waagerecht nebeneinander, häufiger senkrecht übereinander angeordnet. Die obere Kugel liegt meist an Hochspannnng. Die untere liegt an Erde; sie ist zum Einstellen der Schlagweite s in der angegebenen Pfeilrichtung verstellbar, häufig mittels

[1] FRANCK, S.: Meßentladungsstrecken, S. 161. Berlin 1931.

[2] RASKE, W.: ATM J 831-5 (Febr. 1940).

eines ferngesteuerten Motors. Die Grundlage der Spannungmessung mit der Kugelfunkenstrecke ist der gesetzmäßige Zusammenhang zwischen der Durchschlagspannung U_D (Scheitelwert) in Luft und der Schlagweite s. Letztere kann daher als Maß für den Scheitelwert der Spannung dienen. Der Zusammenhang zwischen Durchschlagspannung U_D, Schlagweite s und Kugeldurchmesser D ist auf Grund zahlreicher, sorgfältig durchgeführter Messungen ermittelt und in Tabellen festgelegt worden, die man in VDE 0433, Teil 2/8. 61[1] findet. Aus Tafel 1 dieser Regeln seien hier einige Werte angeführt; sie gelten für betriebsfrequente Wechselspannung, positive und negative Gleichspannung und negative Stoßspannung bei einpoliger Erdung, 20 °C und 1013 mbar (760 Torr).

D (cm)	2	10	25	50	150	200
s (cm)	0,05	1	5	30	60	150
U_D (kV)	2,8	31,7	137	585	1280	2250

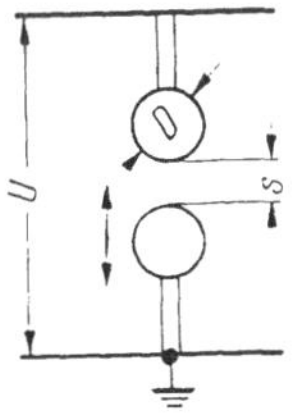

Abb. 267. Kugelfunkenstrecke

Weichen Temperatur und Luftdruck von den genannten Normalwerten ab, so ist der der Tabelle entnommene Wert U_D in den korrigierten Wert $U_{Dd} = k\, U_D$ zu ändern. Der Korrekturfaktor k hängt von der „relativen Luftdichte" d ab, die sich aus der Temperatur t (in °C) und dem Luftdruck b (in Torr) zu

$$d = 0{,}386 \frac{b}{273 + t} \tag{168}$$

ergibt (für 20 °C und 760 Torr ist $d = 1$).

$d =$	0,70	0,75	0,80	0,85	0,90	0,95	1,00	1,05	1,10	1,15
$k =$	0,72	0,77	0,81	0,86	0,91	0,95	1,00	1,05	1,09	1,13

Dieser kurze Auszug soll zeigen, in wie weiten Grenzen man die Spannungsmessung mit der Kugelfunkenstrecke beherrscht. Die Meßunsicherheit beträgt bei Wechsel- und Stoßspannung $\pm 3\%$, bei Gleichspannung $\pm 5\%$. Bei Wechselspannung gelten die Tafelwerte ohne Einschränkung bis 1 kHz, unterhalb 15 kV bis 20 kHz bei ungedämpften, bis 500 kHz bei gedämpften Wechselspannungen.

B. Hochspannungsmesser mit Ventilröhren

Verfahren von Chubb. Das Schema einer von CHUBB[2] angegebenen Methode ist in Abb. 268 gezeigt. Die obere Elektrode des Hochspannungskondensators C, der meist wie in Abb. 267 aus zwei Kugeln besteht, ist

[1] Diese VDE-Regeln sind den Empfehlungen der IEC für Spannungsmessungen mit Kugelfunkenstrecken angeglichen worden. Sie lösen die Regeln VDE 0430/XII. 41 ab. – [2] CHUBB: Proc. A. J. E. E. 35 (1916) S. 121.

mit der Hochspannung verbunden, die untere Elektrode über zwei gegensinnig parallelgeschaltete Glühkathoden-Ventilröhren G (in Abb. 268 als Gleichrichter dargestellt) mit Erde. In Serie mit der einen Ventilröhre liegt ein empfindlicher Drehspulstrommesser A. Der von diesem angezeigte Strom I_M ist der algebraische Mittelwert der einen Halbwelle des über den Kondensator C fließenden Stromes. Es gilt die Beziehung:

$$U_S = \frac{I_M}{2 f C} \qquad (169)$$

Einheiten: $\quad \mathrm{kV} = \frac{\mathrm{mA}}{1 \cdot \mathrm{s}^{-1} \cdot \mu\mathrm{F}}$

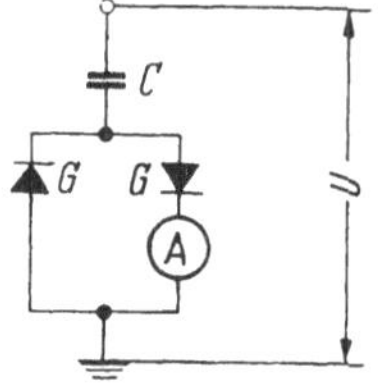

Abb. 268. Hochspannungsmessung nach CHUBB. U zu messende Spannung; C Hochspannungskondensator; G Röhrengleichrichter; A Strommesser

Der Strom I_M ist also bei bekannter Frequenz f und bekannter Kapazität C ein Maß für den Scheitelwert U_S der Hochspannung U. Dies gilt allerdings nur, wenn die Spannungskurve sinusförmig ist; bei Abweichung von der Sinusform treten die gleichen Fehler auf wie bei den anderen Gleichrichterspannungsmessern. Über eine abgewandelte Ausführung der Schaltung s. Fußnote 1.

C. Die Kondensator-Durchführung als Hochspannungsteiler

Die Hartpapierdurchführung, wie sie in Hochspannungsnetzen für Transformatoren, Schalter und anderes mehr Verwendung findet, läßt sich durch Einwickeln von Metallfolien zwischen die Papierschichten als Meßkondensator von verhältnismäßig großer Kapazität, guter Konstanz und hoher Spannungsfestigkeit ausbilden. Der über den Kondensator zur Erde fließende Strom von der Größenordnung 10^{-3} A wird über einen Strommesser geleitet und zeigt dort die Hochspannung in kV an. Der Strommesser ist ein Dreheisengerät oder ein Drehspulgerät mit Meßgleichrichter, er kann auch über einen Stromwandler angeschlossen werden. Diese bewährte kapazitive Spannungsmessung mittels Durchführung ist von OHLHANS[2] beschrieben. Dort findet man ausführliche Angaben über zweckmäßige Schaltungen auf der Niederspannungsseite, über Einfluß der Frequenz, Kurvenform, Temperatur und anderes mehr.

D. Das rotierende Hochspannungsvoltmeter

Das von KIRKPATRICK und MIYAKE[3] angegebene Meßprinzip soll an Hand der Abb. 269 erläutert werden, die einer Arbeit von PRINZ[4] ent-

[1] Haefely & Co., Basel: DRP 394014 vom Jahre 1923; – STOERK u. HOLZER: Z. techn. Physik 10 (1929) S. 317. – [2] OHLHANS, A.: Siemens-Z. 22 (1942) S. 97.

[3] KIRKPATRICK, P.: Electr. Engng. 51 (1932) S. 863.

[4] PRINZ, H.: ATM J 763-3 (Juni 1939); J 763-4 (Juli 1942); J 763-5 (Aug. 1942).

nommen ist, in der sich auch Näheres über die verschiedenen Ausführungsarten findet. Zwischen zwei plattenförmigen Elektroden b liegt die zu messende Gleichspannung U. In ihrem elektrischen Feld dreht sich der Anker a, von einem nicht dargestellten Motor mit der Drehzahl n angetrieben. Der Anker besteht aus zwei isoliert auf der Welle befestigten metallischen Halbzylindern, die über halbkreisförmige Schleifringe c (Kommutator) mit einem empfindlichen Drehspulstrommesser d und mit Erde verbunden sind. Bei der Drehung des Ankers a werden seine Mantelflächen im elektrischen Feld der Elektroden b bei jeder Umdrehung aufgeladen und über den Strommesser d entladen. Hierbei fließt ein Gleichstrom

$$I = 2\,C\,U\,n \qquad (170)$$

Einheiten: $\mathrm{A} = 1 \cdot \mathrm{F} \cdot \mathrm{V} \cdot 1/\mathrm{s}$

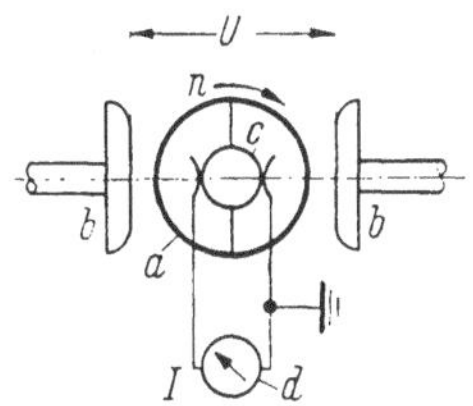

Abb. 269. Prinzipschema des rotierenden Hochspannungsvoltmeters. a Anker; b Hochspannungselektroden; c Schleifringkommutator; d Strommesser

U ist die Spannung zwischen den Elektroden b, C die Kapazität zwischen dem Anker a und einer Elektrode b, n die Drehzahl des Ankers. Der Strom I gibt also ein Maß für die gesuchte Spannung U, wenn C und n bekannt sind.

Legt man an die Platten b eine Wechselspannung U, so ist es, wenn man den Anker a mit einem Synchronmotor betreibt, offenbar möglich, die Phasenlage des Ankers zum Scheitelwert U_S der Spannung U so zu legen, daß im Strommesser d der Strom $I = 0$ wird. Hierbei ist zu bedenken, daß der Kommutator c den Strom I auch bei Wechselspannung an b gleichrichtet. Es ist aber auch möglich, die Phasenlage von a zu U_S so zu wählen, daß der Strommesser d einen Maximalwert anzeigt, der ein Maß gibt für U_S, d.h. man kann mit dem rotierenden Voltmeter auch den Scheitelwert einer Wechselspannung messen. Schließlich kann man auch die Kurvenform der Spannung U bestimmen, wenn man die Phasenlage zwischen U_S und a in bestimmbarer Weise ändert.

Das rotierende Voltmeter hat nach PRINZ folgende Vorteile: Man kann Effektivwert und Scheitelfaktor berechnen. Die höchste meßbare Spannung ist nur durch den Elektrodenabstand bestimmt. Der Zeigerausschlag am Strommesser d ist direkt proportional der Meßspannung U. Der Hochspannungsquelle wird für die Messung praktisch kein Strom entnommen. Die Spannung wird kontinuierlich angezeigt. Die Fehlergrenze beträgt nur etwa 1%. Das Anzeigegerät befindet sich auf Erdpotential und kann in beliebiger Entfernung von der Hochspannung aufgestellt werden. Aufbau und Handhabung sind einfach. SCHWENKHAGEN[1] hat für das rotierende Voltmeter die Bezeichnung „elektrosta-

[1] SCHWENKHAGEN, H.: Elektrizitätswirtschaft 42 (1943) S. 120.

tischer Induktionsspannungsmesser"[1] vorgeschlagen, die das Meßprinzip besser kennzeichnet. Die angeführte Arbeit gibt auch eine gute Übersicht über die vorhandenen Konstruktionen.

XXII. Anzeigende Widerstandsmeßeinrichtungen

Die Meßbrücken mit ihrer mittelbaren Anzeige eignen sich nicht für rasche Betriebsmessungen. Die selbstabgleichenden Brücken sind vielfach zu aufwendig, besonders wenn man nicht sehr genau zu messen braucht. Man hat deshalb zahlreiche einfache Widerstandsmeßeinrichtungen ersonnen, die meist auf der direkten Anwendung des Ohmschen Gesetzes beruhen.

A. Drehspul-Widerstandsmesser

1. Strommesser mit Ohm-Skale

Nach dem Ohmschen Gesetz kann man jeden Strommesser unter Voraussetzung einer konstanten Spannung U nach der Gleichung

$$\alpha = k\,I = k\frac{U}{R} = \frac{k_1}{R} \tag{171}$$

mit einer Ohm-Skale versehen, wobei α den Zigerausschlag, k und $k_1 = k\,U$ Konstanten bedeuten. Der an U liegende Gesamtwiderstand R setzt sich aus dem Eigenwiderstand des Instruments R_I (bestehend aus dem Widerstand der Meßwerkspule R_S und dem Vorwiderstand R_V) und dem gesuchten Widerstand R_x zusammen (der Innenwiderstand der Spannungsquelle ist meist zu vernachlässigen). Abb. 270 zeigt den Verlauf der Ohm-Skale (für R_x) eines Drehspulgeräts, das mit 1 mA über die Skale geht, einen Eigenwiderstand $R_I = 1$ kΩ hat und in Serie mit dem zu messenden Widerstand R_x an einer Spannung $U = 1$ V liegt.

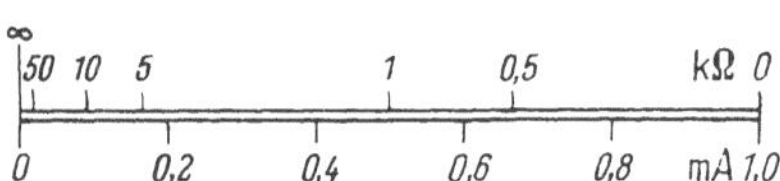

Abb. 270. Ohm-Skale eines Drehspulstrommessers bei konstanter Spannung 1 V und 1000 Ω Eigenwiderstand

Bei allen Strommessern mit Ohm-Skale liegt der Skalenpunkt $R_x = 0$ beim Vollausschlag des Instruments, der Skalenpunkt $R_x = \infty$ beim Ausschlag Null (mechanischer Nullpunkt). Der in Skalenmitte angezeigte Ohmwert ist immer gleich dem Eigenwiderstand R_I, denn bei $R_x = R_I$ ist der Strom nur halb so groß wie bei $R_x = 0$. Meist legt man den mechanischen Nullpunkt auf die rechte Seite, um keine rückläufige Ohm-Skale

[1] „Influenzspannungsmesser" würde dem heutigen Sprachgebrauch besser entsprechen.

(wie in Abb. 270) zu erhalten. Der Meßbereich läßt sich bei gegebenem Strom für Endausschlag durch die Wahl von U und R_l bestimmen[1].

Die beschriebene Methode setzt eine konstante Spannung voraus, eine Bedingung, die die meist zur Speisung benutzten Trockenbatterien

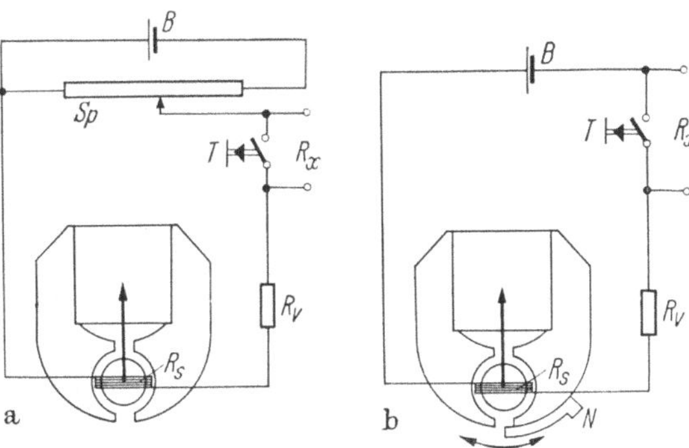

Abb. 271a u. b. Drehspul-Ohmmeter. a) mit Spannungsteiler; b) mit magnetischem Nebenschluß. B Batterie; Sp Spannungsteiler; T Taste; R_S Spulenwiderstand; R_V Vorwiderstand; R_x Klemmen für zu messenden Widerstand; N magnetischer Nebenschluß

nicht hinreichend erfüllen. An eine veränderliche Batteriespannung kann man das Gerät auf den zwei in Abb. 271 gezeigten Wegen anpassen. Bei a liegt an der Batterie B ein Spannungsteiler Sp. Bevor R_x gemessen wird, schließt man mit der Taste T die R_x-Klemmen kurz, stellt mit dem Spannungsteiler das Instrument auf Vollausschlag ($R_x = 0$) ein und legt damit an das Instrument die Spannung, mit der es geeicht ist. Nach Öffnen der Taste T kann dann der Wert für R_x abgelesen werden. Bei der Anordnung nach Abb. 271 b ist ein die Batterie zusätzlich belastender Spannungsteiler nicht nötig. Der Einfluß von Batteriespannungsänderungen wird durch einen aus weichem Eisen bestehenden magnetischen Nebenschluß N ausgeglichen, der an den Polschuhen des Meßwerkmagneten ange-

Abb. 272. Drehspul-Taschenohmmeter „Metrawid" (METRAWATT). Abmessungen 100 mm × 73 mm × 27 mm

[1] Der ausnutzbare Meßbereich liegt zwischen etwa 5 bis 10 und 100% des Vollausschlags. Letzterem entspricht immer der Wert 0 Ω, dem mechanischen Nullpunkt der Wert ∞ Ω.

bracht und mit einem am Gehäuse befestigten Drehknopf in Pfeilrichtung verstellbar ist. Dadurch kann man dem Luftspalt mehr oder weniger Kraftlinien entziehen und die Empfindlichkeit des Meßwerks der jeweiligen Batteriespannung anpassen [man ändert in Gl. (171) k gegenläufig zu U, so daß $k\,U$ konstant bleibt]. Bevor R_x abgelesen wird, muß man ebenfalls zunächst die Taste T drücken und mit dem magnetischen Nebenschluß auf $R_x = 0$ einstellen. Abb. 272 zeigt als Ausführungsbeispiel eines Strommessers mit Ohm-Skale das Taschenohmmeter „Metrawid" (METRAWATT). Das handliche Taschengerät wird aus einer 1,5-V-Taschenlampenbatterie gespeist. Es hat die drei umschaltbaren Meßbereiche 0···10 kΩ; 0···100 kΩ; 0···1 MΩ[1].

2. Spannungsmesser mit Ohm-Skale

Auch Spannungsmesser kann man als Ohmmeter verwenden. Der zu messende Widerstand R_x liegt in Reihe mit einem Vowiderstand R_V an der konstanten Spannung U, der Spannungsmesser (Eigenwiderstand R_I) ist parallel zu R_x geschaltet, s. Abb. 273. Diese Methode wendet man häufig zum Messen kleiner Widerstände (z.B. Übergangswiderstände) an. Wenn man, was in diesem Fall leicht zu erreichen ist, R_I und R_V groß gegenüber R_x macht, so erhält man für den Ausschlag α des Spannungsmessers

$$\alpha = k\,U_x = k\,\frac{U}{R_V}\,R_x = k_1\,R_x \qquad (172)$$

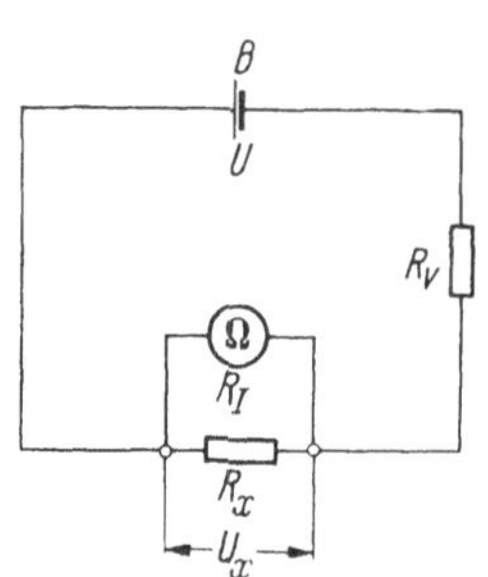

Abb. 273. Spannungsmesser als Ohmmeter. U Spannung der Batterie B; R_I Eigenwiderstand des Spannungsmessers; R_V Vorwiderstand; R_x zu messender Widerstand; U_x Spannungsabfall an R_x

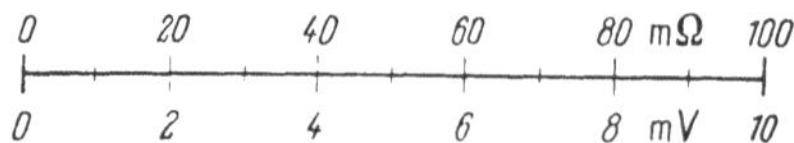

Abb. 274. Ohm-Skale eines Drehspulspannungsmessers mit einem Meßbereich von 0···10 mV (U = 1 V konstant; R_V = 10 Ω)

wobei k und $k_1 = k \cdot U/R_V$ Konstanten sind. Für R_x ergibt sich also hier eine lineare Skale. Abb. 274 zeigt die Ohm-Skale eines Spannungsmessers mit einem Meßbereich 0···10 mV und einem Eigenwiderstand von mindestens 10 Ω, wenn R_x von einem Strom von 100 mA durchflossen wird (z.B. $U = 1$ V, $R_V = 10\,\Omega$). Spannungsänderungen der

---

[1] Auch überschlägige Kapazitätsmessungen sind möglich. Gemessen wird der Ladestromstoß beim Anlegen der Batteriespannung an den Prüfling mittels des ballistischen Strommesserauschlags (Bereiche 0 bis 25/250/2500 μF).

Speisebatterie kann man auf die gleiche Weise ausschalten wie bei Strommesser-Ohmmetern.

B. Kreuzspul-Widerstandsmesser

Das Kreuzspulgerät wurde auf S. 53 eingehend beschrieben. Es dient, zusammengebaut mit der Stromquelle und einem Vergleichswiderstand, auch als Widerstandsmeßeinrichtung und bietet den schon erwähnten Vorteil, daß die Anzeige in weiten Grenzen von Spannungsänderungen der Stromquelle unabhängig ist. Je nach der gewählten Schaltung (z.B. R_x in Reihe oder parallel zu einer Kreuzspule) kann man Meßbereiche erzielen, die nur wenige Prozent eines Grundwiderstands oder etwa zwei Größenordnungen umfassen. Ihr Hauptanwendungsgebiet haben Kreuzspulgeräte bei der Temperaturmessung mit Widerstandsthermometern gefunden (s. S. 317). Man wendet sie aber auch in der Massenfertigung an, z.B. zum schnellen Messen von Spulenwiderständen, desgleichen bei Isolationsmessern (s. unten).

C. Isolationsmesser

Zum Messen von Isolationswiderständen braucht man aus zwei Gründen verhältnismäßig hohe Spannungen. Die zu messenden Widerstandswerte liegen im Megohmgebiet, so daß man rund 500 V braucht, wenn man ein robustes Meßwerk verwenden will. Außerdem schreiben verschiedene VDE-Vorschriften das Einhalten einer Mindestspannung vor. So muß z.B. nach VDE 0100 in Starkstromanlagen unter 1000 V Betriebsspannung die Isolation mindestens mit der Betriebsspannung geprüft werden. Da nach dieser Vorschrift als Mindestisolationswert einer Anlage 1000 Ω je Volt Betriebsspannung vorgeschrieben sind, müssen beim Prüfen einer 220-V-Anlage am Prüfling auch bei einem Isolationswiderstand von nur 220 kΩ noch 220 V anliegen. Der Isolationswiderstand von Haushaltsgeräten muß mindestens 2 MΩ betragen, als Prüfspannung sind 500 V vorgeschrieben. Die Prüfung wird durchweg mit Gleichspannung durchgeführt, da man dann für das Anzeigegerät ein empfindliches Dreh- oder Kreuzspulmeßwerk verwenden kann; bei Wechselspannung würde auch die Kapazität des Prüflings stören.

Ein Isolationsmesser muß handlich und leicht bedienbar sein, da ihn der Prüfende, z.B. bei Montagearbeiten, oft in unbequemen Lagen benutzen muß. Die Betriebsspannung beträgt 500 oder 1000 V, zuweilen sogar bis zu 5000 V. Man erzeugt sie entweder mit Kurbelinduktoren oder mit Niederspannungsbatterien (Trockenbatterien, kleine Akkumulatoren) und nachgeschaltetem Gleichspannungsumformer mit mechanischem oder Transistorzerhacker.

1. Isolationsmesser mit Kurbelinduktor

Ein solches Gerät ist in der Abb. 275 schematisch dargestellt. Zwischen den Polen N und S eines kräftigen (nicht dargestellten) Dauermagneten dreht sich ein Doppel-T-Anker *1* mit etwa 3000 U/min. Er wird durch eine Handkurbel über eine Zahnradübersetzung angetrieben. Auf dem Anker befindet sich eine Wicklung *2* mit vielen Windungen dünnen Drahts; ihre Enden führen zu dem Stromwender *3*, der mit dem Anker auf einer gemeinsamen Achse sitzt. Der in der Wicklung *2* induzierte Wechselstrom wird von den Bürsten *4* des Stromwenders *3* als Gleichstrom abgenommen und über die Widerstände R_1 und R_2 sowie den Strommesser *5* zu den Klemmen R_x geführt, an die der zu messende Isolationswiderstand angeschlossen wird. Der Strommesser ist mit einer Ohm-Skale versehen. Diese stimmt nur dann, wenn

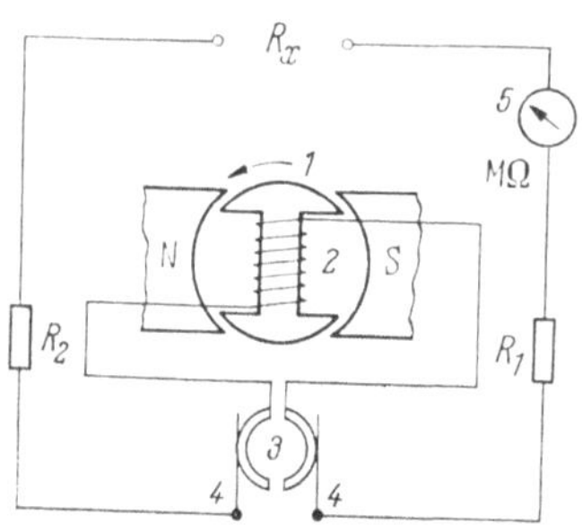

Abb. 275. Schema eines Isolationsmessers mit Kurbelinduktor. N, S Pole des Dauermagneten; *1* Doppel-T-Anker; *2* Ankerwicklung; *3* Stromwender; *4* Stromwenderbürsten; *5* Drehspulstrommesser mit MΩ-Skale; R_1, R_2 Schutz- und Meßbereichwiderstände; R_x Klemmen für zu messenden Widerstand

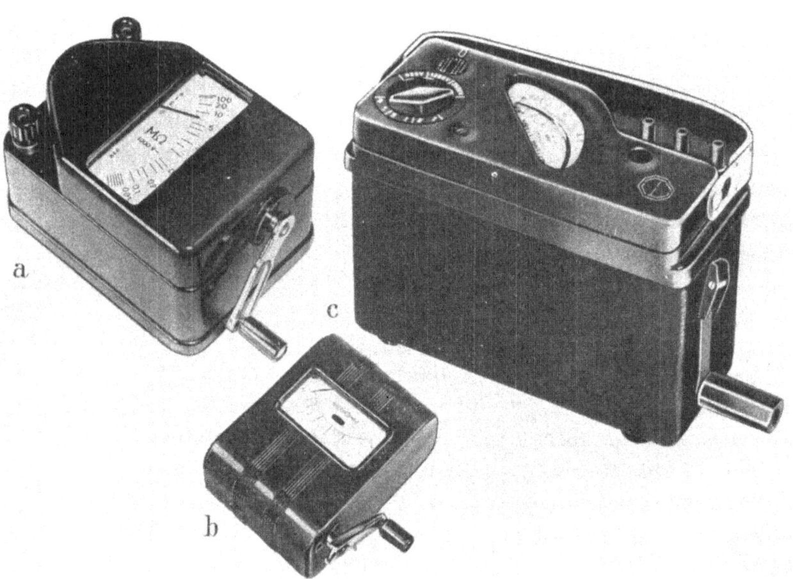

Abb. 276 a–c. Ausführung von Isolationsmessern mit Kurbelinduktor. a) AEG (Prüfspannung wahlweise 110; 250; 500; 1000 V); b) Gossen (Prüfspannung 500 V); c) METRAWATT (Prüfspannung wahlweise 500; 100/500; 250/500; 500/1000; 625/1250/2500; 2500/5000 V)

der Kurbelinduktor die der Eichung zugrunde gelegte Spannung abgibt, also mit einer ganz bestimmten Drehzahl betrieben wird. Die Spannungskonstanz kann auf verschiedene Arten erreicht werden, z.B. baut man einen Drehzahlregler ein. Wird statt eines Drehspulgeräts ein Quotientengerät (z.B. Kreuzspulgerät) verwendet, so zeigt dieses den Prüflingswiderstand auch dann richtig, wenn die Induktorspannung in gewissen Grenzen schwankt. Abb. 276 zeigt verschiedene Ausführungen von Kurbelinduktor-Isolationsmessern.

2. Isolationsmesser mit Batterieumspanner[1]

In unbequemen Körperstellungen, etwa bei Montagearbeiten, ist das Drehen einer Kurbel lästig. Man hat daher Isolationsmesser entwickelt, bei denen die zum Messen nötige hohe Spannung auf einen Tastendruck hin zur Verfügung steht. Sie wird erzeugt, indem die Spannung einer Batterie zerhackt, hochtransformiert und wieder gleichgerichtet wird.

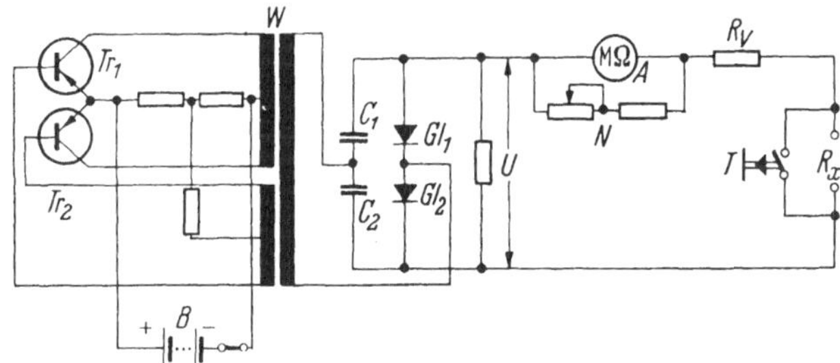

Abb. 277. Schema eines Isolationsmessers mit Batterieumspanner. B Batterie; Tr_1, Tr_2 Leistungstransistoren; W Transformator; C_1, C_2 Kondensatoren; Gl_1, Gl_2 Gleichrichter; U Prüfspannung; A Strommesser mit MΩ-Skale; N veränderbarer Nebenschluß zu A; R_V Widerstand; R_x Klemmen für zu messenden Widerstand; T Prüftaste

Früher verwandte man für solche Gleichspannungswandler mechanische Zerhacker. Heute führt man sie meist mit Schalttransistoren aus und vermeidet so die durch die Kontaktabnutzung hervorgerufene Störanfälligkeit. Abb. 277 zeigt das Schema eines solchen Isolationsmessers (Isolavi 6 von H & B). Der Batterie B, bestehend aus fünf hintereinandergeschalteten Ni-Cd-Akkumulatoren mit zusammen 6,5 V, ist ein Gleichspannungswandler mit Transistoren nachgeschaltet. Durch abwechselndes Öffnen und Schließen der Kollektor-Emitterkreise der Leistungstransistoren Tr_1 und Tr_2 wird in der Primärspule des Transformators W eine Wechselspannung erzeugt. Zwei gleiche Kondensatoren C_1 und C_2 werden abwechselnd über zwei Gleichrichter Gl_1

[1] Blamberg, E.: ETZ 57 (1936) S. 633; – Vogelsberger, M.: H-&-B-Sonderheft Interkama 1960, S. 65/66.

und Gl_2 jeweils bis zur Scheitelspannung der Sekundärseite des Transformators aufgeladen. Die an der Reihenschaltung der Kondensatoren liegende Gleichspannung U von etwa 600 V speist den Meßkreis, in dem der Drehspulstrommesser A, der den Meßbereich bestimmende Widerstand R_V und die R_x-Klemmen in Serie liegen. Änderungen der Batteriespannung gleicht man nach Drücken der Prüftaste T mit einem veränderbaren Nebenschluß N zum Strommesser A aus. Diese Methode kann man neben den in Abb. 271a und b gezeigten dann anwenden, wenn

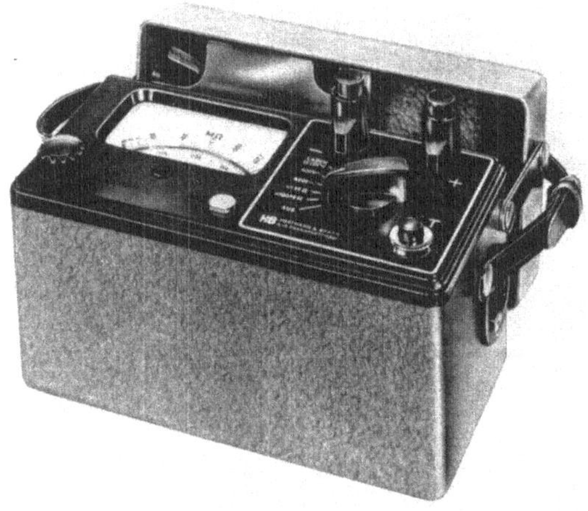

Abb. 278. Isolationsmesser mit Batterieumspanner „Isolavi 6" (H & B)

R_V groß gegenüber dem Eigenwiderstand des Strommessers ist. Abb. 278 zeigt das Gerät. Es hat zwei umschaltbare Widerstandsbereiche 0 bis 5 MΩ/∞ und 0···500 MΩ/∞, außerdem einen Spannungsbereich 0···500 V für Gleich- und Wechselstrom. Mit Hilfe eines eingebauten Ladegeräts kann man die Batterie am Wechselstromnetz aufladen.

3. Teraohmmeter

Teraohmmeter sind Widerstandsmesser für besonders hohe Widerstände (im Teraohmbereich[1]). Oft verwendet man dazu Meßverstärker (z. B. mit Elektrometerröhren), man kann sie aber auch mit Hilfe eines elektrostatischen Voltmeters verstärkerlos ausführen; die Prinzipschaltung entspricht dann Abb. 273. U_x wird mit einem elektrostatischen Spannungsmesser ($R_I = \infty$) gemessen. U muß selbstverständlich eine hohe Spannung und R_V ein hochohmiger Widerstand sein. Da sich hier

[1] 1 TΩ (Teraohm) = 10^6 MΩ = 10^{12} Ω.

die Bedingung $R_V \gg R_x$ nicht erfüllen läßt, ist R_x der Spannung U_x nicht mehr direkt proportional, und es gilt die Beziehung

$$R_x = R_V \frac{U_x}{U - U_x} \tag{173}$$

In das so gebaute Teraohmmeter der Firma S & H, Abb. 279, ist eine Taschenlampenbatterie eingebaut, die über einen Zerhacker einen Transformator speist. Die hochtransformierte Spannung wird gleichgerichtet (Trockengleichrichter), gesiebt und stabilisiert (Glimmstabilisator). An dieser Spannung liegt der Prüfling in Reihe mit dem nach Gl. (173) den Meßbereich bestimmenden Widerstand R_V. Der elektrostatische Spannungsmesser mißt die am Prüfling abfallende Spannung U_x, die das Maß für R_x ist; U_x liegt zwischen 100 und 280 V. Mit einer Prüftaste kann der Spannungsmesser an die Speisespannung gelegt und diese mit einem Spannungsteiler auf ihren Sollwert eingestellt werden. Durch Umschalten von R_V können fünf dekadisch gestufte Meßbereiche mit Endwerten zwischen 10^9 und 10^{13} Ω gewählt werden. Das Gerät läßt sich außerdem als Spannungsmesser (bis 300 V) benutzen.

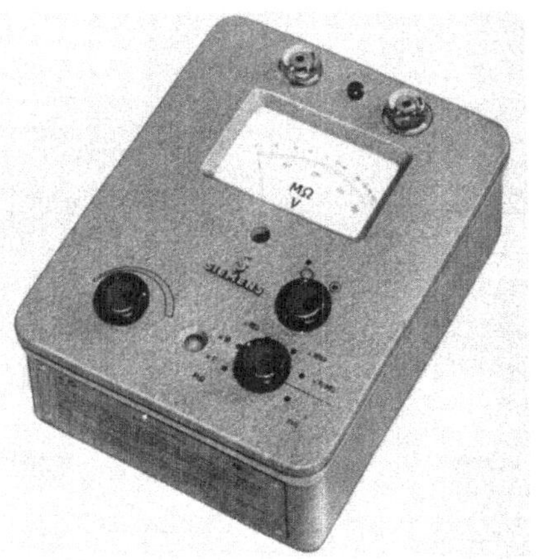

Abb. 279. Teraohmmeter mit elektrostatischem Spannungsmesser (S & H)

4. Isolationsmessung durch Kondensatorentladung

Man schaltet nach Abb. 280 den zu messenden Widerstand R_x mit einem Kondensator C_M und einem elektrostatischen Spannungsmesser V (Eigenkapazität C_I) parallel. An die Parallelschaltung legt man durch Schließen des Schalters S die Spannung U_1. Hierdurch lädt sich die Kapazität $C = C_M + C_I$ auf, und der Spannungsmesser V zeigt die Spannung U_1. Öffnet man nun den Schalter, so entlädt der Widerstand R_x den Kondensator, und die Span-

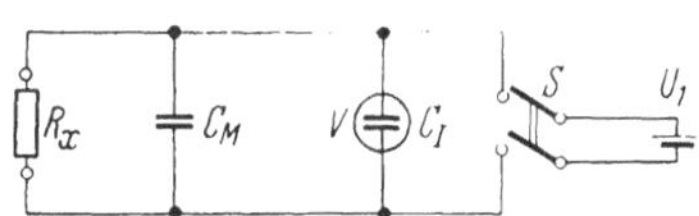

Abb. 280. Isolationsmessung durch Kondensatorentladung. R_x zu messender Widerstand; C_M Kapazität eines bekannten Kondensators; V elektrostatischer Spannungsmesser mit der Kapazität C_I; S Schalter; U_1 bekannte Spannung

nung geht zurück. Für die nach der Entladezeit t anliegende Spannung U_2 gilt:

$$U_2 = U_1\, e^{-\frac{t}{C R_x}} \quad \text{somit} \quad R_x = \frac{t}{C \ln (U_1/U_2)} \tag{174}$$

Einheiten:
$$\text{M}\Omega = \frac{\text{s}}{\mu\text{F} \cdot 1}$$

t ist die Zeit, in der die Spannung von U_1 auf U_2 absinkt. Sind C und U_1 bekannt und konstant, so kann man R_x aus t und U_2 bestimmen. Ist z.B. $C = 1\,\mu\text{F}$; $U_1 = 240$ V; $U_2 = 200$ V; $t = 1800$ s, so erhält man nach Gl. (174)

$$R_x = \frac{1800}{1 \ln (240/200)} = 9900\ \text{M}\Omega$$

Mit einer solchen Einrichtung kann man Widerstände bis etwa $10^{14}\ \Omega$ messen. Sie eignet sich besonders zum Bestimmen des Isolationswiderstands von Kondensatoren, wobei der Prüfling an die Stelle von C_M und R_x tritt. Hier ist diese Meßmethode den übrigen vorzuziehen, weil keine Störungen durch Ladeströme auftreten.

5. Messung von Oberflächenwiderständen

Zur Prüfung des Oberflächenwiderstands von Isolierstoffen, für die vom VDE Vorschriften[1] ausgegeben sind, dient eine in Abb. 281 schematisch wiedergegebene Einrichtung. Auf den Prüfling P werden im Abstand von 10 mm zwei parallele, 100 mm lange Schneiden S_1 und S_2 so aufgedrückt, daß sie sich der Oberfläche des Prüflings gut anschmiegen (dies wird durch besondere Vorschriften für die Ausführung der Schneiden gewährleistet). Die Schaltung entspricht prinzipiell der nach Abb. 271; der Oberflächenwiderstand wird nach der Strom-Spannungsmethode aus der auf 100 oder 1000 V konstantgehaltenen, mit dem Spannungsmesser V gemessenen Speisespannung und dem mit einem empfindlichen Galvanometer G gemessenen Strom bestimmt. Die Empfindlichkeit des Galvanometers soll so umschaltbar sein, daß der Meßbereich mehrere Zehnerpotenzen umfaßt. Die Leitung von der Prüfschneide zum Galvanometer und das Galvanometer selbst müssen ab-

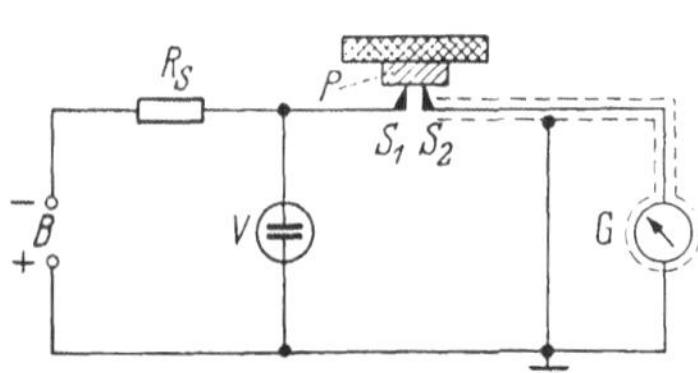

Abb. 281. Messung des Oberflächenwiderstandes von Isolierstoffen. B Prüfspannungsquelle (100 oder 1000 V); R_S Schutzwiderstand; V Spannungsmesser für Prüfpannung; S_1, S_2 Prüfschneiden; P Prüfling, der auf Isolierstoffplatte aufliegt; G empfindliches Galvanometer

[1] VDE 0303.

geschirmt und geerdet werden, damit Kriechströme die Messung nicht fälschen. Das Galvanometer soll man erst 1 min nach dem Einschalten ablesen, weil der Oberflächenwiderstand sich durch den Meßstrom unter Umständen noch etwas ändert. Man kann so Oberflächenwiderstände bis etwa $10^{12}\,\Omega$ auf einer Fläche von 1 cm Länge und 10 cm Breite messen.

XXIII. Elektrische Meßfühler

In diesem Kapitel sollen einige Meßfühler für nichtelektrische Größen besprochen werden, die die betreffenden Größen auf Grund physikalischer Gesetzmäßigkeiten in elektrische Größen umwandeln. Solche Meßfühler gestatten es demnach, nichtelektrische Größen auf einfache Weise mit elektrischen Meßinstrumenten zu messen. Wegen ihrer hervorragenden Bedeutung in der industriellen Meßtechnik werden die beiden elektrischen Meßfühler für die Temperatur, das Widerstandsthermometer und das Thermoelement, eingehender behandelt und dabei auch die speziellen Probleme der Widerstands- und Thermospannungsmessung berücksichtigt.

A. Widerstandsthermometer[1]

Bei dem Widerstandsthermometer, das zur Temperaturmessung im Bereich von $-220\cdots750\,°C$ (bedingt bis 1000 °C) dient, wird die gesetzmäßige Zunahme des ohmschen Widerstands reiner Metalle mit der Temperatur ausgenutzt. Der Zusammenhang zwischen Temperatur und Widerstand wird experimentell bestimmt und in einer „Grundwertreihe" angegeben. Er kann im allgemeinen durch eine Gleichung höherer Ordnung angenähert werden:

$$R_t = R_0\,(1 + A\,t + B\,t^2 + C\,t^3 + \cdots) \tag{175}$$

Dabei ist

R_t Widerstand bei t °C,
R_0 Widerstand bei 0 °C,
A, B, C materialabhängige Koeffizienten.

---

[1] VDI-Temperaturmeßregeln, DIN 1953 (Juli 1953) [erscheint demnächst neu als „VDE/VDI-Richlinien für Temperaturmessungen"]; – HENNING, F.: Temperaturmessung, 2. Aufl., Leipzig 1955; – LIENEWEG, F.: Temperaturmessung, Leipzig 1950 (Neufassung in Handb. d. techn. Betriebskontrolle S. 162/376, 3. Aufl., Leipzig 1959); – LINDORF, H.: Technische Temperaturmessungen, 2. Aufl., Essen 1956.

Im allgemeinen überwiegt das lineare Glied. Einen Anhalt für die Temperaturabhängigkeit des Widerstands gibt der Temperaturbeiwert α_0, der die mittlere relative Widerstandsänderung je Grad zwischen 0 und 100 °C angibt. Es ist

$$\alpha_0 = \frac{R_{100} - R_0}{100\, R_0} \tag{176}$$

Dabei sind R_{100} und R_0 die bei 100 und 0 °C gemessenen Widerstände.

1. Werkstoffe

Die gebräuchlichsten Werkstoffe für Widerstandsthermometer sind Platin und Nickel. Die Grundwertreihen sind in DIN 43760 angegeben. Als Nennwiderstand (Widerstand bei 0 °C) sind 100 Ω genormt, in Sonderfällen sind auch andere Werte (z.B. 50 oder 200 Ω) gebräuchlich.

Platin kann man im Bereich zwischen −220 und 750 °C (bedingt bis 1000 °C) verwenden; genormt sind die Grundwerte zwischen −220 und 550 °C. Der Temperaturbeiwert α_0 beträgt $3{,}85 \cdot 10^{-3}$/grd.

Nickel benutzt man zwischen −60 und 150 °C (bedingt bis 180 °C). α_0 ist mit $6{,}17 \cdot 10^{-3}$/grd um rund 50% größer als bei Platin.

Auch die Widerstandsänderung von *Kupfer* ($\alpha_0 \approx 4{,}20 \cdot 10^{-3}$/grd; Verwendungsbereich −50···150 °C) wird häufig zur Temperaturmessung herangezogen, und zwar besonders zum Bestimmen der mittleren Wicklungstemperatur elektrischer Maschinen, Transformatoren oder Apparate. Als Temperaturfühler dient hier die zu messende Wicklung selbst. Bei Kupfer verläuft die Widerstandsänderung praktisch genau linear mit der Temperatur.

Schließlich kann man gewisse *Halbleiter* (Thermistoren) als Widerstandsthermometer benutzen. Sie verringern ihren Widerstand mit der Temperatur entsprechend der Gleichung

$$R_T = R_{T_0}\, e^{B\left(\frac{1}{T} - \frac{1}{T_0}\right)} \tag{177}$$

Dabei ist

R_T der Widerstand bei der Temperatur T °K,
R_{T_0} der Widerstand bei der Bezugstemperatur T_0 °K und
B ein werkstoff- und bezugstemperaturabhängiger Koeffizient.

Da die relative Widerstandsänderung mit der Temperatur etwa fünf- bis zehnmal so groß ist wie bei Platin, eignen sich Halbleiter-Widerstandsthermometer besonders zum Messen sehr kleiner Temperaturänderungen und als Fühler für Temperaturregler. Ferner benutzt man sie häufig als Bauelemente für Temperaturausgleichsschaltungen. Der Verwendungsbereich liegt zwischen −40 und 200 °C (eventuell bis 400 °C). Als

Nachteil ist die individuelle Streuung des Grundwiderstands und des Temperaturkoeffizienten anzusehen, die eine individuelle Eichung oder einen individuellen Abgleich erforderlich macht.

2. Aufbau von Widerstandsthermometern

Der temperaturempfindliche Teil des Thermometers, der ,,Meßwiderstand", besteht aus einer Wicklung aus Pt- oder Ni-Draht, die auf einem isolierenden und temperaturbeständigen Trägerkörper (z.B. Glas, Keramik, Glimmer) aufgebracht ist. Sie wird auf diesem durch eine Bandage oder eine Deckschicht aus Glas oder Keramik festgehalten. Zum Schutz gegen mechanische und chemische Beanspruchungen (z.B. Druck, Strömung, Korrosion) müssen die Meßwiderstände in den meisten Fällen von einem Schutzrohr umgeben sein.

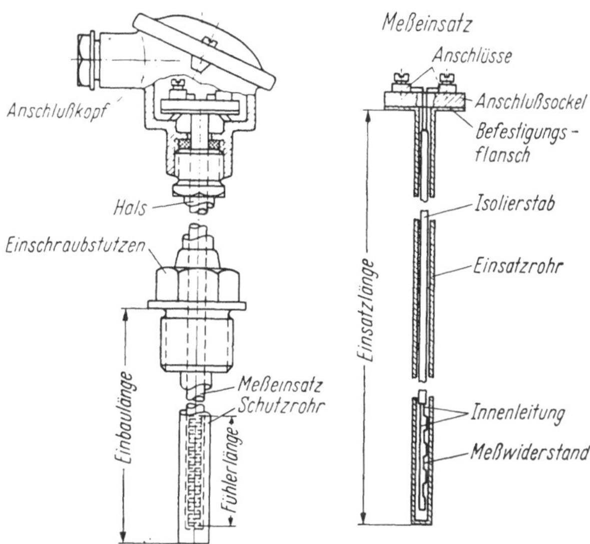

Abb. 282. Widerstandsthermometer (Begriffe nach DIN 16160)

Im allgemeinen baut man den Meßwiderstand zunächst in einen ,,Meßeinsatz" ein, der dann in das Schutzrohr gesteckt wird; auf diese Weise läßt sich der Meßwiderstand leicht austauschen. Abb. 282 zeigt den Aufbau eines Widerstandsthermometers.

3. Fehlergrenze von Meßwiderständen

In Abb. 283 sind die Fehlergrenzen von Pt- und Ni-Meßwiderständen mit 100 Ω Nennwiderstand gemäß DIN 43760 angegeben. Sie enthalten die Fehler, die durch den Aufbau, den Abgleich und durch die Streuungen des Temperaturbeiwerts bedingt sind. Bei Aufnahme der individuellen Grundwertreihe eines Meßwiderstands kann man kleinere Fehlergrenzen erreichen.

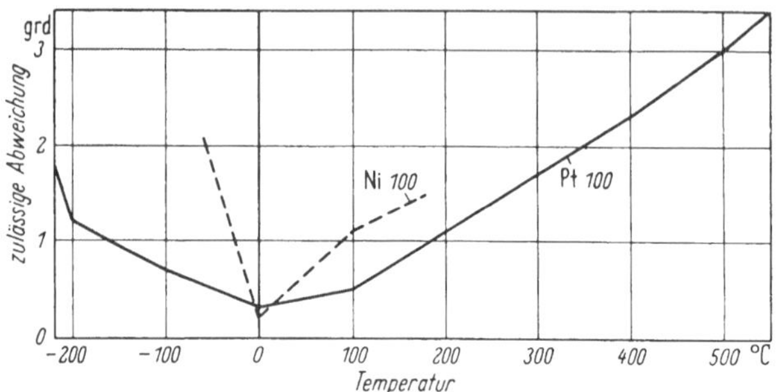

Abb. 283. Fehlergrenze von Meßwiderständen nach DIN 43 760

4. Besonderheiten der Widerstandsmessung

Prinzipiell kann man alle zur Widerstandsmessung geeigneten Meßgeräte und Meßeinrichtungen verwenden. Immer braucht man eine Stromquelle, da man einen Widerstand nur messen kann, wenn er von einem Strom durchflossen wird. Vorwiegend benutzt man zur Messung Gleichstrom, den man einer Trockenbatterie, einem Akkumulator oder meist einem Netzgleichrichter (Netztransformator mit nachgeschaltetem Trockengleichrichter) entnimmt. Beim Messen mit Wechselstrom wird der Strom vom Netz über einen Transformator geliefert.

Der den Meßwiderstand durchfließende Strom (Thermometerstrom) hat im Meßwiderstand eine *Übertemperatur* zur Folge, die dem Quadrat des Thermometerstroms proportional ist. Sie hängt außerdem vom Thermometeraufbau und von den Wärmeübergangsbedingungen (Meßmedium, Strömung, Temperatur) ab. Bei dem gebräuchlichen Thermometerstrom von etwa 10 mA liegt die Übertemperatur bei Thermometern vom Aufbau nach Abb. 282 zwischen etwa 0,02 und 1,5 grd; bei 1···2 mA ist sie praktisch immer zu vernachlässigen.

An die Genauigkeit der Widerstandsmessung werden recht hohe Anforderungen gestellt. Soll mit einem Pt-Thermometer die Temperatur auf 1 grd genau gemessen werden, so muß man (bei fehlerlos gedachtem Thermometer) bei der Widerstandsmessung folgende Fehlergrenzen einhalten: bei 0 °C etwa 3,9 ‰, bei 250 °C etwa 1,9 ‰, bei 500 °C etwa 1,2 ‰ und bei 750 °C etwa 0,85 ‰.

Der *Zuleitungswiderstand* (Widerstand zwischen Meßgerät und Thermometer) ist bei der Messung zu beachten. Bei der Zweileiterschaltung, Abb. 284a, muß er bei der Eichung des Meßgeräts berücksichtigt werden. Man eicht für die Zuleitung einen bestimmten Widerstandswert ein

(z. B. 10 Ω nach DIN 43709) und ergänzt bei Inbetriebnahme den tatsächlichen Widerstand der Kupferzuleitungen durch einen Manganin-Abgleichwiderstand auf den eingeeichten Wert. Änderungen des Zuleitungswiderstands bei Temperaturschwankungen haben einen Fehler zur Folge (bei ±0,1 Ω Widerstandsänderung etwa ±0,25 grd bei Pt-100-Thermometern, etwa ±0,15 grd bei Ni-100-Thermometern). Durch eine Dreileiter- oder Vierleiterschaltung, Abb. 284b und c, kann der Einfluß von Änderungen des Zuleitungswiderstands je nach Schaltung wesentlich verringert oder ganz beseitigt werden; ein Grundabgleich des Zuleitungswiderstands ist aber auch hier meist nötig.

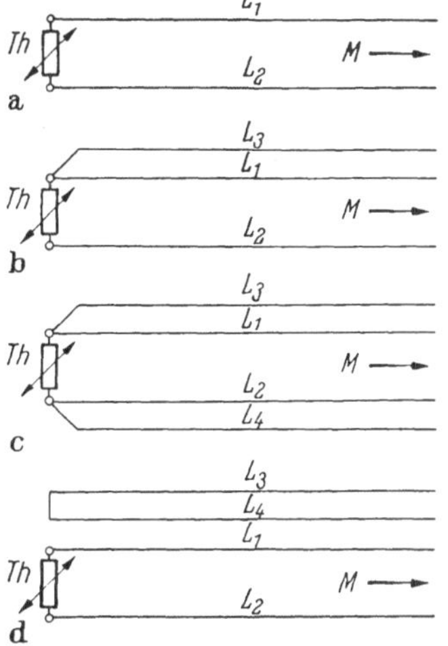

Abb. 284 a–d. Zuleitungsschaltungen für Widerstandsthermometer. a) Zweileiterschaltung; b) Dreileiterschaltung; c) Vierleiterschaltung; d) Zweileiterschaltung mit zusätzlicher Leiterschleife. *Th* Thermometer; *M* zum Meßgerät

Der *Isolationswiderstand* der Thermometer und der Zuleitungen muß sehr hoch sein (bei kaltem Thermometer mehrere Megohm), da er sonst einen störenden Parallelwiderstand zum Thermometer darstellt. Wegen der wachsenden Leitfähigkeit der Trägerkörper der Meßwiderstände sinkt er allerdings bei höheren Temperaturen, er darf jedoch 100 kΩ nicht unterschreiten.

Folgende Meßeinrichtungen sind in Verbindung mit Widerstandsthermometern gebräuchlich: abgeglichene WHEATSTONE-Brükken, Kompensatoren, unvollständig abgeglichene WHEATSTONE-Brücken und Quotienteninstrumente.

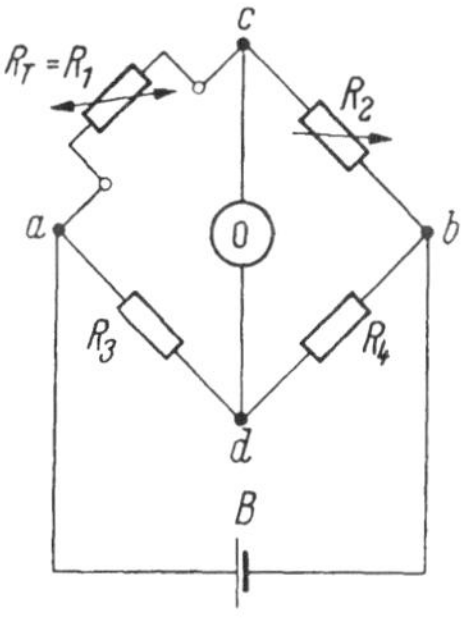

5. Die abgeglichene Wheatstone-Brücke

Nach Abb. 285 liegt das Thermometer $R_T = R_1$ in einer WHEATSTONE-Brücke, die durch Verändern des Widerstands R_2 abgeglichen wird; die Brückenwiderstände R_3 und R_4 hält man konstant. Wählt man $R_3 = R_4$, so ist $R_T = R_2$. Schließt man das Thermometer in Dreileiterschaltung (Abb. 284b) an, so hat bei dieser Brückenauslegung der Zuleitungswiderstand keinen Einfluß auf die Messung. Man verbindet in diesem Fall den oberen Galvanometeranschluß über die Leitung L_3 unmittelbar mit dem oberen Thermometerende. Von diesem führt die Leitung L_1 zum oberen Ende

Abb. 285. Widerstandsmessung mit abgeglichener Brücke. $R_T = R_2 \cdot R_3/R_4$

von R_2, vom anderen Thermometerende die Leitung L_2 (von gleicher Länge und gleichem Querschnitt) zum Brückenpunkt a. Es liegen also – auch unabhängig von der Leitungstemperatur – immer gleiche Leitungswiderstände R_L in Reihe mit R_T und R_2, und es ist $R_T + R_L = R_2 + R_L$ oder $R_T = R_2$. Der Widerstand von L_3 liegt im Nullkreis und beeinflußt deshalb ebenfalls die Messung nicht.

Die abgeglichene WHEATSTONE-Brücke wurde früher vorwiegend im Laboratorium benutzt. Seit der Einführung der selbstabgleichenden Brücken (s. S. 286) wendet man sie häufig auch für genaue Betriebsmessungen an. Als Abgleichwiderstand dient durchweg ein Potentiometer, damit der undefinierte Bürstenübergangswiderstand im Null- oder Speisekreis liegt und den Abgleich nicht beeinflußt. Durch eine Dreileiterschaltung kann hier der Einfluß der Zuleitungen nicht exakt beseitigt, sondern gegenüber der Zweileiterschaltung nur erheblich verringert werden; ein Abgleich der Zuleitungswiderstände ist allerdings nötig. In einer anderen Variante der Brückenschaltung kann man aber mittels einer Zweileiterschaltung den Zuleitungseinfluß exakt ausschalten, wenn man zusammen mit den Thermometerzuleitungen eine Leiterschleife von gleichem Querschnitt und gleicher Länge verlegt (s. Abb. 284d) und diese in den Vergleichszweig einschaltet.

6. Der Kompensator

Die Widerstandsmessung mit dem Kompensator, Abb. 286, ist mit die genaueste Methode zur Temperaturmessung mit Widerstandsthermometern. In dem aus der Batterie B gespeisten Stromkreis liegt das Thermometer R_T in Reihe mit einem Normalwiderstand R_N. Bei konstantgehaltenem Strom I mißt man nacheinander die Spannungsabfälle an R_T und R_N und erhält $R_T = R_N \cdot U_T/U_N$. Verwendet man für das Thermometer getrennte Stromzuführungen und Spannungsabgriffe (Vierleiterschaltung nach Abb. 284c), so ist die Messung völlig unabhängig von den Zuleitungswiderständen[1].

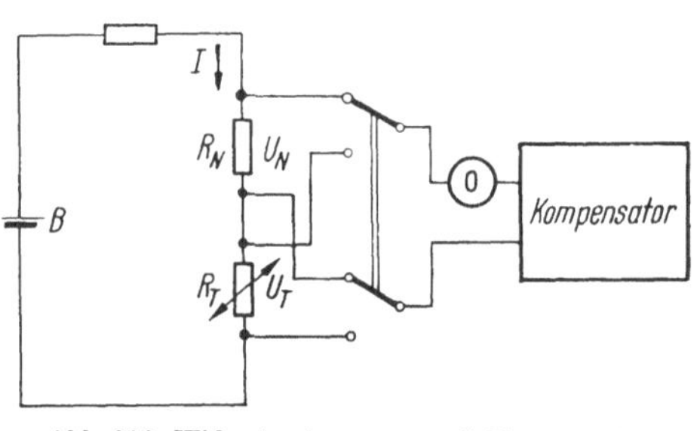

Abb. 286. Widerstandsmessung mit Kompensator. $R_T = R_N \cdot U_T/U_N$

[1] Die Forderung an die Dreileiterschaltung bei der abgeglichenen WHEATSTONE-Brücke (gleiche Länge und gleicher Querschnitt der Zuleitungen) braucht hier nicht erfüllt zu werden. Voraussetzung ist allerdings hier wie dort, daß die Zuleitungen thermospannungsfrei sind (Kupferleitungen).

Wird das Thermometer aus einer Konstantstromquelle genügender Genauigkeit gespeist, so kann auf die Messung des Spannungsabfalls am Normalwiderstand verzichtet (oder auf gelegentliche Kontrollen beschränkt) werden. Der Spannungsabfall am Thermometer hängt dann nur von dessen Widerstand ab, und man kann den Kompensator unmittelbar in Temperatureinheiten eichen. In Verbindung mit selbstabgleichenden Kompensatoren (s. S. 282) mißt man auf diese Weise Temperaturen mit Widerstandsthermometern, wenn besonders lange Leitungen verwendet werden müssen.

7. Die unvollständig abgeglichene Wheatstone-Brücke

Die Schaltung zeigt Abb. 287. Die Brücke besteht aus dem Thermometer mit dem Widerstand R_T und aus den Festwiderständen R_2, R_3, R_4. Der der Batterie B entnommene Speisestrom I läßt sich mit dem Stellwiderstand R_S einstellen. In der Diagonale $c\,d$ liegt das Drehspulinstrument D, dessen Ausschlag bei konstantem Speisestrom ein Maß für R_T und damit für die Temperatur ist. Bezeichnet man mit R_{Tu} bzw. R_{To} den Thermometerwiderstand am Anfang bzw. Ende des gewünschten Meßbereichs, so gilt für die Brückenauslegung folgendes (wenn der Nullpunkt von D am Skalenanfang liegt): Man macht $R_2 = R_{Tu} \cdot R_4/R_3$ und wählt meist $R_3 = R_4 \leqq R_{Tu}$. Bei $R_T = R_{Tu}$ ist die Brücke abgeglichen; der Diagonalzweig $c\,d$ ist stromlos, und der Zeiger des Drehspulgeräts D steht – unabhängig von I – am Skalenanfang. I bemißt man so, daß bei $R_T = R_{To}$ das Drehspulgerät Endausschlag zeigt. Rechnerisch läßt sich I aus den Brückenwiderständen und der Empfindlichkeit des Drehspulgeräts nach Gl. (126) bestimmen. Zum Einstellen von I wird mit dem Schalter S statt des Thermometers ein Festwiderstand R_N in die Brücke gelegt, der z.B. R_{To} entspricht; I wird dann so lange geändert, bis D Endausschlag zeigt. Meist speist man allerdings heute die Brücke aus einer Konstantspannungsquelle (z.B. Netzgerät mit Zenerdiode) und kann dann auf ein Nachstellen bzw. eine Kontrolle des Speisestroms verzichten.

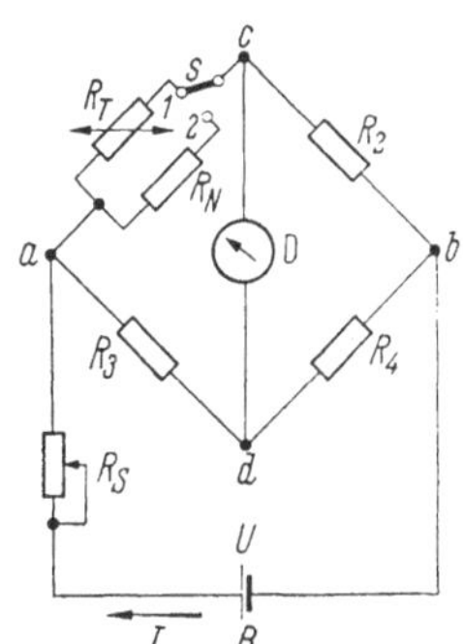

Abb. 287. Unvollständig abgeglichene Meßbrücke. Stellung 1 des Schalters S: Messen; Stellung 2 des Schalters S: Einstellung des Brückenstromes I

Schaltet man vor das Drehspulgerät einen Meßverstärker (etwa einen Galvanometerverstärker, s. S. 287), so kann man sehr robuste Instrumente verwenden (z.B. Linienschreiber). Außerdem lassen sich dann ganz enge Meßbereiche erzielen (z.B. mit einem Umfang von 1 grd) und damit kleinste Temperaturänderungen feststellen.

An Stelle der in Abb. 287 gezeigten Zweileiterschaltung für das Thermometer wird oft auch die Dreileiterschaltung (s. Abb. 284b) benutzt. Man verlegt dabei z. B. den Diagonalpunkt c der Brücke unmittelbar an das obere Ende von R_T, indem man auch die Leitung vom oberen Instrumentenende bis zum Thermometer führt. Dadurch liegen jeweils gleiche Leitungswiderstände im Meß- und Vergleichszweig (in Reihe mit R_T und R_2). Auf diese Weise gehen Änderungen des Zuleitungswiderstands (etwa durch Temperaturänderungen) viel weniger in die Messung ein als bei der Zweileiterschaltung; man kann daher bei der Dreileiterschaltung eine vielfache Leitungslänge zulassen. Im Gegensatz zur Zweileiterschaltung hängt der Fehler durch Änderung des Zuleitungswiderstandes bei der Dreileiterschaltung von der Art der Meßschaltung und dem Meßbereich ab, er kann daher nicht allgemein angegeben werden.

8. Das Quotienteninstrument

Wohl am häufigsten schließt man Widerstandsthermometer an Quotienteninstrumente an, deren ältestes das Kreuzspulinstrument (s. S. 53) ist. Die Schaltung in Verbindung mit einem Widerstandsthermometer zeigt Abb. 288. In dem einen Kreuzspulzweig liegt der Thermometerwiderstand R_T in Reihe mit einem Festwiderstand R_A, in dem anderen der Vergleichswiderstand R_V. Haben beide Kreuzspulen gleichen Drahtquerschnitt und gleiche Windungszahl, so ist $R_V \approx R_{Tm} + R_A$ mit R_{Tm} als dem Thermometerwiderstand in Skalenmitte. Da der Ausschlag ein Maß für das Verhältnis der durch R_T und R_V fließenden Ströme ist, erhält man für ein Gerät gegebener Konstruktion den kleinstmöglichen Meßbereich für $R_A = 0$. Bei größerem Meßbereich muß R_A (und entsprechend R_V) so weit vergrößert werden, daß sich für Skalenanfang und -ende das durch die Konstruktion bedingte Stromverhältnis ergibt. Auch durch einen Querwiderstand R_Q zu den beiden freien Kreuzspulenden (in Abb. 288 gestrichelt eingezeichnet) läßt sich der Meßbereich erweitern. Durch R_Q fließt (bei $R_V \neq R_T + R_A$) ein Ausgleichsstrom, der sich zu dem kleineren Spulenstrom addiert und von dem größeren Spulenstrom subtrahiert. Hierdurch weicht das Verhältnis der äußeren (R_T und R_V durchfließenden) Ströme mehr von 1 ab als das den Ausschlag bestimmende Verhältnis der Spulenströme. Beide Abgleicharten (mittels R_A und R_Q) werden oft kombiniert, um eine möglichst günstige Dämpfung des Instruments zu erreichen. Der gewünschte Thermometerstrom (meist 10 mA) wird mit dem vor der Spannungsquelle B (meist Netzgleichrichter) liegenden Widerstand R_B

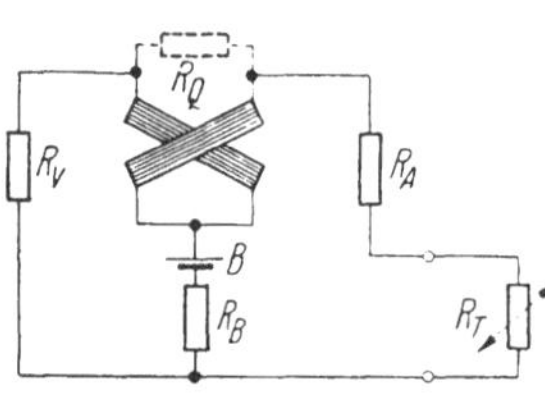

Abb. 288. Widerstandsthermometer mit Kreuzspulinstrument

eingestellt. Eine Änderung von R_B beeinflußt das Meßergebnis nicht, da sich mit R_B lediglich die an der Meßschaltung liegende Spannung ändert; diese geht aber, da sie beide Ströme gleichmäßig beeinflußt, nicht in die Messung ein.

Der kleinste mit einem Kreuzspulinstrument erreichbare Meßbereich hängt von der Konstruktion ab, vor allem von dem Verlauf der Luftspaltinduktion über dem Ausschlag, dem Kreuzungswinkel sowie dem Widerstand der Kreuzspulen. Als Anhaltswert mag ein Stromverhältnis von 0,93 bzw. 1,07 am Skalenanfang bzw. Skalenende dienen; dies entspricht bei einem Spulenwiderstand von 30 Ω etwa einem Meßbereich von 0···50 °C oder 500···640 °C (Pt-100-Thermometer) bzw. 0···30 °C (Ni-100-Thermometer).

Andere gebräuchliche Quotienteninstrumente mit gleicher Wirkungsweise sind mit T-Spul-[1] oder Parallelspulmeßwerken[2] ausgerüstet. Sie werden in gleichen oder ähnlichen Schaltungen zum Anschluß an Widerstandsthermometer benutzt.

Da Quotienteninstrumente kein mechanisches Rückstellmoment besitzen, stellt sich der Zeiger im stromlosen Zustand auf einen unbestimmten Wert ein und täuscht irgendeine Temperatur vor. Man rüstet daher häufig die Instrumente mit einer „Zeigerrückführung" aus, die den Zeiger bei Stromunterbrechung (z.B. Netzausfall) auf eine rote Marke unterhalb des Skalenanfangspunktes zurückführt. Man verwendet dazu z.B. ein Relais mit einem Hilfszeiger, der bei eingeschaltetem Strom am Skalenende liegt und bei Stromausfall den Instrumentzeiger mittels Federkraft gegen einen Anschlag am Skalenanfang drückt.

Quotienteninstrumente werden als tragbare Präzisionsinstrumente (Klasse 0,5) und als Schalttafelinstrumente oder Punktschreiber (Klasse 1 oder 1,5) gebaut. Auch Linienschreiber sind möglich, jedoch nur bei großen Meßbereichen und großem Thermometerstrom. Der Temperatureinfluß ist verhältnismäßig klein, da er sich auf beide Zweige etwa gleich auswirkt. Mit Hilfe temperaturabhängiger Widerstände läßt er sich praktisch ganz beseitigen[3].

Beim Kreuzspulinstrument ist der kleinste Meßbereich durch die Konstruktion festgelegt. Die Richtkraft (spezifisches Einstellmoment) läßt sich bei gegebenem Thermometerstrom auch durch Wahl eines größeren Meßbereichs nicht erhöhen. Diese Nachteile lassen sich vermeiden, wenn man eine unvollständig abgeglichene WHEATSTONE-Brücke mit einem Quotientenmeßwerk kombiniert (Brückenkreuzspulinstrument)[4].

---

[1] EGGERS, H.: ETZ 51 (1950) S. 85; – SATTELBERG, K.: ATM J 726–10 (Aug. 1957) u. 11 (Nov. 1957).

[2] MOERDER, C.: ATM J 726–5 (Okt. 1955).

[3] HUNSINGER, W. u. I. VON SCHAEWEN: ATM J 023–5 (April 1952).

[4] GRÜSS, H.: Wiss. Veröffentl. a. d. Siemenskonzern 10 (1931) S. 134/152.

Man rüstet dazu das Meßwerk mit einer Drehspule Dr und einer zusätzlichen Kreuzspule (oder T- oder Parallelspule) Kr aus. Die Drehspule legt man gemäß Abb. 289 an die Diagonalpunkte ($c\,d$) einer WHEATSTONE-Brücke, die Kreuzspule an die Speisepunkte ($a\,b$). Die Kreuzspule wirkt als „elektrische Feder". Schließt man nämlich auch die freien Enden einer (aus gleichem Draht mit gleicher Windungszahl gewickelten) Kreuzspule kurz, so stellt sich das Gerät etwa auf Skalenmitte ein, wenn durch die Drehspule kein Strom fließt. Die Richtkraft D ist dabei dem die Kreuzspulen durchfließenden Strom bzw. der daran liegenden Spannung proportional. Ganz allgemein ist der Ausschlag α eines in einer nichtabgeglichenen Brücke liegenden Instruments direkt proportional der Brückenverstimmung ΔR und der Speisespannung U und umgekehrt proportional der Richtkraft D seiner Rückstellfeder, also $\alpha \sim \Delta R \cdot U/D$. Wird die Richtkraft nicht von einer mechanischen, sondern von der oben beschriebenen elektrischen Feder geliefert, bei der $D \sim U$ ist, so ergibt sich für den Ausschlag des Instruments in der Brücke $\alpha \sim \Delta R \cdot U/U$ oder $\alpha \sim \Delta R$. Die Speisespannung U geht also bei einem Brückenkreuzspulinstrument nicht in die Messung ein.

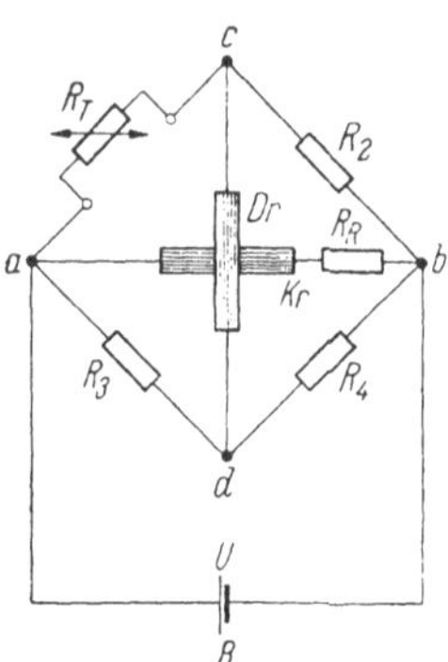

Abb. 289. Widerstandsthermometer mit Brückenkreuzspulinstrument. R_T Thermometerwiderstand; R_2 Vergleichswiderstand; R_3, R_4 Brückenwiderstände; B Speisebatterie mit der Spannung U; Dr Drehspule; Kr Richtkraftspule; R_R Vorwiderstand zur Richtkraftspule

Bei einem Brückenkreuzspulinstrument kann man theoretisch jeden Meßbereich durch Wahl des durch die Richtkraftspule fließenden Stroms einstellen (durch Verändern von R_R). Die Grenze nach kleinen Meßbereichen hin stellen die Lagerreibung des Meßwerks und unkontrollierbare, z.B. durch Balanceänderungen verursachte „Störrichtkräfte" dar. Bei senkrechter Achslage kann man immerhin erreichen, daß das Gerät mit 5···10 grd über die Skale geht. Für große Meßbereiche wird die Grenze der erreichbaren Richtkraft durch die Belastbarkeit der Richtkraftspulen bestimmt, unter Umständen auch durch das dynamische Verhalten des Meßwerks (viele Überschwingungen). Man begrenzt gegebenenfalls die Richtkraft durch einen Vorwiderstand zum Thermometerwiderstand R_T (und zum Vergleichswiderstand R_2) oder durch einen Vorwiderstand zur Drehspule.

B. Thermoelemente[1]

Thermoelemente benutzt man zum Messen von Temperaturen im Bereich von etwa −200···1600 °C (bedingt bis zur Nähe des absoluten

[1] Siehe S. 317, Fußnote 1.

Nullpunkts und bis etwa 3000 °C). Die Messung beruht auf dem „SEEBECK-Effekt". Werden zwei Drähte aus verschiedenen Metallen oder Legierungen (Thermodrähte) an beiden Enden miteinander verbunden, so tritt an einer beliebig gewählten Trennstelle eine EMK (Thermospannung) auf, wenn die beiden Verbindungsstellen verschiedenen Temperaturen ausgesetzt sind. Die Höhe der Thermospannung hängt von den verwendeten Werkstoffen und der Temperaturdifferenz zwischen den Verbindungsstellen der beiden Thermodrähte ab. Die Thermospannung kann also, wenn eine der Temperaturen bekannt ist, als Maß für die Temperatur dienen. Die der zu messenden Temperatur ausgesetzte Verbindung der Thermodrähte bezeichnet man als *Meßstelle*, die der „Vergleichstemperatur" ausgesetzte als *Vergleichsstelle*. Meist legt man die zur Thermospannungsmessung nötige Trennstelle in die Vergleichsstelle; die einseitig miteinander verbundenen Thermodrähte werden *Thermopaar* genannt.

Trägt man für ein bestimmtes Thermopaar die Thermospannung bei konstanter Vergleichstemperatur (Bezugstemperatur, meist 0; 20 oder 50 °C) in Abhängigkeit von der Meßtemperatur auf, so erhält man die Thermospannungskurve. Den Zusammenhang zwischen Thermospannung und Meßtemperatur bei der Bezugstemperatur 0 °C nennt man Grundwertreihe des Thermopaars.

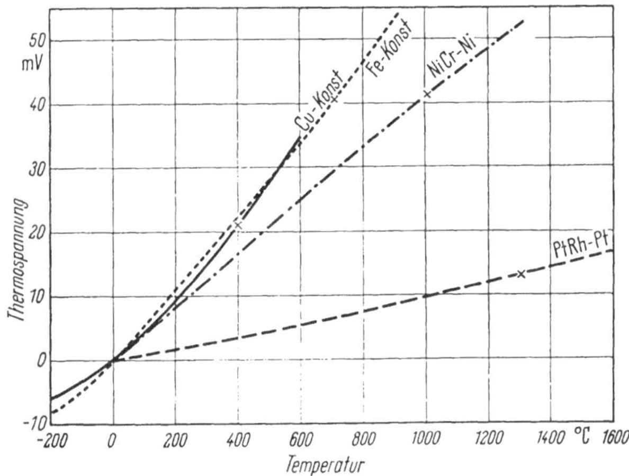

Abb. 290. Thermospannungskurven gebräuchlicher Thermopaare (nach DIN 43710)

1. Werkstoffe

Für betriebsmäßige Temperaturmessungen werden vorwiegend die Werkstoffpaare Kupfer-Konstantan (Cu-Konst), Eisen-Konstantan (Fe-Konst), Nickelchrom-Nickel (NiCr-Ni) und Platinrhodium-Platin (PtRh-

Pt) benutzt[1]. Ihre in Abb. 290 graphisch dargestellten Grundwertreihen sind nach DIN 43710 genormt.

Die Auswahl der Werkstoffe richtet sich nach der Höhe der zu messenden Temperatur und nach ihrer Beständigkeit gegen das Meßmedium. So ist z.B. Fe-Konst beständig gegen reduzierende Gase, aber empfindlich gegen Oxydation (besonders oberhalb 600 °C). Dagegen ist NiCr-Ni gegen oxydierende Gase beständig, aber empfindlich gegen reduzierende und schwefelhaltige Gase. Die ungefähre Dauerverwendungsgrenze in reiner Luft ist in Abb. 290 durch Kreuze bezeichnet; sie läßt sich allerdings nicht exakt festlegen, sondern hängt unter anderem von dem Durchmesser der verwendeten Thermodrähte ab.

2. Fehlergrenze von Thermopaaren

Die Fehlergrenzen neuer Thermopaare nach DIN 43710 in Abhängigkeit von der Temperatur sind in Abb. 291 dargestellt. Durch Aufnehmen der individuellen Grundwertreihe kann man wie bei Meßwiderständen kleinere Fehlergrenzen erreichen.

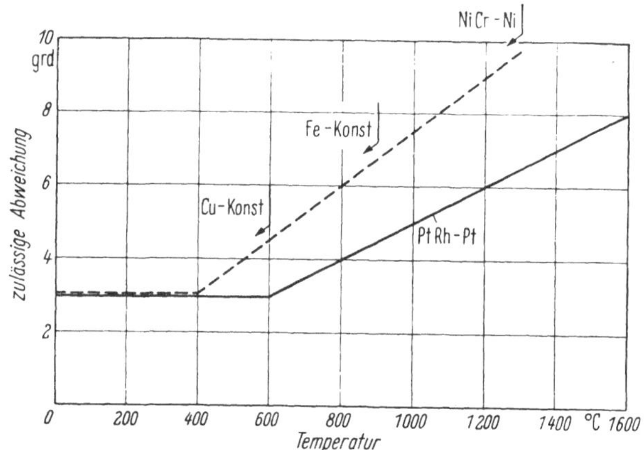

Abb. 291. Fehlergrenze von Thermopaaren nach DIN 43710

3. Aufbau von Thermoelementen

Besonders bei hohen Temperaturen muß das Thermopaar durch ein Schutzrohr vor chemischen Beanspruchungen und gegen mechanische Beschädigung geschützt werden. In Abb. 292 ist der Aufbau eines solchen Thermoelements dargestellt, daneben sind die Begriffe für die Teile des Thermoelements eingetragen.

[1] Der jeweils zuerst genannte Werkstoff stellt den Plusschenkel des Thermopaars dar.

Je nach Temperatur, mechanischer Beanspruchung und Meßmedium werden metallene oder keramische Schutzrohre verschiedener Ausführung und Zusammensetzung verwendet[1]; bei hohen Temperaturen und

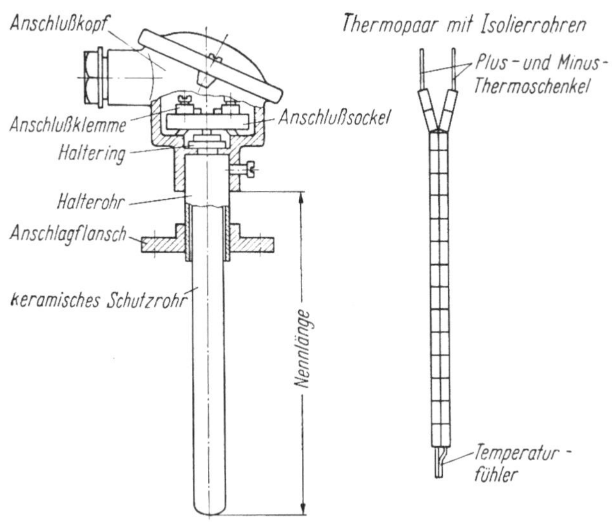

Abb. 292. Thermoelement (Begriffe nach DIN 16160)

aggressiven Medien muß das Thermopaar zusätzlich durch ein gasdichtes Innenrohr geschützt sein. Bei PtRh-Pt-Thermopaaren isoliert man die wegen der teuren Werkstoffe nur 0,35 oder 0,5 mm dicken Schenkel mit einem durchgehenden, mit Längslöchern versehenen Isolierstab. Neben der elektrischen und gasdichten Isolierung erreicht man hierdurch die erforderliche mechanische Festigkeit.

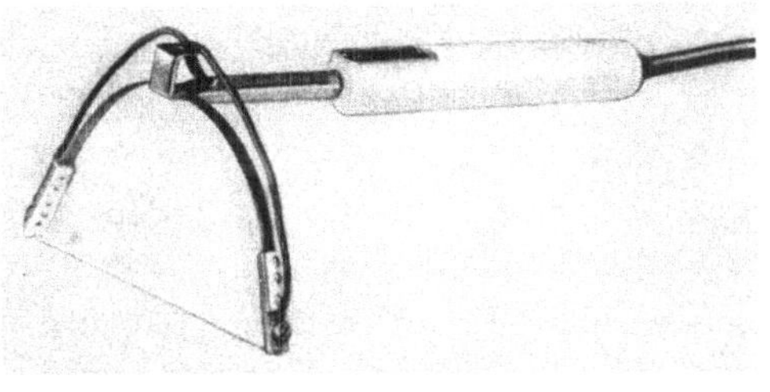

Abb. 293. Bügelthermoelement zur Temperaturmessung an der menschlichen Haut (H & B)

Wegen des einfachen Aufbaus des thermoelektrischen Meßfühlers kann man Thermoelemente leicht an die jeweilige Meßaufgabe anpassen, besonders dann, wenn die Meßbedingungen den Verzicht auf einen besonderen Schutz der Thermoschenkel zulassen.

Abb. 293 zeigt ein Bügelthermoelement zum Bestimmen der Oberflächentemperatur der menschlichen Haut. Die beiden 0,1 mm dicken

[1] DIN 43720; DIN 43724; DIN 43763.

Thermoschenkel aus Eisen und Konstantan sind stumpf zusammengelötet. Das gestreckte Thermopaar mit der in der Mitte liegenden Meßstelle wird durch einen federnden Stahlbügel gespannt. Da beim Anlegen an die zu messende Hautstelle auch die der Meßstelle benachbarten Drahtteile praktisch der gleichen Temperatur ausgesetzt sind wie die Meßstelle, wird die Oberflächentemperatur ohne Fehler durch Wärmeableitung gemessen.

Zur Oberflächentemperaturmessung von Leichtmetallblöcken wurde ein Thermoelement nach Abb. 294 entwickelt. Die Elementschenkel aus

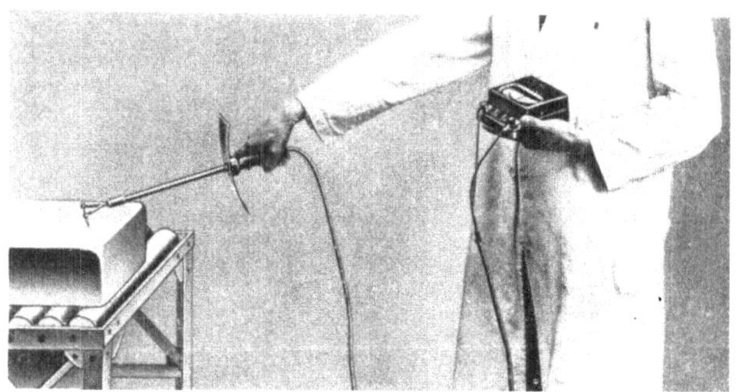

Abb. 294. Thermoelement zur Temperaturmessung an Leichtmetallblöcken (H & B)

NiCr und Ni sind nicht miteinander verlötet oder verschweißt, sondern enden in Spitzen; diese werden beim Messen kräftig in den Metallblock gedrückt, der die elektrische Verbindung übernimmt.

4. Ausgleichsleitungen

Das Thermopaar endet bei der üblichen Thermoelementausführung (vgl. Abb. 292) an den im Anschlußkopf untergebrachten Anschlußklemmen. Diese Stelle eignet sich nicht als Vergleichsstelle, weil ihre Temperatur oft stark schwankt und der Messung schwer zugänglich ist. Man verlängert deshalb die Thermoschenkel durch „Ausgleichsleitungen", um die Vergleichsstelle an eine geeignetere Stelle zu verlegen. Die Ausgleichsleitungen bestehen entweder aus den gleichen Werkstoffen wie das Thermopaar (z.B. bei Fe-Konst) oder aus Werkstoffen, deren Thermospannung bis 200 °C – der höchsten praktisch vorkommenden Kopftemperatur – mit der des Thermopaars übereinstimmt (z.B. bei PtRh-Pt und NiCr-Ni). Es gibt Ausgleichsleitungen in ein- und zweiadriger Ausführung, mit Massiv- oder Litzendrähten (meist 1,5 mm²)[1]. Sie sind je nach den Verlegungs- und Betriebsbedingungen am Verwendungsort

[1] Siehe DIN 43714.

(wie Temperatur, Feuchtigkeit, mechanische Beanspruchung) isoliert und gegebenenfalls bewehrt (Isolierhülle aus thermoplastischem oder wärmebeständigem Kunststoff; Asbest- oder Glasfaserumflechtung; gegebenenfalls Bleimantel, Stahldrahtumflechtung).

5. Vergleichstemperatur[1]

Die Vergleichstemperatur muß, wie schon erwähnt, bekannt sein, wenn man die Meßtemperatur aus der Thermospannung bestimmen will. Mißt man mit einem in mV geeichten Gerät die Thermospannung E bei der Vergleichstemperatur t_v, so muß man zunächst die auf die Bezugstemperatur t_b bezogene Thermospannung E_0 ermitteln. Mit dieser kann man die Meßtemperatur aus der Thermospannungskurve bzw. Grundwertreihe entnehmen.

$$E_0 = E + k\,(t_v - t_b) \tag{178}$$

k hat im Vergleichstemperaturbreeich 0···50 °C folgende Werte:

für Cu-Konst und NiCr-Ni: 0,041 mV/grd;
für Fe-Konst: 0,053 mV/grd;
für PtRh-Pt: 0,006 mV/grd.

Hat, wie meist, das Instrument eine Temperaturskale und ist sein mechanischer Nullpunkt auf die Bezugstemperatur t_b eingestellt, so erhält man

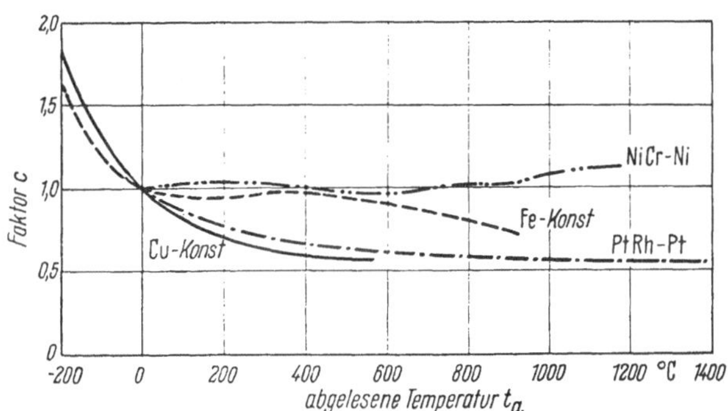

Abb. 295. Korrekturfaktor c zum Berücksichtigen der Vergleichstemperatur für Thermopaare nach DIN 43710

bei der Vergleichstemperatur t_v die Meßtemperatur t_w aus der abgelesenen Temperatur t_a gemäß

$$t_w = t_a + c\,(t_v - t_b) \tag{179}$$

Der Korrekturfaktor c hängt von der Art des Thermopaars und der Höhe der Temperatur ab, s. Abb. 295.

[1] HUNSINGER, W.: ATM J 2402-2 u. J 2402-3 (März u. April 1958).

Eine rechnerische Korrektur entfällt, wenn man den mechanischen Nullpunkt des Geräts auf die bei der Messung vorhandene Vergleichstemperatur einstellt. Es gibt auch Drehspulgeräte, bei denen dies selbsttätig durch ein mit der Rückstellfeder gekuppeltes Bimetallthermometer durchgeführt wird. In der Praxis am häufigsten wird die Vergleichsstelle in einem Thermostaten auf einer über der höchsten Umgebungstemperatur liegenden Temperatur konstantgehalten (meist +50 °C). Die Thermostaten werden elektrisch beheizt und – z.B. mittels eines Bimetallreglers – geregelt. Meist baut man sie zum Anschluß für mehrere (bis zu 24) Thermoelemente.

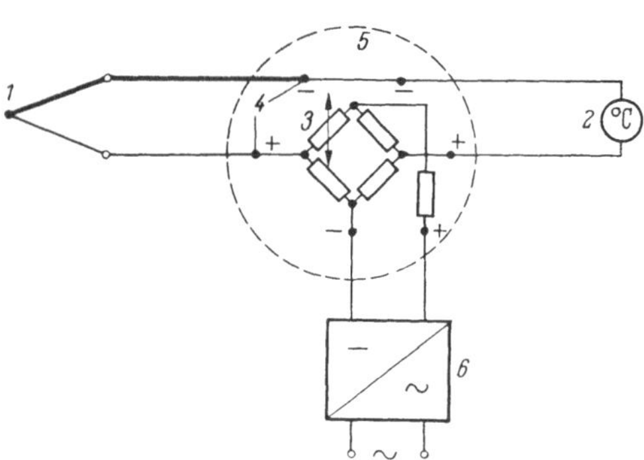

Abb. 296. Ausgleichsschaltung. *1* Thermoelement; *2* Meßgerät; *3* temperaturabhängiger Widerstand; *4* Vergleichsstelle des Thermoelements; *5* gemeinsames Gehäuse für *3* und *4*; *6* Netzgleichrichter

Schließlich kann die Temperaturanzeige durch eine „Ausgleichsschaltung", Abb. 296, von der Vergleichstemperatur unabhängig gemacht werden. Zwischen dem Thermoelement *1* und dem Anzeigegerät *2* liegt die Diagonale einer von einem Netzgleichrichter *6* gespeisten Brücke, die aus drei temperaturunabhängigen Widerständen und dem temperaturabhängigen Widerstand *3* besteht und die mit der Vergleichsstelle *4* des Thermoelements zusammengebaut ist. Der Widerstand *3* ist so gewählt, daß die Brücke bei der der Eichung des Instruments zugrunde gelegten Bezugstemperatur abgeglichen ist, also keine Diagonalspannung abgibt. Durch geeignetes Bemessen der Brücke läßt es sich dann erreichen, daß ihre Diagonalspannung die Thermospannung bei jeder Vergleichstemperatur zu der Thermospannung ergänzt, die der Bezugstemperatur entspricht [vgl. Gl. (178)]. Ausgleichsschaltungen benutzt man häufig auch in Verbindung mit selbstabgleichenden Kompensatoren (s. S. 286).

6. Messung der Thermospannung

Zum Messen der Thermospannung benutzt man vorwiegend Drehspulinstrumente, die als empfindliche Millivoltmeter ausgebildet sind. Werden an die Meßgenauigkeit, die Einstellzeit oder die Robustheit besondere Anforderungen gestellt, so kann man auch Kompensatoren verwenden, und zwar für Betriebsmessungen ausschließlich die selbstabgleichenden Typen.

Drehspulmillivoltmeter. An ein zum Messen von Thermospannungen bestimmtes Drehspulinstrument werden Anforderungen gestellt, die sich teilweise widersprechen; nur einige seien angeführt: Der Innenwiderstand R_I des Geräts soll groß gegenüber dem „Leitungswiderstand" R_L (Widerstand des Thermoelements, der Ausgleichs- und Zuleitungen) sein, damit Änderungen von R_L vernachlässigbar sind. Solche Änderungen ergeben sich z. B. durch Abbrand des Thermoelements und durch Temperatureinflüsse auf das Thermoelement und die Leitungen. Diese Forderung macht eine optimale Leistungsanpassung, für die die Bedingung $R_I = R_L$ gilt, unmöglich. Bei $R_I = 10 \cdot R_L$ entfallen auf das Instrument nur 33%, bei $R_I = 100 \cdot R_L$ nur 4% der dem Thermoelement maximal entnehmbaren Leistung. Weiterhin darf, da ja eine Spannung zu messen ist, nur ein Bruchteil von R_I auf die Drehspule (die aus Cu- oder Al-Draht gewickelt ist) entfallen, der Rest muß aus einem temperaturunabhängigen Material (Manganin) bestehen. Legte man R_I ganz in die Drehspule, so würde sich die Anzeige um 4%/10 grd mit der Umgebungstemperatur ändern. Bei praktisch ausgeführten Millivoltmetern läßt man maximal 1,5···2%/10 grd zu. Den verbleibenden Temperatureinfluß kann man allerdings durch Vorschalten eines temperaturempfindlichen Halbleiterwiderstandes (der etwa 1/10 des Drehspulwiderstandes besitzen muß) weitgehend beseitigen.

Wegen der kleinen (etwa zwischen 5 und 50 mV liegenden) Thermospannungen und der meßtechnisch bedingten schlechten Leistungsanpassung benötigt man recht empfindliche Geräte. Die Lagerung führt man als Spitzenlagerung, entlastete Spitzenlagerung (Quambuschlagerung) oder Spannbandlagerung aus (s. S. 6). Man verwendet die Geräte vorwiegend mit senkrechter Achslage, damit Reibungsfehler (bei Spitzenlagerung) und Fehler durch Balanceänderungen klein bleiben und die Forderung nach Hochohmigkeit und kleinem Temperaturfehler möglichst gut erfüllt werden.

Millivoltmeter zur Thermospannungsmessung werden als Schalttafelgeräte (meist Profilgeräte mit senkrechter Achslage), Punktschreiber oder Signalgeräte in den Klassen 0,5 bis 1,5, als tragbare Präzisionsgeräte in den Klassen 0,2 und 0,5 gebaut. Als Linienschreiber kann man sie wegen des zum Überwinden der Papierreibung nötigen großen Drehmoments nicht ausführen. Der Temperatureinfluß darf die nach VDE 0410 vorgeschriebenen Grenzen übersteigen, er ist aber gesondert auf der Skale anzugeben. Selbst wenn die Forderung $R_I \gg R_L$ gut erfüllt ist, kann man im allgemeinen den Einfluß von R_L auf die Anzeige nicht vernachlässigen; man muß daher den Leitungswiderstand R_L (der nach DIN 43709 auf 20 Ω abzugleichen ist) bereits bei der Eichung berücksichtigen. Abweichungen des Leitungswiderstandes R_L von dem eingeeichten Wert R_{LS} ergeben den der Einfachheit halber in Grad angegebenen Fehler F:

$$F \approx \frac{R_{LS} - R_L}{R_I + R_L}(t - t_A) \tag{180}$$

Einheiten:

$$\mathrm{grd} = \frac{\Omega}{\Omega}\,(^\circ\mathrm{C} - {}^\circ\mathrm{C})$$

Dabei ist t die abgelesene Temperatur, t_A die Temperatur des Skalenanfangswerts (bzw. die dem mechanischen Nullpunkt entsprechende).

Kompensatoren. Für genaueste Temperaturmessungen mit Thermoelementen im Laboratorium benutzt man thermokraftfreie Präzisionskompensatoren (s. S. 273), für Prüfzwecke oft die besonders dafür entwickelten Spezialausführungen (s. S. 280) und für genaue Betriebsmessungen selbstabgleichende Kompensatoren (s. S. 281). Von diesen dienen die nach dem Potentiometerverfahren arbeitenden Typen vorwiegend zur Registrierung. Die nach dem Strommesserverfahren arbeitenden Typen haben dagegen den Vorteil, daß man mehrere robuste Meßgeräte (z.B. Schreiber, Anzeigegeräte, Signalgeräte) gleichzeitig anschließen kann, außerdem eignen sie sich zum Messen sehr kleiner Thermospannungen (< 1 mV). An Stelle der letztgenannten Kompensatoren kann man auch Meßverstärker benutzen (s. S. 299).

C. Meßfühler für Luftfeuchtigkeit

1. Psychrometerfühler

Führt man die Luft, deren Feuchtigkeit gemessen werden soll, an zwei Thermometern vorbei, von denen das eine „trocken", das andere von einem feuchtgehaltenen Gewebestrumpf umgeben ist, so stellt sich zwischen beiden eine Temperaturdifferenz ein. Während das trockene Thermometer die Raumtemperatur mißt, zeigt das „feuchte" im allgemeinen weniger an. Diese „psychrometrische Differenz" ist eine Funktion der Luftfeuchtigkeit und der Temperatur. Der Zusammenhang ist in „Psychrometertafeln" niedergelegt, aus denen man aus psychrometrischer Differenz und Temperatur die relative Feuchtigkeit entnehmen kann.

Als Feuchtefühler verwendet man zwei Thermometer (Widerstandsthermometer oder Mehrfachthermoelemente), von denen das eine mit einem befeuchteten Strumpf überzogen ist. Da die psychrometrische Differenz von der Luftgeschwindigkeit erst oberhalb von etwa 3 m/s unabhängig ist, muß dieser Mindestwert an der Meßstelle gewährleistet sein (gegebenenfalls durch einen Ventilator).

Bei Betriebsmessungen soll die Feuchtigkeit direkt angezeigt werden. Man verwendet dazu besondere Brücken- oder Quotientenschaltungen, bei denen mit Näherungsmethoden aus der Temperatur und der psychrometrischen Differenz unmittelbar die relative Feuchtigkeit zur Anzeige gebracht wird. Eine gebräuchliche Schaltung dieser Art wurde von PROSKE angegeben[1] (s. Abb. 297). Auf ähnliche Weise kann man auch erreichen, daß das Instrument nicht die relative, sondern die absolute Feuchtigkeit direkt anzeigt[2].

Häufig verwendete Meßbereiche für die relative Feuchtigkeit sind 10···100% im Temperaturbereich zwischen 10 und 40 °C oder 30 und 90 °C. Infolge der angewandten Näherung beträgt die Meßunsicherheit ±2,5···3,5% rel. Feuchte.

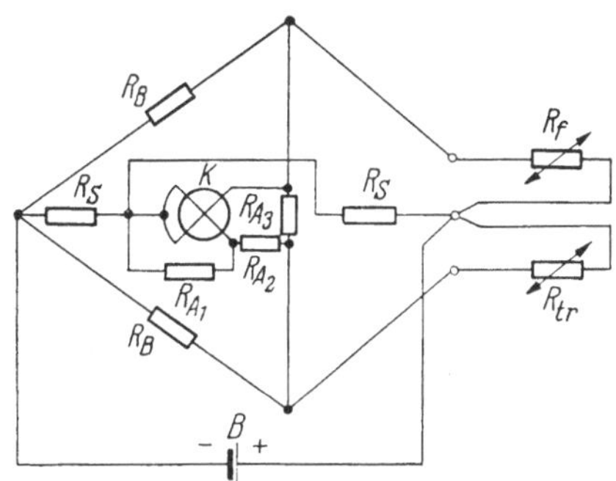

Abb. 297. Messung der relativen Feuchtigkeit (Schaltung nach PROSKE). K Kreuzspulmeßwerk; R_{tr} trockenes Thermometer; R_f feuchtes Thermometer; R_B Brückenwiderstände; R_S Spannungsteilerwiderstände; $R_{A1 \cdots 3}$ Abgleichwiderstände; B Batterie

2. Lithiumchloridfühler

Die relative Feuchtigkeit kann man auch durch die Messung des Widerstands bzw. der Leitfähigkeit eines hygroskopischen Körpers bestimmen. Ein solcher Körper nimmt aus der umgebenden Luft entsprechend deren Feuchtigkeit mehr oder weniger Wasser auf und ändert dabei seinen elektrischen Widerstand. Als Fühler eignet sich z.B. eine Lithiumchloridschicht, die auf einer neutralen Unterlage aufgebracht ist. Dieses Verfahren ist jedoch für industrielle Messungen wenig geeignet, da solche Fühler einer dauernden Wartung und Nacheichung bedürfen.

Bei einer sehr eleganten Methode zur Feuchtigkeitsmessung in Gasen[3] sind auf einem zylindrischen Trägerkörper ein mit LiCl-Lösung getränkter Glasseidestrumpf und auf diesem zwei wendelförmig ineinandergewickelte Edelmetalldrähte aufgebracht. Schließt man diese Elektroden über einen strombegrenzenden Vorwiderstand an eine Wechselspannung an, so fließt über die LiCl-Lösung ein verhältnismäßig großer Strom. Dadurch erwärmt sie sich, und die Temperatur steigt so lange an, bis der Dampfdruck der LiCl-Lösung größer als der Partialdruck des in der Luft enthaltenen Wasserdampfes ist. Die Lösung gibt dann Wasser an die umgebende Luft ab und geht in festes Salz über. Dieser Übergang ist mit einer sprunghaften Widerstandserhöhung verbunden, so daß der

[1] PROSKE, W.: Diss. Techn. Hochsch. Breslau, 1943.

[2] Mit einer dritten Variante dieser Schaltung kann man mit zwei Widerstandsthermometern eine Temperaturdifferenz unabhängig von der Temperaturhöhe messen.

[3] HICKES, W. F.: Refrigerating Engng. (Okt. 1947) S. 351/354; 388; – LIENEWEG, F.: Siemens-Z. 29 (1955) S. 212/218.

Strom stark abnimmt und die Temperatur zu fallen beginnt. Da jetzt aber das LiCl wieder Wasser aus der Luft aufnimmt und damit sein Widerstand kleiner wird, steigt die Temperatur wieder an, und das Spiel beginnt von neuem. Durch diesen Mechanismus regelt sich selbsttätig immer die Temperatur ein, bei der im Mittel kein Feuchtigkeitsaustausch zwischen LiCl und Luft stattfindet, der Dampfdruck der LiCl-Lösung also gleich dem Partialdruck des in der Luft enthaltenen Wasserdampfs ist. Somit ist die Gleichgewichtstemperatur aber ein Maß für diesen Partialdruck und damit auch für die absolute Feuchtigkeit und den Taupunkt.

Die Gleichgewichtstemperatur kann man mit einem im Inneren des Trägerkörpers angebrachten Widerstandsthermometer nach einer der üblichen Methoden messen (s. S. 321 ff). Das angeschlossene Instrument kann dann unmittelbar in einer der Einheiten für die absolute Feuchtigkeit (z.B. g/m^3, Wasserdampfpartialdruck, Taupunkttemperatur) geeicht werden.

Während man mit Psychrometerfühlern sowohl die relative als auch die absolute Feuchtigkeit nur über eine Rechenschaltung erfassen kann, liefert ein LiCl-Fühler eine exakte Ersatzgröße für die absolute Feuchtigkeit. Soll die relative Feuchtigkeit angezeigt werden, so braucht man zusätzlich ein Thermometer für die Lufttemperatur und eine ähnliche Rechenschaltung wie für einen Psychrometerfühler. LiCl-Fühler kann man für die Messung der absoluten Feuchtigkeit im Bereich zwischen -30 und $+100\,°C$ Taupunkt (kurzzeitig $130\,°C$) verwenden. Im Gegensatz zum Psychrometerfühler muß eine Bewegung der Luft weitgehend verhindert werden.

D. Weitere Meßfühler

Von den zahlreichen anderen elektrischen Meßfühlern sollen noch einige kurz erwähnt werden.

1. Dehnungsmeßstreifen[1]

Dehnungs- oder Dehnmeßstreifen sind Meßfühler zum Bestimmen der Dehnung (d.h. der Längenänderung unter Zug) mechanisch beanspruchter Bauteile. Durch geeignete Anordnung der Dehnungsmeßstreifen (etwa in einem gleichseitigen Dreieck) läßt sich darüber hinaus die mechanische Spannungsverteilung an Bauteilen bestimmen.

Die Wirkungsweise beruht darauf, daß ein ausgespannter Widerstandsdraht unter der Wirkung einer Zugkraft seine Länge vergrößert

[1] Fink, K.: Grundlagen und Anwendungen des Dehnungsmeßstreifens. Düsseldorf 1952.

(Dehnung) und seinen Querschnitt verkleinert, was sich beides als Widerstandserhöhung auswirkt; zum Teil ändert sich auch noch der spezifische Widerstand. Die Abhängigkeit des Widerstands von der Dehnung ist bis zu einer Dehngrenze von etwa 0,5% linear und hysteresefrei. Die entsprechende, vom Widerstandswerkstoff abhängige Widerstandsänderung liegt bei etwa 1···1,5%. Bringt man einen solchen Draht auf dem zu untersuchenden Bauteil derart an, daß er dessen Dehnung folgt, so ist sein ohmscher Widerstand ein Maß für die Dehnung des Prüflings.

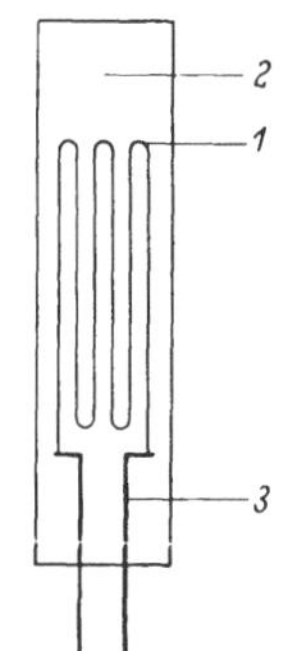

Abb. 298. Prinzipschema eines Dehnungsmeßstreifens. *1* Widerstandsdraht; *2* Kunststoffolie; *3* Zuleitungsdrähte

Mit einem ausgespannten Draht läßt sich ein Widerstandswert von mindestens 100 Ω, wie er wegen der geringen Widerstandsänderung für eine genaue Messung nötig ist, nicht erreichen. Man bildet daher den Meßwiderstand als langgestreckte Wendel aus, wie dies Abb. 298 zeigt. Der Widerstandsdraht ist auf einer ihn mechanisch nicht beanspruchenden Unterlage aufgebracht, z.B. in einer Kunststoffolie eingebettet. Übliche Widerstandswerte liegen zwischen 120 und 1000 Ω, übliche Längen zwischen 5 und 60 mm. Als Werkstoff hat sich besonders Konstantan bewährt, ferner Werkstoffe auf Nickel-Chrom- und Nickel-Eisen-Chrom-Basis.

Besondere Sorgfalt muß dem Aufbringen auf den Prüfling gewidmet werden, damit die Messung nicht durch die Befestigung beeinflußt wird. Meist wird der Streifen nach besonderen Vorschriften mit besonders ausgewählten Klebstoffen aufgeklebt.

Dehnungsmeßstreifen eignen sich für statische und für dynamische Messungen. Bei statischen Messungen, z.B. in Brückenschaltungen, muß man wegen des kleinen Meßeffekts auf Störeinflüsse, z.B. durch den Temperaturkoeffizienten des Widerstandswerkstoffs oder durch sekundäre Thermospannungen, achten bzw. sie durch sorgfältigen Aufbau und geeignete Schaltungen unwirksam machen. Bei dynamischen Messungen stören diese sich nur langsam auswirkenden Einflüsse kaum, dafür braucht man aber recht empfindliche Verstärker. Für dynamische Messungen eignen sich Dehnungsmeßstreifen besonders, weil ihre Masse im Verhältnis zum Prüfling sehr klein ist und sie daher dem Prüfling praktisch trägheitslos folgen.

Außer für die Werkstoffprüfung benutzt man Dehnungsmeßstreifen für viele andere Zwecke, z.B. zum Überwachen der Beanspruchung in Bauwerken, wie etwa Brücken. In Verbindung mit geeigneten Meßfedern bzw. Meßkörpern kann man sie als Fühler für Kraft- oder Druckmeßdosen verwenden[1]. Auch sehr genaue Waagen kann man damit bauen.

[1] Horn, K.: VDI-Z. 103 (1961) S. 1111/1119.

2. Piezoelektrische Druckmeßfühler[1]

Der piezoelektrische Druckmeßfühler eignet sich besonders für die Anzeige rasch verlaufender Druckänderungen, z.B. zur oszillographischen Aufnahme des Druckverlaufes im Zylinder eines Explosionsmotors. Er beruht auf der Tatsache, daß auf der Oberfläche gewisser Kristalle, besonders Quarz (auch Seignettesalz, Bariumtitanat), elektrische Ladungen entstehen, wenn die Kristalle in einer bestimmten, durch ihren Aufbau gegebenen Richtung mechanisch belastet werden, und daß die Ladungen wieder verschwinden, wenn die Belastung weggenommen wird. Diese Ladungen sind den Kräften verhältnisgleich und weitgehend – bis etwa 450 °C – unabhängig von der Temperatur. Wegen des hohen Elastizitätsmoduls von Quarz bedingen die mechanischen Kräfte nur sehr kleine Verformungen des Kristalls, so daß Druckänderungen ohne Formänderung und damit praktisch trägheitsfrei angezeigt werden.

3. Photoelektrische Meßfühler

Photoelektrische Meßfühler, von denen es verschiedene Arten gibt, liefern einen der Beleuchtungsstärke proportionalen elektrischen Wert. Eine *Photozelle* ist ähnlich aufgebaut wie eine Elektronenröhre mit zwei Elektroden; an Stelle der Glühkathode tritt eine lichtempfindliche Schicht. Legt man an die Photozelle eine Gleichspannung (Anode positiv), so fließt in dem Kreis ein Strom, der von der Beleuchtungsstärke an der Kathode und von der Anodenspannung abhängt.

Photoelemente liefern eine von der Beleuchtungsstärke abhängige Spannung. Will man die Beleuchtungsstärke messen, so muß man den Verbraucherwiderstand möglichst klein wählen, um einen linearen Zusammenhang zwischen Photostrom und Beleuchtungsstärke zu erhalten. Ein Photoelement ist im Gegensatz zum Thermoelement kein Spannungsgeber, sondern ein Stromgeber. Aufbau: Auf einer Metallplatte (positive Elektrode) ist eine Halbleiterschicht (z.B. Selen oder Silizium) aufgebracht. Als Abnahmeelektrode sitzt auf dem Halbleiter eine dünne, durchsichtige und an den Rändern verstärkte Metallschicht. Silizium-Photoelementen kann man wesentlich größere Leistungen entnehmen als Selen-Photoelementen. Photoelemente haben in Belichtungsmessern für die Phototechnik eine weite Verbreitung gefunden. Wegen der guten Reproduzierbarkeit ihrer Werte kann man sie auch zur optischen Temperaturmessung verwenden.

Ähnliche Eigenschaften wie Photoelemente haben die *Photodioden*, die in ihrem Aufbau den Gleichrichterdioden (Germanium- oder Siliziumdioden) entsprechen.

---

[1] Klein, P. E.: ATM V 1132–60 (Nov. 1956).

Photowiderstände sind auf Halbleiterbasis (z.B. Cadmiumsulfid, Bleisulfid, Indiumantimonid) aufgebaute lichtempfindliche ohmsche Widerstände. In der Meßtechnik verwendet man sie z.B. für lichtelektrische Abgriffe (s. S. 160, 288) oder als lichtempfindliche Widerstände in Strahlungspyrometern.

Alle photoelektrischen Meßfühler sind nur in einem bestimmten Spektralbereich empfindlich, der von den verwendeten Materialien abhängt. Er reicht vom Ultraviolettgebiet bei gewissen Photozellen bis ins mittlere Ultrarotgebiet bei Bleisulfid- und Indiumantimonid-Photowiderständen.

XXIV. Meßumformer

Unter Meßumformern[1] sollen Meßeinrichtungen verstanden werden, mit denen eine beliebige Meßgröße in ein ihr proportionales „Einheitssignal" umgeformt wird. Das Einheitssignal ist eine physikalische Größe mit einem durch Vereinbarung festgelegten Wert. Die Verwendung eines Einheitssignals macht es möglich, in Meß- und Regelanlagen für die verschiedensten Zwecke mit einheitlichen Geräten (z.B. Anzeiger, Schreiber, Regler, Zähler) zu arbeiten. Als Einheitssignal in elektrischen Meß- und Regelanlagen hat sich der eingeprägte Gleichstrom als zweckmäßig erwiesen. Sein spezieller Wert ist noch nicht einheitlich festgelegt; vorwiegend verwendet man die Werte 0···5 mA, 0···20 mA und 0···50 mA.

Wichtige Meßgrößen, für die Meßumformer gebraucht werden, sind Temperatur, Druck, Differenzdruck, Durchfluß (Stoffstrom), Niveau (Behälterstand), elektrische Leistung, Drehzahl, Frequenz. Es gibt für die meisten dieser Meßgrößen zahlreiche Bauarten von Meßumformern, die sich nicht nur in der Konstruktion, sondern vielfach auch im verwendeten Meßprinzip voneinander unterscheiden. An einigen Beispielen sollen typische Ausführungen mit eingeprägtem Gleichstrom als Ausgangssignal gezeigt werden.

A. Meßumformer für elektrische Eingangsgrößen

1. Thermospannungs- und Widerstandsmeßumformer

Thermospannungs- und Widerstandsmeßumformer setzt man z.B. in Verbindung mit Thermoelementen oder Widerstandsthermometern

[1] Die Nomenklatur ist noch nicht einheitlich. Gebräuchlich sind auch die Bezeichnungen Transmitter und Meßgrößenumformer. Letztere sollte man jedoch als Oberbegriff für alle Meßeinrichtungen verwenden, die eine beliebige Größe in eine andere Größe umformen. Siehe auch Samal, E.: Regelungstechn. 4 (1956) S. 28/32.

(s. S. 317, 326) als Temperaturmeßumformer ein. Sie werden als Meßverstärker (s. S. 299) oder selbstabgleichende Kompensatoren (Galvanometerverstärker, s. S. 287) ausgeführt. Abb. 299a zeigt einen als Galvanometer-

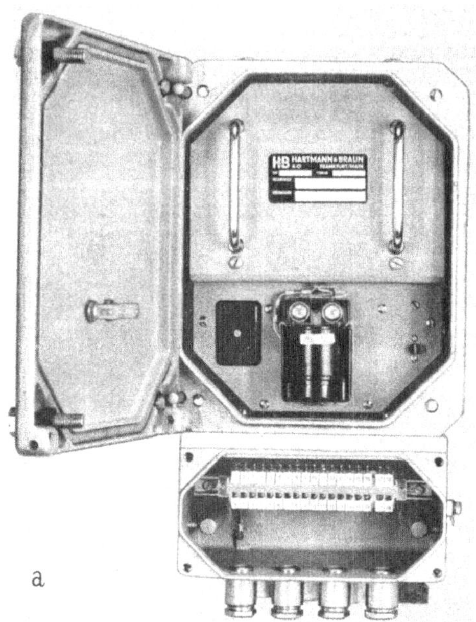

Abb. 299a

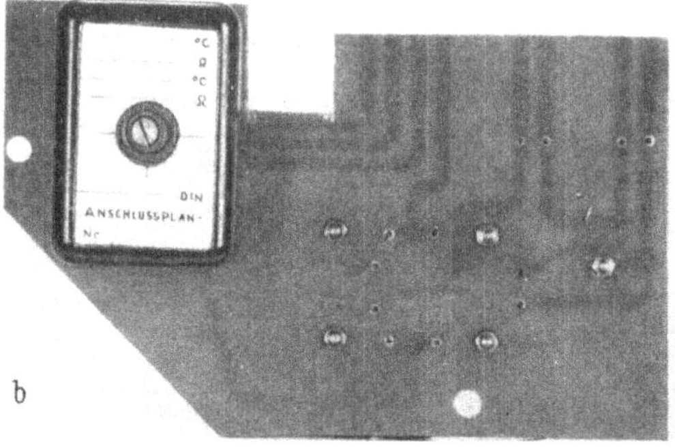

Abb. 299b

verstärker ausgebildeten Thermospannungsmeßumformer von H & B[1]. Der Ausgangsstrom (0···20 mA an 0···3 kΩ) wird von dem Galvanometer

[1] MARCHEVKA, F.: H-&-B-Sonderheft Interkama 1960, S. 31/32.

über einen Photowiderstand mit nachgeschaltetem Siliziumtransistor gesteuert. Da Meßumformer besonders betriebssicher sein müssen – ein

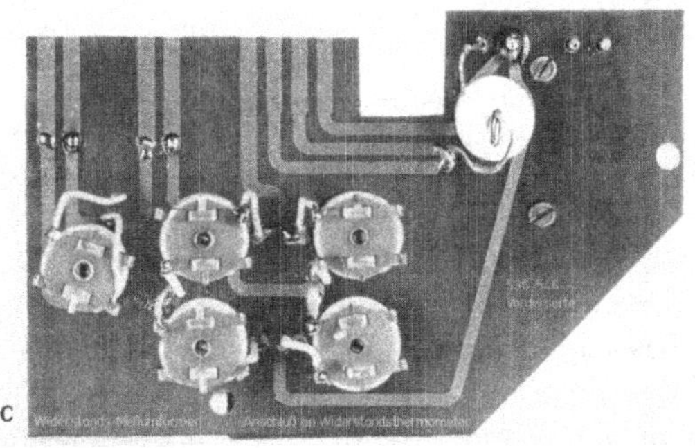

Abb. 299c

Abb. 299a–c. Millivolt-Meßumformer (H & B). a) Gerät mit geöffnetem Deckel; b) und c) Meßbereichkarte von vorn und hinten

Ausfall kann große wirtschaftliche Schäden zur Folge haben – ist die Beleuchtungseinrichtung für den Photowiderstand nach Abb. 300 ausgebildet. Das Licht der Betriebslampe B und der Reservelampe R wird über das Doppelprisma P der Steuerfahne S und dem Photowiderstand F zugeführt. Im Normalbetrieb brennt die Lampe B (bei etwa halber Nennspannung und dadurch großer Lebensdauer) mit der für den Betrieb nötigen Helligkeit, die Reservelampe R wegen des Vorwiderstandes R_R dagegen wesentlich dunkler. Bei Ausfall der Lampe B erhöht sich die an der Reservelampe R liegende Spannung, weil der Spannungsabfall am Widerstand R_V kleiner wird, und R übernimmt automatisch die Funktion von B. Das Verhältnis der Spannungen von Betriebs- und Reservelampe ist so gewählt, daß letztere selbst dann die größere Lebensdauer besitzt, wenn zufällig als Betriebslampe ein besonders gutes und als Reservelampe ein besonders schlechtes Exemplar eingebaut ist. Durch Lichtführungsstäbe ist auch bei geschlossenem Gerät der Betriebszustand der Lampen zu erkennen.

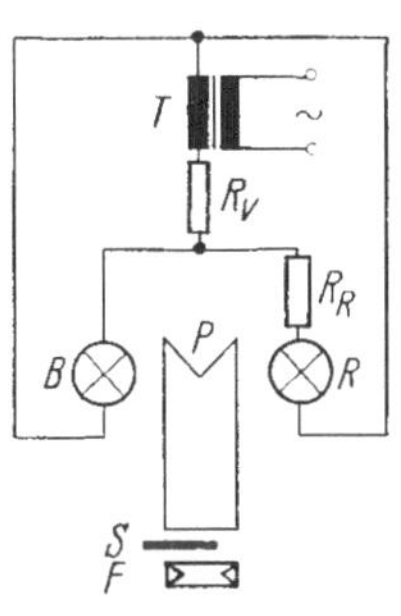

Abb. 300. Beleuchtungseinrichtung des Millivolt-Meßumformers nach Abb. 299.
B Betriebslampe; R Reservelampe; P Doppelprisma; R_R Vorwiderstand zur Reservelampe; R_V gemeinsamer Lampenvorwiderstand; T Transformatorwicklung für Lampenkreis; S Steuerfahne des Nullgalvanometers; F Photowiderstand

Beim Anschluß an Thermoelemente wird der Eingang an die Thermospannung, beim Anschluß an Widerstandsthermometer an die Diagonale einer Brücke gelegt. Zum Unterdrücken des Nullpunkts bei Thermoelementen bzw. zum Speisen der Thermometerbrücke dient eine eingebaute Zenerdiode. Alle den Meßbereich bestimmenden Bauelemente sind auf einer steckbaren, als geätzte Schaltung ausgebildeten „Meßbereichkarte“ zusammengefaßt (s. Abb. 299b u. c).

2. Leistungsmeßumformer

Zum Umformen einer elektrischen Leistung in einen proportionalen Gleichstrom wendet man vorwiegend das Prinzip der Drehmomentkompensation an[1]. Man kompensiert dabei automatisch das von einem Leistungsmesser ausgeübte Drehmoment gegen das von dem Ausgangsstrom auf ein Drehspulmeßwerk ausgeübte Drehmoment. Das Leistungsmesser- und das Drehspulmeßwerk (die beide richtkraftlos ausgebildet sind) haben eine gemeinsame Achse, an der eine Steuerfahne angebracht ist; diese steuert den Ausgangsstrom entweder über einen photoelektrischen Abgriff oder über einen Schwingkreisabgriff in gleicher Weise wie bei den selbstabgleichenden Kompensatoren nach dem Strommesserverfahren (s. S. 287). An Stelle eines Leistungsmessers kann man auch ein anderes Meßwerk mit dem Kompensations-Drehspulmeßwerk kuppeln, z.B. ein Kreuzspulmeßwerk; in Verbindung mit Resonanzkreisen läßt sich so z.B. ein Meßumformer für die Netzfrequenz aufbauen.

B. Meßumformer für mechanische Eingangsgrößen

1. Durchflußmeßumformer

Eine für viele Betriebe ähnlich wichtige Meßgröße wie die Temperatur ist der Durchfluß von Gasen, Flüssigkeiten oder Dampf durch Rohrleitungen. Baut man in eine Rohrleitung ein ihren Querschnitt einengendes Drosselgerät (z.B. Meßblende, Düse, Venturirohr) ein, so entsteht an diesem ein Druckunterschied, den man Wirkdruck nennt. Der Wirkdruck h ist dem Quadrat des Durchflusses Q proportional oder umgekehrt der Durchfluß der Wurzel aus dem Wirkdruck, also $h \sim Q^2$ bzw. $Q \sim \sqrt{h}$. Soll ein den Wirkdruck messender Differenzdruckmesser eine durchflußproportionale Skale erhalten, so muß er mit einer Radiziervorrichtung versehen sein. Eine solche Skale ist besonders bei Schreibgeräten erwünscht, damit man neben dem jeweiligen Durchfluß durch Planimetrieren der registrierten Kurve auch die in einer bestimmten Zeit durch die Rohrleitung hindurchgegangene Menge bestimmen kann.

---

[1] BLAMBERG, E. u. W. LUDER: Bull. Schweiz. elektrotechn. Ver. (1958) S. 1183 bis 1187.

Ein Durchflußmeßumformer mit eingeprägtem Gleichstrom als Ausgangssignal (ASKANIA-Stromwaage), bei dem eine „Kraftkompensation“ in eleganter Weise mit einer elektrisch wirkenden Radiziereinrichtung kombiniert ist, wurde von O. TEUFERT beschrieben[1]. Das Prinzip sei an Abb. 301, die der angeführten Arbeit entnommen ist, erläutert. Der Durchfluß Q durch die Rohrleitung *1* (z. B. ein Gasstrom) erzeugt an der Blende *2* den Wirkdruck h, der der Membran *3* zugeführt wird und über diese auf den Waagebalken *4* eine Kraft P_1 ausübt. P_1 ist dem Wirkdruck und damit dem Quadrat des Durchflusses proportional, also $P_1 \sim h \sim Q^2$. Der Kraft P_1 wirkt eine Kraft P_2 entgegen, die von einem vom Ausgangsstrom I durchflossenen elektrodynamischen Meßwerk *5* erzeugt wird und entsprechend dessen Eigenart dem Quadrat des Ausgangsstroms proportional ist, also $P_2 \sim I^2$. Ist der Waagebalken im Gleichgewicht, so ist $P_1 = P_2$, $Q^2 \sim I^2$ und $Q \sim I$; der Durchfluß wird also durch einen proportionalen Gleichstrom abgebildet[2]. Den Gleichgewichtszustand hält man durch eine selbsttätige Regelung des Ausgangsgleichstroms aufrecht. Dazu greift das am Waagebalken angebrachte Messer *12* in einen aus der Düse *8* strömenden feinen Luftstrahl ein, den die Membranpumpe *7* liefert. Je nach der Stellung des Messers *12* gelangt mehr oder weniger Luft in die Gegendüse *9*, so daß der über die Membran *10* auf die Kohlesäule *11* ausgeübte Druck von der Stellung des Messers und damit des Waagebalkens abhängt. Der Widerstand der Kohlesäule *11*, die in Reihe mit dem Strommesser *6* im Kreis des (aus dem Netz über einen Gleichrichter gelieferten) Ausgangsstroms liegt, ist in starkem Maße druckabhängig. Dadurch kann der Ausgangsstrom mit einer sehr kleinen Bewegung des Waagebalkens durchgesteuert werden. Da der Wirkungssinn der Steuerung so gewählt ist, daß die von P_2 und P_1 ausgeübten Drehmomente gegeneinander wirken, stellt sich das Gleichgewicht immer selbsttätig ein. In den Ausgangskreis kann

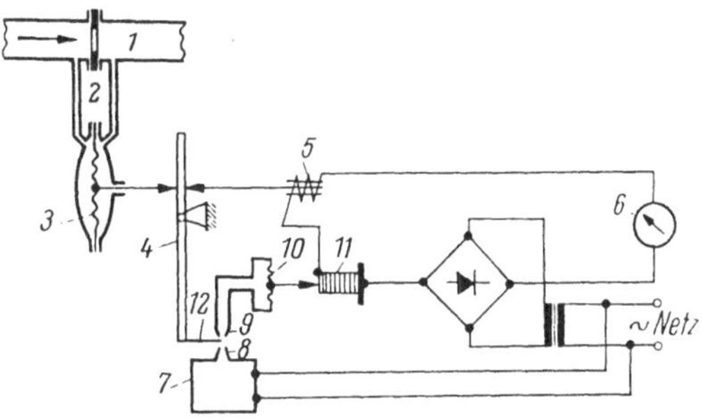

Abb. 301. Prinzipschema der Stromwaage (ASKANIA). *1* Rohrleitung; *2* Meßblende; *3* Meßmembran; *4* Waagebalken; *5* elektrodynamisches Meßsystem; *6* Strommesser; *7* Membranpumpe; *8* Düse; *9* Gegendüse; *10* Membran; *11* Kohlesäule; *12* Messer

[1] TEUFERT, O.: Energie 3 (1950) S. 40/43; – SÜSS, R.: CEG-Ber. (1956) H. 4.

[2] $P_1 = P_2$ gilt nur dann, wenn (wie in Abb. 301) beide Kräfte am gleichen Hebelarm angreifen. Die allgemeine Bedingung ist Drehmomentgleichgewicht am Waagebalken, aus der $P_1 \sim P_2$ folgt.

man mehrere Strommesser in Reihe legen (z.B. Anzeiger, Schreiber, Regler). Schickt man den Ausgangsstrom durch einen Magnetmotorzähler, so kann man auch die in einem beliebigen Zeitabschnitt durch die Rohrleitung geflossene Stoffmenge bestimmen (s. S. 183).

Ersetzt man im Kompensationsmeßwerk die Feldspule durch einen Permanentmagneten, so erhält man statt einer durchflußproportionalen eine differenzdruckproportionale Skale, wie sie für manche Fälle erwünscht ist (z.B. Ofendruckmessung).

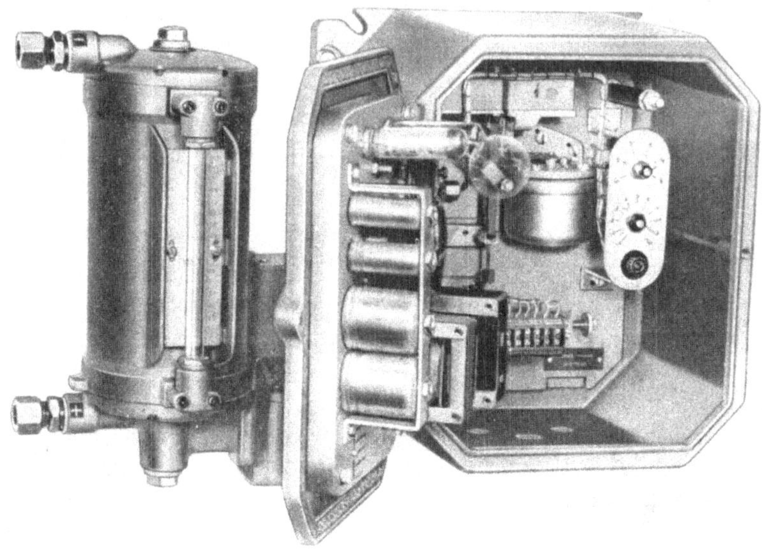

Abb. 302. Elektronische Stromwaage (ASKANIA). Niederdruckausführung mit Tauchglockenmeßwerk

Meßumformer nach diesem Prinzip werden in vielen Variationen gebaut. An Stelle des pneumatischen Abgriffs wird heute meist ein elektrischer (induktiver) Abgriff und an Stelle des pneumatisch-elektrischen Verstärkers (Membran-Kohlesäule) ein elektronischer Verstärker benutzt. Abb. 302 zeigt als Beispiel für einen Durchflußmeßumformer die „elektronische Stromwaage" von ASKANIA in Niederdruckausführung. Als Meßwerk dient statt des Membranmeßwerks der Abb. 301 ein (nur für Gas geeignetes) Tauchglockenmeßwerk, mit dem man sehr kleine Meßbereiche (z.B. $h = 0 \cdots 16$ mm WS) erzielen kann. Eine einstellbare Hebelübersetzung zwischen Meßwerk und Waagebalken und eine Shuntung am Kompensationsmeßwerk erlauben es, den Meßbereich im Verhältnis 1 : 10 zu ändern. Größtmöglicher Meßbereich ist $0 \cdots 144$ mm WS, maximal zulässiger statischer Druck 0,5 kp/cm². Als Abgriff ist am

Waagebalken die Schwenkspule eines Differentialtransformators angebracht, in der je nach Auslenkung des Waagebalkens eine Steuerwechselspannung zwischen 0 und 5 V induziert wird, die – von einem Röhrenverstärker verstärkt – den Ausgangsstrom (0···120 mA) aussteuert. Wird statt des Tauchglokkenmeßwerks ein Membranmeßwerk (Wellrohrmeßwerk) verwendet, so können Differenzdrücke bis zu 1200 mm WS (20 mWS), bei statischen Drücken bis 10 kp/cm² (150 kp/cm²) beherrscht werden.

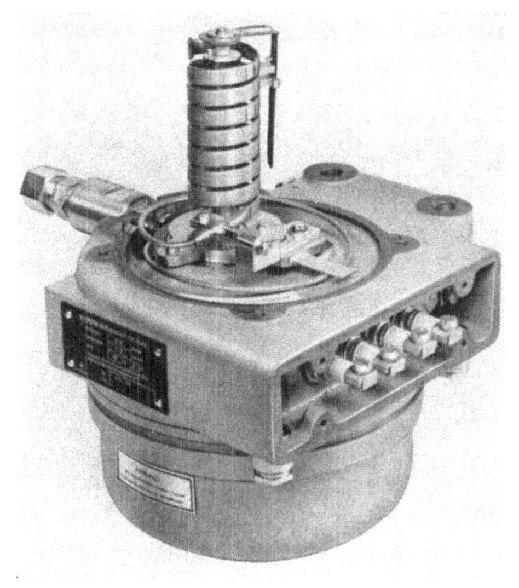

Abb. 303. Teleperm-Meßumformer für Druck (S & H) mit abgenommener Schutzkappe (oben erkennt man die schraubenförmige Rohrfeder)

2. Druckmeßumformer

Nach dem auf dem Prinzip der Kraftkompensation beruhenden Durchflußmeßumformer nach Abb. 302 folgt als Beispiel für einen nach dem Prinzip des Wegvergleichs arbeitenden Meßumformer der Teleperm-Meßumformer für Druck von S & H; es sei jedoch festgestellt, daß die beiden Prinzipien der Umformung nicht an die genannten Meßgrößen gebunden sind. Das Meßwerk des Druckmeßumformers, den Abb. 303 zeigt, ist eine schraubenförmig gewundene, an einem Ende eingespannte Rohrfeder. Die druckabhängige Drehung der Feder wird auf eine Achse übertragen, deren Drehwinkel bei jedem Meßbereich 22,5° beträgt. Mittels eines „Telepermabgriffs"[1] (Abb. 304) wird der Ausschlag der Meßwerkachse auf folgende Weise in

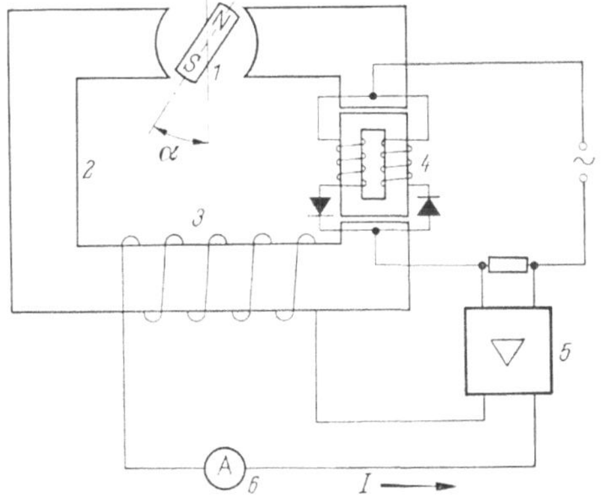

Abb. 304. Prinzipschaltung des Telepermabgriffs (S & H). *1* Permanentmagnet; *2* Magnetjoch; *3* Kompensationswicklung; *4* Flußindikator; *5* Magnetverstärker; *6* Strommesser

[1] Kronmüller, H.: Siemens-Z. 33 (1959) S. 664/666.

einen proportionalen Gleichstrom umgeformt: Die Achse ist mit einem kleinen Permanentmagneten *1* gekuppelt, der sich zwischen den Polschuhen des Magnetjochs *2* drehen kann. Von dem Magneten wird in das Joch ein Fluß eingestreut, dessen Wert von dem Drehwinkel α des Magneten abhängt. Diesem Fluß wirkt ein Kompensationsfluß entgegen, der von dem die Kompensationswicklung *3* durchfließenden Strom I erzeugt wird. Ein auf die Differenz der beiden Magnetflüsse ansprechender Flußindikator *4* steuert den Strom I über den Magnetverstärker *5* immer so, daß die Flußdifferenz nahezu verschwindet. Auf diese Weise stellt sich der von dem Strommesser *6* angezeigte Ausgangsstrom I selbsttätig so ein, daß er dem Drehwinkel α des Magneten und damit dem auf das Rohrfedermeßwerk wirkenden Druck proportional ist. Der in das Magnetjoch eingefügte Flußindikator *4* besteht aus einem weichmagnetischen Kern, auf dessen langen Schenkeln zwei gleiche Wicklungen aufgebracht sind. Diese liegen über je einen Gleichrichter und einen gemeinsamen Vorwiderstand am Netz. Der Kern wird in den beiden Halbwellen der Netzspannung von je einer Wicklung so aufmagnetisiert, daß bereits kurz nach dem jeweiligen Nulldurchgang der Sättigungsfluß erreicht wird. Bei Fehlen eines äußeren Flusses ist die Kurvenform des den gemeinsamen Vorwiderstand durchfließenden Stromes symmetrisch zur Zeitachse; es fließt also ein reiner Wechselstrom. Wird der Kern jedoch von einem äußeren Magnetfluß durchdrungen, so wird in der einen Halbwelle die Sättigung (und damit der sprunghafte Stromanstieg) früher, in der anderen später erreicht. Dem über den Vorwiderstand fließenden Wechselstrom überlagert sich dadurch ein Gleichstrom, dessen Richtung von der des äußeren Magnetflusses abhängt.

Der Teleperm-Meßumformer für Druck wird mit Meßbereichen bis 250 kp/cm² ausgeführt; der Nullpunkt kann bis zu 50% unterdrückt werden. Der Ausgangsstrom beträgt 0···50 mA bei einem Belastungswiderstand von maximal 200 Ω.

3. Niveau-Meßumformer

Eine besonders in der chemischen Industrie wichtige Meßgröße ist die Höhe (das Niveau) des Stands einer Flüssigkeit (oder der Trennschicht zweier Flüssigkeiten) in einem Behälter. Bei dem Niveau-Meßumformer von H & B, dessen Prinzipschema Abb. 305 zeigt, dient als Maß für den Flüssigkeitsstand h die Auftriebskraft, die auf einen in die Flüssigkeit eintauchenden zylindrischen Verdrängungskörper *1* ausgeübt wird. Sie greift an dem Hebel *2* an und erzeugt ein Drehmoment, das über eine Torsionsdurchführung *3* aus dem Druckraum (Behälter) *4* herausgeführt wird und über die Hebelübersetzung *5* auf den Waagebalken *6* wirkt. An diesem wird es – ähnlich wie bei dem Durchflußmeßumformer nach Abb. 301 – gegen das Drehmoment ausgewogen, das von dem vom Ausgangsgleichstrom *I* durchflossenen Tauchspulsystem *7* erzeugt wird. Den Strom *I* liefert der von dem induktiven Abgriff *8* gesteuerte Röhrenverstärker *9*. Wegen des dauernd selbsttätig aufrechterhaltenen Drehmomentgleichgewichts ist der Ausgangsstrom *I* dem

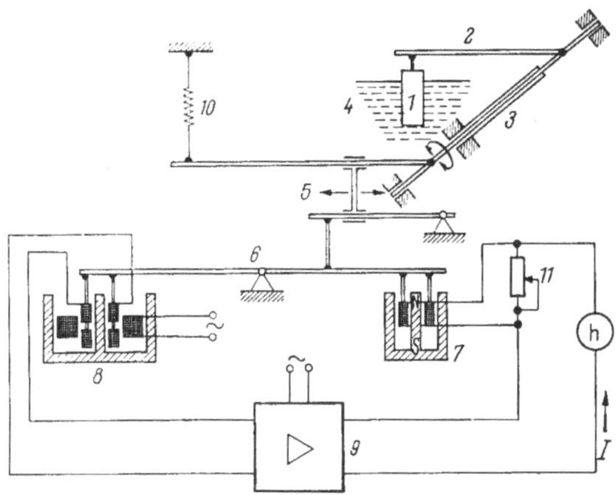

Abb. 305. Prinzipschema eines Niveau-Meßumformers (H & B). *1* Verdrängungskörper; *2* Hebel; *3* Torsionsdurchführung; *4* Druckraum; *5* Hebelübersetzung; *6* Waagebalken; *7* Tauchspulsystem; *8* induktiver Abgriff; *9* Verstärker; *10* Kompensationsfeder für Gewicht von *1*; *11* Potentiometer

Flüssigkeitsstand *h* direkt proportional. Das Gewicht des Verdrängungskörpers *1* wird durch die Feder *10* kompensiert. Die auf den Verdrängungskörper wirkende Auftriebskraft hängt außer vom Stand auch von dem spezifischen Gewicht der Flüssigkeit ab. Die gleiche Zuordnung zwischen Flüssigkeitsstand und Ausgangsstrom für verschiedene Flüssigkeiten kann man durch Einstellen der Hebelübersetzung *5* oder des Potentiometers *11* erreichen. Der Ausgangsstrom für den Meßbereichendwert beträgt immer 20 mA, der maximale Verbraucherwiderstand 4 kΩ.

XXV. Gasanalysegeräte[1]

Vor allem durch die Automatisierung der chemischen Produktionsverfahren ist es nötig geworden, chemische Analysen schnell und möglichst kontinuierlich durchzuführen. Es hat sich gezeigt, daß dies häufig mit Hilfe chemisch-physikalischer oder rein physikalischer Verfahren

---

[1] Hengstenberg, J., B. Sturm u. O. Winkler: Messen und Regeln in der Chemischen Technik. Berlin/Göttingen/Heidelberg: Springer 1957.

möglich ist. Dabei kann in vielen Fällen die Analyse auf das Messen elektrischer Größen zurückgeführt werden. Von den zahlreichen für solche Zwecke entwickelten Meßeinrichtungen sollen hier einige angeführt werden, die speziell für die Analyse von Gasgemischen (Gasanalyse) bestimmt sind.

Wichtige Anwendungsgebiete für die physikalische Gasanalyse sind: Rauchgasanalyse von Öfen und Feuerungen aller Art auf Sauerstoff, Kohlendioxyd oder Unverbranntes; Überwachung von Gaserzeugungsanlagen; Reinheitsprüfung technischer Gase wie Sauerstoff, Stickstoff oder Wasserstoff und der sogenannten Synthesegase (bei NH_3-, Kunststoffsynthesen); Überwachung explosibler Gasgemische; Raumluftkontrolle auf gesundheitsschädliche Gasspuren; Kontrolle von Ofenatmosphären (oxydierende oder reduzierende Fahrweise); Überwachung von pflanzlichen oder tierischen Stoffwechselvorgängen.

Bei der Gasanalyse muß die Zusammensetzung eines aus zwei oder mehr Komponenten bestehenden Gases bestimmt werden. In der Praxis genügt es im allgemeinen, die Konzentration *eines* der Bestandteile des Gemischs zu bestimmen. Vom Prinzip her gibt es Analysegeräte, bei denen eine bestimmte physikalische Eigenschaft, in der sich die Komponenten unterscheiden, zur Analyse benutzt wird, und Geräte, bei denen ein physikalischer Effekt erst durch eine chemische Reaktion verursacht wird. Von einem anderen Gesichtspunkt her unterscheidet man zwischen „nicht spezifischen“ und „spezifischen“ Effekten. Die ersteren haben den Vorteil, daß man sie sehr vielseitig anwenden kann, allerdings nur dort, wo sich die Größe des benutzten Effekts bei dem zu bestimmenden Gasbestandteil und den Begleitgasen deutlich unterscheidet. Spezifische Effekte haben den Vorteil, daß sie nur bei dem zu bestimmenden Gasbestandteil auftreten, so daß die Analyse weitgehend unabhängig von der Zusammensetzung der Begleitgase ist. Einige Beispiele sollen für die verschiedenen Gruppen gebracht werden.

A. Wärmeleitgeräte[1]

Eines der ältesten Verfahren der physikalischen Gasanalyse beruht auf der unterschiedlichen Wärmeleitfähigkeit der Gase. Es kann zum Bestimmen der Konzentration eines Gases in einem (vorzugsweise aus zwei Komponenten bestehenden) Gemisch benutzt werden, wenn sich die Wärmeleitfähigkeit dieses Gases von der Gesamtleitfähigkeit des Gemisches genügend unterscheidet. Ein nach diesem Prinzip arbeitendes

---

[1] Krönert, J.: ATM V 723–1 (1931); – Lieneweg, F.: ATM V 723–14 (April 1935); V 723–15 (Dez. 1942); V 723–16 (Febr. 1943).

„Wärmeleitgerät" ist folgendermaßen aufgebaut (s. Abb. 306): Vier gleichartige dünne Platinmeßdrähte sind zu einer WHEATSTONE-Brücke zusammengeschaltet. Die durch eine dünnwandige Glaskapillare vor Korrosion und katalytischer Zündung geschützten Drähte sind von den zylindrischen Metallkammern *1, 2, 3, 4* umgeben. Der von einer (als Batterie gezeichneten) Konstantspannungsquelle *5* gelieferte, von dem Strommesser *6* angezeigte und mit dem Widerstand *7* einstellbare konstante Brückenspeisestrom wird so bemessen, daß die Meßdrähte genau definiert aufgeheizt werden. Sind alle Meßdrähte vom gleichen Gas (z.B. Luft) umspült, so ist die Brücke abgeglichen, und das in der Brückendiagonale liegende Millivoltmeter *8* ist stromlos; kleine Unsymmetrien der Meßdrähte kann man mit dem Potentiometer *9* ausgleichen. Die Übertemperatur der Platindrähte (und damit ihr Widerstand) hängt bei gegebener Konstruktion und gegebenem Strom von der Wärmeleitfähigkeit des umgebenden Gases ab. Je größer diese ist, desto kleiner ist die Übertemperatur und umgekehrt. Setzt man nun zwei gegenüberliegende Brückenzweige (z.B. *2* und *3*) einem Vergleichsgas und die beiden anderen (*1* und *4*) dem Meßgas aus, so wird sich die Brücke verstimmen, wenn die Wärmeleitfähigkeiten von Meß- und Vergleichsgas sich unterscheiden. Die Brückenverstimmung – und damit der Ausschlag des Instruments *8* – ist ein Maß für die Konzentration der zu bestimmenden Komponente des Meßgases.

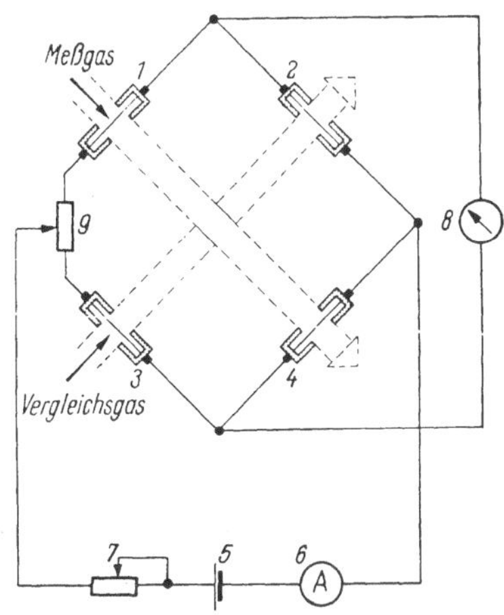

Abb. 306. Prinzipschema eines Wärmeleitgerätes. *1* und *4* Kammern für Meßgas; *2* und *3* Kammern für Vergleichsgas; *5* Konstantspannungsquelle; *6* Kontrollstrommesser; *7* Stellwiderstand für Speisestrom; *8* Millivoltmeter zur Konzentrationsanzeige; *9* Symmetrierpotentiometer

Abweichend vom Prinzipschema Abb. 306 können je zwei gegenüberliegende Meßdrähte – voneinander isoliert – auch in *einer* Kammer untergebracht werden. Da auch die Umgebungstemperatur der Kammern die Anzeige beeinflußt, ist es zweckmäßig, die Meß- und Vergleichskammern in einem Thermostaten auf konstanter Temperatur zu halten.

Wärmeleitgeräte kann man zur Konzentrationsbestimmung einer ganzen Reihe von Gasen benutzen (z.B. CO_2, NH_3, SO_2, H_2 in Luft oder anderen Trägergasen). Die Meßbereiche liegen zwischen etwa 0···2 und 0···100 Vol.-%; auch unterdrückte Bereiche (z.B. 90···100%) sind möglich. Für jeden Zweck ist natürlich eine besondere Eichung nötig. Das klassische Anwendungsgebiet von Wärmeleitgeräten ist die CO_2-Analyse von Abgasen, ein neueres die H_2-Bestimmung in Chlor bei der Chlorerzeugung.

Ist die Zusammensetzung des Trägergases starken Schwankungen unterworfen, so kann man ein Differenzverfahren anwenden. Hierbei wird das Meßgas zunächst durch die Meßkammer geleitet. Dann durchströmt es eine Waschflasche, in der durch ein geeignetes Absorptionsmittel die zu bestimmende Komponente ausgewaschen wird, und schließlich die Vergleichskammer. Auf diese Weise wird erreicht, daß die Zusammensetzung des Vergleichsgases genau mit der des Trägergases der Meßkomponente übereinstimmt.

B. Thermomagnetische Sauerstoffanalysatoren[1]

Mit einem spezifischen Meßverfahren kann man den Sauerstoffgehalt von Gasen bestimmen. Es beruht auf der Tatsache, daß Sauerstoff paramagnetisch ist, während alle anderen technisch wichtigen Gase (mit Ausnahme von NO und NO_2) diamagnetisch sind. Wie man diesen Effekt ausnutzen kann, sei am Beispiel des Sauerstoffanalysators „Magnos 2" von H & B, Abb. 307, gezeigt. Das Meßgas durchströmt eine Ringkammer *1*, die eine Querverbindung in Form eines waagerecht liegenden Röhrchens besitzt. Auf diesem ist eine in der Mitte angezapfte Platindrahtwicklung aufgebracht. Die Wicklungshälften *2* und *3* bilden zusammen mit den Festwiderständen *4* und *5* und dem Symmetrierpotentiometer *6* eine WHEATSTONE-Brücke, die von einem konstanten Strom gespeist wird und in deren Diagonale das Millivoltmeter *7* liegt. Der Strom kann mit dem Widerstand *9* eingestellt und am Strommesser *10* abgelesen werden; er

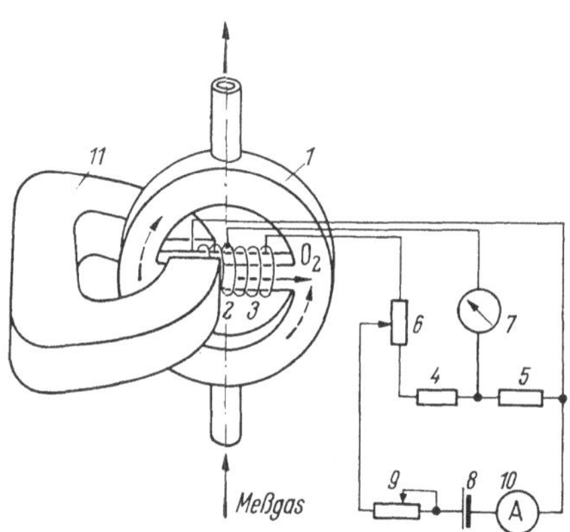

Abb. 307. Prinzipschema eines thermomagnetischen Sauerstoffanalysators (Magnos 2 von H & B). *1* Ringkammer; *2* und *3* Platinwicklung; *4* und *5* Festwiderstände; *6* Symmetrierpotentiometer; *7* Millivoltmeter (in % O_2 geeicht); *8* Konstantspannungsquelle; *9* Stellwiderstand für Speisestrom; *10* Kontrollstrommesser; *11* Permanentmagnet

[1] KLAUER, F., E. TUROWSKI u. T. v. WOLFF: Z. techn. Physik 22 (1941) S. 223 bis 228; – LEHRER, E. u. E. EBBINGHAUS: Z. angew. Physik 2 (1950) S. 20/24; – NAUMANN, A.: ATM V 723–17 (Juni 1952); – ENGELHARDT, H.: Dechema-Monographien 35 (1959) S. 154/169.

ist so bemessen, daß die Platinwicklung definiert aufgeheizt wird. Die linke Seite des Verbindungsröhrchens ist einem starken, von dem Dauermagneten *11* gelieferten Magnetfeld ausgesetzt, wobei die Polschuhe des Magneten über die Platinwicklung *2* hinausragen. Wird nun die Ringkammer von einem O_2 enthaltenden Gasgemisch durchströmt, so werden die paramagnetischen Sauerstoffmoleküle in das Magnetfeld hineingezogen und reißen andere Gasmoleküle mit. Wegen der Temperaturabhängigkeit des Paramagnetismus (der mit steigender Temperatur abnimmt) ist dieser Effekt auf der linken Seite größer als auf der rechten, durch die Wicklung aufgeheizten Seite, so daß das Querröhrchen von links nach rechts von einem *magnetischen Wind* durchströmt wird. Dieser ist um so stärker, je größer der O_2-Gehalt des Meßgases ist. Der magnetische Wind verschiebt das Temperaturmaximum über der Heizwicklung nach rechts und bringt die Brücke aus dem Gleichgewicht, so daß das Millivoltmeter ausschlägt.

Da die Verschiebung des Temperaturmaximums auch von der Wärmeleitfähigkeit des Meßgases abhängt, beeinflußt das Trägergas das Meßergebnis, wenn seine Wärmeleitfähigkeit stark von der des Sauerstoffs abweicht (z.B. bei Wasserstoff); dieser Einfluß kann aber in vielen Fällen eingeeicht werden, bei der Ausführung nach Abb. 307 sogar bei H_2 als Trägergas.

Wegen der starken Temperaturabhängigkeit des Paramagnetismus müssen Meßkammer und Magnet auf konstanter Temperatur gehalten werden (Thermostat). Auch der Durchfluß des Meßgases darf nur in gewissen Grenzen schwanken (z.B. 30 ± 5 l/h).

Liegt das die Meßwicklung tragende Querröhrchen nicht genau waagerecht, so überlagert sich dem magnetischen Wind eine Konvektionsströmung. Bei Neigung des Röhrchens nach links verstärkt sie den magnetischen Wind, bei Neigung nach rechts wirkt sie ihm entgegen. Diesen Effekt kann man zum Unterdrücken des Nullpunktes ausnutzen. Durch Neigung des Querröhrchens nach rechts kann man es erreichen, daß sich bei einem bestimmten O_2-Gehalt die Konvektionsströmung und der magnetische Wind gerade kompensieren. Wählt man als Kompensationspunkt 21 oder 100% O_2, so läßt sich der Nullpunkt mit Luft oder reinem Sauerstoff leicht kontrollieren.

Ein wichtiges Anwendungsgebiet für magnetische Sauerstoffanalysatoren ist die Messung des O_2-Anteils in Verbrennungsabgasen (z.B. Abgasüberwachung von Tief- oder Glühöfen). Ferner benutzt man sie für die Reinheitsprüfung von Gasen (z.B. Stickstoff, Wasserstoff, Helium) und für biologische oder medizinische Analysen (Stoffwechseluntersuchungen). Meßbereiche sind möglich zwischen 0···1% und 0···100% O_2, unterdrückte Meßbereiche z.B. für 20···21 oder 97···100% O_2 (Angaben in Volumprozent).

C. Ultrarot-Analysatoren[1]

Ein anderes häufig angewandtes spezifisches Meßverfahren beruht auf der Absorption ultraroter Strahlung durch das Meßgas. Es wird dabei der Effekt ausgenutzt, daß alle aus verschiedenen Atomarten bestehenden Gase (z. B. CO, CO_2, H_2O, CH_4) ultrarote Strahlung in ausgeprägten, für jedes Gas spezifischen Banden absorbieren (s. Abb. 308). Das Schema eines nach diesem Prinzip arbeitenden Gerätes, des „Uras" von H & B, zeigt Abb. 309. Als Strahlungsquelle dienen die zwei gleichartigen, mit

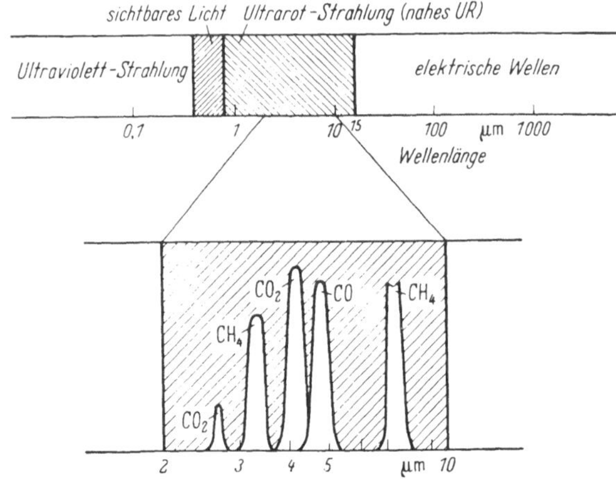

Abb. 308. Absorptionsspektren verschiedener Gase im Ultraroten (vereinfachte Darstellung)

konstantem Strom geheizten Ultrarotstrahler *1a* und *1b*. Die Strahlung des einen fällt durch die *Analysenkammer 2*, die von dem zu untersuchenden Gasgemisch (Meßgas) durchströmt wird, in eine *Empfängerkammer 3a*. Die Strahlung des zweiten Strahlers gelangt durch die *Vergleichskammer 4* in eine zweite gleichartige Empfängerkammer *3b*. Die beiden Empfängerkammern sind durch einen Membrankondensator *5* voneinander getrennt und jeweils mit dem Gas gefüllt, dessen Anteil bestimmt werden soll. Sie können Ultrarotstrahlung nur in den Banden des betreffenden Gases absorbieren. Sind Analysen- und Vergleichskammer mit einem neutralen Gas (z. B. Stickstoff) gefüllt, so erwärmt sich das Gas in beiden Empfängerkammern gleichmäßig. Enthält aber die Analysenkammer das zu analysierende Gas, so wird ein Teil der Strahlung in dessen Banden bereits dort absorbiert. Die zugehörige Empfänger-

[1] LEHRER, E. u. K. F. LUFT: DRP 730478 v. 9. 3. 1938; – SCHAEFER, W.: Chem.-Ing.-Techn. 33 (1961) S. 426/430.

kammer erwärmt sich weniger als die im Vergleichszweig, der die ungeschwächte Strahlung zugeführt wird. Der Temperaturunterschied zwischen den Empfängerkammern wächst mit der Konzentration der gesuchten Komponente des Meßgases in der Analysenkammer und kann somit als Maß für deren Konzentration dienen.

Der Temperaturunterschied zwischen den Empfängerkammern ist nur sehr klein und liegt in der Größenordnung von einigen Zehntausendstel bis Tausendstel Grad. Damit er nicht durch Störeffekte (z. B. Fremdstrahlung, Wechsel der Umgebungstemperatur) überdeckt wird, arbeitet man mit *Wechselstrahlung*. Durch das motorangetriebene Blendenrad *6* unterbricht man periodisch beide Strahlengänge und erhält dadurch periodische Temperaturänderungen in den Empfängerkammern. Die Folge sind Druckschwankungen, die die Membran des Kondensators *5* periodisch auslenken und Kapazitätsänderungen hervorrufen. Diese haben Spannungsänderungen an einem Widerstand zur Folge, die über einen empfindlichen selektiven Meßverstärker *7* und eine Gleichrichterschaltung in einen proportionalen, von dem Drehspulinstrument *8* angezeigten Gleichstrom umgewandelt werden.

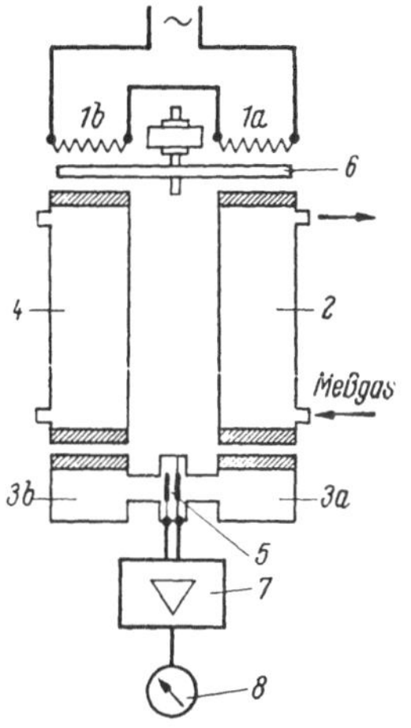

Abb. 309. Prinzipschema des „Uras" (H&B). *1a*, *1b* Ultrarotstrahler; *2* Analysenkammer; *3a*, *3b* Empfängerkammern; *4* Vergleichskammer; *5* Membrankondensator; *6* motorangetriebenes Blendenrad; *7* selektiver Meßverstärker; *8* Drehspulinstrument

Interessant sind die vielen Zwischenstationen, die man hier (wie in vielen anderen Fällen) gehen muß, um eine Gaskonzentration als elektrischen Strom abzubilden, und die nochmals stichwortartig genannt seien: Strahlungsabsorption, Temperatur, Druck, mechanische Auslenkung, Kapazität, Spannung.

Enthält das Meßgas eine Komponente, deren Absorptionsbanden sich mit denen des Meßgases überschneiden, so schaltet man zwischen Strahler und Analysen- bzw. Vergleichskammer je eine *Filterkammer* und füllt diese mit der Störkomponente. Auf diese Weise wird in beiden Zweigen die Bandenstrahlung der Störkomponente ausgesiebt, sie kann somit das Meßergebnis nicht fälschen. Der Meßeffekt wird allerdings hierdurch geschwächt.

Alle Kammern müssen mit Fenstern abgeschlossen sein, die die Ultrarotstrahlung im Bereich der interessierenden Banden durchlassen. Je nach dem Wellenlängenbereich der Banden des gesuchten Gases kommen dafür Quarz, Saphir, Flußspat oder Steinsalz in Frage.

Aus dem großen, sich noch laufend erweiternden Anwendungsbereich für Ultrarotanalysatoren seien nur einige genannt: Luftüberwachung in

Bergwerken auf CH_4 und CO; Raumluftüberwachung auf CO; Überwachung von Rauchgasen auf unverbrannte Bestandteile; Analyse von Synthesegasen der chemischen Industrie. Als größte Meßbereiche kann man jeweils 0···100% (bzw. bei Dämpfen 0 bis zur Sättigung) ausführen. Die maximal mögliche Unterdrückung beträgt etwa 6 : 1 (z.B. 60···70%). Die kleinsten Meßbereiche seien nachstehend für einige Gase genannt:

Meßkomponente	*Meßbereich*
CO_2; N_2O	0···0,005 Vol.-%
CO	0···0,01 Vol.-%
CH_4; C_nH_{2n+2}; C_2H_2; SO_2	0···0,02 Vol.-%
HCl; NH_3	0···0,1 Vol.-%
C_2H_4; C_3H_6	0···0,2 Vol.-%
HCN	0···0,5 Vol.-%
CS_2	0···0,5 g/m³
H_2O; CH_3OH; CH_3COCH_3 (Aceton); Benzin	0···1,0 g/m³
C_2H_5OH; C_7H_8 (Toluol)	0···2,0 g/m³
C_6H_6; CH_3CHO (Azetaldehyd)	0···4,0 g/m³
CH_2Cl_2; Frigen	0···5 bis 0···10 g/m³

D. Geräte mit chemischer Hilfsreaktion[1]

Als Beispiel für die Gruppe von Gasanalysegeräten, bei denen ein elektrisch erfaßbarer physikalischer Effekt durch eine chemische Reaktion erzeugt wird, sei der „Thermoflux" von H & B angeführt, Abb. 310.

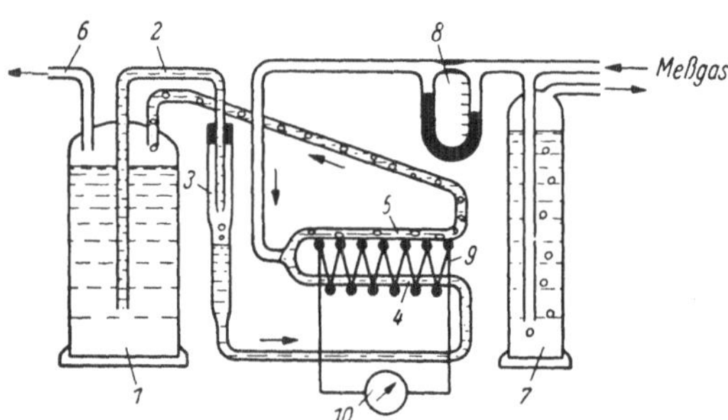

Abb. 310. Prinzipschema des „Thermoflux" (H & B). *1* Vorratsgefäß für Absorptionsflüssigkeit; *2* Kapillarheber; *3* Trichterrohr; *4* Vergleichsschenkel des U-Rohrs; *5* Reaktionsschenkel des U-Rohrs; *6* Gasaustrittsrohr; *7* Druckregler; *8* Kapillarmanometer; *9* Thermobatterie; *10* Millivoltmeter

Als Maß für die Konzentration der Meßkomponente dient hier die Temperaturänderung infolge der Wärmetönung einer Reaktion der Meßkomponente mit einer selektiven Absorptionsflüssigkeit. Aus dem etwa

[1] ENGELHARDT, H.: ATM V 723-20 (Aug. 1960) u. V 723-21 (Jan. 1961).

1 l fassenden Vorratsgefäß *1* tropft die Absorptionsflüssigkeit über einen Kapillarheber *2* in ein Trichterrohr *3* und tritt von dort in den unteren Schenkel *4* eines U-Rohres ein. Im Scheitel des U-Rohres trifft sie mit dem Meßgas zusammen, wobei die entsprechend ausgewählte Reaktion zwischen Gas und Flüssigkeit quantitativ abläuft. Dabei erwärmt sich das Gas-Flüssigkeits-Gemisch und mit diesem der obere Schenkel (Reaktionsschenkel) *5* des U-Rohres. Die Flüssigkeit wird durch den nichtabsorbierten Teil des Meßgases wieder in den Vorratsbehälter zurückbefördert, aus dem das Gas durch das Rohr *6* austritt. Der Meßgasstrom wird durch einen Druckregler (Tauchflasche) *7* konstantgehalten und dem U-Rohr über einen Kontroll-Kapillardurchflußmesser *8* zugeführt. Der Temperaturunterschied zwischen dem Reaktionsschenkel *5* und dem vorgelagerten Vergleichsschenkel *4* des U-Rohrs wird durch eine Thermobatterie *9* (die aus bis zu 200 Eisen-Konstantan-Elementen besteht) gemessen und von dem Millivoltmeter *10* angezeigt. Da der Gas- und der Flüssigkeitsdurchfluß konstantgehalten werden, ist die bei der Reaktion in der Zeiteinheit entwickelte Wärmemenge – und damit auch die gemessene Temperaturdifferenz – der Konzentration der Meßkomponente praktisch proportional. Das Millivoltmeter erhält daher eine lineare Teilung. Man kann das Gerät unmittelbar in Volumprozent oder g/m³ bzw. mg/m³ eichen.

Die kontinuierlich umlaufende Absorptionsflüssigkeit verbraucht sich nur sehr langsam; eine Füllung des Vorratsgefäßes reicht für einen wochen- oder sogar monatelangen Betrieb.

Hauptanwendungsgebiete des Thermoflux sind die Messung kleiner H_2O- und O_2-Konzentrationen. Bei der H_2O-Bestimmung dient als Absorptionsmittel konzentrierte Schwefelsäure. Mit einem direktanzeigenden oder schreibenden Millivoltmeter (5 mV; 165 Ω) kann man einen kleinsten Meßbereich von 0···2,5 g/Nm³ bzw. 0···0,3 Vol.-% bzw. 0···15% relative Feuchtigkeit bei 20 °C erzielen. Nachweisen kann man noch etwa 0,006 Vol.-% H_2O. Größter Meßbereich ist 0 bis Sättigung (100% rel. Feuchtigkeit bei Meßtemperatur).

Als Absorptionsmittel für die O_2-Messung verwendet man eine salzsaure Lösung von Chrom (2)-Chlorid. Der kleinste Meßbereich ist 0 bis 0,05 Vol-% bzw. 0···0,7 g/Nm³, die Nachweisempfindlichkeit 0,001 Vol.%. Als größter Meßbereich wird 0···1 Vol.-% ausgeführt, da man bei größeren Meßbereichen magnetische Sauerstoffmesser vorzieht.

Für einige weitere mit dem Thermoflux meßbare Gase seien lediglich die kleinsten Meßbereiche (und in Klammern die Nachweisempfindlichkeiten) angeführt:

Kohlendioxyd: 0···1 Vol.-% (0,02 Vol.-%);
Schwefeldioxyd: 0···0,25 Vol.-% (0,005 Vol.-%);
Schwefelwasserstoff: 0···0,035 Vol.-% (0,0007 Vol.-%).

XXVI. Digital anzeigende Meßgeräte[1]

A. Allgemeines

Bei fast allen im ersten Teil behandelten Meßinstrumenten wird der Wert der Meßgröße als Zeigerausschlag dargestellt und somit auf der Skale als analoger, zwischen Skalenanfangsstrich und Zeiger liegender Längenwert abgebildet. Diesen muß man beim Ablesen nach Teilstrichen auszählen und den verbleibenden Rest interpolieren, um den Betrag der Meßgröße als Zahlenwert zu erhalten. Solche Meßgeräte nennt man analog anzeigende Geräte.

Ein Meßgerät zeigt demgegenüber digital an, wenn das Meßergebnis unmittelbar als Zahlenwert dargestellt wird. Dies ist auf verschiedene Weise möglich. Eine Wiedergabe in dem uns allen geläufigen Dezimalsystem (mit den Ziffern 0 bis 9 und deren Anordnung nach Potenzen von 10) ist angebracht, wenn der Meßwert unmittelbar abgelesen oder zur Dokumentation aufgeschrieben oder gedruckt werden soll (von einer Schreibmaschine oder einem Drucker). Der Meßwert läßt sich aber auch als Binärzahl wiedergeben. Im Binärsystem wird jede Zahl aus der Summe der Potenzen von 2 gebildet. Man kommt dabei mit nur zwei Ziffern aus, die sich sehr einfach apparativ darstellen lassen (z. B. durch die Stellungen „ein“ und „aus“ eines Schalters oder Relaiskontaktes). Das Arbeiten im Binärsystem ist besonders dann zweckmäßig, wenn das Meßergebnis unmittelbar in einer Rechenmaschine weiterverarbeitet werden soll.

In der digitalen Meßtechnik sind weitere Zahlencodes üblich, die nach Gründen der Zweckmäßigkeit ausgewählt werden (z.B. wie sie für eine Meßaufgabe oder Rechenoperation am günstigsten sind). Von diesen sei nur noch das tetradische System erwähnt, bei dem die Ziffern einer Dezimalzahl jeweils als Binärzahlen dargestellt werden.

Im folgenden sollen nur Meßgeräte behandelt werden, bei denen das Ergebnis als dezimale Zahl erscheint. Auch bei solchen Geräten bedient man sich häufig intern des Binärsystems und codiert das Ergebnis erst zum Schluß in das Dezimalsystem um.

Das digitale Messen beruht auf dem Zählen. Es setzt daher eine Quantisierung der Meßgröße voraus, d.h. eine Unterteilung in kleinste Einheiten. Das Auszählen der Anzahl dieser Einheiten, die in dem zu messenden Wert enthalten sind, ergibt dann den jeweiligen Betrag der Meß-

[1] Sorge, J.: ATM (Juli 1956) R 67/R 70; – Emschermann, H.: ATM J 071–5 (Juli 1956); – Schneider, H.: Elektronik 7 (1958) S. 201; – Schuh, R.: Elektro-Technik (1959) S. 24/28; – Bauer, K.: VDI-Z. 103 (1961) S. 1209/1217.

größe. Man erkennt daraus, daß nicht jeder Meßwert genau bestimmt werden kann, da das Auszählen nicht immer „aufgehen" wird, sondern ein „Rest" übrigbleiben kann. Das Ergebnis wird um so genauer angezeigt, je kleiner man die Zähleinheit wählt. Es hat allerdings keinen Sinn, so weit zu gehen, daß das Meßergebnis wesentlich genauer abgelesen werden kann, als es vom Meßverfahren her ist. Wenn z.B. ein Widerstand (vom verwendeten Normalwiderstand her) auf bestenfalls $1 \cdot 10^{-4}$ genau bestimmt werden kann, ist eine etwa siebenstellige Darstellung des Ergebnisses nicht angebracht.

Manche Meßgrößen liegen bereits von Natur oder vom angewandten Meßverfahren her in einer für die digitale Messung geeigneten Quantisierung vor. Bei den Elektrizitätszählern (s. S. 182) z.B. sind wir schon immer die Digitalanzeige gewohnt. Da die Drehzahl der Scheibe eines Elektrizitätszählers der Leistung proportional ist, entspricht jede Scheibenumdrehung einem „Quant" der elektrischen Energie. Wird die Anzahl der Umdrehungen mittels eines Rollenzählwerkes gezählt, so kann an diesem unmittelbar der Zahlenwert der Energie abgelesen werden; ein Getriebe zwischen Scheibe und Zählwerk paßt dabei die Einheit des „Quants" an die für die Ablesung gewünschte Einheit (kWh) an. Auch alle anderen Meßgrößen, die durch Integrieren einer Größe über die Zeit gebildet werden, fallen automatisch als Digitalwerte an (z.B. Menge als Integralwert des Durchflusses über die Zeit beim Gas- oder Wasserzähler).

Eine weitere bereits quantisiert vorliegende Meßgröße ist die Frequenz als die Anzahl der Schwingungen in der Zeiteinheit. Auf die beim Zungenfrequenzmesser vorliegende Digitalanzeige wurde bereits hingewiesen (s. S. 150), die Frequenzmessung mit dem elektronischen Zähler folgt weiter unten (s. S. 358).

Bei einem Präzisionskompensator (s. S. 275) wird nach dem Nullabgleich die gemessene Spannung ebenfalls digital angezeigt, und zwar an den durch Ziffern markierten Stellungen der Kurbelkontakte (s. S. 242). Der Kompensator ist ein Beispiel dafür, wie man einen analog vorliegenden Momentanwert einer Meßgröße (hier einen Gleichspannungswert) digital anzeigen kann. Denkt man sich mit jedem Kurbelschalter einen zweiten gekuppelt, so lassen sich mit diesem etwa die Lampen eines Zifferntableaus schalten. Man sieht daraus, daß man eine Digitalanzeige erhalten kann, wenn sich der Meßwert in eindeutig definierte Schalterstellungen umsetzen läßt. Die Quantisierung ist beim Kompensator durch die Unterteilung des Kompensationswiderstands in eine begrenzte Anzahl dekadisch abgestufter Widerstände gegeben; eine Zähleinheit (Quant) ist dabei der Spannungsabfall an einem Teilwiderstand der kleinsten Dekade. Am Beispiel des Kompensators ist auch die – neben der Quantisierung – zweite Voraussetzung für die Digitalanzeige eines analog vorliegenden Meßwerts ersichtlich: Es muß eine Einrichtung vorhanden sein, die bei jedem Abzählschritt (hier Veränderung der Vergleichsspannung) zwei Entscheidungen treffen kann, ob nämlich die gerade eingestellte Quantenzahl zu groß oder zu klein ist. Diese Funktion erfüllt beim Kompensator das Nullgalvanometer; aus seiner Ausschlagsrichtung ist ersichtlich, in welchem Sinn man die Vergleichsspannung weiter verstellen muß.

B. Elektronische Zähler

Von einem elektronischen Zähler werden elektrische, auf seinen Eingang gegebene Impulse fortlaufend gezählt, ähnlich wie von einem elektromechanischen Zählwerk, das bei jedem aufgeschalteten Impuls ein dekadisches Rollenzählwerk um eine Einheit weiterschaltet. Mit elektronischen Zählern kann man wegen der hohen Grenzfrequenz der verwendeten Bauelemente natürlich wesentlich schneller zählen als mit elektromechanischen Zählern. Es werden heute elektronische Zähler gebaut, bei denen bis zu 10^7 Impulse/s direkt gezählt werden können.

Ein solcher elektronischer Zähler ist zunächst nur für einfache Zählaufgaben verwendbar. Zum Messen der meist interessierenden Impulszahl je Zeiteinheit (z.B. der Frequenz) wird in den Zähler eine genaue Uhr („Zeitbasis") eingebaut, die das Zählwerk für ein definiertes Zeitintervall einschaltet und damit den Zählvorgang auf ein vorgegebenes Zeitintervall beschränkt. Die Zeitbasis ist im allgemeinen für dekadische Vielfache oder Bruchteile einer Sekunde einstellbar.

Beim Messen periodischer Impulsfolgen (z.B. der Frequenz) wird die Messung der Impulszahl je Zeitintervall selbsttätig dauernd wiederholt, wobei man den Abstand zwischen zwei aufeinanderfolgenden Messungen einstellen kann. Statt durch die eingebaute Zeitbasis kann ein elektronischer Zähler natürlich auch durch externe Signale ausgelöst werden.

Eine exakte Zählung setzt eine definierte Impulsform voraus. Dem Zählwerk sind daher Impulsformer vorgeschaltet, die die Auslöseimpulse unabhängig von der Kurvenform des Eingangssignals machen.

Die Fehlergrenze der Messung eines periodischen Signals hängt vor allem von der Fehlergrenze der Zeitbasis ab. Durch Verwendung von Schwingquarzen (die gegebenenfalls thermostatisiert sind), kann man wenigstens über kurze Zeiten eine Fehlergrenze bis herab zu $1 \cdot 10^{-7}$ erreichen. Im übrigen ist die Messung grundsätzlich nur auf ± 1 Impuls genau, weil die Zeitbasis nicht mit der zu messenden Impulsfolge synchronisiert ist. Die hohe Genauigkeit der Zeitbasis kann für Frequenzmessungen natürlich nur bei entsprechend hoher, während der Einschaltdauer durchgelassener Impulszahl ausgenutzt werden. Will man z.B. die Frequenz 50 Hz messen, so erhält man selbst bei einer Zeitbasis von

10 s noch eine Unsicherheit von $\pm 2 \cdot 10^{-3}$; erst bei wesentlich höheren Frequenzen kann man die Genauigkeit der Zeitbasis voll ausnutzen. Bei niedrigen Frequenzen läßt sich die Genauigkeit dadurch steigern, daß man statt der Frequenz die Periodendauer mißt. Man läßt dann das Zählwerk durch zwei aufeinanderfolgende Eingangsimpulse öffnen und schließen und zählt während dieser Zeit die Impulse einer konstanten, von der Zeitbasis abgeleiteten (möglichst hohen) Hilfsfrequenz. Bei einer Frequenz von 50 Hz z.B. wird das Zählwerk für 1/50 s freigegeben. Bei einer Hilfsfrequenz von 1 MHz kommen während dieser Zeit 20000 Impulse durch. Die Fehlergrenze infolge der Unsicherheit von ± 1 Impuls beträgt dann nur noch $5 \cdot 10^{-5}$.

Für elektronische Zähler gibt es zahlreiche Schaltungen und Ausführungen[1]. Man führt z.B. die zu zählenden Impulse als Taktimpulse einem „Ringzähler" zu, der aus 10 bistabilen Kippstufen besteht. Dabei wird ein in den Zählring gegebener Impuls durch die folgenden Impulse von Kippstufe zu Kippstufe „weitergegeben", so daß immer nur eine Kippstufe eingeschaltet ist. Am Ende jedes Durchlaufs gibt der Zählring einen Übertragimpuls zum gleichartigen Ring der nächsten Dekade ab. Die Stellung der in den einzelnen Dekaden eingeschalteten Kippstufen und damit das Zählergebnis kann auf verschiedene Arten angezeigt werden. Beliebt sind Glimmröhren mit dicht hintereinanderliegenden zifferförmigen Elektroden; sichtbar ist nur die der angesteuerten Elektrode entsprechende Ziffer. Bei Verwendung solcher Anzeigeröhren erscheinen alle Ziffern eines mehrstelligen Meßergebnisses nebeneinander, was die Ablesung vereinfacht. Bei anderen elektronischen Zählern benutzt man zur Anzeige spezielle Glimmröhren mit ringförmig angeordneten bezifferten Elektroden oder kleine Elektronenstrahlröhren, bei denen der Elektronenstrahl bei jedem Impuls um einen bestimmten Winkel weiterkippt.

C. Analog-Digital-Umsetzer

Für die Umwandlung eines analog vorliegenden Meßwerts in eine digitale Anzeige ist eine „Verschlüsselung" erforderlich. Hierfür sind vor allem zwei Verfahren gebräuchlich, die *Zeitverschlüsselung* und die *Stufenverschlüsselung*.

1. Zeitverschlüsselung[2]

Den Meßwert, z.B. eine Spannung U_x, schaltet man nach dem Kompensationsverfahren gegen eine durch Null gehende, linear ansteigende

[1] Näheres findet man in Apel, K.: Elektronische Zählschaltungen. Stuttgart 1961. – [2] Holdinghaus, P. u. K. Homilius: ATM J 077-2 (Okt. 1960).

Spannung U_K (Sägezahnspannung). Sowohl im Augenblick t_1 des Nulldurchgangs der Sägezahnspannung U_K als auch im Augenblick t_2 der Spannungsgleichheit von U_x und U_K wird ein Signal ausgelöst. Wegen des zeitlinearen Anstiegs von U_K wird so die zu messende Spannung in die ihr proportionale Zeitspanne $\Delta t_x = t_2 - t_1$ umgewandelt (s. Abb. 311). Eine solche Zeitspanne kann aber, wie bereits beschrieben, sehr genau mit einem elektronischen Zähler ausgemessen werden. Man legt dazu an den Zähler eine Hilfsspannung konstanter, entsprechend hoher Frequenz (die der Zeitbasis entnommen wird) und schaltet das Zählwerk durch das am Zeitpunkt t_1 ausgelöste Signal ein und das am Zeitpunkt t_2 ausgelöste Signal wieder aus. Auf diese Weise wird die U_x proportionale Zeitspanne $\Delta t_x = t_2 - t_1$ durch die Impulse der Hilfsspannung ausgezählt. Bei geeigneter Wahl der Zeitbasis erhält man das Zählergebnis unmittelbar in einer Spannungseinheit. Da sich der lineare Anstieg der Sägezahnspannung periodisch wiederholt, wird der Meßwert wie bei der Frequenz- oder Zeitmessung vom elektronischen Zähler periodisch angezeigt.

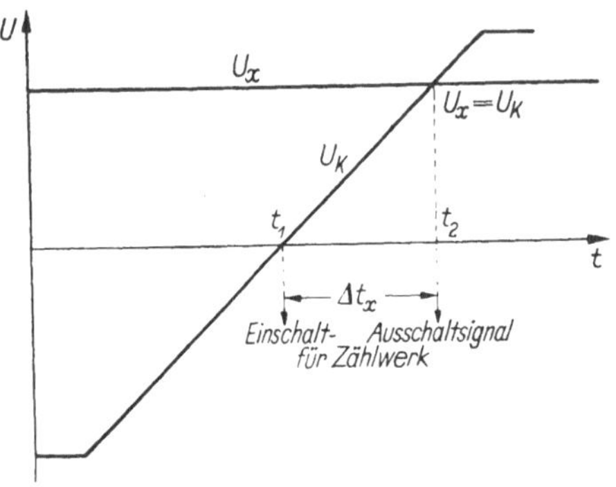

Abb. 311. Zeitverschlüsselung einer Spannung

Will man Ströme oder Widerstände digital messen, so wandelt man sie zunächst in eine proportionale Spannung um[1]. Es ist ferner leicht möglich, Spannungs-, Strom- und Widerstandsmessungen mit einer Frequenzmessung zu kombinieren. Als Beispiel sei das von den Verfassern der in Fußnote 2 (S. 359) genannten Arbeit zusammen mit der Fa. Gossen entworfene Muster eines digital anzeigenden Universalmeßgeräts angeführt. Es bietet die Möglichkeit, Gleichspannungen zwischen 100 mV und 250 V, Gleichströme zwischen 0,1 mA und 1 A, Widerstände zwischen 1 Ω und 1 kΩ sowie Frequenzen zwischen 10 Hz und 100 kHz digital zu messen. Die Meßwerte werden vierstellig (mit Angabe des Vorzeichens und der Einheit) angezeigt. Für jede durch eine Taste wählbare Meßgröße stehen vier dekadisch abgestufte Meßbereiche zur Verfügung, die sich (zusammen mit der Kommaanzeige) an Hand des Zählergebnisses selbsttätig umschalten. Zwischen den im Abstand von einer Sekunde aufeinanderfolgenden Messungen eicht sich das Gerät jeweils selbsttätig nach (durch Messen einer Normalspannung und gegebenenfalls Nachstellen der Steilheit des Sägezahnanstiegs). Als Fehlergrenze wird $\pm 0{,}2\% \pm 1$ Einheit der letzten Stelle angegeben.

[1] NOTTEBOHM, H.: Elektronische Rdsch. 12 (1958) S. 85.

2. Stufenverschlüsselung

Bei der Stufenverschlüsselung wendet man für die Umwandlung des analogen Meßwerts in die digitale Anzeige das gleiche Prinzip an wie bei einem von Hand abgeglichenen Präzisionskompensator oder einer Meßbrücke. In einer Kompensationsschaltung unterteilt man den Kompensationswiderstand in geeignete Stufen und prüft durch aufeinanderfolgendes Einschalten verschiedener Kompensationswiderstände automatisch, ob die gewählte Vergleichsspannung mit dem Meßwert übereinstimmt. Ein Nullindikator steuert diesen Vorgang so lange, bis Meß- und Vergleichsspannung gleich sind.

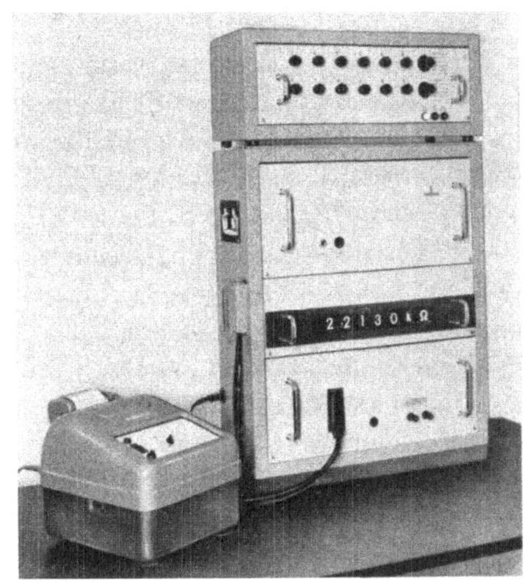

Abb. 312. Präzisions-Digital-Ohmmeter mit angeschlossenem Drucker (S & H)

Stufenverschlüßler baut man in zahlreichen Schaltungs- und Abfragevarianten. Zum Teil schaltet man die Stufen mit Relais, zum Teil auch schon mit elektronischen Schaltern. Das Meßergebnis liegt primär immer als Kombination von Schalterstellungen – meist binär verschlüsselt – vor, durch die das Ergebniswerk geschaltet wird. Bei binärer Verschlüsselung muß das Ergebnis dann noch in das Dezimalsystem umcodiert werden.

Als Beispiel sei das in Einschubtechnik ausgeführte Präzisions-Digital-Ohmmeter der Fa. S & H, Abb. 312, gezeigt[1]. Es ist eine WHEATSTONE-Brücke, die sich mit Hilfe einer Relaisanordnung (mit Takt-, Abfrage-, Speicher- und Entscheidungsrelais) stufenweise selbsttätig abgleicht. Nach dem durch einen Nullverstärker gesteuerten Abgleich liegt das Meßergebnis mit Komma und Einheit tetradisch verschlüsselt in den Kontaktstellungen der Speicherrelais vor; mit weiteren Relais wird es in das dekadische System umgesetzt und durch Projektionsziffern angezeigt. Auch ein Drucker kann angeschlossen werden, wie übrigens bei den meisten digital anzeigenden Geräten.

Der Gesamtmeßbereich ist in acht sich selbsttätig fortschaltende Einzelbereiche aufgeteilt, er reicht von 10 mΩ bis 999 MΩ. Die Fehlergrenze beträgt für Widerstände bis 1 MΩ ± 0,05%, bis 10 MΩ ± 0,1%, bis 100 MΩ ± 1% und bis 999 MΩ ± 10% (jeweils zusätzlich eine Einheit

[1] LORENZ, E.: Siemens-Z. 34 (1960) S. 733/737.

der letzten Stelle). Mit dem Meßbereich wird automatisch auch die Speisespannung so umgeschaltet, daß der Prüfling nur mit maximal 10 mW belastet ist. Da außerdem der Abgleich nur 0,6 s dauert, werden auch sehr kleine Meßobjekte durch den Meßstrom nicht erwärmt.

XXVII. Netzgespeiste Konstantspannungs- und -stromquellen

Ein wichtiger Bestandteil zahlreicher Meßeinrichtungen sind Stromquellen, die eine konstante Spannung oder einen konstanten Strom abgeben; an verschiedenen Stellen der vorhergehenden Abschnitte wurde bereits darauf hingewiesen (z.B. Meßbrücken, Kompensatoren, Gasanalysegeräte). Im allgemeinen sollen solche Stromquellen an das normale Wechselstromnetz angeschlossen werden. Sie müssen dann Einrichtungen enthalten, die die Ausgangsspannung bzw. den Ausgangsstrom unabhängig von den üblichen Schwankungen der Netzspannung (meist zwischen +10 und −15%) machen. Man benutzt dazu vorwiegend Bauelemente mit strom- oder spannungsabhängigem Widerstand, die bei geeigneter Charakteristik strom- oder spannungsstabilisierende Wirkung besitzen. Bei hohen Anforderungen an die Konstanz, besonders eines vom Verbraucherwiderstand unabhängigen Stroms, muß zusätzlich eine Regeleinrichtung vorgesehen werden.

Aus der großen Zahl der verschiedenen Ausführungen seien einige Beispiele gebracht.

A. Magnetische Spannungskonstanthalter

Bei den magnetischen Konstanthaltern[1], die man meist zur Vorstabilisierung verwendet, wird die Erscheinung ausgenutzt, daß die an einer wechselstromdurchflossenen Spule mit stark gesättigtem Eisenkern auftretende Spannung sich nur wenig mit dem die Spule durchfließenden Strom ändert.

Mit einer solchen als Drossel- oder Transformatorwicklung ausgebildeten Spule kann man in Verbindung mit ohmschen, induktiven oder kapazitiven Widerständen eine ganze Reihe von Schaltungen aufbauen, die es gestatten, einem Netz mit schwankender Betriebsspannung eine angenähert konstante Spannung zu entnehmen.

[1] Geyger, W.: ATM J 062-7 (Nov. 1934); – Taeger, W.: Elektronik (1957) S. 265/269; – Stenzel, R.: ATM Z 40-2 (Sept. 1959).

Die der auf S. 362 in Fußnote 1 angeführten Arbeit von GEYGER entnommene Abb. 313 zeigt unter a die älteste derartige Anordnung[1]. Auf dem mittleren Schenkel eines dreischenkligen Transformators ist die an die schwankende Netzspannung U angeschlossene Primärwicklung S aufgebracht. Der linke, stark gesättigte Schenkel trägt die Sekundärwicklung S_1, der rechte, schwach gesättigte (mit einem Luftspalt versehene)

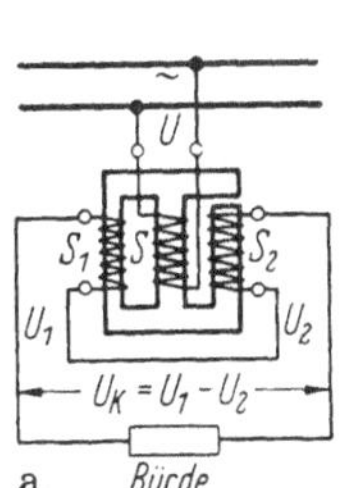

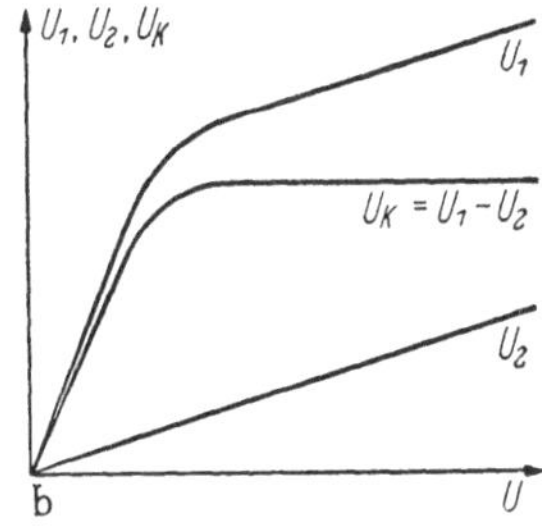

Abb. 313a u. b. Magnetischer Spannungskonstanthalter mit dreischenkligem Transformator mit verschieden stark gesättigten äußeren Schenkeln. a) Schaltung. U Primärspannung; S Primärwicklung; U_1, U_2 Sekundärspannungen; S_1, S_2 Sekundärwicklungen; U_K Konstantspannung. b) Abhängigkeit der Spannungen U_1, U_2, U_K von der Primärspannung U

Schenkel die Sekundärwicklung S_2. In S_1 und S_2 werden die Spannungen U_1 und U_2 induziert. Die Wicklungen sind gegeneinandergeschaltet und so bemessen, daß die Differenzspannung $U_K = U_1 - U_2$ in einem weiten Bereich unabhängig von der Netzspannung U ist, wie aus Abb. 313b hervorgeht.

Die wohl gebräuchlichste Ausführung eines magnetischen Spannungskonstanthalters zeigt Abb. 314. Der Transformator arbeitet im Sättigungsgebiet, seiner Primärwicklung ist der Kondensator C parallelgeschaltet. Der schwach gesättigte Zusatztransformator ZTr ist mit einem Luftspalt versehen. Die Ausgangsspannung U_K wird an den gegeneinandergeschalteten Sekundärwicklungen beider Transformatoren abgenommen.

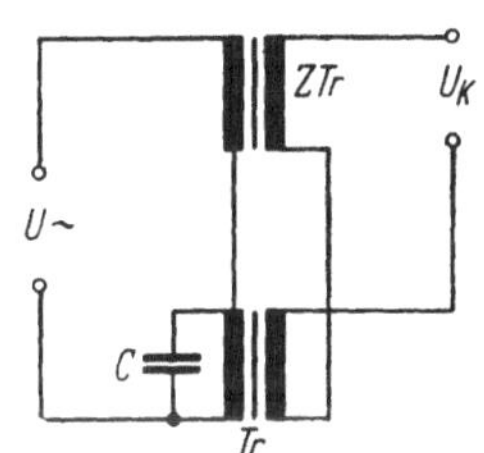

Abb. 314. Gebräuchlicher magnetischer Spannungskonstanthalter

Diese Anordnung entspricht in ihrer Wirkungsweise etwa der nach Abb. 313. Bei richtiger Bemessung kann man mit einer solchen Schaltung einen Stabilisierungsfaktor[2] von $1 \cdots 5 \cdot 10^2$ erzielen.

Eine Eigenart magnetischer Konstanthalter ist die Verzerrung der Kurve der Ausgangsspannung; sie ist verursacht durch die starke Sätti-

[1] DRP 293834 v. 16. 1. 1915 (Priorität v. 27. 1. 1914).

[2] Als Stabilisierungsfaktor S bezeichnet man das Verhältnis der prozentualen Änderung der Eingangsspannung zur prozentualen Änderung der Ausgangsspannung, also mit den Bezeichnungen von Abb. 313 $S = \frac{\Delta U/U}{\Delta U_K/U_K}$.

gung des Eisens. Bei den angegebenen Anordnungen hängt der Wert der Ausgangsspannung verhältnismäßig stark von der Frequenz ab (Anhaltswert: 1% Frequenzänderung ergibt eine Spannungsänderung von 1,5%). Durch Kompensationsschaltungen mit Hilfe geeignet bemessener Drosseln kann man den Einfluß von Frequenzschwankungen stark verringern (auf bis zu 1/10).

B. Konstantspannungsquellen mit Zenerdioden

Die Speisespannung für unvollständig abgeglichene Meßbrücken, die Vergleichsspannung für selbstabgleichende Kompensatoren und die Hilfsspannung zur Nullpunktunterdrückung von Meßgeräten entnimmt man heute vorwiegend Konstantspannungsquellen mit Zenerdioden[1].

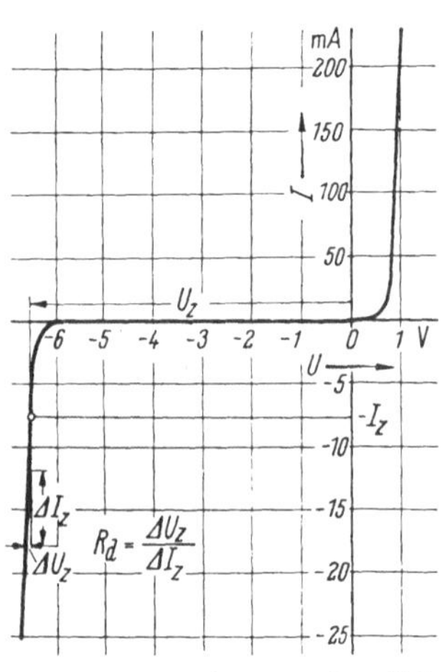

Abb. 315. Strom-Spannungskennlinie einer Zenerdiode

Die Zenerdiode ist eine Siliziumdiode mit besonderem Verhalten in Sperrichtung; im Durchlaßbereich zeigt sie normales Diodenverhalten. Legt man in Sperrrichtung eine steigende Spannung an, so ist wie bei einer normalen Diode der Strom zunächst sehr klein. Bei einer bestimmten Spannung steigt der Strom sehr stark an, wie aus der Kennlinie Abb. 315 hervorgeht. Man bezeichnet diese Erscheinung als *Zenereffekt*, die Spannung, bei der der Strom sprunghaft ansteigt, als *Zenerspannung* (U_Z) und den Strom im Zenergebiet als *Zenerstrom* (I_Z). Da es sich gezeigt hat, daß die Zenerspannung sehr genau reproduzierbar und zeitlich sehr konstant ist, wendet man den Zenereffekt für genaue Spannungskonstanthalter an. Aus der Neigung der Strom-Spannungskennlinie im Zenergebiet ergibt sich der dynamische Innenwiderstand R_d der Zenerdiode zu

$$R_d = \frac{\Delta U_z}{\Delta I_z} \tag{181}$$

Zenerdioden können mit Zenerspannungen von einigen Volt bis einigen Tausend Volt gebaut werden. Für Spannungskonstanthalter bevorzugt man aus verschiedenen Gründen Typen mit Zenerspannungen zwischen etwa 3 und 20 V.

---

[1] DOBRINSKI, P., H. KNABE u. H. MÜLLER: Nachrichtentechn. Z. 10 (1957) S. 195/199; – NIEGEL, W.: AEG-Mitt. 50 (1960) S. 345/352.

Abb. 316a zeigt ein einfaches Anwendungsbeispiel. Dem Wechselstromnetz wird über den Transformator Tr, den Gleichrichter G und den Kondensator C eine gut geglättete Speisegleichspannung U_S entnommen und über den Vorwiderstand R_V der Zenerdiode Z (Zenerspannung U_Z, Zenerstrom I_Z, dynamischer Innenwiderstand R_d) zugeführt. Parallel zu Z liegt der vom Strom I_a durchflossene Verbraucherwiderstand R_a. Für den Stabilisierungsfaktor S ergibt sich (da $R_a \gg R_d$):

$$S \approx \frac{U_Z}{U_S}\left(1 + \frac{R_V}{R_d}\right) = \frac{U_Z}{U_S}\left(1 + \frac{U_S - U_Z}{R_d\,(I_a + I_Z)}\right) \tag{182}$$

Der Stabilisierungsfaktor hat seinen Größtwert $S_{\max}$, wenn $U_S = \infty$ und $R_V = \infty$.

$$S_{\max} \approx \frac{U_Z}{R_d\,(I_a + I_Z)} \tag{183}$$

Aus Gl. (182) und (183) erhält man

$$S = S_{\max} - \frac{S_{\max} - 1}{U_S/U_Z} \tag{184}$$

Gl. (184) zeigt die Bedingungen für eine gute Stabilisierung: Die Speisespannung U_S soll groß gegenüber der Zenerspannung U_Z und der Gesamtstrom $I_Z + I_a$ möglichst klein sein. Der Wert von I_Z ist dabei nach unten begrenzt, da er im steilen Teil der Kennlinie liegen muß. An einem Zahlenbeispiel soll ein Anhalt für den erreichbaren Stabilisierungsfaktor gegeben werden: Es sei $U_Z = 6$ V, $R_d = 10\,\Omega$, $I_Z = 3$ mA, $I_a = 3$ mA, $U_S = 36$V. Hieraus ergibt sich nach Gl. (182) $S = 84$. Mit $U_S = 66$ V erhält man unter sonst gleichen Bedingungen $S = 91$. Da nach Gl. (183) $S_{\max} = 100$, sieht man, daß eine weitere Steigerung von U_S keinen großen Gewinn mehr für S bringt.

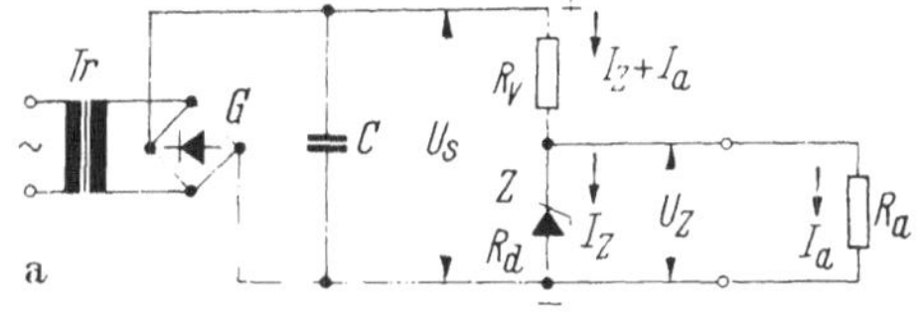

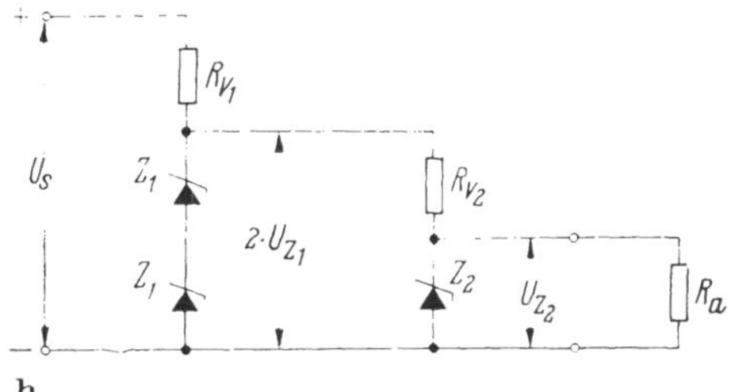

Abb. 316a u. b. Spannungskonstanthalter mit Zenerdioden. a) mit einer Zenerdiode; b) Kaskadenschaltung

Bei einem Stabilisierungsfaktor von 84 ändert sich bei 15% Netzspannungsschwankung der Ausgangsstrom I_a um 1,8‰. Wenn, wie häufig, diese Änderung noch zu groß ist, schaltet man zwei Zenerdioden in Kaskade (Abb. 316b). Damit die zweite Stufe noch eine genügend hohe Speisespannung erhält, verwendet man in der ersten Stufe entweder zwei Zenerdioden in Serie oder eine mit höherer Spannung. Der Gesamtstabilisierungsfaktor S_g ergibt sich zu $S_g = S_1 \cdot S_2$. Da man nicht beide Stufen optimal auslegen kann, läßt sich im günstigsten Fall etwa $S_g = 2500$ erreichen.

Sowohl die Zenerspannung als auch der dynamische Innenwiderstand sind temperaturabhängig. Der Temperaturkoeffizient (T.K.) der Zenerspannung ist eine Funktion der Zenerspannung, wobei die Kurve eine durch individuelle Unterschiede bedingte Streubreite besitzt. Bei $U_Z \approx 5$ V ist der T.K. Null, darunter negativ und darüber positiv (bei 8 V etwa $+ 5 \cdot 10^{-4}$/grd). Die Auswirkung der Temperaturabhängigkeit läßt sich auf verschiedene Arten kompensieren. Zum Beispiel kann man durch Aussuchen aus einer Serie von Zenerdioden mit $U_Z \approx 5$ V Einzelstücke mit einem T.K. von Null finden oder Paare mit gleichgroßem, aber entgegengesetztem T.K., die man in Reihenschaltung verwendet. Soll der einen konstanten Verbraucherwiderstand durchfließende Strom temperaturunabhängig sein, so bildet man bei $U_Z > 5$ V einen solchen Teil des Lastwiderstandes als Kupferwiderstand aus, daß sich der Lastwiderstand gerade im gleichen Maß mit der Temperatur ändert wie die Zenerspannung. Schließlich läßt sich der Temperatureinfluß durch die Reihenschaltung einer Zenerdiode mit $U_Z \approx 8$ V mit einer zweiten in Flußrichtung geschalteten praktisch beseitigen. Je nach aufgewandter Sorgfalt erreicht man mit diesen Methoden, daß der resultierende T.K. kleiner als $1 \cdot 10^{-4}$/grd oder sogar $1 \cdot 10^{-5}$/grd wird. Über die Langzeitkonstanz der Zenerspannung liegen noch keine abschließenden Untersuchungen vor, doch scheint die zeitliche Änderung kleiner als $1 \cdot 10^{-3}$ zu sein.

Ähnliche Schaltungen wie mit Zenerdioden kann man mit Glimmstabilisatorröhren aufbauen, deren Brennspannung zwischen etwa 75 und 150 V liegt, und deren dynamischer Innenwiderstand ebenfalls sehr klein ist. Der maximale Verbraucherstrom beträgt etwa 1···60 mA. Da die für viele Meßschaltungen benötigte Spannung unter 1 V liegt, muß der größte Teil der Spannung in einem Präzisionswiderstand vernichtet werden. Dies bringt aber den Vorteil, daß der Verbraucherwiderstand in gewissen Grenzen schwanken darf, ohne daß sich der Strom merklich ändert. Solche Schaltungen sind daher auch als Konstantstromquellen verwendbar. Die zeitliche Konstanz ist nicht so gut wie bei Zenerdioden, die Änderung über längere Zeit liegt zwischen 2 und $5 \cdot 10^{-3}$.

C. Konstantstromquellen

Eine Konstantstromquelle soll einen konstanten Strom liefern, der unabhängig vom Verbraucherwiderstand ist. Auf das angenäherte Konstantstromverhalten von Glimmstabilisatoren wurde bereits verwiesen. Im allgemeinen ist jedoch zum Konstanthalten des Stromes eine Regelung nötig.

Eine Konstantstromquelle erhält man, wenn man an einen Galvanometerverstärker (s. S. 287) eine konstante Eingangsspannung legt, z.B. die EMK eines WESTON-Normalelements oder eine zenerdiodenstabilisierte Spannung. Da der Ausgangsstrom solcher Verstärker mit Hilfe des richtkraftlosen Nullgalvanometers immer so geregelt wird, daß er der Eingangsspannung direkt proportional ist, erhält man bei konstanter Eingangsspannung einen konstanten Ausgangsstrom unabhängig vom Belastungswiderstand; dies gilt natürlich nur bis zu einer von der Auslegung abhängigen Grenze. Der gewünschte Wert des Konstantstroms läßt sich mit dem Kompensationswiderstand einstellen. Statt eines Galvanometerverstärkers kann man auch einen Meßverstärker verwenden, der eine Spannung als eingeprägten Strom abbildet (s. S. 299).

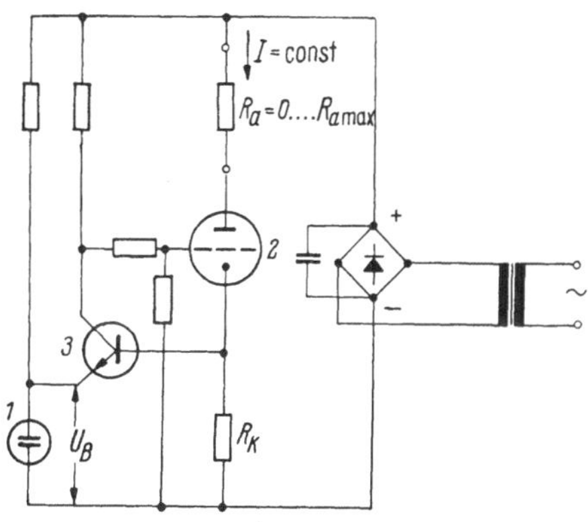

Abb. 317. Konstantstromquelle

Abb. 317 zeigt die Prinzipschaltung einer Konstantstromquelle, die bei guter Stromkonstanz verhältnismäßig einfach aufgebaut ist. Als Vergleichsspannung dient die Brennspannung U_B einer Glimmstabilisatorröhre *1*. Die Differenz zwischen U_B und dem Spannungsabfall des konstantzuhaltenden Stromes I am Kathodenwiderstand R_K einer Triode *2* steuert über einen Planartransistor *3* die Gitterspannung der Triode immer so aus, daß $I\,R_K$ praktisch gleich U_B ist. Bei einem derart ausgeführten Gerät wird die Speisespannung der Stabilisatorröhre ($U_B \approx 85$ V) magnetisch vorstabilisiert. Als Triode dienen die vier parallelgeschalteten Systeme zweier Röhren E 88 CC. Der konstantgehaltene Anodenstrom I beträgt 20 mA bei $R_a = 0 \cdots 7$ kΩ. Man kommt hier mit einem einfachen Gleichstromverstärker aus, weil die Vergleichsspannung mit 85 V so hoch liegt, daß dagegen die zum Aussteuern des Transistors benötigte Spannung von etwa 35 mV und auch deren Änderung infolge Alterung zu vernachlässigen sind. Da die Stromänderung bei $\pm 20\%$ Netzspannungsänderung sowie im Temperaturbereich bis 70 °C jeweils unter $0{,}5\,‰$ liegt, ist die Konstanz des Stromes praktisch nur durch die Konstanz der Brennspannung begrenzt (s. voriger Abschnitt).

Namen- und Sachverzeichnis